Physik
für Gymnasien

Cornelsen

Physik für Gymnasien

Sekundarstufe I

Länderausgabe A
Teilband 1

Das Werk wurde erarbeitet von

Gerd Boysen, Kiel
Hansgeorg Glunde, Flensburg
Dr. Harri Heise, Heide
Heinz Muckenfuß, Ravensburg
Harald Schepers, Lengerich
Hans-Jürgen Wiesmann, Soest

unter Mitarbeit von

Helmrich Folkers, Langwedel
Hans-Peter Götz, Tübingen
Bernd Heepmann, Herford
Jürgen Hille, Achim
Wolfgang Mathea, Mainz
Diethelm Paschen, Mülheim
Roland Reger, Fürstenfeldbruck
Fritz-Peter Sandrock, Stade
Christoph Schmid, Tübingen
Wilhelm Schröder, Herford
Dr. Leonhard Stiegler, Fürth

Redaktion und Gestaltung

Helmut Dreißig
(redaktionelle Leitung)
Christa Greger
Jürgen Hans Kuchel
Erika Sichelschmidt
Reinhold Wolter
Christian Wudel
Dierk Ullrich (Layout)

Illustrationen

Gabriele Heinisch (Cornelsen),
Yvonne Koglin,
Studio Meske,
Fotostudio Mahler
(Auftragsfotos Cornelsen),

Sonstige Fotoquellen siehe Verzeichnis der Bild- und Textquellen

1. Auflage – 2. Druck 1991

Alle Drucke dieser Auflage können, weil untereinander unverändert, im Unterricht nebeneinander verwendet werden.

Satz: Gleißberg & Wittstock, Berlin
Reproduktion: Faeßer, S&T scan, Berlin
Druck: Cornelsen Druck, Berlin
Bindearbeiten: Fritzsche/Ludwig, Berlin

Vertrieb: Cornelsen Verlagsgesellschaft, Bielefeld
Best.-Nr. 58271

Inhaltsverzeichnis

Liebe Schülerin, lieber Schüler!

Dieses Physikbuch mußt Du nicht Zeile für Zeile durchlesen. Jedes Kapitel setzt sich nämlich aus verschiedenen „Bausteinen“ zusammen; manchmal können sie in ihrer Reihenfolge ausgetauscht werden. Einige sind für den Unterricht in der Schule gedacht, andere wirst Du wahrscheinlich eher zu Hause lesen.

Mehr über die Bausteine erfährst Du in der folgenden Übersicht:

Einstieg

Am Anfang eines Themas steht oft ein Bild und darunter eine Frage oder eine Behauptung. Dieser Baustein soll Dich neugierig machen und Dir andeuten, worum es auf den nächsten Seiten gehen wird.

Bist du sicher, daß dies kein Trickfoto ist?

Wie entstehen eigentlich solche Bilder?

Versuche

In der Physik spielen Versuche eine wichtige Rolle. Deshalb bietet dieser Baustein eine Vielzahl von Versuchen an. Nicht alle müssen durchgeführt werden. Aber wenn Ihr experimentiert, dann bleibt es spannend – denn die Versuchsergebnisse werden an dieser Stelle nicht verraten!

Manche Versuche kannst Du mit alltäglichen Materialien – auch zu Hause – durchführen. Solche Versuche sind mit einem geradestehenden **V** gekennzeichnet. Ein schrägstehendes ***V*** zeigt dagegen an, daß man für den Versuch spezielle Geräte braucht, die es nur in der Schule gibt.

V 3 Eine gespannte Feder besitzt *Spannenergie*.

Diese Energie wird z. B. zum Antrieb von Spielzeugautos genutzt.

Ziehe die Feder eines solchen Autos unterschiedlich stark auf, und laß es fahren. Was stellst du fest?

V 4 Nach dem Herunterrollen besitzt der Wagen von Bild 7 *Bewegungsenergie*. Er kann den Klotz verschieben oder eine Plastilinkugel verformen.

Welche Möglichkeiten gibt es, die

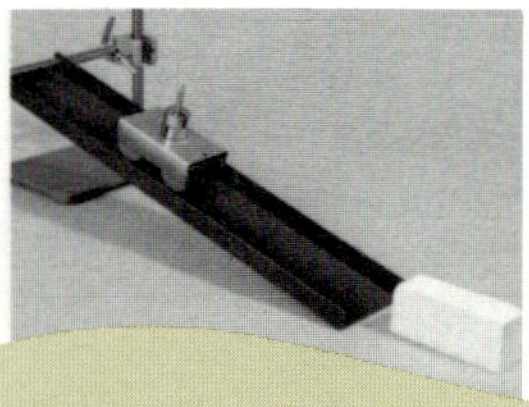

V 7 Für diesen Versuch brauchst du einen schweren Gegenstand, eine lange Schnur – und einen Partner mit starken Nerven! An seiner Nasenspitze startest du (ohne Anschwung) das Pendel (Bild 11).

Was meinst du: Muß dein Partner den Kopf zurückziehen, wenn das Wägestück zurückkommt? Erkläre das Versuchsergebnis.

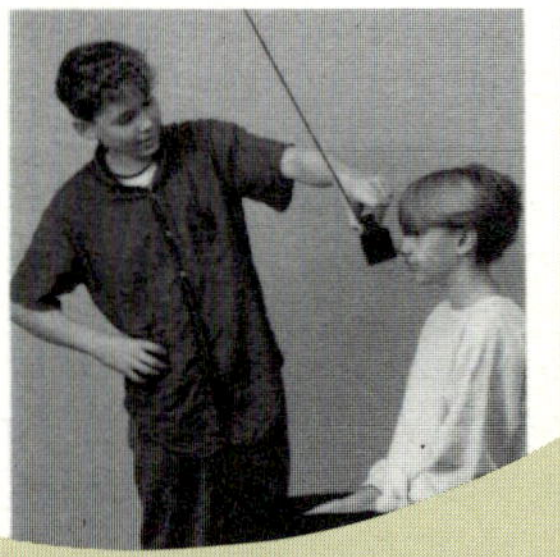

Info

In den Infos werden z. B. wichtige **Begriffe** erklärt. Die Physiker benutzen ja eine eigene Fachsprache – und in diese wirst Du hier Schritt für Schritt eingeführt.

Auch spezielle **Arbeitsweisen der Physik** werden dargestellt. Außerdem lernst Du **Modelle** kennen, mit denen z. B. Versuchsergebnisse gedeutet werden können.

Viele Naturgesetze lassen sich **mathematisch** beschreiben – auch darum geht es in den Info-Bausteinen.

Mit den Infos kannst Du sogar dann etwas anfangen, wenn Ihr die vorgeschlagenen Versuche nicht gemacht habt. Sie helfen Dir auch, wenn Du krank gewesen bist oder etwas einfach nicht mitbekommen hast.

Info: Zusammenhang zwischen Einfallswinkel und Brechungswinkel

Wenn Licht von einem Stoff in einen anderen übergeht, wird es mit zunehmendem Einfallswinkel immer stärker aus der ursprünglichen Richtung abgelenkt. Wie stark die Ablenkung bei einem bestimmten Einfallswinkel ist, hängt davon ab, aus welchem Stoff das Licht kommt und in welchen es eintritt.

In Bild 9 ist der Brechungswinkel β in Abhängigkeit vom Einfallswinkel α aufgetragen, und zwar für verschiedene Übergänge des Lichts: *von Luft in Wasser, von Luft in Glas* und *von Luft in Diamant*. An dem Schaubild kannst du erkennen, daß der Zusammenhang zwischen Brechungs- und Einfallswinkel nicht proportional ist. Bei kleinen Einfallswinkeln wächst der Brechungswinkel β zwar fast in gleichem Maße wie der Einfallswinkel α, bei größeren Einfallswinkeln nimmt β aber immer weniger rasch zu.

Außerdem erkennt man: Glas bricht ... Bei gleichem

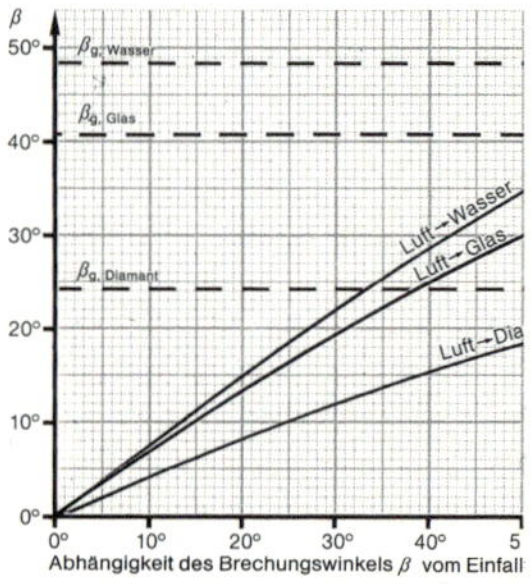

Abhängigkeit des Brechungswinkels β vom Einfall

Einfallswinkel ist nämlich der Brechungswinkel beim Übergang *Luft–Glas* kleiner als beim Übergang *Luft–Wasser* (damit ist die Ablenkung aus der ursprünglichen Richtung größer).

Aufgaben

Aufgaben müssen sein. Sie helfen Dir, tiefer in das Thema einzudringen. Häufig zeigen sie Dir auch, was der Unterrichtsstoff mit Deiner Umwelt zu tun hat.

Einige Aufgaben sind einfach zu beantworten, bei anderen wirst Du knobeln müssen.

Aufgaben

5 Tina will einen Garderobenspiegel kaufen. Sie ist 1,60 m groß; ihre Augenhöhe beträgt 1,50 m.

a) Wenn sie 1 m vor dem Spiegel steht, will sie sich darin vom Scheitel bis zur Sohle sehen können. Wie groß muß der Spiegel mindestens sein?

In welcher Höhe muß sich die Oberkante des Spiegels befinden?

Tip: Zeichne den Weg, auf dem das Licht vom Scheitel und von den Fü…

Weshalb werden die weiter entfernten Spiegelbilder immer dunkler?

7 Monika und Michael sind gleich groß. Zwischen beiden befindet sich eine Pfütze von 60 cm Durchmesser. Michael steht direkt am Rand der Pfütze. Wie weit muß Monika mindestens an die Pfütze herangehen, um Michaels Spiegelbild in die Augen schauen zu können? Zeichne!

8 Ein **Versuch** zum Knobeln … eine Spotlampe vo…

Aus Umwelt und Technik

Hier kann's spannend werden. Wer in diesen Bausteinen schmökert, erfährt eine ganze Menge über seine Umwelt – und er erkennt „die Physik" auch im Alltag wieder.

Diese Texte eignen sich auch als Grundlage für kleine Vorträge. Vielleicht hast Du mal Lust dazu?

Oder ist Physik etwa gar nicht Dein Lieblingsfach? Interessieren Dich Umweltprobleme und Themen aus Biologie oder Technik mehr? Dann sind diese Bausteine gerade das Richtige für Dich!

Aus Umwelt und Technik: **Die Abendsonne ist nicht rund!**

Kurz vor Sonnenuntergang erscheint die Sonne etwas „plattgedrückt" – insbesondere bei starkem Abendrot. Ihre senkrechte Achse ist also kürzer als die waagerechte (Bild 11). Wie kommt das?

Die Lufthülle der Erde weist keine scharfe Grenze auf, sondern sie wird zur Erdoberfläche hin immer dichter. Licht, das aus dem Weltall kommt, wird daher nicht einmalig an einer Grenzfläche gebrochen; vielmehr erfolgt die Brechung nach und nach.

Bild 12 zeigt diesen Vorgang in einem **Versuch**: Hier wurde über eine Zuckerlösung vorsichtig Wasser „geschichtet". Die Grenzschicht zwischen beiden Flüssigkeiten wurde dann etwas aufgerührt, so daß ein all… …entstand. …ch die

11

bei einer punktförmigen Lichtquelle ein: Wenn wir einen schräg über uns stehenden Stern beobachten, fällt von diesem ein schmales Lichtbündel in unser Auge. Es durchquert die Lufthülle auf einer gekrümmten Bahn. In der Richtung, aus der das Bündel ins Auge trifft, vermuten wir den Stern (Bild 13). In Wirklichkeit steht er ab… tiefer über dem Horizont. …

Aus der Geschichte

Die Erkenntnisse der Physik fielen wahrlich nicht vom Himmel. Manche Forscher brauchten ihr ganzes Leben, ehe sie die Lösung eines Problems fanden. Andere verteidigten Meinungen, die sich später doch als Irrtümer erwiesen. Manchmal war es auch umgekehrt: Ein Forscher fand etwas Richtiges heraus, aber man lächelte nur darüber.

Diese Bausteine berichten von den Leistungen bekannter Forscher und von den Schwierigkeiten, die sie zu überwinden hatten. Du erfährst auch etwas über geschichtliche Zusammenhänge. So wirst Du einen Eindruck davon bekommen, wie sich Wissenschaft und Technik entwickelten und wie sie das Leben der Menschen veränderten.

Aus der Geschichte: **Erste Energiequellen**

Maschinen, wie wir sie heute kennen, gab es im Altertum noch nicht. Man war weitgehend auf Muskelarbeit angewiesen, wenn z. B. Getreide gemahlen, Felder bewässert oder Lasten transportiert wurden. „Energiequellen" waren sehr oft Menschen, in der Antike vor allem Sklaven.

Bild 11 zeigt, wie um 1550 mit einem Pferdegöpel Erz gefördert wurde. Die große Scheibe in der Mitte des Bildes diente als Bremse.

Das Thema im Überblick

Natürlich findest Du diesen Baustein immer am Schluß eines Kapitels. Er besteht aus zwei Teilen:

Unter der Überschrift ***Alles klar?*** stehen hier Aufgaben, die sich auf das gesamte Kapitel beziehen. Mit ihnen kannst Du prüfen, ob Du in dem Thema wirklich fit bist.

Im Abschnitt ***Auf einen Blick*** wird alles Wesentliche zusammengefaßt. Du findest hier auch die wichtigsten Versuchsergebnisse und den „roten Faden" des Unterrichts. Das hilft Dir bestimmt vor Tests und dann, wenn Du mal gefehlt hast.

Falls Du trotzdem etwas nicht verstehst, kannst Du in den Info-Bausteinen nachlesen.

Alles klar?

5 An Land sehen Muscheln viel kleiner aus, als sie unter Wasser durch die Taucherbrille hindurch erscheinen. Bild 6 hilft dir bei der Erklärung.

6 Ein Springbrunnen wird von unten beleuchtet. Warum leuchten die gebogenen Wasserstrahlen?

8 Der Rücken vieler Fische ist so gefärbt wie der Meeresboden; ihre Unterseite sieht aus wie ein Spiegel. Welchen Vorteil hat das für die Fische?

9 Bild 7 zeigt verschiedene Glasprismen. Übertrage die Abbildungen in dein Heft, und ergänze die Lichtwege.

Auf einen Blick

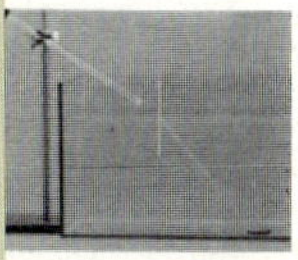

Lichtbrechung an Grenzflächen

Wenn Licht schräg auf die Grenzfläche zwischen zwei lichtdurchlässigen Stoffen fällt, wird es **gebrochen**.

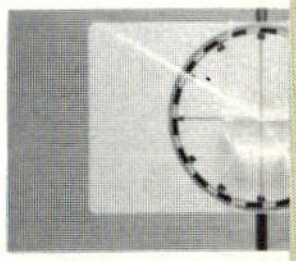

…n einem optisch dünneren Stoff in einen… … in Glas) wird ein …

Je größer der Einfallswinkel ist, desto stä… aus seiner ursprünglichen Richtun… Fällt das Licht senkrecht … überhaupt nicht …

Licht und Sehen

1 Die Bedeutung von Lichtquellen

Harry meint: „Die Natur ist ungerecht! Den Grottenolm läßt sie erblinden, und der Eule beschert sie Augen in Luxusausführung."

„Dem Grottenolm wäre auch mit den besten Augen nicht zu helfen", entgegnet ihm Tina ...

1 Der **Grottenolm** ist ein Höhlentier aus Jugoslawien, das in Gewässern tief im Innern von Höhlen lebt. Bei der Geburt hat das Tier noch Augen. Sie bilden sich aber bald darauf vollständig zurück.

2 Nachtjäger wie die **Eule** sind mit großen Augen ausgestattet. Ihre Pupillen öffnen sich in der Dunkelheit sehr weit. Dadurch können die Eulen auch bei Nacht hervorragend sehen.

Aufgaben

1 Warum kannst du nichts sehen, wenn ein Raum völlig dunkel ist?

2 Wenn du in eine unbeleuchtete Höhle hineingehst, siehst du zunächst überhaupt nichts. Nach ein paar Minuten haben sich deine Augen aber „auf die Dunkelheit eingestellt".

Was ist eigentlich mit dieser Redewendung gemeint?

3 Manche Lichtquellen sind sehr heiße Körper. Andere Lichtquellen erzeugen jedoch Licht, ohne heiß zu werden.

Die Bilder 3–14 zeigen dafür Beispiele. Ordne sie ein!

4 Warum haben Tiere, die nachts jagen, meist besonders große Augen und Pupillen? Die Augen des Maulwurfs sind dagegen nur so groß wie ein Stecknadelkopf. Warum sind solche Augen für ihn ausreichend?

5 Welche Vorstellung steckt hinter dem Wort „Licht*quelle*"?

Suche andere zusammengesetzte Wörter, in denen das Wort *-quelle* vorkommt. Vergleiche!

3

4

5

6

7

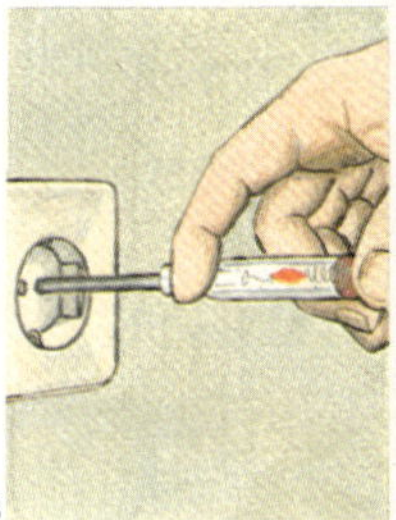

8

9

10

11

12

13

14

Aus Umwelt und Technik: **Tiere und Pflanzen als Lichtquellen**

Tiere, die Organe zum Leuchten haben (Leuchtorgane), sind bei uns nur selten zu beobachten. In anderen Lebensbereichen, z. B. in der Tiefsee, sind sie häufiger anzutreffen.

Die Bilder 15–20 zeigen dazu einige Beipiele.

15

Glühwürmchen oder **Johanniskäfer** (Bild 15) gibt es auch bei uns. Diese Tiere bilden in besonderen Körperzellen einen Stoff, den sie zum Leuchten bringen können. Mit diesem Licht lokken sich Männchen und Weibchen gegenseitig an.

Dieser **Tintenfisch** (Bild 16) hat besonders viele Leuchtorgane. Seine Leuchtorgane können sogar in verschiedenen Farben leuchten: einige weiß, andere hellblau oder rot.

16

17

Solche **Pilze** (Bild 17) wachsen im tropischen Regenwald. Ihr Leuchten entsteht beim Stoffwechsel bestimmter Bakterien, die auf der Oberfläche der Pilze leben. Wozu die Pilze leuchten, weiß man noch nicht.

Diese **Seerosen** (Bild 18) sind Tiere, die sich unter Wasser an Felsen festsetzen. Sie leuchten auf, wenn Fische an ihnen vorbeistreifen. Das Leuchten der Seerosen wird ebenfalls durch Bakterien verursacht.

18

Die Decke der Höhle von *Waitomo* in Neuseeland ist dicht mit **leuchtenden Larven** besetzt (Bild 19). Durch dieses Licht werden kleine Insekten angelockt. Sie verfangen sich in einer Art Spinnengewebe, das die Larven um sich herum gebaut haben. So werden die Insekten zur leichten Beute für die Larven.

Der **Anglerfisch** (Bild 20) kann in der Finsternis der Tiefsee seine Beute nicht sehen. Er sorgt aber dafür, daß er selbst gesehen wird. Mit einem Leuchtorgan am Kopf lockt er sein Opfer bis vor sein Maul. Allerdings muß er schnell zuschnappen, denn der Beutefisch hat sich der „Laterne" nur auf der Suche nach Nahrung genähert.

9

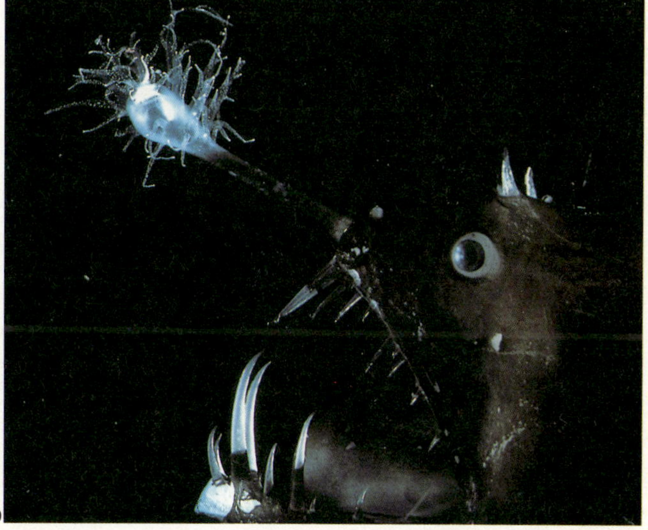
20

Aus der Geschichte: **Von den Anfängen der Straßenbeleuchtung**

Technische Neuerungen – nicht immer sind sie willkommen.
Du siehst es an dieser Stellungnahme der Kölnischen Zeitung vom 28. März 1819.
Es ging um die Einrichtung von Gas-Straßenbeleuchtungen …

Warum die Gas-Straßenbeleuchtung abzulehnen ist …

1. Aus theologischen Gründen:
weil sie als Eingriff in die Ordnung Gottes erscheint. Nach dieser ist die Nacht zur Finsternis eingesetzt, die nur zu gewissen Zeiten vom Mondlicht unterbrochen wird. Dagegen dürfen wir uns nicht auflehnen, den Weltplan nicht hofmeistern, die Nacht nicht zum Tage verkehren wollen.

2. Aus juristischen Gründen:
weil die Kosten dieser Beleuchtung durch eine indirekte Steuer aufgebracht werden sollen. Warum soll dieser und jener für eine Einrichtung zahlen, die ihm gleichgültig ist, sie ihm keinen Nutzen bringt oder ihn gar in manchen Verrichtungen stört.

3. Aus medizinischen Gründen:
die Gasausdünstung wirkt nachteilig auf die Gesundheit schwachleibiger und zartnerviger Personen und legt auch dadurch zu vielen Krankheiten den Stoff, weil sie den Leuten das nächtliche Verweilen auf den Straßen leichter macht und ihnen Schnupfen, Husten und Erkältungen auf den Hals zieht.

4. Aus philosophisch-moralischen Gründen:
die Sittlichkeit wird durch Gassenbeleuchtung verschlimmert. Die künstliche Helle verscheucht in den Gemütern das Grauen vor der Finsternis, das die Schwachen von mancher Sünde abhält. Die Helle macht den Trinker sicher, daß er in den Zechstuben bis in die Nacht hinein schwelgt, und sie verkuppelt verliebte Paare.

1

5. Aus polizeilichen Gründen:
sie macht die Pferde scheu und die Diebe kühn.

2

6. Aus volkstümlichen Gründen:
öffentliche Feste haben den Zweck, das Nationalgefühl zu wecken. Illuminationen sind hierzu vorzüglich geschickt. Dieser Eindruck wird aber geschwächt, wenn derselbe durch allnächtliche Quasi-Illuminationen abgestumpft wird. Daher gafft sich der Landmann toller in dem Lichtglanz als der lichtgesättigte Großstädter.

2 Die Ausbreitung des Lichtes

Was kannst du aus den Bildern 3–5 über die Lichtausbreitung ablesen?

3

4

5

Info: Lichtbündel und Lichtstrahlen

Um die Ausbreitung des Lichtes zu beschreiben, verwenden wir die beiden Begriffe *Lichtbündel* und *Lichtstrahl*.

Wenn sich z. B. ein Glühlämpchen vor einer Lochblende befindet, tritt das Licht hinter der Blende kegelförmig aus. Diesen Lichtkegel nennt man **Lichtbündel**.

In unseren Versuchen verwenden wir oft Glühlämpchen als Lichtquellen. Ihre Glühdrähte sind so klein, daß wir sie meist als (nahezu) punktförmige Lichtquellen ansehen können. Dementsprechend legen wir in Zeichnungen den Ausgangspunkt der Lichtbündel in die Mitte des Lampensymbols.

Wenn man ein Lichtbündel durch weitere Lochblenden immer stärker eingrenzt, erhält man immer schmalere Lichtbündel (Bild 6).

Für einen **Lichtstrahl** müssen wir das Lichtbündel in Gedanken so weit verengen, daß es keinen Durchmesser mehr hat. In der Wirklichkeit geht das natürlich nicht: Damit sich das Licht ausbreiten kann, muß die Blende eine Öffnung haben. Wie klein auch immer man ihren Durchmesser wählt, stets bleibt noch ein schmales Lichtbündel übrig.

Lichtstrahlen gibt es also nur in der gedanklichen Vorstellung. Etwas, was wir uns in Gedanken vorstellen, um die Wirklichkeit besser beschreiben zu können, heißt *Modellvorstellung* oder **Modell**. Das Modell des Lichtstrahls dient uns dazu, Beobachtungen zu erklären und Lichtbündel zu zeichnen (Bild 7):

Durch **Randstrahlen** werden Lichtbündel begrenzt. Die Richtung eines Lichtbündels können wir mit dem **Richtungsstrahl** angeben, den wir uns in der Mitte des Bündels denken. Oft ist es zweckmäßig, statt des vollständigen Lichtbündels nur diesen Richtungsstrahl abzubilden.

In Zeichnungen wird ein Lichtstrahl durch eine feine Linie dargestellt – wie ein Strahl in der Geometrie. Eigentlich dürfte diese Linie aber keine Breite haben ...

Nach dem Verlauf der Randstrahlen können wir die Lichtbündel in drei Gruppen einteilen (Bilder 8–10).

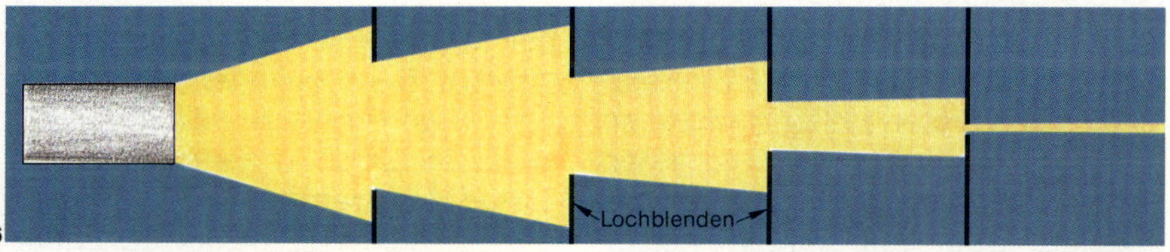

6

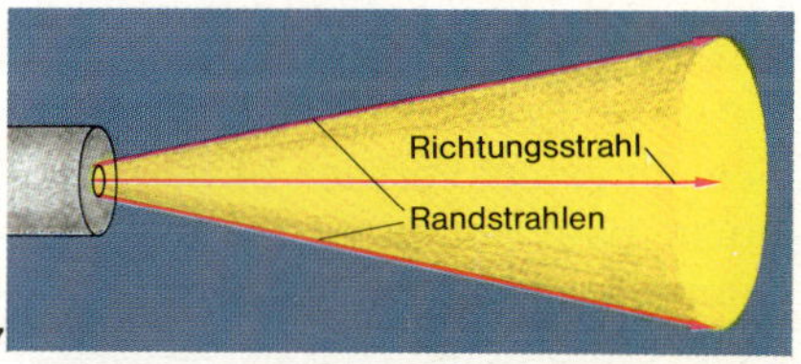

7

8 Die Randstrahlen laufen auseinander (*divergierendes* Lichtbündel).

9 Die Randstrahlen verlaufen zueinander parallel (*paralleles* Lichtbündel).

10 Die Randstrahlen laufen auf einen Punkt zu (*konvergierendes* Lichtbündel).

Aufgaben

1 Bild 11 zeigt dir einen einfachen **Versuch**: Ein Haushaltssieb wurde über eine kleine Glühlampe gestülpt und mit Aluminiumfolie abgedeckt. In die Folie wird gerade mit einer Nadel ein Loch gestochen.

Beschreibe die Richtung des entstehenden Lichtbündels. Skizziere den Verlauf des Bündels.

2 Im täglichen Leben spricht man z. B. vom *Strahl* einer Taschenlampe oder von Sonnen*strahlen*. Was müßte man sagen, wenn man sich physikalisch korrekt ausdrücken wollte?

3 In Bild 12 fällt ein Lichtbündel durch eine Blende auf einen Schirm.

a) Wie verändert sich das Lichtbündel, wenn man die Blendenöffnung größer (kleiner) macht? Zeichne!

b) Wie verändert sich das Lichtbündel, wenn man den Abstand zwischen der Lichtquelle und der Blende vergrößert (verkleinert)?

c) Und was geschieht, wenn nur der Schirm verschoben wird?

4 Was ist das Besondere an einem Lichtbündel, bei dem die Lichtquelle (z. B. die Sonne) sehr weit von der Blende entfernt ist?

5 Von den „Spotlampen" in Bild 13 gehen Lichtbündel mit unterschiedlich großen Winkeln aus. Welche Vorteile und welche Nachteile haben die verschiedenen Lichtbündel?

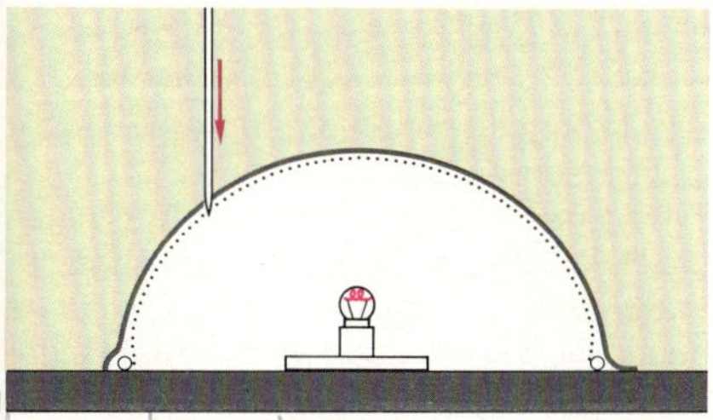
11

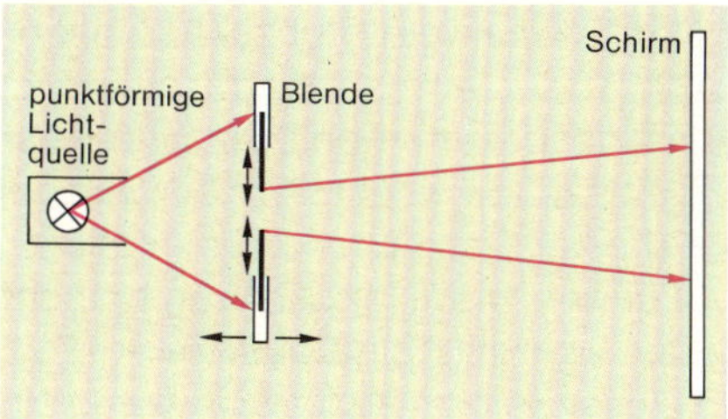

12

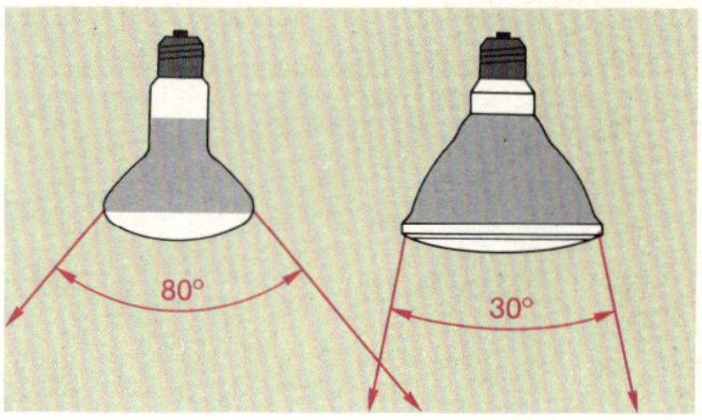

13

Was unterscheidet Lichtstrahl v. Lichtbündel?

Aus der Geschichte: **Die Messung der Lichtgeschwindigkeit**

1

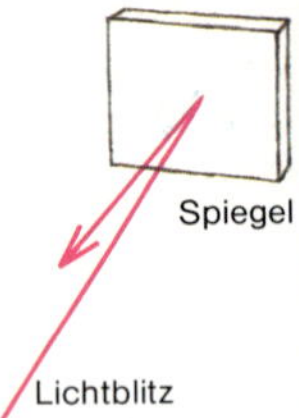

Wenn wir von *Lichtausbreitung* sprechen, stellen wir uns vor, daß Licht von einer Lichtquelle ausgeht und sich durch den Raum *bewegt*. Eine Bewegung erfolgt immer mit einer **Geschwindigkeit**. Demnach müßte sich das Licht mit einer bestimmten Geschwindigkeit ausbreiten.

Galileo Galilei (1564–1642) wollte dies mit einem Versuch beweisen: Er stellte zwei Helfer mit abgedeckten Laternen ein paar Kilometer voneinander entfernt auf zwei Berge (Bild 1). Der erste Helfer deckte seine Laterne auf und sandte so ein Lichtsignal aus. Sobald der zweite Helfer dieses Licht sah, schickte er mit seiner Laterne ein Lichtsignal zurück.

Der erste Helfer sollte feststellen, wieviel Zeit nach dem Aussenden seines Signals verstrich, bis er das Licht des anderen Helfers sah. Die Versuche ergaben aber nur: Entweder braucht das Licht für seinen Weg gar keine Zeit, oder es ist zu schnell, als daß man seine Geschwindigkeit auf diese Weise messen könnte.

Erst über 200 Jahre später (1849) gelang es dem französischen Physiker *Fizeau*, die Lichtgeschwindigkeit

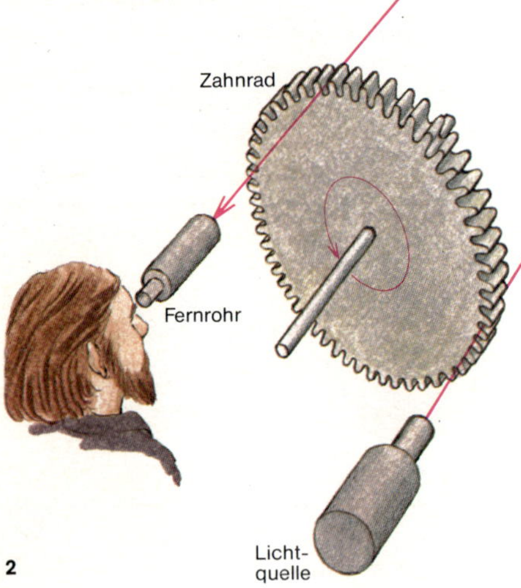

2

auf der Erde zu messen. Er hatte es allerdings leichter als Galilei, denn er kannte schon die ungefähre Geschwindigkeit des Lichtes. Astronomen hatten nämlich im 17. Jahrhundert den Wert der Lichtgeschwindigkeit *im Weltall* aufgrund bestimmter Planetenbewegungen errechnet.

Fizeau griff dabei die Idee von Galilei auf: Den ersten Helfer ersetzte er durch ein Zahnrad, das sich vor einer Lichtquelle drehte und so Lichtblitze erzeugte. Statt des zweiten Helfers baute er in 8,63 km Entfernung einen Spiegel auf; der Lichtweg betrug also rund 17 km (genau: 17,26 km).

Stell dir nun vor, daß du der Beobachter hinter dem Zahnrad von Bild 2 bist. Solange das Zahnrad *stillsteht*, fällt das Licht der Lampe durch eine Zahnradlücke auf den Spiegel. Von dort gelangt ein Teil des Lichtes durch eine andere Lücke in dein Auge; du siehst daher im Spiegel die hell leuchtende Lichtquelle.

Zunächst dreht sich das Zahnrad *langsam*. Die Lichtblitze bewegen sich vom Zahnrad zum Spiegel und zurück. In der Zeit, die das Licht für diesen Weg braucht, hat sich das Zahnrad kaum weitergedreht. Jeder Lichtblitz gelangt durch eine Lücke in dein Auge – du siehst die Lampe im Takt der Zahnfolge aufblitzen. Wenn sie mehr als 20mal pro Sekunde aufblitzt, sind die einzelnen Lichtblitze nicht mehr zu unterscheiden; die Lampe scheint „halbhell" zu leuchten.

Erhöht man die Drehzahl, so beobachtest du etwas Überraschendes: Bei einer bestimmten Drehzahl siehst du die Lampe nicht mehr; der Spiegel ist dunkel. Das läßt sich so erklären:

Für den 17 km langen Weg braucht jeder Lichtblitz eine bestimmte Zeit. In dieser Zeit hat sich das Zahnrad ein Stück weiterbewegt – und zwar gerade so weit, daß sich vor deinem Auge ein Zahn statt einer Lücke befindet. Auch durch die nachfolgende Lücke fällt kein Licht, da der nächste Lichtblitz noch unterwegs ist.

Bei *noch höherer Drehzahl* wird die hell leuchtende Lichtquelle wieder sichtbar. Dann befindet sich vor deinem Auge schon die nächste Lücke, wenn der Lichtblitz zurückkehrt.

Aus der Drehzahl des Zahnrades, der Zahl seiner Zähne und der Entfernung zwischen Zahnrad und Spiegel konnte Fizeau die Lichtgeschwindigkeit berechnen. Messungen in unserer Zeit ergaben:

Die Lichtgeschwindigkeit in Luft und im Vakuum beträgt fast genau 300 000 km/s.

Fragen und Aufgaben zum Text

1 Galilei mußte bei seinem Versuch die *Reaktionszeit* seiner Helfer berücksichtigen. Was ist damit gemeint?

2 Galilei konnte noch keine sehr kurzen Zeitabstände messen. Wie weit hätten die beiden Helfer voneinander entfernt sein müssen, damit Galilei eine Lichtlaufzeit von 1 s hätte messen können?

3 Die Sonne ist etwa 150 000 000 km von der Erde entfernt. Wie lange ist das Sonnenlicht zur Erde unterwegs?

4 In der Astronomie ist das *Lichtjahr* eine wichtige *Entfernungseinheit*. Welche Entfernung könnte damit gemeint sein? Wie groß ist diese Entfernung in km?

5 Fizeaus Zahnrad hatte 720 Zähne. Die erste Verdunklung beobachtete er bei 12,6 Umdrehungen pro Sekunde. Berechne die Lichtgeschwindigkeit.

Dazu zwei *Tips:* Errechne, wie oft sich pro Sekunde eine Lücke vor dem Auge befindet und wie oft ein Zahn. Wie lange dauert es, bis ein Zahn an die Stelle einer Lücke getreten ist?

 Wie schnell bewegt sich das Licht?

3 Licht wird gestreut – wir sehen Körper

Das ist Marios Supertrick: Er läßt mitten im Raum – ganz ohne helle Leinwand – ein Bild erscheinen. Er bewegt einen Zeigestock im Lichtkegel eines Projektors schnell auf und ab – und plötzlich erscheint das Bild!

Ohne den Zeigestock ist an dieser Stelle nichts zu sehen, nicht einmal der Lichtkegel des Projektors. Durchschaust du Marios Trick?

3

Info: Die Bedeutung des Lichtes für das Sehen von Gegenständen

Unser Auge ist ein Sinnesorgan, das Signale aus der Umwelt empfängt. Physikalisch gesehen, ist das Auge also ein **Lichtempfänger**.

Wir können Licht nur dann wahrnehmen, wenn es in unser Auge fällt. Auch die hellste Lichtquelle können wir nicht sehen, wenn ihr Licht unser Auge nicht erreicht.

Lichtquellen erzeugen ihr Licht selbst, man nennt sie **selbstleuchtende Körper**. Wir sehen selbstleuchtende Körper, wenn ein Teil des von ihnen erzeugten Lichtes in unser Auge fällt.

Warum sehen wir aber auch Körper, die selbst kein Licht erzeugen?

Damit wir solche Körper sehen können, muß Licht auf sie fallen; d. h., sie müssen

4

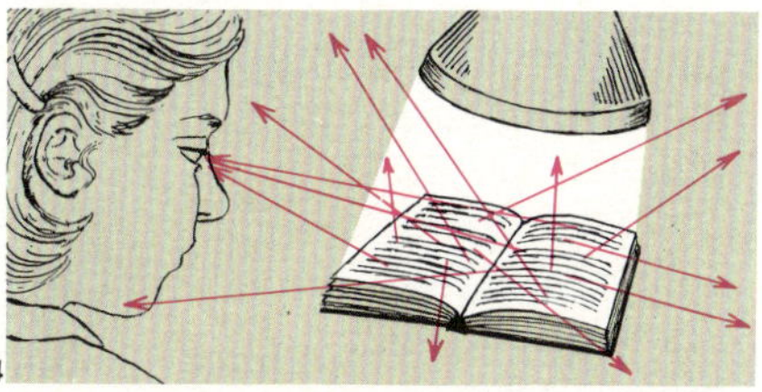

beleuchtet werden. **Beleuchtete Körper** lenken das Licht in die verschiedensten Richtungen ab. Weil dabei das Licht in den Raum „gestreut" wird, nennt man diesen Vorgang **Streuung** (Bild 4; die Pfeile stellen einige Richtungsstrahlen dar). Wenn ein Teil des gestreuten Lichtes in unsere Augen trifft, sehen wir den Körper.

Nicht alle Körper streuen das auf ihre Oberfläche auftreffende Licht (Bild 5).

Wir können auch Körper sehen, die *nicht direkt* beleuchtet werden. Das liegt daran, daß das Licht auch *mehrfach* gestreut werden kann.

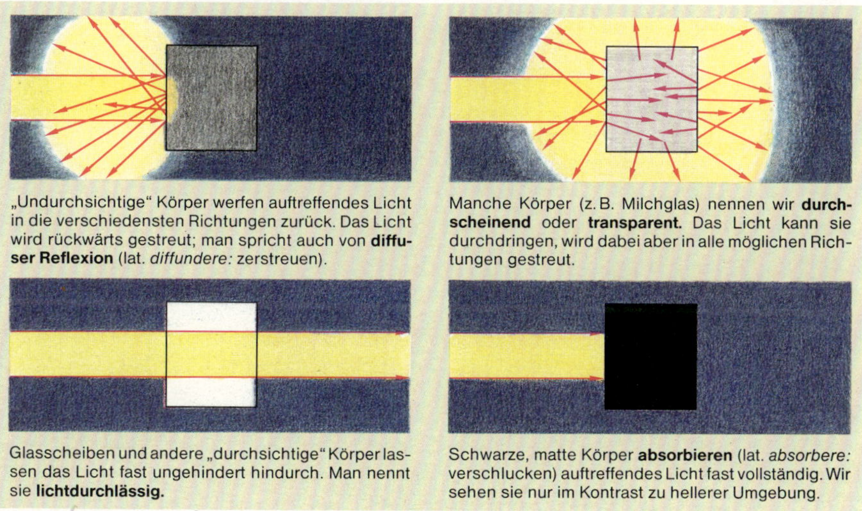

„Undurchsichtige" Körper werfen auftreffendes Licht in die verschiedensten Richtungen zurück. Das Licht wird rückwärts gestreut; man spricht auch von **diffuser Reflexion** (lat. *diffundere:* zerstreuen).

Manche Körper (z. B. Milchglas) nennen wir **durchscheinend** oder **transparent.** Das Licht kann sie durchdringen, wird dabei aber in alle möglichen Richtungen gestreut.

Glasscheiben und andere „durchsichtige" Körper lassen das Licht fast ungehindert hindurch. Man nennt sie **lichtdurchlässig.**

Schwarze, matte Körper **absorbieren** (lat. *absorbere:* verschlucken) auftreffendes Licht fast vollständig. Wir sehen sie nur im Kontrast zu hellerer Umgebung.

5

Was meint Streuung des Lichts?

Fragen und Aufgaben zum Text

1 Bei bedecktem Himmel gelangt das Sonnenlicht als Streulicht auf die Erde.

Wie verläuft dann der Weg des Lichtes, bis wir Körper – z. B. einen Baum – sehen?

2 Findest du eine Erklärung für den Versuch von Bild 3?

3 Erkläre die Beobachtung bei folgendem **Versuch:**

Wenn man ein Lichtbündel durch ein Glasgefäß mit Wasser schickt, ist es im Wasser nicht zu sehen. Sobald man aber etwas Badesalz im Wasser auflöst, wird das Lichtbündel sichtbar.

4 Oft kann man selbstleuchtende und beleuchtete Körper kaum unterscheiden. Informiere dich, zu welcher Gruppe folgende Körper gehören:

Augen einer Katze, „Katzenauge" an Fahrrädern, Fixsterne, Planeten, Sternschnuppen, der Mond.

5 Welche Vorstellung vom Sehvorgang liegt den folgenden Redewendungen zugrunde?

Soweit das Auge reicht; ein undurchdringliches Dunkel; ein stechender Blick; er hat das Augenlicht verloren.

Aus der Geschichte: **Der Streit um die Sehstrahlen**

Mit der Erklärung des Sehvorganges befaßten sich schon berühmte Persönlichkeiten des Altertums. Aber erst allmählich – vom 17. Jahrhundert an – konnte sich die heute gültige Erkenntnis durchsetzen, daß das Auge – physikalisch gesehen – ein **Lichtempfänger** ist.

Unsere tägliche Erfahrung scheint dieser Auffassung zu widersprechen: Um die Umgebung richtig wahrzunehmen, genügt es nämlich nicht, die Augen einfach aufzumachen und das Licht zu „empfangen". Man muß sich vielmehr anstrengen und sich auf die Dinge konzentrieren, die man sehen will. Du hast sicherlich schon einmal einen Gegenstand gesucht – und dabei hast du dann andere Dinge „übersehen", die eigentlich auch „da" waren und somit Licht in dein Auge lenkten. Anschließend hast du dich vielleicht gewundert, wie das überhaupt möglich war.

Heute wissen wir, daß unser Gehirn immer nur einen Teil der Lichtsignale verarbeitet, die das Auge erreichen. Die meisten Eindrücke läßt es unbeachtet. Dadurch bleibt die Welt für uns „übersichtlich".

Pythagoras (ca. 570–480 v. Chr.) und andere griechische Philosophen erklärten sich den Sehvorgang ganz anders:

Ihrer Meinung nach strömten vom Auge heiße **Sehstrahlen** aus, die von den kalten Körpern dann „zurückgedrängt" wurden.

Hipparch (um 190–120 v. Chr.) verglich die von den Augen ausgehenden Sehstrahlen mit Händen, die die Gegenstände abtasten und dadurch sichtbar machen (Bild 1).

Ptolemäus (ca. 100–160 n. Chr.) widersprach dieser Theorie: Wenn nämlich das Auge Sehstrahlen ausschickte, müßte man ja auch im Dunkeln sehen können! Vielmehr vermutete Ptolemäus zweierlei Strahlen, durch deren Zusammenwirken das Sehen erst möglich wird – die **Sehstrahlen**, die vom Auge ausgehen, und die **Lichtstrahlen**, die von Lichtquellen ausgehen (Bild 2).

Gegen jegliche Theorie über Sehstrahlen wandten sich die sog. *Atomisten*. (Sie gingen schon im Altertum davon aus, daß alle Körper aus unteilbaren Teilchen – den Atomen – aufgebaut sind.) Sie stellten sich den Sehvorgang vor wie in Bild 3: Von der Oberfläche eines Körpers lösen sich dauernd Atome ab, die als „Abbild" des Körpers durch die Luft fliegen und so ins Auge gelangen.

1

2

3

Aus Umwelt und Technik: **Streulicht im Straßenverkehr**

Im Straßenverkehr müssen wir auch Körper gut sehen, die selbst kein Licht erzeugen. Deshalb spielt gerade dort das Streulicht eine lebenswichtige Rolle.

So ist es z. B. vorteilhaft, als Fußgänger nachts *helle* Kleidung zu tragen. Sie streut das Licht stärker und absorbiert es weniger als dunkle Kleidung. Ein Autofahrer kann etwas Helles schon von weitem erkennen (Bild 4).

Verkehrsschilder werfen auftreffendes Licht hauptsächlich in die Richtung zurück, aus der sie beleuchtet werden. Ein Autofahrer kann sie daher frühzeitig erkennen. Dies gilt auch für Rückstrahler und seitliche Reflektoren (Seitenstrahler), wie sie für Fahrräder vorgeschrieben sind.

Streulicht kann aber auch störend und sogar gefährlich sein – so z. B. bei einer nächtlichen Autofahrt im Schneetreiben oder bei Nebel. Wenn man das Fernlicht einschaltet, sieht man plötzlich nur noch eine „weiße Wand". Von den Schneeflocken oder Nebeltröpfchen wird nämlich soviel Licht gestreut, daß der Autofahrer geblendet wird.

4

Alles klar?

1 Kann man die „Sonnenstrahlen" sehen? Begründe deine Antwort.

2 Wir sehen im Weltraum Sterne, die unvorstellbar weit entfernt sind. Warum ist aber auf der Erde in klaren Nächten eine Lichtquelle kaum 50 km weit zu sehen?

3 In Bild 5 siehst du einen Astronauten im Sonnenlicht. Auch die Lufthülle der Erde ist beleuchtet. Der Weltraum dagegen ist tiefschwarz. Erkläre!

4 Während es am Abend auf der Erde bereits dämmert, kann man manchmal noch Flugzeuge hoch am Himmel im Sonnenlicht sehen. Wie ist das möglich?

5

5 Wenn man den Sternenhimmel betrachtet, kann man Sterne sehen, die es vielleicht schon gar nicht mehr gibt ...

6 Warum wird es nicht „Nacht", wenn sich eine Wolke vor die Sonne schiebt?

6

7 In einer Fernsehsendung der Reihe „Versteckte Kamera" gingen zwei Männer wie in Bild 6 über die Straße. Die meisten Passanten vermieden es, zwischen den Männern hindurchzugehen. Wie ist ihr Verhalten zu erklären?

Auf einen Blick

Lichtquellen

Licht geht von **Lichtquellen** aus. Als *Lichtquellen* oder *selbstleuchtende Körper* bezeichnen wir alle Körper, die ihr Licht selbst erzeugen.

Wie sich Licht ausbreitet

7

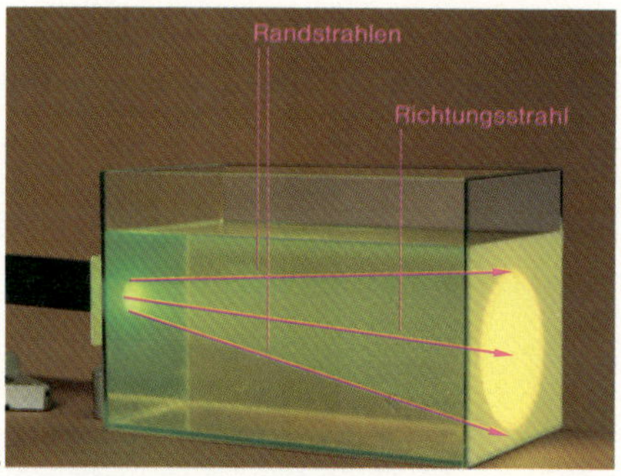

8

Licht breitet sich **geradlinig** und **nach allen Seiten** hin aus.

Die Lichtgeschwindigkeit in Luft und im Vakuum beträgt ca. 300 000 km/s.

In unseren Versuchen konnten wir immer nur **Lichtbündel** beobachten.

Lichtstrahlen dagegen gibt es nur in unserer gedanklichen Vorstellung. Sie dienen dazu, Lichtbündel zu beschreiben und zu zeichnen.

Licht wird gestreut – wir sehen Körper

Unser Auge ist ein **Lichtempfänger**; es kann nur einfallendes Licht wahrnehmen. Wir sehen deshalb nur dann einen Körper, wenn von ihm aus Licht in unsere Augen fällt.

Körper, die selbst kein Licht erzeugen, können wir nur sehen, wenn sie *beleuchtet* werden.

Das Licht fällt dabei von einer Lichtquelle auf den Körper, und dieser wirft es in viele Richtungen in den Raum zurück; diesen Vorgang nennt man **Streuung**. Das Streulicht kann in unsere Augen gelangen.

9

Der Sehwinkel

Größe und Entfernung von Gegenständen

1

Den Zeiger dieser Turmuhr (Bild 1) siehst du auch in Bild 2.
Wie kommt es, daß uns die wirkliche Größe des Zeigers so überrascht?

V 1 Du brauchst zwei gleich große Bleistifte; einen davon legst du quer auf den Tisch. Dann entfernst du dich einige Meter von dem Stift, ohne ihn aus den Augen zu lassen. Hast du dabei den Eindruck, daß der Stift kleiner wird?

Halte nun den zweiten Bleistift mit ausgestrecktem Arm so vor ein Auge, daß du beide Stifte gleichzeitig siehst. Was fällt dir auf?

Entferne dich noch weiter von dem ersten Bleistift. Was ändert sich?

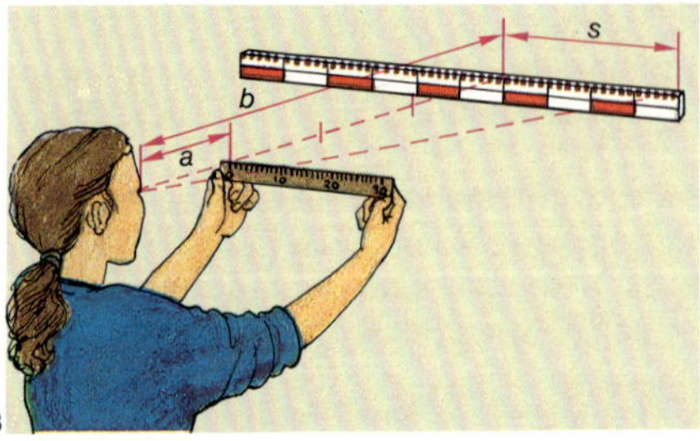

3

2

V 2 Untersuche, wie *bei gleichem Sehwinkel* Größe und Entfernung von Gegenständen zusammenhängen (Bild 3):

Miß den Abstand Auge–Lineal bei ausgestrecktem Arm. Peile dann einen Meterstab an, der 2-, 3-, 4mal... so weit von deinem Auge entfernt ist wie das Lineal. Wie lang ist jeweils die Strecke auf dem Meterstab, die du hinter einem 10 cm langen Linealabschnitt siehst?

Fertige ein Diagramm an (*waagerechte Achse:* Abstand Auge–Meterstab; *senkrechte Achse:* Strecke auf dem Meterstab). Welche Gesetzmäßigkeit liest du daraus ab?

Im Anhang findest du eine Anleitung, wie du mit diesem Gesetz z. B. den Monddurchmesser ermitteln kannst.

Info: Groß und klein – nah und fern

Gleich große Gegenstände in unterschiedlichen Entfernungen sehen verschieden groß aus (Bild 4). Wie kommt es zu diesen Größeneindrücken?

Bei der Beurteilung der Größe eines Gegenstandes spielt der **Sehwinkel** eine wichtige Rolle. Bild 5 zeigt, was man darunter versteht: Von den beiden äußeren Randpunkten des Ballons erreicht jeweils ein Lichtbündel unser Auge. Der Winkel α, den die Richtungsstrahlen dieser Bündel einschließen, heißt *Sehwinkel*.

Der Sehwinkel hängt von der Größe des Gegenstandes und von der Entfernung Gegenstand – Auge ab (Bilder 5–7).

Woher wissen wir nun aber, ob sich ein Gegenstand in der Nähe befindet und *klein ist* oder ob er uns aufgrund seiner Entfernung nur *klein erscheint*?

In vielen Fällen sagt uns das unsere Erfahrung. Die Größen von Gegenständen des täglichen Lebens sind nämlich als feste Erfahrungswerte in unserem Gehirn gespeichert. Aus einem kleinen Sehwinkel eines (uns bekannten) Gegenstandes schließen wir unbewußt auf eine größere Entfernung.

4

Für manche Gegenstände, z. B. für die Heißluftballons, fehlt uns aber ein Erfahrungswert hinsichtlich ihrer Größe. Allein aufgrund des Sehwinkels, unter dem wir diese Gegenstände wahrnehmen, können wir also nicht auf ihre wirkliche Größe schließen.

In solchen Fällen wird uns bewußt, daß sich die scheinbare Größe eines Gegenstandes mit der Entfernung ändert. Wir sind unsicher, wenn wir Größe oder Entfernung angeben sollen. Das gilt vor allem, wenn es in der Nähe des Gegenstandes keine Vergleichsmöglichkeiten gibt.

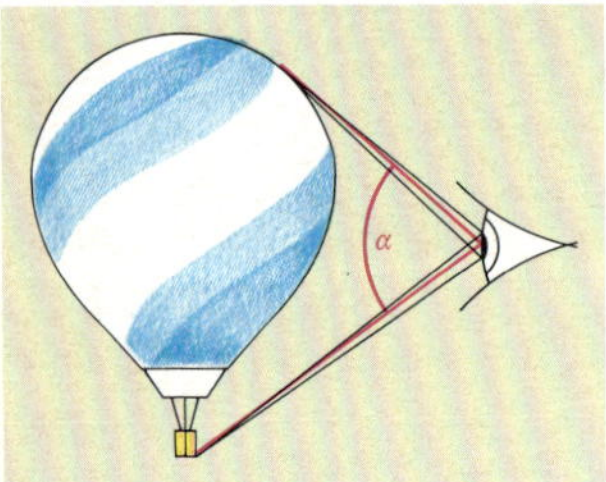

5

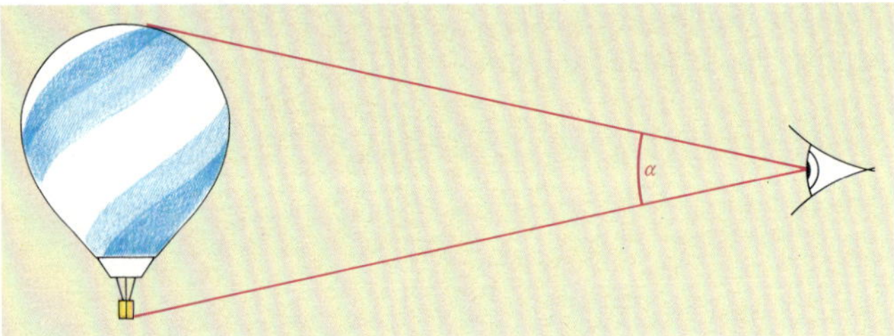

6

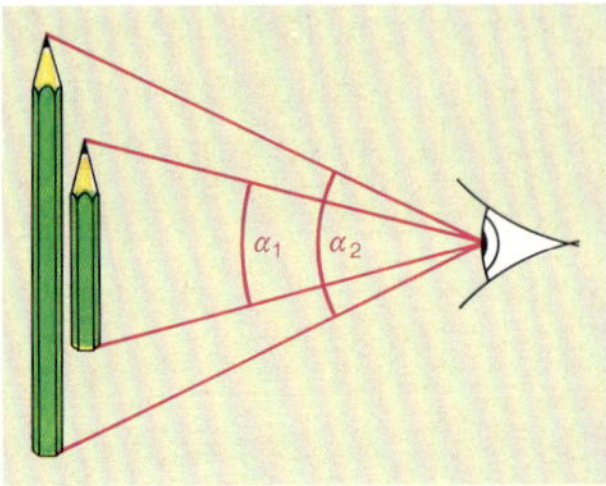

7

Aufgaben

1 Obwohl der Durchmesser der Sonne ungefähr 400mal so groß ist wie der des Mondes, erscheinen uns Sonne und Mond etwa gleich groß. Worauf führst du das zurück?

2 Bei Gegenständen des täglichen Lebens hängt der Größeneindruck meist *nicht* von der Entfernung ab, obwohl sich natürlich der Sehwinkel mit der Entfernung ändert. Erkläre!

3 Ein Flugzeug, das einen Kondensstreifen an den Himmel „malt", scheint sich für uns langsamer zu bewegen als ein Auto, das mit 50 km/h an uns vorbeifährt. Tatsächlich beträgt die Geschwindigkeit dieses Flugzeuges aber meist wenigstens 700 km/h.

8

9

Wie kommt es zu dieser Sinnestäuschung? (*Tip:* Überlege, an welchen Größen wir uns bei der Einschätzung der Geschwindigkeit orientieren.)

4 Eisenbahnschienen laufen in der Ferne scheinbar zusammen. Warum eigentlich?

5 Filme und Fotos können einen Betrachter leicht über die tatsächlichen Größenverhältnisse täuschen (Bild 8). Die wahre Größe des Autos im Vordergrund erkennst du in Bild 9.

Woraus schließen wir bei einem Foto, wie groß ein abgebildeter Gegenstand wirklich ist?

Wieso lassen wir uns in der Realität nicht so leicht täuschen?

Aus Umwelt und Technik: **Warum erscheint uns die Abendsonne so groß?**

Die Sonne sieht morgens und abends – wenn sie dicht über dem Horizont steht – größer aus als die hoch am Himmel stehende Mittagssonne (Bild 10). Die Abendsonne erscheint besonders in Landschaften stark vergrößert, die den Eindruck einer großen Weite hervorrufen, z. B. am Meer.

In Wirklichkeit aber ändert sich die Entfernung Erde – Sonne im Laufe eines Tages praktisch nicht; der Sehwinkel bleibt also gleich. (Wie du das nachmessen kannst, ist im Anhang beschrieben.) Daß uns die Abendsonne so groß erscheint, muß also auf einer Täuschung beruhen!

Diese Täuschung können wir so erklären: Wie Experimente zeigen, nehmen wir den Horizont bis zu 1,5mal so weit entfernt wahr wie den Zenit, d. h. den senkrecht über uns liegenden Punkt des „Himmelsgewölbes". Unser Gehirn spielt uns also einen Streich: Das Himmelsgewölbe erscheint in horizontaler Richtung verbreitert – wie eine Käseglocke.

Kurve 1 in Bild 11 stellt die tatsächliche Bahn der Sonne für einen irdischen Beobachter dar. Der Sehwinkel ist mittags (Position A) und abends (Position B) der gleiche. Am Abend

10

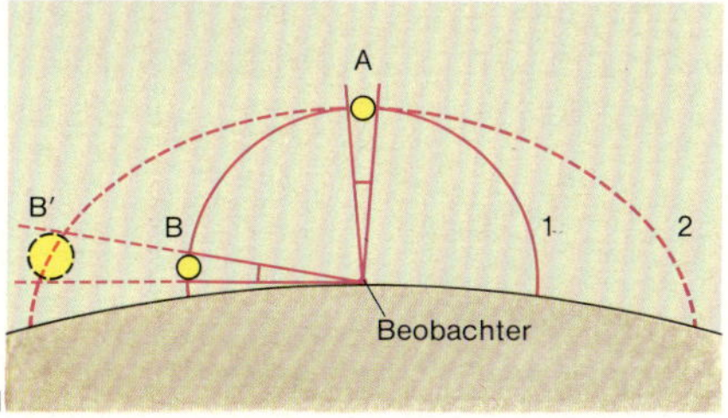

11

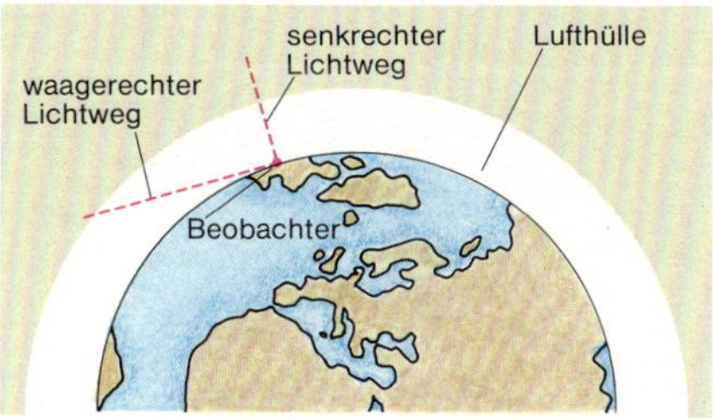

12

aber verlegt der Beobachter wegen der Entfernungstäuschung die Sonne unbewußt in Position B'. Er muß ihr dann aber wegen der scheinbar größeren Entfernung auch einen größeren Durchmesser zuordnen.

Die zu groß geschätzte Entfernung des Horizontes hängt wahrscheinlich mit der Lichtausbreitung in der Atmosphäre zusammen (Bild 12): Wenn wir senkrecht nach oben blicken, fällt Licht in unser Auge, das einen verhältnismäßig kurzen Weg durch die Lufthülle hat. Dagegen muß das Licht aus der Richtung des Horizontes eine viel dickere Luftschicht durchdringen. Auf diesem Weg wird es durch Dunst und kleine Teilchen der Luft vielfach gestreut. Am Horizont verwischen deshalb Konturen und Farbunterschiede. Dadurch wird der Eindruck einer weiten Ferne verstärkt. (Auch Künstler lassen den Hintergrund in Gemälden dadurch weit entfernt erscheinen, daß sie blasse, blaugraue Farben und unscharfe Konturen verwenden.)

Das Beispiel der Abendsonne zeigt, wie verzwickt die Vorgänge bei der Wahrnehmung sind. Man sollte daher nicht immer glauben, was man sieht ...

Graue Schatten – bunte Bilder?

1 Bunte Schatten!

1

Schatten müssen nicht immer grau oder schwarz sein!

V 1 In einem verdunkelten Raum werden Schattenbilder auf einer weißen Wand erzeugt. Als Lichtquellen dienen dabei farbige Spotlampen (40 W, innenmattiert), wie sie für „Lichtorgeln" und in Schaufenstern verwendet werden.

a) Die Wand wird mit rotem Licht beleuchtet. Wie wird das Schattenbild aussehen, wenn wir zwischen Lampe und Wand einen Gegenstand halten? Begründe deine Vermutung.

b) Wir tauschen jetzt die rote gegen die grüne Lampe aus. Was ändert sich, was bleibt gleich?

V 2 Ein Gegenstand wird gleichzeitig von zwei (nahezu punktförmigen) Lichtquellen beleuchtet. Auf einem Schirm hinter dem Gegenstand können dann zwei *Halbschatten* und ein *Kernschatten* entstehen. Wir probieren das mit zwei farbigen Lampen vor einer Wand aus.

Die Wand wird mit einer grünen und einer roten Lampe angestrahlt. Zwischen die Lichtquellen und die Wand wird ein Brett gehalten. Erkläre, wie die farbigen Schattenbilder zustande kommen.

V 3 Ein Gegenstand wird gleichzeitig von mehreren kleinen Glühlampen beleuchtet; dabei entsteht eine Vielzahl von Halbschatten.

a) Die Lämpchen sind wie in Bild 2 auf ein Brett montiert. Versuche vorherzusagen, wie die Halbschatten angeordnet sein werden.

Warum sind die Halbschatten um so heller, je weiter sie vom Kernschatten entfernt sind?

b) Die Lämpchen sollen nun die Form eines „L" bilden. Welche Figur ergeben die Halbschatten? Erkläre das Versuchsergebnis.

V 4 Am Schattenbild kann man die Form der Lichtquelle erkennen! Das zeigt dieser Versuch mit einer röhrenförmigen Lampe (Bild 3).

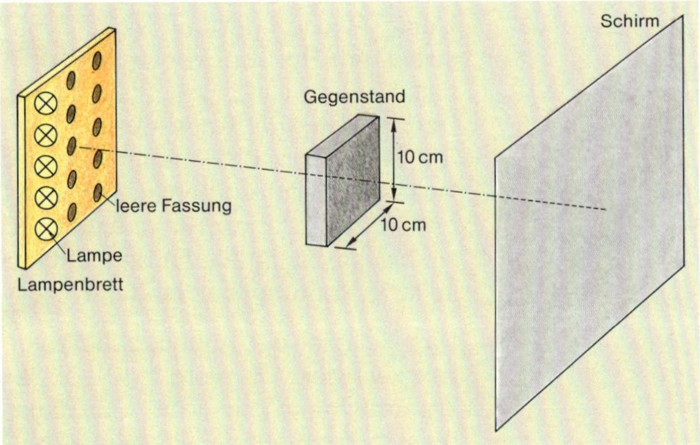

2

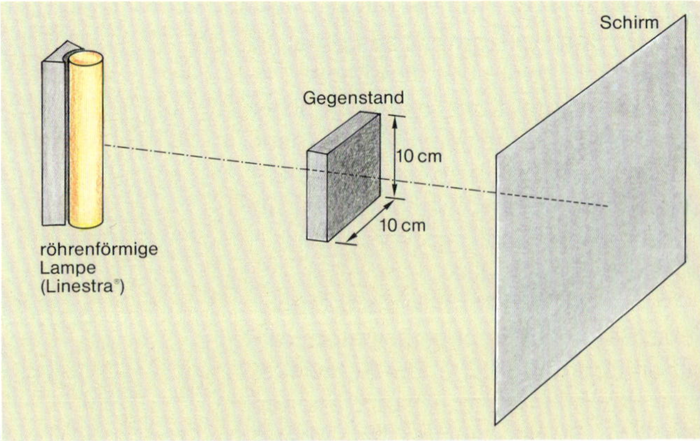

3

Aufgaben

4

5

6

1 Erkläre, wie Schatten entstehen. Was versteht man unter einem *Kernschatten*?

2 Der Schatten in Bild 4 hat am rechten und linken Rand keine scharfe Begrenzung. Mit welcher Lichtquelle könnte der Schatten erzeugt worden sein? Wie waren Gegenstand und Lichtquelle angeordnet?

Wenn in ein Schattengebiet noch teilweise Licht fällt, spricht man von *Halb*schatten. Warum könnte das mißverständlich sein?

3 Das Wort *Schatten* hat verschiedene Bedeutungen. In der Physik unterscheidet man den *Schattenraum* und das *Schattenbild*. Erkläre beide Begriffe anhand von Bild 5.

4 Was ist bei den folgenden Redewendungen jeweils mit dem Wort *Schatten* gemeint – der Schatten*raum* oder das Schatten*bild*?

① Er sitzt im Schatten eines Baumes. ② Abends werden die Schatten länger. ③ Das Ereignis wirft seine Schatten voraus. ④ Er steht im Schatten seiner Vorgänger. ⑤ Ein Schatten huscht über die Wand.

Suche weitere Redewendungen, in denen *Schatten* eine Rolle spielen.

5 Das Schattenbild einer Person wird kürzer, wenn sie sich einer Straßenlampe nähert. Entfernt sie sich von ihr, wird es länger. Erkläre!

6 Bild 6 zeigt die Erde – von der Mondoberfläche aus fotografiert. In welcher Richtung stand bei dieser Aufnahme die Sonne?

7 In Bild 7 werden vier Begriffe eingeführt: Die Größe des Schattenbildes nennt man *Bildgröße B*. Der Abstand zwischen Schattenbild und Lichtquelle heißt *Bildweite b*. Die Entfernung des Gegenstandes von der Lichtquelle bezeichnet man als *Gegenstandsweite g* und seine Größe als *Gegenstandsgröße G*.

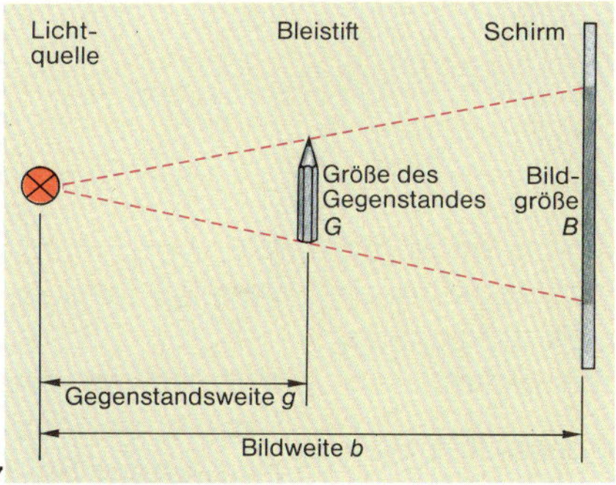

7

a) Wie groß wird das Schattenbild des Bleistiftes bei $g = 50$ cm, $b = 1$ m und $G = 18$ cm?

Versuche anzugeben, wie *B*, *G*, *b* und *g* zusammenhängen.

b) Überprüfe deine Vermutung im **Versuch**: Stelle verschiedene Gegenstandsweiten *g* ein (bei unverändertem *b*), dann verschiedene Bildweiten *b* (bei unverändertem *g*).

8 Die Cartoons (Bilder 8–10) beruhen auf der gleichen Grundidee. Formuliere diese Idee.

Man sagt, ein Schatten „huscht über die Wand" oder „fällt auf den Boden". In solchen Wendungen wird der Begriff „Schatten" in ähnlicher Weise verwendet wie in den Cartoons. Erläutere den Widerspruch zur physikalischen Sichtweise.

8

9

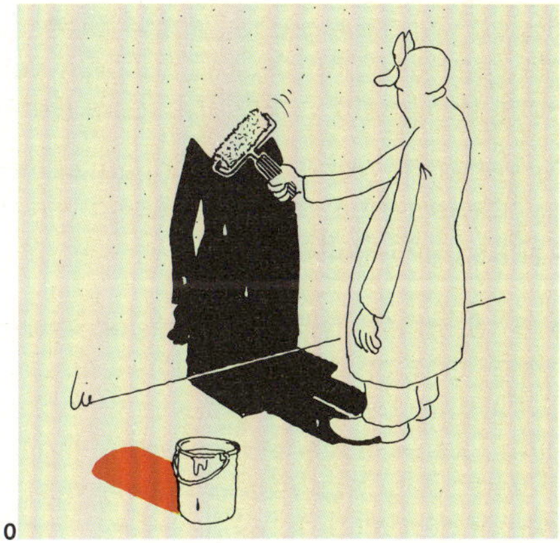
10

2 Vom unscharfen Schatten zum Bild der Lochkamera

Eine einfache Lochkamera...

1

...macht erstaunlich gute Bilder.

2

Vielleicht hast du schon mit einer solchen Lochkamera experimentiert. Du kannst sie leicht selbst bauen. (Eine Bauanleitung findest du im Anhang.)

○ Wie entsteht das Lochkamerabild?
○ Welche Gemeinsamkeiten zwischen der Entstehung von Schatten und Lochkamera findest du?

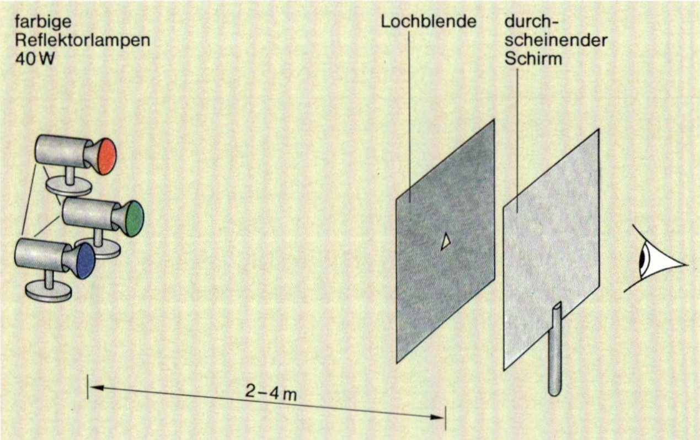

3

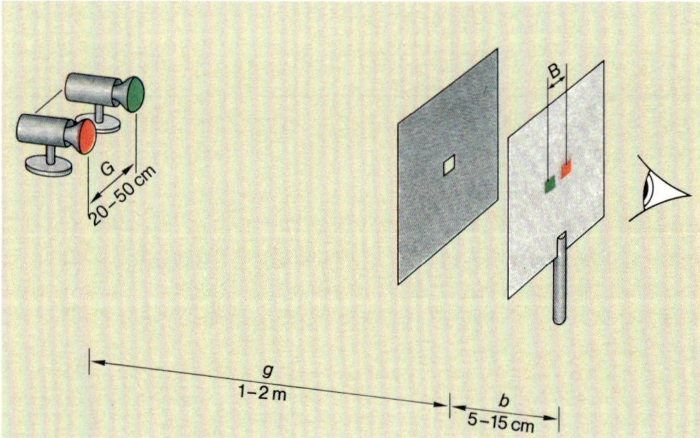

4

V 5 Wir erzeugen Schattenbilder einer Lochblende mit Hilfe farbiger Spotlampen (Bild 3). Als Lochblende benötigst du ein Stück Karton, in das ein kleines dreieckiges Loch geschnitten wurde (Seitenlänge: 2 bis 5 mm).

a) Zunächst wird nur die rote Lampe eingeschaltet. Welches Bild entsteht auf dem Schirm?

b) Jetzt wird die grüne Lampe dazugeschaltet. Vergleiche die Lage der Lichtflecken auf dem Schirm mit der Anordnung der Lampen. Erkläre deine Beobachtungen.

c) Versuche vorherzusagen, an welcher Stelle der blaue Lichtfleck entstehen wird, wenn wir auch noch die dritte Lampe einschalten.

V 6 Statt der farbigen Lampen verwenden wir die L-förmige Lampenanordnung aus Versuch 3. Wo auf deinem Schirm werden jeweils die Lichtflecken erscheinen, wenn eine Lampe nach der anderen eingeschaltet wird?

Verändere den Abstand zwischen Blende und Schirm. Wie ändert sich dabei das Bild? Erkläre!

V 7 Vor der Lochblende steht eine röhrenförmige Lampe. Was ist auf dem Schirm zu sehen?

V 8 Wovon hängt es ab, wie groß das Lochkamerabild eines Gegenstandes ist? Um das zu untersuchen, bauen wir zwei farbige Spotlampen vor einer Lochblende auf (Bild 4). Die *Gegenstandsgröße G* ist hier der Abstand zwischen den Lampen, die *Bildgröße B* der Abstand zwischen den Lichtflecken auf dem Schirm. Als *Gegenstandsweite g* bezeichnen wir den Abstand Lochblende–Lampen und als *Bildweite b* den Abstand Lochblende–Schirm.

a) Wir messen die Bildgröße B bei verschiedenen Werten für G, b und g und stellen die Meßwerte in einer Tabelle zusammen.

b) Berechne jeweils den *Abbildungsmaßstab* $A = \frac{B}{G}$.

c) Vergleiche auch das Verhältnis $\frac{b}{g}$ von Bildweite b und Gegenstandsweite g mit dem berechneten Abbildungsmaßstab.

Aufgaben

1 Wie entsteht das Lochkamerabild einer punktförmigen Lichtquelle?

2 Erkläre, wie bei der Lochkamera das umgedrehte und seitenverkehrte Bild eines Hauses zustande kommt.

Ein Tip: Denke dir das Haus aus vielen Punkten zusammengesetzt, von denen jeweils Licht ausgeht.

3 Ein Haus hat eine Höhe von 16 m. Auf dem Schirm einer Lochkamera ist sein Bild 4 cm hoch.

a) Berechne für dieses Beispiel den Abbildungsmaßstab.

b) Der Abstand zwischen Schirm und Lochblende beträgt 10 cm. Wie weit ist das Haus von der Blende entfernt?

4 Eine 5 cm hohe Kerzenflamme wird mit einer Lochkamera abgebildet. Die Kerze befindet sich 50 cm vor der Lochblende, der Schirm 12,5 cm dahinter. Zeichne! (1 cm in der Skizze entspricht 5 cm in der Wirklichkeit.)

Berechne den Abbildungsmaßstab und die Bildgröße der Kerzenflamme. Vergleiche mit deiner Zeichnung.

Graue Schatten – bunte Bilder?

Alles klar?

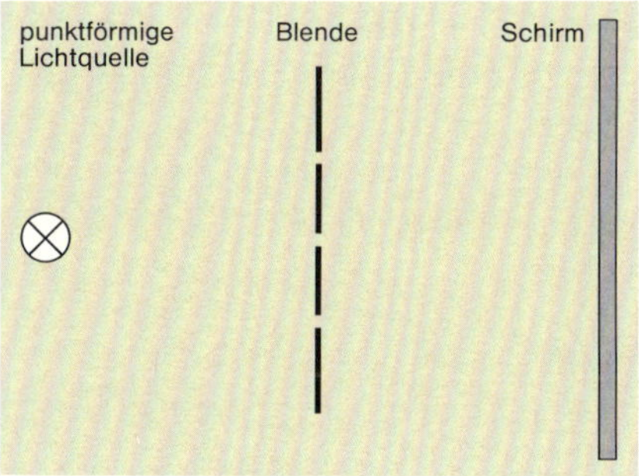

5

6

7

1 Was haben Schatten und Dunkelheit gemeinsam, wie unterscheiden sie sich?

2 Eine punktförmige Lichtquelle steht vor einer Blende mit drei kreisrunden Löchern (Bild 5). Beschreibe das Bild, das auf dem Schirm entsteht.

Welche Form haben die Lichtflecke?

3 Wie könnte Bild 6 entstanden sein?

4 Die Halbschatten in Bild 7 wurden mit Hilfe farbiger Lampen erzeugt. Zeichne die Versuchsanordung.

5 Wie kommt es zu einer Mondfinsternis (Bild 8)?

6 Bild 9 zeigt, wie es zu einer Sonnenfinsternis kommt. Beschreibe!

Was sieht ein Beobachter auf der Erde im Halbschatten des Mondes?

7 Versuche zu erklären, wie die farbigen Schatten in Bild 1 auf der vorigen Doppelseite zustande gekommen sind.

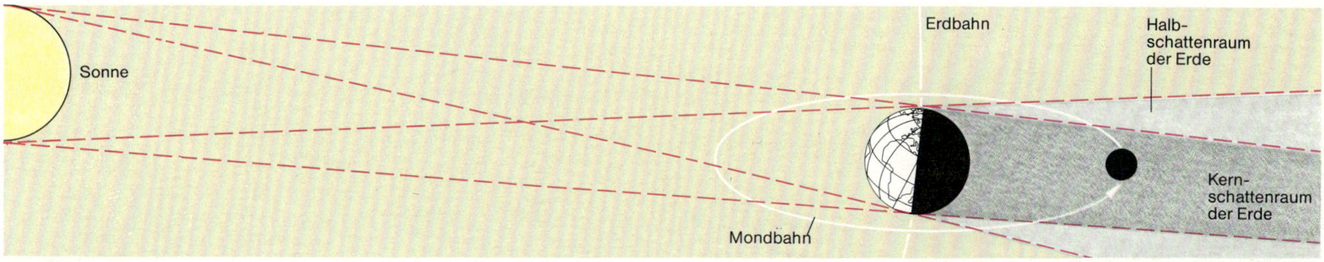

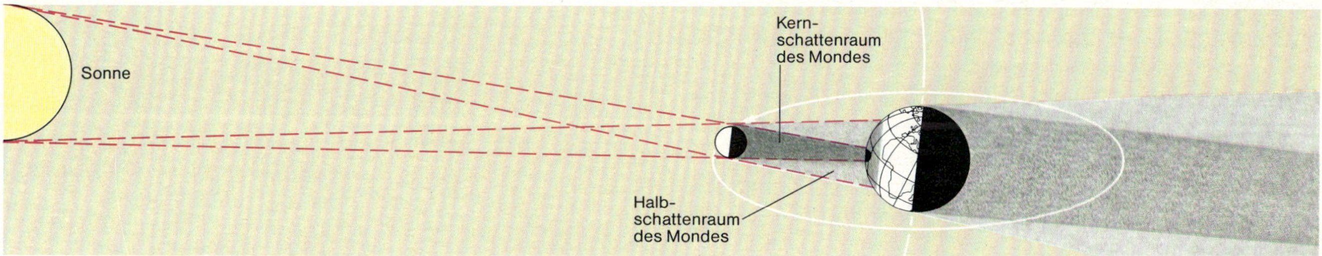

Auf einen Blick

Graue Schatten und bunte Halbschatten

Wenn das Licht einer punktförmigen Lichtquelle auf einen Körper trifft, entsteht hinter dem Körper ein lichtarmer Raum – der **Schattenraum**.

Hält man einen Schirm hinter den Körper, so beobachtet man ein scharf begrenztes **Schattenbild**; dort trifft weniger Licht auf den Schirm als in der Umgebung des Schattenbildes.

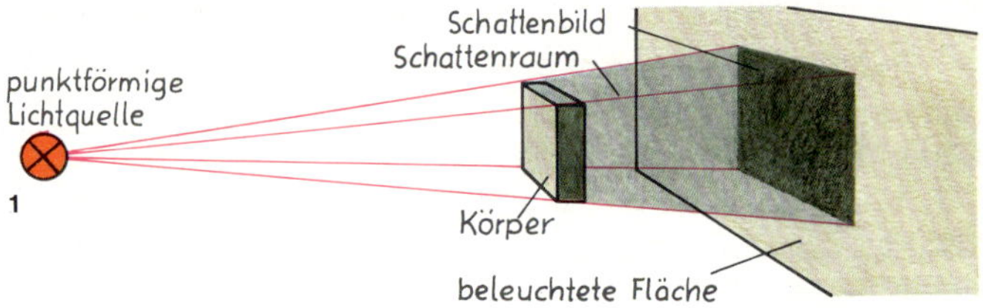

1

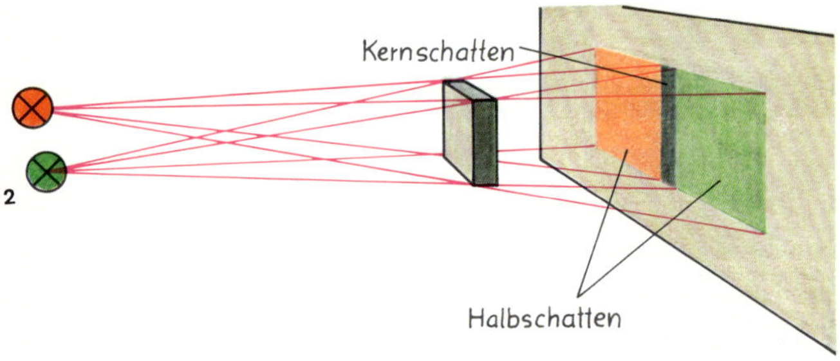

2

Mit mehreren Lichtquellen vor einem Körper lassen sich **Halbschatten** erzeugen. Halbschatten sind die Bereiche des Schirms, auf die Licht von nur einem Teil der Lichtquellen fällt. Als **Kernschatten** bezeichnet man den Bereich, der von keiner der Lichtquellen beleuchtet wird.

Bei farbigen Lichtquellen beobachtet man farbige Halbschatten. Aus der Lage der Halbschatten und ihren Farben kann man die Anordnung und die Farben der Lampen ableiten.

Ausgedehnte Lichtquellen erzeugen Schatten mit unscharfen Rändern.

Das Schattenbild ist in *der* Richtung unscharf verbreitert, in der die Lichtquelle ausgedehnt ist.

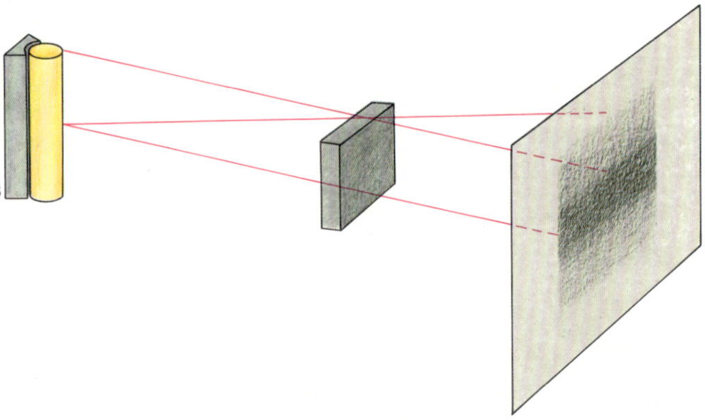
3

Die Lochkamera und ihre Bilder

Die Bilder der **Lochkamera** entstehen auf ähnliche Weise wie unscharfe Schatten. Das Licht kann dabei sowohl von einer Lichtquelle als auch von einem beleuchteten Körper (z. B. einer Landschaft) ausgehen.

Fällt das Licht von einem Gegenstandspunkt durch eine Lochblende, so entsteht ein Lichtfleck auf dem Schirm. Dieser Lichtfleck hat die Form der Blendenöffnung.

Man könnte sagen: Auf dem Schirm ist das Schattenbild der Blende zu sehen – nur die Blendenöffnung wirft keinen Schatten.

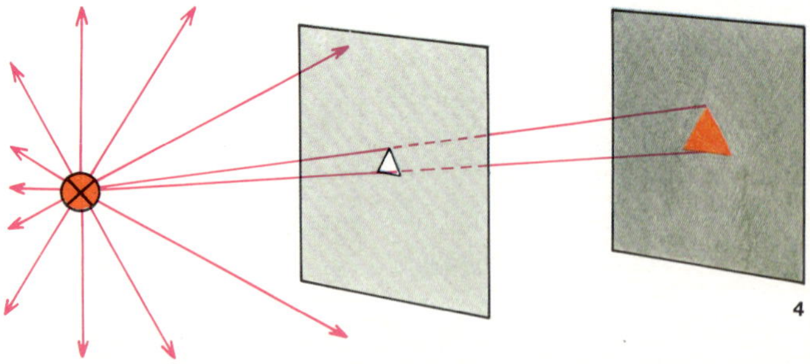
4

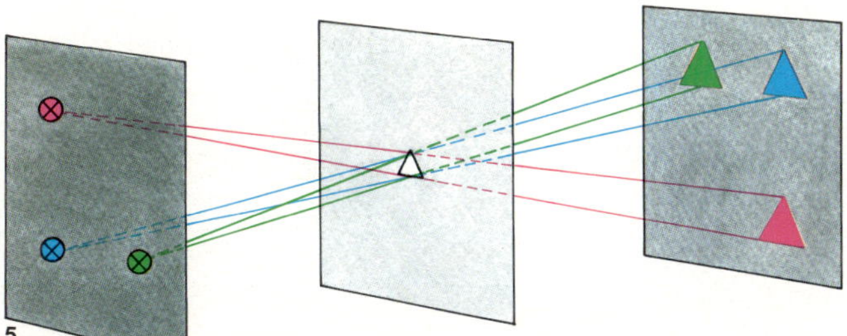
5

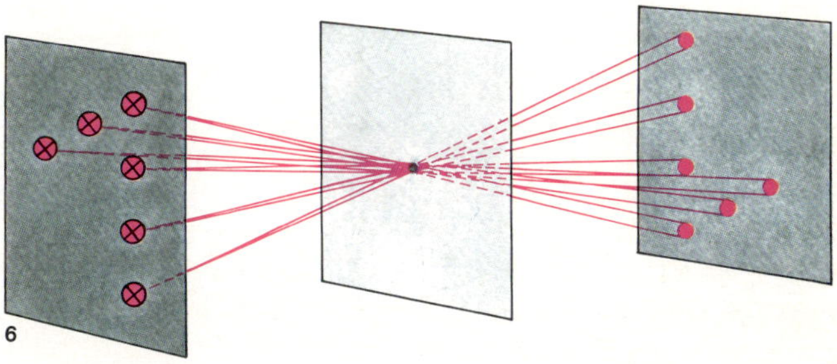
6

Bei mehreren Gegenstandspunkten kreuzen sich die Lichtbündel im Blendenloch, ohne sich zu stören. Auf dem Schirm entstehen mehrere Lichtflecke.

Dabei werden oben und unten sowie rechts und links vertauscht. Aus der Anordnung der Lichtpunkte kann man auf die Anordnung der Gegenstandspunkte schließen.

Der Lichtweg wurde nur für drei Gegenstandspunkte dargestellt.

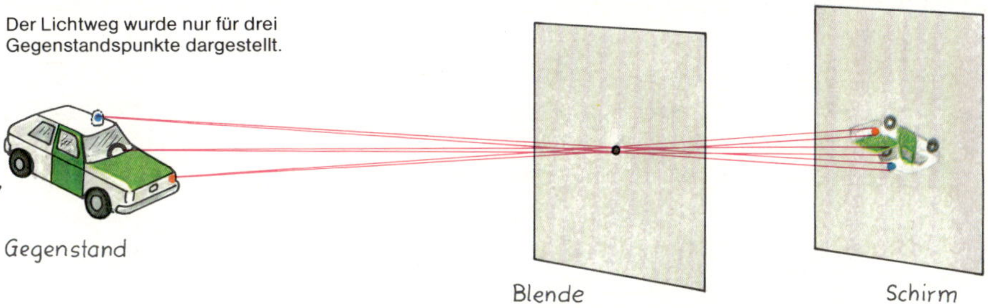

7

Einen ausgedehnten Gegenstand kannst du dir aus sehr vielen einzelnen Punkten zusammengesetzt denken. Von jedem einzelnen Punkt geht Licht in alle Richtungen aus. Ein Teil davon fällt durch das Blendenloch auf den Schirm und erzeugt dort einen Lichtfleck. Punkt für Punkt wird so der Gegenstand auf dem Schirm abgebildet.

Das Bild der Lochkamera ist unscharf, weil sich die einzelnen Lichtflecke überlappen. Je kleiner die Flecke im Vergleich zum gesamten Bild sind, desto schärfer ist das Bild.

Der Abbildungsmaßstab

Von Landschaften entstehen in der Lochkamera verkleinerte Bilder. Immer wenn die *Bildweite b* kleiner als die *Gegenstandsweite g* ist, ist auch das Bild kleiner als der Gegenstand.

Das Verhältnis der *Bildgröße B* zur *Gegenstandsgröße G* ist genauso groß wie das der Bildweite zur Gegenstandsweite. Dieses Verhältnis heißt **Abbildungsmaßstab**:

$$A = \frac{B}{G} = \frac{b}{g}.$$

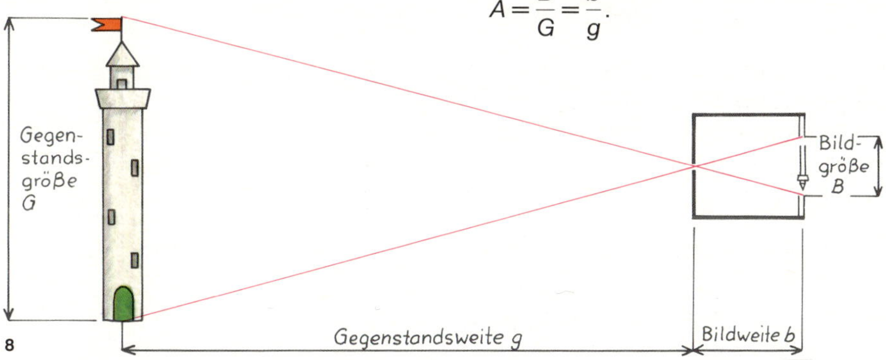

8

Spiegelbilder und Reflexion

1 Spiegelbilder – alles nur Schein?

1

2

Ein spannender Versuch: Kathrin sieht nur das Spiegelbild von Becherglas 1 und gibt Michael Anweisungen (Bild 1). Michael soll das Becherglas 2 genau über das Spiegelbild halten und dort abstellen.

Anschließend gießt Kathrin, die jetzt das Becherglas 2 nicht mehr sieht, Wasser „in dessen Spiegelbild" (Bild 2). Ob das gutgeht?

Was kannst du aus diesem Versuch schließen?

V 1 Stelle dich vor einen Spiegel, und betrachte dein Spiegelbild. Drehe ein kleines Haarbüschel über einem Ohr so zusammen, daß es etwas vom Kopf absteht. Versuche nun, dieses Haarbüschel mit einer Schere abzuschneiden (Vorsicht!).

V 2 Stelle dich hinter eine Person, die vor einem Spiegel steht. Wie siehst du sie im Original und wie im Spiegel?

Wie ändert sich die *Lage* des Spiegelbildes, wenn du um die Person herumgehst und von einem anderen Standort aus in den Spiegel blickst?

V 3 Lege einen Meterstab rechtwinklig vor einen Spiegel (Bild 3).

a) Wie groß ist der Winkel zwischen dem Spiegelbild des Stabes und der Spiegelfläche?

b) Wie lang erscheinen der Meterstab und sein Spiegelbild zusammen?

c) Formuliere eine Vermutung, wie ein Gegenstandspunkt und sein Spiegelbild zueinander liegen.

V 4 „5 cm = 10 cm", dieser Versuch scheint's zu beweisen:

a) Klebe auf einen Garderobenspiegel einen 5 cm langen Papierstreifen, und halte einen Streifen von 10 cm Länge vor deine Stirn.

Peile nun mit einem Auge dein Spiegelbild so an, daß du die beiden Streifen übereinander siehst. Was fällt dir auf?

Verändere auch deinen Abstand zur Spiegelfläche.

b) Was kannst du über die *Sehwinkel* bei diesem Versuch aussagen?

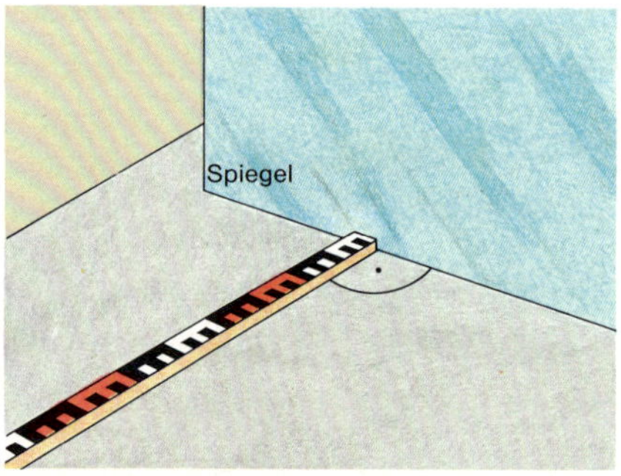

3

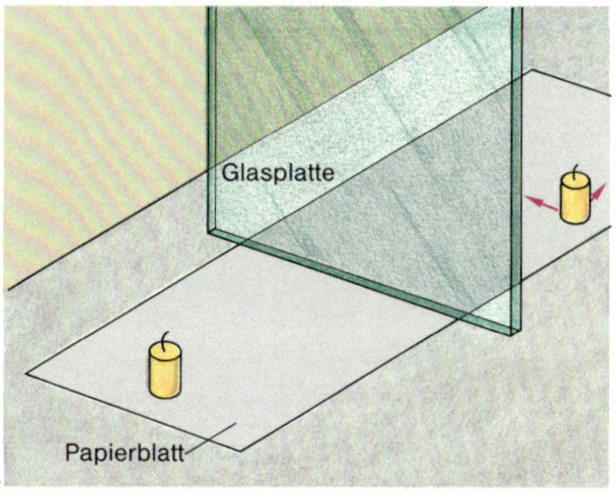

4

Was ergibt sich daraus für den Abstand Original – Spiegel und für den Abstand Original – Spiegelbild?

V 5 Auch hier geht es um den Ort des Spiegelbildes (Bild 4).

a) Zünde die Kerze vor der Glasplatte an. Schiebe die andere Kerze an die Stelle, an der sie zu brennen scheint. Markiere dann auf dem untergelegten Blatt Papier, an welcher Stelle sich jeweils die Kerzen befinden und wo die Glasplatte steht.

Wiederhole den Versuch bei unterschiedlichen Orten der Kerze vor der Glasplatte.

Zeichne anschließend jeweils die Verbindungslinie Kerze – Spiegelbild ein, und miß die Abstände von Kerze und Spiegelbild zur Glasplatte. Was stellst du fest?

b) Der Versuch wirkt verblüffend, wenn die Kerze hinter der Glasplatte in einem Glas steht und sich unter Wasser befindet.

V 6 Mit einer Spiegelreflexkamera kannst du den Abstand des Spiegelbildes messen.

Schaue aus 1 m Abstand auf einen Spiegel, und stelle das Bild scharf. Welche Entfernung liest du auf der Skala am Objektiv ab?

Aufgaben

5

6

7

1 In welche Richtung zeigt in Bild 5 die Hand des Mädchens, in welche die des Spiegelbildes?

Original und Spiegelbild können auch in die gleiche Richtung zeigen. Bei welchen Richtungen ist das der Fall?

Oft wird die Auffassung vertreten, der Spiegel vertausche rechts und links. Wie kommt es wohl zu dieser irreführenden Auffassung?

2 Ein enger Flur scheint größer, wenn man an einer Wand einen Spiegel anbringt. Warum?

3 Die glatte Oberfläche eines Sees wirkt wie ein Spiegel (Bild 6).

Martin schätzt, daß die Bäume am Ufer dieses Sees 10 m hoch sind. „Wenn sich die Bäume im Wasser spiegeln, muß der See wenigstens 10 m *tief* sein", behauptet er.

„Irrtum", entgegnet Beate, „der See muß einen *Durchmesser* von mindestens 10 m haben."

Beide irren! Erkläre es mit Hilfe einer einfachen Skizze.

4 Bild 7 zeigt das Spiegelbild einer Uhr. Welche Uhrzeit zeigt diese Uhr an?

Wie stehen die Zeiger dieser Uhr eine Stunde und zehn Minuten später? Zeichne Zifferblatt und Zeigerstellung in dein Heft, und überprüfe deine Lösung mit einem Taschenspiegel.

Info: Eigenschaften von Spiegelbildern

Gegenstände, die wir im Spiegel sehen, scheinen sich an einem Ort zu befinden, an dem sie in Wirklichkeit nicht sein können: Spiegelbilder liegen nämlich *hinter* der Spiegelfläche! Hinter dem Spiegel befindet sich jedoch z. B. eine Wand oder ein Möbelstück. Von dort kann also kein Licht herkommen.

Spiegelbilder sind deshalb nichts anderes als **Scheinbilder**. Sie werden auch **virtuelle Bilder** genannt (franz. *virtuel*: möglich, scheinbar) – im Gegensatz zu **reellen Bildern** (franz. *réel*: wirklich), die zum Beispiel bei der Lochkamera entstehen.

Um die Lage des virtuellen Bildes beim ebenen Spiegel zu beschreiben, greifen wir einen Gegenstandspunkt und den zugehörigen Bildpunkt heraus (Bild 8):

- ○ Die Gerade durch Gegenstandspunkt und Bildpunkt steht senkrecht auf der Spiegelfläche.
- ○ Der Bildpunkt liegt im gleichen Abstand hinter der Spiegelfläche wie der Gegenstandspunkt vor der Spiegelfläche.

Wenn du aus der gleichen Richtung auf einen Gegenstand und auf sein Spiegelbild blickst, ist die rechte Seite des Originals beim Spiegelbild rechts; die linke ist links. Auch oben und unten bleiben erhalten. Aber vorne und hinten werden vertauscht.

Man kann auch sagen, daß Spiegel immer die Richtung senkrecht zur Spiegelfläche umkehren: Zeigt man mit der Hand auf den Spiegel, weist das Spiegelbild in die Gegenrichtung.

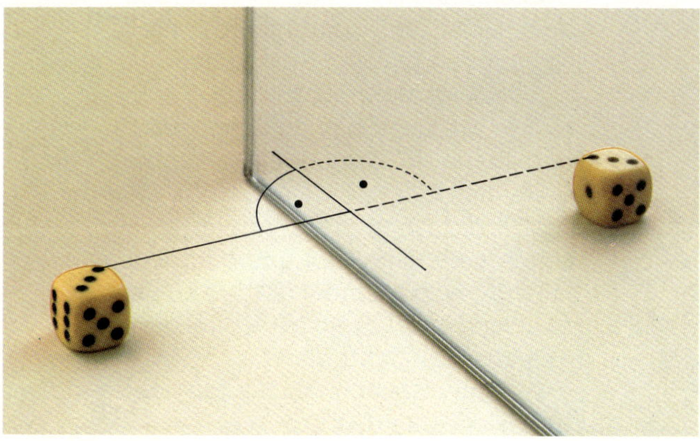

8

2 Reflexion an ebenen Flächen

1

Warum glänzt hier nur eine einzige Scheibe?

V 7 Wir legen einen Spiegel flach auf den Tisch und beleuchten ihn schräg von oben, zum Beispiel mit einer Taschenlampe.

Dann wird ein Blatt Papier so in den Lichtweg gehalten, daß es vom Licht streifend getroffen wird (Bild 2). Durch diesen einfachen „Trick" werden einfallendes *und* reflektiertes Licht sichtbar.

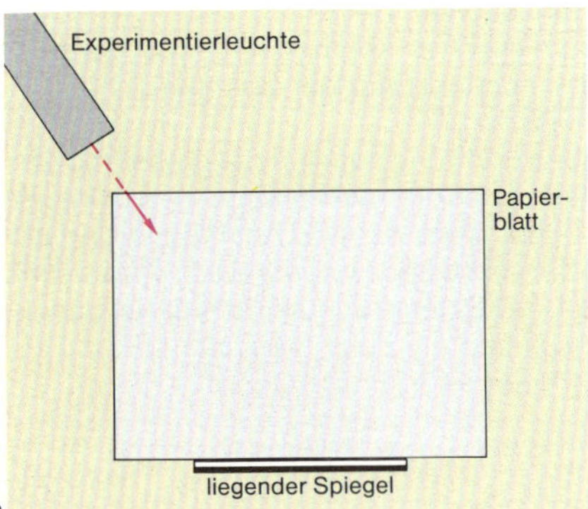

2

3

Wie hängt die Richtung des reflektierten Lichtbündels von der des einfallenden ab?

Wo muß sich dein Auge über dem Papier befinden, damit du das Spiegelbild der Lampe siehst?

V 8 Mit Hilfe einer optischen Scheibe (Bild 3) kann man den Lichtweg am ebenen Spiegel genauer verfolgen. Wir stellen sie leicht schräg in ein schmales Lichtbündel, das mit Hilfe einer waagerechten Schlitzblende erzeugt wird. Auf der Scheibe sehen wir dann den Weg des Lichtbündels als schmale Linie.

a) Was beobachtest du, wenn das Lichtbündel senkrecht auf den Spiegel trifft?

b) Die Scheibe wird gedreht, so daß das Licht aus unterschiedlichen Richtungen auf den Spiegel fällt.

Einfallslot nennen wir die Senkrechte auf der Spiegelfläche durch den Punkt, in dem der Richtungsstrahl des Lichtbündels auftrifft.

Miß jedesmal den Winkel zwischen dem Einfallslot und dem einfallenden Lichtbündel (Bild 4) sowie zwischen dem Einfallslot und dem reflektierten Lichtbündel.

Welche Gesetzmäßigkeiten der Reflexion erkennst du?

V 9 Das schmale Lichtbündel von Versuch 8 wird durch ein stark *divergierendes* Lichtbündel ersetzt. Dazu stellen wir die Lampe dicht hinter eine breite Schlitzblende.

Ändert sich der Winkel, unter dem die Randstrahlen des Lichtbündels auseinanderlaufen, wenn das Lichtbündel vom Spiegel reflektiert wird (Bild 5)?

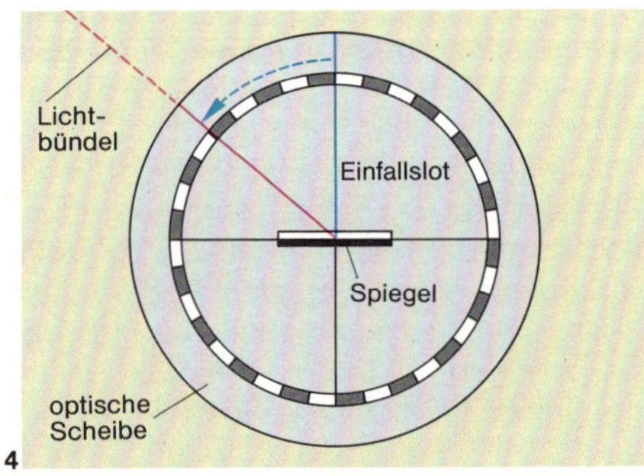

4

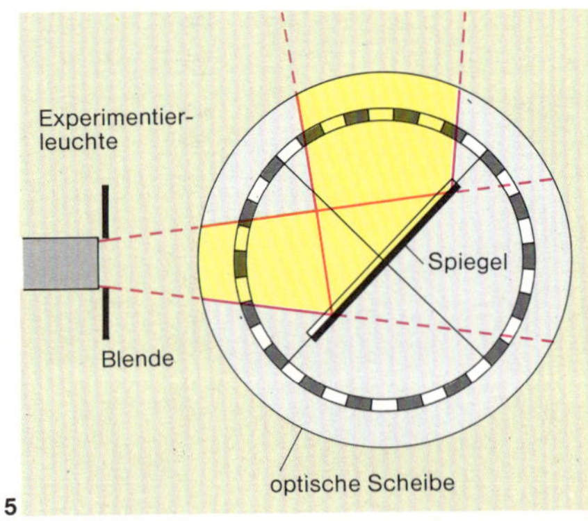

5

Info: Das Reflexionsgesetz

Wenn Licht auf einen Spiegel fällt, wird es umgelenkt. Man sagt, es wird **reflektiert** (lat. *reflectere*: rückwärtswenden, zurückbiegen). Reflexion von Licht tritt an sehr glatten Oberflächen auf, z. B. bei Metallen, Glas und Flüssigkeiten.

Zur Beschreibung der Reflexion verwenden wir das *Modell des Lichtstrahls.* Tritt ein Lichtstrahl (z. B. der Richtungsstrahl eines Lichtbündels) senkrecht auf den Spiegel, so wird er in sich reflektiert. Fällt er schräg auf den Spiegel, so wird er in eine andere Richtung umgelenkt.

Als **Einfallslot** wird die Senkrechte auf der Spiegelfläche bezeichnet, die genau durch den Auftreffpunkt des einfallenden Strahls verläuft.

Den Winkel zwischen dem einfallenden Strahl und dem Einfallslot nennen wir **Einfallswinkel** α.

Den Winkel zwischen Einfallslot und reflektiertem Strahl bezeichnet man als **Reflexionswinkel** β.

Die Richtung des reflektierten Strahls hängt von der Richtung des einfallenden Strahls ab. Dieser Zusammenhang wird im **Reflexionsgesetz** ausgedrückt.

Es umfaßt die folgenden beiden Aussagen (Bild 6):

1. Einfallender Lichtstrahl, Einfallslot und reflektierter Lichtstrahl liegen in einer Ebene.

2. Der Einfallswinkel ist immer genauso groß wie der Reflexionswinkel: $\alpha = \beta$.

Auch bei der Reflexion ist der **Lichtweg umkehrbar**. Diese Aussage bedeutet: Wenn das Licht auf dem Weg des reflektierten Strahls auf den Spiegel trifft, wird es auf dem Weg des vorher einfallenden Strahls reflektiert.

So kannst du die Randstrahlen eines reflektierten Bündels ohne Winkelmesser – und damit meistens genauer – zeichnen (Bild 7): Zum Ausgangspunkt P des Bündels wird der Bildpunkt P′ konstruiert. (P′ liegt achsensymmetrisch zu P.) Von P′ aus brauchst du dann nur noch zwei Strahlen durch A und B zu zeichnen.

Daß diese Strahlen das Reflexionsgesetz für Lichtstrahlen erfüllen, kann man geometrisch beweisen (Bild 8):

Die Dreiecke PSA und P′AS lassen sich durch Umklappen zur Deckung bringen. Daher sind γ und δ gleich groß; genauso groß ist auch γ' (der Scheitelwinkel zu δ). Aus $\alpha + \gamma = 90°$ und $\beta + \gamma' = 90°$ folgt mit $\gamma = \gamma'$ das Reflexionsgesetz: $\alpha = \beta$.

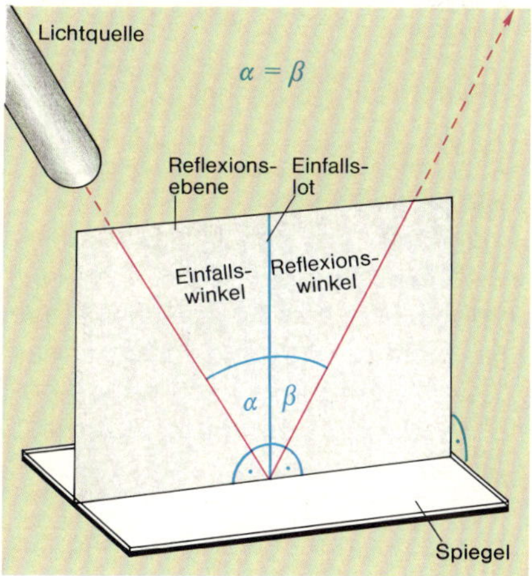

6

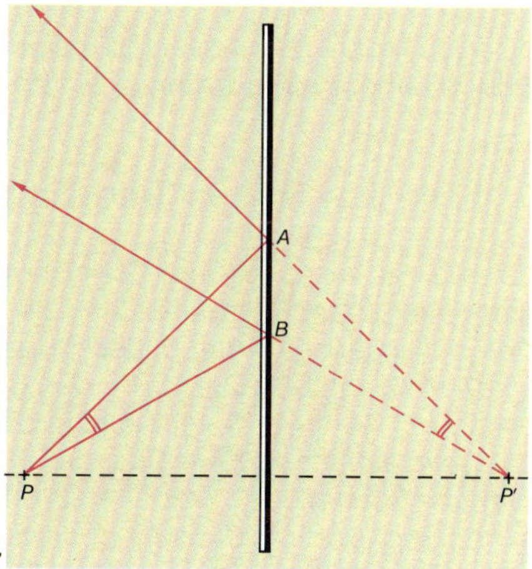

7

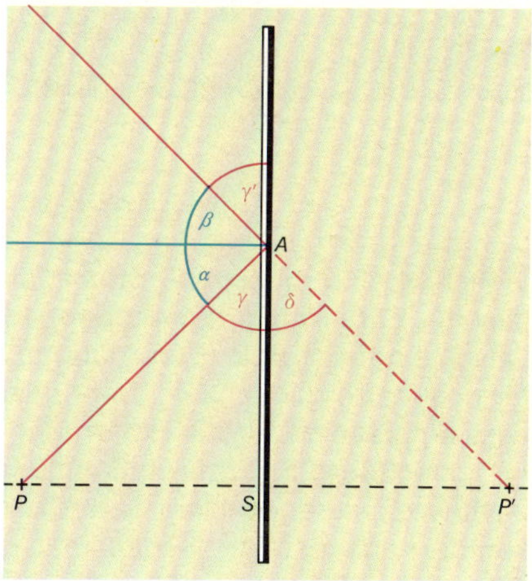

8

Info: Warum wir Spiegelbilder sehen

Mit dem **Reflexionsgesetz** können wir erklären, warum wir an spiegelnden Flächen virtuelle Bilder sehen:

Wie du weißt, fallen beim Sehen Lichtbündel in unser Auge; sie gehen von Gegenstandspunkten aus.

Unser Gehirn geht aufgrund der Erfahrung davon aus, daß sich dieses Licht *geradlinig* ausbreitet. Deshalb nehmen wir den Gegenstandspunkt in der Richtung wahr, aus der das reflektierte Lichtbündel kommt.

Bei der Reflexion an einem Spiegel ändert sich aber die Richtung jedes Bündels. Dies wird uns jedoch nicht bewußt. Für uns scheint das Lichtbündel von einem Punkt hinter der Spiegelfläche herzukommen. Dieser Punkt liegt dort, wo sich die geradlinig nach hinten verlängerten Randstrahlen des reflektierten Bündels schneiden (Bild 9).

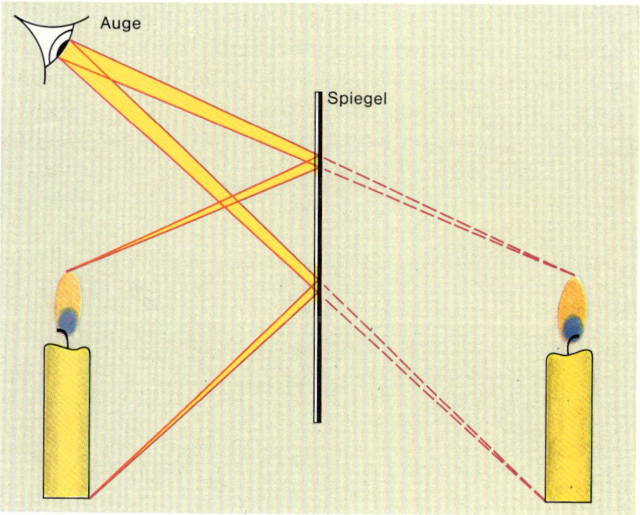

9

Aufgaben

1
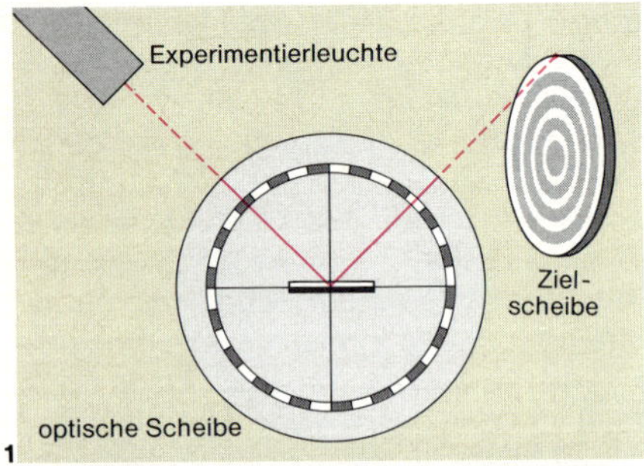

2

1 In Bild 1 fällt das reflektierte Lichtbündel nicht auf die Stelle, auf die es fallen soll. Es gibt mehrere Möglichkeiten, den Fehler zu korrigieren...

2 In Bild 2 sieht man die farbigen Spielkarten; der Spiegel dagegen erscheint schwarz, obwohl er beleuchtet wird. Erkläre!

3 Georg steht vor einem Schaufenster und sieht Martins Spiegelbild (Bild 3). Wo steht Martin wirklich?

Übertrage die Skizze in dein Heft, und konstruiere Martins Standort.

Zeichne auch den Lichtweg für ein Bündel ein, das von Martin ausgeht und in Georgs Augen fällt.

4 Was ist bei dem Spiegelbild von Bild 4 anders als gewöhnlich? Versuche zu erklären, wie dieses Bild zustande kommt. Skizziere dazu den Weg eines Lichtbündels, das von der Spitze des Bleistiftes ausgeht.

3
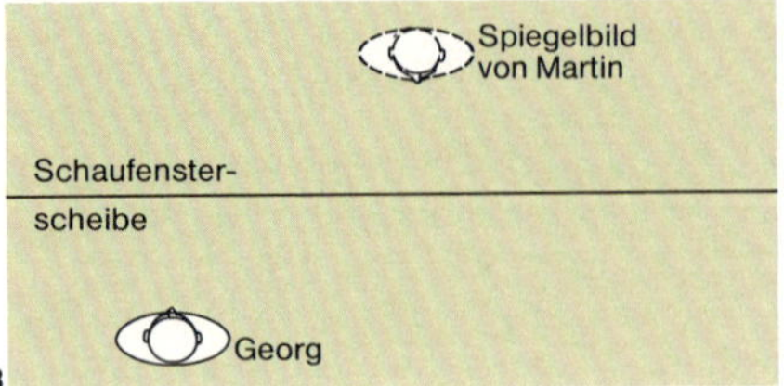

4
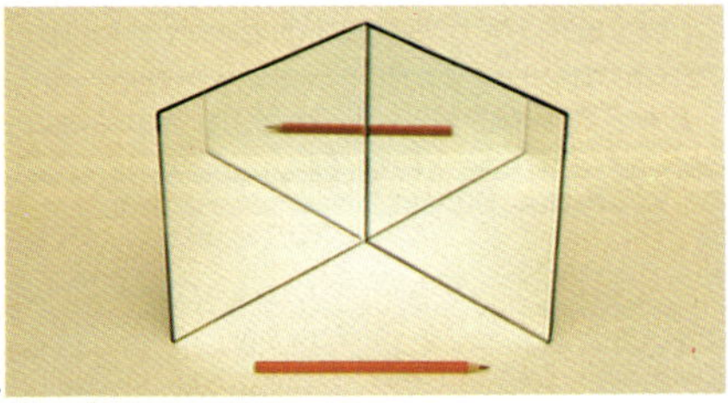

Aus Umwelt und Technik: **Der Schnittbild-Entfernungsmesser**

Vielleicht sind dir schon Fotos mißlungen, weil du eine falsche Entfernung am Fotoapparat eingestellt hast. Falsch eingeschätzte Entfernungen sind oft die Ursache für unscharfe Bilder. Viele Fotoapparate haben deshalb eine Einstellhilfe für die Entfernungsmessung.

Der **Schnittbild-Entfernungsmesser** ist ganz einfach zu durchschauen; mit ihm waren früher manche Sucherkameras ausgestattet: Schaut man durch den Sucher eines solchen Fotoapparates, so sieht man die obere Bildhälfte gegenüber der unteren verschoben. Nun muß man so lange an der Entfernungseinstellung drehen, bis das „zerschnittene" Bild wieder richtig zusammengesetzt ist; dann ist die richtige Entfernung eingestellt.

Wie funktioniert ein solcher Entfernungsmesser?

Die Meßmethode wird an einem einfachen Doppelspiegel deutlich (→ Bauanleitung im Anhang). Er besteht aus einem festen und einem drehbaren Spiegel (Bilder 7 u. 8). Über den Spiegel 1 hinweg blickst du auf eine senkrechte Kante. Gleichzeitig siehst du im Spiegel 1 diese Kante ein zweites Mal: als Spiegelbild über den Spiegel 2. Die beiden Bilder passen meist nicht sofort genau aneinander. Drehst du den Spiegel 2 hin und her, wandert auch das Spiegelbild in die eine oder andere Richtung. Auf diese Weise kannst du die Bilder richtig zusammensetzen.

Dabei muß der Spiegel 2 um so weiter aus der 45°-Stellung gedreht werden, je geringer die Entfernung des betrachteten Gegenstandes ist. Zu jeder Stellung des Spiegels 2 gehört also eine bestimmte Entfernung. Wenn man zu jeder Stellung die Entfernung auf einer Skala angibt, erhält man einen Entfernungsmesser.

Das beschriebene Verfahren zur Entfernungsmessung wurde bereits im 18. Jahrhundert bei der Landvermessung angewandt. Auch in modernen Fotoapparaten werden Schnittbild-Verfahren zur Entfernungsmessung benutzt (allerdings wird dort das zerschnittene Bild nicht mehr mit einem Doppelspiegel erzeugt).

7
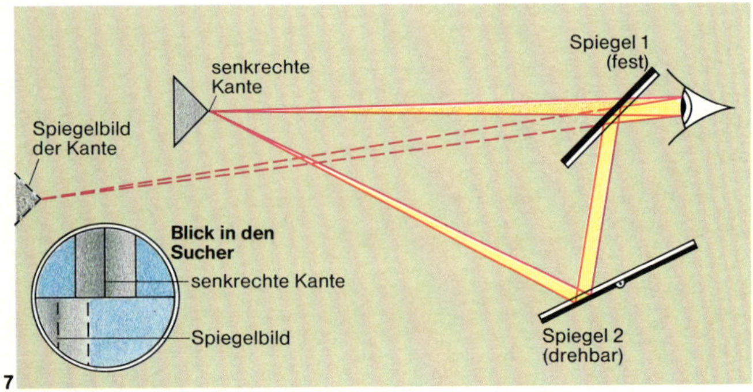

8
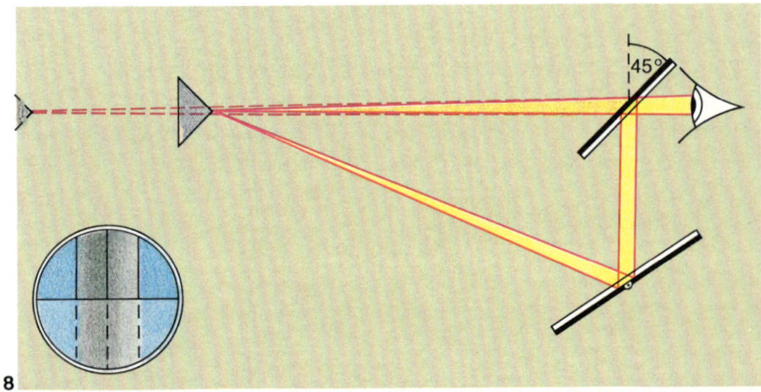

5 Tina will einen Garderobenspiegel kaufen. Sie ist 1,60 m groß; ihre Augenhöhe beträgt 1,50 m.

a) Wenn sie 1 m vor dem Spiegel steht, will sie sich darin vom Scheitel bis zur Sohle sehen können. Wie groß muß der Spiegel mindestens sein?

In welcher Höhe muß sich die Oberkante des Spiegels befinden?

Tip: Zeichne den Weg, auf dem das Licht vom Scheitel und von den Füßen ins Auge gelangt.

b) Was sieht Tina von sich, wenn sie nahe an den Spiegel herangeht?

6 Bild 5 zeigt die Bauanleitung für ein „Gerät zur Geldvermehrung“. Wenn man durch das kleine Loch schaut, sieht man die Münze viele Male. Erkläre!

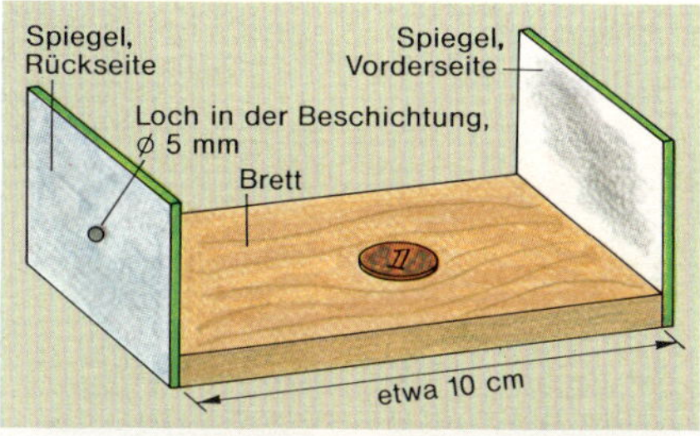

5

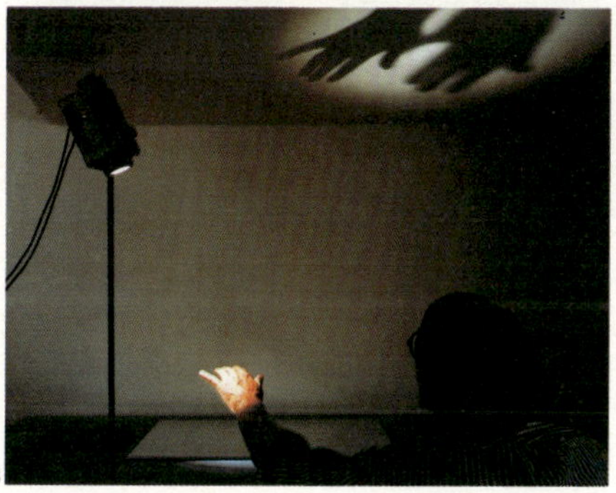
6

Weshalb werden die weiter entfernten Spiegelbilder immer dunkler?

7 Monika und Michael sind gleich groß. Zwischen beiden befindet sich eine Pfütze von 60 cm Durchmesser. Michael steht direkt am Rand der Pfütze. Wie weit muß Monika mindestens an die Pfütze herangehen, um Michaels Spiegelbild in die Augen schauen zu können? Zeichne!

8 Ein **Versuch** zum Knobeln: Richte eine Spotlampe von oben auf einen Spiegel, der auf einem Tisch liegt. An der Decke entsteht eine beleuchtete Fläche.

Halte nun eine Hand dicht über den Spiegel. Was du dann siehst, zeigt Bild 6: eine Lampe, eine Hand und *zwei* Schattenbilder. Erkläre!

Aus Umwelt und Technik: **Der Tripelspiegel**

In einem gewöhnlichen Spiegel kann man sich nur sehen, wenn man senkrecht vor der Spiegelfläche steht. Ganz anders ist dies bei der *Spiegelecke* (Bild 9). Da ein solcher Spiegel aus *drei* Flächen besteht, nennt man ihn auch *Tripelspiegel* (lat. *triplex:* dreifach).

Schaut man in die Spiegelecke hinein, sieht man sein Gesicht „kopfstehend“. Bewegt man sich vor ihm, so „geht“ das Spiegelbild in die Gegenrichtung; aber immer schaut es einen an. Wie ist das möglich?

Beim Tripelspiegel wird ein Lichtbündel im allgemeinen dreimal reflektiert. Nach der letzten Reflexion läuft es in die Richtung zurück, aus der es gekommen ist (Bild 10).

Diese Eigenschaft des Tripelspiegels wird in der Technik vielfach genutzt. So erkennst du im Rückstrahler eines Fahrrades oder an der Schultasche kleine Ecken, bei denen immer drei Flächen senkrecht aufeinanderstoßen (Bild 11). Sie wirken wie Spiegelecken: Das Licht dringt durch die Vorderfläche ein und wird an den hinteren Flächen reflektiert.

Auch Filmleinwände oder reflektierende Verkehrsschilder sind oft mit winzigen Kristallen beschichtet, deren Flächen rechtwinklige und räumliche Ecken bilden. Diese Tripelspiegel werfen das Licht in die Richtung zurück, aus der sie angestrahlt werden. Sie sind daher aus der Richtung der Lichtquelle besonders gut zu sehen.

Die Besatzung des Raumschiffs *Apollo 11* stellte im Jahr 1969 einen Tripelspiegel auf dem Mond auf. Der Spiegel ist ungefähr 0,25 m^2 groß und besteht aus 100 einzelnen Spiegelecken (Bild 12).

Mit Hilfe dieses Tripelspiegels läßt sich die Entfernung Erde – Mond auf 20 cm genau bestimmen. Der Spiegel wird dazu von der Erde aus mit einem Laserstrahl angeblitzt. Vom Spiegel wird das Licht wieder an die Stelle zurückgeworfen, von der es ausgegangen ist. Aus der Laufzeit des Lichtes kann man die Entfernung berechnen.

9

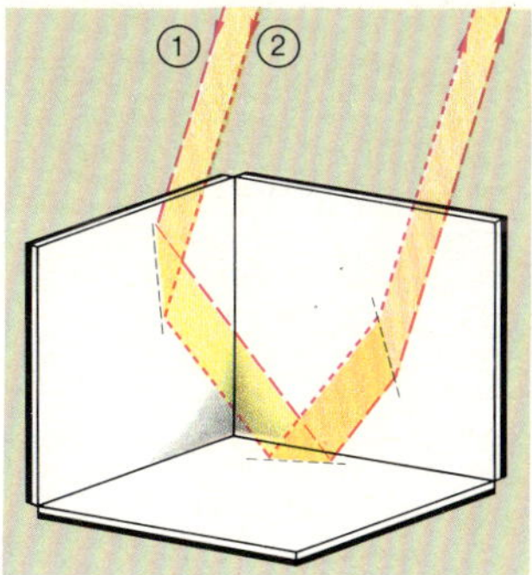

10

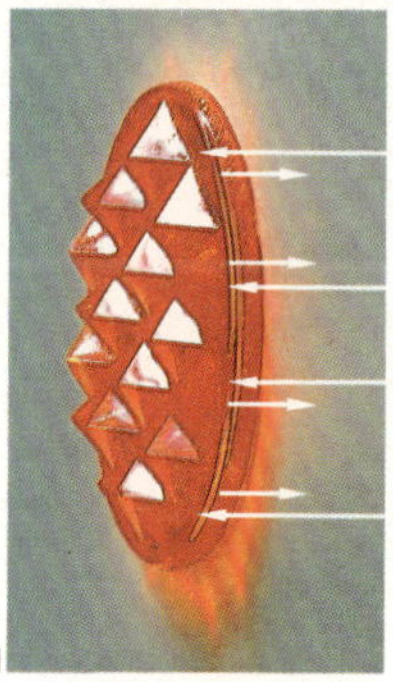
11

12

3 Spiegelbilder an gekrümmten Flächen

Hier wird die Wirklichkeit „verbogen“!

1

2

Wie entstehen eigentlich solche Bilder?

V 10 Spiegel, die nach außen gewölbt sind, nennt man *erhabene* Spiegel oder **Wölbspiegel** *(Konvexspiegel).*

a) Betrachte dich in der Rückseite eines metallenen Suppenlöffels, in einer blank geputzten Radkappe oder im Rückspiegel eines Lkw. Wie erscheint dir dein Gesicht, wie deine Umgebung?

b) Stelle ein Lineal senkrecht auf die Fläche eines solchen Wölbspiegels. Beschreibe deine Beobachtungen.
Begründe, daß du ein *virtuelles* Bild siehst.

V 11 Einen Spiegel, dessen Fläche nach innen gewölbt ist, bezeichnet man als **Hohlspiegel** (Konkavspiegel).

a) Sieh in einen schwach gekrümmten Hohlspiegel (z. B. in einen Kosmetik- oder Rasierspiegel). Was fällt dir an deinem Spiegelbild auf?

b) Stelle auch hier ein Lineal senkrecht auf die Spiegelfläche. Vergleiche mit dem Ergebnis vom Wölbspiegel.

c) Woran ist zu erkennen, daß es sich bei diesem Spiegelbild um ein virtuelles Bild handelt?

V 12 Mit Hilfe der optischen Scheibe untersuchen wir nun den Verlauf sehr schmaler Lichtbündel, die auf gekrümmte Spiegelflächen treffen.
Gilt auch bei gekrümmten Flächen das Reflexionsgesetz (z. B. für den Richtungsstrahl des Lichtbündels)?

a) Wir lassen zunächst ein paralleles, dann ein divergierendes Lichtbündel auf eine erhabene Spiegelfläche fallen. Wie werden die Lichtbündel jeweils reflektiert?

b) Wir ersetzen die nach außen gewölbte Spiegelfläche durch eine nach innen gewölbte.

Info: Reflexion an gekrümmten Flächen

Auch bei gekrümmten Flächen läßt sich das **Reflexionsgesetz** anwenden. Man kann sich nämlich die gekrümmte Fläche aus lauter ebenen Flächenstücken zusammengesetzt denken. Allerdings hat das Einfallslot auf jedem Flächenstück eine andere Richtung.

Bild 3 zeigt, wie ein einfallendes *paralleles* Lichtbündel von einem **Wölbspiegel** (Konvexspiegel) reflektiert wird.
Weil die beiden Einfallslote unterschiedliche Richtungen haben, sind auch die Einfallswinkel verschieden. Deshalb werden die parallel einfallenden Randstrahlen in verschiedene Richtungen reflektiert; sie laufen nach der Reflexion auseinander.
Fällt ein *divergierendes* Lichtbündel auf den Wölbspiegel, so laufen die Randstrahlen nach der Reflexion *stärker auseinander* als zuvor (Bild 4).

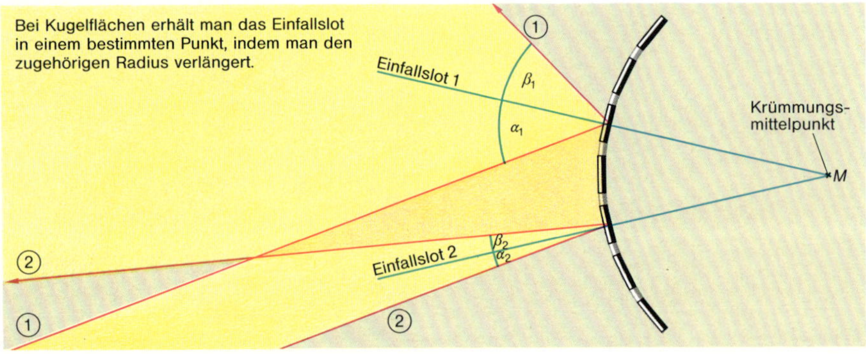

3

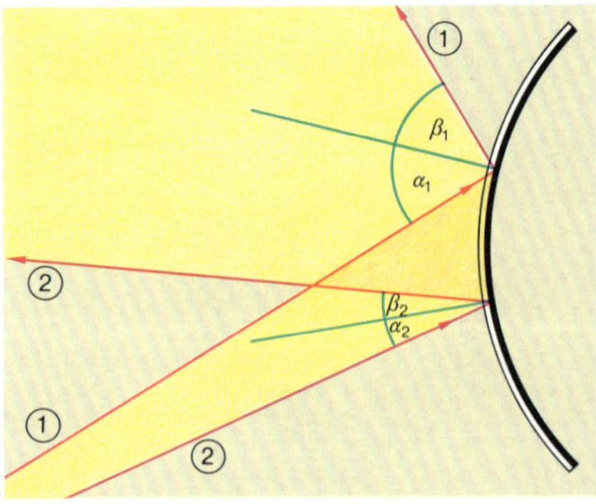

4

Aus Umwelt und Technik: **Nah und fern bei Wölbspiegeln**

Die Rückspiegel von Lastwagen und auch die mancher Personenwagen sind Wölbspiegel. Schaut der Fahrer in einen solchen Spiegel (Bild 8), sieht er einen größeren Ausschnitt vom Verkehrsgeschehen hinter sich als in einem ebenen Spiegel (Bild 9). Die Verwendung von Wölbspiegeln bringt aber auch eine Gefahr mit sich: Im Wölbspiegel erscheint alles verkleinert und weiter entfernt.

Wenn du Bild 10 betrachtest, stößt du auf einen Widerspruch: Beim Wölbspiegel liegt das Spiegelbild offenbar näher an der Spiegelfläche als das Original – und nicht weiter weg!

Einen ähnlichen Widerspruch findet man auch beim Hohlspiegel (Kosmetik- oder Rasierspiegel). In ihm siehst du dein Gesicht vergrößert, und es erscheint näher herangerückt. Tatsächlich ist das Spiegelbild aber weiter von der Spiegelfläche entfernt als das entsprechende Original (Bild 11)!

Die Erklärung für diese scheinbaren Widersprüche ist gar nicht so schwierig. Gekrümmte Spiegel verändern nämlich den Sehwinkel (Bild 12):

Ein Wölbspiegel verkleinert den Sehwinkel ($\varphi_2 < \varphi_1$). Erscheint uns aber ein Gegenstand vertrauter Größe unter einem kleinen Sehwinkel, so ordnet ihm unser Gehirn aufgrund der Erfahrung eine größere Entfernung zu.

Im Gegensatz dazu vergrößert ein Hohlspiegel den Sehwinkel ($\varphi_3 > \varphi_1$). Aus diesem größeren Sehwinkel schließen wir dann unbewußt auf eine geringere Entfernung.

8

9

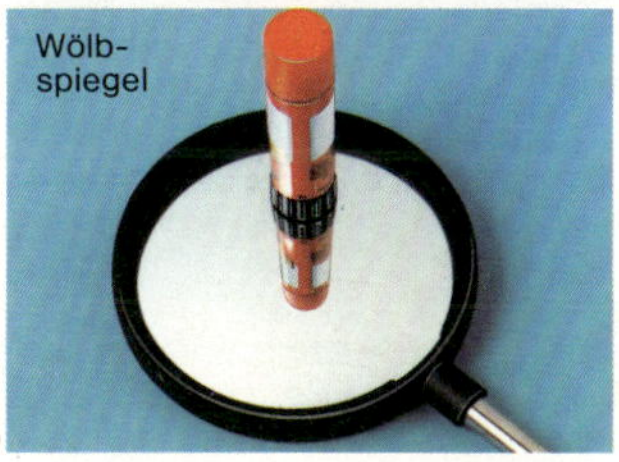

10

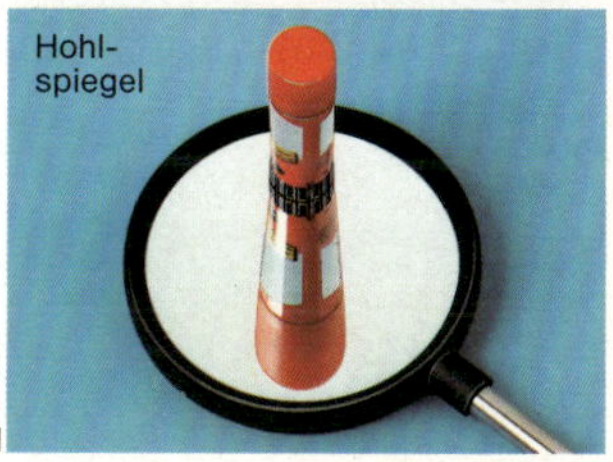

11

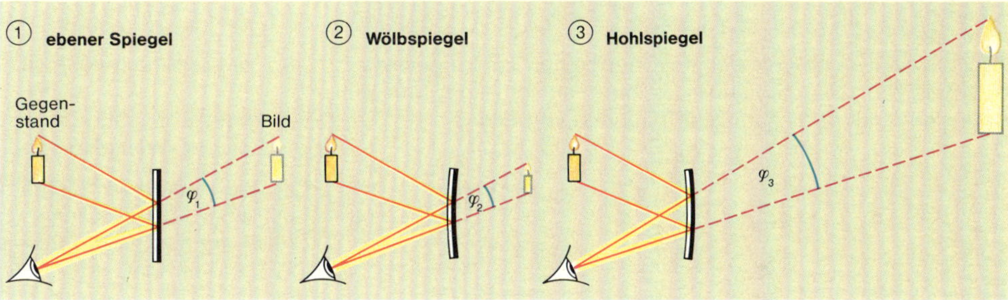

12

Wenn man in den Wölbspiegel schaut, sieht man ein *verkleinertes* virtuelles Bild. In Bild 5 sind zwei Lichtbündel dargestellt, die von Gegenstandspunkten ins Auge fallen. Nach der Reflexion laufen ihre Randstrahlen stärker auseinander als zuvor. Daher liegen die virtuellen Bildpunkte näher am Spiegel, als sich die Gegenstandspunkte vor dem Spiegel befinden.

Bild 6 zeigt ein divergierendes Lichtbündel, das auf einen **Hohlspiegel** *(Konkavspiegel)* fällt. Nach der Reflexion laufen die Randstrahlen *weniger stark auseinander* oder sogar zusammen.

Blickt man in den Hohlspiegel, so sieht man ein vergrößertes virtuelles Bild (Bild 7). Sein Abstand von der Spiegelfläche ist größer als der des Originals. (Von einem Gegenstand sieht man nur dann ein virtuelles Bild, wenn sich dieser nahe genug vor dem Hohlspiegel befindet.)

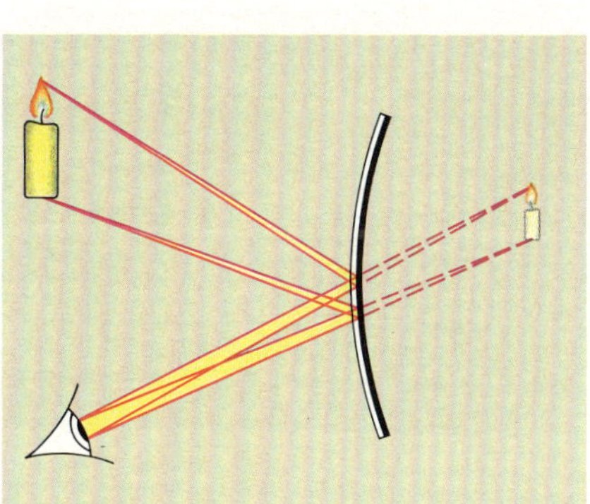
5

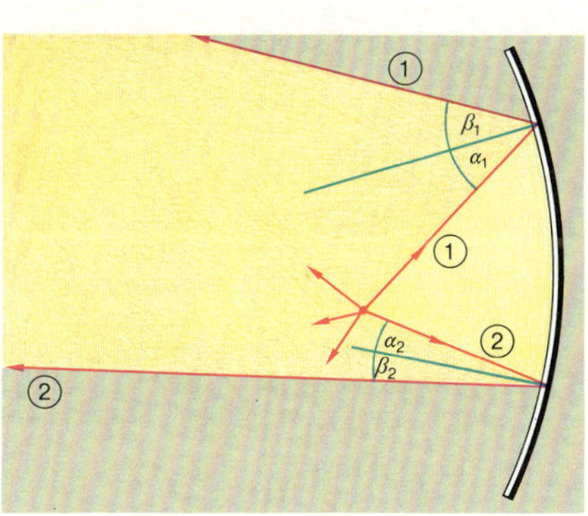

6

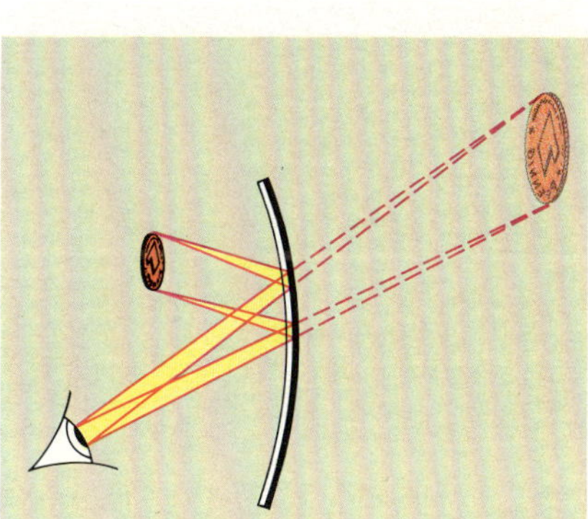
7

Info: **Die Konstruktion von virtuellen Bildern an gekrümmten Spiegeln**

Für den Sehvorgang sind immer nur die schmalen Lichtbündel von Bedeutung, die tatsächlich ins Auge gelangen.

Um Bildpunkte an gekrümmten Spiegeln zu konstruieren, können wir aber breitere Bündel verwenden. So werden die Zeichnungen genauer; außerdem läßt sich damit die Konstruktion vereinfachen.

Bild 1 zeigt eine solche Konstruktion für den Wölbspiegel. Wir wählen als einen Randstrahl unseres Bündels den Mittelpunktstrahl, der von P in Richtung auf den Krümmungsmittelpunkt des Spiegels verläuft. Er ist senkrecht zur Spiegelfläche; der Bildpunkt muß daher auf seiner rückwärtigen Verlängerung liegen.

Den Verlauf des zweiten Lichtstrahls ermitteln wir nach dem Reflexionsgesetz. Dazu benötigen wir das Einfallslot. Es läßt sich leicht konstruieren, denn wir brauchen nur eine Gerade durch M und den Auftreffpunkt A zu legen.

In ähnlicher Weise lassen sich auch die Bildpunkte beim Hohlspiegel konstruieren (Bild 2).

Strenggenommen gilt diese Überlegung nur für schwach gekrümmte Spiegel. Bei starker Krümmung ergeben sich je nach Wahl der Strahlen etwas unterschiedliche Bildpunkte.

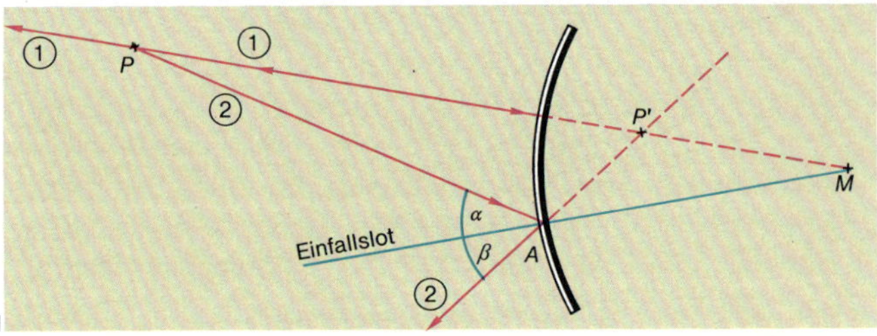

1

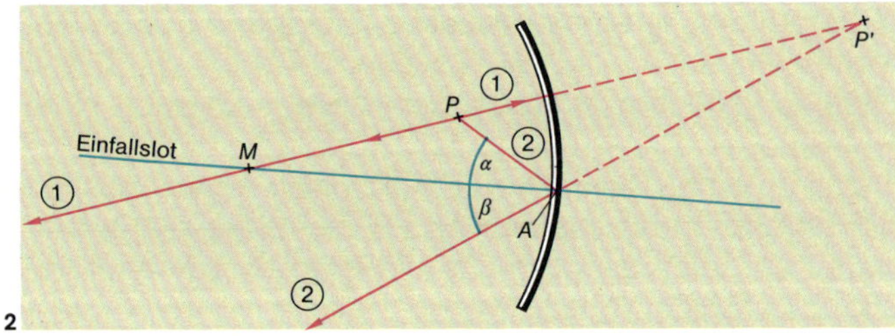

2

Spiegelbilder und Reflexion

Alles klar?

1 Licht wird auch von weißen Oberflächen zurückgeworfen oder gestreut. Man spricht in diesem Fall von einer *diffusen Reflexion*. Erkläre diesen Begriff anhand von Bild 3.

3

2 Wie kommt es zu den verzerrten Spiegelbildern in den Bildern 1 und 2 auf der vorherigen Doppelseite?

3 In Bild 4 brennt eine Kerze unter Wasser!? Beschreibe, wie die Versuchsanordnung aufgebaut werden muß.

4 In welche Richtung wird das Auto abbiegen (Bild 5)?

5 Was fällt beim Blick in den Rückspiegel von Bild 6 auf?

6 Wie unterscheiden sich reelle und virtuelle Bilder?

7 In Bild 7 siehst du zwei rechtwinklig zueinander angeordnete Spiegel *(Winkelspiegel)*.

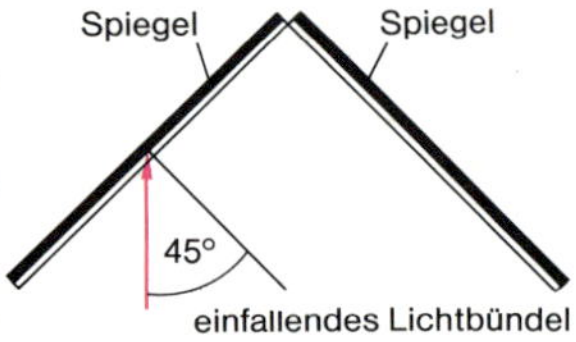

7

a) Wie verläuft ein Lichtstrahl, der mit einem Einfallswinkel von 45° (60°) auf den ersten Spiegel fällt? Zeichne in dein Heft.

b) Der Winkel zwischen den Spiegeln soll nun 100° (80°) betragen. Vergleiche den Verlauf eines einfallenden Strahls mit dem zweimal reflektierten.

8 Fußgänger sollten bei Dunkelheit Reflektoren an sich tragen. Welchen Vorteil haben diese gegenüber heller Kleidung?

9 Ein Denkmal spiegelt sich in der 10 m entfernten Glaswand eines Gebäudes. Ein Fotograf, der direkt neben dem Denkmal steht, will das Spiegelbild aufnehmen. Auf welche Entfernung muß er seinen Fotoapparat einstellen?

4

5

6

Auf einen Blick

Das Reflexionsgesetz

Licht wird an spiegelnden Flächen reflektiert.
Dabei erfolgt die Reflexion immer nach einer bestimmten Gesetzmäßigkeit, dem **Reflexionsgesetz**.

Das Reflexionsgesetz lautet:

1. Der einfallende Strahl (so z. B. der Richtungsstrahl eines Lichtbündels), das Einfallslot und der reflektierte Strahl liegen *in einer Ebene*.

2. Der Einfallswinkel ist stets *genauso groß wie* der Reflexionswinkel. $\alpha = \beta$.

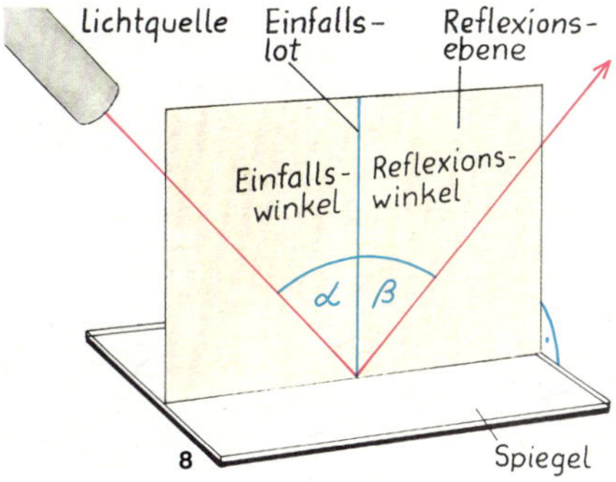

8

Spiegelbilder

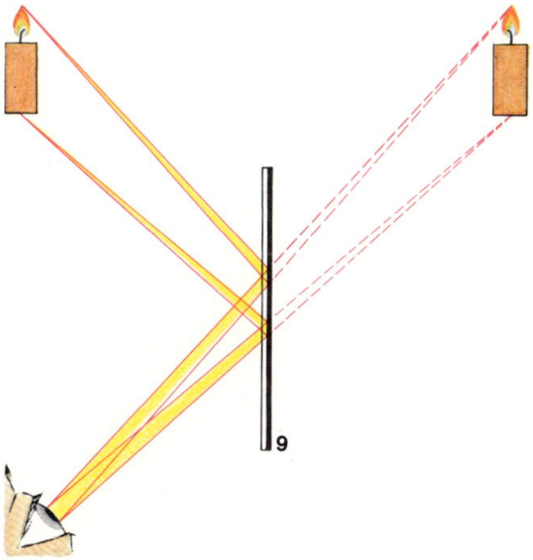
9

Spiegelbilder sind Scheinbilder *(virtuelle Bilder)*: Lichtbündel, die von einem Gegenstand ausgehen, werden am Spiegel *reflektiert* und fallen in unser Auge. Sie scheinen von Punkten herzukommen, die hinter dem Spiegel liegen.

Richtungen senkrecht zur Spiegelebene werden vom Spiegel umgekehrt. Richtungen parallel zur Spiegelebene werden nicht verändert. Beim Spiegelbild sind vorn und hinten gegenüber dem Original vertauscht.

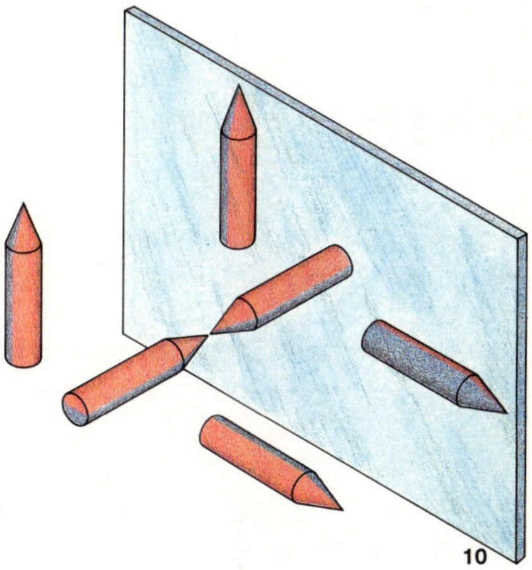
10

Reflexion an gekrümmten Flächen

Auch bei der Reflexion an gekrümmten Flächen gilt für jeden Lichtstrahl das Reflexionsgesetz. Allerdings verändern gekrümmte Flächen nicht nur die Richtung von Lichtbündeln:

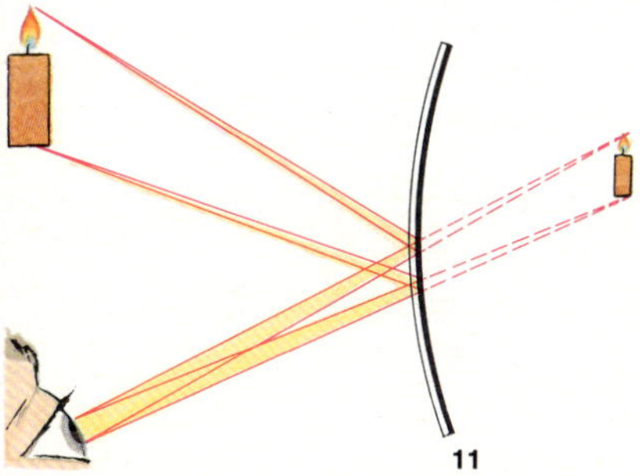
11

Nach der Reflexion am **Wölbspiegel** laufen Lichtbündel stärker auseinander. Die Bilder erscheinen uns *verkleinert;* sie sind *virtuell*.

Auch wenn sich ein Gegenstand nahe am **Hohlspiegel** befindet, erhält man ein *virtuelles* Bild. Es ist *vergrößert*, weil die Lichtbündel nach der Reflexion weniger stark auseinanderlaufen.

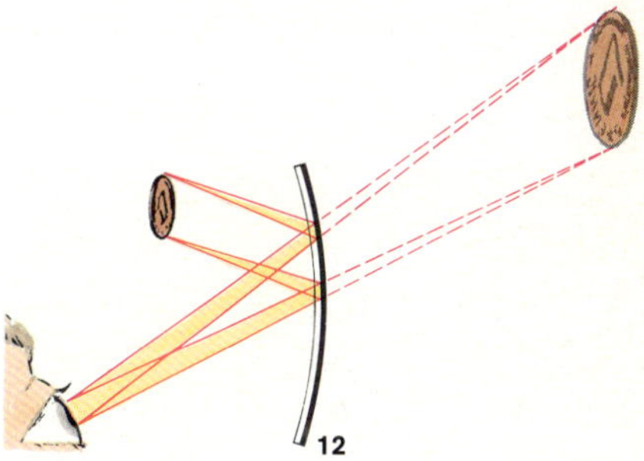
12

An gekrümmten Spiegeln erscheint das virtuelle Bild unter einem anderen Sehwinkel als das Original. Dadurch ändert sich der Eindruck über die Entfernung oder Größe des gespiegelten Gegenstandes.

Brechung und Totalreflexion

1 Wo kommt die Münze her?

In diese Tasse (Bild 1) wird nur Wasser gegossen ...

1

2

V 1 Fülle z.B. eine Kompottschale mit Wasser.

a) Stelle ein Lineal senkrecht ins Wasser, und betrachte es zunächst von oben her. Schaue dann schräg und schließlich fast parallel zur Wasseroberfläche auf das Lineal. Beschreibe deine Beobachtungen.

b) Halte das Lineal nun schräg ins Wasser, und betrachte es wie in Versuchsteil a. Was fällt dir auf?

V 2 Ob der Versuch mit der Münze (Bilder 1 u. 2) auch mit anderen Flüssigkeiten funktioniert?

Nimm statt des Wassers Spiritus, Öl oder andere Flüssigkeiten. Welche Unterschiede stellst du fest?

V 3 Lege eine Münze in eine mit Wasser gefüllte Glaswanne. Befestige dann ein Glasrohr schräg an einem Stativ – und zwar so, daß du die Münze durch das Rohr hindurch sehen kannst (Bild 3).

a) Laß eine Stricknadel durch das Rohr gleiten.

b) Statt mit der Stricknadel versuchst du diesmal die Münze mit einem feinen Lichtbündel zu treffen. Das Lichtbündel soll durch das schräg eingespannte Rohr verlaufen (Wasser vorher anfärben!).

Beschreibe den Lichtweg.

c) Verkleinere den „Einfallswinkel" von Stricknadel und Lichtbündel in mehreren Schritten. Wiederhole jeweils den Versuch.

d) Was ist zu beobachten, wenn das Glasrohr senkrecht steht?

V 4 Damit wir die unter Wasser liegende Münze sehen, muß Licht von ihr in unser Auge gelangen. Dieses Licht breitet sich also erst im Wasser und dann in der Luft aus.

a) Wie ein solcher Lichtweg *beim Übergang von Wasser in Luft* verläuft, kannst du mit dem Versuchsaufbau von Bild 4 untersuchen. Damit du das aus dem Wasser kommende Lichtbündel gut sehen kannst, läßt du es an einem Schirm entlangstreifen.

Verändere nun die Stellung des Spiegels so, daß das Lichtbündel unter verschiedenen Einfallswinkeln von unten her auf die Wasseroberfläche trifft.

Beschreibe deine Beobachtungen.

b) Stelle die Lampe schräg zur Wasseroberfläche, und drehe den Spiegel so, daß das Licht senkrecht auf ihn fällt. Was stellst du fest?

V 5 Wir ermitteln jetzt den Zusammenhang zwischen Einfallswinkel α und Brechungswinkel β für Plexiglas (Bild 5).

Das Lichtbündel fällt auf die ebene Seite des Halbzylinders und wird dort gebrochen. Auf der runden Seite findet dagegen *keine* Brechung statt, denn das Licht durchläuft den Halbzylinder auf einem Radius und trifft somit senkrecht auf diese Grenzfläche.

a) Der Einfallswinkel wird schrittweise von 0° an vergrößert. Notiere jeweils den Brechungswinkel.

b) Trage deine Meßwerte in ein Diagramm ein (waagerechte Achse: α, senkrechte Achse: β).

Wie groß wird der Brechungswinkel bei Plexiglas höchstens?

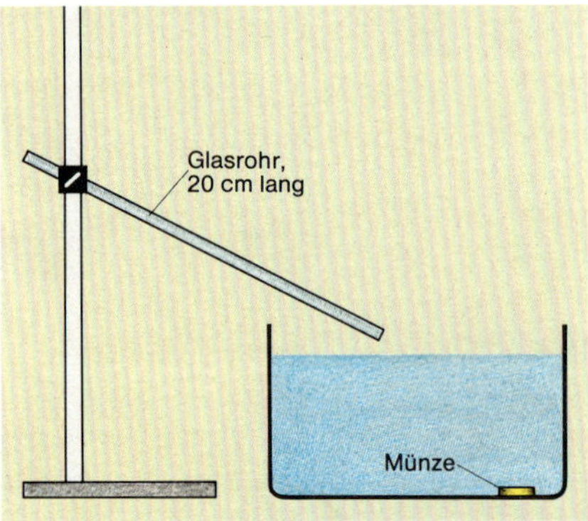

3

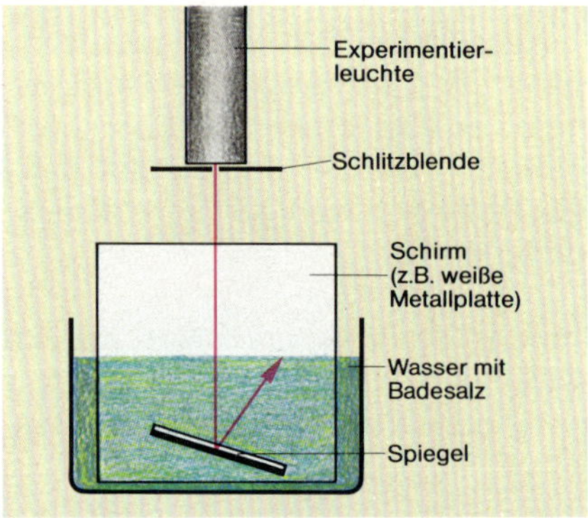

4

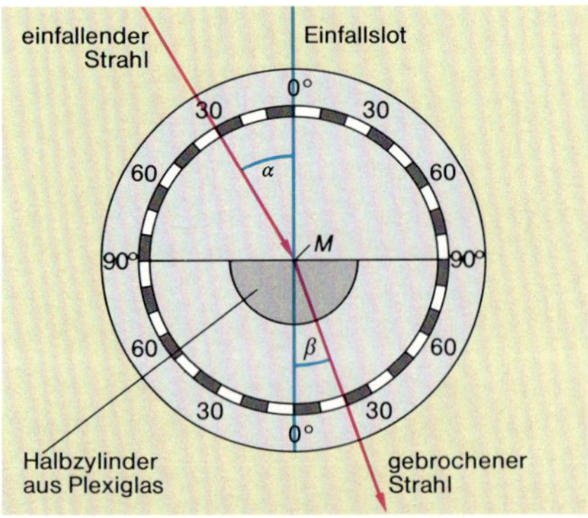

5

Info: Die Brechung des Lichtes an Grenzflächen

Wenn ein Lichtbündel schräg auf die Grenzfläche von Luft und Glas trifft, wird es „geknickt"; es ändert also seine Richtung. Man sagt: Das Licht wird an der Grenzfläche beider Stoffe **gebrochen**.

Bei der Brechung liegen die Richtungsstrahlen des einfallenden und des gebrochenen Lichtbündels sowie das Einfallslot *in einer Ebene*.

Als **Einfallswinkel** α bezeichnen wir den Winkel, der von dem einfallenden Strahl (Richtungsstrahl) und dem Einfallslot gebildet wird.

Brechungswinkel β nennen wir den Winkel zwischen dem gebrochenen Strahl (Richtungsstrahl nach der Brechung) und dem Einfallslot.

Die Bilder 6–8 zeigen ein sehr schmales Lichtbündel, das auf die ebene Oberfläche eines Körpers aus Glas trifft.

Dabei können wir folgende Beobachtungen machen:

- ○ Fällt das Lichtbündel *senkrecht* auf die Grenzfläche ($\alpha = 0°$), so ändert sich seine Richtung nicht; das Licht läuft ungebrochen weiter (Bild 6).

6
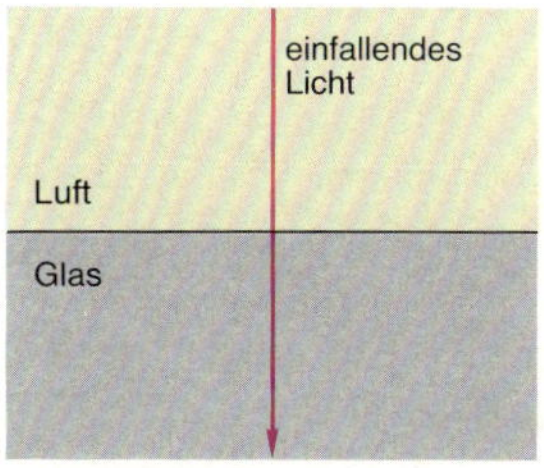

7
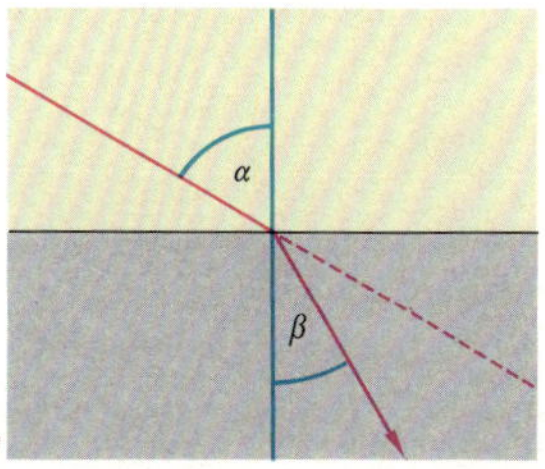

8
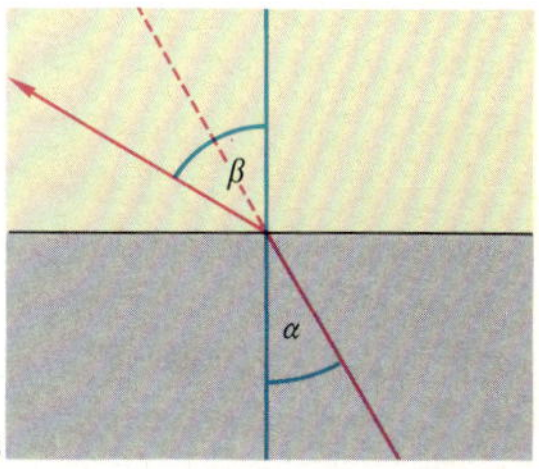

- ○ Wenn das Lichtbündel *von Luft in Glas* übertritt ($\alpha \neq 0°$), ist der Brechungswinkel stets kleiner als der Einfallswinkel: $\beta < \alpha$ (Bild 7).
  Das Lichtbündel wird also *zum Einfallslot hin* gebrochen.
- ○ Wenn das Lichtbündel *von Glas in Luft* übertritt ($\alpha \neq 0°$), ist der Brechungswinkel stets größer als der Einfallswinkel: $\beta > \alpha$ (Bild 8).
  Das Lichtbündel wird also *vom Einfallslot weg* gebrochen.
- ○ Die Ablenkung aus der ursprünglichen Richtung ist um so stärker, je größer der Einfallswinkel ist. Dies gilt unabhängig davon, ob der Übergang von Luft in Glas (Bild 7) oder von Glas in Luft erfolgt (Bild 8).
- ○ In Bild 8 durchläuft das Licht den gleichen Weg wie in Bild 7 – allerdings in umgekehrter Richtung: Auch bei der Brechung ist der **Lichtweg umkehrbar**.

Wenn das Licht nicht senkrecht einfällt, sind Einfalls- und Brechungswinkel unterschiedlich groß. Man nennt

- ○ das Medium, in dem der kleinere der beiden Winkel liegt, *optisch dichter*;
- ○ das Medium, in dem der größere der beiden Winkel liegt, *optisch dünner*.

Zum Beispiel sind Wasser und Glas optisch dichter als Luft.

Info: Der Zusammenhang zwischen Einfallswinkel und Brechungswinkel

Wenn Licht von einem Stoff in einen anderen übergeht, wird es mit zunehmendem Einfallswinkel immer stärker aus der ursprünglichen Richtung abgelenkt. Wie stark die Ablenkung bei einem bestimmten Einfallswinkel ist, hängt davon ab, aus welchem Stoff das Licht kommt und in welchen es eintritt.

In Bild 9 ist der Brechungswinkel β in Abhängigkeit vom Einfallswinkel α aufgetragen, und zwar für verschiedene Übergänge des Lichts: *von Luft in Wasser, von Luft in Glas* und *von Luft in Diamant.* An dem Schaubild kannst du erkennen, daß der Zusammenhang zwischen Brechungs- und Einfallswinkel nicht proportional ist. Bei kleinen Einfallswinkeln wächst der Brechungswinkel β zwar fast in gleichem Maße wie der Einfallswinkel α, bei größeren Einfallswinkeln nimmt β aber immer weniger rasch zu.

Außerdem erkennt man: Glas bricht das Licht stärker als Wasser. Bei gleichem Einfallswinkel ist nämlich der Brechungswinkel beim Übergang *Luft–Glas* kleiner als beim Übergang *Luft–Wasser* (damit ist die Ablenkung aus der ursprünglichen Richtung größer).

Wir betrachten nun den Fall, daß Licht *von einem optisch dünneren Stoff in einen optisch dichteren* fällt (zum Beispiel von Luft in Wasser):

Vergrößert man den Einfallswinkel, so wächst natürlich auch der Brechungswinkel. Schließlich fällt das Licht streifend auf diese Grenzfläche; der Einfallswinkel beträgt dann annähernd 90° – größer als 90° kann er nicht werden. Auch der Brechungswinkel nähert sich dann einem Höchstwert, den er nicht überschreiten kann (Bild 10).

Dieser Höchstwert für den Brechungswinkel hängt von den aneinandergrenzenden Stoffen ab. Wir bezeichnen ihn als **Grenzwinkel** β_g.

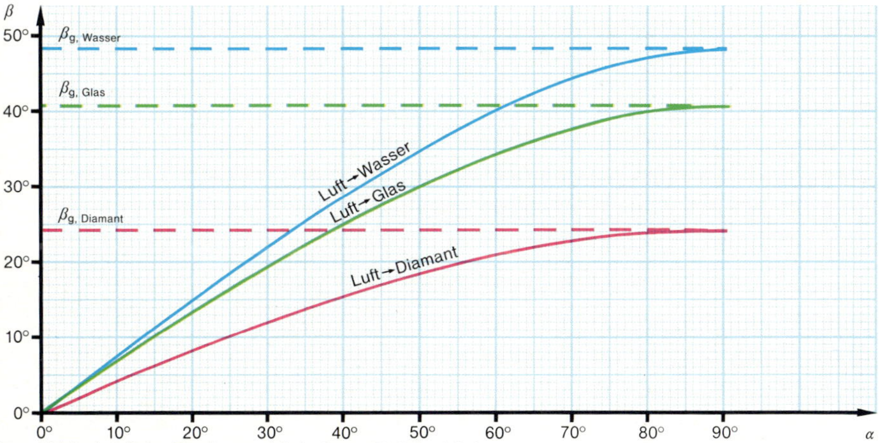

9 Abhängigkeit des Brechungswinkels β vom Einfallswinkel α.

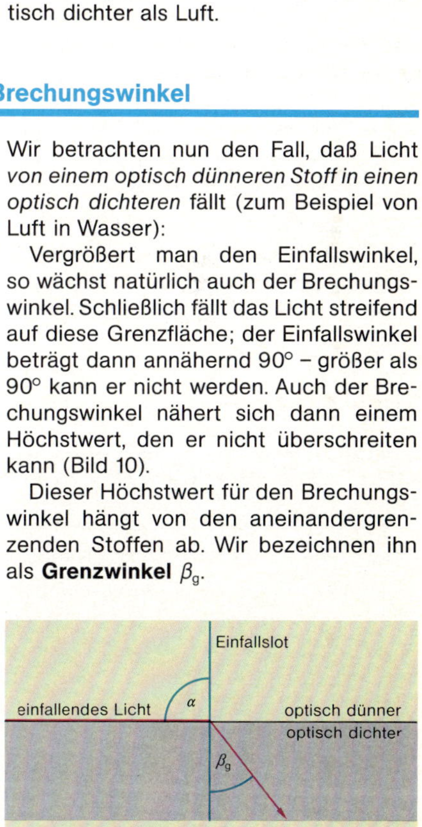

Übergang des Lichtes von Luft in ...	Grenzwinkel β_g
Wasser	49°
Spiritus	47°
Plexiglas	42°
Glas	41°
Diamant	24°

10

Info: „Trugbilder" durch Brechung

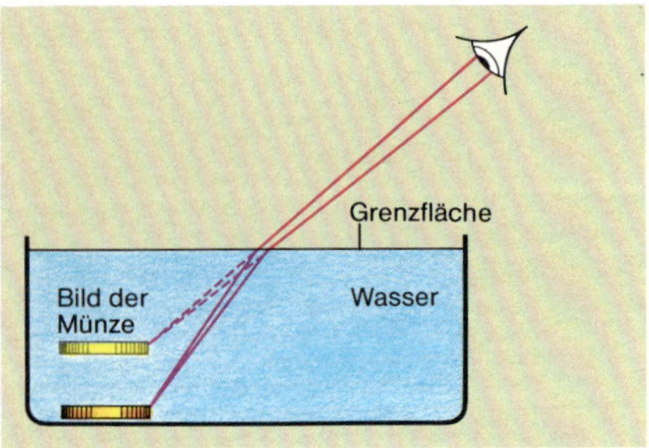

1

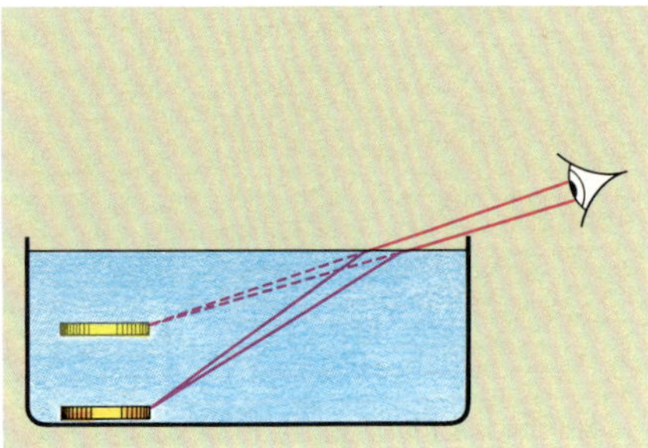
2

Gegenstände, die sich ganz oder teilweise unter Wasser befinden, können geknickt, verkürzt oder angehoben erscheinen.

Ursache für diese „Trugbilder" ist die **Brechung** des Lichts.

Sehen wir uns ein Lichtbündel an, das von einem Gegenstand unter Wasser, z. B. von einer Münze, ausgeht und in unser Auge gelangt (Bild 1):

Wenn das Lichtbündel schräg auf die Wasseroberfläche fällt, wird es an der Grenzfläche Wasser–Luft gebrochen. Unser Gehirn geht aber aufgrund der Erfahrung davon aus, daß sich Licht geradlinig ausbreitet. Es „verlegt" deshalb den Ausgangspunkt des Lichtbündels an eine andere Stelle; wir nehmen den Gegenstandspunkt dort wahr, wo sich die rückwärts verlängerten Randstrahlen des gebrochenen Lichtbündels schneiden.

Wir sehen ein **virtuelles Bild** des Gegenstandes; der Gegenstand ist scheinbar angehoben.

Je flacher wir auf die Wasseroberfläche schauen, desto höher scheint der Gegenstand zu liegen (Bild 2). Der Grund dafür ist, daß das ins Auge fallende Lichtbündel jetzt stärker aus seiner ursprünglichen Richtung abgelenkt wird.

Wenn wir einen Stab (oder ein Lineal) senkrecht ins Wasser tauchen, erscheint er uns verkürzt. Ein schräg ins Wasser gehaltener Stab, der teilweise aus dem Wasser herausragt, scheint geknickt zu sein.

Die Erklärung ist in beiden Fällen die gleiche: Jeder Punkt des Gegenstandes unterhalb der Wasseroberfläche erscheint uns angehoben.

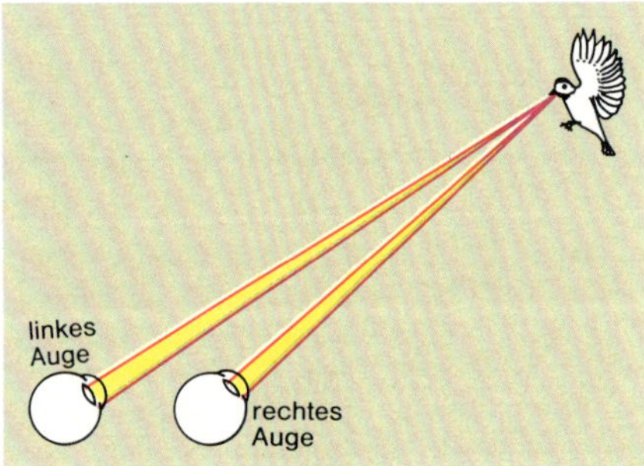

3

Wenn man durch eine Taucherbrille blickt, scheinen alle Gegenstände näher zu sein, als sie es in Wirklichkeit sind. Auch wenn du schräg auf die senkrechte Wand eines Aquariums blickst, erscheinen die Fische herangerückt. Die Rückwand des Aquariums scheint sich sogar zu verbiegen, wenn du den Kopf hin und her bewegst.

Diese scheinbaren Entfernungsänderungen haben folgenden Grund:

Wenn man auf einen Gegenstand in der Nähe blickt, sind beide Augen auf einen Punkt des Gegenstandes gerichtet (Bild 3). Aus der Stellung der Augen schließt unser Gehirn auf die Entfernung des Gegenstandes.

Bild 4 zeigt die Verhältnisse bei der Taucherbrille. Die beiden Lichtbündel, die von dem Gegenstandspunkt ausgehen, laufen nach der Brechung stärker voneinander weg als vorher. Daher stehen die Augen so, als würde man einen recht nahen Gegenstand sehen; der Gegenstand, den man gerade betrachtet, erscheint somit herangerückt.

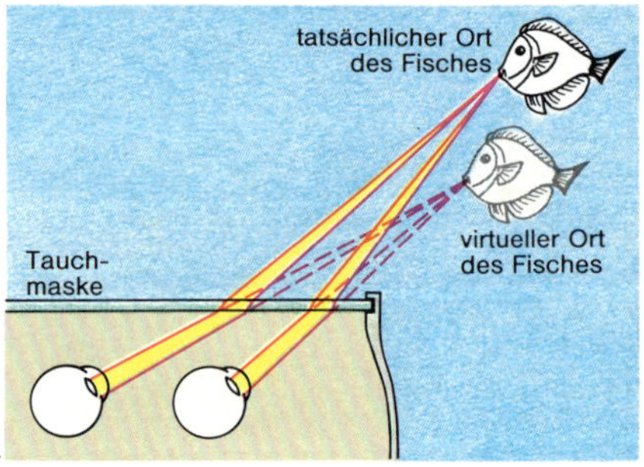

4

Aufgaben

5

6

1 Schon *Johannes Kepler* (1571–1630) suchte Gesetzmäßigkeiten bei der Brechung. Seine Versuchsanordnung ist in Bild 5 nachgebaut.

Warum ist der Schattenraum in der Flüssigkeit kleiner als außerhalb?

2 Bild 6 zeigt, wie Licht beim Übergang von Luft in Plexiglas gebrochen wird. Wie könnte man hier vorgehen, wenn man die Umkehrbarkeit des Lichtweges nachweisen wollte?

3 Ein Lichtbündel geht von einem optisch dichteren in einen optisch dünneren Stoff über. Was kannst du über den Brechungswinkel im Vergleich zum Einfallswinkel aussagen?

4 In Bild 7 fällt ein Lichtbündel durch eine Glasscheibe. Warum behält es seine Richtung bei und wird nur parallel versetzt?

5 Licht, das ein Prisma durchläuft, wird zweimal gebrochen (Bild 8). Wie kommt es, daß es besonders stark aus seiner ursprünglichen Richtung abgelenkt wird?

7

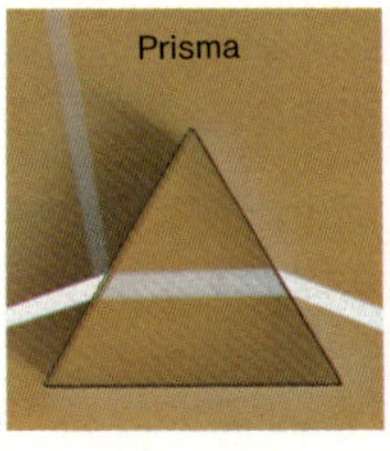

8

Aus Umwelt und Technik: **Die Abendsonne ist nicht rund!**

Kurz vor Sonnenuntergang erscheint die Sonne etwas „plattgedrückt“ – insbesondere bei starkem Abendrot. Ihre senkrechte Achse ist also kürzer als die waagerechte (Bild 11). Wie kommt das?

Die Lufthülle der Erde weist keine scharfe Grenze auf, sondern sie wird zur Erdoberfläche hin immer dichter. Licht, das aus dem Weltall kommt, wird daher nicht einmalig an einer Grenzfläche gebrochen; vielmehr erfolgt die Brechung nach und nach.

Bild 12 zeigt diesen Vorgang in einem **Versuch**: Hier wurde über eine Zuckerlösung vorsichtig Wasser „geschichtet“. Die Grenzschicht zwischen beiden Flüssigkeiten wurde dann etwas aufgerührt, so daß ein allmählicher Übergang entstand.

Wie sich die Brechung durch die Lufthülle auswirkt, sieht man leicht

11

bei einer punktförmigen Lichtquelle ein: Wenn wir einen schräg über uns stehenden Stern beobachten, fällt von diesem ein schmales Lichtbündel in unser Auge. Es durchquert die Lufthülle auf einer gekrümmten Bahn. In der Richtung, aus der das Bündel ins Auge trifft, vermuten wir den Stern (Bild 13). In Wirklichkeit steht er aber tiefer über dem Horizont. Es ist sogar möglich, daß wir einen Stern noch sehen, obwohl sein wahrer Ort bereits unterhalb der Horizontlinie liegt.

Auch die untergehende Sonne steht nicht in der Richtung, in der wir sie wahrnehmen, sondern etwas tiefer. Sie wird durch den Brechungsvorgang scheinbar angehoben. Warum aber ist sie *nicht rund*?

Das Lichtbündel, das unser Auge vom *unteren* Sonnenrand her erreicht, trifft *flacher* auf die Lufthülle der Erde als das vom oberen Rand; es wird daher *stärker gebrochen* als das vom oberen Rand (Bild 14). Der untere Rand der Sonne wird deshalb stärker „angehoben“; das hat zur Folge, daß uns die senkrechte Achse der Sonne verkürzt erscheint.

Für die waagerechte Achse gilt dies nicht, weil die Bündel, die vom linken und rechten Sonnenrand ausgehen, gleich stark gebrochen werden.

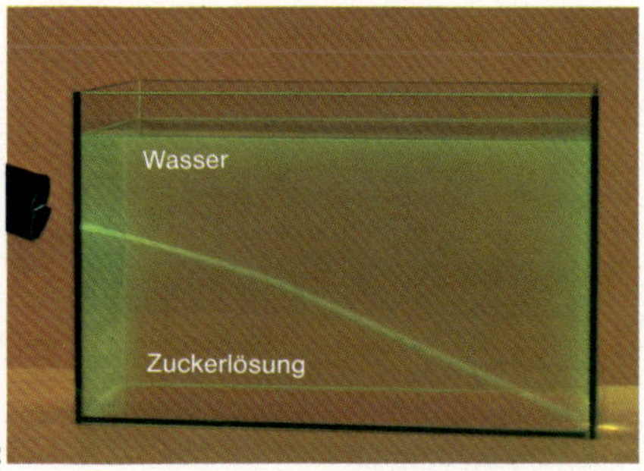

2

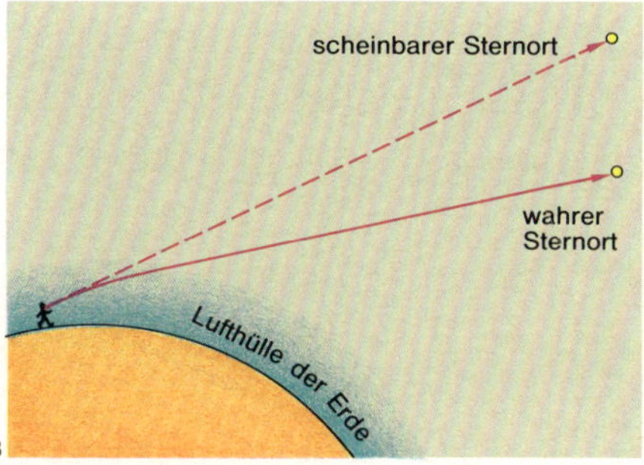

13

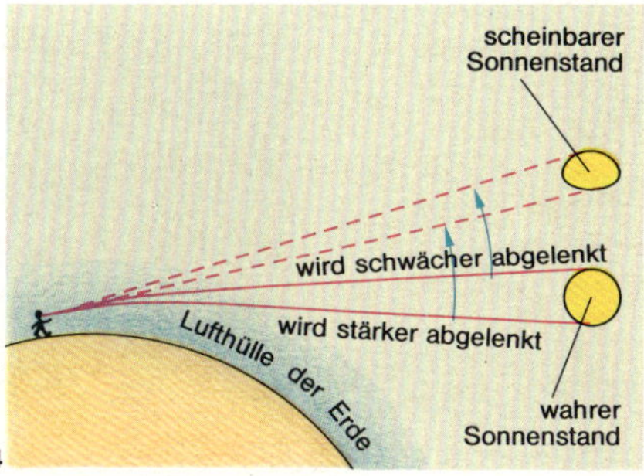

14

6 In Bild 9 trifft Licht auf eine 1 cm dicke Glasplatte. Übertrage die Abbildung in dein Heft, und zeichne den weiteren Verlauf der Richtungsstrahlen. Berücksichtige dabei die Brechung an *beiden* Grenzflächen.

Die Brechungswinkel kannst du aus dem Diagramm (Bild 9 der vorigen Doppelseite) ablesen. Aus welchem Grund brauchst du für die Brechung an der Plattenunterseite keine zusätzlichen Angaben über den Übergang *Glas–Luft*?

7 Bild 10 zeigt ein Prisma aus Glas.

Wie verläuft der eingezeichnete Strahl *im* Prisma, und wie *nach* dem Prisma? Übertrage die Abbildung vergrößert in dein Heft, und konstruiere den Lichtweg.

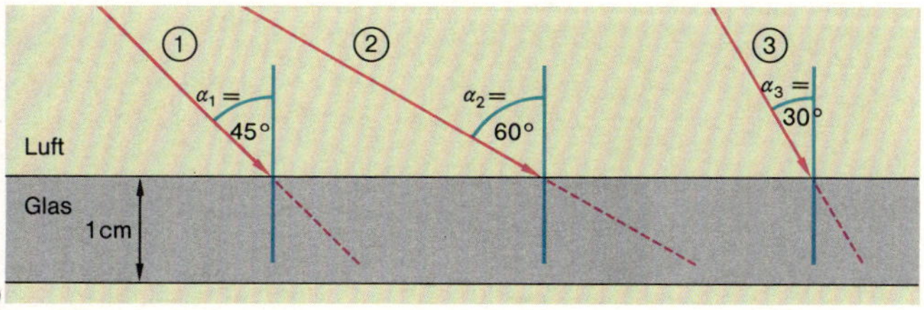

9

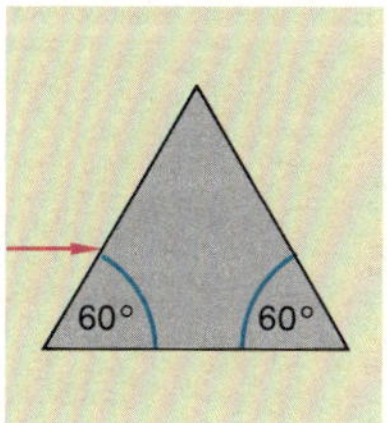

10

8 Wenn man in ein Aquarium blickt, sieht man nur ein *virtuelles* Bild der Fische.

a) Begründe diese Behauptung.

b) Wenn man vor der Scheibe eines Aquariums steht, scheinen alle Gegenstände näher herangerückt. Wie kommt das?

c) Bewegt man den Kopf vor dem Aquarium hin und her, so verschiebt sich das virtuelle Bild der Fische. Erkläre mit Hilfe einer Skizze.

d) Vergleiche diese durch Brechung erzeugten virtuellen Bilder mit Spiegelbildern. Welche Unterschiede findest du?

Info: Die Brechzahl

Bei der Brechung können wir statt der Winkel auch die Längen der Strecken s_1 und s_2 messen (Bild 1).

Im Diagramm liegen die Punkte $(s_1|s_2)$ für die verschiedenen Stoffkombinationen jeweils auf einer Ursprungsgeraden (Bild 2): Die Zuordnungen sind proportional; der Quotient $\frac{s_1}{s_2}$ ist für jede Stoffkombination konstant. Diese Konstante heißt **Brechzahl** *n*.

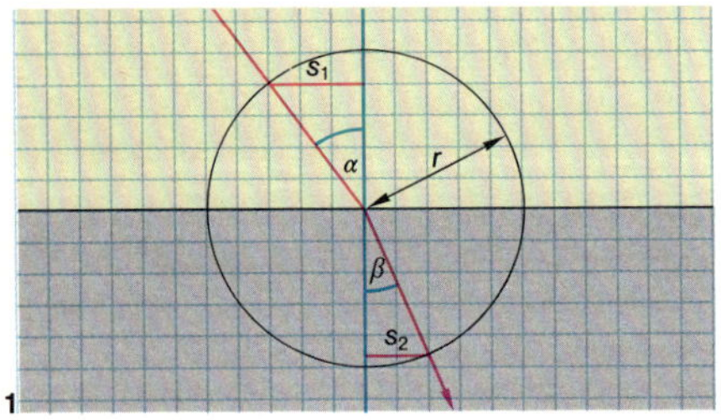

1

Je größer die Brechzahl ist, desto stärker wird das Licht gebrochen.

Welchen Radius der Kreis um den Auftreffpunkt des Strahls hat, spielt bei der Ermittlung der Brechzahl keine Rolle.

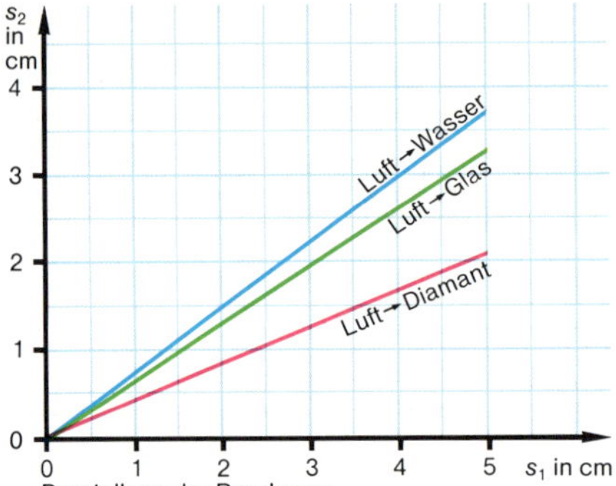

2 Darstellung der Brechung: Strecke s_2 in Abhängigkeit von der Strecke s_1 ($r = 5$ cm).

Übergang des Lichtes von Luft in	Brechzahl *n*
Wasser	1,33
Spiritus	1,36
Plexiglas	1,50
Glas (Kronglas)	1,53
Diamant	2,42

Fragen und Aufgaben zum Text

1 Konstruiere den Lichtweg für den Übergang von *Luft in Plexiglas* für einen Einfallswinkel von 50°.

2 Die Brechzahl für den Übergang *von Wasser in Glas* ist 1,15.

Vergleiche die Brechung an den Grenzflächen *Wasser–Glas* und *Luft–Glas*.

Zeichne die Lichtwege beim Übergang von Luft bzw. Wasser in Glas. Der Einfallswinkel soll 70° betragen.

2 Licht wird an Grenzflächen nicht nur gebrochen

Eine Hand im Aquarium – von unten betrachtet … 3

V 6 Mit dem Aufbau von Bild 4 wird noch einmal das Verhalten von Licht an der Grenzfläche Luft–Wasser untersucht. Das schmale Lichtbündel soll zunächst senkrecht und dann schräg *von der Luft ins Wasser* fallen. Der Einfallswinkel wird dabei schrittweise vergrößert, bis schließlich das einfallende Licht streifend auf das Wasser trifft.

Beobachte dabei auch das *reflektierte* Lichtbündel.

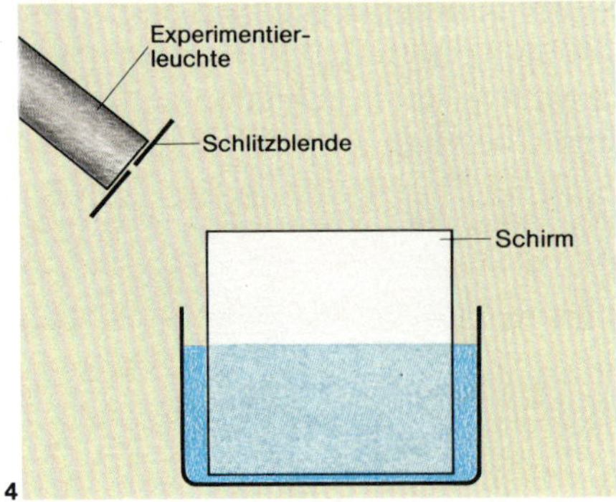

4

Beschreibe, wie sich die Helligkeit des reflektierten und die des gebrochenen Lichtbündels ändert.

V 7 Jetzt geht es um Reflexion und Brechung eines Lichtbündels beim Übergang *von Wasser in Luft* (→ V 4).

Versuche, den Einfallswinkel zu messen, bei dem kein Licht mehr aus dem Wasser austritt. Wie verläuft das gebrochene Lichtbündel, wenn der Einfallswinkel etwas kleiner ist?

Info: **Brechung und Reflexion – oder keine Brechung und Totalreflexion**

Wenn ein Lichtbündel auf die Grenzfläche zwischen zwei lichtdurchlässigen Stoffen fällt, wird nie *alles* Licht gebrochen; stets wird auch Licht reflektiert.

Das Lichtbündel wird also in ein gebrochenes und ein reflektiertes Teilbündel aufgespalten (Bild 5).

Je größer der Einfallswinkel ist, desto mehr Licht wird reflektiert und desto weniger wird gebrochen. Daß das tatsächlich so ist, kannst du auch im Alltag beobachten: Eine Glasscheibe wirkt um so mehr wie ein Spiegel, je flacher du auf die Scheibe blickst.

Beim Übergang *von einem optisch dünneren in einen optisch dichteren Stoff* findet auch dann noch eine Brechung statt, wenn das Licht nahezu an der Oberfläche entlangstreift. In diesem Fall ist der Brechungswinkel praktisch gleich dem

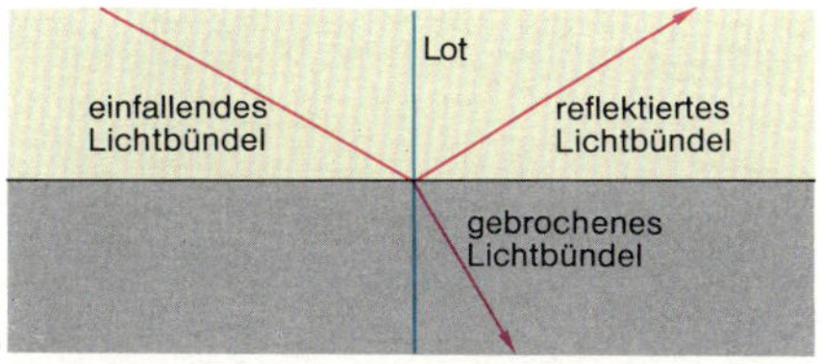

5

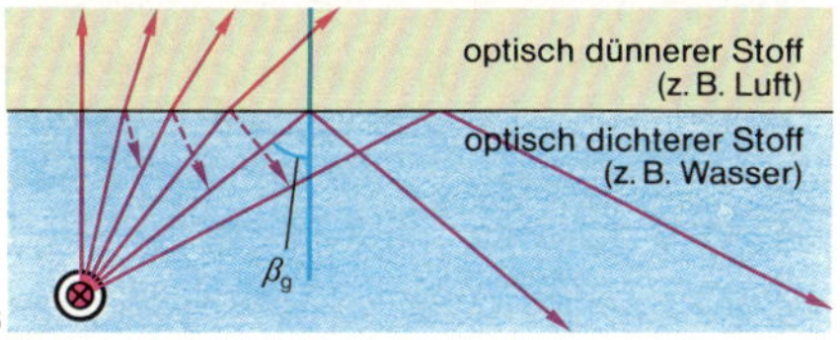

6

Grenzwinkel β_g. Allerdings dringt nur wenig Licht in den optisch dichteren Stoff ein; fast alles Licht wird reflektiert.

Was beim Übergang *vom optisch dichteren zum optisch dünneren Stoff* geschieht, zeigt Bild 6: Vergrößert man den Einfallswinkel, so wird auch hier ein zunehmender Teil des Lichts reflektiert; der übrige Teil des Lichts, der durch die Grenzfläche dringt, nimmt dementsprechend ab.

Wenn der Einfallswinkel eines Lichtbündels aber größer als β_g wird, kann das Licht nicht mehr die Grenzfläche durchdringen; es wird *vollständig* reflektiert. Man spricht von **Totalreflexion**.

Totalreflexion tritt immer dann auf, wenn Licht von einem optisch dichteren Stoff auf die Grenzfläche zu einem optisch dünneren fällt und wenn dabei der Einfallswinkel größer als der Grenzwinkel β_g ist: $\alpha > \beta_g$. Der Winkel β_g heißt **Grenzwinkel der Totalreflexion**. Er beträgt z. B. für den Übergang Wasser–Luft 49° und für den Übergang Glas–Luft 42°.

Aus Umwelt und Technik: **Glasfasern leiten Licht**

7

Bild 7 zeigt eine *Glasfaserleuchte*. In ihrem Innern fällt Licht einer Glühlampe auf Enden von **Glasfasern**. Das Licht geht durch die Glasfasern hindurch und tritt erst an ihren äußeren Enden wieder aus – obwohl die Glasfasern teilweise stark gebogen sind. Wie ist das möglich, wo sich das Licht doch geradlinig ausbreitet?

Obwohl Glasfasern sehr dünn sind, bestehen sie meist aus zwei verschiedenen Glassorten: einem *Kern* aus *optisch dichterem* Glas und einem *Mantel* aus *optisch dünnerem* Glas.

Wenn nun Licht an einem Ende in die Glasfaser eintritt, treffen die Lichtbündel bald auf die Grenzfläche zwischen Kern und Mantel. Dort tritt Totalreflexion auf (Bild 8). Dies wiederholt sich auf dem Weg durch die Glasfaser immer wieder. Die Lichtbündel können also die Glasfaser nicht verlassen und folgen sogar ihren Biegungen. Man bezeichnet Glasfasern daher auch als *Lichtleiter*.

Man kann nun viele Tausend solcher Glasfasern zu einem Bündel von nur einigen Millimetern Durchmesser zusammenfassen. Auf diese Weise erhält man ein **Glasfaserkabel**. Für solche Kabel gibt es viele Verwendungsmöglichkeiten.

Wenn z. B. ein Arzt bei einem Patienten in den Magen sieht, benutzt er ein *Endoskop*. Das ist ein schlauchartiges Instrument, das durch die Speiseröhre des Patienten in den Magen eingeführt wird. Es besteht hauptsächlich aus zwei Glasfaserkabeln (Bild 9). Außerdem enthält es ein kleines Objektiv, das ähnlich wie das Objektiv im Fotoapparat funktioniert.

Durch das äußere Glasfaserkabel wird Licht in den Magen geleitet (1); auf diese Weise wird z. B. ein Teil der Magenwand beleuchtet. Mit Hilfe des Objektives (2) entsteht nun ein Bild von dieser Stelle des Magens, und zwar auf dem Ende des inneren Glasfaserkabels (3). Da jede Faser das Licht eines bestimmten Punktes der Magenwand überträgt, sieht der Arzt auf dem Ende des Glasfaserkabels

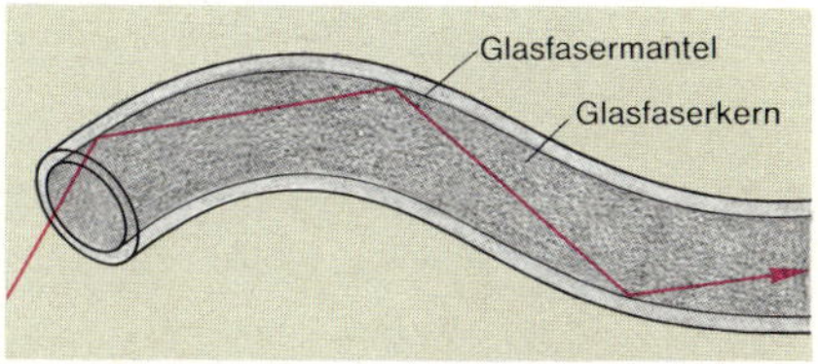

8

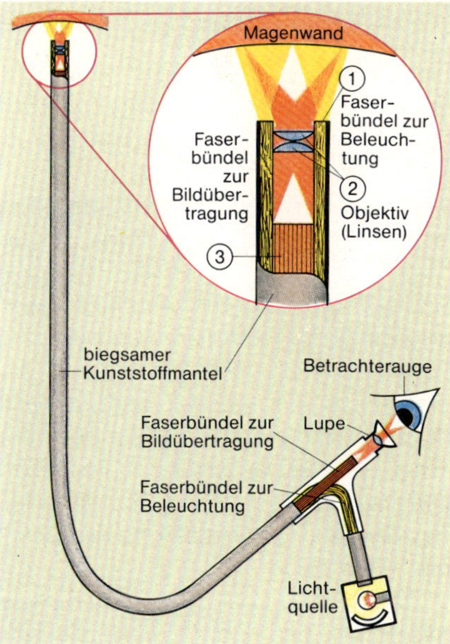

9

ein Bild der betreffenden Magenwandstelle; es ist Punkt für Punkt zusammengesetzt. Er betrachtet dieses Bild durch eine eingebaute Lupe.

Aus Umwelt und Technik: **Nachrichtenübertragung mit Glasfasern**

In Zukunft werden **Glasfaserkabel** große Bedeutung für die Nachrichtenübertragung erlangen.

Zum Beispiel funktioniert das Telefonieren über Glasfaser so:

Die Sprache wird zunächst in elektrische Signale und dann – von einer geeigneten Lichtquelle – in Lichtblitze umgewandelt. (Zur Sprachübertragung sind etwa 30 000 Lichtblitze pro Sekunde nötig.) Das Licht durchläuft eine Glasfaser, und am Ende wird aus den Lichtblitzen wieder die ursprüngliche Sprache „hergestellt".

Man kann Licht durch Glasfasern ca. 20 km weit übertragen. Bei größeren Entfernungen müssen die Blitze unterwegs mit Hilfe weiterer Lichtquellen „erneuert" werden.

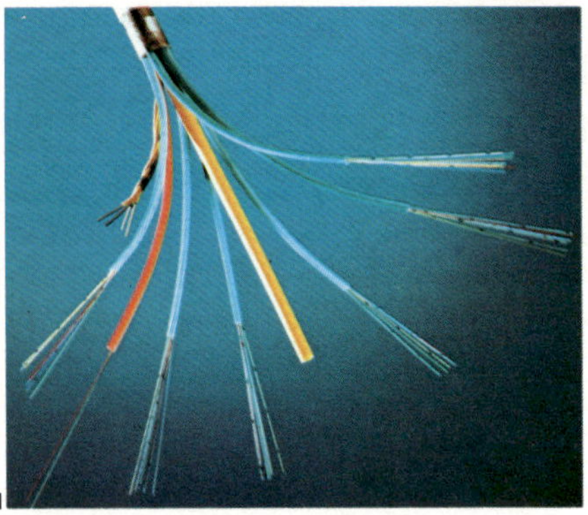
1

Hunderte von Glasfasern können zu einem Kabel zusammengefaßt werden. Bild 1 zeigt ein solches Kabel mit 42 Fasern.

Mit einer einzigen Glasfaser lassen sich heute schon Zehntausende von Telefongesprächen zur gleichen Zeit übertragen – und zwar ohne Rauschen und Knacken, ohne Verzerrungen und Störungen.

In demselben Leitungsnetz können außer Telefongesprächen auch Computerdaten, einzelne Fernsehbilder (Bildschirmtext, Bildtelefon) sowie ganze Fernsehprogramme übertragen werden.

Aus Umwelt und Technik: **Lichtleiter in der Natur**

2

3

Lichtleiter aus Glasfasern sind Produkte hochentwickelter Technik. Erstaunlicherweise gibt es aber auch Lichtleiter in der Natur.

In bestimmten Gebieten Amerikas sowie am Kaspischen Meer findet man *Ulexitkristalle* (Bild 2).

Wenn ein solcher Kristall an zwei gegenüberliegenden Seiten plan geschliffen und poliert ist, nennen ihn die Amerikaner *television stone*. Legt man nämlich eine Buchseite oder ein Foto unter einen solchen „Fernsehstein", so sieht man die Schrift oder das Bild auf der *Oberfläche* des Steines (Bild 3).

Des Rätsels Lösung sind unzählige haarfeine Fasern, die alle parallel angeordnet sind und gemeinsam den Kristall bilden. Licht, das in eine dieser Fasern an einem Ende eindringt, wird durch Totalreflexion bis zum anderen Ende fortgeleitet. Die einzelnen Fasern sind also Lichtleiter. Jede Faser überträgt das Licht eines winzigen Gegenstandspunktes von der Unterseite des Kristalls bis hin zu seiner Oberseite; dort entsteht Punkt für Punkt ein Bild des Gegenstandes.

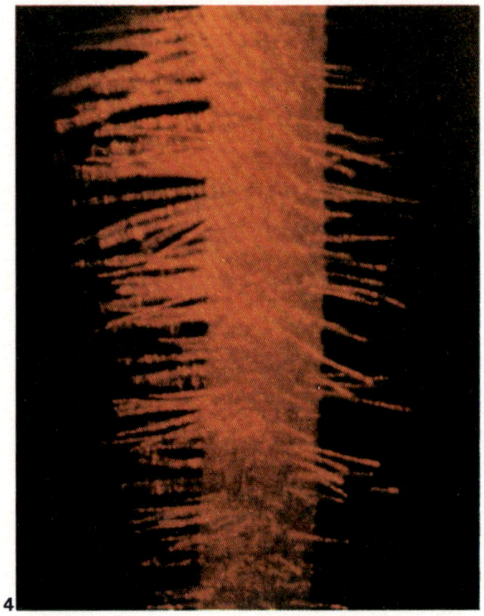
4

Auch in der Pflanzenwelt kommen Lichtleiter vor. Bild 4 zeigt eine *Maiswurzel*, deren oberirdischer Wurzelansatz mit rotem Licht beleuchtet wurde. Das Licht gelangt bis in die feinsten Wurzelfasern. Die Wurzel stellt ein Bündel aus „Zellsäulen" dar; die einzelnen Zellsäulen sind die Fasern, die das Licht leiten. Die Totalreflexion erfolgt an den Zellwänden.

Durch das in die Wurzeln geleitete Licht werden verschiedene Vorgänge des Pflanzenwachstums gesteuert:

Maiswurzeln wachsen steiler nach unten in den Boden, sobald sie Licht erhalten. Bei keimenden Haferkörnern hängt das Wachstum des oberirdischen Sprosses davon ab, wieviel Licht in bestimmte, mehrere Zentimeter unter der Erde liegende Pflanzenteile gelangt.

Alles klar?

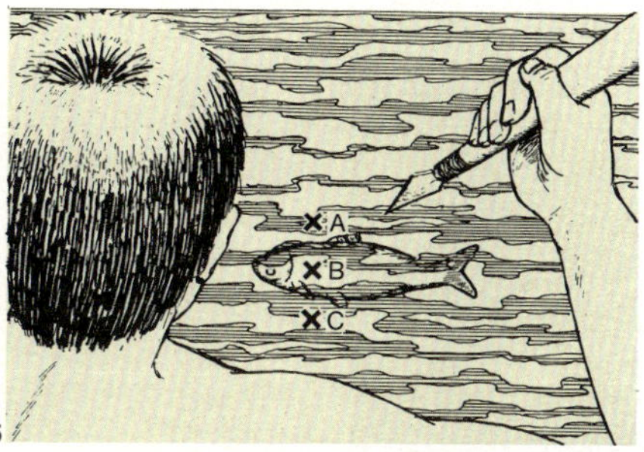

5

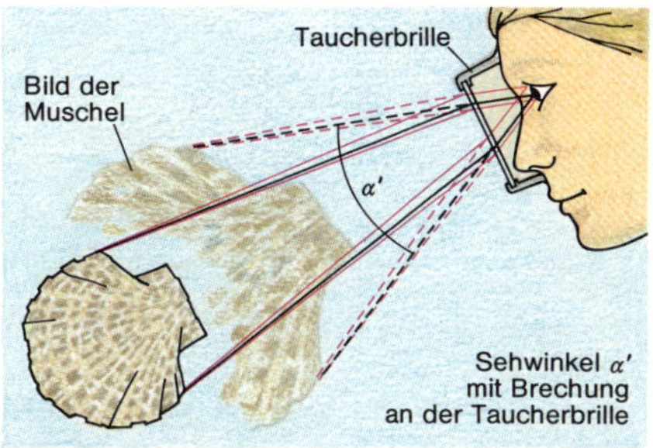

6

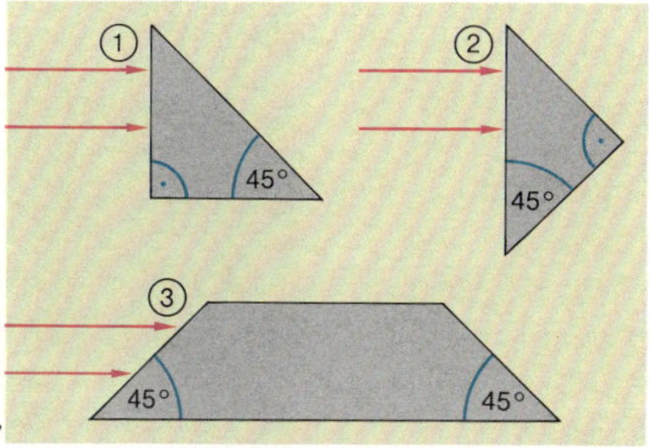

7

1 Wohin muß der Eingeborene mit seinem Speer zielen (Bild 5)?

2 Steht man am Rande eines Schwimmbeckens mit konstanter Wassertiefe, so erscheint die gegenüberliegende Seite flacher. Erkläre diese Beobachtung.

3 Warum ist es gefährlich, in ein Wasserbecken zu springen, von dem man den Grund zwar sieht, die Tiefe aber nicht kennt?

4 Ein Lichtstrahl, der von Luft in Wasser übergeht, wird *zum Einfallslot hin* gebrochen. Eine schräg ins Wasser gehaltene Stricknadel scheint geknickt zu sein; sie wird unter Wasser scheinbar *vom Einfallslot weg* gebrochen! Wie kommt das? Zeichne!

5 An Land sehen Muscheln viel kleiner aus, als sie unter Wasser durch die Taucherbrille hindurch erscheinen. Bild 6 hilft dir bei der Erklärung.

6 Ein Springbrunnen wird von unten beleuchtet. Warum leuchten die gebogenen Wasserstrahlen?

7 In Bild 3 auf der vorigen Doppelseite scheint die Wasseroberfläche undurchsichtig zu sein: Der Arm ist nicht vollständig zu sehen. Erkläre!

8 Der Rücken vieler Fische ist so gefärbt wie der Meeresboden; ihre Unterseite sieht aus wie ein Spiegel. Welchen Vorteil hat das für die Fische?

9 Bild 7 zeigt verschiedene Glasprismen. Übertrage die Abbildungen in dein Heft, und ergänze die Lichtwege.

10 „Der Lichtweg bei Brechung und Reflexion ist umkehrbar." Erkläre diese Behauptung anhand des Lichtweges, den du zu Prisma 3 in Bild 7 gezeichnet hast.

Auf einen Blick

Lichtbrechung an Grenzflächen

8

Wenn Licht schräg
auf die Grenzfläche zwischen zwei
lichtdurchlässigen Stoffen fällt,
wird es **gebrochen**.

9

Beim Übergang **von einem optisch dünneren Stoff in einen optisch dichteren** (z. B. von Luft in Glas) wird ein Lichtbündel **zum Einfallslot hin** gebrochen (Bild 8).

Geht aber das Lichtbündel **von einem optisch dichteren Stoff in einen optisch dünneren Stoff** über, wird es **vom Einfallslot weg** gebrochen (Bild 9).

Je größer der Einfallswinkel ist, desto stärker wird das Licht aus seiner ursprünglichen Richtung abgelenkt.

Fällt das Licht senkrecht auf die Grenzfläche, wird es überhaupt nicht gebrochen.

Aufgrund der Brechung des Lichts an ebenen Grenzflächen sieht man **virtuelle Bilder**.

Reflexion des Lichtes an Grenzflächen

An Grenzflächen wird nur ein Teil eines einfallenden Lichtes gebrochen; der andere Teil wird **reflektiert**.

Der reflektierte Anteil des Lichtes ist um so größer, je größer der Einfallswinkel des Lichtbündels ist (je flacher es also auf die Grenzfläche trifft).

10

Beim Übergang von einem optisch dichteren in einen optisch dünneren Stoff (z. B. von Wasser in Luft) wird das Licht von einem bestimmten Einfallswinkel an vollständig reflektiert **(Totalreflexion)**. Diesen Winkel nennt man *Grenzwinkel der Totalreflexion*.

Optische Abbildungen mit Linsen

1 Die Sammellinse

1

2

Bild 1 wurde mit einer einfachen Lochkamera aufgenommen.
Bei Bild 2 wurde eine Linse vor die Lochkamera gehalten.

V 1 Mit Hilfe einer Lochblende, bei der die Öffnung verstellbar ist, soll eine Kerzenflamme abgebildet werden (Bild 3).

a) Der Lochdurchmesser ist zunächst nur 1–2 mm groß. Welchen Nachteil hat das Bild auf dem Schirm?

b) Wir vergrößern das Loch in mehreren Schritten bis auf einen Durchmesser von ca. 1 cm. Beschreibe, wie sich das Bild verändert.

c) Nun halten wir vor die Lochblende mit großer Öffnung eine **Sammellinse** (Lupe, Brennglas; Bild 4. Sammellinsen erkennst du daran, daß sie in der Mitte dicker sind als am Rand.) Wir verschieben den Schirm so, daß ein scharfes Bild der Kerzenflamme entsteht.

d) Erinnerst du dich, wie ein ideales scharfes Bild aufgebaut ist? Welche Aufgabe erfüllt demnach die Sammellinse?

e) Untersuche, ob die Lochblende überhaupt noch nötig ist, wenn eine Sammellinse eingesetzt wird.

V 2 Nun soll der Abstand der Kerzenflamme zur Linse mehrmals verändert werden (verschiedene *Gegenstandsweiten g*).

a) Wir beginnen mit einer Gegenstandsweite von etwa 2 m (Bild 5). Wo entsteht in diesem Fall das scharfe Bild der Kerzenflamme? (Der Abstand von der Linse zum Bild heißt bekanntlich *Bildweite b*.)

Wie verändert sich das Bild, wenn wir die Kerze zur Linse hin verschieben (wenn also die Gegenstandsweite kleiner wird)?

b) Schiebe die Kerze so dicht an die Linse heran, daß das Bild der Flamme schließlich genauso groß ist wie die Flamme selbst (*Bildgröße B = Gegenstandsgröße G*). Vergleiche dabei auch *g* und *b*.

Wie verändern sich *B* und *b*, wenn du die Kerze noch näher an die Linse heranrückst?

c) Stelle die kleinste Gegenstandsweite *g* fest, bei der du noch ein scharfes Bild erhältst.

d) Wie groß ist die Gegenstandsweite, wenn das Bild viele Meter weit von der Linse entfernt ist?

e) Ist die kleinste Gegenstandsweite bei allen Sammellinsen gleich groß? Untersuche dies bei verschiedenen Linsen. Vergleiche jeweils auch die Bildgrößen *B*.

V 3 Mit diesem Versuch soll festgestellt werden, ob es auch eine kleinste Bildweite gibt.

a) Wir bilden ein mehrere Meter weit entferntes Fenster mit Hilfe einer Sammellinse auf der Wand oder auf einem Blatt Papier ab (Bild 6 auf der Nachbarseite). Miß die Bildweite *b*.

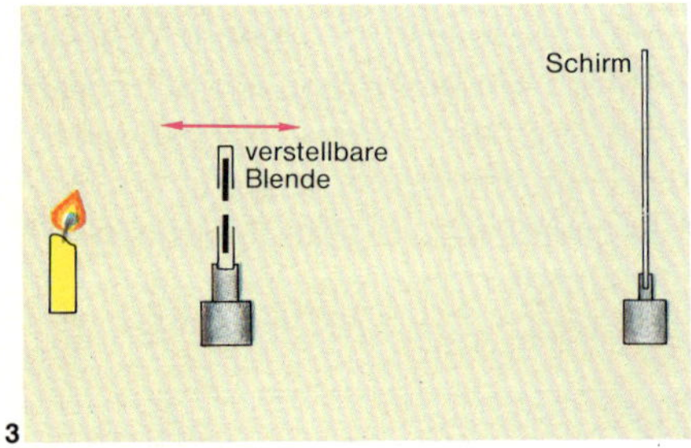

3

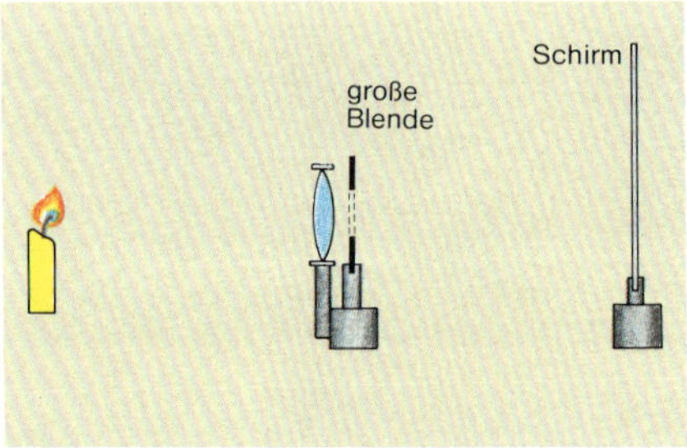

4

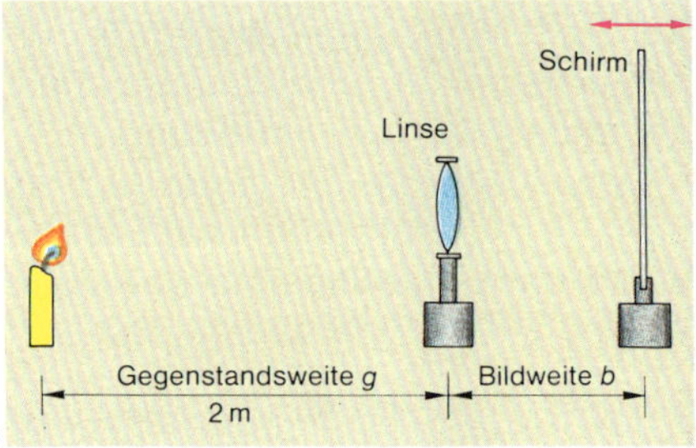

5

b) Wird *b* meßbar kleiner, wenn wir eine weit entfernte Landschaft auf die gleiche Weise abbilden?

c) Die Sonne ist ein sehr weit entfernter Gegenstand. Bilde sie – so wie in Versuchsteil a – auf einem Stück Zeitungspapier ab. (Vorsicht, Feuergefahr!) Ändert sich die Bildweite gegenüber der in Versuchsteil a?

d) Die kleinstmögliche Bildweite einer Sammellinse heißt *Brennweite f.*

Wir messen die Brennweiten verschiedener Sammellinsen, und zwar so wie in Versuchsteil a. (Die Brennweite kann genauer über das Sonnenbild ermittelt werden.)

Wie unterscheiden sich die Bilder der verschiedenen Sammellinsen?

e) Worin unterscheiden sich Linsen mit kurzer Brennweite von solchen mit längerer Brennweite? Vergleiche dazu möglichst Linsen mit gleichem Durchmesser.

V 4 Von der Lochkamera weißt du, daß sie von jedem Gegenstands*punkt* einen Licht*fleck* auf dem Schirm erzeugt.

Um zu sehen, wie eine Sammellinse ein schmales Lichtbündel verändert, das von einem Gegenstands*punkt* ausgeht, verwenden wir ein Glühlämpchen. Den Glühdraht des Lämpchens können wir als *punktförmige* Lichtquelle ansehen.

a) Wir verwenden eine Sammellinse mit einer Brennweite von 10 cm. Die Gegenstandsweite *g* soll mindestens 1 m betragen. Wir halten den Schirm direkt hinter die Linse und entfernen ihn dann langsam von ihr.

Beobachte den Lichtfleck auf dem Schirm. Wo erreicht er seinen kleinsten Durchmesser? Dieser Punkt ist der *Bildpunkt* des Glühdrahtes.

Wie verläuft das Lichtbündel hinter dem Bildpunkt weiter?

Vergleiche den Abstand Bildpunkt–Linse (die Bildweite) mit der Brennweite der Linse.

b) In welche Richtung wandert der Bildpunkt, wenn die Gegenstandsweite *g* schrittweise verkleinert wird? Notiere die Werte für *g* und *b* in einer Tabelle.

Bei einem bestimmten Abstand sind *g* und *b* gleich groß. Vergleiche diesen Abstand mit der Brennweite *f.* Ergibt sich der gleiche Zusammenhang bei Linsen anderer Brennweite?

c) Überprüfe mit Hilfe einer Schnur, ob Gegenstandspunkt (Glühdraht), Linsenmitte und Bildpunkt auf einer Geraden liegen.

d) Wie verläuft das Lichtbündel hinter der Linse, wenn *g* kleiner ist als *f*? Versuche, das Ergebnis zu erklären.

V 5 Jetzt werden zwei farbige Glühlampen als „Gegenstandspunkte" verwendet (Bild 7). Der Abstand zwischen den beiden Glühdrähten ist die Gegenstandsgröße *G*.

a) Wir wählen zunächst eine Gegenstandsweite *g* von etwa 1 m. Wie groß ist die Bildweite *b*?

Wie groß ist der Abstand zwischen beiden Bildpunkten (also die Bildgröße *B*)? Übertrage Bild 7 in dein Heft, und ergänze die Lichtbündel.

b) Nun nähern wir beide Lämpchen so weit der Linse, bis $G = B$ ist.

Wie groß sind in diesem Fall *b* und *g* im Vergleich zu *f*? Zeichne!

c) Wir nähern die Lämpchen der Linse bis zur Brennweite *f.* Verfolge, wie sich dabei die Bildweite und der Abstand zwischen den beiden Bildpunkten verändern.

Warum bekommt man keine Bildpunkte mehr, wenn die Gegenstandsweite kleiner als die Brennweite ist?

d) Überlege zunächst, was geschieht, wenn wir zu den zwei Lämpchen ein drittes dazuschalten. Wo entsteht der dazugehörige Bildpunkt? Überprüfe anschließend deine Vermutung.

e) Versuche, aufgrund der Ergebnisse zu erklären, wie bei der Sammellinse das Bild eines Gegenstandes entsteht, der nicht „punktförmig" ist.

V 6 Wenn man einen Gegenstand durch eine Sammellinse abbildet, muß man das Bild nicht unbedingt auf einem Schirm sichtbar machen. Schaut man nämlich in Richtung des Gegenstandes auf die Linse, sieht man das Bild sogar viel klarer.

Mit diesem Versuch kannst du nachweisen, daß das umgekehrte Bild immer zwischen Auge und Linse entsteht. Du wirst überrascht sein!

a) Halte eine Linse ($f = 10$ cm) mit ausgestrecktem Arm von dir weg, und betrachte durch sie einen kleinen Gegenstand (z. B. Radiergummi) auf dem Tisch. Der Gegenstand soll etwa 50 cm von der Linse entfernt sein.

b) Schaue mit beiden Augen *auf die Linse.* Wie erscheint dir jetzt der Gegenstand?

c) Mit einem Trick kannst du deine Augen richtig auf das Bild einstellen:

Tippe mit einer Bleistiftspitze auf die Linse, und zwar genau zwischen die beiden Bilder. Schaue nun ganz fest auf die Bleistiftspitze, und bewege sie langsam auf die Augen zu. Gelingt es dir so, die beiden Bilder zu einem einzigen zu verschmelzen?

d) Gib nun an, wo sich das Bild des Gegenstandes tatsächlich befindet.

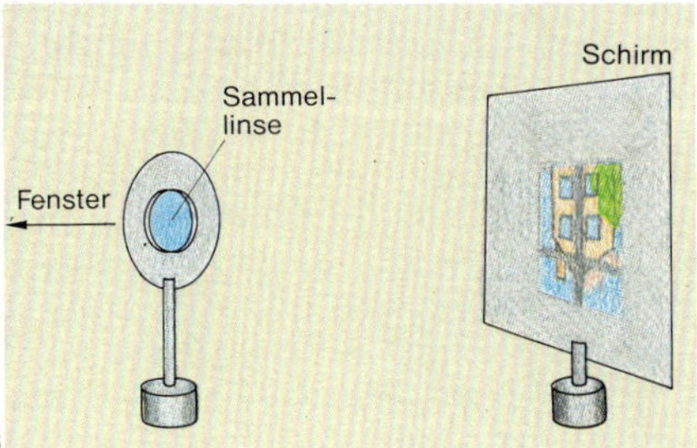

6

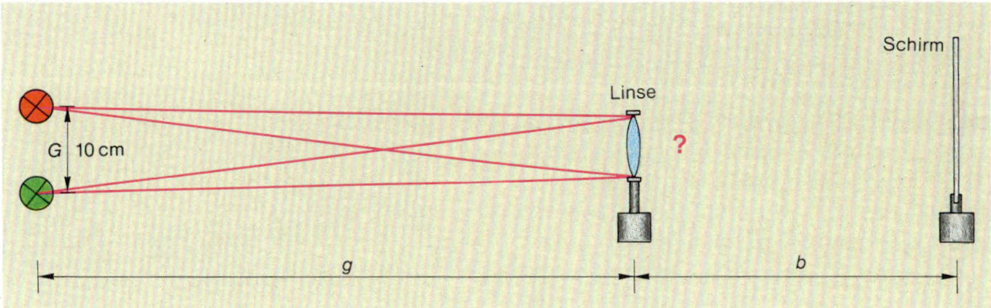

7

Info: Die Brechung an einer Sammellinse

Die Brechung von Licht an *ebenen* Flächen hast du schon kennengelernt.

Auch an der Eintritts- und an der Austrittsfläche einer **Sammellinse** *(Konvexlinse)* werden Lichtbündel gebrochen. Diese Flächen sind aber nicht eben; vielmehr ist die Linse z. B. wie in Bild 1 auf beiden Seiten nach außen gewölbt.

Du kannst dir vorstellen, daß die Linse aus kleinen Glaskörpern mit ebenen Flächen zusammengesetzt ist (Bild 2).

Angenommen, auf diese „Linse" fällt ein Lichtbündel, dessen Randstrahlen parallel sind *(Parallelbündel)*. In Bild 2 ist gezeigt, wie die beiden Randstrahlen an den ebenen Flächen gebrochen werden: Jeder Strahl wird zweimal im gleichen Sinne abgelenkt; die Ablenkung aus der ursprünglichen Richtung wird durch die zweite Brechung noch größer. Hinter der

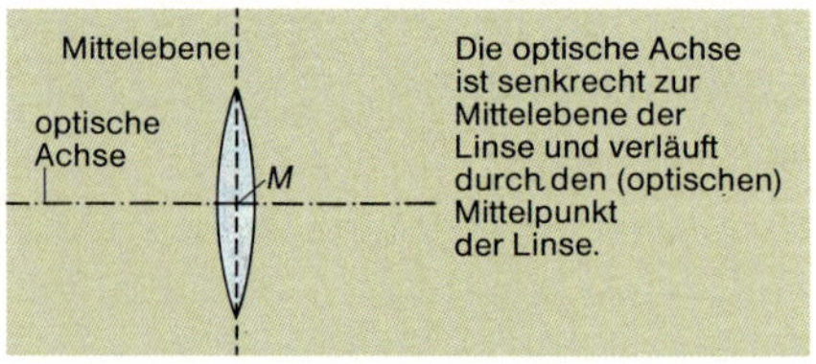

1

Linse laufen die Randstrahlen in einem Punkt zusammen; das Bündel *konvergiert*.

Der Strahl des Lichtbündels, der durch den Mittelpunkt *M* der Linse gezeichnet wird, heißt **Mittelpunktstrahl**. Seine Richtung ändert sich nicht, weil er bei den beiden Brechungen jeweils gleich stark in entgegengesetzte Richtungen abgelenkt wird. Alle Strahlen, die durch die Linsenmitte verlaufen, werden nur etwas parallel verschoben. Bei dünnen Linsen ist diese Verschiebung kaum zu bemerken. Wir können deshalb den Mittelpunktstrahl geradlinig durch die Linsenmitte zeichnen.

Parallelbündel, die aus unterschiedlichen Richtungen auf die Sammellinse treffen, laufen in verschiedenen Punkten hinter der Linse zusammen (Bild 3). All diese Punkte liegen in einer Ebene. Sie heißt **Brennebene** und ist parallel zur Mittelebene der Linse. Ihren Abstand von der Linsenmitte nennt man **Brennweite** *f*.

Der Schnittpunkt der Brennebene mit der optischen Achse heißt **Brennpunkt** F_1 (von lat. *focus*: Herd). Durch ihn laufen alle Lichtstrahlen, die parallel zur optischen Achse auf die Linse treffen (Bild 4).

Dreht man die Linse um, so findet man im gleichen Abstand von *M* wiederum Brennebene und Brennpunkt. Die Brechung ist nämlich unabhängig davon, von welcher Seite das Licht einfällt.

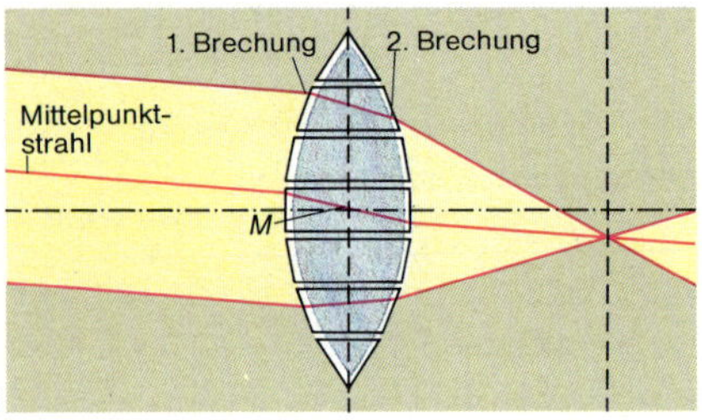

2

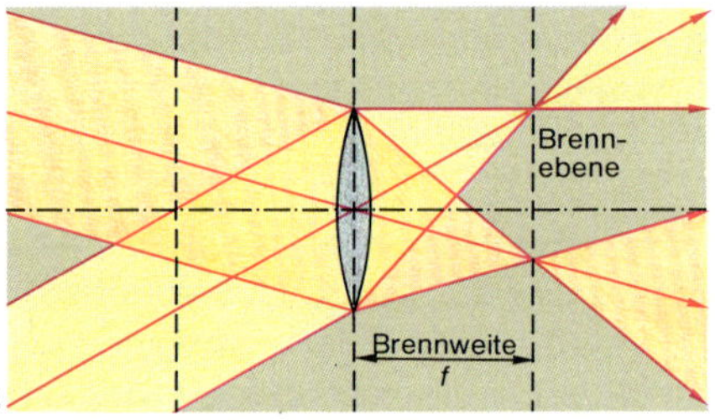

3

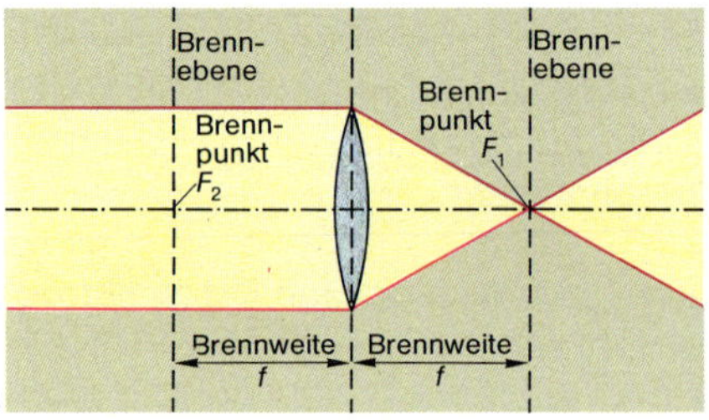

4

Info: Bilder mit Sammellinsen

Bild 5 zeigt, wie Sammellinsen Bilder von Gegenständen erzeugen: Von jedem Gegenstandspunkt trifft ein Lichtbündel auf die Linse, dessen Randstrahlen auseinanderlaufen (divergierendes Lichtbündel). Es wird an den beiden Linsenflächen so gebrochen, daß es in einem Punkt zusammenläuft. Zu jedem Punkt des Gegenstandes entsteht auf diese Weise ein Bildpunkt. Das gesamte Bild kann man sich aus sehr vielen einzelnen Bildpunkten zusammengesetzt denken.

Der Abstand eines Gegenstandspunktes von der Mittelebene der Linse heißt **Gegenstandsweite** *g*. Den Abstand eines Bildpunktes von der Mittelebene nennt man **Bildweite** *b*.

Alle Bildpunkte, die von einem Gegenstand in der Gegenstandsweite *g* entstehen, liegen in einer Ebene, der **Bildebene** Hinter der Bildebene laufen die Lichtbündel wieder auseinander.

Je näher der Gegenstand an die Linse heranrückt, desto größer ist der Abstand Bild–Linse: Mit abnehmender Gegenstandsweite *g* wird die Bildweite *b* größer.

Bilder, deren Punkte Schnittpunkte von Lichtbündeln sind, heißen **reelle Bilder**.

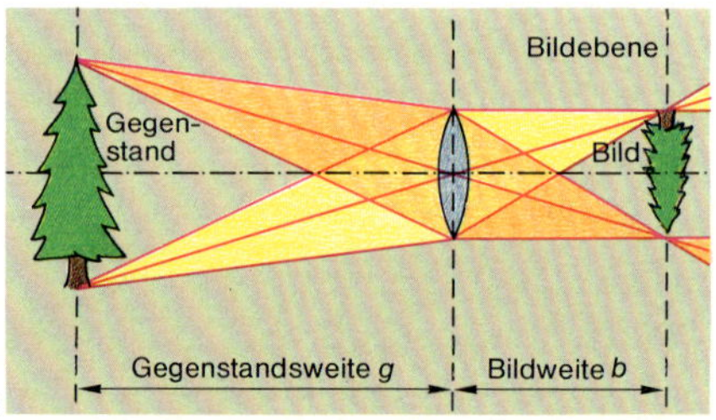

5

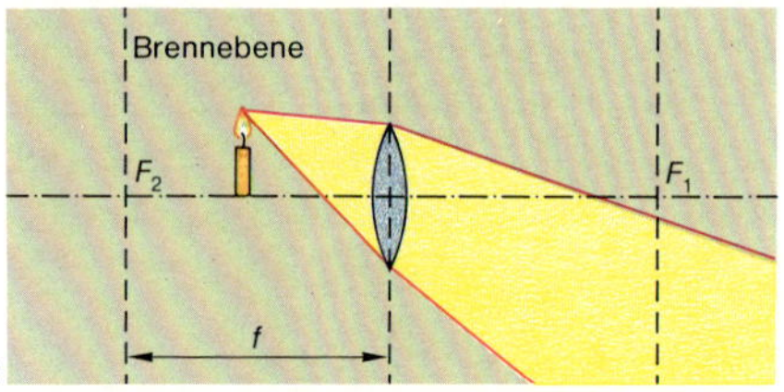

6

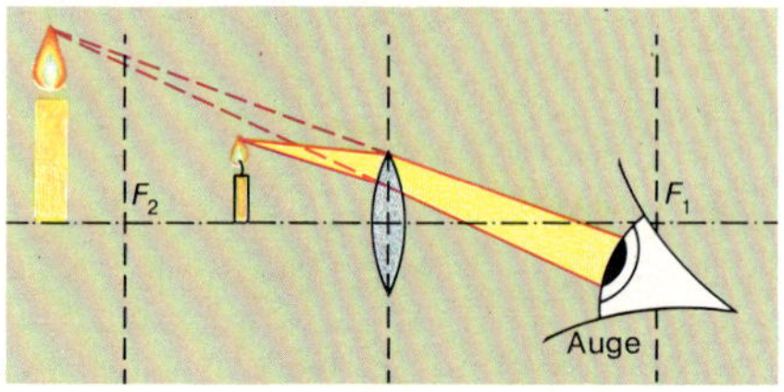

7

Von den Bildpunkten gehen nämlich *reelle* (wirkliche) Lichtbündel aus.

Ein Schirm, den man in die Bildebene hält, streut das Licht. Deshalb kann man das Bild auf dem Schirm aus allen Richtungen betrachten. Ohne Schirm können wir es nur sehen, wenn wir in Richtung des Gegenstandes auf die Linse blicken.

Wenn der Gegenstand genau in der Brennebene liegt ($g=f$), erhalten wir keine Bildpunkte. Die Linse „schafft" es dann nicht, die von den Gegenstandspunkten ausgehenden Bündel zusammenlaufen zu lassen. Vielmehr verlassen die Lichtbündel die Linse als Parallelbündel.

Befindet sich der Gegenstand zwischen Brennebene und Linse ($g < f$), so laufen die Lichtbündel auch noch hinter der Linse auseinander (Bild 6); deshalb entstehen keine Bildpunkte.

Fällt ein solches Lichtbündel ins Auge, so verlegt unser Gehirn den Ausgangspunkt des Lichtes in den Punkt, in dem sich die rückwärtig verlängerten Randstrahlen schneiden (Bild 7). In Wirklichkeit geht von diesem Punkt kein Licht aus. Wir sehen daher ein **virtuelles Bild**; es ist vergrößert und aufrecht.

Aufgaben

1 Wie muß ein Lichtbündel vor der Sammellinse verlaufen, wenn es hinter der Linse im Brenn*punkt* zusammenlaufen soll?

Bei welchen Lichtbündeln schneiden sich alle Strahlen nach der Brechung in der Brenn*ebene*?

2 Die Bildpunkte von sehr weit entfernten Gegenständen liegen praktisch in der Brennebene. Begründe!

3 Die Brennweite einer Sammellinse beträgt 6 cm. Wie groß ist bei dieser Linse die kleinstmögliche Bildweite? Wo muß sich der Gegenstand befinden, damit man diese Bildweite annähernd erreicht?

4 Benutze in einem **Versuch** Sammellinsen unterschiedlicher Brennweite als Brennglas. Vergleiche die Sonnenbilder.

Warum entzündet sich z. B. Zeitungspapier um so leichter, je kleiner die Brennweite der Linse ist (bei gleichen Linsendurchmessern)?

5 Ein Lichtbündel geht von einem Gegenstandspunkt aus und trifft auf eine Sammellinse. Es läuft hinter der Linse nicht in einem Bildpunkt zusammen. Wo liegt der Gegenstandspunkt (in bezug auf die Linse)?

6 Nenne Unterschiede zwischen reellen und virtuellen Bildern.

7 Das reelle Bild, das eine Sammellinse erzeugt, sieht man ohne Schirm nur dann, wenn man in Richtung des Gegenstandes zur Linse schaut.

Gib dafür eine Erklärung.

Was ändert sich, wenn man das Bild mit einem Schirm „auffängt"?

Info: **Die Konstruktion von Bildern**

Auch ohne Versuch läßt sich genau bestimmen, wie ein Lichtbündel verläuft, das von einem Gegenstandspunkt ausgeht und durch eine Sammellinse fällt.

Wenn man die Brennweite der Sammellinse kennt, kann man durch eine *geometrische Konstruktion* den Verlauf des Lichtbündels und damit die Lage des Bildpunktes ermitteln. Die Bilder 8–10 zeigen die Vorgehensweise.

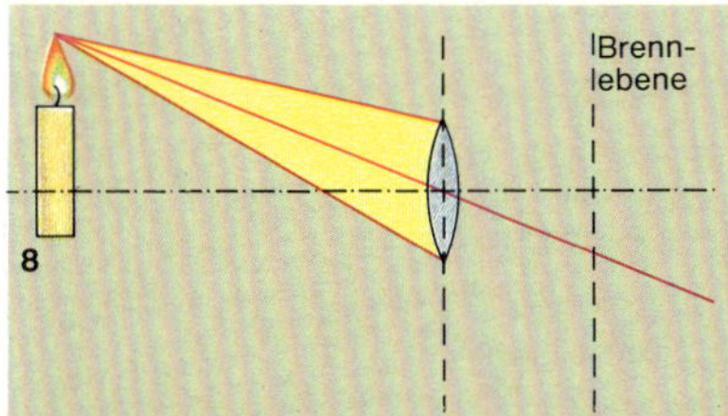

8

Der Bildpunkt liegt sicherlich immer auf dem Mittelpunktstrahl.

Wir wissen außerdem, daß alle anderen Strahlen des Lichtbündels den Mittelpunktstrahl im gesuchten Bildpunkt schneiden. Um diesen Schnittpunkt zu finden, müssen wir den Verlauf von mindestens einem weiteren Strahl herausfinden.

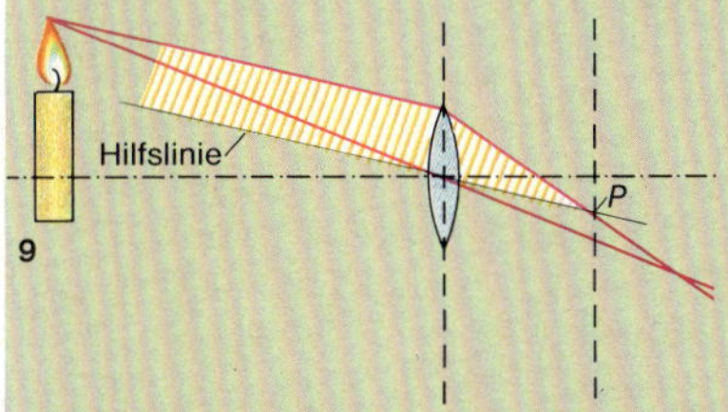

9

Um herauszufinden, wie z. B. der obere Randstrahl verläuft, tun wir so, als ob er zu einem *Parallelbündel* gehören würde. Von diesem Bündel wissen wir, daß es in einem Punkt der Brennebene zusammenläuft.

Wir zeichnen daher als *Hilfslinie* durch die Linsenmitte eine Gerade, die parallel zum Randstrahl ist. Diese Hilfslinie ist der Mittelpunktstrahl des angenommenen Parallelbündels (gelb schraffiert gezeichnet); sie schneidet die Brennebene im *Hilfspunkt P*. Durch *P* muß auch der Randstrahl verlaufen.

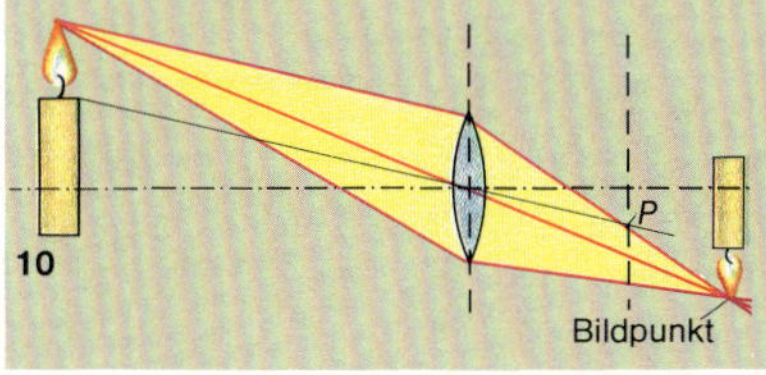

10

Randstrahl und Mittelpunktstrahl des ursprünglichen Bündels schneiden sich in einem Punkt. In diesem reellen Bildpunkt läuft das Bündel zusammen.

Fragen und Aufgaben zum Text

1 In Bild 9 wurde eine Parallele zum oberen Randstrahl durch die Linsenmitte gezeichnet. Diese Gerade schneidet die Brennebene im gleichen Punkt wie der Randstrahl selbst. Begründe!

2 Ein 5 cm großer Pfeil steht 8 cm vor einer Sammellinse ($f = 8$ cm) senkrecht auf der optischen Achse. Konstruiere den Verlauf des Lichtbündels, das von der Pfeilspitze ausgeht und auf die Linse trifft (Linsendurchmesser: 3 cm).

Zeichne auch das Bild des Pfeiles.

3 Von einem Gegenstandspunkt in der Brennebene einer Sammellinse geht ein Lichtbündel aus und fällt durch die Linse ($g = f$). Zeige an einem Beispiel, daß die Randstrahlen des Bündels hinter der Linse parallel zueinander sind.

Konstruiere auch das Lichtbündel für den Fall $g < f$.

4 Eine Kerzenflamme soll mit Hilfe einer Sammellinse vergrößert, verkleinert und dann in Originalgröße auf einem Schirm abgebildet werden. Die Brennweite der Linse beträgt $f = 20$ cm.

a) Was kannst du über die Abstände Kerze–Linse und Linse–Schirm aussagen?

b) Fertige für alle drei Fälle jeweils eine Zeichnung an (1 cm in der Zeichnung soll 10 cm in der Wirklichkeit entsprechen). Konstruiere Lage und Größe des Flammenbildes mit Hilfe von Bündeln, die von zwei Randpunkten ausgehen.

5 Ein Gegenstand liegt 2 m vor einer Sammellinse ($f = 10$ cm). Zeichne ein Bündel, das von einem Gegenstandspunkt ausgeht und durch die Linse fällt.

Begründe folgende *Faustregel*: „Ab der 100fachen Brennweite wird jeder Gegenstand in der Brennebene abgebildet."

6 Mit dem in den Bildern 8–10 dargestellten Verfahren lassen sich auch virtuelle Bildpunkte konstruieren:

Ein 1 cm großer Nagel befindet sich in einer Gegenstandsweite von 3 cm vor einer Sammellinse ($f = 5$ cm). Konstruiere das virtuelle Bild, das ein Betrachter sieht.

2 Gesetze bei der Abbildung mit Linsen

1

Die Bilder 1 u. 2 wurden von Sammellinsen unterschiedlicher Brennweite erzeugt. Die Gegenstandsweiten waren in beiden Fällen gleich groß.

Vom Gegenstand entstanden unterschiedlich große Bilder, auch die Bildweiten waren unterschiedlich.

Welcher Zusammenhang besteht zwischen Brennweite, Bildgröße, Gegenstandsgröße, Bildweite und Gegenstandsweite?

2

Info: Geometrische Bildkonstruktion mit besonderen Strahlen

Für die *Konstruktion* von Bildpunkten haben wir bisher Lichtbündel gezeichnet, die vom Linsenrand begrenzt werden. Genau diese Lichtbündel bewirken auch im Experiment die Abbildung.

Oft interessiert man sich *nur* für die Lage der Bildpunkte und nicht für die Lichtbündel, durch die die Bildpunkte erzeugt werden. Man kann drei einfache Gesetzmäßigkeiten anwenden.

Die erste läßt sich an Parallelbündeln beobachten, deren Randstrahlen parallel zur optischen Achse sind (Bild 3):

○ Lichtstrahlen, die parallel zur optischen Achse auf die Linse treffen **(Parallelstrahlen)**, verlaufen nach der Linse durch den Brennpunkt.

Aus der Umkehrbarkeit des Lichtweges ergibt sich eine zweite Gesetzmäßigkeit:

○ Lichtstrahlen, die vor der Linse durch den Brennpunkt gehen **(Brennstrahlen)**, verlassen die Linse parallel zur optischen Achse.

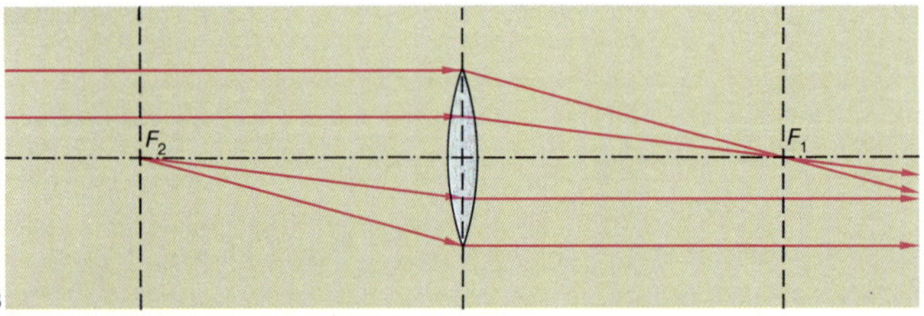

3

Die dritte Gesetzmäßigkeit ist besonders einfach:

○ Der **Mittelpunktstrahl** verläuft geradlinig durch die Linse.

Mit Hilfe dieser *besonderen Strahlen* kann man Bildpunkte konstruieren (Bild 4). Für einen Punkt genügen zwei Strahlen.

Für die Konstruktion ist es völlig unwichtig, ob in Wirklichkeit z. B. ein Parallelstrahl in dem Lichtbündel enthalten ist, das auf die Linse trifft. (Bei der Abbildung eines Baumes müßte die Linse ja ebenso groß sein wie der Baum!) Vielmehr genügt es zu wissen, daß die Strahlen so verlaufen würden, wenn es sie gäbe.

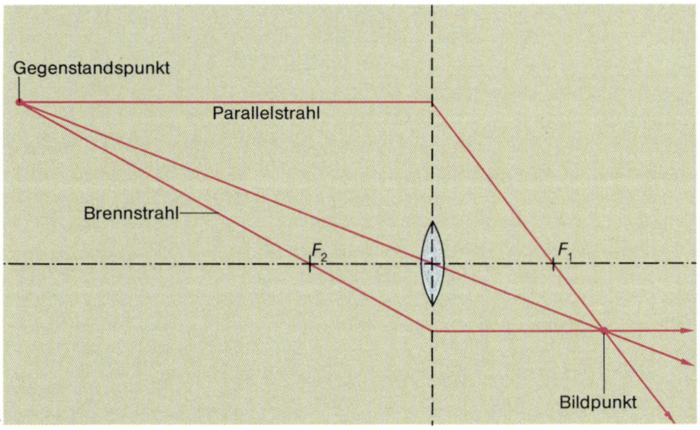

4

Aufgaben

1 Eine 1 m lange Leuchtstoffröhre wird mit einer Sammellinse abgebildet ($f = 30$ cm; $g = 50$ cm). Ermittle durch Konstruktion mit besonderen Strahlen Lage und Größe des Bildes.

2 Konstruiere mit Hilfe von besonderen Strahlen das virtuelle Bild eines Gegenstandes, das man durch eine Sammellinse sieht ($f = 10$ cm). Die Gegenstandsweite beträgt 4 cm.

3 Zeige an einem Beispiel, daß die Konstruktion mit einem beliebigen Lichtbündel und die Konstruktion mit besonderen Strahlen denselben Bildpunkt liefern.

4 Leite die Linsengleichung in der Form $1/f = 1/g + 1/b$ Schritt für Schritt aus den Bildern 8 u. 9 her.

5 Überprüfe die Linsengleichung, indem du Meßwerte einsetzt (z. B. die aus V 4 b). Lege dazu eine Tabelle an:

g	b	$g-f$	$b-f$	$(g-f)\,(b-f)$
?	?	?	?	?

6 Leite die Abbildungsgesetze aus den Strahlensätzen ab. Fertige dazu Zeichnungen an, die den Bildern 7–9 entsprechen.

7 Wie groß ist die Bildweite, wenn die Gegenstandsweite gleich der doppelten Brennweite ist ($g = 2f$)?

8 Bei der Abbildung mit einer Sammellinse wurde gemessen: $b = 90$ cm und $g = 45$ cm.

Berechne die Brennweite der Sammellinse.

Info: Mathematische Herleitung der Abbildungsgesetze

Ausgehend von der Konstruktion mit besonderen Strahlen lassen sich die Gesetze für die Abbildung mit Linsen *mathematisch* herleiten. Dazu verwenden wir eine einfache geometrische Überlegung (Bilder 5 u. 6).

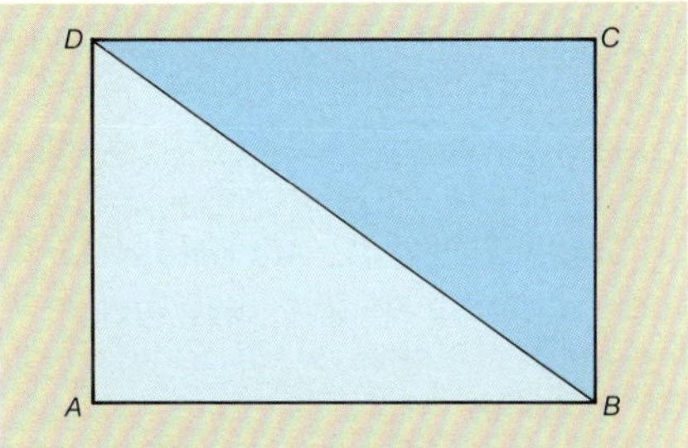

5 Ein beliebiges Rechteck *ABCD* wird durch eine Diagonale in zwei deckungsgleiche (kongruente) Dreiecke *ABD* und *CDB* geteilt.

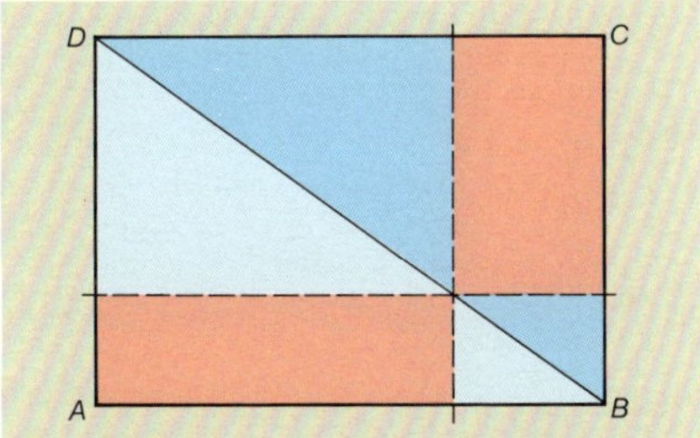

6 Durch einen beliebigen Punkt der Diagonale sind Parallelen zu den Rechteckseiten gezeichnet. So entstehen in den Dreiecken *ABD* und *CDB* zwei Paare von Dreiecken (blaue Flächen), die wiederum deckungsgleich und somit gleich groß sind. Daher müssen auch die beiden roten Rechtecke den gleichen Flächeninhalt haben.

Die Bilder 7–9 zeigen ein und dieselbe Abbildungskonstruktion. Du kannst in den Bildern die Figur von Bild 6 wiedererkennen. Die beiden farbigen Rechtecke sind daher jeweils flächengleich.

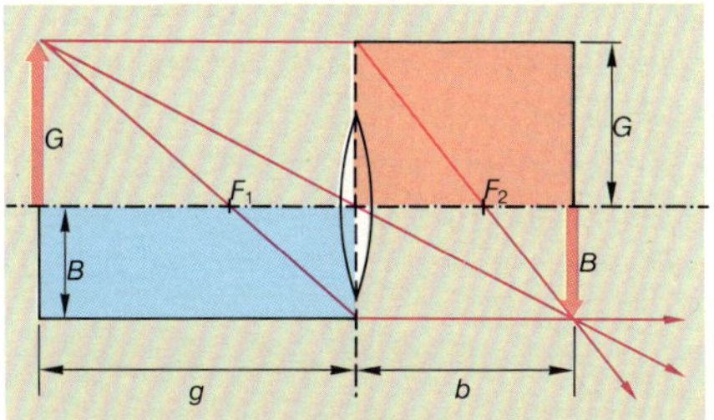

Der Flächeninhalt des blauen Rechtecks ist $g \cdot B$, der des roten $b \cdot G$. Also gilt:

7 $g \cdot B = b \cdot G$ oder $\frac{B}{G} = \frac{b}{g}$.

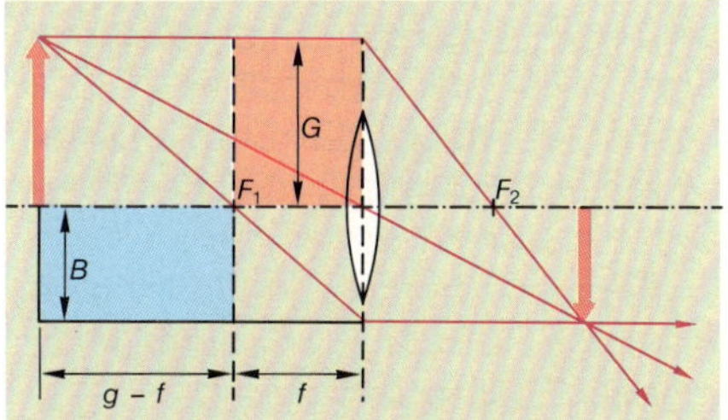

Der Flächeninhalt des blauen Rechtecks beträgt $(g - f) \cdot B$, der des roten $f \cdot G$. Also gilt:

8 $(g - f) \cdot B = f \cdot G$ oder $\frac{B}{G} = \frac{f}{g - f}$.

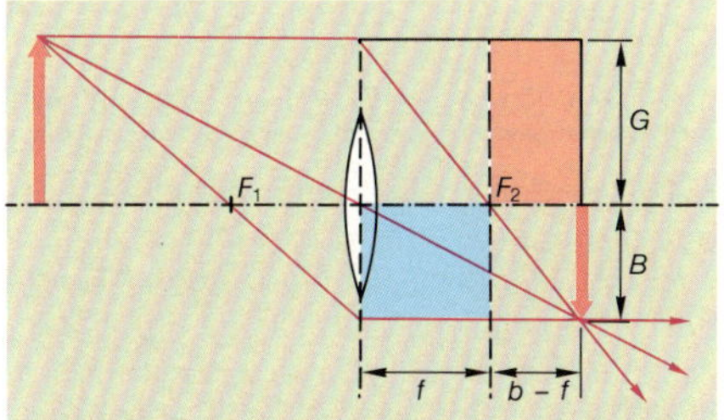

Der Flächeninhalt des roten Rechtecks beträgt $(b - f) \cdot G$, der des blauen $f \cdot B$. Also gilt:

9 $(b - f) \cdot G = f \cdot B$ oder $\frac{B}{G} = \frac{b - f}{f}$.

Als **Abbildungsmaßstab** bezeichnet man bekanntlich das Verhältnis von Bildgröße zu Gegenstandsgröße: $A = \frac{B}{G}$.

Aus Bild 7 ergibt sich geometrisch:

$$\boldsymbol{A = \frac{B}{G} = \frac{b}{g}}.$$

Für Abbildungen mit Sammellinsen gilt also die gleiche Gesetzmäßigkeit wie bei der Lochkamera und beim Schattenwurf.

Aus den Bildern 8 u. 9 folgt zunächst:

$$\frac{f}{g - f} = \frac{b - f}{f}.$$

Durch Umformen ergibt sich:

$$\boldsymbol{(g - f)\,(b - f) = f^2}.$$

Bei gegebener Brennweite lassen sich mit dieser **Linsengleichung** (oder *Abbildungsgleichung*) Bild- oder Gegenstandsweiten berechnen. Sie wird oft in folgender Form geschrieben:

$$\boldsymbol{\frac{1}{f} = \frac{1}{g} + \frac{1}{b}}.$$

Musteraufgabe:
Mit einer Linse ($f = 30$ cm) soll eine Kerze abgebildet werden ($g = 2$ m). In welchem Abstand *b* hinter der Linse (Bildseite) muß der Schirm aufgestellt werden?

Lösung:
Wir gehen von der Linsengleichung aus:

$$(g - f)\,(b - f) = f^2.$$

Umformen und einsetzen:

$$b - f = \frac{f^2}{g - f},$$

$$b - f = \frac{30^2\ \text{cm}^2}{170\ \text{cm}} = 5{,}3\ \text{cm},$$

$$b = 5{,}3\ \text{cm} + 30\ \text{cm} = 35{,}3\ \text{cm}.$$

Der Schirm muß etwa 35 cm hinter der Linse stehen.

9 Eine Kerze soll in einer Bildweite von $b = 1{,}50$ m auf einen Schirm abgebildet werden. Es stehen Sammellinsen mit den Brennweiten 15 cm, 25 cm und 30 cm zur Verfügung. Welche Gegenstandsweiten *g* muß man jeweils für die Linsen wählen?

10 Bei Sammellinse und Lochkamera ergibt sich der gleiche Abbildungsmaßstab, wenn Gegenstands- und Bildweiten gleich sind. Begründe mit Hilfe der Bilder 10 u. 11.

11 Zeige in einem **Versuch**, daß die Beziehung $A = b/g$ für eine Sammellinse (Lupe, Brillenglas) gilt.

12 Eine 3 cm hohe Flamme wird mit einer Sammellinse ($f = 5$ cm) im Maßstab $A = 1:2$ abgebildet. Berechne *B*, *b* und *g*.

Überprüfe deine Ergebnisse, indem du Bildpunkte konstruierst.

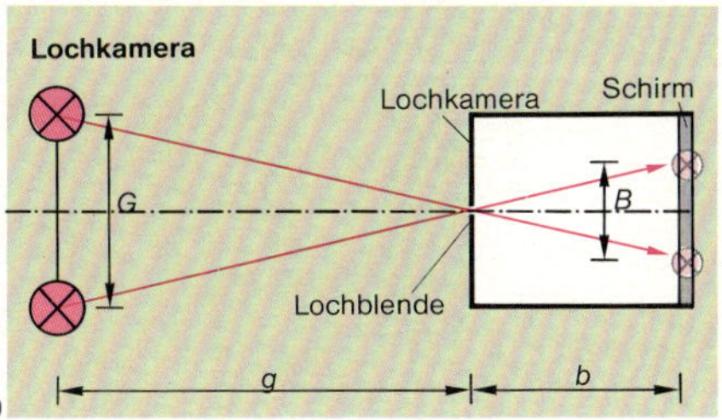

10

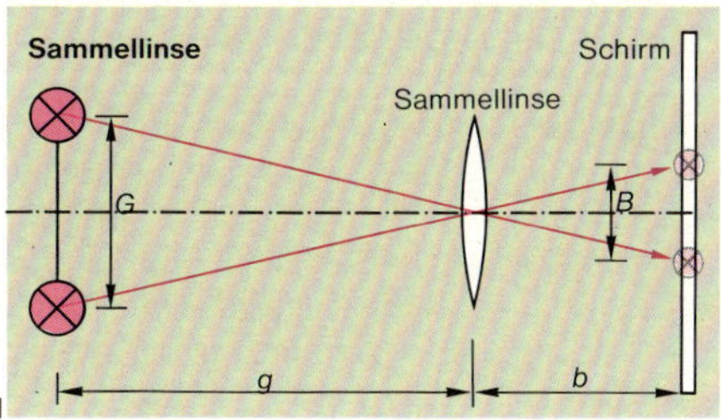

11

3 Gute Linsen – scharfe Bilder

1

In manchen Märchen und Erzählungen dienen Glas- oder Kristallkugeln zum „Hellsehen".

Tatsächlich kann man auf einer Glaskugel schöne Bilder erkennen – mit „Hellseherei" haben sie allerdings nichts zu tun...

V 7 Fülle ein kugelförmiges Weinglas mit Wasser. Schaue dann durch das Glas auf ein Fenster. Achte darauf, wie im Bild der Fensterrahmen oder andere gerade Linien aussehen. Statt des wassergefüllten Glases kannst du auch gläserne Murmeln (wenn möglich mit unterschiedlichen Durchmessern) verwenden.

Versuche herauszufinden, wo das Bild liegt. Du kannst z. B. ein Blatt Papier als Schirm verwenden.

V 8 Auf der optischen Scheibe ist ein zylinderförmiger Glaskörper befestigt (Bild 2).

a) Wir lassen ein schmales Lichtbündel parallel zur optischen Achse einfallen; dann kennzeichnen wir seinen Schnittpunkt mit der Achse.

Wie verändert sich die Lage des Schnittpunktes, wenn der Abstand des einfallenden Bündels von der optischen Achse immer kleiner wird?

b) Mit einer Schlitzblende werden gleichzeitig mehrere schmale Lichtbündel erzeugt, die von einem Punkt (der Lampenwendel) ausgehen. Wir lassen die Bündel durch den Glaszylinder fallen.

Wie unterscheiden sich die Lichtwege von den Lichtwegen bei einer Sammellinse?

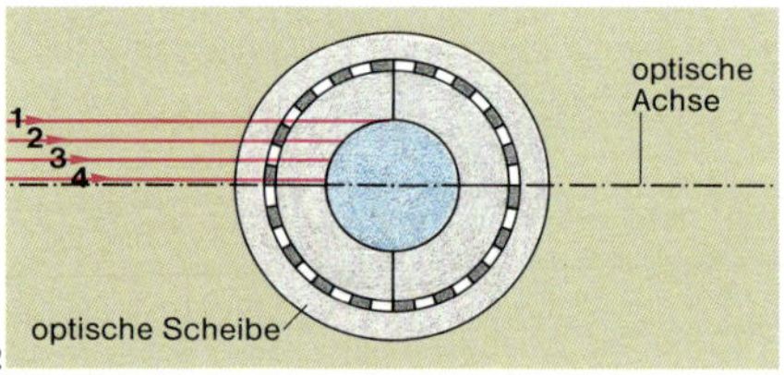

2

Info: Wie Sammellinsen geformt sind

Auch mit einem lichtdurchlässigen Körper, der die Form einer Kugel hat, kann man Bilder erzeugen. In Bild 3 siehst du einen Schnitt durch eine solche Kugel. Die eingezeichneten Lichtstrahlen, die von einem Punkt ausgehen, schneiden sich hinter der Kugel *nicht* alle im gleichen Punkt: Je weiter die Strahlen von der optischen Achse entfernt sind, desto näher liegt ihr Schnittpunkt an der Kugeloberfläche.

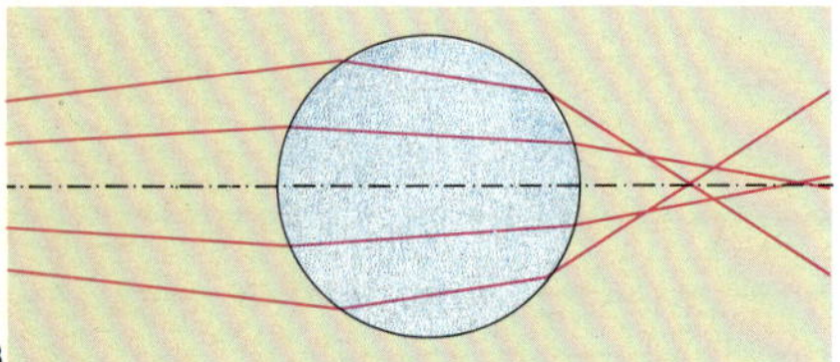

3

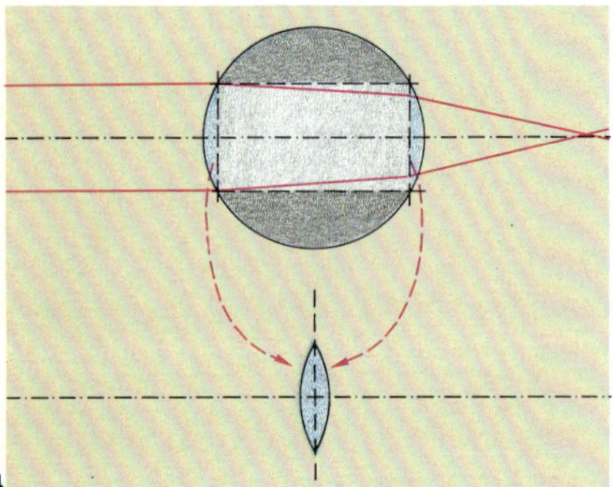

4

Wenn nicht alle Strahlen eines Lichtbündels in einem Punkt zusammenlaufen, wird der Gegenstandspunkt nur ungenau abgebildet. Man spricht dann von *Abbildungsfehlern*.

Um die Abbildung zu verbessern, verwendet man die achsenfernen Teile der Kugel nicht (Bild 4). Der Mittelteil des verbleibenden Glaskörpers trägt nicht zur Brechung bei und kann weggelassen werden. Übrig bleiben zwei Kugelkappen, die zusammengefügt die typische Form einer Sammellinse haben.

Diese Form erinnert sehr an die einer Hülsenfrucht. Nach ihr wurden solche Glaskörper *Linsen* genannt.

Je kleiner der achsennahe Bereich ist, der aus der Kugel „herausgeschnitten" wird, um so besser ist die Abbildung, die man mit einer solchen Linse erhält.

Allerdings wirkt sich der kleinere Durchmesser auch nachteilig aus, denn es fällt weniger Licht durch die Linse; das Bild wird dunkler.

Sammellinsen haben nicht immer die typische Linsenform (Bild 5). Allen Sammellinsen ist aber gemeinsam, daß sie in der Mitte dicker sind als am Rand.

Keine Linse erzeugt völlig fehlerfreie Abbildungen. Daher stellt man **Objektive** aus mehreren Linsen mit unterschiedlichen Glassorten her (Bild 6). Auf diese Weise ist es möglich, Abbildungsfehler weitgehend zu korrigieren. Im Prinzip hat ein Objektiv aber die gleiche Wirkung wie eine einzelne Sammellinse.

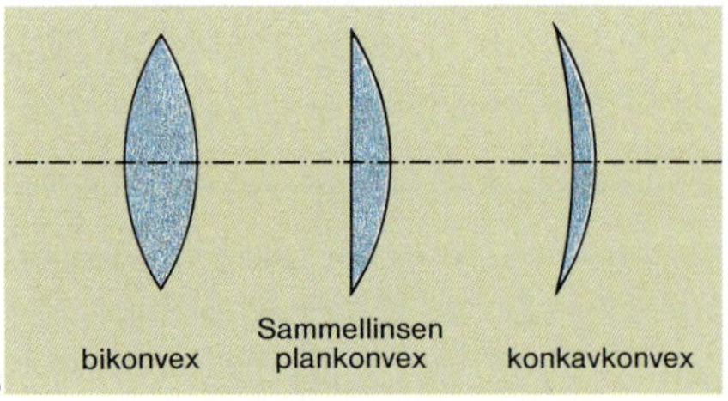

5

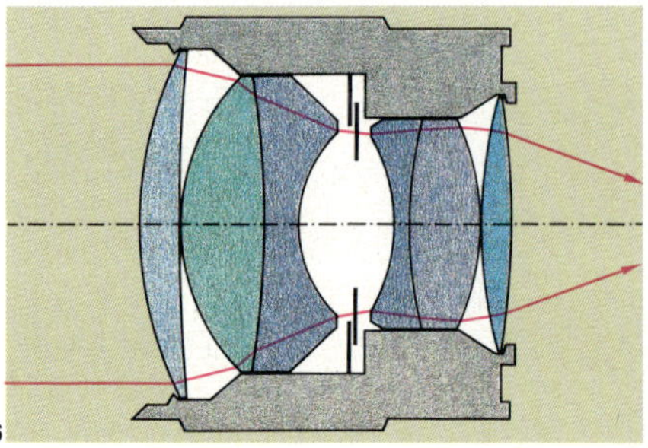

6

4 Der Fotoapparat

7

Fotografieren war nicht immer so einfach wie heute. Noch in der Jugendzeit deiner Urgroßeltern mußte für jedes Bild eine Glasplatte mit einer lichtempfindlichen Beschichtung in den Fotoapparat eingelegt werden – Filme gab es damals noch nicht.

Weil die Platten nicht so lichtempfindlich waren wie die heutigen Filme, mußte lange belichtet werden. Das Motiv durfte sich in dieser Zeit nicht bewegen. Personen wurden deshalb mit einem Stativ gestützt.

Aber auch bei einer modernen Kamera (Bild 8) gibt es einiges zu beachten, wenn man gute Fotos machen will...

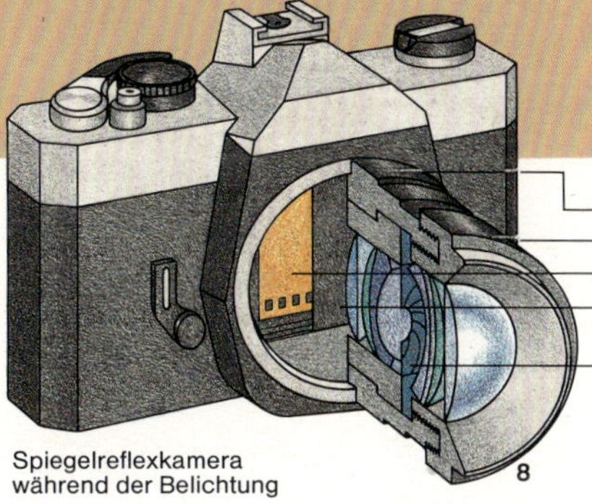

Spiegelreflexkamera während der Belichtung

8

Info: Die Entfernungseinstellung

Das Objektiv eines Fotoapparates hat die Aufgabe, ein Bild des Motivs auf dem Film zu erzeugen. Es wirkt im Prinzip wie eine einzelne Sammellinse; wir können es uns daher durch eine Sammellinse ersetzt denken.

Das auftreffende Licht verändert den Film chemisch, es „belichtet" ihn.

9

10

Gute Kameras besitzen eine Einrichtung zur Entfernungseinstellung. Wie wichtig sie ist, zeigt ein Beispiel:

Bild 9 wurde mit der Entfernungseinstellung 1,5 m aufgenommen, Bild 10 mit der Einstellung 10 m. Das Motiv war 10 m von der Kamera entfernt.

Damit man ein scharfes Foto erhält, muß sich der Film genau in der Bildebene befinden. Mit anderen Worten: *Der Abstand Objektivlinse–Film muß gleich der Bildweite sein.*

Wie groß die Bildweite ist, hängt von der Gegenstandsweite ab, d. h. von der Entfernung des Motivs von der Kamera (bei vorgegebener Brennweite).

Bei manchen Fotoapparaten kann man die Entfernung von Hand einstellen (Bild 11). Man dreht einfach den Ring zur Entfernungseinstellung ein wenig nach links oder rechts – je nachdem, welche Entfernung der Gegenstand von der Kamera hat. Beim Drehen des Einstellringes ändert sich die Bildweite, denn das Objektiv wird an den Film heran- oder von ihm weggerückt. Die geringe Änderung der Gegenstandsweite fällt nicht ins Gewicht.

Einfache Fotoapparate sind häufig mit *Fixfocus-Objektiven* ausgestattet (lat. *fixus*: fest; *focus*: Brennstelle, Herd). Bei ihnen kann man keine Entfernung einstellen. Alle Fixfocus-Objektive haben eine kleine Brennweite, und der Film befindet sich bei diesen Kameras stets genau in der Brennebene des Objektivs.

Wenn ein Gegenstand fotografiert werden soll, muß er mindestens 1,50 m vom Fixfocus-Objektiv entfernt sein. Von dieser Gegenstandsweite an werden alle Objekte in der Brennebene einigermaßen scharf abgebildet.

Andere Kameras besitzen ein *Autofocus-Objektiv* (griech. *autós*: selbst). Solche Kameras stellen die Entfernung automatisch ein:

Eine Vorrichtung im Fotoapparat ermittelt die jeweilige Gegenstandsweite, und ein kleiner Motor im Apparat verschiebt das Objektiv und stellt so die entsprechende Bildweite ein.

11

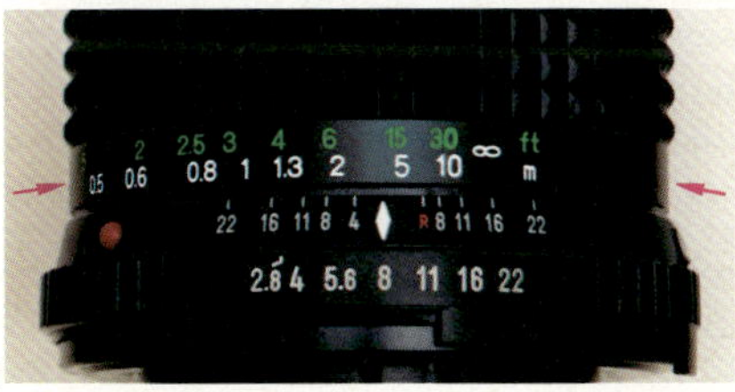

Info: Die Blendeneinstellung

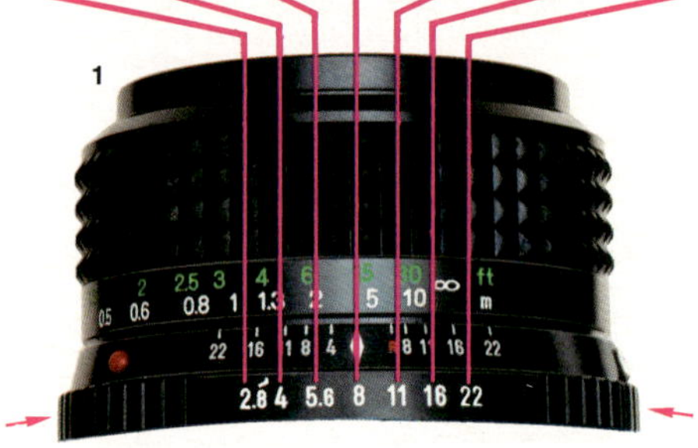

1

Gute Fotos entstehen nur, wenn nicht zu viel und nicht zu wenig Licht durch das Objektiv auf den Film fällt. *Eine* Möglichkeit, die Lichtmenge zu regulieren, stellt die **Blende** dar.

Sie ist eine verstellbare Öffnung des Objektivs (Bild 1). Dreht man am Blendenring des Objektivs, so ändert sich der Durchmesser d der Öffnung.

Die Zahlen auf dem Blendenring heißen **Blendenzahlen**. Die Blendenzahl z ist definiert als $z = \frac{f}{d}$.

Sie gibt an, wie oft der Durchmesser d der Blendenöffnung in der Brennweite f des Objektivs enthalten ist. „Blende 2" bedeutet z. B., daß der Blendendurchmesser halb so groß ist wie die Brennweite; bei „Blende 8" beträgt er ein Achtel der Brennweite. *Zur größten Blendenzahl gehört also die kleinste Blendenöffnung.*

Vielleicht ist dir schon aufgefallen, daß bei allen Fotoapparaten immer nur ganz bestimmte Zahlen als Blendenzahlen angegeben sind. Die Folge der Blendenzahlen ist international festgelegt. Sie ist so gewählt, daß die Fläche der Blendenöffnung von Blendenzahl zu Blendenzahl halbiert wird (→ Tabelle).

Wenn man die nächsthöhere Blendenzahl einstellt, ist also die Blendenöffnung nur noch halb so groß wie vorher. Das gleiche gilt auch für die Lichtmenge, die in einer bestimmten Zeit durch das Objektiv auf den Film fällt:

Bei „Blende 4" trifft halb soviel Licht auf den Film wie bei „Blende 2,8"; bei „Blende 5,6" ist es halb soviel wie bei „Blende 4".

Blendenzahl z	Blendenöffnung eines Objektivs ($f = 50$ mm)	
	Durchmesser d in mm	Flächeninhalt A in mm^2
1,4	36	1000
2	25	500
2,8	18	250
4	12,5	125
5,6	8,9	63
8	6,3	31
11	4,5	16
16	3,1	8
22	2,3	4

Info: Die Einstellung der Belichtungszeit

Wenn man auf den Auslöser einer Kamera drückt, öffnet sich der Verschluß im Fotoapparat – genau für die eingestellte **Belichtungszeit**; in dieser Zeit fällt Licht auf den Film.

Wieviel Licht durch das Objektiv auf den Film gelangt, hängt von der Belichtungszeit und – wie du schon weißt – von der eingestellten Blende ab. Die Belichtungszeit wird für eine bestimmte Blendenöffnung mit dem Belichtungsmesser bestimmt. In modernen Kameras ist dieser bereits eingebaut.

Bild 2 zeigt einen Einstellring für die Belichtungszeit. Um die Belichtungszeit in Sekunden zu erhalten, muß man den Kehrwert der angegebenen Zahlen bilden. Wenn z. B. die Zahl 125 eingestellt ist, wird der Verschluß $\frac{1}{125}$ s lang geöffnet.

Die Belichtungszeiten sind so gewählt, daß sie sich von Schritt zu Schritt etwa halbieren. Stellst du also von einer Belichtungszeit auf die nächstkleinere um, fällt nur noch halb soviel Licht auf den Film.

Belichtungszeiten und Blendenzahlen sind aufeinander abgestimmt: Angenommen, für „Blende 8" zeigt der Belichtungsmesser $\frac{1}{125}$ s an. Du kannst dann auch $\frac{1}{250}$ s (d. h. die halbe Belichtungszeit) wählen,

2

3

wenn du gleichzeitig die Fläche der Blendenöffnung verdoppelst, also die Blendenzahl 5,6 einstellst. Auch bei $\frac{1}{60}$ s und „Blende 11" wird der Film richtig belichtet, weil jetzt die Belichtungszeit länger, dafür aber die Blendenöffnung kleiner ist.

Für welche Kombination von Belichtungszeit und Blende du dich entscheidest, hängt vom Motiv und deinen Absichten ab. Bei einem Motiv, das sich schnell bewegt, wählt man in der Regel eine kurze Belichtungszeit, sonst erscheint das Motiv „verwischt" (Bild 3). Wenn du aber gerade die Bewegung darstellen willst, dann ist eine Unschärfe erwünscht.

Fragen und Aufgaben zum Text

1 Für welche Motive würdest du eine große Blendenöffnung und eine kurze Belichtungszeit wählen? Nenne auch ein Beispiel, bei dem du eine gegenteilige Einstellung vorziehen würdest.

2 Bei „Blende 16" zeigt der Belichtungsmesser eine Belichtungszeit von $\frac{1}{30}$ s an. Nenne drei weitere Kombinationen von Belichtungszeit und Blendenzahl, bei denen die Aufnahme richtig belichtet wird.

Info: **Die Blendeneinstellung bestimmt die Schärfentiefe**

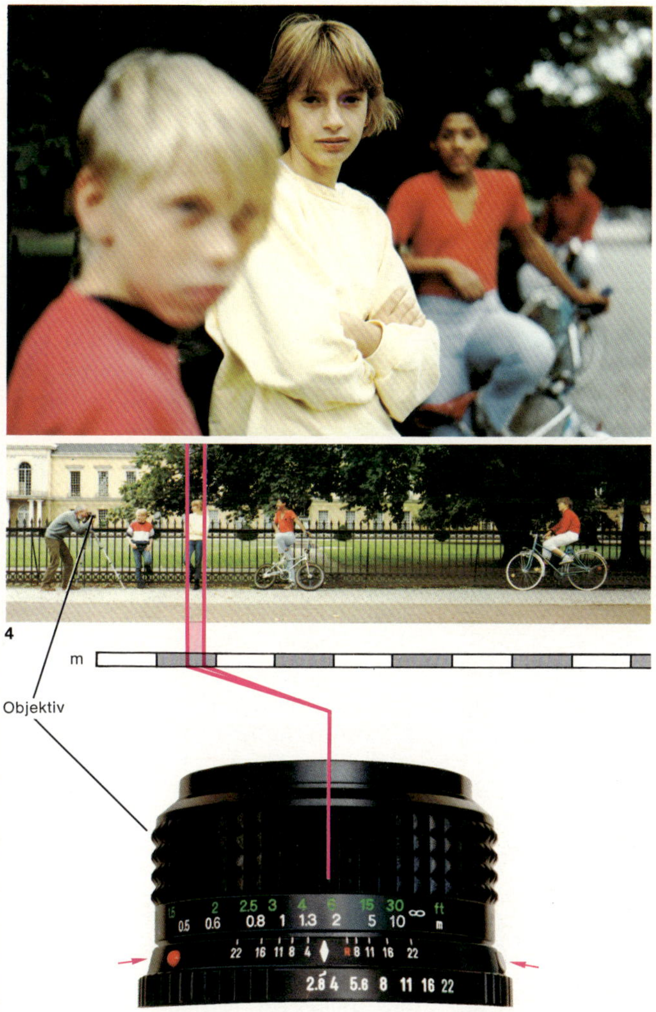

4

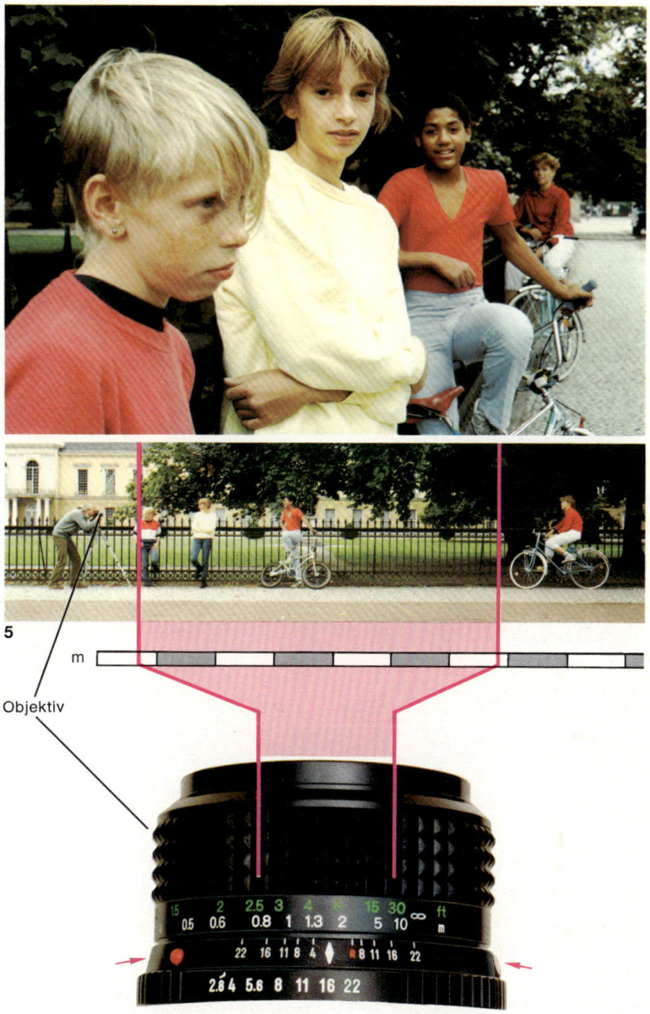

5

Von der Größe der Blendenöffnung hängt nicht nur die Bildhelligkeit ab, sondern auch die **Schärfentiefe** des Bildes. Man versteht darunter den Entfernungsbereich, der auf dem Bild scharf abgebildet wird (Bilder 4 u. 5).

Wenn eine bestimmte Bildweite eingestellt ist, dürfen ja eigentlich nur Gegenstände in einer ganz bestimmten Entfernung vom Objektiv scharf erscheinen. Daß auch noch Dinge in anderen Entfernungen scharf abgebildet werden, hängt damit zusammen, daß unser Auge leichte Unschärfen des Bildes nicht wahrnimmt. Außerdem besteht das lichtempfindliche Material des Films aus Körnchen, die durch die Belichtung jeweils als Ganzes chemisch verändert werden. Die „Bildpunkte" brauchen daher nicht punktförmig zu sein. Vielmehr dürfen sie zu kleinen Kreisen anwachsen, die ungefähr so groß wie die Körner des Filmmaterials sind.

Die Bilder 6 u. 7 zeigen die Abbildung von drei Gegenstandspunkten, einmal mit großer und einmal mit kleiner Blendenöffnung. Bei kleiner Öffnung (Bild 7) sind die „Bildflecken" klein – unser Auge empfindet das Bild als scharf. Bei großer Öffnung (Bild 6) werden die Bildflecken jener Gegenstandspunkte größer, die nicht genau in der Bildebene abgebildet werden – der Vorder- und der Hintergrund erscheinen unscharf.

Je kleiner die Blendenöffnung ist, desto „schlanker" sind die Lichtbündel und desto größer ist die Schärfentiefe. Auf vielen Objektiven kann man die Schärfentiefe auf einer Skala ablesen.

Eine große Schärfentiefe ist nicht immer erwünscht: Wenn z. B. ein Gesicht oder eine Blüte fotografiert wird, soll die Umgebung nicht ablenken. In diesen Fällen wählt man eine kleine Blendenzahl (große Öffnung), um die Umgebung unscharf abzubilden.

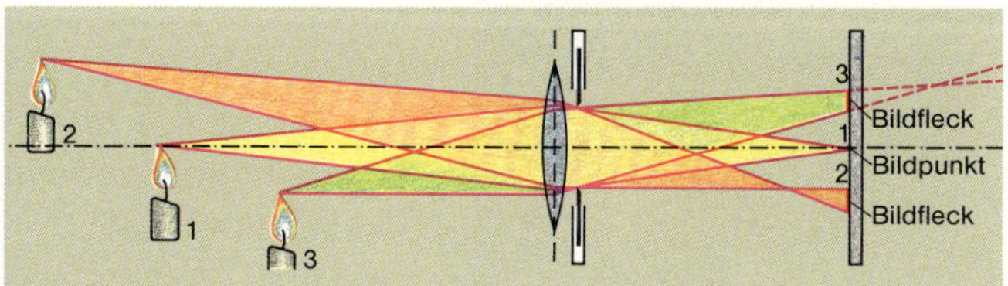

6 Die Bildflecke der Kerzen 2 und 3 sind groß: Nur das Bild der Kerze 1 ist scharf.

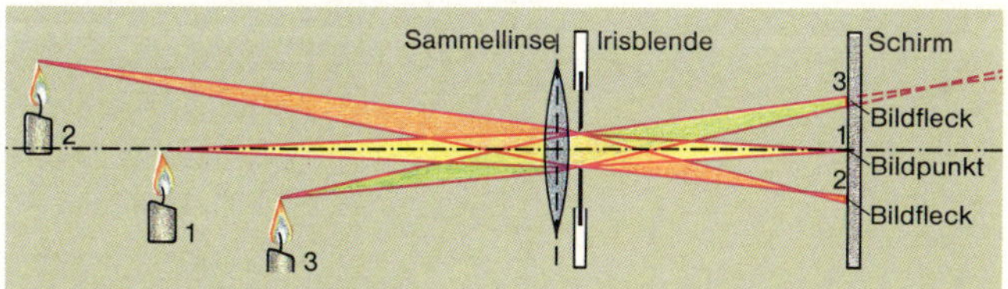

7 Die Bildflecke der Kerzen 2 und 3 sind klein: Alle drei Bilder sind scharf.

Aufgaben

1 Welcher Teil der Kamera wird bei der Entfernungseinstellung bewegt? Welche Größe ändert sich dabei?

2 Wenn du dir die Entfernungsskala auf einem Objektiv ansiehst, stellst du z. B. fest: Die Marken für 0,5 m und 1 m liegen viel weiter auseinander als die für 5 m und 10 m. Gib dafür eine Begründung an.

3 Welche Folgen hat eine zu groß gewählte Blendenzahl (bei unveränderter Belichtungszeit)?

4 Hochwertige Objektive zeichnen sich unter anderem dadurch aus, daß an ihnen auch noch Blendenzahlen von 1,4 oder 1,8 eingestellt werden können. Bei einfacheren Objektiven beginnen die Blendenzahlen dagegen erst z. B. bei 2,8. Wodurch unterscheiden sich die besseren Objektive schon äußerlich von den einfacheren (bei gleicher Brennweite)?

5 Welche Folgen hat es, wenn man die Kombination *große Blendenöffnung – kurze Belichtungszeit* wählt?

6 Kleinbildfilme haben ein Negativformat von 24 mm · 36 mm. Es soll eine „formatfüllende" Portraitaufnahme gemacht werden: Das Gesicht ist 30 cm hoch, sein Bild auf dem Film soll 30 mm hoch sein.

a) Die Brennweite des Objektivs beträgt 100 mm. Wie weit muß das Gesicht vom Objektiv entfernt sein?

Tip: Verwende zuerst die Gleichung für den Abbildungsmaßstab.

b) Was ändert sich, wenn das Objektiv 50 mm Brennweite hat?

7 Bei einem Fotoapparat läßt sich das Objektiv ($f = 50$ mm) um 5 mm herausdrehen. Welches ist die kleinste Gegenstandsweite, bei der noch scharfe Bilder entstehen?

8 Für die Herstellung von Landkarten werden Luftaufnahmen mit Spezialkameras angefertigt. Bild 1 zeigt einen Ausschnitt aus einer solchen Aufnahme in Originalgröße.

Das Bild wurde aus einer Höhe von 3925 m aufgenommen. Die Objektivbrennweite betrug 302 mm.

Welche Länge hat das lange gerade Stück der Ufermauer in der Bildmitte? Warum kannst du bei der Rechnung annehmen, daß $b = f$ gilt?

9 Weshalb ist die Schuhsohle in Bild 2 doppelt so groß wie das Gesicht? Was kannst du über die Entfernung des Objektivs von der Schuhsohle bzw. dem Gesicht aussagen?

1

2

5 Projektoren

Ein Diaprojektor ist schon praktisch: Das winzige Diapositiv wird stark vergrößert abgebildet.

3

Das hat den Vorteil, daß mehrere Personen das Bild gleichzeitig auf einer Leinwand betrachten können.

Aus Umwelt und Technik: **Diaprojektor und Arbeitsprojektor**

4

5
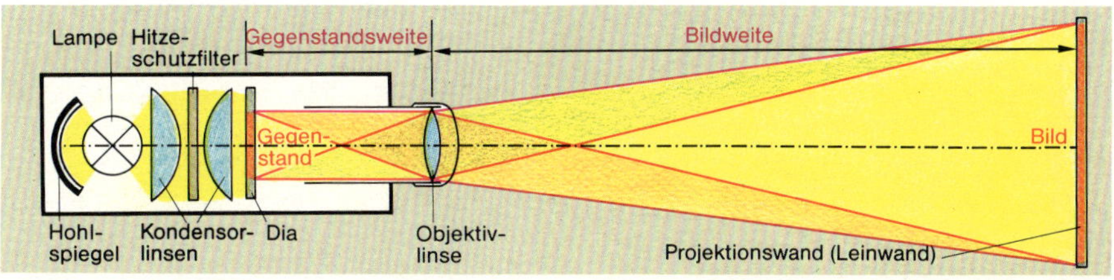

Die Bilder 4 u. 5 zeigen den Aufbau eines **Diaprojektors.**

Der Gegenstand, der mit einem Diaprojektor abgebildet werden soll, ist das *Dia*. Mit Hilfe des *Objektivs* wird auf der Projektionsleinwand (dem Schirm) ein Bild erzeugt. Das Objektiv kannst du dir als einfache Sammellinse vorstellen, in Wirklichkeit besteht es aus mehreren Linsen.

Das Dia befindet sich nahezu in der Brennebene des Objektivs. Die Gegenstandsweite ist nur geringfügig größer als die Brennweite. Daher entsteht ein stark vergrößertes Bild.

Damit das Bild auf der Leinwand hell genug erscheint, ist in den Projektor eine Beleuchtungseinrichtung eingebaut, die aus mehreren Teilen besteht:

Ein *Hohlspiegel* hinter der Lampe reflektiert das nach hinten abgestrahlte Licht; deshalb dient es ebenfalls der Beleuchtung des Dias.

Der *Kondensor* ist eine (mehrteilige) Sammellinse. Er sorgt dafür, daß das Dia gleichmäßig vom Licht der Lampe beleuchtet wird. Außerdem lenkt er das gesamte Licht, das durch das Dia fällt, durch die Objektivlinse.

Die Strahlung der Lampe würde das Dia in kurzer Zeit verschmoren lassen. Um das zu verhindern, ist ein *Hitzeschutzfilter* eingebaut.

Oft ist in den Projektor ein *Gebläse* zur Kühlung eingebaut.

Der **Arbeitsprojektor** (Bild 6) wird auch *Tageslicht-* oder *Overheadprojektor* genannt. Er ist ähnlich wie ein Diaprojektor aufgebaut.

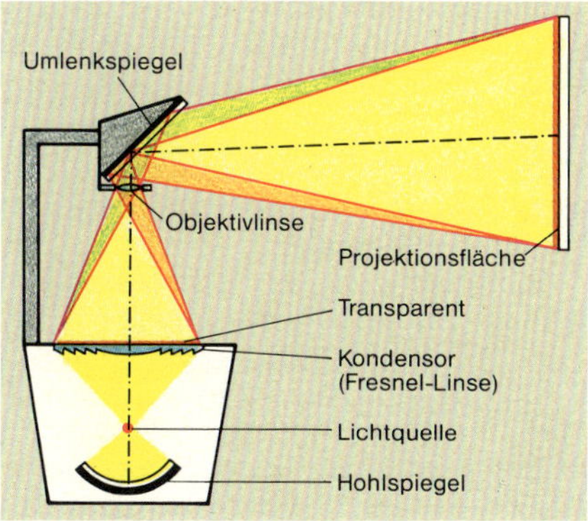

6

Das Besondere am Arbeitsprojektor ist die riesige *Kondensorlinse*. Sie ist erforderlich, weil die abzubildenden Folien meistens große Abmessungen haben.

Diese Linse (Bild 7) hat eine andere Form als gewöhnliche Sammellinsen. Sie besteht aus mehreren ringförmigen Linsenteilen und ist aus Kunststoff gepreßt.

Solche Linsen haben einen großen Vorteil: Sie sind viel flacher und wesentlich leichter als entsprechende Glaslinsen.

Nach ihrem Erfinder, dem französischen Ingenieur und Physiker *Augustin Fresnel* (1788–1827), bezeichnet man sie als *Fresnel-Linsen.*

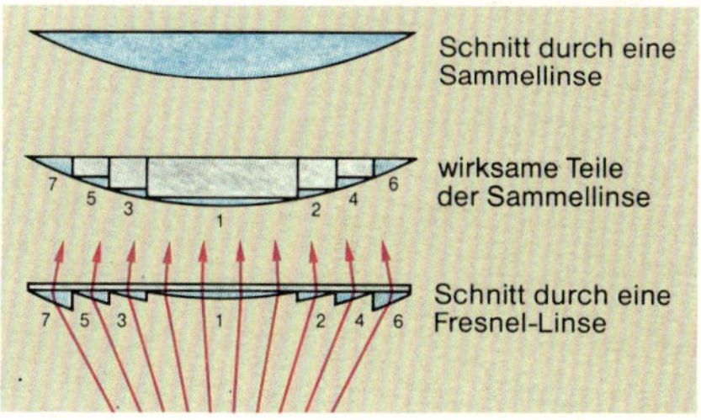

7

Aufgaben

1 Welche Teile benötigst du, um einen einfachen Diaprojektor aufzubauen?

2 Welche Teile sind beim Diaprojektor und beim Arbeitsprojektor für die *Abbildung* wichtig?

Welche Teile dienen der *Beleuchtung* des Gegenstandes?

Welche Unterschiede bestehen zwischen einem Diaprojektor und einem Arbeitsprojektor?

3 Warum ist ein Hitzeschutzfilter beim Arbeitsprojektor weniger wichtig als beim Diaprojektor?

4 Um das Bild auf der Leinwand scharf einzustellen, dreht man beim Diaprojektor das Objektiv in seinem Gewinde.

Auf welche Veränderung kommt es dabei an?

5 Das Objektiv eines Diaprojektors hat eine Brennweite von 90 mm. Die Leinwand ist 4 m vom Objektiv entfernt. Das Dia ist 24 mm · 36 mm groß.

a) Berechne die Gegenstandsweite.

b) Ermittle anschließend mit Hilfe von *g* die Abmessungen, die das Bild auf der Leinwand hat.

c) Gehe nun davon aus, daß die Gegenstandsweite praktisch gleich der Brennweite ist. Welche Abmessungen ergeben sich dann für das Leinwandbild?

Vergleiche mit dem Ergebnis aus Teil b der Aufgabe.

6 In einem **Versuch** sollen die Brennweite und der Abbildungsmaßstab eines Arbeitsprojektors auf einfache Weise ermittelt werden. Beschreibe, wie du den Versuch durchführen und auswerten würdest.

Tip: Man kann z. B. ein Geodreieck an die Wand projizieren ...

Aus der Geschichte: **Laterna magica – die Zauberlaterne**

1

Schon im 17. Jahrhundert gab es einen Vorläufer des modernen Diaprojektors, die *Laterna magica* (Bild 1).

Diese „Zauberlaterne" – so lautet die wörtliche Übersetzung – enthielt schon alle wesentlichen Bauteile eines Diaprojektors: eine Objektivlinse, eine Kondensorlinse und einen Hohlspiegel.

Weil es noch kein elektrisches Licht gab, diente eine Öl- oder Petroleumlampe als Lichtquelle. Wegen der Rauch- und Wärmeentwicklung dieser Lichtquellen besaß die Laterna magica einen kleinen Schornstein.

Damals gab es auch keine Dias im heutigen Sinne; die Fotografie wurde erst 200 Jahre später erfunden. Daher zeichnete man Figuren und Bilder auf kleine Glasplatten. Häufig wurden so in mehreren Bildern Märchen oder Gruselgeschichten dargestellt.

Diese „Dias" wurden dann einem staunenden Publikum vorgeführt. Ein Erzähler trug die Geschichte dazu vor.

Optische Abbildungen mit Linsen

Alles klar?

1 Wie kann man herausfinden, welche von mehreren Sammellinsen gleichen Durchmessers die kürzeste Brennweite hat? Es gibt zwei einfache Möglichkeiten.

2 Claudia schaut durch eine Sammellinse, die sie mit ausgestrecktem Arm hält. Sie sieht verkleinerte, umgekehrte Bilder der Umgebung.

Wie entstehen diese Bilder?

Warum ist es eigentlich falsch zu sagen, „man schaut durch die Linse"?

3 „Der Strahlengang bei einer Sammellinse ist umkehrbar." Erkläre diese Behauptung an einem Beispiel.

4 Eine Kinoleinwand ist 14 m breit. Die einzelnen Bilder auf dem Film haben eine Breite von 32 mm. Berechne den Abbildungsmaßstab.

Die Bildweite beträgt 28 m. Wie groß ist die Gegenstandsweite?

Welche Brennweite wird der Projektor wohl haben? Begründe deine Vermutung.

5 Ein Teleobjektiv hat z. B. eine Brennweite von 120 mm. Begründe mit Hilfe einer Zeichnung, daß mit ihm weit entfernte Gegenstände größer abgebildet werden als mit einem Normalobjektiv ($f = 50$ mm).

Warum genügen für die Zeichnung zwei Mittelpunktstrahlen?

6 Eine Kerze wird mit einer Sammellinse abgebildet. Dann schiebt man langsam ein Blatt Papier vor die Linse und deckt sie mehr und mehr ab. Wie wird sich dabei das Bild verändern?

Überprüfe deine Vermutung in einem **Versuch**, und erkläre das Ergebnis.

7 Wenn man Dias projizieren will, muß man stets eine sehr helle Lampe im Projektor anschalten. Zum Fotografieren reicht meist das Tageslicht. Begründe diesen Unterschied physikalisch.

8 Ein helles Fenster wird von einem wassergefüllten zylindrischen Glas abgebildet (Bild 2). Versuche, die Bildentstehung zu erklären.

9 Mit Hilfe eines Fotoapparates kannst du die Höhe eines Turmes bestimmen, ohne ihn zu besteigen.

2

Angenommen, das Bild des Turmes auf dem Negativ ist 20 mm hoch, der Fotograf war 70 m vom Fußpunkt des Turmes entfernt, und das Objektiv hatte eine Brennweite von 35 mm. Wie hoch ist der Turm?

(*Tip*: Das Bild eines so weit entfernten Gegenstandes liegt in der Brennebene.)

10 Harald und Martina versuchen, mit Brenngläsern Papier zu entzünden.

Harald: „Warum ist eigentlich das Sonnenbildchen unterschiedlich groß – je nachdem, welche Linse wir nehmen?"

„Ja, merkwürdig", entgegnet Martina, „die Sonne selber ist doch immer gleich groß, knapp 1,5 Millionen Kilometer im Durchmesser."

„Stimmt", ergänzt Harald, „ich kann mir das merken, weil ihre Entfernung ungefähr 100mal so groß ist."

„Warum sagst du das nicht gleich? Dann ist der Durchmesser des Sonnenbildchens ein Hundertstel der Brennweite." Begründe Martinas Schlußfolgerung.

11 Christian will eine Briefmarke fotografieren. Das Objektiv seines Fotoapparates hat eine Brennweite von 50 mm. Die kleinste Gegenstandsweite, bei der noch ein scharfes Bild entsteht, beträgt 50 cm. Berechne die zugehörige Bildweite.

Wie groß wird die 25 mm · 36 mm große Briefmarke auf dem Negativ sein?

Auf einen Blick

Die Sammellinse

Sammellinsen sind am Rand dünner als in der Mitte.

Wenn man sehr weit entfernte Gegenstände (z. B. die Sonne) mit der Linse abbildet, laufen die Lichtbündel von den einzelnen Punkten des Gegenstandes in der Brennebene zusammen. Der Abstand der **Brennebene** von der Linse heißt **Brennweite** *f*.

Den Schnittpunkt der Brennebene mit der optischen Achse der Linse nennt man **Brennpunkt** *F*.

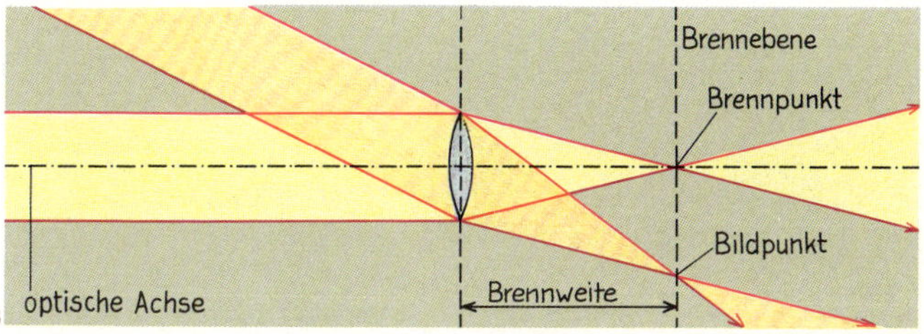

3

Für die reellen Bilder, die man mit einer Sammellinse erzeugt, gelten folgende Gesetze:

Das Verhältnis von Bildgröße *B* zu Gegenstandsgröße *G* heißt **Abbildungsmaßstab** *A*. Es gilt:

$$A = \frac{B}{G} = \frac{b}{g}.$$

Brennweite, Bildweite und Gegenstandsweite hängen gemäß der **Linsengleichung** zusammen:

$$(g - f)\,(b - f) = f^2 \text{ oder } \frac{1}{f} = \frac{1}{g} + \frac{1}{b}.$$

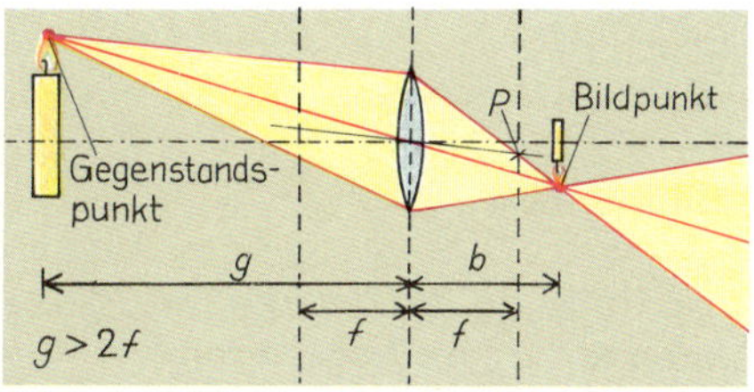

4

Befindet sich der Gegenstand außerhalb der doppelten Brennweite, so entsteht ein verkleinertes Bild. Es liegt im Bereich zwischen einfacher und doppelter Brennweite der verwendeten Linse.

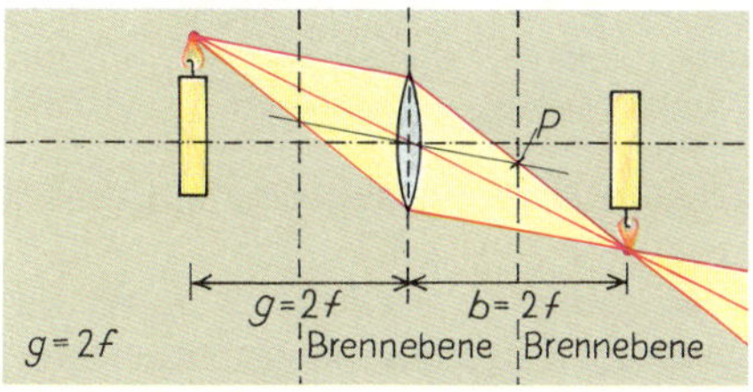

5

Wenn sich der Gegenstand im Abstand der doppelten Brennweite vor der Linse befindet, ist auch die Bildweite doppelt so groß wie die Brennweite. Gegenstand und Bild sind dann gleich groß.

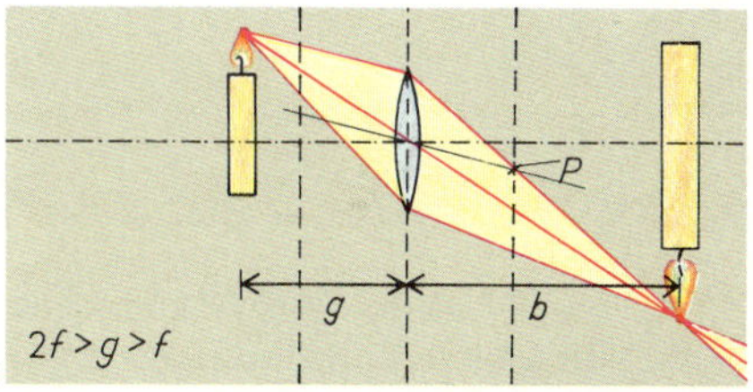

6

Wenn der Abstand des Gegenstandes von der Linse kleiner als die doppelte und größer als die einfache Brennweite ist, entsteht ein vergrößertes Bild im Bereich außerhalb der doppelten Brennweite.

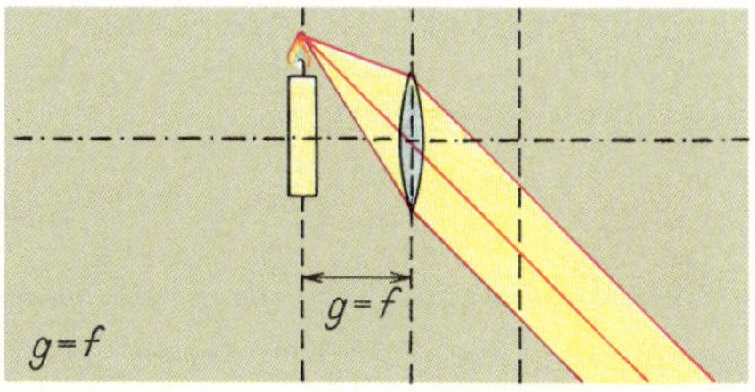

7

Wenn die Gegenstandsweite genauso groß ist wie die Brennweite, verläuft das Lichtbündel hinter der Linse parallel. Es entsteht kein Bildpunkt.

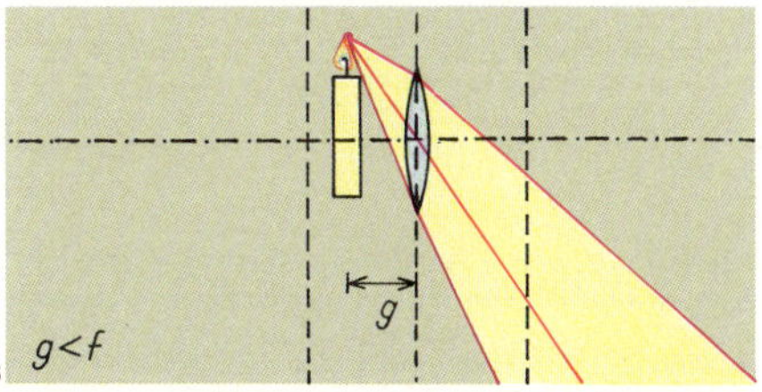

8

Wenn die Gegenstandsweite kleiner ist als die Brennweite, läuft das Lichtbündel auch noch hinter der Linse auseinander. Es entsteht kein Bildpunkt.

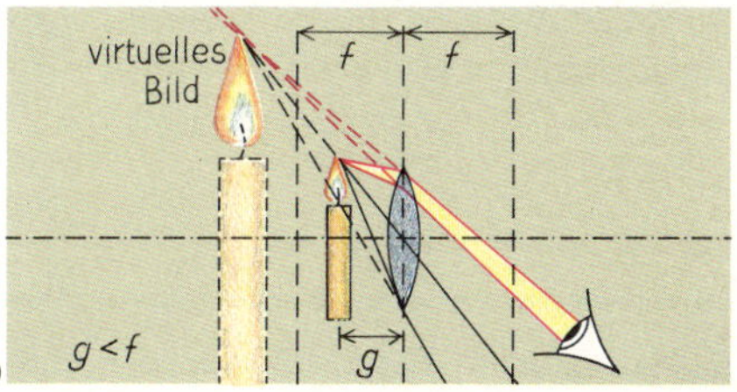

9

Fällt Licht von einem Punkt zwischen Brennebene und Linse ins Auge, so sieht man ein *virtuelles* Bild. Dieses Bild ist stets aufrecht und vergrößert.

Fotoapparat und Diaprojektor

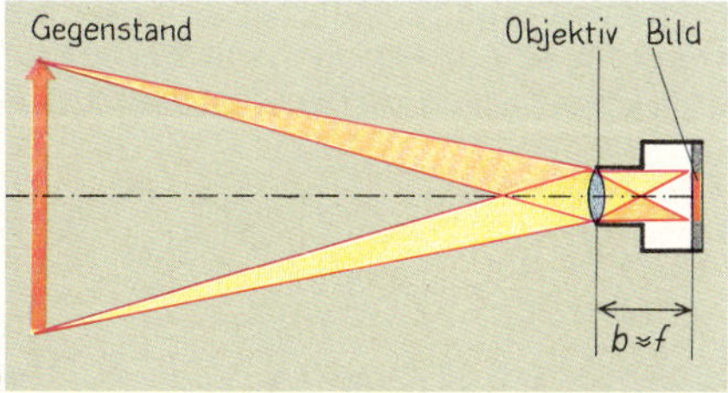

10

Sowohl beim Fotoapparat als auch beim Diaprojektor entsteht mit Hilfe eines Objektivs ein reelles Bild von einem Gegenstand.

Um Abbildungsfehler zu verringern, sind Objektive aus mehreren Linsen zusammengesetzt. Sie wirken wie eine einzelne Sammellinse.

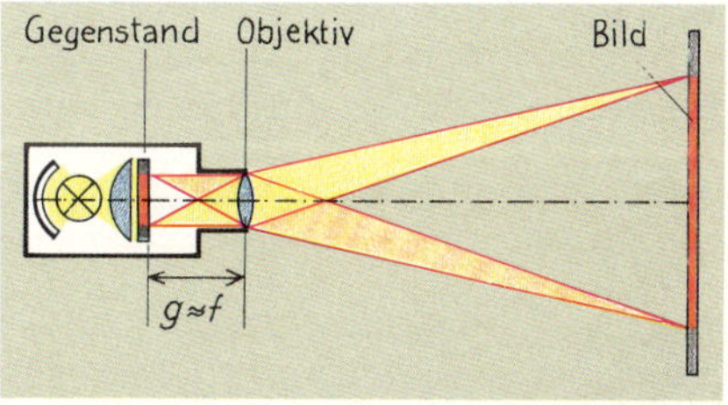

11

Auge und Sehvorgang

1 Unser Auge

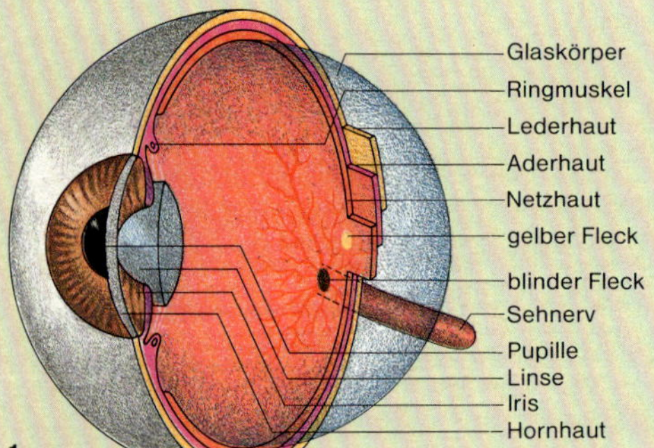

1
Aufbau des menschlichen Auges (vereinfachte Darstellung)

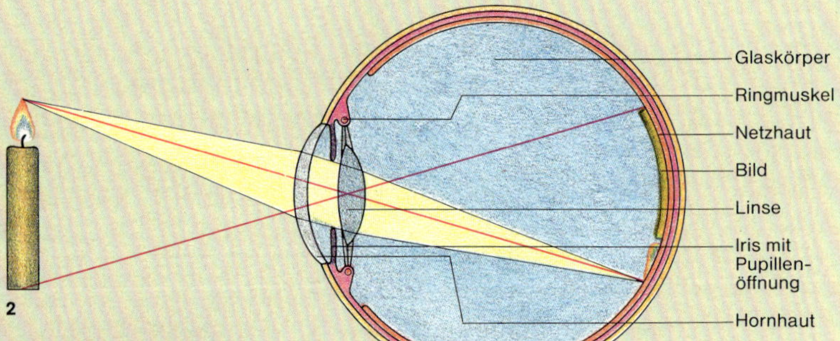

2
Abbildung im menschlichen Auge (schematische Darstellung)

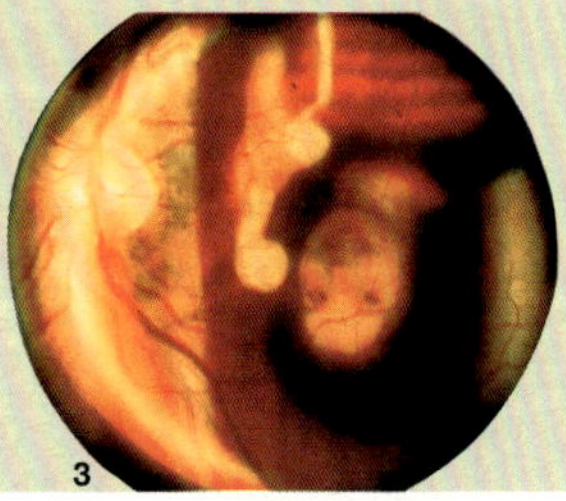

3
Ein Bild auf der Netzhaut des menschlichen Auges

Fotoapparat und Auge weisen Gemeinsamkeiten auf...

V 1 Leuchte jemandem mit einer Taschenlampe ins Auge. Was siehst du?

V 2 Wir bauen ein einfaches Modell des Auges auf (Bild 4).

a) Ordne der Versuchsanordnung die entsprechenden Teile des Auges zu.

b) Beim Auge ist die Bildweite unveränderlich. Sie soll auch in der Anordnung von Bild 4 gleich bleiben.

Was mußt du verändern, damit bei unterschiedlichen Gegenstandsweiten jeweils ein scharfes Bild auf dem Schirm entsteht?

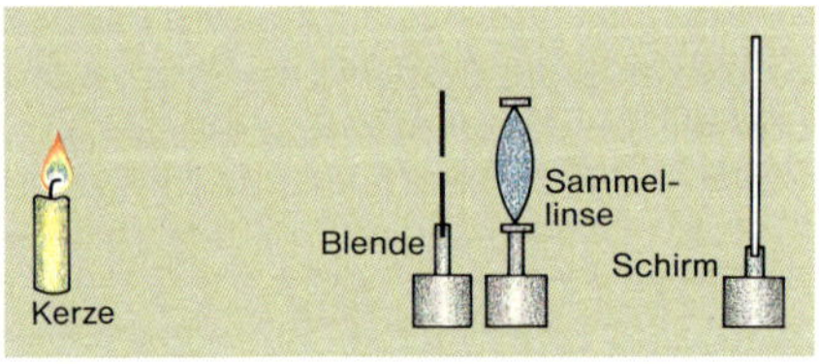

4

c) Kannst du dir denken, wie diese Veränderung im Auge erfolgt?

V 3 Lege zwei Pfennigstücke im Abstand von ca. 6 cm auf ein Blatt Papier. Schließe das linke Auge, und blicke mit dem rechten Auge auf die linke Münze.

Was stellst du fest, wenn du nun das rechte Auge langsam dem Pfennigstück näherst?

Info: **Wenn Licht ins Auge fällt...**

Damit wir einen Gegenstand sehen, muß Licht von ihm in unsere Augen gelangen.

Das Licht trifft zunächst auf die **Hornhaut**. Sie stellt die Grenzfläche zwischen Luft und Augenflüssigkeit dar.

An dieser Grenzfläche wird das einfallende Licht gebrochen. Weil Augapfel und Hornhaut nach außen gewölbt ist, ergibt sich die Wirkung einer Sammellinse.

Anschließend fällt das Licht durch eine kreisrunde Öffnung, die **Pupille**. Sie ist eine „automatische" Blende: Wenn viel Licht auf das Auge trifft, zieht sie sich zusammen; bei geringer Helligkeit weitet sie sich.

Die hinter der Pupille liegende **Linse** verstärkt die Wirkung der Hornhaut (Bild 5). Mit ihrer Hilfe können sowohl von entfernten als auch von nahen Gegenständen scharfe Bilder auf der **Netzhaut** erzeugt werden.

Wie du weißt, ist beim Fotoapparat der Abstand Objektiv – Film veränderbar; man kann zu jeder Gegenstandsweite die entsprechende Bildweite einstellen. Beim Auge dagegen läßt sich der Abstand Augenlinse – Netzhaut nicht verändern. Die Bildweite ist also immer gleich groß.

Um dennoch unterschiedlich weit entfernte Gegenstände scharf auf der Netzhaut abbilden zu können, muß die *Brennweite* der Augenlinse verändert werden.

Das geschieht mit Hilfe eines ringförmigen Muskels, der die Augenlinse umschließt und für eine mehr oder weniger starke Krümmung der Linse sorgt: Beim Blick in die Ferne ist der Muskel

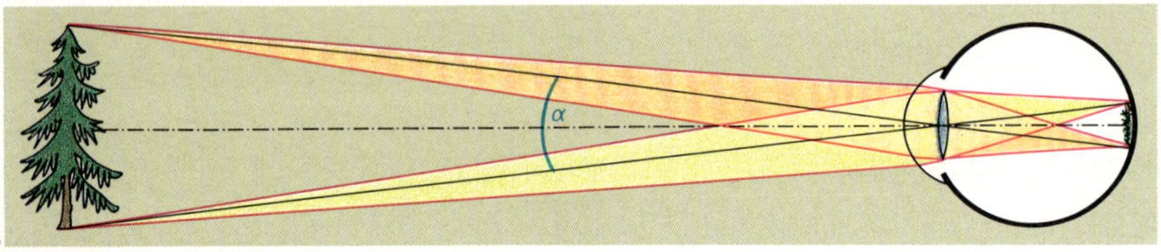

5

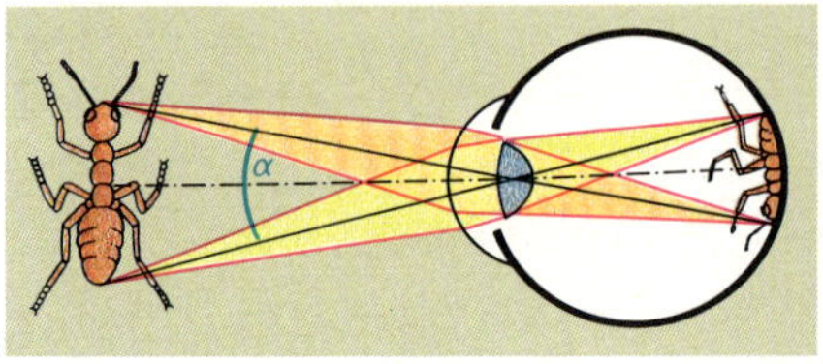

6

Aus Umwelt und Technik: **Vom Lochauge zum Linsenauge**

Nicht für alle Tiere ist ein gutes Sehvermögen wichtig. Deshalb finden wir in der Tierwelt ganz unterschiedliche Sehorgane.

Der *Regenwurm* besitzt zwar kein Auge, aber über seinen ganzen Körper sind **lichtempfindliche Zellen** verteilt. Auf diese Weise kann er das Tageslicht wahrnehmen, das für ihn mit der Gefahr verbunden ist, von Vögeln gefressen zu werden.

Einige *Schneckenarten* haben ein **Napfauge** (Bild 8). Es besteht aus einer Vielzahl lichtempfindlicher Zellen, die am vorderen Teil des Körpers vereinigt sind. Sie liegen in einer Vertiefung und sind dadurch vor Verletzungen geschützt. Mit dem Napfauge kann die Schnecke nicht nur Hell und Dunkel wahrnehmen, sondern auch feststellen, aus welcher Richtung das Licht kommt.

Besser als die Schnecken kann der *Nautilus* sehen. Der Nautilus ist ein Weichtier, das in Tiefen von bis zu 600 m auf dem Meeresgrund lebt. Es hat ein **Lochauge** (Bild 9), das große Ähnlichkeit mit einer Lochkamera aufweist. Durch das kleine Loch fallen die Lichtbündel in das Auge, und auf der Rückwand entsteht ein Bild. Es ist nicht sehr scharf und recht lichtschwach.

Bei den höher entwickelten Tieren ist das Auge dem **menschlichen Auge** ähnlich (Bild 10).

Unser Auge hat aber nicht das beste Sehvermögen. Viel schärfer als der Mensch können z. B. *Falken, Adler* und *Geier* sehen. Sie erkennen aus großer Höhe sogar kleine Beutetiere. Der Mensch müßte ein Fernglas benutzen, um so deutlich wie diese Vögel zu sehen.

Die *Eule* ist ein Nachttier. Ihre Augen sind größer und nachts viel leistungsfähiger als unsere Augen. Bei der Eule ist nämlich die Zahl der lichtempfindlichen Sinneszellen auf der Netzhaut besonders groß.

8
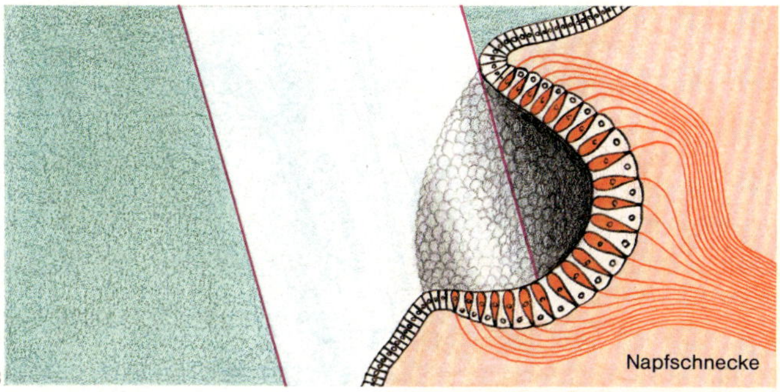

9
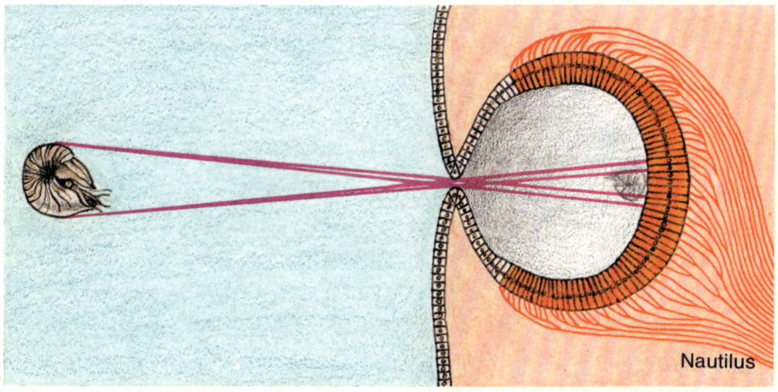

10
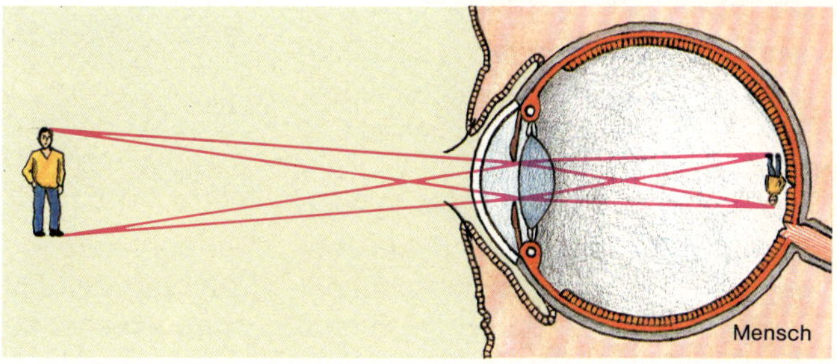

entspannt und die Linse wenig gewölbt (Bild 5). Will man aber einen Gegenstand in der Nähe betrachten, wird die Linse stärker gekrümmt (Bild 6). Diese Anpassung der Augenlinse an unterschiedliche Gegenstandsweiten heißt **Akkommodation** (lat. *accommodere:* anpassen).

Hinter der Linse fällt das Licht durch den **Glaskörper** und trifft auf die lichtempfindlichen Sinneszellen der Netzhaut. Auf der Netzhaut gibt es zwei Arten von Sinneszellen: *Stäbchen* für das Hell-Dunkel-Sehen und *Zäpfchen* für das Sehen von Farben.

Netzhautbilder (Bild 3) haben nicht die Qualität von fotografischen Abbildungen. Zudem ist die Netzhaut von Adern durchzogen, und etwas seitlich von der Mitte hat sie sogar ein „Loch", den *blinden Fleck.* An dieser Stelle, an der lichtempfindliche Zellen fehlen, verläßt der **Sehnerv** das Auge. Dieser leitet die Signale von den Netzhautzellen an das Gehirn weiter.

Die fotografischen Mängel, ja selbst den blinden Fleck „übersieht" unser Gehirn großzügig. Was wir bewußt wahrnehmen, hängt nämlich nicht nur vom Bild auf der Netzhaut ab; vielmehr wird es auch durch die Auswertung der Nervenreize im Gehirn bestimmt. Das Gehirn macht aus den Netzhautbildern beider Augen einen einzigen räumlichen und farbigen Bildeindruck.

Von einem Gegenstand, der sich nahe am Auge befindet, entsteht ein großes Netzhautbild. Weit entfernte Gegenstände gleicher Größe führen dagegen zu sehr kleinen Netzhautbildern.

Die Größe des Bildes hängt vom **Sehwinkel** ab: Je größer der Sehwinkel ist, desto größer ist das Netzhautbild (Bilder 6 u. 7).

Meistens fällt es uns nicht auf, daß von ein und demselben Gegenstand – je nach Entfernung – unterschiedliche große Netzhautbilder entstehen. Unser Gehirn registriert nämlich nicht nur das Bild, sondern setzt es auch in Beziehung zu früher gemachten Erfahrungen. Bei bekannten Gegenständen schließen wir aus der Größe des Netzhautbildes unbewußt auf die Entfernung: Je kleiner das Netzhautbild ist, desto größer ist die Entfernung, die unser Gehirn dem Gegenstand zuordnet.

7
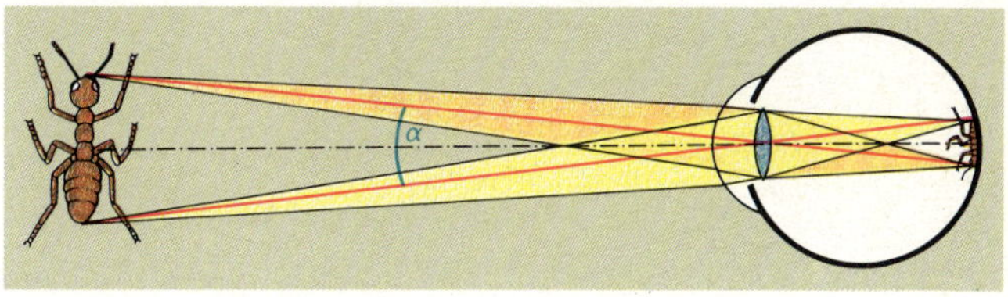

Aufgaben

1 Welcher wesentliche Unterschied besteht zwischen dem Auge und einem Fotoapparat?

2 „Das Auge ist ein höchst vielseitiges Instrument. Es vermag einen Golfball in 300 m Entfernung abzubilden und gleich darauf die Einstellung so zu ändern, daß wir mühelos einen gedruckten Text aus nächster Nähe lesen können. Es ist in der Lage, sich mit großer Geschwindigkeit an die Lichtverhältnisse anzupassen und Tausende von Farbtönen zu unterscheiden." Welche Teile des Auges leisten das jeweils?

3 Wann sind die Netzhautbilder eines Baumes und einer Ameise in unserem Auge gleich groß?

4 Der Sonnendurchmesser ist rund 400mal so groß wie der Monddurchmesser. Trotzdem entstehen gleich große Bilder auf der Netzhaut, wenn man den Mond und die Sonne (durch einen geschwärzten Film hindurch) betrachtet. Wie ist das zu erklären?

5 Unser Auge hat eine Brennweite von 24 mm, wenn die Linse auf weit entfernte Objekte eingestellt ist.

Wie groß ist die Bildweite?

Wie verändert sich die Brennweite, wenn ein Gegenstand in 25 cm Entfernung betrachtet wird?

2 Räumliches Sehen

Aus Umwelt und Technik: **Stereobilder**

Wir sehen unsere Umwelt „räumlich": Betrachten wir einen Gegenstand, so sehen wir ihn mit jedem Auge aus einer etwas anderen Richtung; die Augen sind ja bis 7 cm voneinander entfernt. Die beiden Netzhautbilder sind somit etwas verschieden. Das Gehirn vereinigt diese zwei unterschiedlichen Bilder zu einem räumlichen Gesamteindruck.

Eine Fotografie dagegen ist kein räumliches Bild, sondern nur ein ebenes. Man kann aber den Raumeindruck künstlich erzeugen. Dazu muß man das Gehirn „überlisten", indem man mit jedem Auge ein gesondertes Foto eines Gegenstandes betrachtet. Das eine Foto zeigt den Gegenstand so, wie man ihn mit dem linken Auge sehen würde, das andere so, wie man ihn mit dem rechten sehen würde.

Bei den Bildern 1 u. 2 handelt es sich um ein solches „Stereobildpaar"

3

(griech. *stereos:* körperlich, räumlich). Zur Betrachtung hältst du einen Taschenspiegel so wie in Bild 3 rechts neben die Nase und betrachtest mit dem rechten Auge das Spiegelbild des rechten Fotos. Mit dem linken Auge schaust du auf das linke Foto. Durch leichtes Kippen des Spiegels kannst du dann die beiden Bilder zur Deckung bringen – und plötzlich siehst du den Hafen räumlich, als stündest du am Kai...

Verschiedene Aufnahmegeräte und Betrachtungsgeräte für Stereobildpaare wurden bereits im 19. Jahrhundert entwickelt.

Heute werden Stereobilder in vielen Gebieten der Wissenschaft verwendet. So lassen sich zum Beispiel Entfernungen und Höhen durch die *Raumbildmessung* ermitteln. Um die Höhenlinien einer Landkarte zu gewinnen, werden aus einem Flugzeug in genau festgelegter Höhe Stereobildpaare der Landschaft fotografiert. Die Aufnahmen werden in besonderen Geräten ausgewertet: Man sieht ein räumliches Bild der Landschaft mit Hügeln, Bergen und Tälern sowie außerdem eine Meßmarke, die in das Bild eingeblendet ist. Die Meßmarke wird so bewegt, daß sie genau in Höhe der Erdoberfläche zu liegen scheint. Die Höhenangabe kann dann direkt abgelesen werden.

1

2

V 4 Daß unser Gehirn die Bilder beider Augen zu einem einzigen Sinneseindruck verschmilzt, zeigt dir dieser einfache Versuch:

Rolle ein DIN-A4-Blatt zusammen, und halte die Röhre direkt vor das rechte Auge. Blicke mit beiden Augen gleichzeitig auf einen hellen Gegenstand in einigen Metern Entfernung. Halte nun die zweite Hand links neben das Röhrenende ...

V 5 Blicke bei ausgestrecktem Arm mit beiden Augen über den Daumen auf ein Fensterkreuz.

Wie siehst du den Daumen, wenn du aufs Fenster blickst, und wie das Fenster, wenn du auf den Daumen schaust?

Dein Daumen springt hin und her, ohne daß du ihn bewegst! Du mußt dazu nur die Fensterkante anpeilen und abwechselnd das linke und das rechte Auge schließen. Je schneller du das machst, desto lustiger ist es!

V 6 Mit einem Auge ist das räumliche Sehen erheblich schlechter als mit beiden Augen:

Jemand hält in etwa 50 cm Abstand einen Bleistift quer vor dein Gesicht. Schließe ein Auge, und versuche mit einem zweiten Bleistift die Spitze des ersten zu treffen.

Aufgaben

1 Beschreibe, wie man bei der Aufnahme von Stereobildpaaren vorgehen könnte.

2 Wenn man ein Auge geschlossen hat, ist es schwierig, einen Faden in ein Nadelöhr einzufädeln. Weshalb?

3 Im Anhang findest du eine Bauanleitung für einen Doppelspiegel.

Warum kann man mit diesem Spiegel das räumliche Sehen verbessern?

4 Bild 4 zeigt ein Stereobildpaar.

Stelle eine Postkarte auf die Mittellinie. Blicke von der Oberkante der Postkarte mit dem rechten Auge auf den rechten Teil der Figur, mit dem linken Auge auf den linken. Wenn du die Augen entspannst, verschmelzen beide Bilder zu einem einzigen.

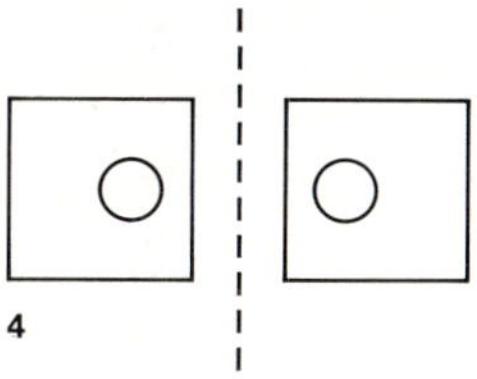

4

a) Wo scheint der Kreis zu liegen?

b) Versuche zu erklären, warum du ihn in dieser Lage siehst.

Tip: Lege ein Buch auf den Tisch, stelle dich davor, und halte eine Münze zwischen Buch und Augen. Betrachte diese Münze abwechselnd durch das linke und das rechte Auge.

c) Zeichne die Figur so in dein Heft, daß sich der Tiefeneindruck gerade umkehrt.

Aus Umwelt und Technik: **Ein erstaunlicher Versuch zur Sinneswahrnehmung**

Was wir bewußt wahrnehmen, hängt nicht nur vom Netzhautbild ab, sondern wird entscheidend von dessen Auswertung durch das Gehirn mitbestimmt. Der hier beschriebene Versuch macht das deutlich.

Zwei Briefmarken, die in 4 cm Abstand nebeneinanderliegen, werden auf recht ungewöhnliche Weise betrachtet: die linke mit dem rechten Auge und die rechte mit dem linken!

Keine Angst – du schaffst das mit folgender Hilfe: Halte die Spitze eines Bleistiftes genau zwischen die beiden Marken. Blicke nun auf die Bleistiftspitze, und bewege sie langsam auf deine Nase zu.

Wenn sich die Spitze ungefähr in der Mitte zwischen deinen Augen und der Tischplatte befindet, siehst du zwischen den beiden Briefmarken eine dritte. Versuche jetzt deine Augen so einzustellen, daß du die dritte Marke scharf und deutlich „im Raum stehen" siehst. Sie erscheint gegenüber den Originalmarken verkleinert.

Kaum jemandem gelingt dieser erste Versuchsteil auf Anhieb, aber mit einiger Übung kannst du sogar den Bleistift weglassen.

Nun geht es mit dem zweiten Versuchsteil weiter: Sobald sich deine Augen auf die dritte Marke eingestellt haben, ziehst du die Marken auseinander. Dabei kannst du etwas Merkwürdiges beobachten: Die mittlere Marke scheint auf deine Nase zuzuwandern – und kleiner zu werden!

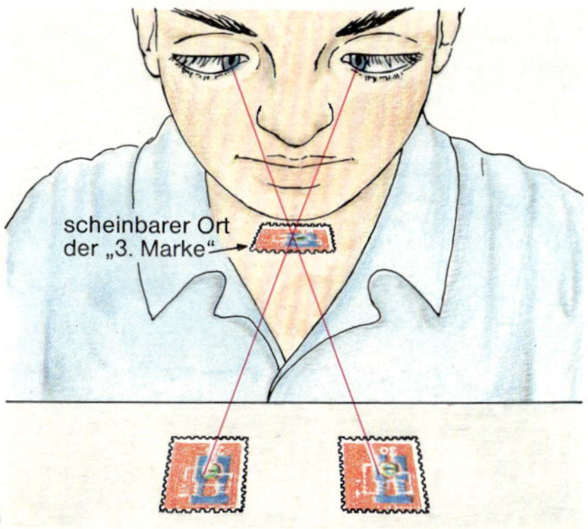

5

Dieser Versuch lehrt uns einiges über den Zusammenhang zwischen Entfernungs- und Größeneindruck:

Für den Entfernungseindruck im Nahbereich wertet unser Gehirn auch die Stellung der beiden Augen zueinander aus. Beim Versuch stehen die Augen gerade so, als würden wir einen Gegenstand in der Mitte zwischen Augen und Tischplatte betrachten. Diesen Ort ordnet unser Gehirn dem dritten Bild zu (Bild 5).

Eine Briefmarke in dieser geringen Entfernung liefert erfahrungsgemäß recht große Netzhautbilder. Tatsächlich sind jedoch die Netzhautbilder kleiner – ihre Größe wird ja durch den Sehwinkel und damit durch die tatsächliche Entfernung bestimmt.

Die Bildgröße und der künstlich erzeugte Entfernungseindruck passen nicht zusammen; für die angenommene Entfernung ist das Netzhautbild zu klein. Daß das Bild ungewöhnlich klein ist, wird uns bewußt: Die Marke erscheint verkleinert.

3 Linsen helfen bei Augenfehlern

1 Wenn man kurzsichtig ist, sieht man ohne Brille entfernte Gegenstände unscharf.

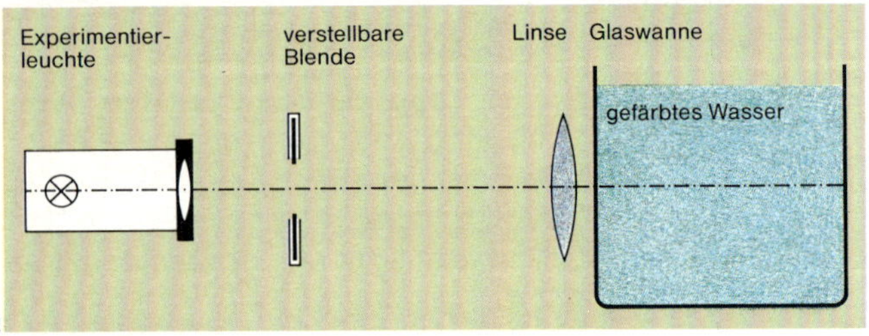

2

V 7 Laß das Licht der Sonne durch verschiedene Linsen (Brillengläser) fallen. Beobachte auf einem Blatt Papier, wie das Licht hinter den Gläsern verläuft.

a) Fühle, wie dick die Brillengläser am Rand und in der Mitte sind.

b) Man teilt die Linsen in zwei Gruppen ein: in Sammellinsen *(Konvexlinsen)* und in Zerstreuungslinsen *(Konkavlinsen)*. Nenne die Merkmale beider Gruppen.

V 8 Wie Sammel- und Zerstreuungslinsen einfallende Lichtbündel verändern, können wir mit dem Aufbau von Bild 2 untersuchen.

V 9 Versuche, mit verschiedenen Linsen (Brillengläsern) eine Kerze auf einem Schirm abzubilden.
Was stellst du dabei fest?

V 10 Halte eine Zerstreuungslinse unmittelbar vor eine Sammellinse.
Welche Wirkung hat diese Kombination von Linsen?
Suche ein Linsenpaar, das annähernd wie eine Glasplatte wirkt. Erkläre das Versuchsergebnis.

Info: Die Zerstreuungslinse

3

Bild 3 zeigt die Wirkung einer **Zerstreuungslinse**: Das einfallende Lichtbündel läuft hinter der Linse stärker auseinander als vor der Linse. Hält man einen Schirm hinter die Linse, so sieht man, daß das Licht auf eine größere Fläche verteilt ist als vor der Linse. Das Licht wird also nicht gesammelt, sondern *zerstreut*.

Zerstreuungslinsen sind in der Mitte dünner als am Rand. Sie heißen auch **Konkavlinsen** (lat. *concavus:* hohl).

Wir betrachten ein paralleles Lichtbündel, das in Richtung der optischen Achse auf eine Zerstreuungslinse fällt (Bild 4). Jeder Strahl dieses Bündels wird – wie bei der Sammellinse – zweimal gebrochen. Nach Passieren der Linse läuft das Bündel auseinander. Verlängert man die gebrochenen Randstrahlen rückwärts, so schneiden sich die gedachten Geraden in einem Punkt, dem Brennpunkt *F*. Anders als bei der Sammellinse läuft das Lichtbündel aber nicht in diesem Punkt zusammen; vielmehr scheint es nach Passieren der Linse von diesem Punkt herzukommen. Man spricht daher von einem **virtuellen Brennpunkt**.

Auch zu anderen parallelen Bündeln können wir solche scheinbaren Schnittpunkte konstruieren. Alle diese Punkte liegen in der *Brennebene* (Bild 5).

Die Bündel können z. B. von weit entfernten Gegenstandspunkten stammen. Die rückwärtig verlängerten Randstrahlen liefern uns dann die Punkte, die wir als Bildpunkte wahrnehmen. Da die Lichtbündel nur scheinbar von diesen Punkten ausgehen, spricht man von **virtuellen Bildpunkten**. Schaut man durch eine Zerstreuungslinse z. B. auf eine Landschaft, so sieht man ein *verkleinertes virtuelles Bild*.

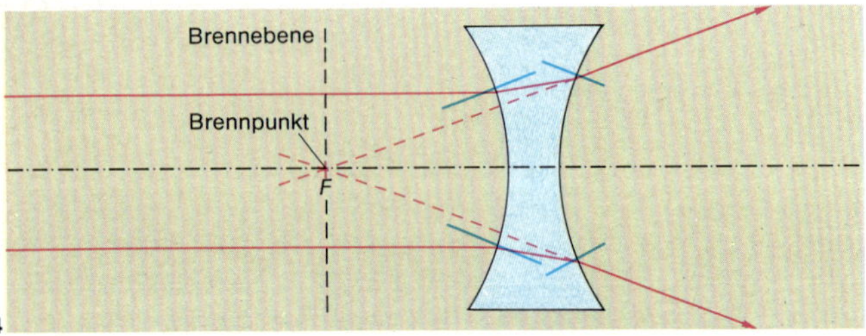

4

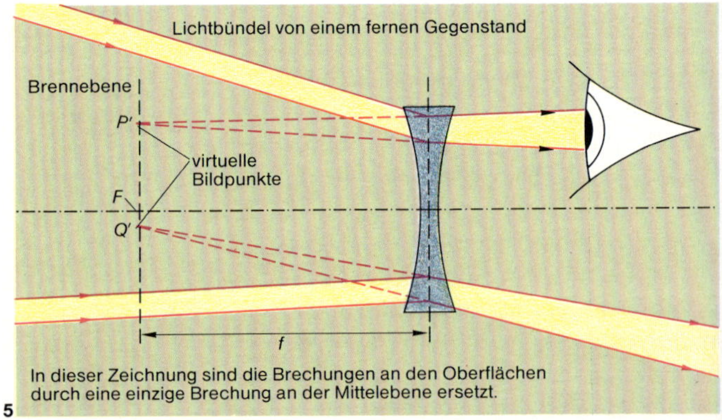

5

Aus Umwelt und Technik: **Kurzsichtigkeit**

Wer **kurzsichtig** ist, kann zwar ohne Brille lesen, doch weit entfernte Gegenstände nur verschwommen erkennen. Die Bilder 6 u. 7 zeigen dir, wie es dazu kommt:

Normalerweise beträgt der Abstand zwischen Hornhaut und Netzhaut etwa 24 mm. Der Augapfel kann aber auch länger sein; Hornhaut und Netzhaut liegen z. B. 30 mm auseinander. In diesem Fall entstehen die Bilder weit entfernter Gegenstände *vor* der Netzhaut. Auf der Netzhaut werden sie deshalb nur unscharf abgebildet.

Die Linse ist dabei schon so gering wie möglich gekrümmt. Um trotz des zu langen Augapfels ein scharfes Netzhautbild zu erzeugen, müßte die Augenlinse noch weiter entspannt werden. Weil das nicht möglich ist, benötigt man eine Brille mit **Zerstreuungslinsen** (Bilder 8 u. 9).

Wenn ein Lichtbündel durch eine solche Linse fällt, laufen seine Randstrahlen stärker auseinander. Das Lichtbündel kann dann von Hornhaut und Augenlinse zu einem Punkt auf der Netzhaut vereinigt werden.

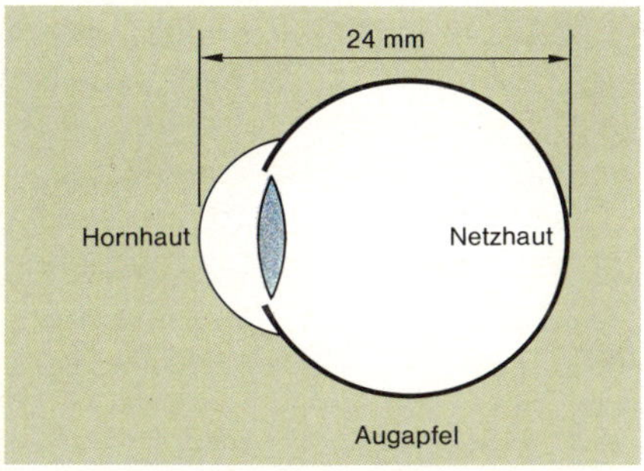

6

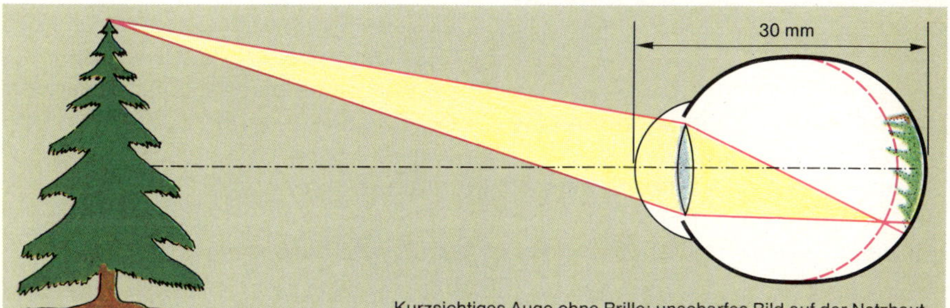

7 Kurzsichtiges Auge ohne Brille: unscharfes Bild auf der Netzhaut.

Hinweis: In diesen Bildern wurde die Brechung an der Hornhaut zur besseren Übersichtlichkeit nicht mitgezeichnet.

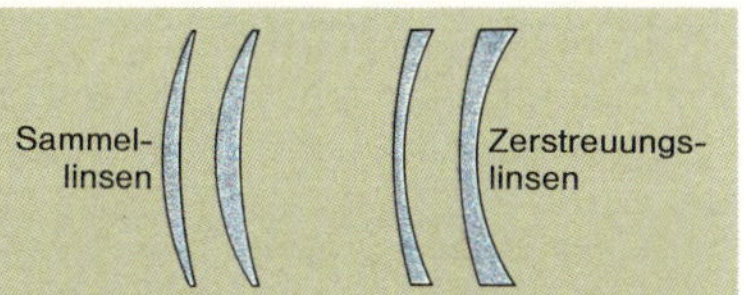

So sehen Brillengläser im Schnitt aus. Sie sind nicht zur Mittelebene symmetrisch.

Man gibt bei Brillengläsern meist nicht die Brennweite *f*, sondern ihren Kehrwert an. Diesen Kehrwert bezeichnet man als **Brechwert** *D* und gibt ihn in **Dioptrien** (dpt) an:

$D = \frac{1}{f}$ und $1\,\text{dpt} = \frac{1}{\text{m}}$.

Eine Sammellinse mit $f = 20$ cm hat also 5 dpt.

Den Zerstreuungslinsen ordnet man negative Brechwerte zu. Ein Brillenglas mit −2 dpt ist also eine Zerstreuungslinse mit einer Brennweite von 50 cm.

8

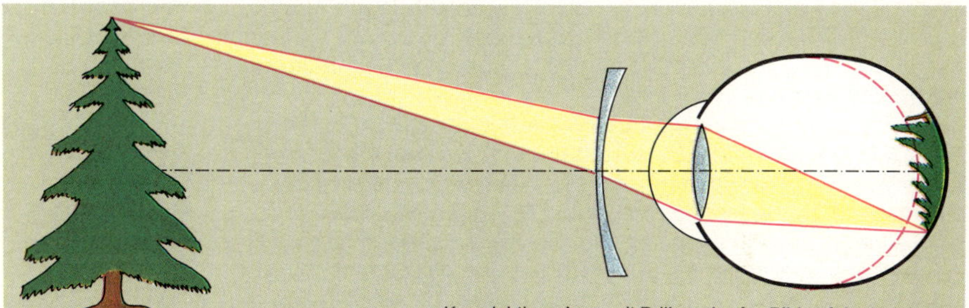
9 Kurzsichtiges Auge mit Brille: scharfes Bild auf der Netzhaut.

Aufgaben

1 Was versteht man unter **Weitsichtigkeit**? Erkläre es anhand von Bild 10.

Dieser Augenfehler kann durch eine Sammellinse korrigiert werden (Bild 11). Beschreibe!

2 Mit normalsichtigen Augen hält man ein Buch beim Lesen in 25–30 cm Abstand. Manche Kinder beugen aber ihren Kopf viel tiefer über ein Buch. Welcher Augenfehler könnte bei ihnen vorliegen?

3 Auf einem Brillenpaß findet man folgende Angaben: „li.: −1,5 dpt; re.: −2,0 dpt". Was bedeuten sie?

4 Warum sieht man unter Wasser (ohne Taucherbrille) alles verschwommen?

5 Im Anhang findest du eine Sehprobentafel, wie sie auch beim Optiker aushängt. Mit ihr kannst du deine Sehschärfe überprüfen …

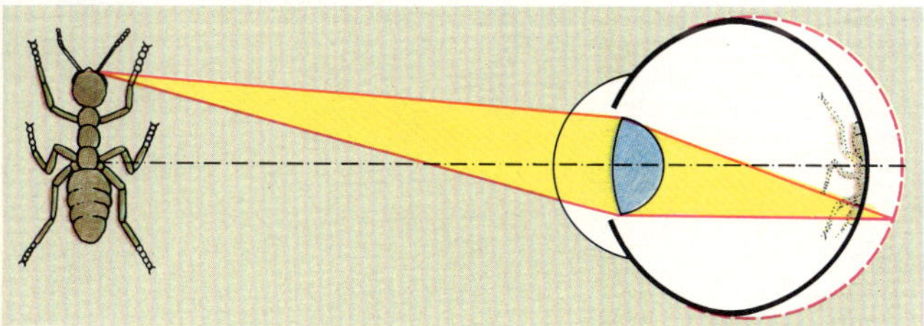

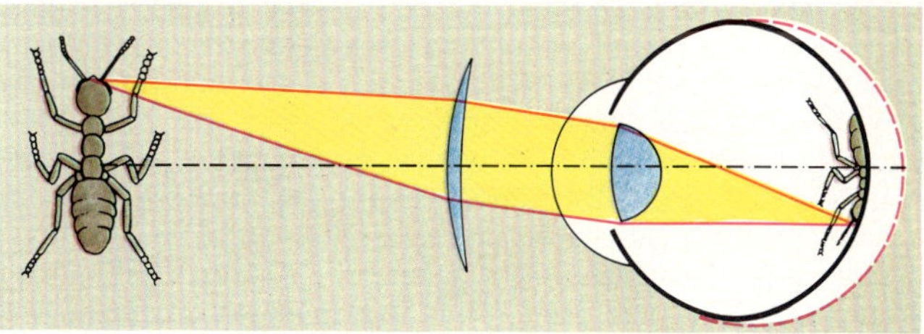
11

1

4 Wie eine Linse den Sehwinkel vergrößern kann

Lupen und Brillen sind recht nützlich. Alte Menschen verwenden zum Lesen oft beide Hilfsmittel gleichzeitig. Welche Aufgabe haben die Linsen hier? In welcher Weise haben sie Einfluß auf das Netzhautbild?

V 11 Mit einer Lupe kann man Gegenstände vergrößert sehen.

Blicke durch eine Sammellinse mit kleiner Brennweite (höchstens 5 cm) auf diese Buchseite. Führe die Linse dann so nahe an den Text heran, daß du ein *vergrößertes, aufrechtes Bild* scharf siehst.

a) Warum sollte man mit dem Auge dicht an die Linse herangehen?

b) Halte Sammellinsen unterschiedlicher Brennweiten direkt vor das Auge. Wie weit muß die Linse jeweils von der Buchseite entfernt sein, damit du das Bild scharf siehst (ohne die Augen anzustrengen)?

Vergleiche diese Abstände mit den Brennweiten der Linsen.

V 12 Bild 2 (auf der rechten Seite) zeigt, wie du die *Vergrößerung* einer Lupe bestimmen kannst: Mit dem einen Auge blickst du auf ein Lineal in 25 cm Entfernung („deutliche Sehweite"). Mit dem anderen Auge betrachtest du ein zweites Lineal durch die Lupe. Wenn du die Skalen beider Lineale gleichzeitig siehst, kannst du sie leicht miteinander vergleichen.

Bestimme den Vergrößerungsfaktor von Lupen mit unterschiedlichen Brennweiten. Wie hängt die Vergrößerung von der Brennweite ab?

Info: Lesebrille und Lupe

Wenn wir kleine Gegenstände größer und deutlicher sehen wollen, müssen wir den Sehwinkel vergrößern. Dazu können wir die Gegenstände einfach näher an das Auge heranbringen. Überschreiten wir dabei allerdings den **Nahpunkt**, so schafft es die Augenlinse nicht mehr, die einzelnen Lichtbündel zu Bildpunkten auf der Netzhaut zu vereinigen.

Der Nahpunkt liegt bei 10jährigen Kindern etwa 8 cm vor dem Auge. Mit zunehmendem Lebensalter rückt er immer weiter vom Auge weg: Bei 20jährigen beträgt sein Abstand im Durchschnitt 10 cm, bei 40jährigen 17 cm und bei 50jährigen 50 cm.

Im allgemeinen kann man also mit 50 Jahren ohne Brille einen Gegenstand in weniger als 50 cm Entfernung nicht mehr scharf sehen. Die Schrift in einem Buch erscheint bei diesem Abstand unter einem recht kleinen Sehwinkel (Bild 4). Die Netzhautbilder sind dementsprechend klein, und das Lesen ist anstrengend.

Hier helfen die Sammellinsen einer **Lesebrille** (Bild 5). Ihre Aufgabe ist es, die Lichtbündel vor dem Eintritt in die Augen so zu brechen, daß sie weniger stark auseinanderlaufen. Dann schaffen es die Augenlinsen auch bei einer Gegenstandsweite von 25 cm, die Lichtbündel zu Punkten auf der Netzhaut zu vereinigen.

Die Lesebrille ermöglicht es also, einen Text in 25 cm statt z. B. in 50 cm Entfernung zu lesen. Halbe Entfernung bedeutet doppelten Sehwinkel und doppelte Größe der Netzhautbilder!

Ein wichtiges Hilfsmittel zur Vergrößerung von Sehwinkeln ist die **Lupe**. Als *Lupe* bezeichnet man eine Sammellinse, deren Brennweite erheblich kleiner als die *deutliche Sehweite* ($s = 25$ cm) ist. Mit ihr kann man scharfe Netzhautbilder von Gegenständen erzeugen, die sich näher am Auge befinden als der Nahpunkt.

Man sollte eine Lupe möglichst dicht vor ein Auge halten und dann so nahe an den Gegenstand herangehen, daß sich dieser genau in der Brennebene der Lupe befindet. Alle Lichtbündel, die von Gegenstandspunkten ausgehen, verlassen die Lupe dann parallel (Bild 6). Diese Bündel werden zu Punkten auf der Netzhaut vereinigt, ohne daß die Augenlinse angespannt werden muß.

Die Größe des Netzhautbildes wird durch den Sehwinkel bestimmt. Dieser ist in Bild 6 mit α_3 bezeichnet. Genauso groß wie α_3 ist der Winkel α_3', den die von den Randpunkten ausgehenden Mittelpunktstrahlen einschließen. Bei gegebener Gegenstandsgröße hängt α_3' nur von der Gegenstandsweite ab; diese ist aber gleich der Brennweite der Lupe.

Das Netzhautbild ist also um so kleiner, je größer die Brennweite der Lupe ist.

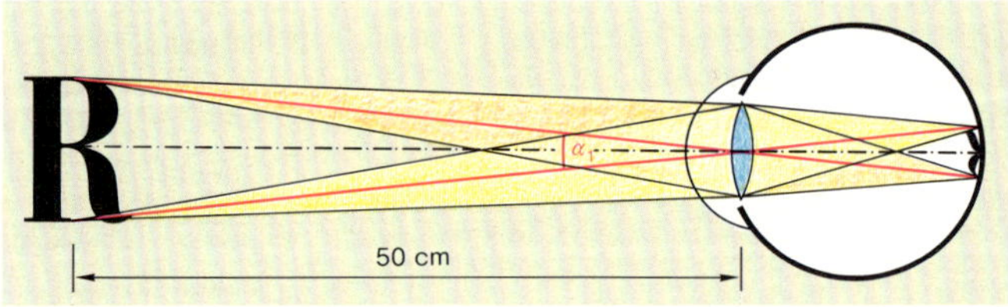

4

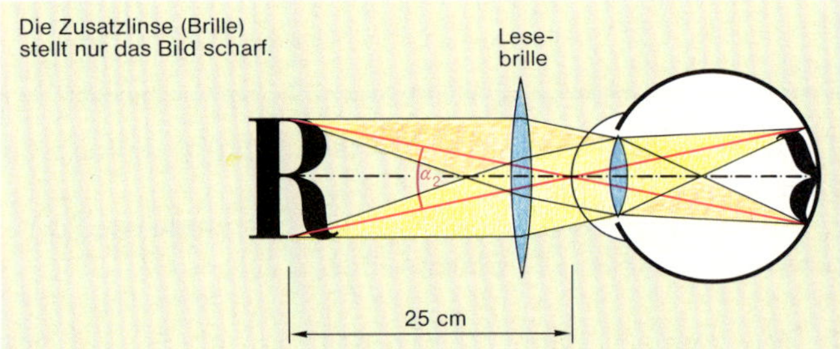

5

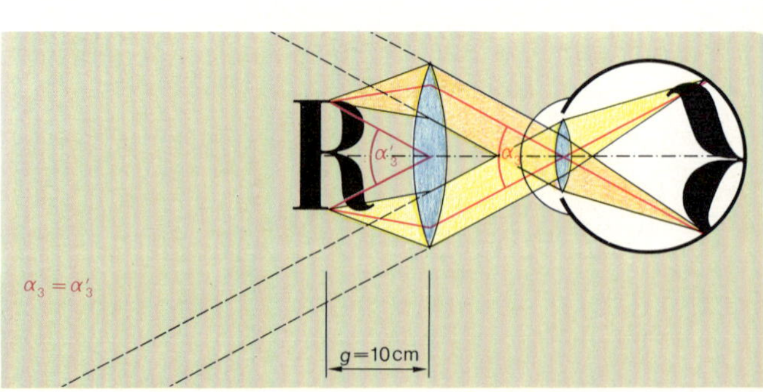

6

V 13 Wie sich bei Verwendung einer Lupe das Netzhautbild ändert, läßt sich mit dem *Modellauge* von Bild 3 zeigen.

Die Sammellinse soll dabei eine Augenlinse ersetzen, die nicht mehr stärker gekrümmt werden kann. Das Modellauge ist also auf die *kleinstmögliche* Sehweite eingestellt.

a) In welcher Größe wird die Kerzenflamme abgebildet?

b) Eine zweite Sammellinse mit einer Brennweite von 15 cm wird als Lupe direkt vor die „Augenlinse" gehalten. Wieder soll (bei gleicher Bildweite *b*) ein scharfes „Netzhautbild" entstehen. Wie dicht kann man die Kerze jetzt an das Modellauge heranrücken? Wie ändert sich dabei das Netzhautbild?

c) Die Erklärung des Versuchsergebnisses wird besonders einfach, wenn man „Augenlinse" und Lupe durch eine einzige Linse ersetzt. Welche Eigenschaft muß diese Linse haben?

d) Erkläre das Versuchsergebnis. Fertige dazu zwei Skizzen an, aus denen hervorgeht, wie der Sehwinkel durch die Verwendung der Lupe verändert wird. (*Tip:* Es reicht aus, wenn du die Mittelpunktstrahlen durch die eine Linse zeichnest.)

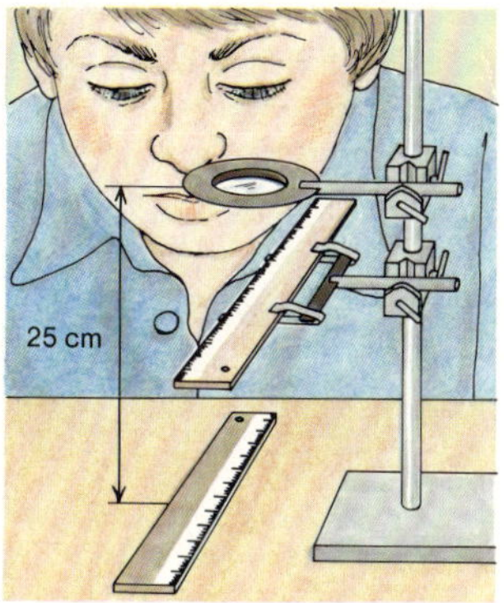

2

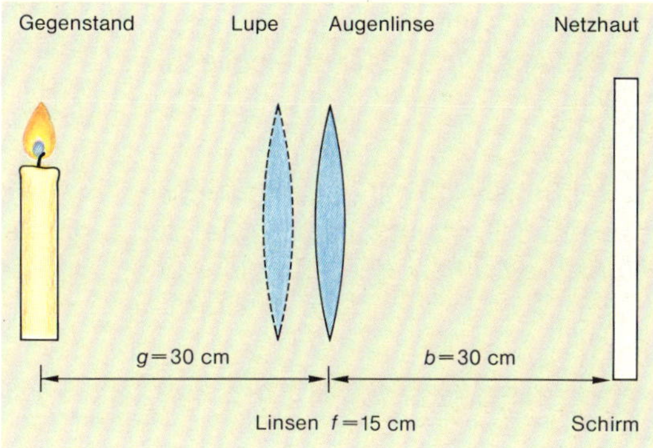

3

Info: **Die Vergrößerung einer Lupe**

Die **Vergrößerung** V einer Lupe (und anderer optischer Instrumente) ist definiert als das Verhältnis des Sehwinkels α_{mit} (mit Instrument) zum Sehwinkel α_{ohne} (ohne Instrument):

$$V = \frac{\alpha_{mit}}{\alpha_{ohne}}.$$

Es wäre aber unpraktisch, die Sehwinkel direkt zu messen und daraus die Vergrößerung zu bestimmen. Die Sehwinkel, unter denen wir Gegenstände sehen, sind nämlich meistens sehr klein. Genaue Winkelmessungen wären daher schwierig.

Bei kleinen Sehwinkeln sind Bildgröße und Sehwinkel annähernd proportional. (Du kannst das nachmessen, wenn du Bild 7 mit $b = 14$ cm, $B_0 = 1$ cm, $B_1 = 2$ cm und $B_2 = 3$ cm in dein Heft zeichnest.)

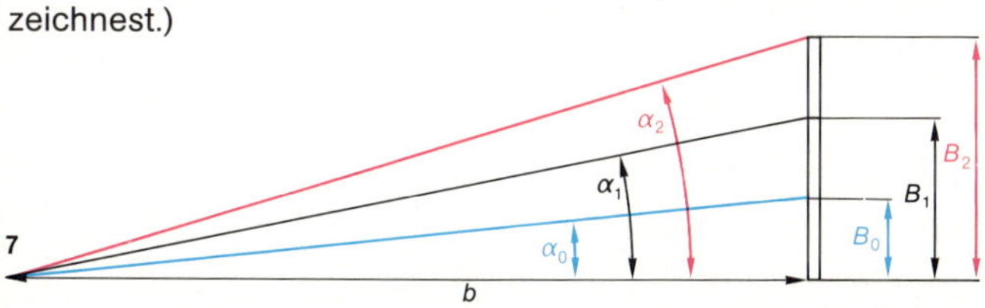

7

Wir bezeichnen als B_{mit} die Größe des Netzhautbildes mit Lupe und als B_{ohne} die des Netzhautbildes ohne Lupe. Diese beiden Bildgrößen stehen im selben Verhältnis wie die entsprechenden Sehwinkel.

Für die Vergrößerung einer Lupe gilt somit:

$$V = \frac{\alpha_{mit}}{\alpha_{ohne}} = \frac{B_{mit}}{B_{ohne}}.$$

Die Größe der Netzhautbilder ist allerdings noch schwieriger zu bestimmen als die Größe der Sehwinkel. Wir müssen daher die Bildgrößen durch leicht meßbare Größen ersetzen:

Für die Abbildung ohne Lupe ($g = s$) gilt nach Bild 8 (oder nach der Gleichung für den Abbildungsmaßstab):

$$s \cdot B_{ohne} = b \cdot G.$$

Für die Abbildung mit Lupe ($g = f$) erhält man aus Bild 9:

$$f \cdot B_{mit} = b \cdot G.$$

In beiden Fällen sind b und G gleich groß. Daher gilt:

$$s \cdot B_{ohne} = f \cdot B_{mit}.$$

Für die **Vergrößerung der Lupe** ergibt sich daraus:

$$V = \frac{\alpha_{mit}}{\alpha_{ohne}} = \frac{B_{mit}}{B_{ohne}} = \frac{s}{f}, \text{ also } \boldsymbol{V = \frac{s}{f}}.$$

Mit dieser Gleichung läßt sich die Vergrößerung leicht aus der Brennweite berechnen. (Wenn nicht anders angegeben, bezieht sich die Vergrößerung auf die deutliche Sehweite $s = 25$ cm.)

Beispiel: Die Brennweite einer Lupe beträgt $f = 4$ cm. Als Vergrößerung ergibt sich:

$$V = \frac{25\text{ cm}}{4\text{ cm}} = 6{,}25.$$

Mit dieser Lupe ist der Sehwinkel also 6,25mal größer als ohne.

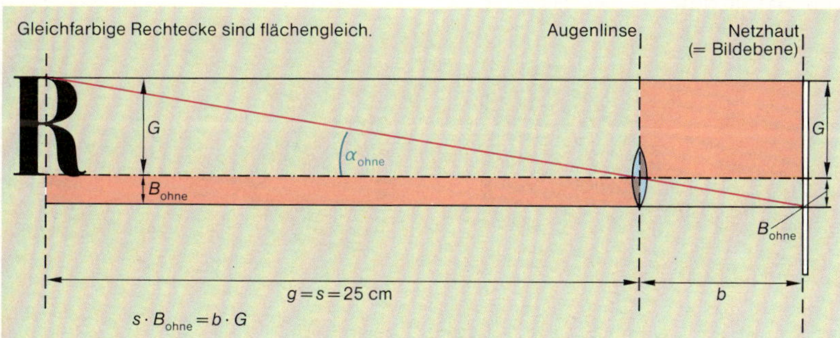

8

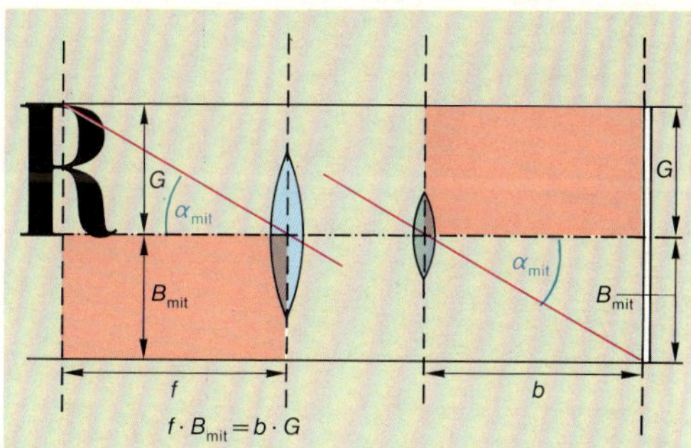

9

Aufgaben

1 Wieso läßt sich mit Hilfe einer Nah- oder Lesebrille das Netzhautbild z. B. einer Textzeile vergrößern?

Warum sind solche Brillen im Alter meist unentbehrlich?

2 Eine 5 mm große Ameise wird zunächst ohne Lupe aus der deutlichen Sehweite (25 cm) betrachtet. Dann wird eine Lupe mit einer Brennweite von 25 mm verwendet.

a) Wie stark werden Sehwinkel und Netzhautbild vergrößert?

b) Der Augapfel des Menschen hat einen Durchmesser von etwa 24 mm. Wie groß ist das Netzhautbild der Ameise mit und ohne Lupe?

3 Der alte Herr in Bild 1 der vorigen Doppelseite hält die Lupe nicht direkt vor das Auge. Trotzdem erreicht er die gewünschte Vergrößerung des Sehwinkels.

a) Der Sehwinkel mit Lupe ist auch in diesem Fall genauso groß wie der Winkel zwischen den Strahlen, die von den Randpunkten des Gegenstandes durch die Lupenmitte verlaufen. Weshalb?

b) Was ändert sich am Netzhautbild, wenn man das Auge immer weiter von der Lupe entfernt, dabei aber den Gegenstand in der Brennebene der Lupe beläßt? Begründe deine Antwort mit Hilfe einer Skizze.

4 Welchen Nachteil hätten Lupen, die wesentlich stärker als 20fach vergrößern?

Auge und Sehvorgang

Alles klar?

1 Was wir sehen, wird durch unsere Erfahrung und unser Wissen wesentlich mitbestimmt. Die Bilder 1 u. 2 zeigen dazu zwei Beispiele. Erläutere!

2 Wie ändert sich das Netzhautbild eines Gegenstandes, wenn wir uns von ihm entfernen?

3 Wieso weiß man bei einem Foto, wie groß die Gegenstände in Wirklichkeit sind? Die Größe des Netzhautbildes kann ja durchaus anders sein als bei Betrachtung des Gegenstandes selbst ...

Wann haben wir Schwierigkeiten, die wirkliche Größe eines Gegenstandes anhand eines Fotos einzuschätzen?

4 In *beiden* Augen wird ein Netzhautbild erzeugt. Warum sehen wir trotzdem nicht alles doppelt?

Wenn du mit dem Finger von der Seite leicht gegen einen Augapfel drückst, erzeugst du ein Doppelbild. Wieso?

5 Alte Leute klagen manchmal scherzhaft: „Ohne Brille sind mir beim Zeitunglesen die Arme zu kurz." Was ist gemeint?

Welche Aufgabe hat die Brille?

6 Auch ein Loch kann wie eine Lupe wirken! Das zeigt folgender **Versuch**:

Stich mit einer Nadel ein Loch in ein Blatt Papier; sein Durchmesser soll kleiner als 1 mm sein.

a) Halte das Loch ganz dicht vor ein Auge, und betrachte den Text auf dieser Buchseite *aus möglichst kleinem Abstand.*

b) Betrachte den Text *aus der gleichen Entfernung*, ohne das Loch zu benutzen. Warum kannst du den Text nicht lesen?

c) Vergleiche den Durchmesser der Augenpupille mit dem des Loches.

Wie wirken sich die unterschiedlichen Durchmesser auf die Lichtbündel aus, die durch das Auge verlaufen?

Erkläre, wie die „Lochlupe" funktioniert.

7 Was versteht man unter der Vergrößerung einer Lupe? Berechne die Vergrößerung einer Lupe mit $f = 3$ cm.

8 Nicht alle Brillengläser sind einfache Sammel- oder Zerstreuungslinsen. Es gibt auch Brillengläser, die z. B. solche Sonnenbildchen erzeugen (Bild 3). Welche Form haben wohl diese Gläser?

Der Augenfehler, der mit solchen Brillengläsern korrigiert wird, heißt *Astigmatismus*. Er beruht auf einem Fehler der Hornhaut. Auf welchem?

1 Sind das nur unregelmäßige schwarze Flecken, oder stellen sie etwas dar?

2 Das doppelte Gesicht: Ist diese Frau alt oder jung?

3

Auf einen Blick

Wie unser Auge funktioniert

In unserem Auge werden Gegenstände auf der Netzhaut abgebildet:

Die Brechung der einfallenden Lichtbündel erfolgt an der *Hornhaut* und durch die *Augenlinse*.

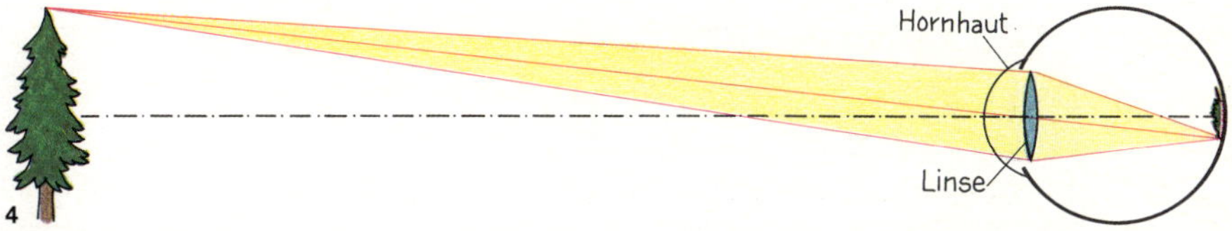

4

Der Abstand zwischen Augenlinse und Netzhaut ist konstant. Die Bildweite ist somit vorgegeben; sie läßt sich nicht wie beim Fotoapparat verändern.

Trotzdem können wir aber unser Auge auf Gegenstände in unterschiedlichen Entfernungen einstellen *(akkommodieren)*. Das Auge kann also bei unterschiedlichen Gegenstandsweiten scharfe Netzhautbilder erzeugen.

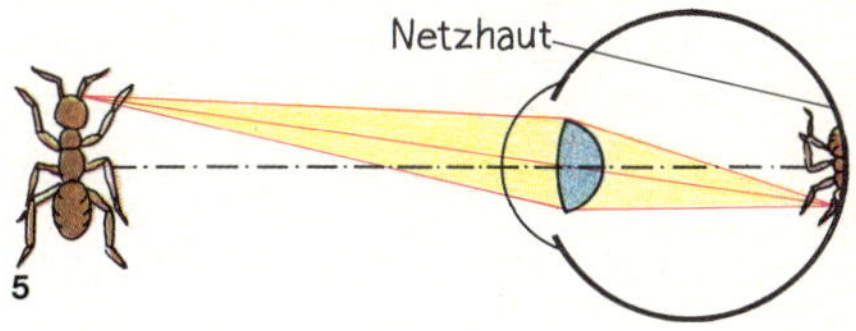

5

Die Augenlinse ist elastisch; ihre *Brennweite* läßt sich verändern:
Bei kleiner Gegenstandsweite wird die Linse durch einen Ringmuskel dicker gemacht;
ihre Oberfläche ist dann stärker gekrümmt. Bei großer Gegenstandsweite wird sie dünner;
ihre Oberfläche ist dann weniger stark gekrümmt.

Die *Pupille* funktioniert wie eine Blende, die sich – je nach Lichteinfall – „automatisch" vergrößert und verkleinert. Sie sorgt dafür, daß nicht zuviel und nicht zuwenig Licht auf die Sehzellen der Netzhaut fällt.

Das *räumliche Sehen* wird vor allem dadurch erreicht, daß unsere Augen etwas unterschiedliche Bilder erzeugen. Beide Netzhautbilder werden vom Gehirn zu einem einzigen räumlichen Bildeindruck verschmolzen.

Augenfehler und ihre Korrektur

Augenfehler können dazu führen, daß auf der Netzhaut kein scharfes Bild entsteht.

Viele Augenfehler können durch Linsen korrigiert werden.

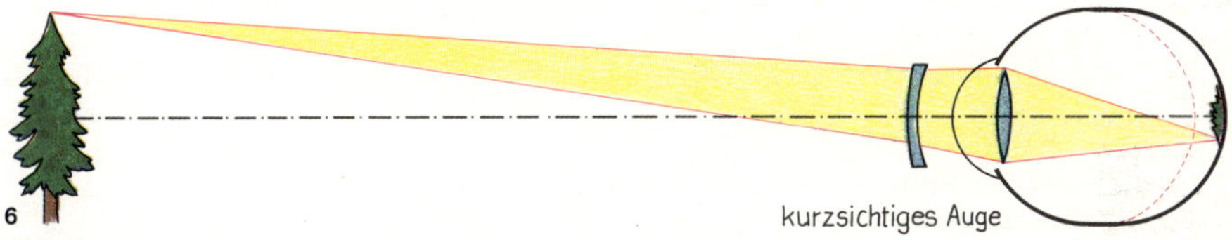

6

Zur Korrektur der **Kurzsichtigkeit** verwendet man **Zerstreuungslinsen**. Sie haben die Eigenschaft, Lichtbündel „aufzuweiten": Die Randstrahlen eines Lichtbündels laufen je hinter einer Zerstreuungslinse stärker auseinander als vor der Linse.

Zur Korrektur der **Weitsichtigkeit** benutzt man Sammellinsen.

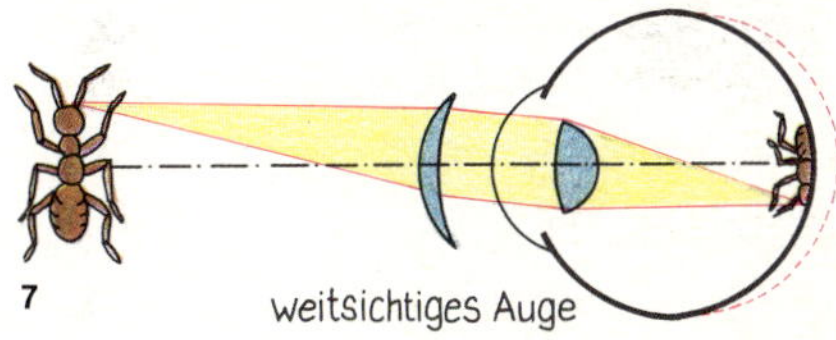

7

Lupen vergrößern den Sehwinkel

Sammellinsen können auch dazu dienen, den *Sehwinkel* zu vergrößern.

Die Größe des Netzhautbildes ist annähernd proportional zum Sehwinkel. Je größer der Sehwinkel ist, desto größer ist auch das Netzhautbild.

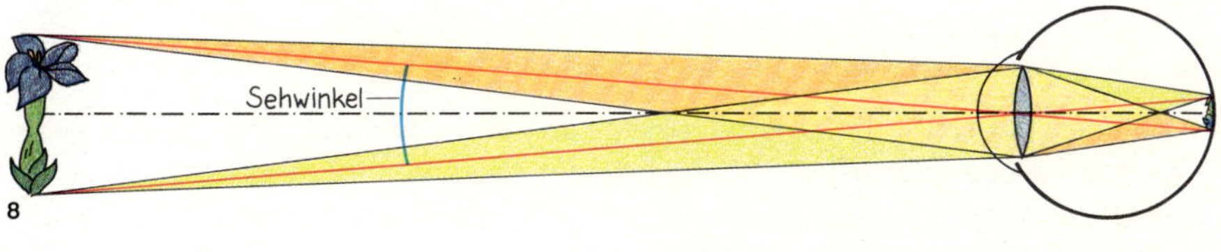

8

Eine **Lupe** ist eine Sammellinse,
die es möglich macht,
Gegenstände in geringerer Entfernung
zu betrachten als gewöhnlich.
Weil die Gegenstände an das Auge heranrücken,
vergrößern sich der Sehwinkel und das Netzhautbild.

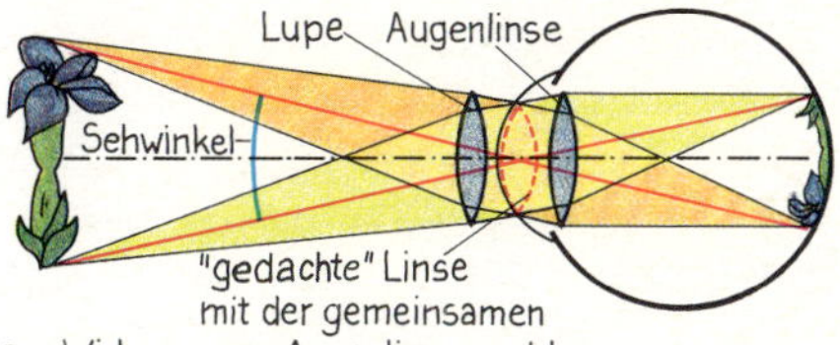

9

Der Blick ins Unsichtbare

1 Mikroskop und Fernrohr vergrößern den Sehwinkel

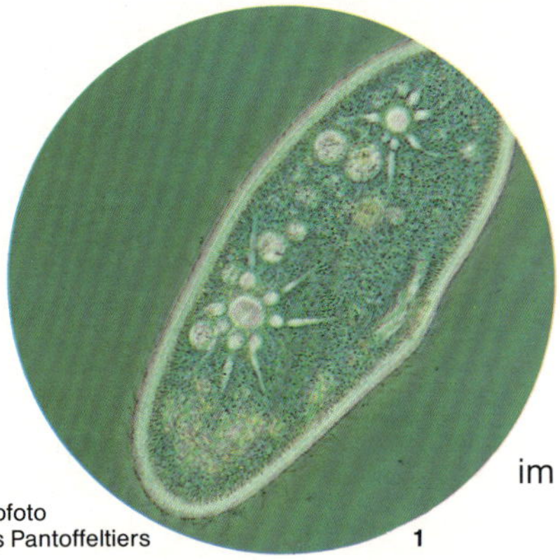

Mikrofoto
eines Pantoffeltiers 1

Mikroskop und Fernrohr
öffnen uns neue Welten:
die Welt des Kleinen
und die Welt des Großen.
Beide Instrumente sind
im Prinzip recht einfach aufgebaut.

2 Fernrohrfoto
des Planeten Jupiter

3

4

5

V 1 Die Wirkungsweise eines **Mikroskops** zeigt dieser Versuch (Bild 3).

a) Eine Sammellinse mit 5 cm Brennweite wird dicht über diesem Text angebracht. Blicke aus einigem Abstand auf die Linse, und entferne sie so weit vom Text, bis du ein vergrößertes, umgekehrtes Bild siehst. (Dabei handelt es sich um ein reelles Bild, das zwischen Linse und Auge frei im Raum „schwebt".)

b) Dieses *Zwischenbild* wird mit einer zweiten Sammellinse ($f = 5$ cm) als Lupe betrachtet. Blicke dazu durch die Lupe in Richtung der unteren Linse. Verschiebe dann die Lupe an der Stativstange, bis du ein scharfes, vergrößertes Bild siehst.

Die Linse, die das Zwischenbild erzeugt, heißt *Objektiv*. Die als Lupe eingesetzte Linse nennt man *Okular*.

c) Wie dicht kannst du mit dem Objektiv an den Text herangehen? Welcher Zusammenhang besteht zwischen der Vergrößerung und dem Abstand Text–Objektiv?

d) Vergleiche die Vergrößerungen von Mikroskop und verwendeter Lupe.

V 2 Ein **astronomisches (Keplersches) Fernrohr** wird aufgebaut.

a) Als *Objektiv* benötigst du eine Sammellinse mit großer Brennweite (etwa 30 bis 50 cm). Bilde damit weit entfernte Gegenstände, wie z. B. Häuser oder Bäume, auf einen durchscheinenden Schirm ab. (Der Raum sollte etwas abgedunkelt sein.)

Als *Okular* nimmst du eine zweite Sammellinse mit kürzerer Brennweite (z. B. 10 cm). Betrachte mit dieser Linse als Lupe das Bild auf der Rückseite des Schirms (Bild 4).

Entferne den Schirm, und schaue durch das Okular in Richtung des Objektivs.

b) Untersuche, welchen Einfluß die Brennweite des *Okulars* auf die Vergrößerung des Fernrohres hat.

c) Baue als *Objektiv* verschiedene Linsen in dein Fernrohr ein. Welcher Zusammenhang besteht zwischen der Objektivbrennweite und der Größe des Zwischenbildes?

d) Wie hängt die Länge des Fernrohres mit den Brennweiten von Objektiv und Okular zusammen?

V 3 Mit einer *Zerstreuungslinse* als Okular kann man ein **holländisches (Galileisches) Fernrohr** bauen:

a) Halte eine Zerstreuungslinse mit einer Brennweite von 10 cm vor dein Auge, und blicke dann durch eine Sammellinse mit einer Brennweite von 30 bis 50 cm (Bild 5). Wähle dabei den Abstand zwischen den Linsen so, daß du ein scharfes, vergrößertes Bild eines weit entfernten Gegenstandes (z. B. eines Baumes) siehst.

b) Wie groß ist in dieser Stellung der Abstand zwischen den Linsen? Wie hängt er mit der Brennweite der beiden Linsen zusammen?

Info: **Das Mikroskop**

Mikroskope bestehen aus zwei Linsen bzw. zwei Linsensystemen: dem **Objektiv** und dem **Okular**. (Systeme aus mehreren Linsen liefern eine bessere Bildqualität als Einzellinsen.)

Bild 6 zeigt die Wirkungsweise eines Mikroskops.

Das Objektiv erzeugt ein vergrößertes reelles Bild des Gegenstandes. Dieses *Zwischenbild* wird allerdings nicht auf einem Schirm „aufgefangen".

Vielmehr betrachtet man das frei im Raum stehende Zwischenbild mit dem Okular als Lupe. Man sieht dann ein zusätzlich vergrößertes virtuelles Bild.

Die Vergrößerung des Sehwinkels wird also in zwei Stufen erreicht:

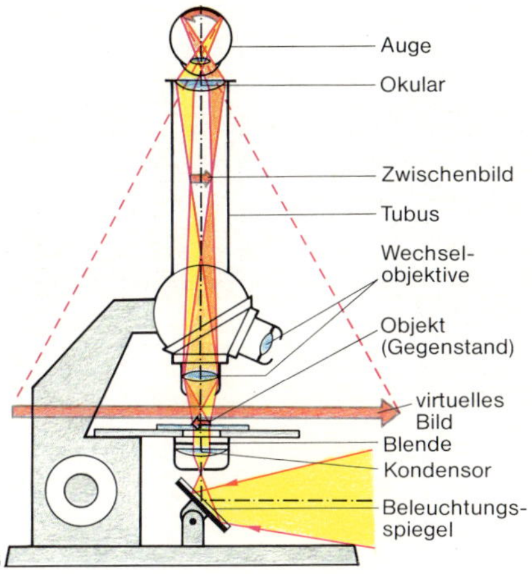

6

1. Das Objektiv erzeugt ein vergrößertes Zwischenbild; die Vergrößerung ist durch den Abbildungsmaßstab A angegeben:

$$A = \frac{B}{G} = \frac{b}{g}.$$

2. Das Okular macht es dem Betrachter möglich, dieses Zwischenbild aus einer geringen Entfernung zu betrachten.

Auf diese Weise wird der Sehwinkel, unter dem man das Zwischenbild sieht, vergrößert:

$$V_{Ok} \approx \frac{s}{f_{Ok}} \quad (s\text{: deutliche Sehweite}).$$

Vergrößert z. B. das Objektiv 50fach und das Okular 15fach, so ergibt sich als Vergrößerung des Mikroskops: $50 \cdot 15 = 750$.

Info: **Das astronomische und das holländische Fernrohr**

Damit Gegenstände in ihren Einzelheiten zu erkennen sind, müssen sie unter einem *möglichst großen Sehwinkel* erscheinen. Bei einem großen Sehwinkel ist ja auch das Netzhautbild groß.

Häufig läßt sich der Sehwinkel einfach dadurch vergrößern, daß man den Abstand Auge–Gegenstand verringert. Man führt den Gegenstand einfach an das Auge heran. Mit einer Lupe, kann man den Gegenstand auch noch dicht vor dem Auge scharf sehen. Wenn wir aber die Mondlandschaft betrachten oder Vögel im Flug beobachten wollen, läßt sich die Entfernung zum Gegenstand nicht verändern.

Eine Vergrößerung des Sehwinkels erreicht man dann nur mit einem **Fernrohr**, und zwar durch folgenden Trick:

Man betrachtet z. B. eine Mondlandschaft nicht mehr direkt, sondern ein reelles Bild von ihr (→ Versuch 2). Dieses Bild liegt praktisch in der Brennebene des Objektivs und ist stark verkleinert. Die Verkleinerung stört aber nicht weiter, denn man kann ja mit seinem Auge nahe an das Bild herangehen. Bereits dadurch läßt sich ein vergrößertes Netzhautbild erzeugen.

Beim Fernrohr (Bild 7) betrachtet man das reelle Bild jedoch nicht mit bloßem Auge, sondern mit einer Lupe – dem Okular. Dadurch läßt sich das Auge bis auf wenige Zentimeter an das Zwischenbild heranbringen. Auf diese Weise werden Sehwinkel und Netzhautbild vergrößert.

In Bild 7 hast du das **astronomische** bzw. das **Keplersche Fernrohr** kennengelernt. Es wurde von *Johannes Kepler* (1571–1630) entworfen und für astronomische Beobachtungen genutzt. Durch ein solches Fernrohr sieht man alles kopfstehend und seitenverkehrt.

Eine andere Art Fernrohr, durch das man seine Umgebung aufrecht und seitenrichtig sieht, wurde von holländischen Brillenmachern erfunden und von *Galileo Galilei* (1562–1642) weiterentwickelt. Bei diesem **holländischen** oder **Galileischen Fernrohr** wird eine *Zerstreuungslinse* als Okular verwendet.

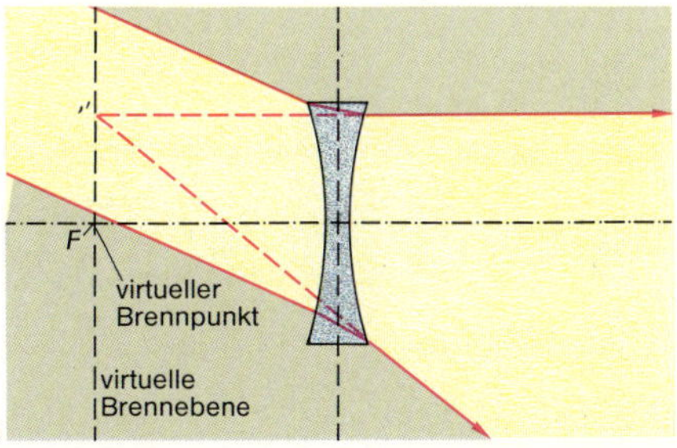

8

Zerstreuungslinsen brechen divergierende Lichtbündel so, daß sie hinter der Linse stärker auseinanderlaufen. Sie haben keinen (reellen) Brennpunkt. Einfallende Parallelbündel werden so gebrochen, daß sie für unser Auge von einem Punkt P' der *virtuellen Brennebene* vor der Linse herzukommen scheinen (Bild 8).

Wegen der Umkehrbarkeit des Lichtweges läßt sich Bild 8 auch so deuten: Wenn ein Lichtbündel *vor* der Linse so verläuft, daß sich seine Randstrahlen in der virtuellen Brennebene schneiden würden, dann verläßt es die Zerstreuungslinse als Parallelbündel.

Genau diesen Sachverhalt nutzt man beim Galileifernrohr aus (Bild 9): Ein (nahezu) paralleles Lichtbündel, das von einem weit entfernten Gegenstandspunkt kommt, läuft hinter dem Objektiv zusammen. Ehe es sich aber in dessen Brennebene vereinigen kann, trifft es auf die Zerstreuungslinse. Diese macht das Lichtbündel wieder parallel.

Der Sehwinkel, unter dem der Gegenstand erscheint, wird vergrößert.

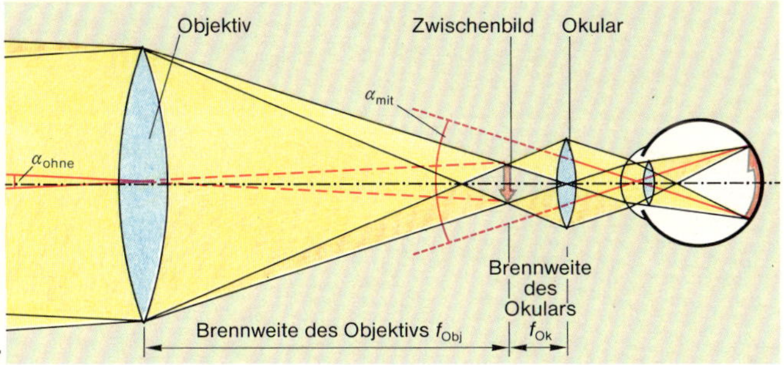

7

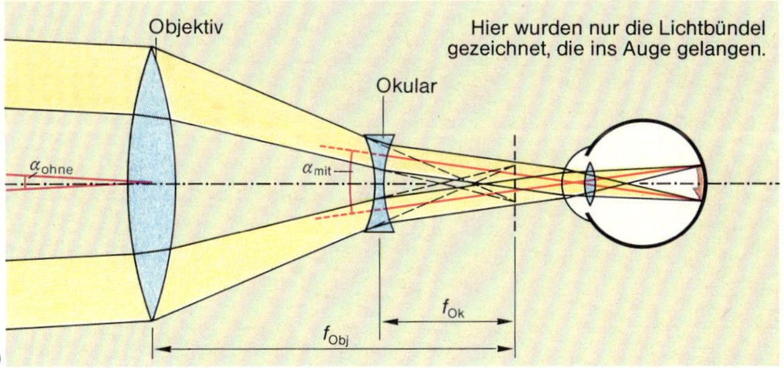

9

Aus Umwelt und Technik: **Fernrohre für verschiedene Zwecke**

1

2

3

Die Bilder 1–3 zeigen verschiedene Fernrohre und ihre Einsatzmöglichkeiten.

Ein **astronomisches Fernrohr** enthält nur eine Sammellinse (oder einen Hohlspiegel) als Objektiv und eine Sammellinse als Okular. Auf weitere Glaskörper muß man verzichten; sie würden einen Teil des ohnehin geringen Lichtes absorbieren, das von weit entfernten Sternen das Fernrohr erreicht.

Dabei nimmt man in Kauf, daß die Bilder gegenüber der direkten Beobachtung um 180° gedreht sind. Im Fernrohr sieht man also alles „auf dem Kopf" stehen. Außerdem bewegen sich die beobachteten Objekte gegenüber der Wirklichkeit in entgegengesetzter Richtung.

Wenn man aber Vorgänge auf der Erde beobachten will, benötigt man ein aufrechtes Bild, wie es **terrestrische Fernrohre** liefern (lat. *terra:* Erde). Meist handelt es sich dabei um Doppelfernrohre (Ferngläser), durch die man mit beiden Augen schaut und deshalb räumlich sieht.

Am weitesten verbreitet sind **Prismenferngläser**. In jedem der beiden Rohre befinden sich zwei Prismen. Durch Totalreflexion an den Prismenflächen vertauscht das erste Prisma oben und unten, das zweite links und rechts (Bild 4). Der Beobachter sieht daher im Okular ein aufrechtes und seitenrichtiges Bild.

Prismenferngläser verdanken ihre große Beliebtheit ihrer geringen Baulänge: Die Länge l des Lichtweges zwischen Objektiv und Okular ist ja durch die Objektivbrennweite (f_{Obj}) und die Okularbrennweite (f_{Ok}) festgelegt: $l = f_{Obj} + f_{Ok}$. Durch das mehrfache Umlenken wird der Lichtweg praktisch „zusammengefaltet", so daß das Fernrohr kürzer als der tatsächliche Lichtweg ist. Zudem vergrößern die Prismen den Abstand zwischen den Objektiven und verbessern so das räumliche Sehen.

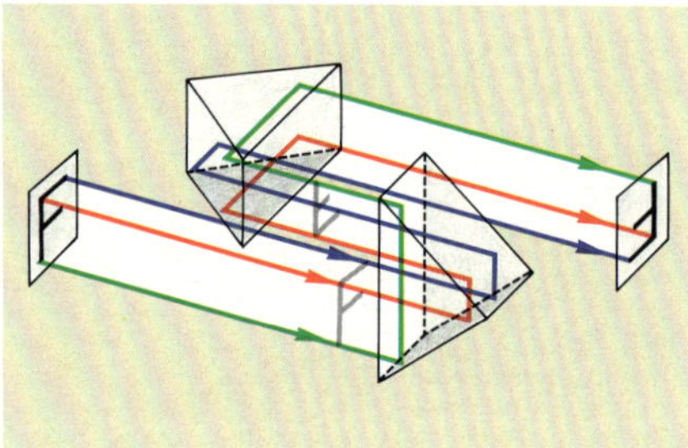
4

Wenn man überwiegend Objekte in großer Entfernung betrachtet, ist ein Fernrohr mit starker Vergrößerung nützlich. Solche Fernrohre sind lang und unhandlich. Noch länger werden sie dadurch, daß man das Bild umkehren muß. Dies geschieht mit Hilfe einer zusätzlichen Sammellinse *(Umkehrlinse)*, die im Abstand ihrer doppelten Brennweite hinter dem Zwischenbild angeordnet ist (Bild 5).

Um derartige Fernrohre etwas handlicher zu machen, setzt man das Rohr aus mehreren Stücken zusammen, die sich ineinanderschieben lassen **(Zugfernrohr)**.

Recht einfach ist das **Opernglas** gebaut: Jedes Auge schaut durch ein Fernrohr, das aus einer Sammellinse als Objektiv und einer Zerstreuungslinse als Okular besteht.

Es handelt sich hier also um Galileische oder holländische Fernrohre. Die Rohrlänge l ist kleiner als die Brennweite des Objektivs: $l = f_{Obj} - f_{Ok}$. Ein solches Fernglas läßt sich daher problemlos in einer Handtasche verstauen.

Galileische Fernrohre werden nur mit geringen Vergrößerungen gebaut. Außerdem haben sie den Nachteil, daß man das Fernrohr vor dem Auge etwas bewegen muß, um das ganze Gesichtsfeld zu überblicken. Für längere Beobachtungen ist das anstrengend, aber für einen kurzen Blick auf einen Schauspieler oder eine Sängerin sind Operngläser gut geeignet.

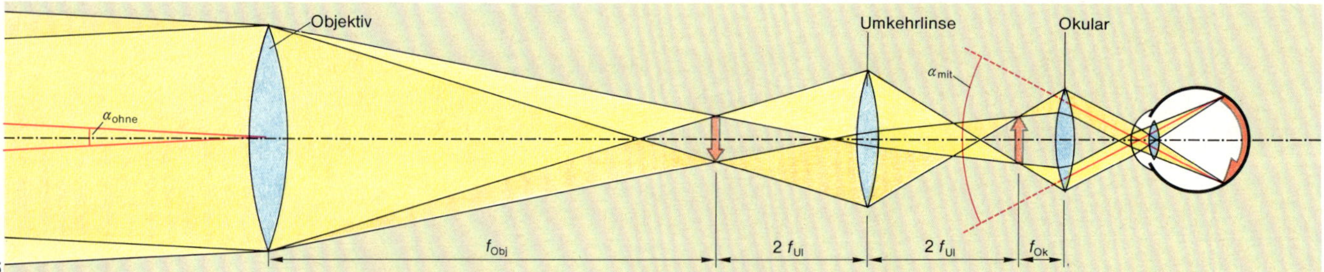

5

Aus der Geschichte: **Wie das Fernrohr unser Weltbild veränderte**

Im Mittelalter war die Überzeugung weit verbreitet, im Mittelpunkt der Welt stünde die **Erde**. Sonne, Planeten und Sterne dagegen würden um die Erde wandern. Diese Auffassung entspricht ja auch der täglichen Erfahrung – und vor allem wurde von der Kirche gelehrt, daß dieses „Weltbild" das einzig richtige sei. Daß die Erde nur ein recht kleiner und unbedeutender Himmelskörper sein könnte, war für die meisten Menschen völlig undenkbar.

Trotzdem gab es auch damals schon Astronomen, die eine andere Erklärung für die Himmelsbewegungen hatten. Einer dieser Astronomen war *Nikolaus Kopernikus* (1473–1543). Er war der Ansicht, daß die Erde und alle anderen Planeten die **Sonne** umkreisten und daß die Erde sich zusätzlich um ihre eigene Achse drehe (Bild 6). Allerdings hatte Kopernikus keine Beweise für seine Theorie. Was viele Gelehrte von Kopernikus hielten, drückte *Martin Luther* so aus: „Der Narr will die ganze Kunst der Astronomie umkehren!"

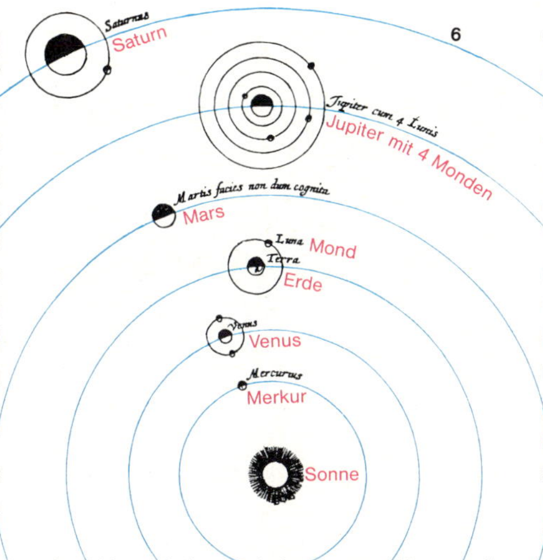

6

7

Nach der Erfindung des Fernrohres wurden jedoch Beobachtungen gemacht, die die Lehre von der Erde als Mittelpunkt der Welt widerlegten: Im Jahre 1610 entdeckte der italienische Astronom *Galileo Galilei* (Bild 7) mit einem Fernrohr, daß der Planet Jupiter von Monden umkreist wird. Für diese Monde stand der *Jupiter* im Mittelpunkt ihrer Bahnen – und nicht die Erde! Auch beobachtete Galilei mit Hilfe des Fernrohres, daß die Venus mal als Scheibe zu sehen ist und mal als mehr oder weniger breite Sichel. (Du kennst diese Erscheinung vom Mond.) Auch diese Beobachtungen konnte Galilei leicht erklären, wenn er annahm, daß die Venus um die *Sonne* kreise: Die Venus war immer nur auf der Seite hell, die von der Sonne beschienen war.

Viele weitere Beobachtungen ließen sich mit dem „Weltbild" des Kopernikus erklären. So veröffentlichte Galilei schließlich 1632 ein Buch und beschrieb darin seine Beobachtungen. Er behauptete, das Weltbild des Kopernikus sei richtig, und widersprach so der kirchlichen Lehre.

Deshalb wurde Galilei zum Papst nach Rom geladen und vor ein kirchliches Gericht gestellt. Um zu überleben, mußte er seine Behauptungen widerrufen (→ Text unten). Sein Buch wurde verboten und er selbst unter Hausarrest gestellt.

Jedoch konnte die Kirche nicht verhindern, daß sich in den folgenden Jahrzehnten das **Kopernikanische Weltbild** durchsetzte.

Fragen und Aufgaben zum Text

1 Beschreibe die Unterschiede zwischen dem Weltbild des Kopernikus und dem Weltbild, das der kirchlichen Lehre des Mittelalters entsprach.

2 Galilei beobachtete mit einem Fernrohr, daß der Jupiter *Monde* hat. Warum war diese Entdeckung ein Widerspruch zur kirchlichen Lehre?

Die Abschwörung Galileis vor dem Inquisitionsgericht

Ich, Galileo Galilei aus Florenz, meines Alters 70 Jahre, persönlich vor Gericht erschienen und vor Euch kniend, Erhabenste und Hochwürdigste Herren Kardinäle, Generalinquisitoren in der gesamten Christenheit wider die ketzerische Verderbnis, mit den Heiligen Evangelien vor meinen Augen, welche ich mit eigenen Händen berühre, schwöre, daß ich allezeit geglaubt habe, gegenwärtig glaube und mit der Hilfe Gottes in Zukunft alles glauben werde, was die Hl. Katholische und Apostolische Kirche für gültig hält, predigt und lehrt.

Weil ich aber von diesem Hl. Offizium ... dringend der Ketzerei verdächtig befunden worden bin, nämlich aufrechtgehalten und geglaubt zu haben, daß die Sonne Mittelpunkt der Welt sei und still stehe und daß die Erde nicht Mittelpunkt sei und sich bewege, und weil ich diesen heftigen Verdacht, der rechtens auf mich fällt, tilgen will, schwöre ich aufrichtigen Herzens und ungeheuchelten Glaubens ab, verfluche und verabscheue die obengenannten Irrtümer und Ketzereien ..., und ich schwöre, daß ich künftig niemals wieder, in Wort oder Schrift, Dinge sagen noch behaupten werde, für welche ähnlicher Verdacht gegen mich geschöpft werden könnte ...

Ich, obengenannter Galileo Galilei, habe abgeschworen, geschworen, gelobt und mich verpflichtet wie vorstehend; und in Beurkundung der Wahrheit habe ich mit eigener Hand das vorliegende Schriftstück meiner Abschwörung unterschrieben und sie Wort für Wort gesprochen; zu Rom; im Kloster der Minerva, an diesem 22. Juni 1633.

Aus den Akten des Prozesses gegen Galilei.

Aus der Geschichte: **Das Mikroskop hilft Seuchen besiegen**

Viele ansteckende Krankheiten wie z. B. Diphtherie und Wundstarrkrampf werden durch Bakterien verursacht. Voraussetzung für den erfolgreichen Kampf gegen solche Krankheiten war, daß man ihre Erreger kannte.

Die Bakterien wurden von dem Holländer *Anton van Leeuwenhoek* (1632–1723) entdeckt. Er betrieb ein kleines Textilgeschäft und schliff in seiner Freizeit Linsen. Es gelang ihm, winzige Linsen mit Brennweiten von weniger als 1 mm herzustellen.

Sein „Mikroskop" bestand aus nur einer Linse (Bild 1). Mit Hilfe mehrerer Schrauben konnte er das Untersuchungsobjekt in ihre Brennebene bringen. Mit solchen Lupen erreichte Leeuwenhoek eine 200fache Vergrößerung – und das ermöglichte ihm, auf einem einzigen menschlichen Zahn mehr Kleinstlebewesen zu entdecken, „als es Untertanen in einem Königreich gibt".

Er beschrieb und zeichnete verschiedene Bakterienformen (Bild 2).

Leeuwenhoek teilte seine Beobachtungen der Royal Society in London mit. Zunächst schenkte man ihm keinen Glauben. Was er berichtete, klang zu absonderlich. Aber schließlich ließen sich die Wissenschaftler überzeugen – Leeuwenhoek hatte 26 Lupen nach London geschickt.

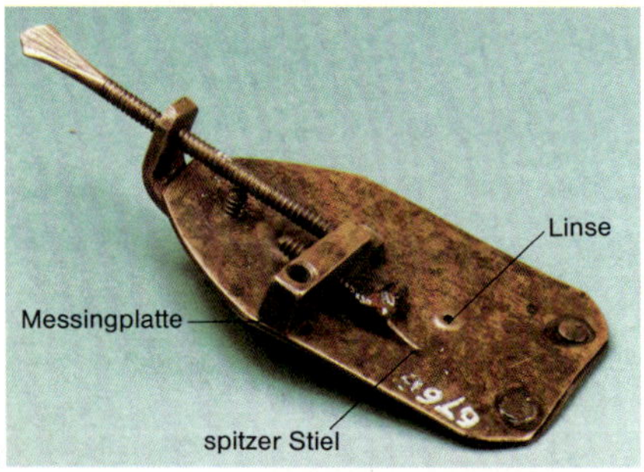

1

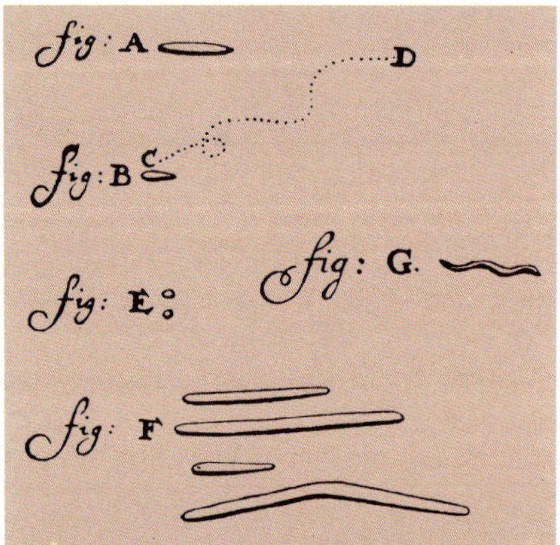

2 Leeuwenhoeks Zeichnung der Bakteriengrundformen: Stäbchen (A, B, C, F), Kugeln (E), Spiralen (G).

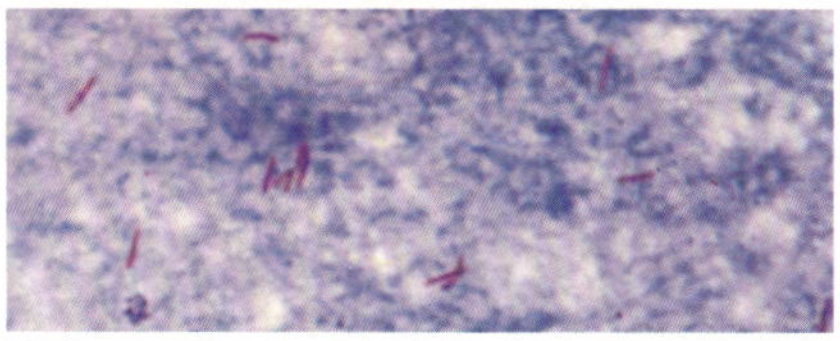
3 Tuberkuloseerreger (rot)

Leeuwenhoeks Entdeckung hatte noch keine Auswirkungen auf die Medizin. Daß so winzige „Tierchen" wie Bakterien dem Menschen etwas anhaben könnten, war unvorstellbar.

Im Laufe der Zeit wurde das Mikroskop verbessert, und die Welt der Kleinstlebewesen wurde den Wissenschaftlern vertraut. Ungefähr 200 Jahre nach Entdeckung der Bakterien fand der französische Chemiker *Louis Pasteur* (1822–1895) heraus, daß bestimmte Bakterienarten ansteckende Krankheiten hervorrufen.

Die Entdeckungen und Methoden Pasteurs begründeten einen neuen Forschungszweig: die Bakteriologie. Zu den berühmtesten Forschern auf diesem Gebiet zählte der Arzt *Robert Koch* (1843–1910). Koch gelang es, die glasklaren, durchsichtigen Bakterien einzufärben, so daß sie sich besser unterscheiden ließen (Bild 3).

Er entdeckte die Erreger so gefürchteter Krankheiten wie Tuberkulose und Cholera, und er entwickelte Methoden zur Bekämpfung dieser Krankheiten.

Die wenigsten der heute bekannten Bakterienarten sind Krankheitserreger. Bakterien spielen z. B. auch bei der Käseherstellung oder bei der Verdauung eine wichtige Rolle.

Aufgaben

1 Welche Linse (welches Linsensystem) erzeugt beim Mikroskop ein virtuelles, welche ein reelles Bild?

2 Vergleiche das Mikroskop mit einem Diaprojektor. Worin gleichen sich beide Instrumente? Welchen wesentlichen Unterschied gibt es?

3 Woran erkennt man, daß Mikroskop-Objektive Brennweiten von wenigen Millimetern haben?

4 Mikroskope besitzen oft Wechselobjektive mit unterschiedlichen Brennweiten. Die Bildweite des Zwischenbildes ist praktisch bei allen Objektiven gleich (ca. 15 cm).

Für die folgenden Überlegungen kannst du davon ausgehen, daß sich das Objekt in der Brennebene des Objektivs befindet.

a) Wie hängt die Größe des Zwischenbildes von der Brennweite ab? (*Tip:* Wenn du eine Zeichnung anfertigst, genügen die Mittelpunktstrahlen, um die Bildgröße zu ermitteln.)

b) Welchen Einfluß hat die Größe des Zwischenbildes auf seine Helligkeit?

5 Für ein Keplersches und ein Galileisches Fernrohr wurde die gleiche Sammellinse als Objektiv verwendet. Wodurch unterscheiden sich die beiden Fernrohre schon äußerlich?

6 Begründe mit einer Zeichnung, daß das Zwischenbild bei einem Fernrohr um so größer ist, je größer die Brennweite des Objektivs ist. (*Tip:* Die Lichtbündel, die von weit entfernten Gegenstandspunkten herkommen und auf das Objektiv treffen, sind praktisch parallel.)

7 Schaut man von der Objektivseite her (also in umgekehrter Richtung) in ein Fernrohr, so sieht man alles verkleinert. Gib dafür eine Erklärung.

8 Wie ändert sich die Vergrößerung eines Keplerschen Fernrohres, wenn man ein Okular mit größerer Brennweite einbaut? Begründe!

2 Zahlenwerte rund ums Fernrohr

4

8 x 30 10 x 25

	8 x 30	10 x 25
Vergrößerung	8 x	10 x
Objektivdurchmesser	30 mm	25 mm
Sehfeld auf 1000 m	110 m	96 m
Austrittspupille	3,75 mm	2,5 mm
Gewicht	600 g	200 g

Was sagen diese Angaben über die Vor- und Nachteile eines Fernglases aus?

Info: Die Sehwinkelvergrößerung von Fernrohren

Mit einem Fernglas kann man z. B. ein Gebäude scheinbar „heranholen"; man kann Gegenstände so betrachten, als wären sie weniger weit entfernt. Wie du schon weißt, beruht diese Wirkung darauf, daß Ferngläser den **Sehwinkel** vergrößern (Bild 5):

Eingezeichnet ist das (fast) parallele Lichtbündel, das von der Spitze eines weit entfernten Turmes ausgeht. Der Fußpunkt des Turmes liegt auf der optischen Achse (daher liegt auch sein Bild auf der optischen Achse).

Wir sehen den Turm mit bloßem Auge unter dem Winkel α_{ohne}. Mit dem Okular betrachten wir das reelle Zwischenbild; wir sehen den Turm dann unter dem Winkel α_{mit}.

Unter der **Vergrößerung** V eines Fernrohres versteht man – wie bei der Lupe – das Verhältnis der Sehwinkel:

$$V = \frac{\alpha_{mit}}{\alpha_{ohne}}.$$

Die Sehwinkel verhalten sich annähernd wie die zugehörigen Größen der Netzhautbilder (→ *Auge und Sehvorgang*):

$$V = \frac{\alpha_{mit}}{\alpha_{ohne}} = \frac{B_{mit}}{B_{ohne}}.$$

Aber weder die Sehwinkel noch die Bildgrößen auf der Netzhaut lassen sich leicht messen. Mit Hilfe der Bilder 6 u. 7 können wir die Vergrößerung durch leicht meßbare Größen ausdrücken.

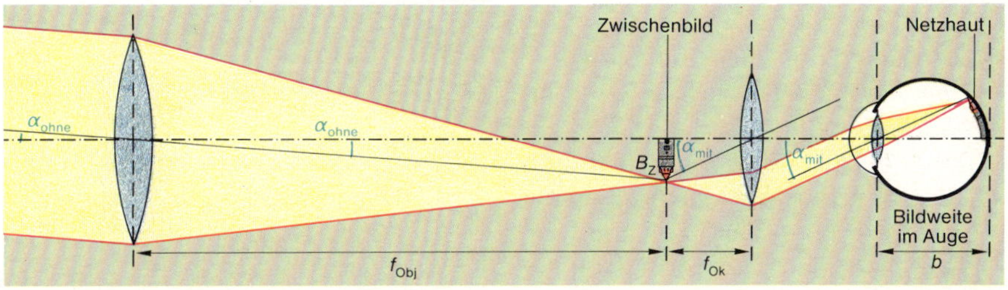

5

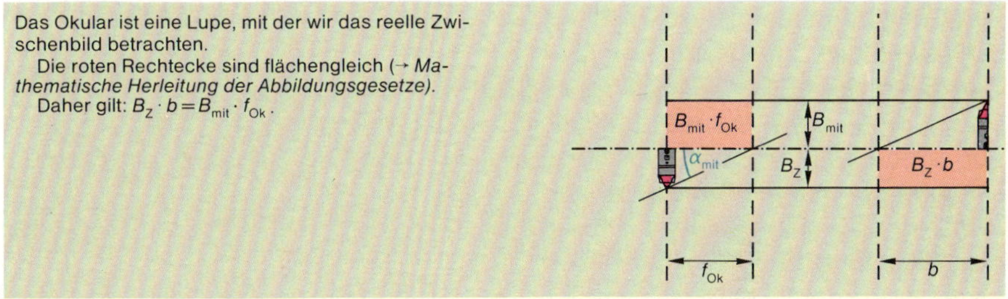

6

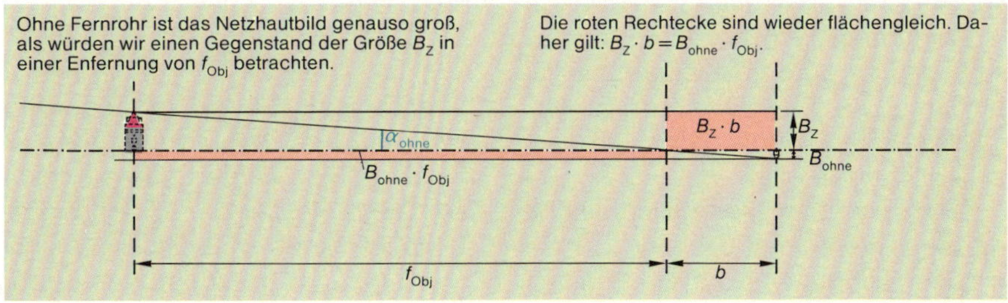

7

Auf der linken Seite der Gleichungen steht jeweils der gleiche Term, also sind auch die Terme auf der rechten Seite gleich:

$$B_{mit} \cdot f_{Ok} = B_{ohne} \cdot f_{Obj} \quad \text{oder} \quad \frac{B_{mit}}{B_{ohne}} = \frac{f_{Obj}}{f_{Ok}}.$$

Die Vergrößerung ergibt sich somit als das Verhältnis der Brennweiten von Objektiv und Okular:

$$V = \frac{f_{Obj}}{f_{Ok}}.$$

Beispiel: Das Objektiv eines Fernrohres hat eine Brennweite von 25 cm, die Brennweite des Okulars beträgt 2,5 cm.

Als Vergrößerung des Fernrohres ergibt sich daraus:

$$V = \frac{25\ \text{cm}}{2{,}5\ \text{cm}} = 10.$$

Entfernte Gegenstände erscheinen also mit diesem Fernrohr unter einem 10mal so großen Sehwinkel wie ohne Fernrohr.

Starke Vergrößerungen sind nicht immer erwünscht. Dafür gibt es die folgenden drei Gründe:

○ Bei Ferngläsern gleicher Bauart ist das **Sehfeld** um so kleiner, je stärker die Vergrößerung ist. (Unter einem Sehfeld versteht man den Ausschnitt der Landschaft, den man im Fernglas sehen kann. Um Sehfelder zu vergleichen, gibt man den Durchmesser an, den das überschaubare Gebiet in 1000 m Entfernung hat.)

○ Bei starker Vergrößerung „wackelt das Bild", wenn man kein Stativ verwendet.

○ Vergrößerung und Objektivdurchmesser haben Einfluß auf die Bildhelligkeit (→ *Helle Bilder „wiegen schwer"*).

Aus Umwelt und Technik: **Helle Bilder „wiegen schwer“**

Förster und Jäger verwenden Ferngläser, die große Linsen haben und meist mehr als 1 kg wiegen. Ein solches Fernglas wird man kaum auf einer Bergwanderung mitschleppen wollen. Es wäre auch sinnlos, denn für Beobachtungen bei hellichtem Tag reicht ein leichtes mit kleineren Linsen völlig aus; das schwere Fernglas hätte überhaupt keinen Vorteil!

In der Dämmerung oder bei Mondschein ist das aber anders. Durch das schwere „Nachtglas“ sieht man nämlich viel *hellere* Bilder als durch ein gewöhnliches Fernglas.

Die Helligkeit des Bildes hängt davon ab, wieviel Licht durch das Fernrohr ins Auge gelangt.

Daß viel Licht *ins Fernrohr* fällt, läßt sich leicht erreichen: Man muß einen möglichst großen Durchmesser des Objektivs wählen. Von den Verlusten durch Absorption und Reflexion im Fernrohr abgesehen, tritt das gesamte einfallende Licht aus dem Okular wieder aus.

Eine große Objektivlinse nutzt aber nur dann etwas, wenn das Licht anschließend auch *ins Auge* gelangt.

In Bild 1 ist ein paralleles Lichtbündel gezeichnet, das in ein (astronomisches) Fernrohr fällt. Damit kein Licht verloren geht, muß das aus dem Okular kommende Lichtbündel so schmal sein, daß es durch die Augenpupille hindurchpaßt. Der *Durchmesser des austretenden Lichtbündels* spielt also eine wichtige Rolle.

Dieser Durchmesser läßt sich leicht messen: Wenn man das Objektiv eines Fernrohres z. B. auf ein Fenster richtet, entsteht hinter dem Okular ein helles Scheibchen: die **Austrittspupille** (Bild 2).

Die Austrittspupille ist ein verkleinertes reelles Bild der Objektivöffnung; es wird vom Okular erzeugt. In Bild 1 wurde dieses Bild mit Hilfe von Mittelpunkt- und Brennstrahlen konstruiert. Wie du siehst, ist der Durchmesser d_A der Austrittspupille genauso groß wie der gesuchte Durchmesser des Lichtbündels hinter dem Okular. Den Durchmesser d_A kann man auch berechnen. Mit Hilfe von Bild 3 ergibt sich:

$$V = \frac{f_{Obj}}{f_{Ok}} = \frac{d_{Obj}}{d_A} \quad \text{oder} \quad d_A = \frac{d_{Obj}}{V}.$$

Bei einer festgelegten Vergrößerung genügt es, den Objektivdurchmesser d_{Obj} so groß zu wählen, daß d_A gleich dem Durchmesser der Augenpupille ist. Macht man die Objektivlinse größer, so gelangt trotzdem nicht mehr Licht ins Auge.

Allerdings hat unsere Augenpupille nicht immer die gleiche Größe. Ihr Durchmesser beträgt bei Sonnenschein ungefähr 2 mm, in der Nacht dagegen bis zu 7 mm.

Bei einem Nachtglas sollte die Austrittspupille ebenfalls 7 mm groß sein. Bei 8facher Vergrößerung ist dazu ein Objektivdurchmesser von

$$d_{Obj} = V \cdot d_A = 8 \cdot 7 \text{ mm} = 56 \text{ mm}$$

erforderlich. Ein solches Fernrohr trägt den Aufdruck „8x 56“.

1
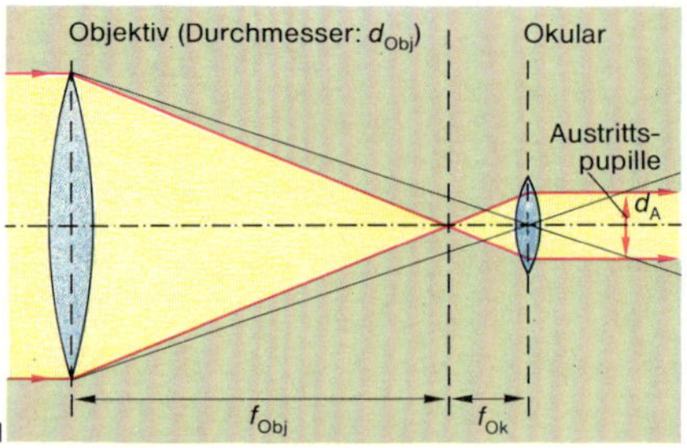

2
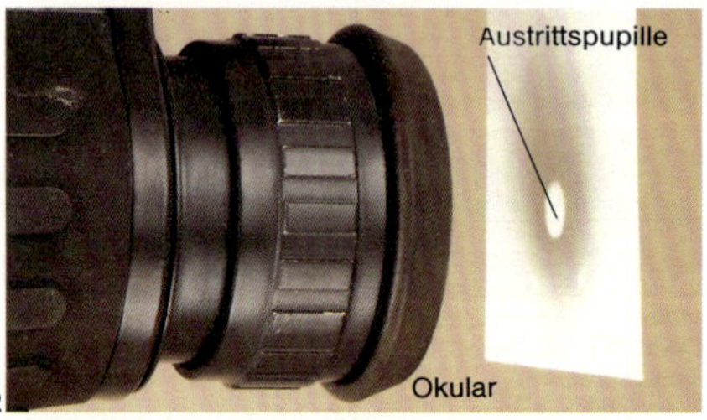

3
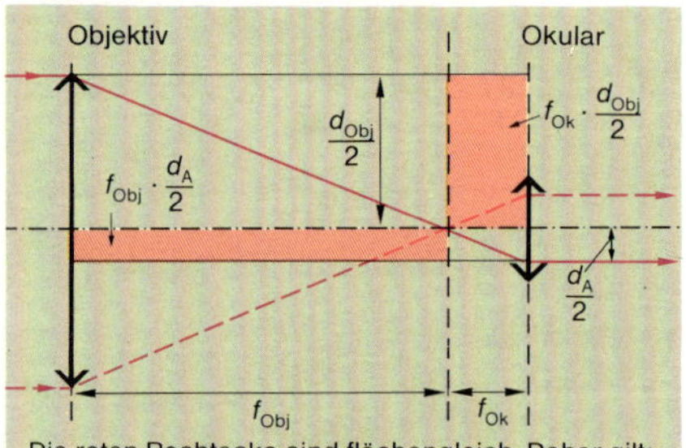

Die roten Rechtecke sind flächengleich. Daher gilt:
$\frac{d_{Obj}}{2} \cdot f_{Ok} = \frac{d_A}{2} \cdot f_{Ok}$.

Für Beobachtungen bei Tage reicht ein Fernglas „10x 25“ aus. Seine Austrittspupille hat einen Durchmesser von $d_A = 2{,}5$ mm; sie ist damit ungefähr genauso groß wie die Augenpupille bei Tageslicht.

Die Lichtbündel werden auf ihrem Weg durch das Fernrohr verengt. Man könnte daher vermuten, daß man durch ein Fernrohr z. B. einen Turm heller sieht als ohne.

Das ist aber nicht der Fall: Angenommen, man beobachtet bei Tage mit einem Fernglas „10x 25“. Von dem Turm fällt natürlich mit Fernglas mehr Licht in das Auge als ohne Fernglas; der Objektivdurchmesser ist ja 10mal so groß wie der Pupillendurchmesser. Aber das einfallende Licht wird auch auf ein 10fach vergrößertes Netzhautbild verteilt. Man sieht also den Turm mit einem Fernrohr höchstens genauso hell wie ohne.

Daß die wahrgenommene Helligkeit nicht vom Sehwinkel abhängt, gilt auch dann, wenn man kein Fernrohr benutzt: Entfernt man sich von einem Gegenstand, so wird er zwar kleiner, aber nicht dunkler.

Die Überlegungen zur Helligkeit des Bildes gelten nicht für die Beobachtung von Sternen, da wir diese nur als Lichtpunkte wahrnehmen.

Fragen und Aufgaben zum Text

1 Die Vergrößerung eines Fernrohres läßt sich einfach ermitteln, wenn man die Durchmesser von Objektiv und Austrittspupille mißt.

Welche Vergrößerung ergibt sich aus $d_{Obj} = 20$ mm und $d_A = 4$ mm?

2 Was bedeutet die Angabe „8x 30“ auf einem Fernglas?

3 Die Austrittspupille eines ausziehbaren Taschenfernrohres hat einen Durchmesser von 2,5 mm.

a) Für welche Beobachtungen ist dieses Fernrohr ungeeignet?

Welche Vorteile hat es?

b) Das Fernrohr vergrößert 8fach. Wie groß ist der Durchmesser des Objektivs?

c) Die Brennweite seines Okulars beträgt 2 cm. Berechne, welche Brennweite das Objektiv hat.

Alles klar?

1 Ein astronomisches Fernrohr hat ein Objektiv mit einer Brennweite von 60 cm. Es können verschiedene Okulare eingesetzt werden. Welche Brennweiten müssen diese haben, wenn das Fernrohr 10-, 20- und 30fach vergrößern soll?

2 Das Zwischenbild ist beim Mikroskop viel größer als der betrachtete Gegenstand, beim Fernrohr dagegen viel kleiner. Welche Gründe hat das?

3 Beim Mikroskop wird der Gegenstand beleuchtet, damit man ein helles Bild erhält. Mit einem Fernrohr kann man auch in der Dämmerung gut sehen. Erkläre!

4 Diese Ferngläser (Bild 4) vergrößern beide 8fach. Auch der Lichtweg im Innern verläuft im Prinzip gleich. Worin unterscheiden sich die Ferngläser?

Warum ist das Fernglas 2 so lang? (*Tip:* Die großen Objektivlinsen dürfen nicht zu schwer sein.)

5 Nimm an, dir stehen drei Ferngläser mit folgenden Daten zur Verfügung:

8x30, 10x25, 7x42.

Welches dieser Ferngläser würdest du auf eine Nachtwanderung mitnehmen?

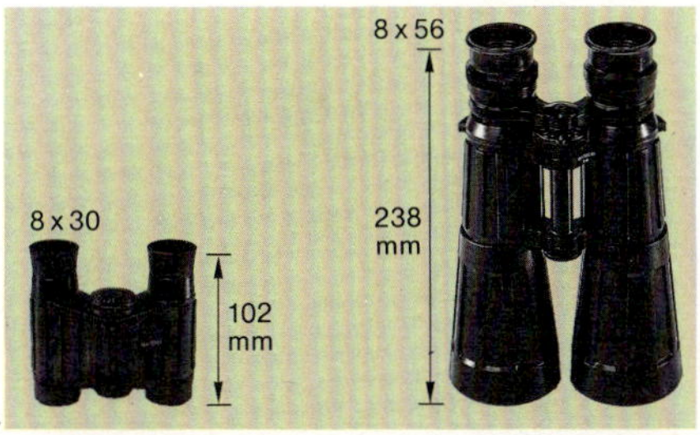

4

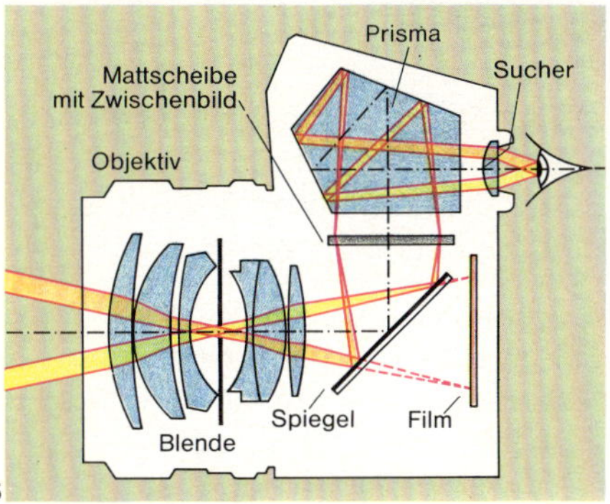

5

6 Bild 5 zeigt vereinfacht den Lichtweg zum *Sucher* (Okular) einer Spiegelreflexkamera. Das Objektiv ist auf einen weit entfernten Gegenstand eingestellt.

a) Vergleiche diesen Lichtweg mit dem eines Fernrohres.

b) Das Normalobjektiv der Kamera hat 50 mm Brennweite. Beim Blick in den Sucher ist der Sehwinkel nicht vergrößert. Welche Brennweite hat das Okular?

c) Welche Brennweite muß ein Teleobjektiv haben, damit der Sehwinkel 4fach vergrößert wird?

7 Michaela besitzt ein Fernrohr für Himmelsbeobachtungen. Das Objektiv hat einen Durchmesser von 10 cm.

a) Die Brennweite des Objektivs beträgt 50 cm. Welche Brennweite sollte das Okular haben, wenn Michaela den Mond beobachten will? Welche Vergrößerung erreicht sie mit diesem Okular?

b) Alle Fixsterne (außer der Sonne) sind so weit von uns entfernt, daß wir sie nur als Lichtpunkte wahrnehmen. Die Größe der Lichtpunkte ändert sich nicht, wenn wir durch ein Fernrohr blicken. Die Netzhautbilder von Sternen sind nämlich auch mit einem Fernrohr kleiner als die Sehzellen unseres Auges.

Trotzdem betrachtet man den Sternenhimmel mit Fernrohren. Warum?

Auf einen Blick

Das Mikroskop

Das Objektiv des Mikroskops erzeugt ein vergrößertes, reelles Bild des Gegenstandes. Dieses Bild wird mit einer Lupe – dem Okular – betrachtet.

Das Okular vergrößert den Sehwinkel, unter dem das bereits vergrößerte Zwischenbild erscheint.

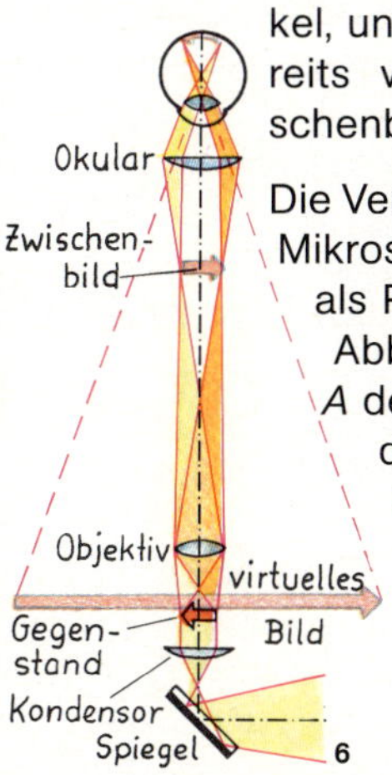

6

Die Vergrößerung *V* des Mikroskops ergibt sich als Produkt aus dem Abbildungsmaßstab *A* des Objektivs und der Vergrößerung V_{Ok} des Okulars:

$$V = A \cdot V_{Ok}.$$

Das Fernrohr

Lichtbündel, die von den Punkten eines weit entfernten Gegenstandes herkommen und auf das Objektiv treffen, sind praktisch parallel.

In der Brennebene des Objektivs kann man daher ein verkleinertes, reelles Bild auffangen.

Dieses Zwischenbild wird mit dem Okular als Lupe betrachtet.

Durch das Fernrohr wird der Sehwinkel vergrößert. Es entsteht ein vergrößertes Netzhautbild, und wir haben deshalb den Eindruck, der Gegenstand sei näher herangerückt.

Die Vergrößerung des Fernrohres ergibt sich aus dem Verhältnis der Brennweiten von Objektiv und Okular. Es gilt:

$$V = \frac{f_{Obj}}{f_{Ok}}.$$

Bei einem Fernrohr ist das erzeugte Netzhautbild um so heller, je mehr von dem Licht, das ins Objektiv eintritt, auch ins Auge gelangt. Die Lichtbündel, die aus dem Okular austreten, sollten deshalb möglichst den gleichen Durchmesser wie die Augenpupille haben.

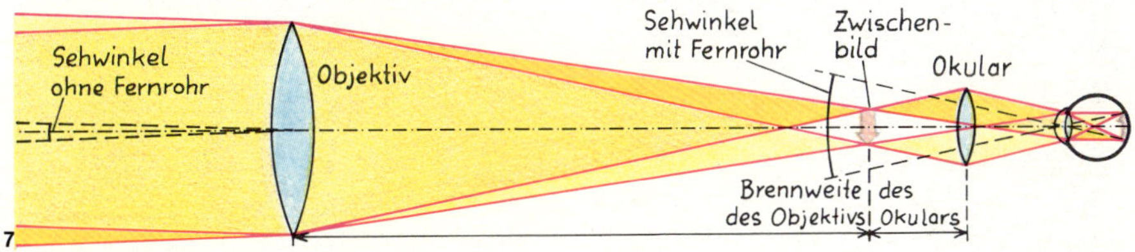

7

Die Farben

1 Licht steckt voller Farben

Nur Sonnenlicht und klares Wasser – wo kommen da die **Farben** am Spiegelbild des Bleistifts her?

1

V 1 Führe den Versuch von Bild 1 durch. Richte den Spiegel dabei so aus, daß du in ihm das Fenster siehst, wenn du flach aufs Wasser schaust.

V 2 In Bild 1 geht das Licht durch ein „Wasserprisma". Jetzt lassen wir das Licht der Sonne durch ein *Glasprisma* fallen (Bild 2).

Kippe das Prisma hin und her: Bei welcher Stellung leuchtet das farbige Band auf dem Schirm am stärksten?

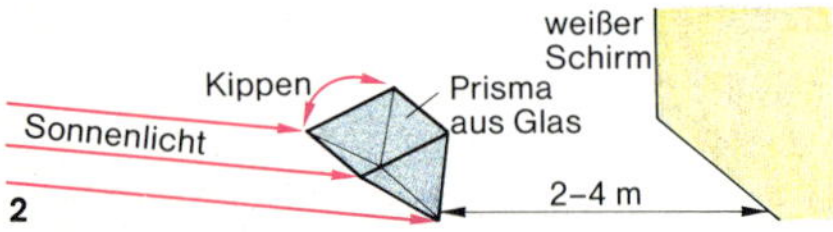

2

V 3 Der Projektor von Bild 3 wird so eingestellt, daß ein scharfes Bild der Schlitzblende entsteht, wenn sich der Schirm in Position (1) befindet.

a) Das farbige Lichtband, das du auf dem Schirm (2) siehst, nennt man *Spektrum*. Notiere die *Spektralfarben* in ihrer Reihenfolge.

b) Wird das Licht vom Prisma „eingefärbt"? Wir halten ein Blatt weißes Papier hinter das Prisma und bewegen es auf den Schirm zu.

c) Der Spalt wird gegen eine Lochblende ausgetauscht. Erkläre die Form, die das Spektrum mit Spalt- und mit Lochblende hat.

d) Wir halten 50 cm vor dem Schirm ein zweites Prisma in den Lichtweg. Das Prisma drehen wir so, daß eine Farbe aus dem Spektrum herausgelenkt wird. Findet eine weitere Auffächerung der Farben statt?

V 4 Hört das Spektrum bei Rot bzw. bei Violett auf?

Auf ungebleichtem Papier erzeugen wir wie in Versuch 3 ein Spektrum. Mit einem fluoreszent-grünen Markierungsstift wird ein Strich über das Spektrum gezogen – auch über das violette Ende hinaus ...

Wir führen eine Solarzelle durch das Spektrum – auch über das Rot hinaus. Was schließt du aus der Anzeige eines angeschlossenen Spannungsmessers?

V 5 Aus weißem Licht haben wir ein Spektrum erzeugt. Ob man die Spektralfarben auch wieder zu weißem Licht zusammenführen kann? (Wir sprechen von weißem Licht, wenn ein Blatt Papier in diesem Licht so weiß aussieht wie im Sonnenlicht.)

Bild 4 zeigt den Aufbau. Zunächst erzeugen wir auf dem Schirm (1) ein Spektrum, das nicht größer ist als die Sammellinse L_2. Dann verschieben wir den Schirm (2) und setzen an seinen bisherigen Platz die Linse L_2. Wie ist das Ergebnis zu erklären?

V 6 Wenn man durch ein Glasprisma blickt, sieht man farbige Ränder. Eine Fläche des Prismas soll etwa in Höhe der Augenbraue liegen (Bild 5).

Betrachte Gegenstände der Umgebung. Versuche, bestimmte Gegenstände trotz der „Verrückung" auf Anhieb zu finden. Wo beobachtest du besonders leuchtende Farbränder?

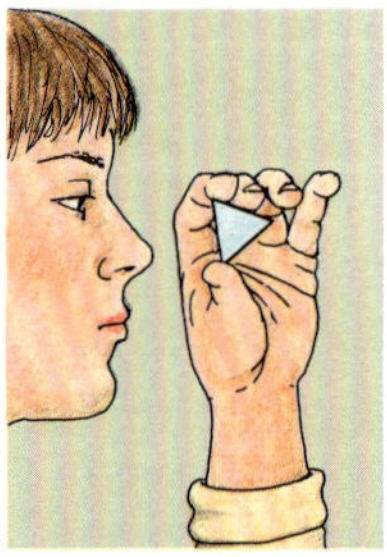

5

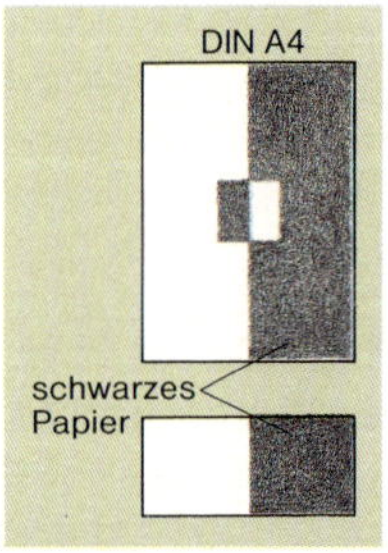

6

V 7 Fertige dir eine Vorlage nach Bild 6 an. Betrachte dann das helle Rechteck auf dunklem Grund und das dunkle Rechteck auf hellem Grund durch das Prisma. Vergleiche die Farbenfolgen.

Schiebe nun den schwarz-weißen Streifen von unten her über die Rechtecke, so daß diese immer schmaler werden. Wann tauchen die Farben Purpur und Grün auf?

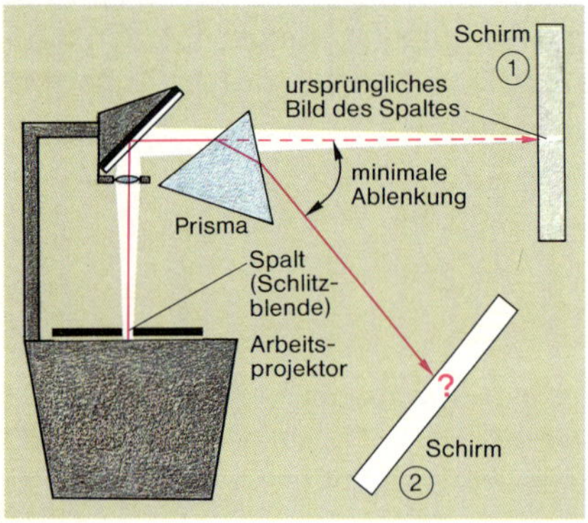

3

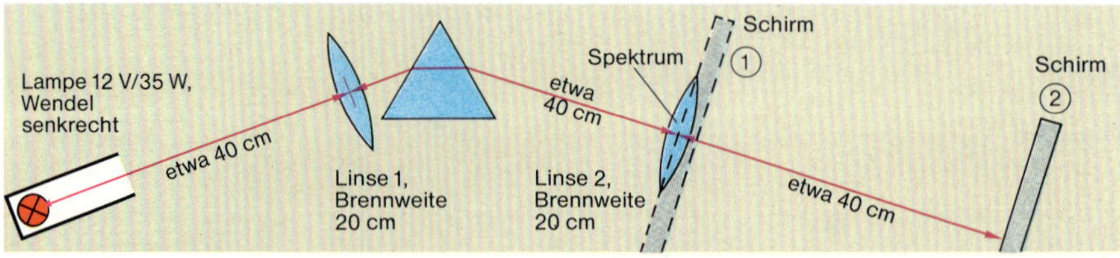

4

Info: **Weißes Licht wird zerlegt**

Wenn weißes Licht auf ein Prisma fällt, wird es zweimal gebrochen. Dadurch wird das Lichtbündel aus seiner ursprünglichen Richtung abgelenkt.

Außerdem wird es „gespreizt“: Dicht hinter dem Prisma hat das Bündel bunte Ränder. Mit zunehmender Entfernung werden sie immer breiter, während die weiße Mitte immer schmaler wird.

Auf dem Schirm entsteht ein buntes Lichtband. Man nennt es **Spektrum**. Die farbigen Lichter des Spektrums heißen **Spektralfarben**.

Bild 7 zeigt das Spektrum des Sonnenlichtes. Es ist bei Rot und Violett noch nicht zu Ende: Auf der einen Seite folgt das *infrarote Licht*, auf der anderen das *ultraviolette* (lat. *infra:* unterhalb; lat. *ultra:* über ... hinaus). Allerdings können wir diese beiden Strahlungsarten nicht mit unserem Auge wahrnehmen.

Wenn man alle Farben des Spektrums zusammenführt („mischt“), entsteht wieder weißes Licht.

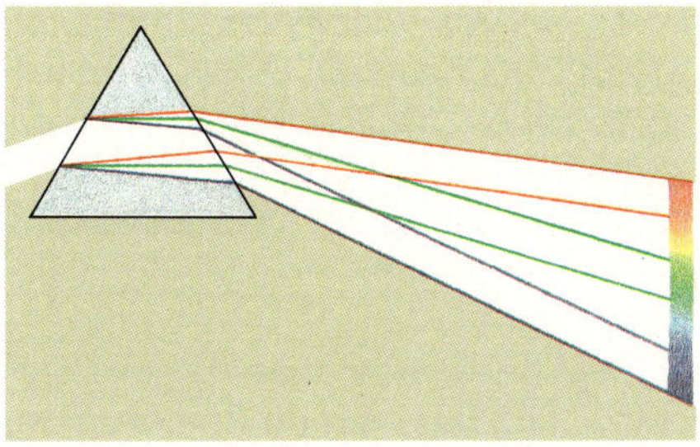
7

Isaac Newton (1643–1727) untersuchte als erster systematisch die Entstehung der Spektralfarben; dabei griff er auf die Ideen mehrerer Vorgänger zurück. Seine Erklärung für die Farbentstehung hat sich bis heute bewährt. Newton zog aus seinen Experimenten folgende Schlüsse:

○ Durch das (farblose) Prisma wird das Licht nicht eingefärbt; das farbige Licht ist vielmehr schon im weißen Licht „verborgen“. Weißes Licht setzt sich aus farbigen Lichtern zusammen.

○ Das Spektrum kommt dadurch zustande, daß die im weißen Licht enthaltenen farbigen Lichter verschieden stark gebrochen werden. Violettes Licht wird beim Durchgang durch das Prisma am stärksten abgelenkt, rotes Licht am wenigsten (Bild 8).

Bild 9 zeigt, wie bei einer stark brechenden Glassorte der Brechungswinkel β vom Einfallswinkel α und von der Farbe des Lichtes abhängt.

Die Idee, daß sich weißes Licht aus farbigen Lichtern zusammensetzt, war zur Zeit Newtons sehr umstritten. Weiß galt als Sinnbild für Reinheit und Vollkommenheit. Zu dieser Anschauung paßte nicht, daß weißes Licht die „weniger reinen“ Farben und sogar so „finstere“ Farbtöne wie Violett enthalten soll. Damals stand die Wissenschaft noch unter dem Einfluß von *Aristoteles*, nach dessen Lehre bunte Farben aus dem Zusammenwirken von Hell und Dunkel bzw. von Licht und Finsternis entstehen. Noch 100 Jahre später bekämpfte *Johann Wolfgang von Goethe* die Lehre Newtons aufs heftigste.

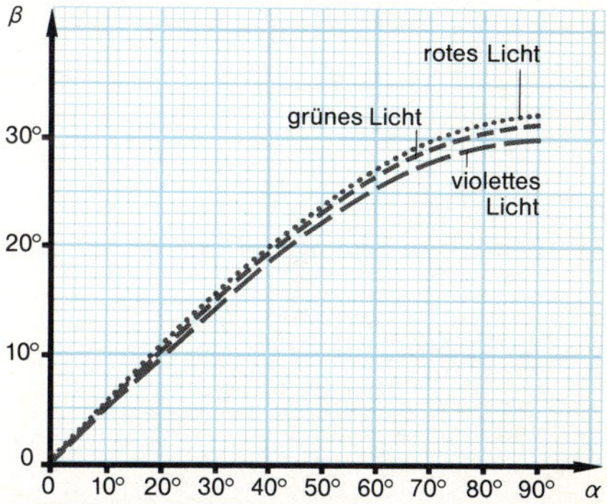

9 Brechung farbigen Lichtes

8

Info: **Bunte Ränder – Kantenspektren**

Blickt man durch ein Prisma, so sieht man die Gegenstände mit farbigen Rändern. Diese **Kantenspektren** erscheinen dort besonders bunt, wo helle Flächen an dunkle grenzen (Bild 10).

10

Wie bei einer schwarzen Fläche auf weißem Grund z. B. ein violett-blauer Rand entsteht, läßt sich so erklären: Stell dir vor, daß die weiße Fläche in schmale Streifen S_1, S_2, S_3, ... zerlegt ist (Bild 11). Von jedem dieser Streifen fällt dann Licht durch das Prisma ins Auge. Wenn man die gebrochenen Lichtstrahlen rückwärts verlängert, erhält man die Richtung, aus der das Licht zu kommen scheint.

Durch die Brechung am Prisma wird außerdem das Licht jedes Streifens zu einem Spektrum aufgefächert. Weil Violett am stärksten abgelenkt wird, beginnen alle Spektren unten mit Violett.

Das Violett des Streifens S_1 liegt am tiefsten; wir nehmen es direkt im Anschluß an die dunkle Fläche wahr. Oberhalb des violetten Streifens überlagern sich dann die Spektren von S_1 und S_2.

Im Anschuß an die farbigen Ränder sehen wir eine weiße Fläche. Das liegt daran, daß von verschiedenen Streifen alle Farben des Spektrums ins Auge gelangen; sie mischen sich zu Weiß.

In gleicher Weise kann man erklären, weshalb unterhalb der dunklen Fläche ein rot-gelber Rand zu sehen ist: Rot wird am wenigsten abgelenkt, daher nimmst du Rot als Grenze der dunklen Fläche wahr. Es wird nicht von den Spektren tiefer liegender Streifen überlagert. Auf das Rot folgen Orange, Gelb und Weiß.

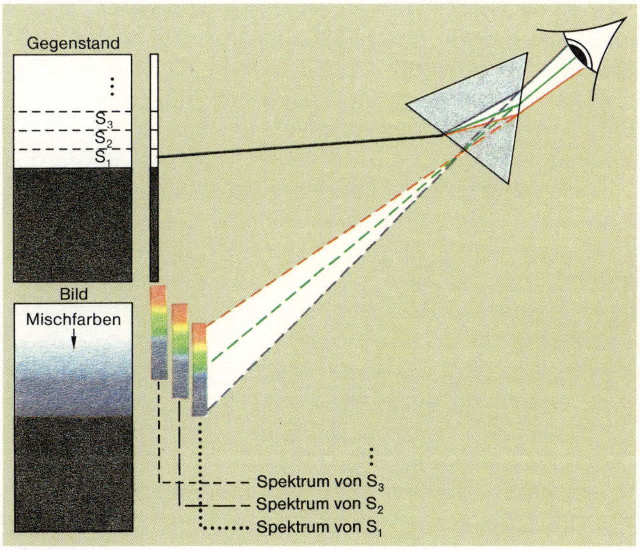

11

Aufgaben

1 Wenn Licht von der Sonne auf ein Prisma fällt, sieht man auf einem Schirm dicht hinter dem Prisma eine weiße Fläche mit farbigen Rändern. Gib dafür eine Erklärung.

2 Nenne Gründe für die Annahme, daß ein Prisma das weiße Licht nicht „einfärbt".

3 1670 schrieb *Isaac Newton*:

„Die wundervollste Farbzusammenstellung ist aber die von Weiß. Es ist immer zusammengesetzt... Ich habe oft mit Erstaunen gesehen, wie alle Spektralfarben, wenn sie wieder vereinigt und so gemischt wurden, wie sie im Lichte vor dem Prisma enthalten waren, aufs neue ein gänzlich reines, vollkommen weißes Licht hervorbrachten."

Beschreibe Versuche, die Newtons Sätze bestätigen.

4 Wie bezeichnet man das unsichtbare Licht, das sich im Spektrum an Rot bzw. an Violett anschließt?

Beschreibe für jede dieser beiden Lichtarten, wie man sie in einem Versuch nachweisen kann.

5 Die Farben des Spektrums lassen sich auf einfache Weise „mischen": Man erzeugt mit einem Prisma ein Spektrum und hält einen Spiegel in den Lichtweg. Mit ihm wackelt man, so daß das Spektrum an der Wand hin und her geschoben wird. Die Farben mischen sich dann im Auge.

Erkläre, weshalb das Lichtband in der Mitte weiß erscheint, die Ränder aber farbig bleiben.

6 Bild 11 auf der vorigen Doppelseite zeigt das Kantenspektrum für einen violett-blauen Rand an einer dunklen Fläche auf hellem Grund.

Fertige eine entsprechende Zeichnung für den rot-gelben Rand an, den du an der gegenüberliegenden Hell-Dunkel-Grenze siehst.

Aus Umwelt und Technik: **Unsichtbares Licht**

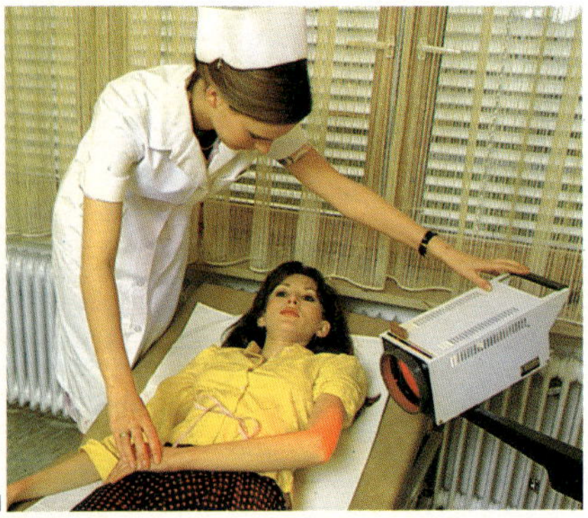
1

2

3

Im Sonnenspektrum schließt sich an das Rot das **infrarote Licht** an, und auf das Violett folgt im Spektrum das **ultraviolette Licht**. Beide Farben kann unser Auge nicht sehen.

Doch nehmen wir immerhin infrarotes Licht wahr – und zwar mit dem Temperatursinn (Wärmeempfinden): Infrarotstrahlung wird nämlich von der obersten Hautschicht absorbiert; dabei erwärmt sich die Haut.

Infrarotes Licht wird in der Medizin zur Behandlung eingesetzt, weil es durch die Erwärmung der Haut deren Durchblutung fördert (Bild 1). Viele Infrarotlampen strahlen auch das im Spektrum benachbarte Rotlicht aus; sie leuchten daher rot.

Ultraviolettes Licht ruft auf ungeschützter Haut rasch einen Sonnenbrand hervor. Die Lufthülle der Erde absorbiert zwar den größten Teil der Ultraviolettstrahlung der Sonne; im Gebirge und bei klarem Wetter ist aber noch viel ultraviolettes Licht vorhanden. Wird das Licht dann noch von Schneeflächen reflektiert, sollte man die Augen durch eine Sonnenbrille schützen, sonst besteht die Gefahr der *Schneeblindheit*. Auf die Dauer kann durch übermäßige Bestrahlung mit ultraviolettem Licht Hautkrebs ausgelöst werden.

Ultraviolettes Licht regt bestimmte Stoffe zum Leuchten an. Diese wandeln nämlich ultraviolettes in sichtbares Licht um. Man nennt diesen Vorgang **Fluoreszenz**. Darauf beruht auch die gespenstische Beleuchtung mit „Schwarzlichtlampen" (Bild 2); diese senden vorwiegend ultraviolettes Licht aus.

Genaugenommen leuchten nicht die Kleidungsstücke, sondern optische Aufheller („Weißmacher"), die aus den Waschmitteln stammen. Diese Stoffe wandeln ultraviolettes Licht in blauviolettes um. Dadurch erscheinen weiße Textilien „weißer als weiß". Wenn nämlich der gelbliche Farbton vergilbter Wäsche mit Blauviolett gemischt wird, ergibt sich Weiß.

Fragen und Aufgaben zum Text

1 Warum werden Fotos von scheuen Nachttieren oft mit *Infrarotfilmen* gemacht? Welche Eigenschaft haben wohl diese Filme?

2 Beim Schweißen schützen Handwerker ihre Augen durch ein dunkles Glas (Bild 3). Welchen Grund vermutest du?

3 Beschreibe, wie es zur Gefahr der Schneeblindheit kommt.

Aus Umwelt und Technik: **Wie ein Regenbogen entsteht**

Manchmal scheint die Sonne, obwohl es noch regnet. Wenn dann die Sonne dabei tief steht und du ihr deinen Rücken zuwendest, siehst du einen **Regenbogen** (Bild 4).

Wie entsteht diese farbenprächtige Naturerscheinung? Auf jeden einzelnen Regentropfen fällt Sonnenlicht. An der Grenzfläche Luft–Wasser wird ein Teil des Lichtes reflektiert; das übrige Licht wird gebrochen und verläuft im Tropfen weiter (Bild 5).

Die Brechung ist besonders stark, wenn ein Lichtbündel nahe am oberen (oder unteren) Rand des Regentropfens auftrifft (1); der Einfallswinkel ist dann nämlich besonders groß.

Durch die Brechung wird das Sonnenlicht in seine Spektralfarben zerlegt. Blaues Licht wird stärker gebrochen als rotes.

An der Rückseite des Tropfens (2) tritt ein Teil des Lichtes aus und wird ein zweites Mal gebrochen, der andere Teil wird reflektiert und bleibt im Tropfen. Dieser Vorgang wiederholt sich noch mehrere Male (3 und 4).

Die farbigen Lichtbündel, die an der Stelle (3) aus dem Tropfen austreten, fallen in Richtung Erdoberfläche. Wir können sie daher wahrnehmen. Sie bilden mit dem Sonnenlicht einen Winkel von 40 bis 42°. Alle Tropfen, die wir unter diesem Winkel sehen, liegen auf einem Kreisbogen.

Von jedem einzelnen Tropfen nehmen wir nur jeweils *die* Farbe wahr, die genau in unser Auge fällt – von einigen Tropfen zum Beispiel das Rot und von anderen das Blau. So entsteht für uns insgesamt der Eindruck eines vielfarbigen Regenbogens.

4

Bild 6 zeigt dazu einen Versuch: Wenn du den Rundkolben in verschiedene Höhen hältst und schräg von unten hineinblickst, nimmst du nacheinander die verschiedenen Farben des Sonnenlichtes wahr.

Außer dem eigentlichen Regenbogen, dem **Hauptregenbogen**, ist in Bild 4 auch noch ein lichtschwacher **Nebenregenbogen** zu sehen.

Sein Zustandekommen läßt sich mit Hilfe von Bild 7 verstehen: Auch in der Nähe des unteren Randes des Tropfens fällt Licht ein. Dieses Licht verläuft spiegelbildlich zu Bild 5. Ein Teil dieses Lichtes verläßt den Tropfen nach einmaliger Reflexion (3). Diese Lichtbündel verlaufen nach oben in den Himmel und können somit von der Erde aus nicht wahrgenommen werden.

Ein anderer Teil des Lichtes wird im Tropfen zweimal reflektiert (4) und tritt dann aus – in Richtung Erdoberfläche. Dieses Licht nehmen wir als Nebenregenbogen wahr.

Der Nebenregenbogen erscheint unter einem Winkel von etwa 52° zum Sonnenlicht. Gegenüber dem Hauptregenbogen ist seine Farbenfolge umgekehrt, weil bei der zweiten Reflexion im Tropfen die Reihenfolge der Farben vertauscht wird.

Insgesamt erreicht nur ein geringer Anteil des einfallenden Sonnenlichtes unser Auge. Deshalb sehen wir die Farben von Haupt- und Nebenregenbogen nur vor einem dunklen Hintergrund, z. B. einer Regenwolke.

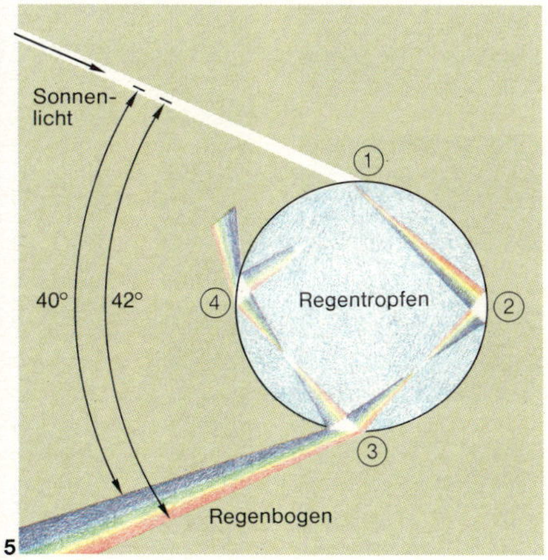

5

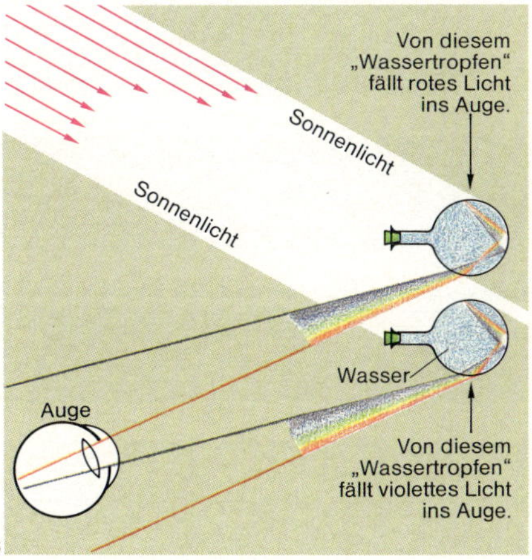

6

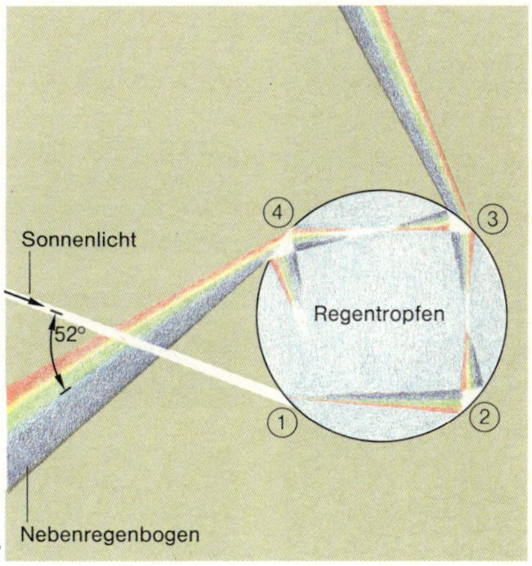

7

Aus der Geschichte: **Spektrallinien – „Fingerabdrücke" von Stoffen**

Joseph Fraunhofer (1787–1826) war der Sohn eines Glasschleifers aus dem bayerischen Straubing. Auch er übte dieses Handwerk mit viel Erfolg aus; seine hervorragenden optischen Geräte machten ihn berühmt.

Fraunhofer beschäftigte sich aber auch als Wissenschaftler mit der Optik. Eine seiner Entdeckungen führte zu einem sehr wichtigen Verfahren, mit dessen Hilfe die chemische Zusammensetzung von Stoffen ermittelt werden kann.

Diese Entdeckung machte er bei der Untersuchung verschiedener Glassorten. Er wollte herausfinden, wie stark sie das Licht in Spektralfarben auffächern. Mit einem Prisma betrachtete er dazu einen Spalt, der durch eine Öllampe beleuchtet wurde. Bei seinen Beobachtungen fiel ihm eine helle gelbe Linie auf, die senkrecht durch das Spektrum verlief. Bei seinen weiteren Forschungen fand er viele Linien in allen Bereichen des Spektrums.

Solche Linien lassen sich in einem einfachen Versuch beobachten: Wir beleuchten eine Schlitzblende von hinten mit verschiedenen Lichtquellen und betrachten den Schlitz durch ein Prisma (Bild 1).

Wenn wir zunächst eine gewöhnliche Glühlampe verwenden, sehen wir ein *kontinuierliches* (ununterbrochenes) Spektrum (Bild 2).

Die Glühlampe wird dann durch eine andere Lichtquelle ersetzt: In die (nichtleuchtende) Flamme eines Gasbrenners halten wir ein Magnesiastäbchen, das vorher in die Lösung eines Salzes getaucht wurde. In der Flamme verdampft auch das Salz. Die Folge ist, daß die Flamme eine bestimmte Färbung annimmt – je nachdem, um welches Salz es sich handelt (Bilder 3 u. 4).

Das Spektrum einer Flamme, in die Kochsalz gebracht wurde, weist nur eine einzige gelbe Linie auf. Genau diese Linie hat Fraunhofer in der Flamme der Petroleumlampe gesehen. Dieses gelbe Licht geht von dem Stoff Natrium aus, einem Bestandteil des Kochsalzes (Bild 5).

Auch bei anderen Stoffen weist das Spektrum der Flamme einzelne farbige Linien auf (Bilder 6 u. 7). Man spricht von einem *Linienspektrum*.

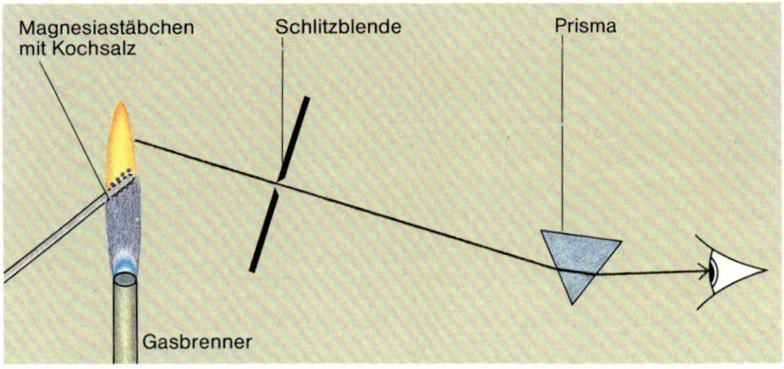

1

Leuchtende Gase haben in der Regel solche Linienspektren. Glühende feste Stoffe (z. B. Glühdrähte) und Flüssigkeiten (z. B. Metallschmelzen) erzeugen dagegen stets kontinuierliche Spektren.

Kein Stoff erzeugt dieselben Spektrallinien wie ein anderer. So wie man Menschen anhand ihrer Fingerabdrücke wiedererkennen kann, lassen sich auch Stoffe aufgrund ihrer Spektrallinien bestimmen. Man bezeichnet dieses Verfahren als **Spektralanalyse**.

Die Spektralanalyse wurde von dem Chemiker *Robert Wilhelm Bunsen* (1811–1899) und dem Physiker *Gustav Robert Kirchhoff* (1824–1887) begründet. Sie verbesserten die Untersuchungsapparate, so daß selbst die winzigsten Spuren eines Stoffes noch in einer Flamme nachgewiesen werden konnten. Es gelang ihnen zum Beispiel der Nachweis von weniger als einem Millardstel Gramm Natrium in einer Stoffprobe.

Im Jahre 1860 entdeckten Bunsen und Kirchhoff unbekannte blaue Linien im Spektrum. Sie nahmen an, daß sie von einem noch nicht bekannten Stoff ausgehen. Sie nannten diesen Stoff *Caesium* (lat. *caesius:* himmelblau). Kurze Zeit später entdeckten sie auf die gleiche Weise einen weiteren Stoff, der wegen seiner roten Spektrallinien den Namen *Rubidium* (lat. *rubidus:* dunkelrot) erhielt.

Die Spektralanalyse spielt in der Astronomie eine wichtige Rolle: Man fotografiert das Spektrum des Lichtes, das von einem Stern ausgestrahlt wird. Aus dem Spektrum schließt man auf die Stoffe, aus denen der Stern besteht.

3

2

5

6

7

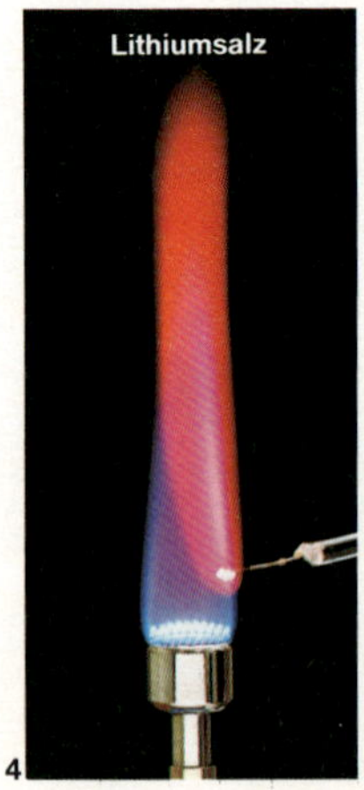

4

2 Farbaddition und Farbsubtraktion

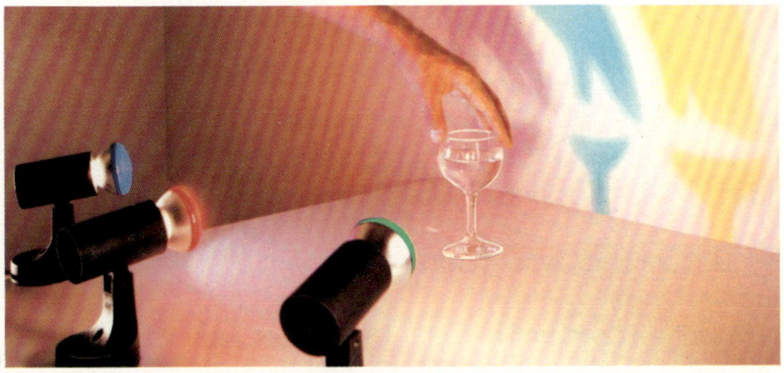
8

Die Schatten haben andere Farben als die Lampen! Wie kommen diese Farben zustande?

V 8 Drei farbige Spotlampen (40W, mattiert) werden in Form eines Dreiecks angeordnet und auf eine ca. 2,5 m entfernte Projektionswand gerichtet. Die Lampen sollen etwa 40 cm voneinander entfernt sein.

a) Welche Farbe hat die gleichmäßig beleuchtete Wand?

b) Jemand stellt sich zwischen die Lampen und die Wand. Zunächst schalten wir eine, dann zwei und schließlich alle drei Lampen ein. Wieviel verschiedene Farben kannst du jeweils in den Schattenbildern erkennen? Erkläre, wie die einzelnen Farbtöne zustande kommen.

V 9 Wir erzeugen mit einem Prisma das Spektrum einer Glühlampe (wie in V3). Es soll auf der Oberfläche einer Sammellinse entstehen und nicht breiter sein als diese.

Mit der Sammellinse wird die Eintrittsfläche des Prismas auf einen Schirm abgebildet.

Wir halten einen schmalen Papierstreifen (oder ein schmales Prisma) so in das Spektrum, daß einzelne Farbtöne ausgeblendet werden. Welche Farben entstehen auf dem Schirm? Notiere jeweils die Farbpaare.

V 10 Das Licht eines Arbeitsprojektors wird zu einem Spektrum aufgefächert. In den Lichtweg halten wir Farbgläser in den Farben Blaugrün, Purpur und Gelb. Welche Teile des Spektrums werden jeweils absorbiert?

V 11 Wir legen die Farbgläser aus V 10 so auf den Arbeitsprojektor, daß sie sich paarweise überlappen. Welche Farben entstehen, wenn weißes Licht durch zwei Filter fällt? Erkläre die Entstehung der einzelnen Farben.

Was geschieht, wenn alle Gläser übereinanderliegen?

Info: Mischen und Entmischen farbiger Lichter

Wenn man aus dem Spektrum des weißen Lichtes eine einzelne Farbe ausblendet und das restliche Licht mischt, ergeben sich unterschiedliche Farben (Bild 9). Die ausgeblendete Farbe und die Mischfarbe des Restlichtes bilden gemeinsam ein Paar von **Komplementärfarben** (lat. *complementum:* Ergänzung).

Bei Komplementärfarben ist also immer eines der Lichter ein Mischlicht und das andere eine reine Spektralfarbe. Komplementärfarben sind z. B. die Spektralfarbe Gelb und das Mischlicht Blau aus dem Rest des Spektrums.

Ob eine Farbe aus Mischlicht besteht oder eine reine Spektralfarbe ist, können wir aufgrund des Farbeindruckes *nicht* feststellen. Dazu müssen wir versuchen, das Licht zum Spektrum aufzufächern.

Das Mischen farbiger Lichter nennt man **Farbaddition**. Wenn wir zwei Lichter mischen, die im Spektrum nicht weit auseinanderliegen, so liegt die Farbe des Mischlichtes im Spektrum zwischen den beiden addierten Farben. Beispiele:

○ Rotes Licht und grünes Licht ergeben gelbes Mischlicht;

○ rotes Licht und gelbes Licht ergeben orangerotes Mischlicht;

○ gelbes Licht und blaues Licht ergeben grünes Mischlicht.

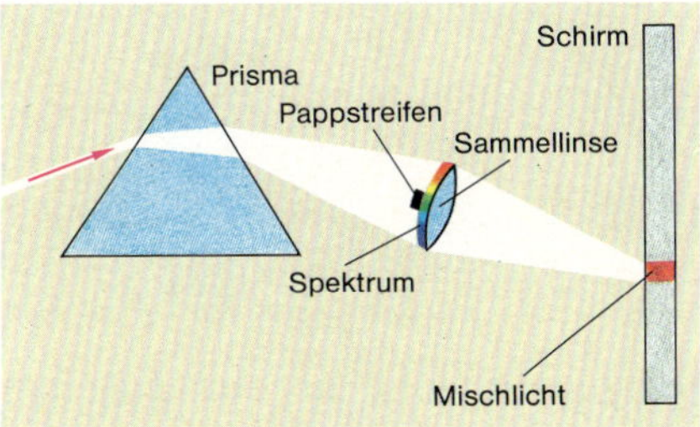

9

Wenn man die Lichter der (sichtbaren) Enden des Spektrums – Rot und Violett – mischt, erhält man einen Farbton, der im Spektrum nicht auftritt: Purpur. Um die Mischfarbe Purpur zwischen Rot und Violett einfügen zu können, ordnet man die Farbenfolge des Spektrums als Kreis an (Bild 10). Man spricht vom **Newtonschen Farbenkreis**, da die Idee zu dieser Anordnung von *Isaac Newton* stammt.

Im Farbenkreis ist jede Farbe die Mischfarbe der beiden Nachbarfarben. Gegenüberliegende Farben geben die Farbeindrücke von Komplementärfarben wieder.

Lichtdurchlässige Farbgläser absorbieren einen Teil der Spektralfarben. Dieser Vorgang heißt **Farbsubtraktion**. Läßt man Sonnenlicht durch ein Farbglas fallen, so fehlen anschließend die „subtrahierten" Farben im Spektrum. Man bezeichnet daher Farbgläser auch als *Farbfilter.*

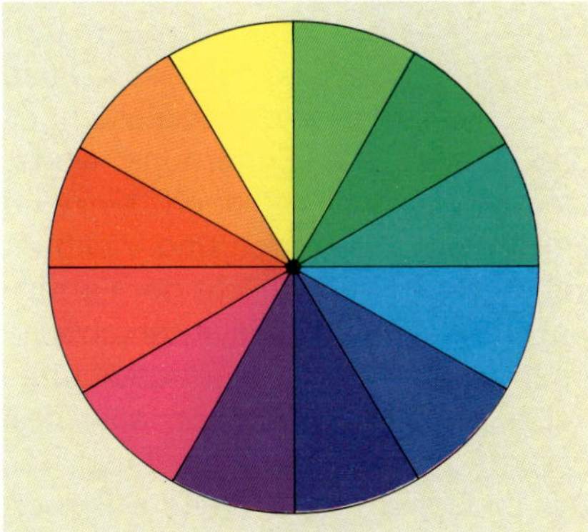
10

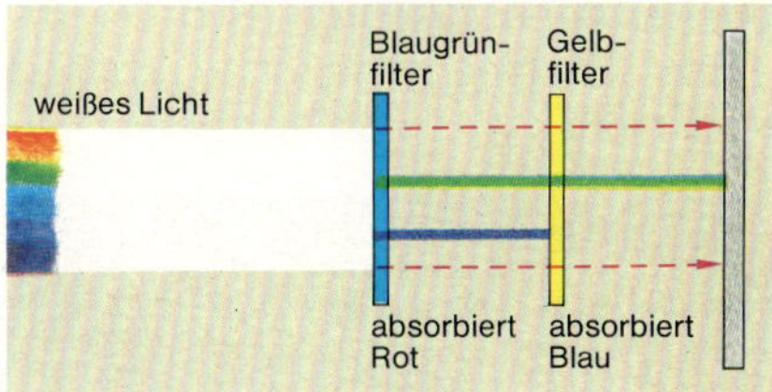

11

Farbfilter weisen den Farbton auf, der sich als Mischung des durchgelassenen Lichts ergibt. Ein Gelbfilter kann z. B. rotes, gelbes und grünes Licht durchlassen; das Mischlicht erzeugt den Eindruck Gelb.

Wenn Licht durch mehrere Farbfilter fällt, werden nacheinander verschiedene Spektralfarben absorbiert (Bild 11).

Aufgaben

1 Welche Farbe, die nicht im Spektrum vorkommt, kann man durch Addition von Spektralfarben erzeugen?

2 Was kannst du über die Farben aussagen, die sich ergeben, wenn unterschiedliche farbige Lichter gemischt werden? Nenne einige Beispiele.

1

2

3 Erkläre, was man unter den Begriffen *Farbaddition* und *Farbsubtraktion* versteht.

4 Welche Farbe entsteht, wenn man aus dem Spektrum des Sonnenlichtes das rote Licht ausblendet und die restlichen Farben addiert?

5 Beschreibe, was man unter einem Paar von *Komplementärfarben* versteht.

Welche Farbe hat das Licht, wenn ein Paar von Komplementärfarben gemischt wird?

6 Farbdias und Farbnegative sind lichtdurchlässig; ihre farbigen Flächen wirken wie Farbfilter (Bilder 1 u. 2).

Vergleiche die verschiedenen Blüten auf dem Dia und dem Negativ. Was fällt dir auf?

Aus Umwelt und Technik: **Das farbige Fernsehbild**

Ein farbiges Fernsehbild – mit der Lupe betrachtet: Es besteht aus kleinen Stäbchen, die rot, grün oder blau leuchten können (Bild 3). Jeweils ein rotes, ein grünes und ein blaues Stäbchen bilden ein *Farbtripel*.

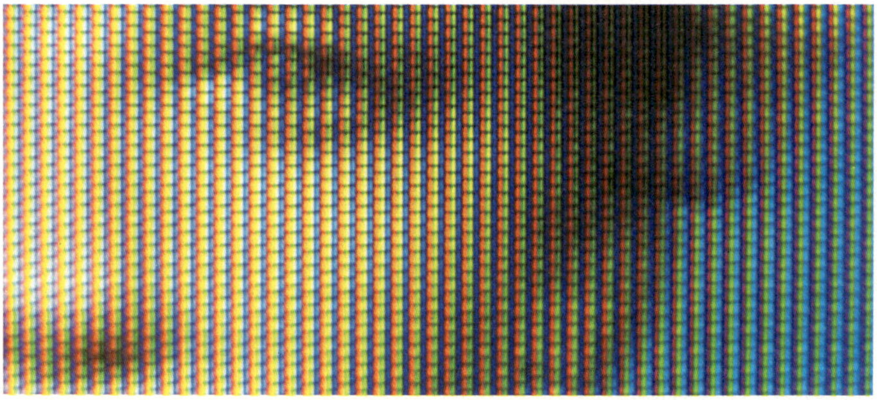
3

Die farbigen Stäbchen sind die Lichtpunkte, aus denen das Fernsehbild zusammengesetzt ist. Diese Stäbchen liegen so dicht beieinander, daß aus einiger Entfernung weder einzelne Stäbchen noch einzelne Farbtripel zu erkennen sind. Vielmehr sehen wir das Mischlicht der Farbtripel und erhalten so die unterschiedlichen Farbeindrücke (Farbaddition).

Leuchten die Stäbchen aller drei Farben gleich hell, so erscheint uns der Bildschirm weiß. Weitere Farben entstehen, wenn nur je zwei Stäbchen der Farbtripel leuchten (Bilder 4–6).

Die einzelnen Stäbchen können aber nicht nur „ein- und ausgeschaltet" werden, auch ihre Helligkeit läßt sich verändern. Auf diese Weise kann eine Vielzahl von Farben erzeugt werden. Zusätzlich haben auch nichtleuchtende Stäbchen zwischen den leuchtenden einen Einfluß auf den Farbeindruck.

Das Fernsehbild setzt sich aus ca. 900 000 Stäbchen zusammen. Jedes dieser Stäbchen leuchtet 25mal pro Sekunde mit unterschiedlicher Helligkeit auf. Auf diese Weise erscheinen in jeder Sekunde 25 Bilder auf dem Fernsehschirm. Wir haben dadurch den Eindruck einer Bewegung, denn das menschliche Auge kann höchstens 16 Bilder pro Sekunde unterscheiden.

4

5

6

Info: **Grundfarben der Farbaddition – Grundfarben der Farbsubtraktion**

Vom farbigen Fernsehbild her weißt du, daß man mit rotem, grünem und blauem Licht den Farbeindruck Weiß hervorrufen kann. Auch in Bild 7 entsteht der Farbeindruck Weiß aus Rot, Grün und Blau. In beiden Fällen werden die farbigen Lichter gemischt oder *addiert*; d.h., sie werden an einer Stelle zusammengebracht.

Die Farben Rot, Grün und Blau nennt man *Grundfarben der Farbaddition* oder kurz **additive Grundfarben**. Aus diesen Grundfarben lassen sich durch Farbaddition alle Farben des Spektrums und Purpur (Magenta) erzeugen.

Als Grundfarben kann man die entsprechenden reinen Spektrallichter verwenden. Die additiven Grundfarben bilden drei Ecken des Farbensechsecks (Bild 8).

Auch durch *Farbsubtraktion* lassen sich alle Farben aus drei *Grundfarben* herstellen, nämlich aus Blaugrün (Cyan), Purpur (Magenta) und Gelb.

Diese **subtraktiven Grundfarben** müssen – im Gegensatz zu den additiven Grundfarben – Mischfarben sein. Sie werden erzeugt, indem aus weißem Mischlicht einzelne Farbtöne herausgefiltert oder *subtrahiert* werden (Bilder 9–11).

So subtrahiert zum Beispiel das Purpurfilter (Bild 10) von weißem Licht die grünen und die gelben Farbtöne. Es läßt nur die blauen und die roten Teile des Spektrums durch. Die Mischung aus blauem und rotem Licht ergibt Purpur.

Fällt weißes Licht nacheinander durch zwei Filter verschiedener subtraktiver Grundfarben, so bleibt rotes, grünes oder blaues Licht übrig (Bilder 12–14).

7

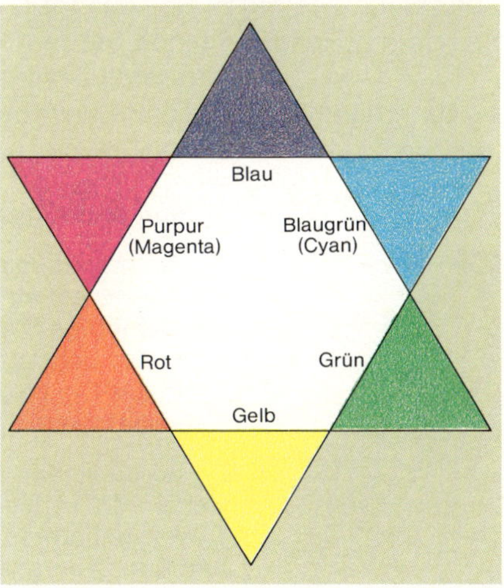

8

Wenn man alle drei Filter der subtraktiven Grundfarben hintereinander anordnet, werden alle Farben absorbiert. Zusammen sind die Filter also lichtundurchlässig.

Das Farbensechseck (Bild 8) zeigt den Zusammenhang zwischen den additiven und den subtraktiven Grundfarben:

○ Zwischen zwei additiven Grundfarben liegt eine subtraktive Grundfarbe. Diese erhält man, wenn man das Licht der beiden additiven Grundfarben mischt.

○ Zwischen zwei subtraktiven Grundfarben liegt eine additive Grundfarbe. Diese erhält man, wenn weißes Licht nacheinander durch Filter mit den beiden subtraktiven Grundfarben fällt.

○ Farben, die einander gegenüberliegen, sind Komplementärfarben.

Fragen und Aufgaben zum Text

1 Nenne die jeweiligen Komplementärfarben zu Rot, Orange, Blaugrün und Gelb.

2 Welche Farben filtert ein rotes Farbfilter aus weißem Licht heraus? Welche läßt es hindurch?

3 Gelb läßt sich durch Addition von zwei reinen Spektralfarben erzeugen. Welche Farben kann man dazu verwenden?

Wie läßt sich Gelb durch Farbsubtraktion aus weißem Licht herstellen?

4 Wenn weißes Licht durch zwei Filter mit subtraktiven Grundfarben fällt, entsteht eine additive Grundfarbe.

Gib an, durch welche Filterkombinationen Rot, Blau bzw. Grün erzeugt werden.

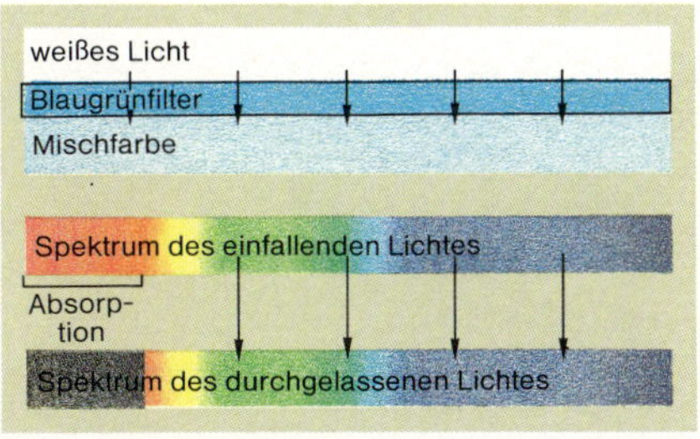

9

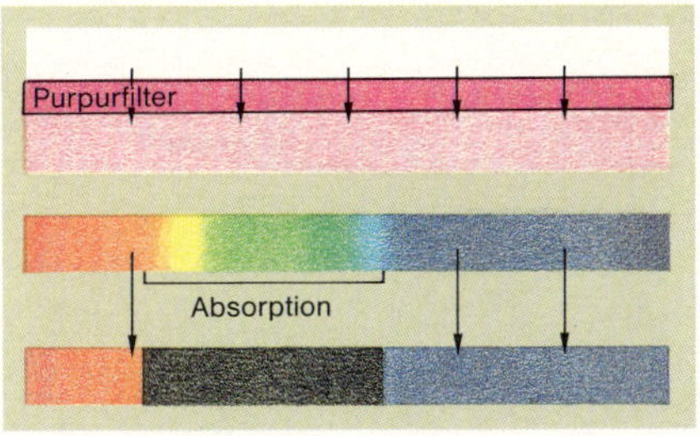

10

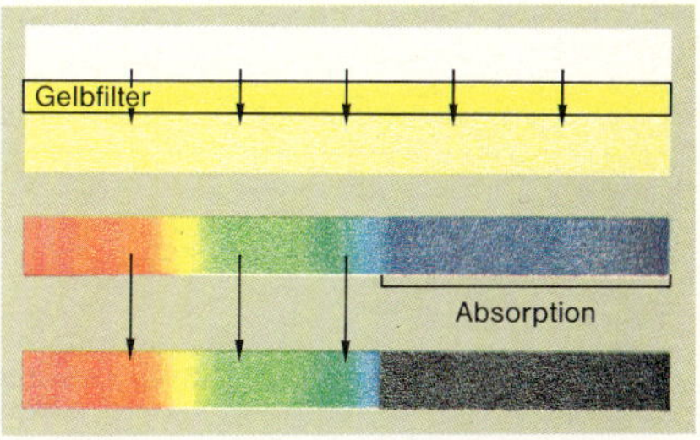

11

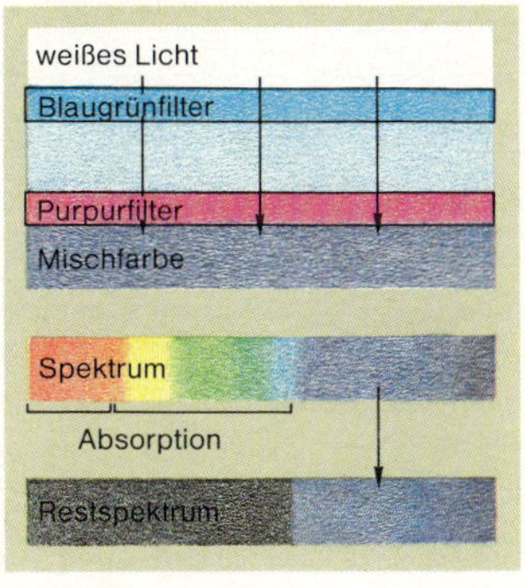

12

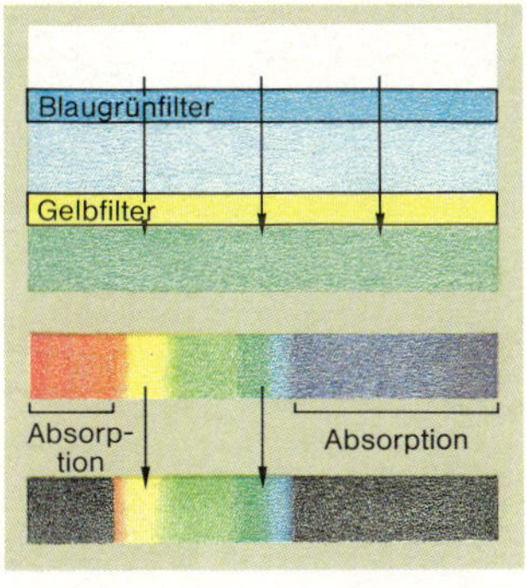

13

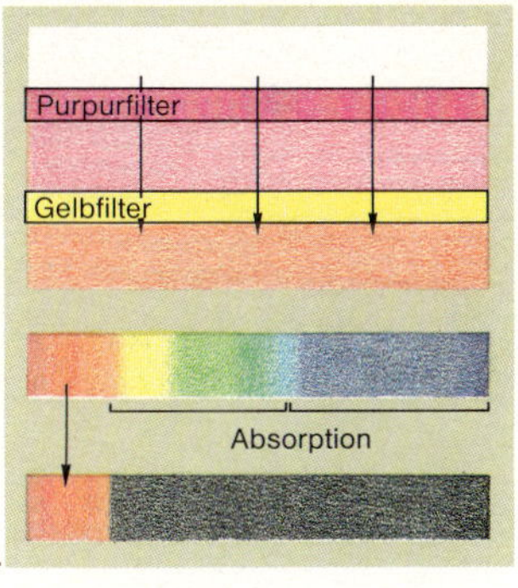

14

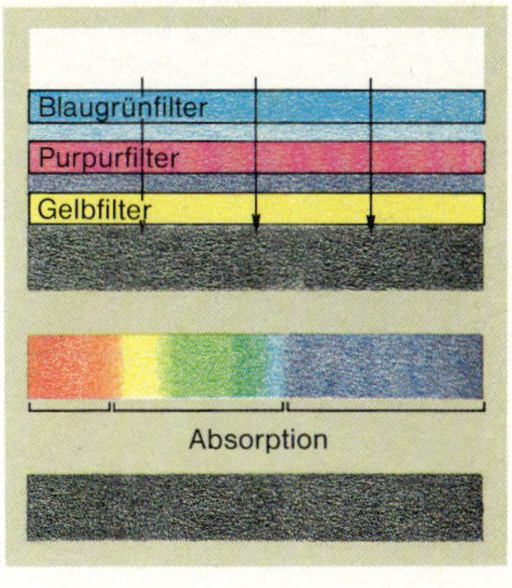

15

Aus Umwelt und Technik: **So kommen die Farben ins Dia**

Ein Farbdia besteht aus einer Vielzahl unregelmäßig geformter Farbfilter.

Beim Betrachten oder Projizieren fällt Licht durch das Dia. Dort, wo eine rote Blüte oder eine grüne Wiese auf dem Dia zu sehen ist, wird nur rotes bzw. grünes Licht durchgelassen.

Bei der Belichtung des Filmes entscheidet sich, an welcher Stelle des Dias welches Farbfilter entsteht.

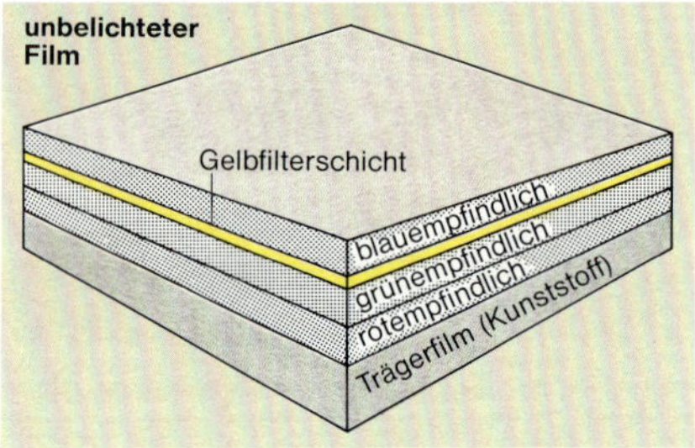

1

Der Film selbst enthält noch keine Farben; er besteht aus lichtdurchlässigem Kunststoff, auf den verschiedene Schichten aufgebracht sind (Bild 1).

Jede dieser Schichten ist nur für Licht einer bestimmten Farbe empfindlich. Die Schicht absorbiert entweder blaues, grünes oder rotes Licht und wird dadurch chemisch verändert („belichtet").

Das Gelbfilter hat lediglich die Aufgabe, das blaue Restlicht zu absorbieren, das durch die blauempfindliche Schicht dringen konnte.

Die einzelnen Schritte vom Belichten bis zur Projektion eines Dias zeigt Bild 2.

Bei der Farbentwicklung werden das Gelbfilter und die nicht eingefärbten Teile der Schichten entfernt.

Die Entstehung einer bestimmten Farbe auf dem Dia soll an einem Beispiel mit Hilfe von Bild 2 erläutert werden: Beim Fotografieren fällt z. B. *rotes* Licht vom Gegenstand auf eine Stelle des Films. Es wird in der rotempfindlichen Schicht absorbiert. Die für Blau und für Grün empfindlichen Schichten sind an dieser Stelle nicht belichtet. An allen nichtbelichteten Stellen werden bei der Schwarzweiß-Entwicklung Farbkuppler angelagert, die bei der anschließenden Farbentwicklung die Farbstoffe annehmen. Die blauempfindliche Schicht wird an der betreffenden Stelle zum Gelbfilter, die grünempfindliche zum Purpurfilter.

Bei der Projektion absorbiert die gelbe Schicht den blauen Teil des Lichtes und die purpurfarbene den grünen. Nur rotes Licht gelangt an dieser Stelle durch das Dia auf die Leinwand; dort ist ein Bild des roten Gegenstandes zu sehen.

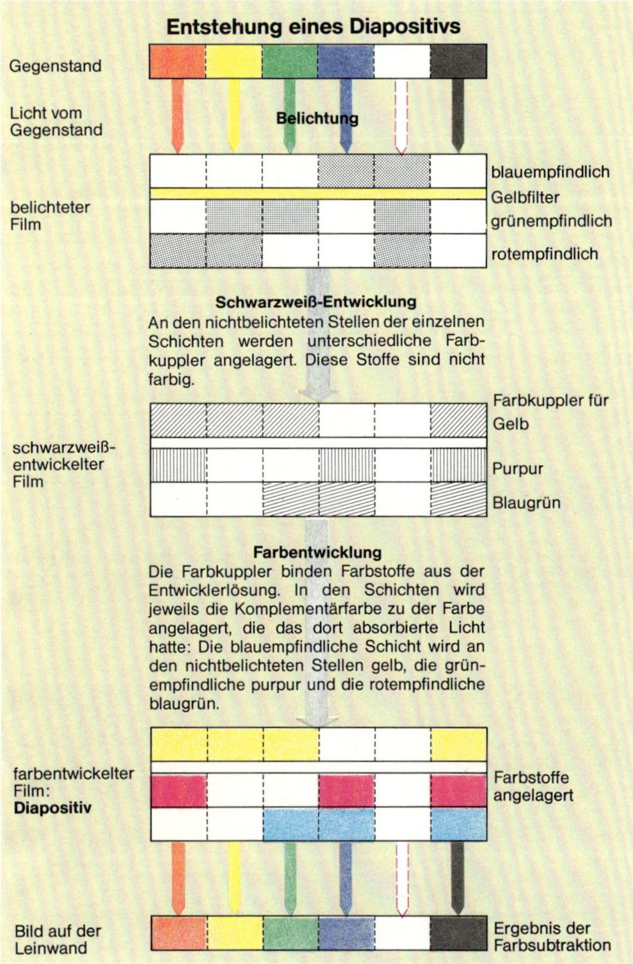

2

Fragen und Aufgaben zum Text

1 Ein grüner und ein weißer Gegenstand werden fotografiert. Was geschieht an den entsprechenden Stellen auf dem Diafilm, bis das fertige Dia vorliegt? Beschreibe es anhand von Bild 2.

Warum sieht man die Gegenstände wieder in Rot bzw. Weiß, wenn das Dia projiziert wird?

Weshalb werden schwarze Gegenstände schwarz abgebildet?

2 So entstehen *Farbnegative* (Bild 3). Im Gegensatz zum Dia werden die Farbkuppler an den *belichteten* Stellen angelagert.

Welche Farbtöne entstehen dabei aus den Gegenstandsfarben Rot, Grün und Weiß?

Wie könnte man die Farbtöne des Negativs „umdrehen"?

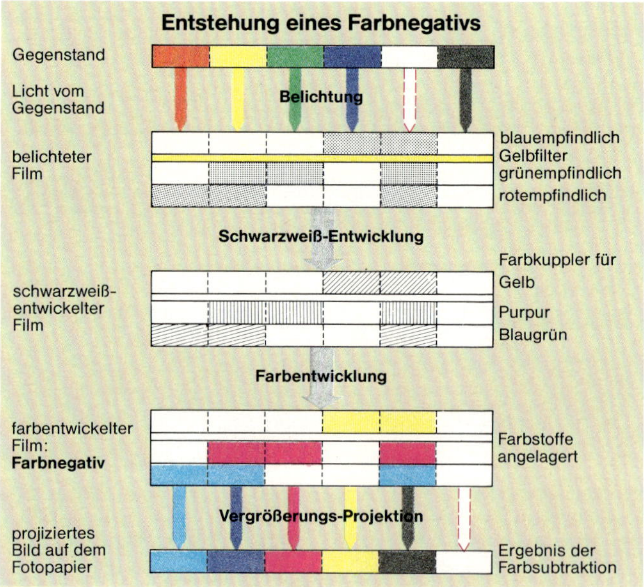

3

Aus Umwelt und Technik: **Die Farbfilter eines Dias**

Ein Dia ist aus drei Filterschichten aufgebaut. Dabei handelt es sich um ein Blaugrün-, ein Purpur- und ein Gelbfilter. In Bild 4 ist dargestellt, wie durch schrittweise Farbsubtraktion das fertige Bild entsteht.

Auf große Teile des Purpur- und des Gelbfilters fällt kein weißes Licht, sondern blaugrünes bzw. purpurnes. Diese Filter sind daher nicht in Purpur oder Gelb gezeichnet, sondern in der Farbe, die man bei der tatsächlichen Beleuchtung sieht.

Neben den Farbtönen der Filter spielen die schwarzen Silberkörnchen des Filmmaterials eine wichtige Rolle für den Farbeindruck; sie machen aus Rot braune Farbtöne und aus Grün olivgrüne (→ *Körperfarben*).

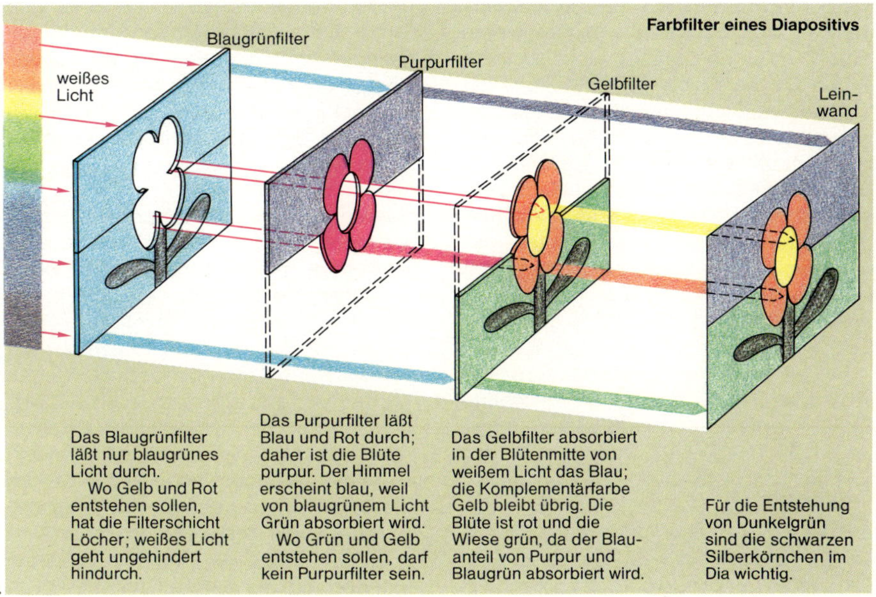

4

3 Das Auge macht's möglich

Aus Umwelt und Technik: **Farben sehen, wo gar keine sind ...**

Blicke etwa eine Minute lang starr auf den schwarzen Punkt im Vogelflügel. Bewege dabei möglichst nicht die Augen. Sieh dann auf eine weiße Wand.

5

Dieser **Versuch** (Bild 5) zeigt etwas Erstaunliches: Du nimmst noch Farben wahr, wenn gar kein bunter Gegenstand mehr vorhanden ist!

Mit der *Drei-Farben-Theorie des Sehvorgangs* (→ Info, nächste Seite) können wir erklären, wie es dazu kommt: Beim Betrachten des Vogels werden die rot- und grünempfindlichen Zapfen in der Netzhaut stark gereizt. Dabei werden – wie bei jeder Reizung – chemische Substanzen in den Zapfen, die *Sehfarbstoffe*, verändert. Diese Stoffe werden ständig erneuert – doch das dauert nach einer starken Reizung einige Sekunden.

Fällt nun in dieser Zeit weißes Licht auf die Netzhaut, so erhält das Gehirn von den vorher nicht gereizten Zellen stärkere Signale als von den „ermüdeten“: Es entsteht ein Bild in den Komplementärfarben, das *Nachbild.*

Gelegentlich „erfindet“ unser Gehirn sogar Farbtöne, die nicht durch Reizung oder Überreizung von Sinneszellen zu erklären sind. In einem verdunkelten Raum läßt sich dazu ein einfacher *Versuch* durchführen; Bild 6 zeigt, was man dabei sieht:

Die beiden Kerzen erzeugen zwei Halbschatten des Bleistifts. Der eine Halbschatten (A) ist rot; dort fällt rotes Licht von der einen Kerze in den Schatten, den die andere erzeugt.

Auch der zweite Halbschatten (B) erscheint uns farbig – nämlich grün. Dabei wird hier vom Schirm nur das weiße Licht der nicht abgedeckten Kerze gestreut!

Wie kommt der grüne Schatten zustande? Wir betrachten zunächst die Farbe des Schirms. Aus Erfahrung wissen wir, daß der Schirm weiß ist. Diesen Farbeindruck versucht unser Gehirn aufrechtzuerhalten – ganz gleich, welche Farbe das vom Schirm gestreute Licht hat.

Im Versuch von Bild 6 wird der Schirm mit einer Mischung aus weißem und rotem Licht beleuchtet – er müßte rötlich erscheinen. Das Gehirn gleicht aber den rötlichen Farbton dadurch aus, daß es die Komplementärfarbe Grün „dazumischt“. Dadurch erscheint der Schirm weiß.

Im Bereich des Halbschattens B – wo nur weißes Licht auf den Schirm trifft – bleibt das dazugedachte Grün übrig; es wird ja nicht vom rötlichen Farbton ausgeglichen.

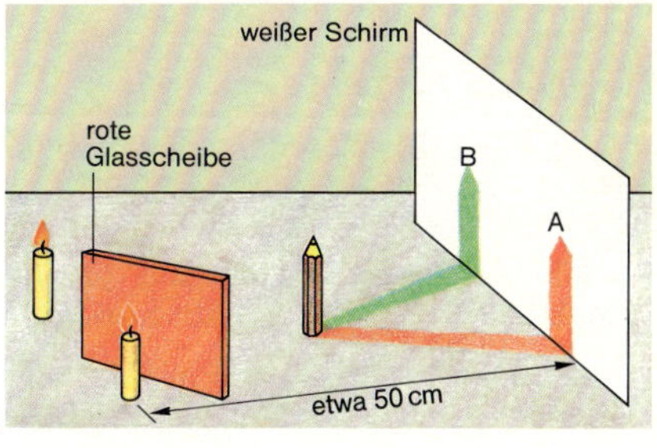

6

Info: Die Drei-Farben-Theorie des Sehvorganges

Mit dem **Farbensehen** ist es schon eine merkwürdige Sache: Wenn von einem Körper rotes und grünes Licht ausgeht, sehen wir die Farbe Gelb – obwohl gar kein gelbes Licht in unser Auge fällt!

Auch merken wir es einem Farbton nicht an, ob es sich um die *Spektralfarbe* Gelb handelt oder ob von weißem Licht nur das blaue Ende des Spektrums herausgefiltert wurde. Und wenn rotes, grünes und blaues Spektrallicht gemischt werden, sehen wir genau das gleiche Weiß, wie wenn das Licht des gesamten Spektrums in unser Auge fallen würde.

Beim Farbensehen spielen Vorgänge im **Auge** und im **Gehirn** eine wichtige Rolle. Allerdings gibt es bis heute keine allgemein anerkannte Theorie, die das Farbensehen in allen Einzelheiten erklärt.

Mit der Frage, wie das Gehirn Farbeindrücke erzeugt, beschäftigte sich schon *Isaac Newton* (1643–1727). Er schrieb: *Könnten nicht Harmonie und Disharmonie von Farben aus dem Verhältnis von Schwingungen entstehen, die sich über die Sehnervenfasern in das Gehirn fortpflanzen, so wie Harmonie und Disharmonie von Tönen aus dem Verhältnis der Luftschwingungen entstehen?*

Newton vermutete also, daß ein Farbeindruck auf ähnliche Weise entsteht wie ein Klang, der ja aus verschiedenen Tönen zusammengesetzt ist. Später zeigte sich, daß diese einfache Theorie zur Erklärung des Farbensehens nicht ausreicht.

Einen bedeutenden Fortschritt stellte die **Drei-Farben-Theorie** des englischen Arztes *Thomas Young* (1773–1829) dar. Young wußte, daß Menschen im allgemeinen weit über hundert Farbtöne unterscheiden können. Er überlegte sich, daß es nicht für jeden einzelnen dieser Farbtöne eigene Sinneszellen in der Netzhaut geben könne. Denn wäre das der Fall, müßten die Sinneszellen für einen bestimmten Farbton, z. B. für ein bestimmtes Rot, recht weit auseinanderliegen. Durch ein Rotfilter betrachtet, erschiene dann ein bunter Gegenstand wesentlich unschärfer als sonst, weil ja mit dem Filter nur die rotempfindlichen Zellen gereizt würden. Bei entsprechenden Versuchen konnte Young aber keine deutliche Verschlechterung der Sehschärfe feststellen.

Young schloß daraus, daß es nur wenige unterschiedliche Sinneszellen für die Farbwahrnehmung geben könne. Er behauptete sogar, daß der Mensch mit drei Arten von Sinneszellen auskommt, wobei jede Zellenart für eine bestimmte Farbe „zuständig" ist. Zunächst vermutete er je eine Zellenart für Blau, Rot und Gelb; später korrigierte er seine Theorie und vermutete Sinneszellen für rotes, grünes und violettes Licht.

Diese Drei-Farben-Theorie fand zunächst wenig Beachtung. Erst mehr als 50 Jahre später wurde sie von den Physikern *James Clerk Maxwell* (1831–1879) und *Hermann von Helmholtz* (1821–1894) aufgegriffen und weiterentwickelt.

Heute wissen wir, daß es in der Netzhaut des Auges tatsächlich drei verschiedene Arten von Sinneszellen für das Farbensehen gibt. Diese Sinneszellen nennt man **Zapfen**. Jede Zapfenart ist jedoch nicht nur für das Licht einer bestimmten Farbe empfindlich, sondern für einen ganzen Spektralbereich (Bild 1).

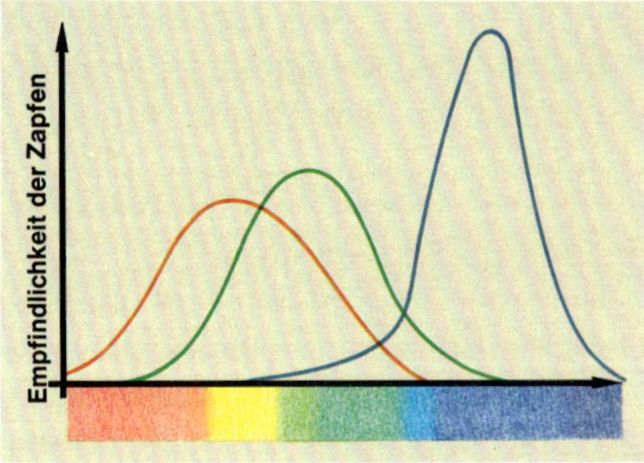

1

Die eine Zapfensorte ist für orangerotes Licht am empfindlichsten, die andere für grünes und die dritte für blaues. Die Zapfen für Rot und Grün sprechen beide auch auf gelbes Licht an.

Gelbes Spektrallicht reizt demnach die rot- und die grünempfindlichen Zapfen (Bild 2). Dieselben Zapfen werden aber auch durch rot-grünes Mischlicht gereizt (Bild 3). Wir haben in beiden Fällen denselben Farbeindruck; wir sehen das gleiche Gelb – obwohl das rot-grüne Mischlicht gar kein Gelb enthält!

Entsprechendes gilt für das blaugrüne Spektrallicht und für die Mischung aus blauem und grünem Licht (Bilder 4 u. 5).

Weiß nehmen wir dann wahr, wenn alle drei Zapfenarten gleichermaßen gereizt werden (Bilder 6 u. 7).

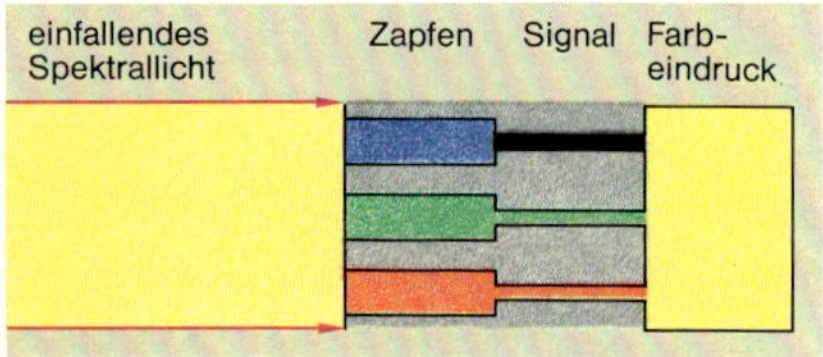

2

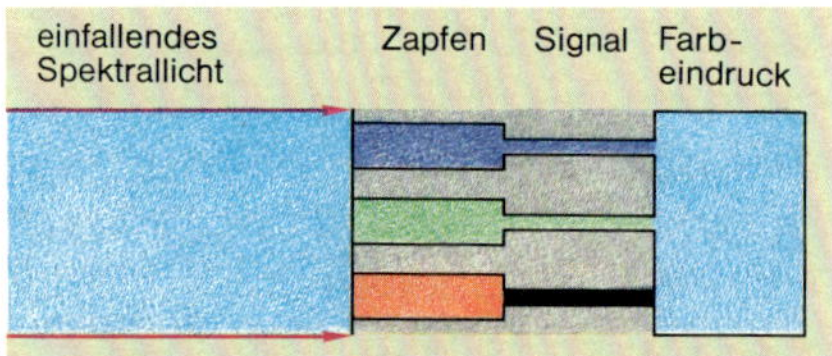

4

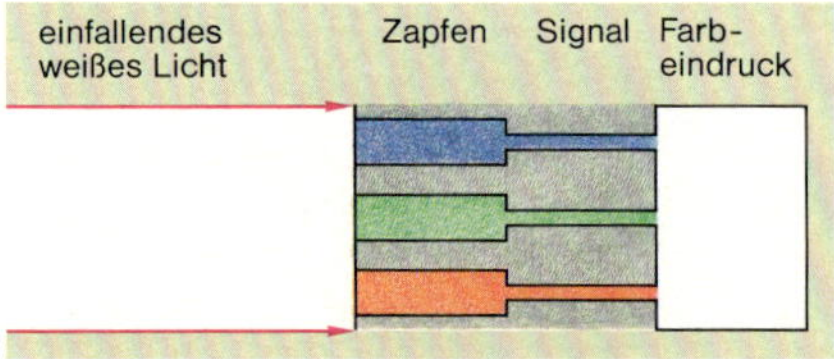

6

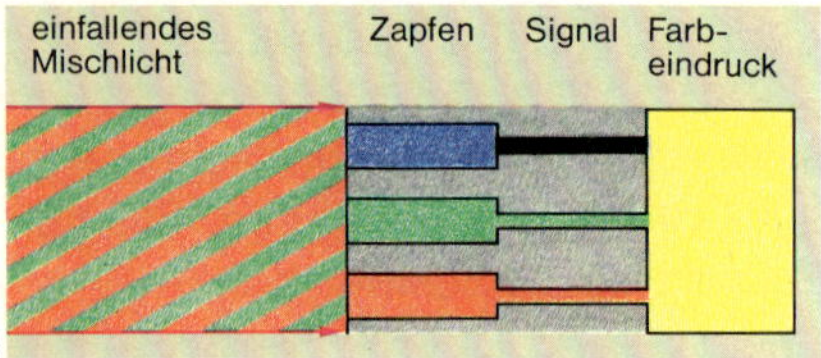

3

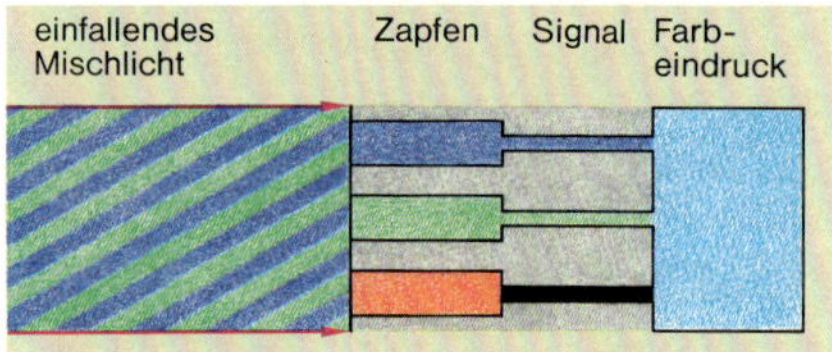

5

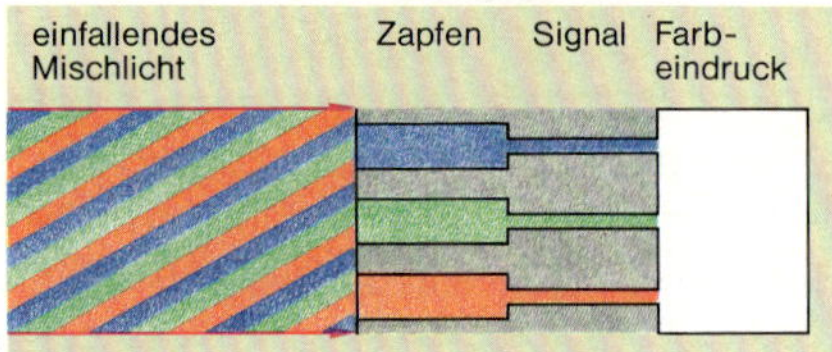

7

Fragen und Aufgaben zum Text

1 Welche Zapfen werden gereizt, wenn gelbes Spektrallicht ins Auge fällt?

Warum entsteht eigentlich derselbe Farbeindruck, wenn rotes und grünes Licht gleichzeitig die Netzhaut treffen?

2 Fällt eine Mischung aus gelbem und blauem Spektrallicht ins Auge, hat man den Farbeindruck *Weiß*. Gib dafür eine Erklärung.

3 Warum kann man die Spektralfarbe *Blaugrün* nicht von der Mischfarbe aus Blau und Grün unterscheiden?

4 Ein einfacher **Versuch** zum Farbensehen: Schließe beide Augen, decke ein Auge zusätzlich mit der Hand ab, und wende dein Gesicht ungefähr eine Minute lang einer hellen Lichtquelle zu.

Wenn du gleich danach abwechselnd mit dem linken und rechten Auge deine Umgebung betrachtest, wirst du sie mit jedem Auge anders sehen ...

Erkläre deine Beobachtungen. (Dazu ein *Tip:* Das Augenlid ist für Licht nicht völlig undurchlässig.)

4 Körperfarben

8

Unter diesen orangegelben Lampen sieht alles recht farblos aus. Wie das wohl kommt? ...

V 12 Das Licht der gelben Straßenlampe läßt sich auch im Physiksaal erzeugen. Dazu braucht jede Schülergruppe einen Brenner (mit farbloser Flamme) und ein Magnesiastäbchen, das zunächst angefeuchtet und dann in Kochsalz getaucht wird.

Wenn der Raum verdunkelt ist, werden alle Magnesiastäbchen gleichzeitig in die Flamme gehalten. Wie sehen farbige Gegenstände aus? Schau auch mal deiner Nachbarin oder deinem Nachbarn ins Gesicht ...

V 13 Warum sehen wir eigentlich (lichtundurchlässige) Körper in unterschiedlichen Farben?

Wir erzeugen wie in Versuch 3 ein Spektrum auf einem weißen Schirm. Dann werden farbige Kartons auf den Schirm gehalten – und zwar so, daß alle Farben des Spektrums zur Hälfte auf dem Karton und zur Hälfte auf dem Schirm liegen.

V 14 Baue dir einen Farbkreisel (→ Bauanleitung im Anhang). Stell den Kreisel dann so ein, daß du ein helles Grau siehst, wenn er sich bei Tageslicht dreht.

Stelle unterschiedlich große Farbsektoren ein, welche Farben kannst du erzeugen? Erkläre, wie sie zustande kommen.

Beleuchte den Kreisel auch mit dem gelben Licht der mit Kochsalz gefärbten Flamme. Vergleiche die Farben mit denen, die du bei Tageslicht siehst.

V 15 Welche Farbe hat das Licht, das von einem *braunen* Gegenstand ins Auge gelangt?

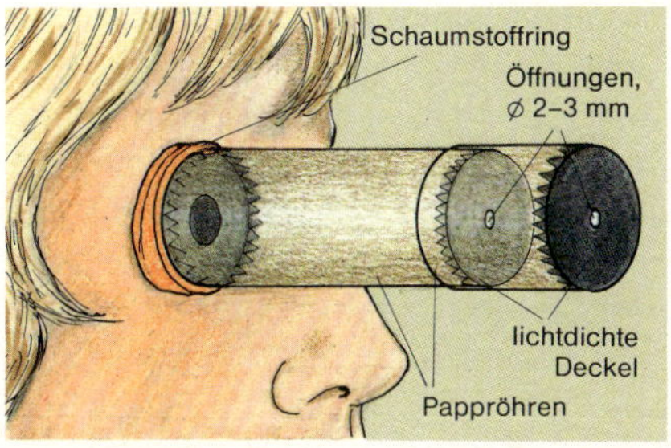

9

Eine Testperson hält sich ein Rohr wie in Bild 9 vor ein Auge; das andere Auge ist geschlossen.

Vor die Öffnung werden verschiedene braune Gegenstände gehalten, die gut beleuchtet sind. Die Testperson, die diese Gegenstände vorher nicht gesehen hat, soll nun deren Farben nennen.

V 16 „Aus Rot wird Braun."

Stecke eine Kreisscheibe aus schwarzem Karton auf ein Streichholz. Auf die Scheibe klebst du einen roten Fleck, der einen Durchmesser von 5 bis 10 mm hat.

Welcher Farbeindruck entsteht, wenn sich dieser „Kreisel" dreht? Du kannst den Farbton aufhellen, indem du zusätzlich einen schmalen gelben Streifen auf die Scheibe klebst.

Wiederhole den Versuch mit anderen Farbflecken.

Aufgaben

1 Warum sehen Gegenstände im gelben Licht einer mit Kochsalz gefärbten Flamme nicht bunt aus?

2 „Das ist ja ein schreckliches Rot", stöhnt Frau Kunze, als sie ihr neues Kleid bei Tage sieht. Dabei hat ihr doch abends im Geschäft die Farbe so gut gefallen. Es scheint, als habe sie sich über Nacht verändert ...

3 Wie entsteht Grün, wenn man die Farben Blau und Gelb aus einem Tuschkasten mischt (Bild 10)?

4 Vergleiche, wie Farben von lichtundurchlässigen Körpern und Filtern entstehen.

5 „Körperfarben gibt es nicht – es gibt nur farbiges Licht." Nimm Stellung zu dieser Behauptung.

6 Welche Farben leuchten besonders hell, wenn man das Spektrum des Sonnenlichtes auf einem grünen, blauen, orangeroten oder braunen Körper auffängt?

7 Rotes und grünes Licht ergeben den Farbeindruck Gelb. Wenn du im Tuschkasten rote und grüne Farbe mischst, entsteht aber ein schmutziges Braun. Wie kommt dieser Farbton zustande?

Tip: Um Braun zu erzeugen, muß außer farbigem Licht auch Schwarz vorhanden sein.

10

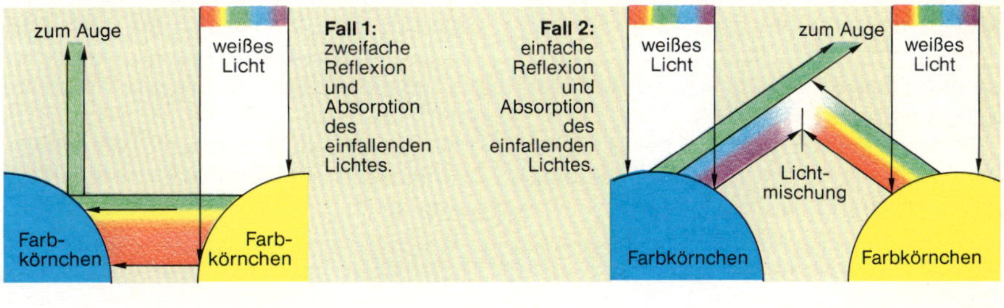

Aus Umwelt und Technik: **Farben gibt's – „die gibt's gar nicht"**

Damit wir einen lichtundurchlässigen Körper sehen, muß Licht von ihm in unser Auge fallen. Der Körper erzeugt dieses Licht nicht selbst, sondern streut auftreffendes Licht. Allerdings werden nur bestimmte Farbanteile gestreut, andere werden absorbiert. Die Mischung der gestreuten Farben ergibt die Körperfarbe. Die Farben von Körpern sind also das Ergebnis einer Farbsubtraktion.

Nur selten sieht man Körper in den leuchtenden Farben des Spektrums. So sieht z. B. das Rot eines Pullovers stets viel gedämpfter aus als das rote Licht des Sonnenspektrums. Und außerdem haben Kleidungsstücke, Möbel und Tapeten häufig Farben, die gar nicht im Spektrum vorkommen: Braun, Rosa, Olivgrün, Ockergelb ...

Mit unseren Augen können wir nur *Licht* wahrnehmen. Braunes oder olivgrünes Licht gibt es aber überhaupt nicht – und es läßt sich auch nicht durch Mischen herstellen. Trotzdem erscheinen uns Körper in diesen Farben!

Wie solche Farbtöne entstehen, läßt sich an Bild 1 erklären: Das Bild ist aus purpurroten, gelben und blaugrünen (cyanblauen) Farbpunkten zusammengesetzt. Diese überdecken sich teilweise und ergeben so die Farben Rot, Grün und Blau. Außerdem gibt es schwarze Punkte. Du wirst aber keinen einzigen *braunen* Farbpunkt finden.

Bei den Brauntönen in Bild 1 fällt auf, daß vor allem purpurrote und gelbe Punkte in schwarze Punkte „eingebettet" sind. Von den Flächen, die wir als Braun wahrnehmen, kann also nur *rotes* Licht ausgehen (denn Purpur und Gelb ergeben sowohl bei der Farbaddition als auch bei der Farbsubtraktion Rot).

Von den schwarzen Punkten geht kein Licht aus; sie absorbieren ja alles auftreffende Licht. Die schwarzen Punkte bewirken nur, daß die rot-schwarzen Flächen weniger hell erscheinen – mehr nicht! Das genügt aber schon: Merkwürdigerweise nehmen wir nämlich das rote Licht, das von den in Schwarz eingebetteten Flächen ausgeht, nicht als gedämpftes oder „schmutziges" Rot wahr, sondern als *Braun*!

Bild 2 zeigt, wie aus Rot durch immer mehr schwarze Punkte dunkelbraune Farbtöne entstehen. Genauso lassen sich aus Grün olivgrüne Farbtöne herstellen.

Wenn man Farbpunkte in dunkle Punkte „einbettet", erhält man also eine Vielzahl von anderen Farbtönen. Man spricht von *schwarz verhüllten* Farben.

Auch durch Weiß lassen sich Farben verändern. Je größer der Weißanteil des Lichtes ist, desto weniger *gesättigt* erscheinen die Farben (Bild 3).

1

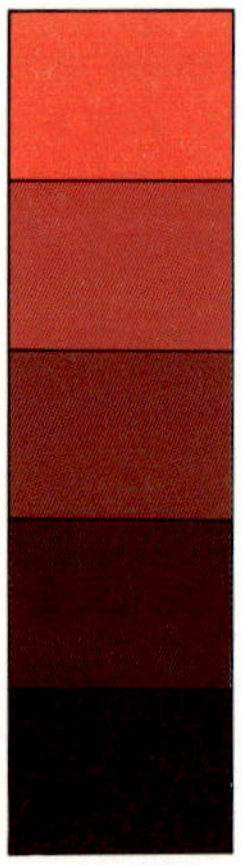
2

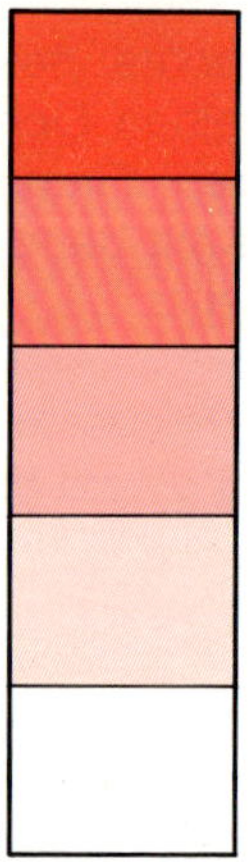
3

Bei unserer Wahrnehmung spielen *Farbkontraste* eine wichtige Rolle. So sieht man z. B. farbige Halbschatten, ohne daß diese Farben überhaupt vorhanden sind (→ *Farben sehen, wo gar keine sind*). Ohne Kontraste könnten wir auch keine Brauntöne sehen.

Wie stark der Farbeindruck von der Umgebung abhängt, wird am Fernsehbild deutlich: Dir erscheint z. B. ein Kleid auch dann „richtig schwarz", wenn Tageslicht auf die Mattscheibe fällt. Der (dunkle) Bildschirm hat jedoch eine graugrüne Farbe – und genau diese Farbe nimmst du als Schwarz wahr, wenn nur die Umgebung hell genug ist.

Die Farben

Alles klar?

1 Wenn man die Zimmerdecke durch ein Prisma betrachtet, erscheint sie weiß – trotz der zweimaligen Lichtbrechung an den Prismenflächen. Man beobachtet lediglich bunte Ränder.

Weshalb sind nicht auch in der Mitte der Zimmerdecke Farben zu sehen? Gib eine physikalische Erklärung.

2 Aus den additiven Grundfarben *Rot, Grün* und *Blau* lassen sich die subtraktiven Grundfarben *Gelb, Blaugrün* und *Purpur* herstellen. Beschreibe, wie man vorgehen muß.

Wie lassen sich aus den subtraktiven Grundfarben die additiven Grundfarben gewinnen?

3 Bei *Aristoteles* kann man folgenden Satz lesen:

So erzeugt sich die Weinfarbe, wenn mit reinem und leuchtendem Schwarz sich lichte Strahlen verbinden.

Wodurch unterscheidet sich diese Auffassung besonders deutlich von der heutigen Physik?

4 In der Erdatmosphäre kommt in 25 bis 50 km Höhe ein Teil des Sauerstoffes in Form von *Ozon* vor. Unterhalb dieser Schicht enthält das Sonnenlicht nur noch wenige Prozent des vorher vorhandenen ultravioletten Lichtes.

Womit kann man diese Luftschicht vergleichen?

Durch industriell erzeugte Gase wird der Ozongehalt dieser hohen Atmosphärenschicht verringert.

Welche Folgen für den Menschen sind zu befürchten?

5 Welche Farben haben die *einzelnen* Punkte in Bild 1? Betrachte das Bild aus einiger Entfernung. Erkläre, wie die Farbtöne zustande kommen, die du siehst.

6 Welche Sinneszellen im Auge werden gereizt, wenn wir den Farbton *Blaugrün* wahrnehmen? Welche farbigen Lichter können diesen Farbeindruck erzeugen?

Auf einen Blick

Farbige Lichter

4

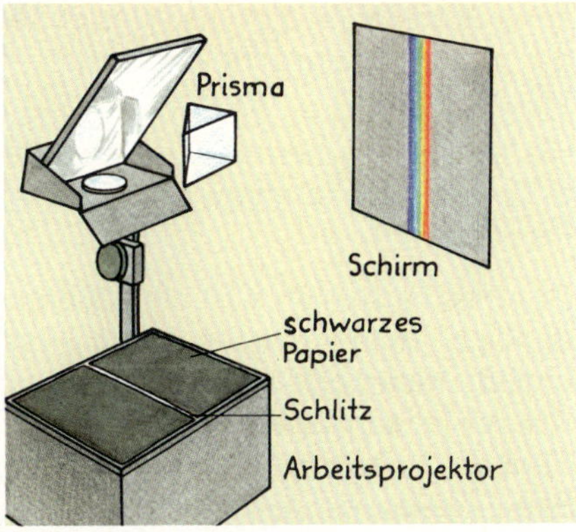

5

Wenn weißes Licht auf ein Prisma fällt, wird es zweimal gebrochen. Dabei „spreizt" sich das Lichtbündel auseinander, und auf einem Schirm hinter dem Prisma ist ein farbiges Lichtband zu beobachten. Man nennt es **Spektrum**. Die farbigen Lichter des Spektrums heißen **Spektralfarben**.

Das Spektrum des Sonnenlichtes ist bei Rot bzw. Violett noch nicht zu Ende. Auf der einen Seite folgt das *infrarote* Licht, auf der anderen das *ultraviolette*. Beide Strahlungsarten können wir mit dem Auge nicht wahrnehmen.

Wenn man alle Spektralfarben wieder zusammenführt (wenn man sie also „mischt"), erhält man weißes Licht.

Weißes Licht setzt sich aus den Spektralfarben zusammen.

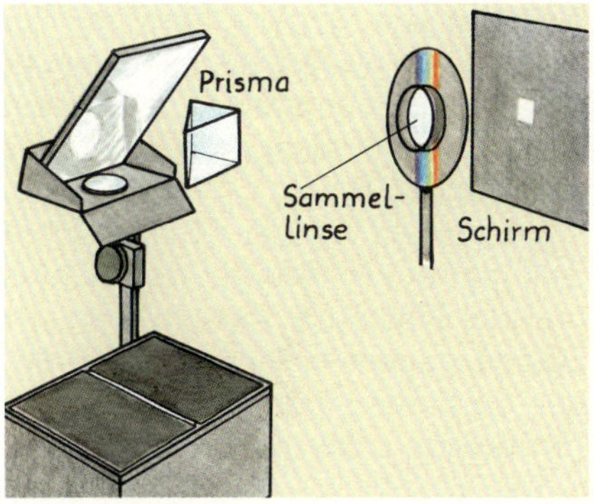

6

Das Prisma *erzeugt* also *nicht* das farbige Licht. Vielmehr *bricht* es die im weißen Licht enthaltenen Spektralfarben unterschiedlich stark: Rotes Licht wird am wenigsten abgelenkt, violettes am stärksten.

Man kann auch mehrere Spektralfarben mischen: Zum Beispiel ergeben rotes und grünes Licht zusammen ein gelbes Mischlicht. Das Mischen farbiger Lichter bezeichnet man als **Farbaddition**.

Farbige Körper

Fällt weißes Licht durch ein Farbglas (Farbfilter), so wird ein Teil der Spektralfarben absorbiert. Das durchgelassene Licht ist nicht mehr weiß, sondern farbig. Von dem (weißen) Mischlicht werden hier also Farben weggenommen; man nennt dies **Farbsubtraktion**.

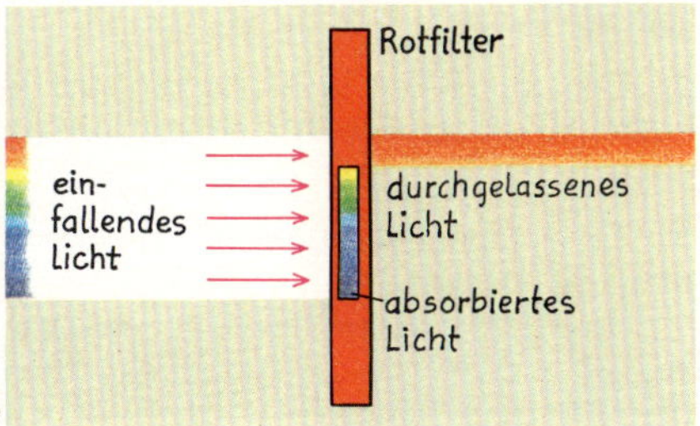

7

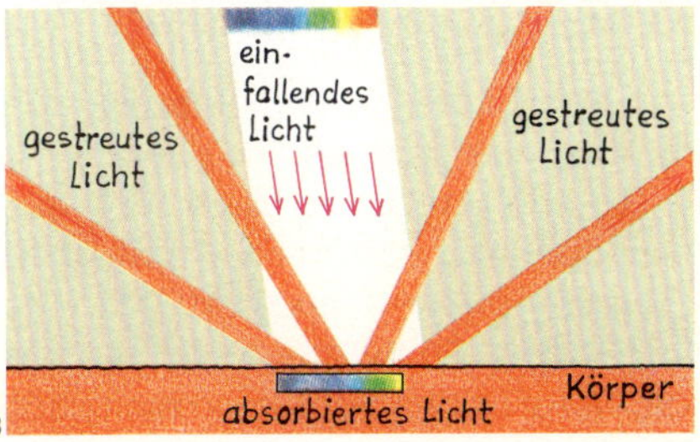

8

Auch die Farben lichtundurchlässiger Körper, die sog. **Körperfarben**, entstehen durch *Farbsubtraktion*. So absorbiert z. B. ein roter Stoff alle Spektralfarben außer Rot, Orange und Gelb. Diese Farben werden gestreut und rufen in unserem Auge den Eindruck eines bestimmten Rots hervor.

Körper erscheinen uns auch vielfach in Farbtönen wie Braun, Ocker, Rosa. Es gibt aber weder braunes noch ocker- oder rosafarbenes Licht.

Solche Farbtöne entstehen in unserem Bewußtsein, wenn zu dem Farbeindruck des Lichtes noch der Eindruck „Schwarz" oder „Weiß" hinzukommt.

Die Farbenlehre des Johann Wolfgang von Goethe

Ein andere Erklärung der Entstehung von Farben

Aus der Geschichte: **Das „Urphänomen" der Farben**

Sicherlich kennst du *Johann Wolfgang von Goethe* (1749–1832) als bedeutenden Dichter. Seine folgende Äußerung wird dich daher wahrscheinlich überraschen:

„Auf alles, was ich als Poet geleistet habe, bilde ich mir gar nichts ein ... Daß ich aber in der schwierigen Wissenschaft der Farbenlehre der einzige bin, der das Rechte weiß, darauf tue ich mir etwas zugute, und ich habe ein Bewußtsein der Superiorität (Überlegenheit) *über viele."*

Goethe hat auf zahlreichen Gebieten der Naturwissenschaften geforscht. Jahrzehntelang standen dabei die Farben im Mittelpunkt seines Interesses.

Nach Goethes Auffassung ist die Natur von Gegensätzlichkeiten bestimmt. Licht und Finsternis stellen ein Paar von Gegensätzen dar. Für Goethe sind die farbigen Erscheinungen das Ergebnis eines „Kampfes", der zwischen Licht und Finsternis ausgetragen wird.

Die Farben Weiß und Schwarz bezeichnet er als Vertreter des Lichtes und der Finsternis. Zwischen diesen beiden gegensätzlichen Farben liegen die bunten Farben; sie enthalten Anteile von Licht und von Finsternis.

Das Abendrot und das Himmelsblau (Bilder 1 u. 2) sind für Goethes Farbenlehre von grundlegender Bedeutung. Solche Erscheinungen, die man mit den Sinnen wahrnimmt, werden *Phänomene* genannt.

Goethe war davon überzeugt, daß sich die Natur aus wenigen einfachen „*Ur*phänomenen" erklären läßt. Die vielfältigen Phänomene, die man in der Natur beobachtet, kann man nach Goethes Ansicht auf diese Urphänomene zurückführen.

So glaubte er z. B., die „Urpflanze" entdeckt zu haben, deren Bauprinzip in allen Pflanzen vorkommt. In der Farbenlehre sind es das Abendrot und das Himmelsblau, die das „Urphänomen" in seiner reinen Form deutlich machen.

1

2

Goethe gab für die Entstehung der bunten Farben folgende Erklärung:

Bringt man vor ein *weißes Licht* eine schwache Trübung („Trübe"), so wird das Licht etwas verdunkelt und verfärbt sich dadurch gelb. Verstärkt sich die Trübung, wird das Gelb dunkler; dann entstehen Orange und schließlich Rot.

Du kannst dies leicht selbst beobachten, wenn du vor eine Glühlampe einen Stapel Papier hältst. Auch Rauch nimmt vor einem hellen Hintergrund eine gelbliche Färbung an.

Wenn die Trübung erleuchtet ist und sich vor einen *dunklen Hintergrund* schiebt, entsteht Blau. Je zarter diese Trübung ist und je dunkler der Hintergrund, desto mehr verdunkelt sich das Blau bis hin zum Violett.

Ein Beispiel für eine beleuchtete Trübung ist die von der Sonne erhellte Atmosphäre. Weil der Hintergrund – das Weltall – schwarz ist, erscheint der Himmel blau, in großer Höhe sogar dunkelblau bis violett. Rauch vor dunklem Hintergrund sieht ebenfalls bläulich aus.

Gelb und Blau sind nach Goethe die beiden Grundfarben, Rot und Violett deren Steigerungen.

Man könnte das „Urphänomen" der Farben so beschreiben:

○ *Dunkles vor einem hellen Hintergrund erzeugt Gelb. Je mehr die Finsternis dabei zur Geltung kommt, desto stärker verschiebt sich das Gelb zu Rot.*

○ *Helles vor dunklem Hintergrund erzeugt Blau. Wenn die Finsternis dabei nur wenig geschwächt wird, entsteht Violett.*

Die übrigen Farben erklärte Goethe aus dem Zusammenwirken dieser Farben.

Goethes Farbenlehre ist ein außerordentlich umfangreiches Werk – es umfaßt mehr als 2000 Buchseiten. Wir verdanken Goethe viele genaue *Beobachtungen* sowie ausführliche *Beschreibungen* natürlicher Farberscheinungen. Seine *Erklärungen* sind aber nicht von der Art, wie sie in der heutigen Physik zur Berechnung der Naturvorgänge gefordert werden.

Fragen und Aufgaben zum Text

1 Man spricht gelegentlich von „blauem Dunst". Was ist damit gemeint?

Wie kommt nach Goethe dieses Blau zustande?

Unter welchen Umständen entstünde „gelber Dunst"?

2 Der untere Teil einer Kerzenflamme erscheint oft bläulich. Wie erklärt Goethe diese Erscheinung?

3 Ein einfacher **Versuch** zum „Urphänomen" der Farben:

Gib einen Tropfen Milch in ein Glas Wasser, und rühre um. Halte das Glas dann vor eine Lampe.

Wie ändert sich die Farbe der Lampe durch diese Trübung?

Beleuchte das Glas *von der Seite*, und betrachte die getrübte Flüssigkeit vor dunklem Hintergrund (z. B. vor schwarzem Papier). Welchen Farbton nimmt die Flüssigkeit an?

Aus der Geschichte: **Goethe und die Farberscheinungen beim Prisma**

„Das Licht ist das einfachste, unzerlegteste, homogenste (einheitlichste) *Wesen, das wir kennen. Es ist nicht zusammengesetzt – am allerwenigsten aus farbigen Lichtern.“*

Mit diesen Worten widersprach Goethe der herrschenden Auffassung vom weißen Licht. Er meinte, die Wissenschaftler würden durch das „Zerlegen“ und „Teilen“ sowie mit ihrer „Rechenkunst“ der Natur Gewalt antun. Sie würden sie dadurch zwingen, sich in einer Form zu zeigen, die ihr überhaupt nicht entspricht.

Nur demjenigen offenbare die Natur ihre einfachsten Grundsätze, der die Erscheinungen ohne Apparate und mathematische Hilfsmittel betrachtet. Goethe lehnte es daher auch ab, eine Brille oder ein Fernrohr zu benutzen. Das Prisma verwendete er nur, um Newtons Versuche und deren „Fehldeutungen“ zu widerlegen.

Die Farben, die man beim Blick durch ein Prisma sieht, erklärte Goethe so:

Durch das Prisma erscheinen alle Gegenstände gegenüber ihrem wirklichen Ort verschoben. Betrachtet man durch das Prisma eine große weiße oder schwarze Fläche, so sind *keine* Farben vorhanden.

Nur dort, wo helle und dunkle Flächen aneinanderstoßen, entstehen farbige Ränder. Die Farbränder sind um so prächtiger, je größer der Kontrast zwischen Hell und Dunkel ist, je heftiger also Licht und Finsternis aufeinandertreffen.

Daß die Verschiebung des Bildes das „Urphänomen“ – also die Farben Gelb-Rot und Blau-Violett – hervorruft, erklärte Goethe so:

Das Bild wird nicht vollständig verschoben, sondern es widersetzt sich gewissermaßen der Verschiebung. Dadurch entsteht nach Goethe ein „Nebenbild“ (ähnlich wie beim Spiegelbild an einer Glasscheibe). Dieses „Nebenbild“ eilt dem eigentlichen Bild etwas voraus.

Wenn man das dunkle Rechteck in Bild 3 durch ein Prisma betrachtet, wird es durch die Brechung nach unten verschoben. An seiner Unterkante schiebt sich das schwarze Nebenbild über das weiße Papier. Dunkles über Hellem erzeugt Gelb. So entsteht der gelbe Saum. Wo das Dunkle noch wirksamer ist, steigert sich das Gelb zum Rot (Bild 4).

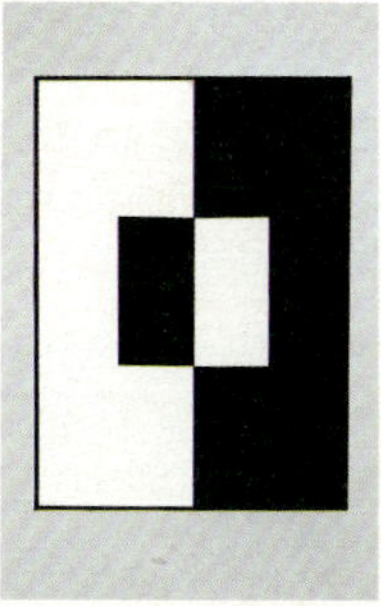
3

4

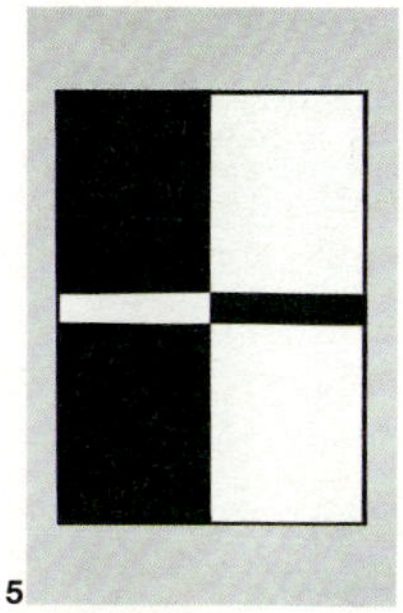
5

6

Oben schiebt sich das Bild der hellen Fläche über das zurückbleibende dunkle „Hauptbild“. Hell über Dunkel erzeugt Blau, bei stärkerer Wirkung der Finsternis wird daraus Violett.

Am weißen Rechteck entstehen auf die gleiche Weise die Ränder mit vertauschter Farbfolge.

Die Farben Grün und Purpur nannte Goethe eine „Komplikation“ der farbigen Ränder: Wenn ein heller Gegenstand auf dunklem Grund sehr schmal ist, schieben sich die gegenüberliegenden gelben und blauen Ränder ineinander. Ihre Mischung ergibt Grün (Bilder 5 u. 6). Bei einem schmalen, dunklen Gegenstand auf hellem Grund überlappen sich die violetten und roten Ränder. Es entsteht Purpur.

Die beiden so erzeugten Spektren sind gegensätzlich und ein Ausdruck des Gegensatzes zwischen Licht und Finsternis. *Purpur und Grün erscheinen als ein Paar gegensätzlicher Mischfarben.*

Grün – eine Mischfarbe? Vielleicht denkst du, daß man Goethe hier einen Irrtum nachweisen kann. Es läßt sich doch zeigen, daß die Spektralfarbe Grün nicht weiter zerlegt werden kann. Aber so einfach ist es nicht! In den Newtonschen Versuchen erscheint die Spektralfarbe immer als helles Spaltbild vor dunklem Grund. Betrachtet man jedoch die gegensätzliche Erscheinung, nämlich die Spektralfarbe Grün vor hellem Grund, so erscheinen ein blauer und gelber Rand an den Grenzen zum Hellen. Scheinbar wird Grün auf diese Weise ebenfalls zerlegt (Bild 7).

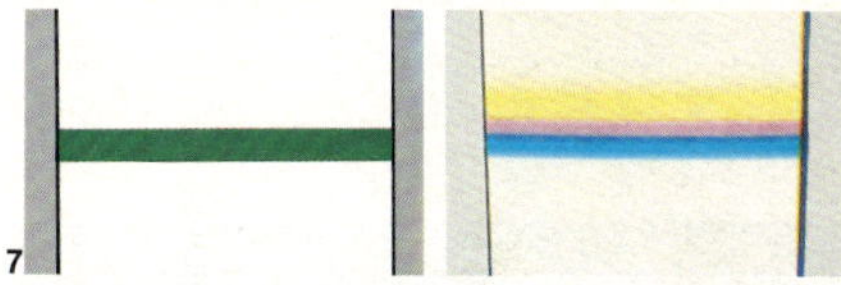
7

Die Frage, ob die Farbenlehre von Goethe oder die von Newton richtig sei, ist im Grunde genommen falsch gestellt.

Die moderne Physik hat sich die Aufgabe gestellt, mit ihren Theorien Naturvorgänge und Naturgesetze so zu erfassen, daß die Natur berechenbar und beherrschbar wird. Sie entwickelt dazu Vorstellungen, formuliert mathematische Gesetze und benutzt Apparate, die unsere Sinne weit übertreffen.

Genau diese Betrachtungsweise der Natur lehnte Goethe ab. Ihm ging es darum, die Natur als Einheit zu erfassen und zu erleben. Seine Haltung zu Laboratorien und komplizierten Apparaten wird in folgendem Gedicht deutlich:

Freunde, flieht die dunkle Kammer,
wo man euch das Licht verzwickt
und mit kümmerlichstem Jammer
sich verschrobnen Bilden bückt.
Abergläubische Verehrer
gab's die Jahre her genug,
in den Köpfen eurer Lehrer
laßt Gespenst und Wahn und Trug.

Goethes Farbenlehre ist eigentlich keine physikalische Theorie im heutigen Sinne, sondern eine ästhetische (*Ästhetik:* Lehre vom Schönen).

Der physikalische Kraftbegriff

1 Kräfte wirken auf Körper

Physikalische **Kräfte** kann man an ihren *Wirkungen* erkennen.

Gib zu jedem dieser Bilder an, auf welchen Körper eine Kraft wirkt, und beschreibe die Wirkung der Kraft.

1

2

3

4

5

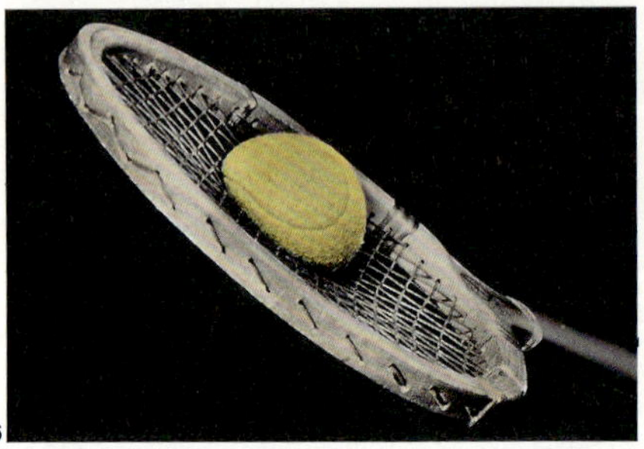
6

7

V 1 Mit Hilfe eines Dauermagneten kannst du sowohl die Geschwindigkeit einer Stahlkugel als auch ihre Bewegungsrichtung verändern; Bild 8 zeigt *eine* Möglichkeit.

Überlege dir weitere Möglichkeiten und probiere sie aus. Beschreibe jeweils genau, wie sich die Bewegung der Kugel ändert.

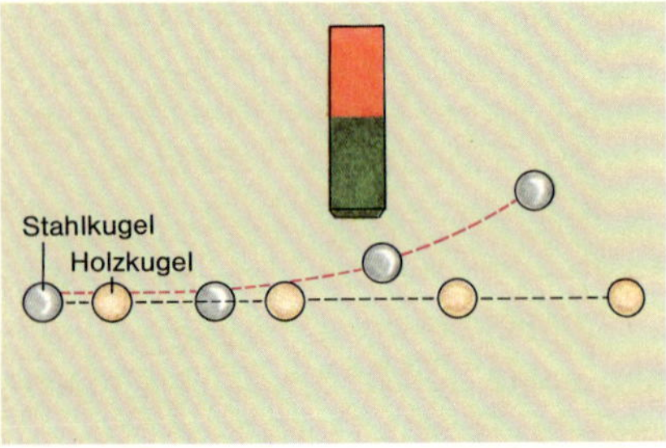

8

V 2 Bringe zwei Spielzeugautos auf die gleiche Geschwindigkeit, indem du sie auf einer glatten Tischplatte mit einem Bleistift gemeinsam anschiebst (Bild 9). Nimm dann den Bleistift weg, und vergleiche, wie weit die Autos noch rollen. Führe den Versuch auch mit einer Stahlkugel oder einer Glaskugel durch.

Versuche, den Ablauf der Bewegungen zu erklären.

V 3 Wirf einen Ball senkrecht nach oben. Beschreibe die Bewegung des Balles nach Verlassen der Hand bis zum Auftreffen auf dem Boden.

V 4 Schraube zunächst von einem Kugelschreiber das Oberteil ab. Drücke dann die Mine mit der Spitze eines Fingernagels in das Unterteil des Kugelschreibers hinein, und laß die Mine plötzlich los.

Beschreibe, wie sich die Bewegung der Mine zwischen „Abschuß" und „Aufprall" ändert.

Wodurch werden die Bewegungsänderungen verursacht?

9

Info: **Was man in der Physik unter Kraft versteht**

10

11

12

13

Das Wort *Kraft* kommt in der Umgangssprache in ganz unterschiedlichen Zusammenhängen vor (Sehkraft, Ausdruckskraft, Kraftfahrzeug...).

In der Physik hat der Begriff **Kraft** eine genau festgelegte Bedeutung; er steht in engem Zusammenhang mit Änderungen der Geschwindigkeit oder Änderungen der Bewegungsrichtung von Körpern.

Es gibt verschiedene Möglichkeiten für Geschwindigkeitsänderungen von Körpern:
- ○ Ein ruhender Körper wird in Bewegung gesetzt (Bild 10).
- ○ Ein Körper bewegt sich zunächst mit einer bestimmten Geschwindigkeit, dann wird die Geschwindigkeit größer (Bild 11).
- ○ Die Geschwindigkeit eines Körpers, der bereits in Bewegung ist, wird kleiner (Bild 12).

Was man unter einer Änderung der Bewegungsrichtung versteht, machen die folgenden Beispiele deutlich:
- ○ Ein Auto fährt eine Kurve (Bild 13).
- ○ Ein Ball fliegt gegen eine Wand und prallt zurück.

Geschwindigkeits- und Richtungsänderungen kann man mit einem einzigen Begriff zusammenfassen; man bezeichnet sie als **Änderungen des Bewegungszustandes**.

Die Ursache dafür, daß ein Körper seinen Bewegungszustand ändert, wird in der Physik Kraft genannt.

Neben der Änderung des Bewegungszustandes bewirkt eine Kraft meist auch noch eine **Verformung** des Körpers. Diese ist jedoch oft so geringfügig, daß man sie kaum erkennen kann. Nur selten ist die Verformung so deutlich zu sehen wie bei dem Tennisball in Bild 6.

Wenn auf einen Körper *keine Kraft* wirkt, kann sich sein Bewegungszustand *nicht* ändern. Das bedeutet:
- ○ Ohne Einwirkung einer Kraft bleibt ein ruhender Körper in Ruhe.
- ○ Wenn sich der Körper bereits in Bewegung befindet und keine Kraft auf ihn wirkt, bewegt er sich mit gleichbleibender Geschwindigkeit und in gleicher Richtung weiter.

Eine Kugel, die man anstößt und auf die dann keine Kraft mehr wirkt, würde sich demnach immer weiter bewegen. „Von selbst" wird die Kugel nicht langsamer.

Daß z. B. eine auf dem Fußboden rollende Kugel schließlich doch zur Ruhe kommt, ist auf die Reibung (zwischen Kugel und Boden und zwischen Kugel und Luft) zurückzuführen. Die Kugel wird durch die **Reibungskraft** abgebremst.

Info: **Betrag, Richtung und Angriffspunkt einer Kraft**

Aus Erfahrung weißt du, daß die Wirkung einer Kraft davon abhängt, *wie groß* sie ist und *welche Richtung* sie hat.

Zwei Beispiele sollen dir deutlich machen, was damit gemeint ist:

○ Beim Elfmeterschießen übt der Schütze mit seinen Muskeln eine Kraft auf den Ball aus. Je größer diese Kraft ist, desto größer ist die Geschwindigkeit, die der Ball erreicht.

In welche Richtung sich der Ball dabei bewegt, hängt von der Richtung der Kraft ab; die Bewegungsrichtung stimmt hier mit der Richtung der Kraft überein.

○ Wenn der Torwart einen scharf geschossenen Ball hält, übt er eine große Kraft aus. Läßt man den Ball auf dem Rasen ausrollen, so wirkt nur eine viel kleinere Kraft (Reibungskraft) auf den Ball; er kommt dann erst nach einiger Zeit zur Ruhe.

Kraft und Bewegung haben hier *entgegengesetzte* Richtungen.

Die Angabe, wie groß eine Kraft ist, nennt man den *Betrag* der Kraft. Die Wirkung einer Kraft hängt also von ihrem **Betrag** und ihrer **Richtung** ab. Oft spielt auch ihr **Angriffspunkt** eine Rolle (→ Unterkapitel „2 Das Kräftegleichgewicht").

Kräfte werden durch **Pfeile** dargestellt (Bild 14): Die *Richtung* des Pfeils entspricht der Richtung der Kraft.

Durch die *Länge* des Pfeils gibt man den Betrag der Kraft an: Je größer der Betrag, desto länger der Pfeil.

Der *Anfangspunkt* des Pfeils gibt an, auf welchen Körper die Kraft wirkt und an welchem Punkt sie angreift. Ist der Angriffspunkt nicht bekannt oder für das Problem unwichtig, läßt man den Pfeil z. B. in der Mitte des Körpers beginnen.

Für Kräfte verwendet man das Symbol $\vec{F}$ (von engl. *force*). Der Pfeil über dem Buchstaben soll daran erinnern, daß die Wirkung einer Kraft richtungsabhängig ist.

Läßt du einen Gegenstand los, den du in der Hand hältst, setzt er sich in Bewegung und fällt zu Boden. Daran erkennst du, daß eine Kraft auf den Gegenstand wirkt. Auf jeden Körper, der sich auf der Erde befindet, übt die Erde eine solche Kraft aus. Sie ist immer zum Mittelpunkt der Erde gerichtet. Wir bezeichnen sie als die **Gewichtskraft** auf den jeweiligen Körper.

Wenn du einen Ball nach oben wirfst, bewirkt die *Gewichtskraft*, daß der Ball beim Hochsteigen immer langsamer wird; anschließend fällt er wieder zur Erde und wird dabei immer schneller.

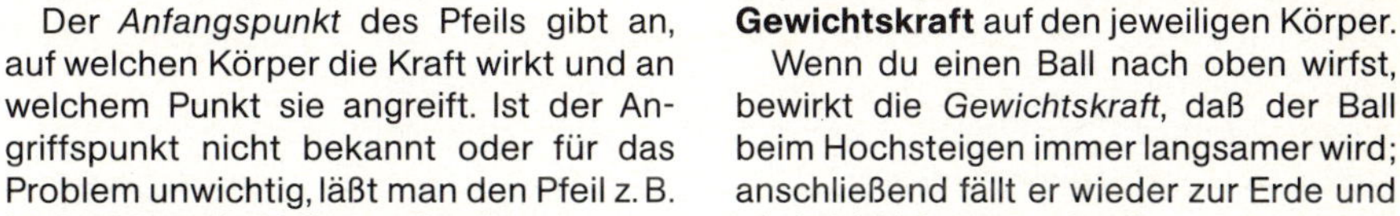

14

Aus Umwelt und Technik: **Voyager 2 – ohne Antrieb im Weltall**

Für einen Körper, auf den keinerlei Kraft wirkt, gilt: „einmal in Bewegung – immer in Bewegung“.

Wenn nicht ständig bremsende Kräfte wirken würden, brauchte man z. B. beim Radfahren auf waagerechter Strecke nur zum Anfahren zu treten – ans Ziel käme man dann ohne jede weitere Anstrengung.

Bei allen Bewegungen *auf der Erde* sind aber Reibungskräfte unvermeidlich; ohne Antrieb kommt daher jeder Körper nach einiger Zeit zum Stillstand. Wenn man erreichen will, daß die Bewegung möglichst lange anhält, muß man dafür sorgen, daß die Reibungskräfte gering sind.

Dagegen spielen *im luftleeren Weltraum* Reibungskräfte praktisch keine Rolle. Körper, die in Bewegung sind, hören dort nicht auf sich zu bewegen. Eine eindrucksvolle Bestätigung dafür liefern die Weltraumsonden, mit deren Hilfe unser Sonnensystem erforscht wird.

Zum Beispiel wurde die Raumsonde *Voyager 2* (Bild 1) im August 1977 gestartet. Vier Jahre später, im August 1981, passierte sie den Planeten Saturn, der etwa 1,5 Milliarden Kilometer von der Erde entfernt ist.

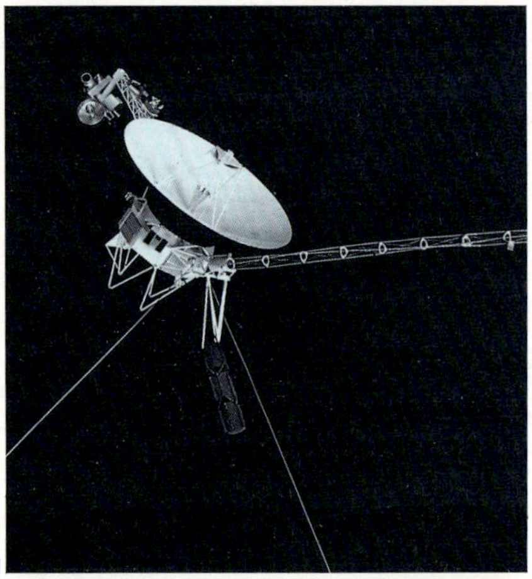
1

2

Noch einmal gut vier Jahre dauerte es, bis sie im Januar 1986 am Planeten Uranus vorbeiflog; dessen Entfernung von der Erde beträgt rund drei Milliarden Kilometer. Im August 1989 erreichte Voyager 2 den 4,5 Milliarden Kilometer entfernten Neptun. Seit dieser Zeit bewegt sich die Raumsonde hinaus in die Weiten des Weltalls.

Diese unvorstellbar langen Strecken hat Voyager 2 ohne Antrieb zurückgelegt! Treibstoff wurde nur benötigt, um mit Steuerungsmanövern die Flugrichtung zu verändern.

Da es im Weltraum keine Luftreibung gibt, brauchen Raumsonden auch nicht stromlinienförmig gebaut zu werden. Wichtig dagegen ist eine große Antenne, damit trotz der gewaltigen Entfernungen ein Funkkontakt mit der Erde möglich ist.

Die Meßdaten und die eindrucksvollen Bilder, die über Funk zur Erde übertragen wurden, haben unser Wissen über das Sonnensystem wesentlich erweitert.

Bild 2 zeigt eine Aufnahme von Saturn. Auf dem Ringsystem ist der Schatten des Planeten zu erkennen.

Aus der Geschichte: **Warum bleibt ein Ochsenkarren stehen?**

Was geschieht, wenn die Ochsen einen Ochsenkarren nicht mehr ziehen? Der Karren bleibt fast augenblicklich stehen – das scheint ganz selbstverständlich zu sein...

Vor über 2000 Jahren lebte in Griechenland der Philosoph *Aristoteles* (384–322 v. Chr.). Er beschäftigte sich auch mit naturwissenschaftlichen Fragestellungen. Zum Beispiel versuchte er, eine Erklärung dafür zu finden, *warum* sich ein Ochsenkarren oder ein anderer Körper bewegt. Seine Überlegungen unterscheiden sich aber erheblich von denen der heutigen Physik.

Aristoteles ging davon aus, daß in der irdischen Welt alle Stoffe aus den vier „Elementen“ Erde, Wasser, Luft und Feuer zusammengesetzt sind. Nach Aristoteles haben diese Elemente bestimmte Eigenschaften. Zum Beispiel sind Erde und Wasser schwer, Luft und Feuer dagegen leicht. Entsprechend ihren Eigenschaften haben die Elemente einen natürlichen Ort, zu dem sie streben: Erde und Wasser streben nach unten, Luft und Feuer nach oben.

Bei den Bewegungen unterschied Aristoteles „natürliche Bewegungen“ und „erzwungene Bewegungen“. Das Fallen eines Steines zählte er zu den natürlichen Bewegungen. Nach Aristoteles besteht ein Stein überwiegend aus dem Element Erde; sein natürlicher Ort ist unten – und deshalb strebt der Stein „von Natur aus“ nach unten.

Die Bewegung eines Ochsenkarrens dagegen hielt er für eine erzwungene Bewegung. Eine solche Bewegung hört sofort auf, wenn der Zwang wegfällt, wenn also z. B. die Ochsen nicht mehr ziehen. Ohne Kraft gab es für Aristoteles keine Bewegung – wenigstens nicht auf der Erde. Für die Himmelskörper dagegen sollte das nicht gelten. Nach Aristoteles bestehen diese aus einem „fünften Element“ (lat. *quinta essentia:* das fünfte Seiende). Ihre natürliche Bewegung ist die immerwährende Kreisbewegung.

Die Lehre des Aristoteles klingt recht einleuchtend. Zu unseren täglichen Erfahrungen gehört ja, daß Bewegungen „von selbst“ aufhören: Ein Auto etwa, das nicht mehr angetrieben wird, kommt schon nach kurzer Zeit zum Stillstand. Aristoteles' Lehre hatte deshalb auch großen Einfluß auf das Denken der Menschen: Fast zweitausend Jahre dauerte es, bis sie durch die moderne Naturwissenschaft abgelöst wurde.

Nach unseren heutigen Vorstellungen sind Kräfte nicht zur Aufrechterhaltung, sondern zur *Änderung* von Bewegungen nötig: Der Ochsenkarren bleibt nicht stehen, weil *keine* Kraft auf ihn wirkt; ganz im Gegenteil – er bleibt stehen, weil *eine große Reibungskraft* auf ihn wirkt.

Ein Körper, der in Bewegung ist und auf den keine Kraft – auch keine Reibungskraft – wirkt, ändert weder seine Geschwindigkeit noch seine Bewegungsrichtung. Diesen Sachverhalt beschrieb der englische Physiker *Isaac Newton*, der von 1643 bis 1727 lebte (→ Text).

Ein Bewegungsgesetz

Jeder Körper beharrt im Zustand der Ruhe oder der gleichförmigen geradlinigen Bewegung, wenn er nicht durch einwirkende Kräfte gezwungen wird, seinen Zustand zu ändern.*

Isaac Newton, Mathematische Prinzipien der Naturlehre, 1687.

* Eine Bewegung heißt *gleichförmig*, wenn die Geschwindigkeit weder größer noch kleiner wird.

Die Bewegungen von Himmelskörpern erfolgen nach denselben Gesetzen wie die Bewegungen auf der Erde. So ziehen z. B. die Planeten schon seit Milliarden von Jahren ihre Bahnen um die Sonne. Ihre Geschwindigkeit wird nicht geringer, denn sie werden nicht durch Reibungskräfte abgebremst.

Fragen und Aufgaben zum Text

1 Was würde Newton auf die folgenden Fragen antworten? Wie würde die Antwort von Aristoteles lauten?
a) Warum fällt ein Stein zu Boden, wenn man ihn losläßt?
b) Ein Körper wird durch eine Kraft in Bewegung gesetzt. Was geschieht, wenn anschließend keine die Kraft mehr wirkt?

2 In unserer Umwelt können wir ständig beobachten: Körper, die nicht angetrieben werden, kommen früher oder später zur Ruhe. Wie erklärt man heute diese Beobachtung?

3 Wie kam wohl Aristoteles zu der Annahme, daß die Bewegungen der Himmelskörper nach anderen Gesetzen ablaufen als die Bewegungen auf der Erde?

Aufgaben

1 Hier sind fünf Situationen beschrieben, in denen Kräfte wirken:
① Ein Torwart faustet einen Ball über das Tor. ② Ein Kugelstoßer stößt gerade die Kugel. ③ Ein Auto fährt auf eine rote Ampel zu. ④ Ein Autofahrer, der langsam an einer Baustelle vorbeigefahren ist, gibt Gas. ⑤ Ein Magnet lenkt eine rollende Stahlkugel aus ihrer Bahn ab.

a) Auf welchen Körper wirkt jeweils eine Kraft?

b) An welcher Wirkung erkennst du, daß eine Kraft ausgeübt wird?

2 Nenne Beispiele aus der Umgangssprache, in denen das Wort *Kraft* nicht im physikalischen Sinne gebraucht wird.

3 Du setzt ein Spielzeugauto mit der Hand in Bewegung. Es fährt zunächst, wird dann aber immer langsamer und bleibt schließlich stehen.

a) Welche Kräfte spielen bei dem Vorgang eine Rolle? Was bewirken sie?

b) Unter welchen Umständen würde der Wagen nicht mehr aufhören, sich zu bewegen?

3

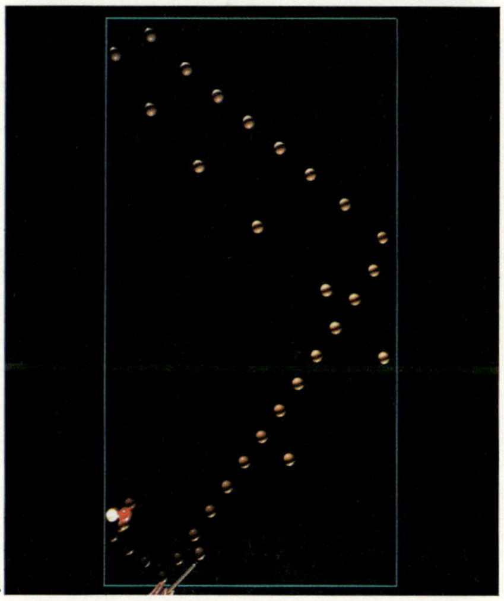

4

4 Beim *Curling* (Bild 3) läßt man einen schweren, blankpolierten Granitstein über ein Eisfeld gleiten. Das Ziel ist über 35 m entfernt. Wie ist es möglich, daß der Stein so weit rutscht?

Welche Aufgabe haben die Spieler mit dem Besen?

5 Wenn man bei starkem Regen mit dem Auto zu schnell fährt, kann es zum *Aquaplaning* kommen. Die Reifen verlieren dabei den direkten Kontakt zur Straße. Das Wasser zwischen Reifen und Fahrbahn wirkt wie ein Schmiermittel, und auf das Auto wirken nur noch sehr kleine Kräfte.

a) Bei Aquaplaning kann man ein Auto weder abbremsen noch lenken. Begründe!

b) Wie bewegt sich ein Auto bei Aquaplaning?

6 „Die Wirkung einer Kraft ist von ihrem Betrag und von ihrer Richtung abhängig."

Erläutere diesen Satz am Beispiel der Billardkugel von Bild 4. (Die Kugel wurde im Abstand von 0,1 s fotografiert. Dadurch wird ihre Bewegung sichtbar gemacht.)

2 Das Kräftegleichgewicht

1
2

Wenn man mit gleichbleibender Geschwindigkeit (und nur geradeaus) fährt, wird dauernd Benzin verbraucht. Erstaunlich, denn der Bewegungszustand des Autos ändert sich ja nicht. Wirkt denn keine Kraft auf das Auto?

3

Wenn du eine Tasche hältst, übst du eine Kraft auf die Tasche aus. Aber der Bewegungszustand der Tasche ändert sich doch überhaupt nicht...

V 5 Du benötigst ein Spielzeugauto und eine leicht geneigte Fahrbahn. Die Fahrbahn kannst du aus einem glatten Brett und einem Holzklotz aufbauen. Die Neigung des Brettes soll so gewählt werden, daß das Auto – einmal angestoßen – mit konstanter Geschwindigkeit hinabrollt.

a) Welche Kräfte wirken auf das rollende Auto?

b) Warum ändert sich der Bewegungszustand des Wagens nicht?

c) Wiederhole den Versuch mit anderen Autos und mit einer Stahl- oder Glaskugel.

Wovon hängt es ab, wie stark die Ebene geneigt werden muß?

V 6 Eine Schraubenfeder hängt an einem Haken; an ihrem unteren Ende ist mit Bindfaden ein Wägestück angebunden.

Der Bindfaden wird durchgeschnitten. Was geschieht mit dem Wägestück, was mit der Feder?

Welche Kräfte wirken also auf ein Wägestück, das an einer Schraubenfeder hängt? Wie sind diese Kräfte gerichtet?

V 7 Lege einen (runden) Stabmagneten auf einen Tisch. Nähere ihm von beiden Seiten gleichzeitig zwei weitere Stabmagnete. Schaffst du es, ohne daß sich der liegende Magnet in Bewegung setzt?

Beschreibe, wie du die beiden Magnete heranführen mußt, damit der Versuch klappt.

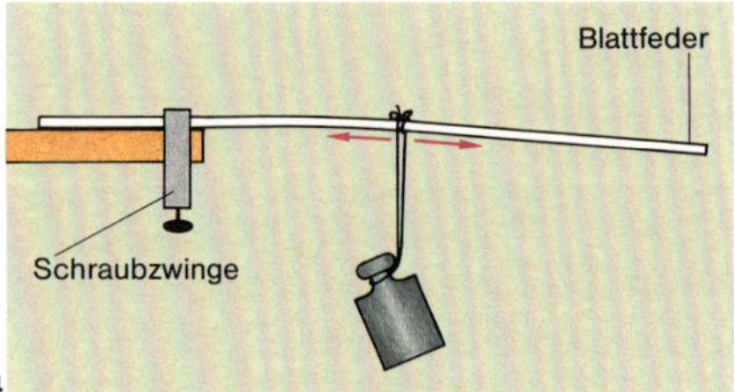

4

V 8 Befestige eine Blattfeder mit einer Klemme an einem Tisch.

a) Wie kannst du zeigen, daß die Wirkung einer Kraft auf die Feder von *Betrag* und *Richtung* abhängt?

b) Hänge jetzt ein Wägestück an die Blattfeder (Bild 4). Was stellst du fest, wenn du den *Angriffspunkt* der Kraft veränderst, indem du das Wägestück weiter außen oder weiter innen an die Feder hängst?

c) Wovon kann also die Wirkung einer Kraft abhängen?

Aufgaben

1 Wenn ein Fallschirmspringer aus dem Flugzeug springt, nimmt seine Geschwindigkeit zunächst rasch zu. Nach etwa 10 s erreicht er, noch bei geschlossenem Fallschirm, eine bestimmte Höchstgeschwindigkeit (ungefähr 200 $\frac{km}{h}$). Sein Bewegungszustand ändert sich dann nicht mehr. Kurz nachdem der Fallschirm entfaltet ist, fällt er mit einer gleichbleibenden Geschwindigkeit von 20 $\frac{km}{h}$.

Erkläre, wie es zu diesem Bewegungsablauf kommt.

2 Du hältst eine Tasche in der Hand. Welche Kräfte wirken auf die Tasche? Was kannst du über ihre Beträge und ihre Richtungen aussagen? Fertige eine Skizze an.

Nimm an, du hast die Tasche schon in Bewegung gesetzt und bist gerade dabei, sie mit gleichbleibender Geschwindigkeit hochzuheben.

Wie muß die Skizze mit den Kraftpfeilen in diesem Fall aussehen?

Info: **Körper im Kräftegleichgewicht**

5

In Bild 5 ziehen zwei Schülerinnen in entgegengesetzten Richtungen an einem Wagen – und der Wagen setzt sich *nicht* in Bewegung. Obwohl hier also Kräfte wirken, ändert sich der Bewegungszustand des Wagens *nicht.* Das liegt daran, daß sich die bewegungsändernden Wirkungen der Kräfte gegenseitig aufheben.

Genauso ist es, wenn du eine Tasche hältst: Auf die Tasche wirkt die nach unten gerichtete Gewichtskraft. Zusätzlich übst du eine Kraft nach oben aus. Die bewegungsändernden Wirkungen der beiden Kräfte heben sich auf; der Bewegungszustand der Tasche ändert sich nicht.

Wenn an einem Körper gleichzeitig mehrere Kräfte angreifen und sich ihre bewegungsändernden Wirkungen gegenseitig aufheben, sagt man: Der Körper ist im Kräftegleichgewicht.

Wir legen fest: Wirken zwei entgegengesetzt gerichtete Kräfte auf einen Körper und es besteht Kräftegleichgewicht, so sind die beiden Kräfte *gleich groß.*

Der Bewegungszustand eines Körpers im Kräftegleichgewicht ändert sich zwar nicht, der Körper wird aber durch die einwirkenden Kräfte mehr oder weniger stark **verformt.** Durch diese Verformung unterscheidet sich der Zustand des Kräftegleichgewichts von dem Zustand, in dem *keine* Kräfte auf den Körper wirken.

Sobald keine Kräfte mehr wirken, nehmen viele Körper ihre ursprüngliche Form wieder an. Solche Körper bezeichnet man als *elastisch.* Zu den elastischen Körpern gehören z. B. Schrauben- und Blattfedern, aber auch Bäume und Regalbretter (Bilder 6 u. 7).

Wenn man eine Kugel an eine Feder hängt, setzt sich die Kugel in Bewegung; sie kommt schließlich zum Stillstand (Bild 8). Die Feder wird durch das Anhängen der Kugel verformt. Je größer die Gewichtskraft auf die Kugel ist, desto stärker ist auch die Verformung der Feder.

Daß auch hier ein *Kräftegleichgewicht* eintritt, können wir so erklären: Wenn ein elastischer Körper verformt wird, entsteht in seinem Innern eine **Rückstellkraft,** die der Verformung entgegenwirkt. Je stärker die Verformung ist, desto größer ist auch die Rückstellkraft.

Auf die Kugel in Bild 8 wirken also die Gewichtskraft und die gleich große, aber entgegengesetzt gerichtete Rückstellkraft der Feder. Je größer die Gewichtskraft auf die Kugel ist, desto größer ist auch die Rückstellkraft.

6

7

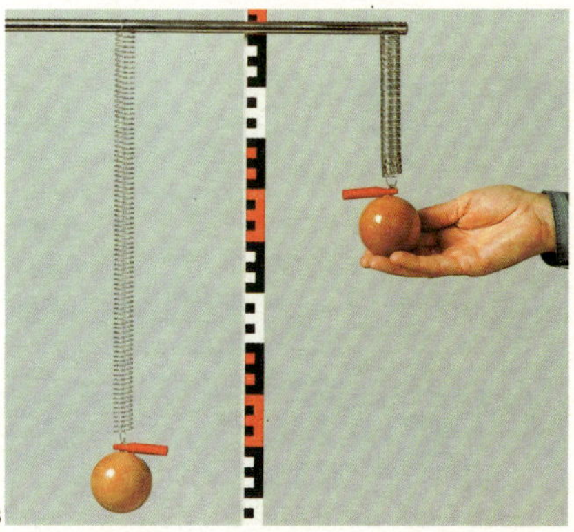
8

3 Ein Flugzeug fliegt mit gleichbleibender Geschwindigkeit in konstanter Flughöhe (Bild 9).

a) Ordne die Kraftpfeile von Bild 9 den folgenden Begriffen zu:

Antriebskraft der Flugzeugmotoren, Gewichtskraft auf das Flugzeug und *Reibungskraft.*

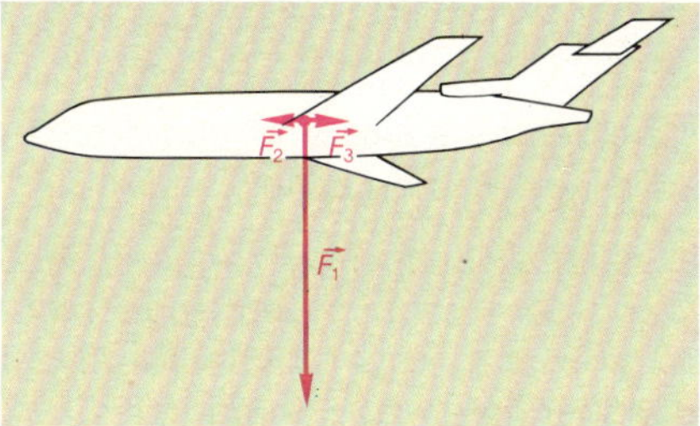

9

b) Es muß noch eine vierte Kraft auf das Flugzeug wirken. Weshalb ist diese Annahme berechtigt?

c) Warum mußten die Pfeile mit entgegengesetzten Richtungen gleich lang gezeichnet werden?

d) Was geschieht, wenn die Antriebskraft vergrößert wird?

Aus Umwelt und Technik: **Geschwindigkeitsrekorde mit dem Fahrrad**

245 km/h – da könnte ein normales Auto nicht mehr mithalten. Es klingt unglaublich, aber eine solche Geschwindigkeit wurde mit einem Fahrrad erreicht!

Beim Radfahren auf ebener Strecke hast du sicher schon folgende Erfahrung gemacht: Du trittst ständig in die Pedale und wirst trotzdem nicht schneller. Obwohl also eine Antriebskraft auf das Fahrrad wirkt, ändert sich die Geschwindigkeit nicht. Der Grund dafür sind **Reibungskräfte**.

Beim Radfahren treten Reibungskräfte an den Lagern von Achse und Tretkurbeln auf; dazu kommt der „Rollwiderstand" der Reifen. Ab etwa 15 km/h überwiegt der *Luftwiderstand*. Diese durch die Luft hervorgerufene Reibungskraft hängt von der Geschwindigkeit ab: Je schneller man fährt, desto größer ist sie.

Ein Radfahrer, der mit konstanter Geschwindigkeit fährt, ist im **Kräftegleichgewicht** – d.h., Antriebskraft und Reibungskräfte sind gleich groß.

Um mit dem Fahrrad hohe Geschwindigkeiten zu erreichen, gibt es

1

also zwei Möglichkeiten: Entweder sorgt man für eine größere Antriebskraft, indem man vorher seine Muskeln trainiert, oder man verkleinert die Reibungskräfte.

Radrennfahrer zum Beispiel fahren auf leichten Rennrädern mit Rennreifen und besonders guten Kugellagern. Sie tragen hautenge Anzüge und windschnittige Helme zur Verringerung der Luftreibung. Die Höchstgeschwindigkeit, die sich so auf ebener Strecke erreichen läßt, beträgt immerhin 70 km/h.

Durch eine windschnittige Verkleidung der Fahrräder kann die Luftreibung noch weiter verringert werden (Bild 1). Mit solchen Fahrzeugen sind in Amerika fast 100 km/h erreicht worden. Es wurden dort schon Radfahrer von der Polizei verwarnt, weil sie die zulässige Höchstgeschwindigkeit überschritten hatten...

Wie aber kann ein Radfahrer eine mehr als doppelt so hohe Geschwindigkeit erreichen? Dafür gibt es nur eine Möglichkeit: Der Luftwiderstand muß praktisch völlig ausgeschaltet werden, indem man im Windschatten eines Kraftfahrzeuges fährt.

Auf diese Weise erreichte 1985 der Amerikaner *John Howard* auf einem Salzsee im amerikanischen Bundesstaat Utah die sensationelle Höchstgeschwindigkeit von 245 km/h.

Allerdings ging es dabei wohl nicht ganz mit rechten Dingen zu: Hinter dem Kraftfahrzeug dürften sich nämlich Luftwirbel gebildet haben, durch die Howard in Fahrtrichtung geschoben wurde. Er hatte also unzulässig starken Rückenwind.

Nachahmen solltest du solche Rekordversuche aber auf keinen Fall! Das Fahren im Windschatten anderer Fahrzeuge ist lebensgefährlich, weil der Sicherheitsabstand fehlt.

3 Kraft und Gegenkraft

Wer erreicht als erster die Stativstange? Ist es immer der, der am fleißigsten zieht?

2

V 9 In der Anordnung von Bild 2 wird an beiden Seilenden je ein „Kraftanzeiger" befestigt. Damit können wir die Kräfte vergleichen, mit denen die Versuchspersonen am Seil ziehen.

Der Versuch wird nun abgewandelt: Ein Schüler bindet sich das Seil um den Bauch. Wer ist jetzt als erster an der Stativstange?

Vergleiche wieder die Kräfte.

V 10 Ein kleiner Stabmagnet und ein Eisennagel, die auf Styroporscheiben befestigt sind, schwimmen auf einer Wasserfläche.

a) Halte zunächst den Magneten fest. Wenn der Abstand zum Nagel nicht zu groß ist, bewegt sich der Nagel auf den Magneten zu. Erkläre!

b) Was wird geschehen, wenn du nicht den Magneten, sondern den Nagel festhältst? Überlege erst, und probiere es dann aus.

c) Welche Folgerung ziehst du aus deiner Beobachtung?

V 11 Lege eine Schraubenfeder auf ein Blatt Papier, und markiere die beiden Enden durch einen Strich. An beiden Enden der Feder steht jeweils ein Spielzeugauto.

a) Halte das linke Auto fest, und drükke mit dem rechten Auto die Feder zusammen (Bild 3). Was geschieht, wenn du das rechte Auto losläßt?

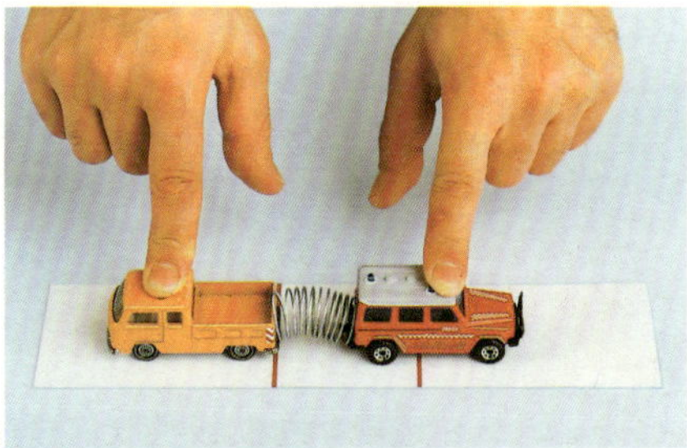

3

b) Gehe wie in Versuchsteil a vor, laß aber das linke Auto los.

c) Laß jetzt die beiden Autos gleichzeitig los.

V 12 Ziehe eine schwere Kiste an einem Seil zu dir hin. Ist das auch dann noch zu schaffen, wenn du auf Rollschuhen stehst?

Info: **Das Gesetz von „actio und reactio“**

Daß ein Magnet einen Eisennagel anzieht, weiß jeder. Aber auch der Nagel zieht den Magneten an! Man kann das beobachten, wenn man den Nagel festhält und dafür sorgt, daß sich der Magnet bewegen kann.

Genau genommen müßte man also sagen: Magnet und Eisennagel ziehen sich *gegenseitig* an.

Bei einem Wägestück, das an einer Feder hängt, ist es ähnlich: Das Wägestück zieht die Feder nach unten – die Feder zieht das Wägestück nach oben.

Magnet und Nagel, Wägestück und Feder üben also gegenseitig Kräfte aufeinander aus.

Es war wiederum *Isaac Newton*, der erkannte, daß es sich hierbei um eine allgemeingültige Gesetzmäßigkeit handelt:

Nie kann ein Körper auf einen anderen eine Kraft **(„actio“)** ausüben, ohne daß auf ihn ebenfalls eine Kraft **(„reactio“)** wirkt. Es ist immer so, daß beide Körper *wechselseitig* Kräfte aufeinander ausüben. Diese beiden Kräfte sind gleich groß, aber entgegengesetzt gerichtet.

4

Newton formulierte diesen Zusammenhang als weiteres *Bewegungsgesetz* (→ Text unten). Wir sprechen heute vom **Wechselwirkungsprinzip** oder vom *Gesetz von actio und reactio.*

Ein weiteres Beispiel zu diesem Gesetz: Nimm an, du willst ein Auto anschieben. Du mußt eine Kraft auf das Auto ausüben, um seinen Bewegungszustand zu ändern. Denke dir nun zusätzlich eine Feder zwischen deinen Händen und dem Auto. Die zusammengedrückte Feder übt nach hinten und vorne jeweils eine gleich große Kraft aus (→ Versuch 11). Auf dich wirkt also eine genauso große Kraft wie auf das Auto (Bild 4). Man kann sagen: Du schiebst das Auto nach vorne, und das Auto schiebt dich mit einer gleich großen Kraft nach hinten.

Daß das Auto auf dich eine nach hinten gerichtete Kraft ausübt, würde besonders deutlich werden, wenn du auf Rollschuhen stündest. Dann würdest du nämlich beim Anschieben nach hinten wegrollen.

Das *Wechselwirkungsprinzip* darf nicht mit der Gesetzmäßigkeit beim *Kräftegleichgewicht* verwechselt werden:

Kräfte, die ein Kräftegleichgewicht bewirken, wirken immer auf denselben Körper. Wechselwirkungskräfte greifen dagegen grundsätzlich an zwei verschiedenen Körpern an (Bilder 5 u. 6).

Gesetz von actio und reactio

Körper können immer nur wechselseitig Kräfte aufeinander ausüben. Die Kräfte, die zwei Körper wechselseitig aufeinander ausüben, sind gleich groß und entgegengesetzt gerichtet.

Isaac Newton, Mathematische Prinzipien der Naturlehre, 1687.

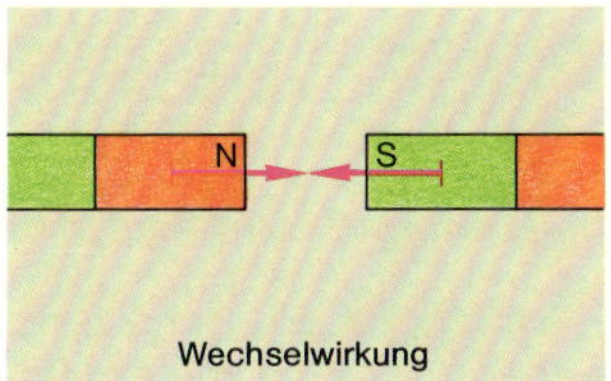

5 Wechselwirkung

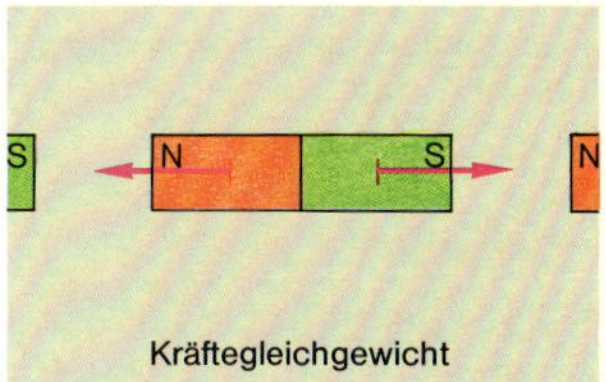

6 Kräftegleichgewicht

Aufgaben

1 Beim Schießen erfährt das Gewehr eine nach hinten gerichtete Kraft; sie muß mit der Schulter abgefangen werden. Wie kommt es zu diesem „Rückschlag“?

2 Läßt man einen aufgeblasenen Luftballon los, schwirrt er durchs Zimmer. Welche zwei Körper üben hier Kräfte aufeinander aus?

3 Wenn ein Auto auf einem Kiesweg anfährt, wird der Kies nach hinten weggeschleudert. Die Kraft, die die Räder auf die Straße ausüben, ist also nach hinten gerichtet. Warum fährt das Auto dann nach vorne?

4 Nimm an, du stehst auf einer Personenwaage und trägst einen schweren Gegenstand. Wie ändert sich die Anzeige der Waage, wenn du den Gegenstand nach oben reißt?

Was zeigt sie an, wenn du ihn anschließend ruckartig nach unten bewegst? Begründe deine Antworten.

5 Warum schmerzt eigentlich der Fuß, wenn man mit einem Pflasterstein „Fußball spielt“? Begründe mit dem Wechselwirkungsprinzip.

Aus Umwelt und Technik: **Fortbewegung durch Wechselwirkung**

Sicher kennst du die Lügengeschichten des Barons von Münchhausen. Unter anderem behauptet er ja, er habe sich am eigenen Schopf aus dem Sumpf gezogen...

Natürlich weißt du, daß das nicht möglich ist. Ungefähr das gleiche wäre es, wenn du dich auf eine Waage stellen und an deinen Haaren nach oben ziehen würdest. Die Anzeige der Waage bliebe völlig gleich; du würdest dir bei einem solchen Kraftakt höchstens die Haare ausreißen.

Wenn der Ausschlag der Waage zurückgehen soll, mußt du dich z. B. auf einen Tisch stützen. Du brauchst also einen zweiten Körper.

Einen solchen zweiten Körper benötigst du auch beim **Gehen**, nämlich die *Erde*: Wenn du gehst, übst du eine nach hinten gerichtete Kraft auf die Erde aus. Nach dem *Wechselwirkungsprinzip* wirkt dann auf dich eine nach vorne gerichtete Kraft. Diese von der Erde ausgeübte Kraft ist es, die dich voranbringt.

Ähnliches gilt für das **Autofahren**: Beim Auto dreht der Motor die Räder und übt so eine nach hinten gerichtete Kraft auf die Fahrbahn aus. Erst die

1

Wechselwirkungskraft, die von der Straße auf das Auto ausgeübt wird, treibt das Auto an.

Wie aber kann der Bewegungszustand einer **Rakete** im Weltall geändert werden? Das Weltall ist ja praktisch leer. Es gibt dort keinen Körper, auf den die Rakete eine Kraft ausüben könnte. Ohne einen solchen Körper gibt es aber keine Wechselwirkungskraft auf die Rakete.

Eine Rakete muß den Körper, mit dem sie in Wechselwirkung treten soll, in den Weltraum mitbringen. Bei diesem Körper handelt es sich um die Gase, die bei der Verbrennung des Treibstoffs entstehen (der für die Verbrennung benötigte Sauerstoff muß ebenfalls mitgeführt werden).

Die Verbrennungsgase werden von den Triebwerken mit hoher Geschwindigkeit nach hinten ausgestoßen. Um die Gase auf diese Geschwindigkeit zu bringen, muß die Rakete eine nach hinten gerichtete Kraft auf die Gase ausüben.

Die Gase ihrerseits üben eine nach vorne gerichtete Kraft auf die Rakete aus – und dadurch wird die Rakete angetrieben. Die Kraft, welche die Rakete auf die Gase ausübt, ist genauso groß wie die Kraft, die auf die Rakete wirkt.

Bild 1 zeigt die europäische *Ariane*-Rakete, mit der Satelliten in Erdumlaufbahnen gebracht werden.

Der physikalische Kraftbegriff

Alles klar?

1 „Kräfte gibt es doch überhaupt nicht! Noch nie hat jemand eine Kraft gesehen." Was meinst du zu dieser Aussage?

2 Weshalb ist eigentlich eine Kraft nötig, um ein Paket hochzuhalten? Der Bewegungszustand des Paketes ändert sich doch nicht.

3 In den folgenden Beispielen befindet sich jeweils ein Körper (durch *schräggestellte* Schrift gekennzeichnet) im Kräftegleichgewicht.

Beschreibe die Kräfte, die auf diesen Körper wirken.

a) Eine *Kiste* steht auf einem Tisch.
b) Ein Hund zerrt an der *Leine*.
c) Ein *Wägestück* hängt an einer Schraubenfeder.

2

d) Ein Traktor zieht einen schwer beladenen *Anhänger* mit konstanter Geschwindigkeit.

4 Wie entsteht die Kraft, durch die verhindert wird, daß ein Hubschrauber vom Himmel fällt?

Tip: Die Rotorblätter drücken die Luft nach unten...

5 Für einen „Weltraumspaziergang" benötigt ein Astronaut z. B. eine Gaspistole, aus der er bei Bedarf Gas ausströmen lassen kann (Bild 2).

Wozu ist die Gaspistole nötig? Begründe deine Anwort.

Auf einen Blick

Kräfte wirken auf Körper

Die Ursache dafür, daß ein Körper seinen *Bewegungszustand* ändert, wird in der Physik **Kraft** genannt.

Unter der Änderung des Bewegungszustandes eines Körpers versteht man eine Änderung seiner *Geschwindigkeit* oder seiner *Bewegungsrichtung*.

3 Durch Muskelkraft wird die Geschwindigkeit des Schlittens erhöht.

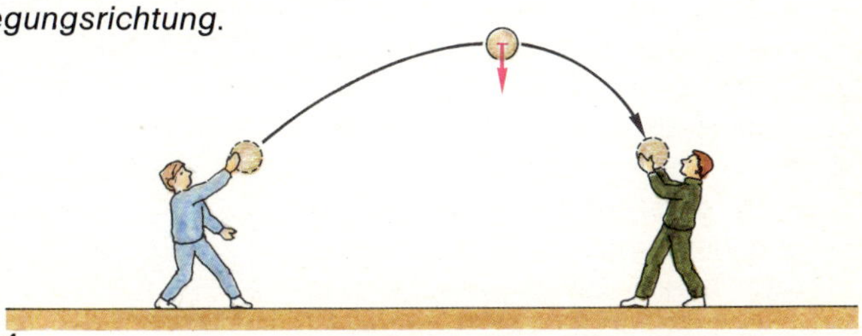

4 Die Gewichtskraft, die auf den Ball wirkt, verändert die Geschwindigkeit des Balls und seine Bewegungsrichtung.

Wenn *keine* Kraft auf einen Körper wirkt, ändert sich sein Bewegungszustand *nicht*.

Ohne Einwirkung einer Kraft bleibt also ein ruhender Körper in Ruhe; ein Körper, der sich bewegt, bewegt sich weiter – mit gleichbleibender Geschwindigkeit und in gleichbleibender Richtung.

Ändert sich der Bewegungszustand eines Körpers nicht, wirkt entweder keine Kraft auf den Körper, oder er befindet sich im **Kräftegleichgewicht**. Das heißt: Auf den Körper wirken mehrere Kräfte, deren bewegungsändernde Wirkungen sich gegenseitig aufheben.

Zum Beispiel ist ein Auto, das mit konstanter Geschwindigkeit fährt, im Kräftegleichgewicht; auf das Auto wirken nämlich die Antriebskraft und die gleich große, entgegengesetzt gerichtete Reibungskraft.

Außer der Änderung des Bewegungszustandes ruft eine Kraft meist auch eine **Verformung** des Körpers hervor. Diese ist oft so geringfügig, daß man sie kaum bemerkt.

Wenn sich ein Körper *im Kräftegleichgewicht* befindet, können die angreifenden Kräfte zwar keine Bewegungsänderungen, wohl aber eine Verformung bewirken.

Bei der Verformung **elastischer Körper** treten *Rückstellkräfte* auf, die der Verformung entgegenwirken. Je stärker die Verformung ist, desto größer ist die Rückstellkraft. Wenn sich die Verformung nicht mehr ändert, besteht Kräftegleichgewicht zwischen der Rückstellkraft und den von außen wirkenden Kräften.

Wirken auf einen Körper zwei entgegengesetzt gerichtete Kräfte und befindet er sich im Kräftegleichgewicht, so sind die Kräfte gleich groß; man sagt, sie haben den gleichen Betrag.

Das Wechselwirkungsprinzip

Kräfte treten immer paarweise auf:

Jeder Körper, der eine Kraft auf einen anderen Körper ausübt, erfährt auch von diesem Körper eine Kraft. Auf jeden der beiden Körper wirkt also eine Kraft. Die beiden Kräfte sind gleich groß und entgegengesetzt gerichtet.

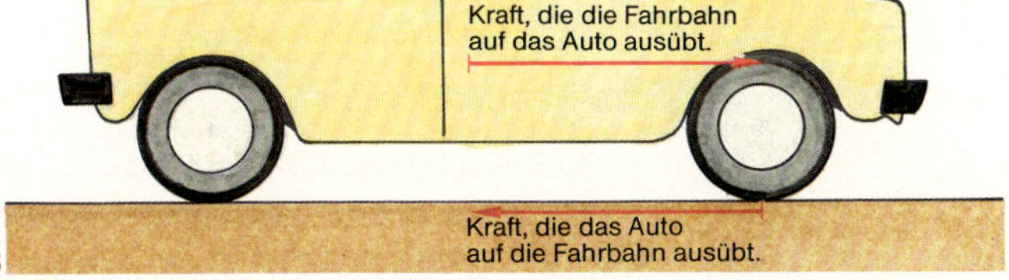

5

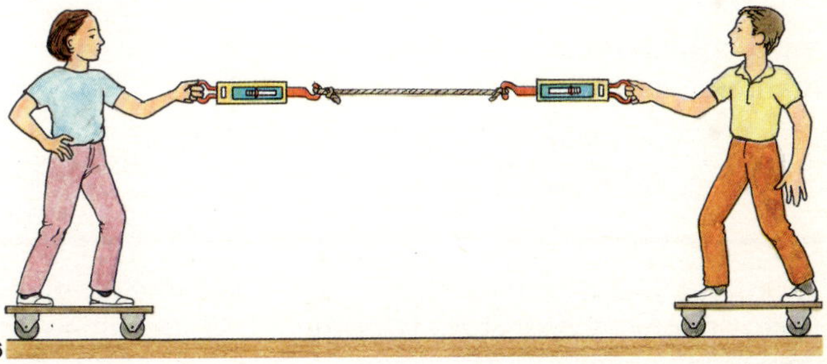

6

Ein Beispiel: Beim Anfahren üben die angetriebenen Räder eines Autos eine Kraft auf die Fahrbahn aus; diese ist nach hinten gerichtet.

Nach dem Wechselwirkungsprinzip wirkt auf das Auto eine nach vorne gerichtete Kraft, die von der Fahrbahn ausgeübt wird. Diese Kraft ist es, die das Auto in Bewegung setzt.

Kraft und Kraftmessung

1 Wir messen Kräfte

„Kräftemessen“ auf dem Rummelplatz: So sehr Bernd auch die Hörner zusammendrückt, bei Harald war der Zeigerausschlag größer...

1

V 1 Mit einem Expander (oder mit einem Fahrradschlauch) könnt ihr eure Kräfte *vergleichen.*

Achtung, den Expander gut befestigen, damit er nicht abrutscht! Nimm beim Fahrradschlauch das Ventil zwischen die Finger (Bild 2).

Woran erkennst du, wer mit größerer und wer mit kleinerer Kraft zieht?

Wann kann man sagen, daß zwei Schüler die gleiche Kraft ausüben?

Welche Eigenschaft von Expander und Schlauch wird bei diesem Vergleich genutzt?

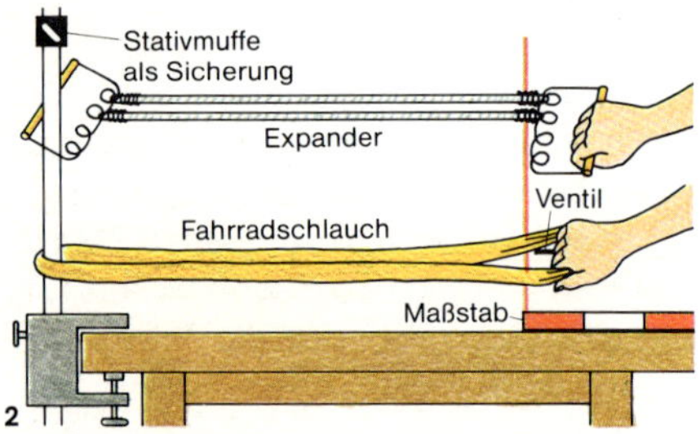

2

V 2 Wir wollen Kräfte *messen.* Die Kräfte sollen kleiner sein als in V 1. Daher verwenden wir als Meßgerät eine Schraubenfeder aus Stahl.

Um Messungen durchführen zu können, muß man für die Feder eine *Skala* herstellen, auf der die Meßwerte abgelesen werden können.

In Bild 3 siehst du eine geeignete Versuchsanordnung. Zusätzlich sind mehrere gleiche Wägestücke nötig.

a) Wie kann man überprüfen, ob die Gewichtskräfte auf die Wägestücke gleich groß sind?

b) Beschreibe, wie man eine Kraftskala für die Feder erhalten kann.

c) Um genauer messen zu können, muß man den Bereich zwischen zwei Skalenstrichen weiter unterteilen. Wie gehst du vor?

d) Miß die Gewichtskraft auf dein Schreib-Etui. Formuliere das Ergebnis.

e) Dein Kraftmesser hat noch den Nachteil, daß nicht die übliche Einheit verwendet wird. Im Info rechts kannst du nachlesen, auf welche Einheit man sich international geeinigt hat.

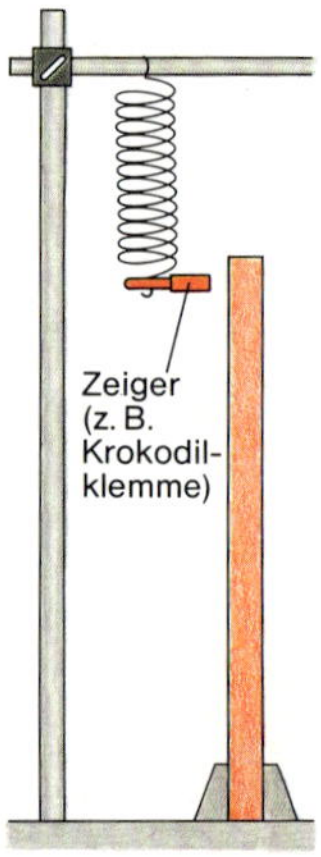

3

V 3 Jetzt sollen verschiedene Kräfte gemessen werden. Um alle Messungen durchführen zu können, brauchst du Kraftmesser mit unterschiedlichen Meßbereichen.

a) Miß die Kräfte, mit denen ein Magnet verschiedene Eisenkörper anzieht (z. B. Büroklammern, Nägel).

b) Bei welchen Zugkräften zerreißen Nähgarn, Woll- und Seidenfäden?

Führe jeweils mehrere Messungen durch, und bilde die Mittelwerte.

c) Miß die Kraft, die nötig ist, um einen Holzklotz mit konstanter Geschwindigkeit über die Tischplatte zu ziehen. (Eventuell läßt sich nur ein ungefährer Wert angeben.)

d) Lege zwei runde Bleistifte oder Stativstangen unter den Klotz. Welche Kraft ist nun erforderlich, um den Klotz über die Tischplatte zu ziehen?

V 4 Ein Wagen wird mit konstanter Geschwindigkeit auf einem schräg gestellten Brett (einer *schiefen Ebene*) hochgezogen.

a) Miß die Zugkraft. Warum ändert diese Kraft nicht den Bewegungszustand des Wagens?

b) Laß den Wagen das Brett hinunterrollen. Beschreibe die Bewegung und erkläre sie.

Aufgaben

1 In Bild 10 sind Kräfte dargestellt (1 cm entspricht 2 N). Stelle fest, welche Beträge diese Kräfte haben.

Zeichne im gleichen Maßstab Kräfte mit folgenden Beträgen in dein Heft: 0,8 N; 1,5 N; 5 N; 10,8 N.

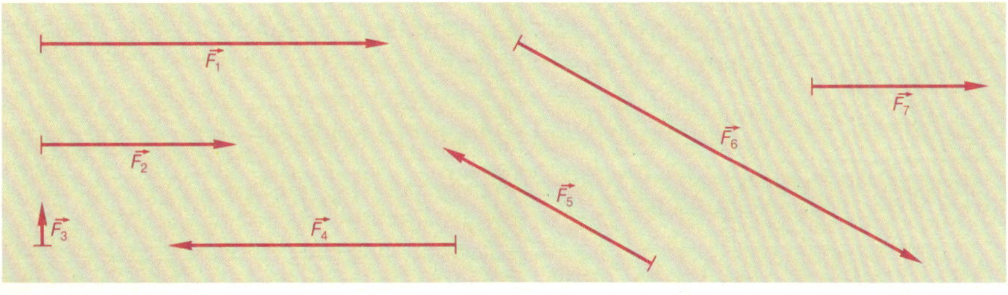

10

2 Drei gleich lange Kraftmesser haben ganz unterschiedliche Meßbereiche: 0 N bis 1 N, 0 N bis 10 N, 0 N bis 100 N.

a) Welcher der drei Kraftmesser hat die härteste Feder?

b) Wenn mit einer Kraft von 1 N an den Kraftmessern gezogen wird, verlängern sie sich um 1 mm, 1 cm, 10 cm.

Welche Verlängerung gehört zu welchem Kraftmesser?

Info: **So werden Kräfte gemessen**

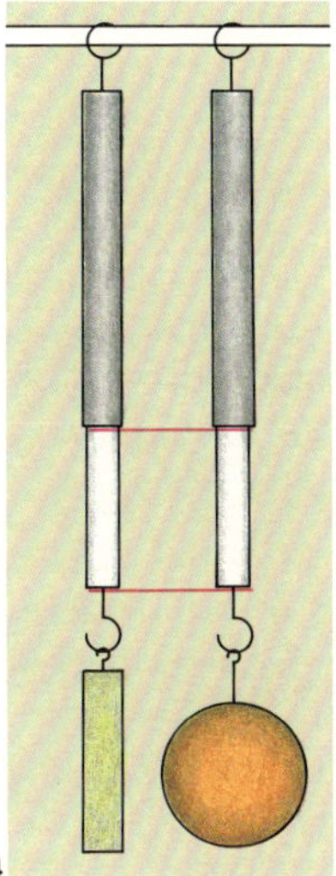
4

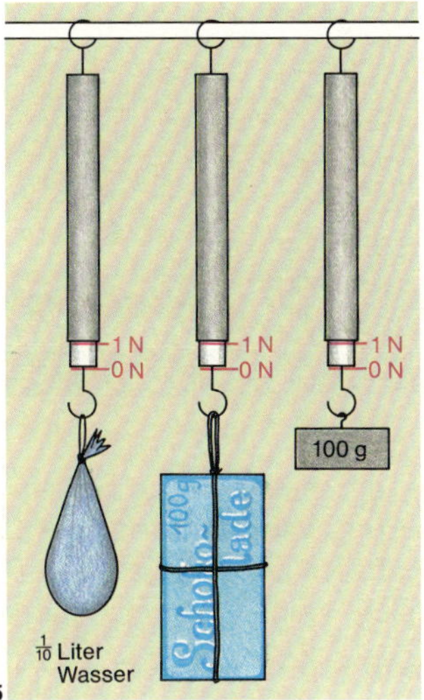

5

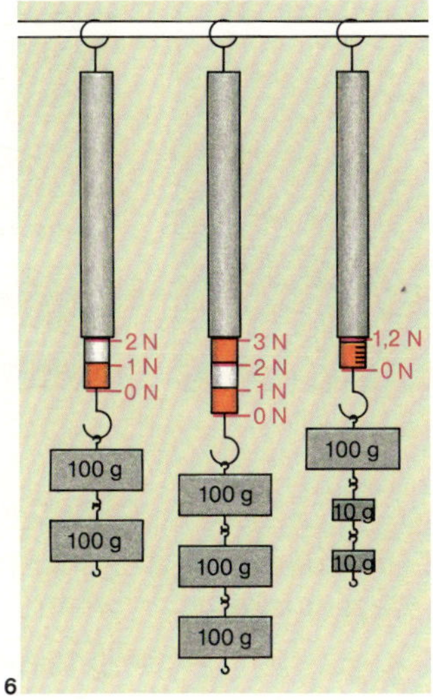

6

Zum **Messen** von Kräften verwenden wir eine Schraubenfeder aus Stahl (oder einen anderen elastischen Körper).

Das Meßverfahren wird in drei Schritten festgelegt:

1. Schritt: Man muß angeben, wie man feststellen kann, ob zwei Kräfte **gleich groß** sind (den gleichen Betrag haben).

Die Festlegung lautet: *Zwei Kräfte sind gleich groß, wenn sie eine Feder gleich stark verformen* (Bild 4).

2. Schritt: Es muß eine **Einheit** für die Kraft festgelegt werden.

Als Einheit wurde die *Gewichtskraft* festgelegt, *die auf ein zehntel Liter Wasser wirkt (genauer: auf den 9,81-ten Teil eines Liters Wasser).*

Die Krafteinheit wird zu Ehren des englischen Physikers *Isaac Newton* (1643 bis 1727) **1 Newton** genannt und mit 1 N abgekürzt. (Ergänzende Angaben zur Krafteinheit findest du im Kapitel *Masse und Gewichtskraft.*)

Wie groß eine Kraft von 1 N ist, macht ein *Beispiel* deutlich (Bild 5):

Bei einer 100-g-Tafel Schokolade messen wir eine Gewichtskraft, die fast genau 1 N beträgt.

Selbstverständlich könnte man Kräfte auch in ganz anderen (z. B. selbstgewählten) Einheiten messen. Dann entstünden aber die gleichen Probleme wie damals, als man Längen noch in den Einheiten Elle und Fuß maß...

3. Schritt: Die Kraft, deren Betrag wir messen wollen, muß mit der Einheit verglichen werden; sie muß als **Vielfaches** der Einheit angegeben werden.

Dazu ist eine Skala erforderlich. Um sie zu erhalten, benötigen wir mehrere Wägestücke, auf die jeweils eine Gewichtskraft von 1 N wirkt. Wir hängen ein Wägestück nach dem anderen an die Feder an und markieren die jeweilige Länge der Feder durch einen Strich (Bild 6).

Damit wir auch Zwischenwerte ablesen können, muß die Skala feiner unterteilt werden. Um z. B. eine Unterteilung in Zehntel-Newton zu erhalten, benötigen wir zehn gleiche Wägestücke, auf die zusammen eine Gewichtskraft von 1 N wirkt.

Während man für Kräfte das Symbol $\vec{F}$ verwendet, wird der Betrag der Kraft mit F (ohne Pfeil) bezeichnet.

Kraftmesser (Bilder 7–9) haben nicht alle den gleichen Meßbereich.

Zum Beispiel ist der Federdraht in Bild 8 sehr dünn. Diese Feder ist „weich"; sie dehnt sich schon erheblich, wenn eine kleine Kraft auf sie einwirkt. Der Meßbereich dieses Kraftmessers ist 0 N bis 1 N.

Der Federdraht in Bild 9 dagegen ist dicker. Die Feder ist „härter". Dieser Kraftmesser hat den Meßbereich 0 N bis 10 N.

Vor dem Messen muß der Kraftmesser genau auf Null eingestellt *(justiert)* werden. Dazu dient der Nullpunktschieber oder eine Stellschraube.

7

8
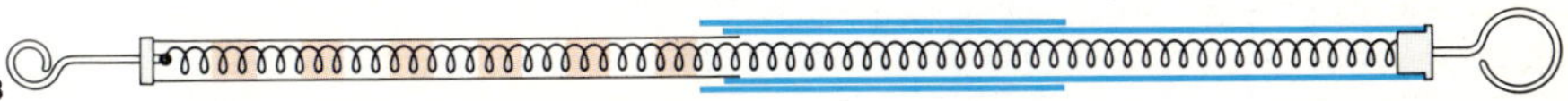

9
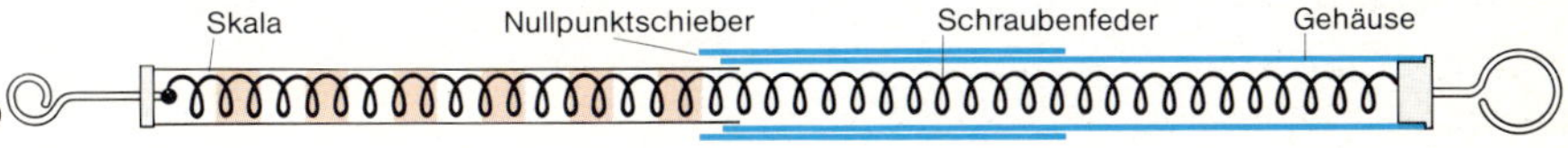

3 Die Rakete *Saturn V*, mit der 1969 Astronauten zur ersten Mondlandung starteten, verfügt über eine Schubkraft von 33 400 000 N in den ersten 150 Sekunden nach der Zündung. Beim Start beträgt die Gewichtskraft auf die Rakete 26 900 000 N.

Wie groß müßte die Schubkraft unmittelbar nach dem Start sein, damit die Rakete gerade schwebt?

Mit welcher Kraft wird die Geschwindigkeit der Rakete verändert?

4 Wenn man ein Verfahren zur *Längen*messung festlegt, muß man die gleichen drei Schritte ausführen wie bei der *Kraft*messung.

a) Beim Boccia ist der Spieler Sieger, dessen Kugel der Spielkugel am nächsten liegt. Ohne Maßband, nur mit einem Bindfaden kann man entscheiden, welche Kugel gewonnen hat. Wie geht man dabei vor?

b) Wie erkennst du *gleiche* Abstände?

c) Welches ist die Einheit der Länge? Wie kann man sie festlegen?

d) Wie kann man – ausgehend von der Längeneinheit – auf einem Papierband eine Längenskala herstellen?

5 Größen wie Kraft und Temperatur, bei denen das Meßverfahren in drei Schritten festgelegt wird, sind *Grundgrößen*. Beschreibe die drei Schritte zur Festlegung der Temperatur.

2 Kraft und Verformung

Zweierlei Verformungen...

Über diese Verformung ärgert sich der Autofahrer.

1

2

Auch hier spielt die Verformung eine Rolle.

V 5 Eine Stahlfeder und ein Gummiband werden durch Anhängen von Wägestücken verformt (Bild 3).

Untersuche, wie die Verlängerung der Feder (des Gummibandes) und die Gewichtskraft auf die Wägestücke zusammenhängen.

Lege eine Tabelle nach folgendem Muster an:

Anzahl der Wägestücke	Kraftbetrag *F* in N	Lage des Zeigers in cm	Verlängerung *s* in cm
?	?	?	?

a) Miß die Lage des Zeigers, wenn kein Wägestück angehängt ist. (Das Gummiband muß gestreckt sein.) Hänge dann nacheinander die Wägestücke an.

Trage jeweils den Betrag der Kraft und die Lage des Zeigers in die Tabelle ein. Berechne die jeweilige Verlängerung der Feder (des Gummibandes).

b) Nimm ein Wägestück nach dem anderen ab, und notiere wieder den Kraftbetrag und die Lage des Zeigers. Vergleiche mit den Meßwerten aus Versuchsteil a.

c) Zeichne ein Achsenkreuz wie in Bild 4. Jedem Paar von Meßwerten (Verlängerung | Kraftbetrag) entspricht ein Punkt im Achsenkreuz. Trage diese Punkte ein. Zeichne – wenn möglich – eine Ausgleichsgerade (→ Info).

d) Formuliere das Versuchsergebnis.

Falls deine Mitschüler mit anderen Stahlfedern oder Gummibändern gearbeitet haben, werden die graphischen Darstellungen verglichen. Was stellst du fest?

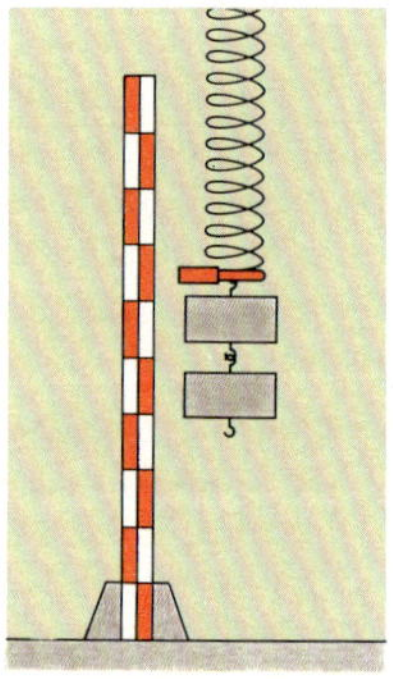
3

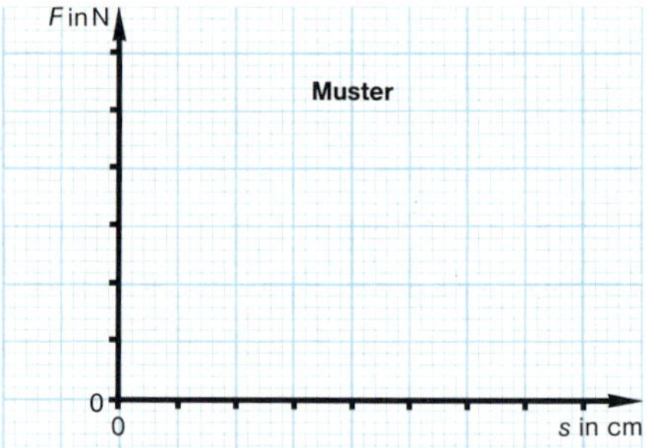

4 Zusammenhang zwischen Kraft *F* und Verlängerung *s* bei einer Schraubenfeder

Info: **Die Proportionalität – eine kurze Wiederholung aus der Mathematik**

Für die Auswertung von Versuch 5 benötigst du den Begriff *Proportionalität*; du kennst ihn zwar aus der Mathematik aber eine kurze Wiederholung kann ja nicht schaden...

Ein Beispiel: In der Tabelle (rechts unten) ist die Zuordnung zwischen einer Benzinmenge (Volumen) und den Benzinkosten dargestellt. Diese Zuordnung ist *proportional.*

Proportionale Zuordnungen lassen sich auf verschiedene Weise charakterisieren:

○ Ein Liter Benzin kostet 1,10 DM. Doppelt so viel Benzin ist doppelt so teuer; dreimal so viel Benzin kostet das Dreifache.

Zwei Größen sind zueinander proportional, wenn zum Doppelten (Dreifachen, Vierfachen, ...) der einen Größe das Doppelte (Dreifache, Vierfache, ...) der anderen Größe gehört.

○ Die Paare (1 l | 1,10 DM), (2 l | 2,20 DM), (3 l | 3,30 DM) haben den gleichen Quotienten. Wenn man die Kosten durch die Benzinmenge teilt, ergibt sich stets der gleiche Wert:

$$\frac{1{,}10\ \text{DM}}{1\ \text{l}} = \frac{2{,}20\ \text{DM}}{2\ \text{l}} = \frac{3{,}30\ \text{DM}}{3\ \text{l}} = 1{,}10\ \frac{\text{DM}}{\text{l}}.$$

Zwei Größen sind zueinander proportional, wenn alle Paare den gleichen Quotienten haben (Quotientengleichheit).

○ In Bild 5 sind die Wertepaare als Punkte in ein Achsenkreuz eingetragen. Alle diese Punkte liegen auf einer Geraden durch den Ursprung des Achsenkreuzes („Nullpunkt").

Die Proportionalität zweier Größen bedeutet auch, daß sich bei einer Darstellung im Achsenkreuz eine Gerade durch den Ursprung ergibt.

Alle drei Formulierungen der Proportionalität sind gleichwertig. Wenn sich also z. B. bei der graphischen Darstellung zweier Größen eine Gerade durch den Ursprung ergibt, kann man daraus schließen, daß die beiden Größen quotientengleich sind.

Volumen in l	Kosten in DM
0,5	0,55
1	1,10
1,5	1,65
2	2,20
3	3,30
4	4,40
5	5,50
6	6,60

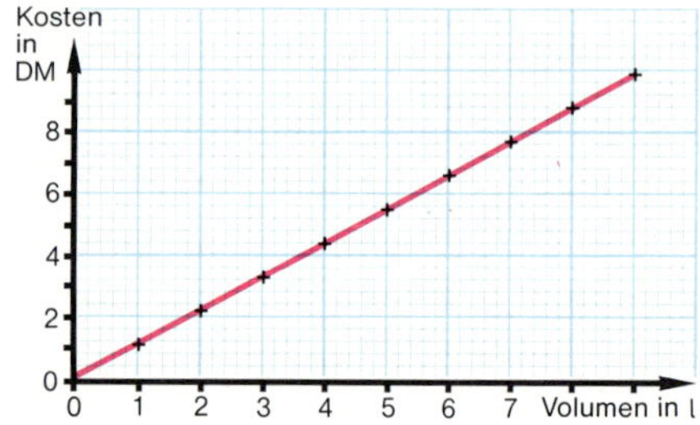

5 Proportionalität von Menge und Kosten

Info: **Die graphische Auswertung von Meßreihen**

In Versuchen erhält man häufig Meßreihen für zwei Größen, die voneinander abhängen (Beispiel: Kraftbetrag F und Verlängerung s einer Feder).

Jede Meßreihe besteht immer nur aus einigen Messungen. Stellt man die Meßwertepaare graphisch dar, so erhält man nur einzelne Punkte im Achsenkreuz (Bild 6). Wie kann man aufgrund dieser Darstellung weitere Wertepaare vorhersagen? Wie kann man aus den Punkten auf eine *Gesetzmäßigkeit* schließen, die den Zusammenhang der beiden Größen beschreibt?

Man könnte die Punkte durch Strecken verbinden. Das ergäbe dann meist eine Zickzack-Linie wie in Bild 7. Aber sieht so die vermutete Gesetzmäßigkeit aus? Wohl kaum! Würde man die Messung wiederholen, erhielte man sicherlich nicht genau die gleiche Zickzack-Linie.

Bei allen Messungen treten nämlich **Meßfehler** auf. Sie können kleiner oder größer sein – je nachdem, wie genau gemessen wurde. Ganz vermeiden lassen sie sich nie. Wegen dieser zufälligen Meßfehler fallen die Meßwerte mal etwas zu groß und mal etwas zu klein aus.

Die Auswertung ist besonders einfach, wenn eine einfache Gesetzmäßigkeit vorliegt, z. B. eine *Proportionalität*. Deshalb prüfen wir bei jeder Auswertung zuerst, ob die Punkte auf einer Geraden durch den Ursprung liegen. Erwarte aber nicht, daß alle Punkte *genau* auf einer Geraden liegen; kleine Abweichungen können durch Meßfehler verursacht werden.

Die Gerade muß so gezeichnet werden, daß einige der Punkte oberhalb und einige unterhalb der Geraden liegen. Die Abweichungen nach oben und unten müssen sich „ausgleichen" (Bild 8). Die Gerade heißt daher **Ausgleichsgerade**.

Wenn sich eine Ausgleichsgerade durch den Ursprung zeichnen läßt, liegt Proportionalität vor. Das bedeutet dann auch, daß der Quotient der beiden Größen einen bestimmten Wert hat.

In unserem Beispiel heißt das: $\frac{F}{s} = \text{konst.}$

Es gehört zur vollständigen Auswertung einer Meßreihe, diesen Quotienten zu berechnen. Dazu liest man die Koordinaten eines Punktes auf der Geraden ab. (Das Ergebnis wird recht genau, wenn dieser Punkt weit vom Ursprung entfernt ist.)

In unserem Beispiel hat der Quotient den Wert $0{,}8\ \frac{\text{N}}{\text{cm}}$.

Man muß also eine Kraft von 0,8 N aufwenden, um die Feder um 1 cm zu verlängern.

Läßt die Lage der Punkte keine Gerade zu, wird eine möglichst glatte *Ausgleichskurve* gezeichnet. Wir können dann aber die Gesetzmäßigkeit nicht ohne weiteres durch eine mathematische Formel angeben.

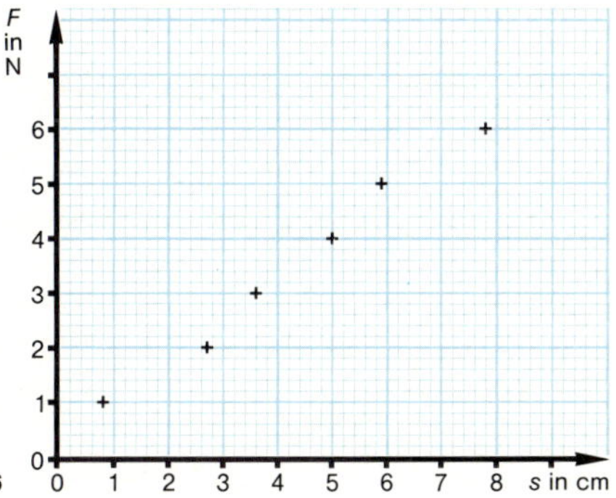

6

7

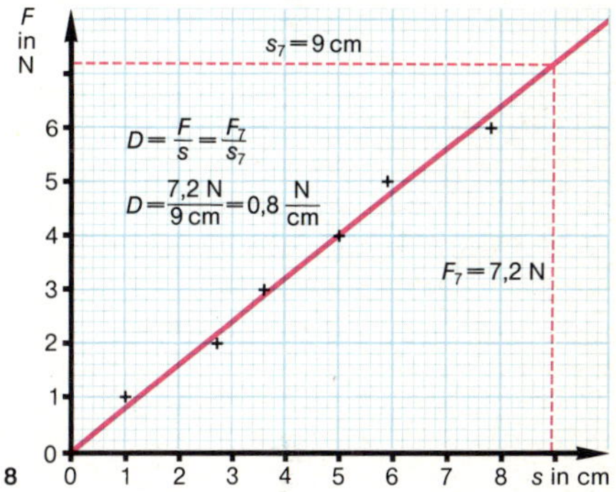

8

Info: **Das Hookesche Gesetz**

In Bild 9 ist für verschiedene Stahlfedern dargestellt, wie Kraft und Verlängerung zusammenhängen: **Kraftbetrag und Verlängerung der Feder sind jeweils proportional zueinander. $F \sim s$.**

Die Aussage, daß der Betrag der Kraft und die Verlängerung der Feder zueinander proportional sind, bezeichnet man als **Hookesches Gesetz**. Mit diesem Namen wird der englische Physiker *Robert Hooke* (1635–1703) geehrt.

Das Hookesche Gesetz gilt für Stahlfedern – allerdings nur, wenn die Verlängerung nicht so groß ist, daß die Feder bleibend verformt („überdehnt") wird.

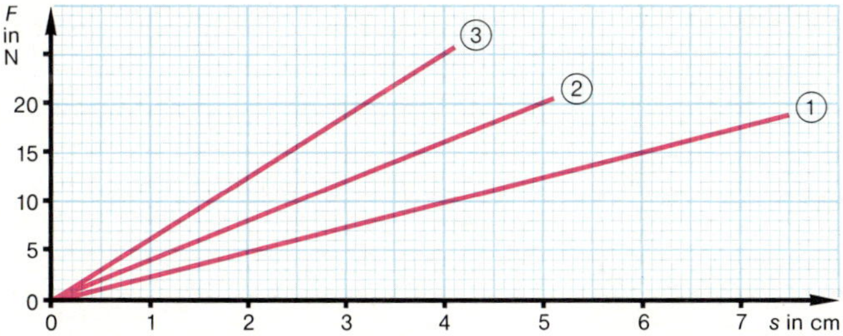

9 Zur Verlängerung von Stahlfedern benötigte Kraft F

Die Proportionalität von F und s bedeutet, daß zusammengehörende Paare von F und s stets den gleichen Quotienten haben. Dieser Quotient hängt von der verwendeten Feder ab und wird als **Federkonstante** D bezeichnet:

$$D = \frac{F}{s}.$$

Durch Umformen erhält man daraus die Gleichung

$$F = D \cdot s.$$

D hat die Einheit $\frac{\text{N}}{\text{m}}$.

Musteraufgabe: Eine Feder hat die Federkonstante $D = 2{,}5\ \frac{\text{N}}{\text{cm}}$. Welche Verlängerung s ergibt sich bei $F = 18$ N?

Lösung:

Ausgangsgleichung: $F = D \cdot s$

Umformen und umstellen: $s = \frac{F}{D}$

Einsetzen und ausrechnen: $s = \frac{18\ \text{N}}{2{,}5\ \frac{\text{N}}{\text{cm}}} = \frac{18\ \text{N} \cdot \text{cm}}{2{,}5\ \text{N}} = 7{,}2\ \text{cm}$

Bei einer Kraft von 18 N verlängert sich die Feder um 7,2 cm.

Aufgaben

1 Bei einem Gummiband und einer Stahlfeder wurde die Verlängerung in Abhängigkeit vom Betrag der Kraft gemessen. Dabei ergaben sich die folgenden beiden Meßreihen:

F in N	s_1 in cm	s_2 in cm
0	0	0
0,2	0,8	1,0
0,4	1,6	2,4
0,6	2,5	4,2
0,8	?	?
1,0	4,2	6,5
1,2	5,0	9,1
1,4	5,8	11,5

a) Stelle die beiden Meßreihen graphisch dar.

b) Welche Meßreihe gehört zur Stahlfeder, welche zum Gummiband? Begründe deine Antwort.

c) Ergänze die beiden in der Tabelle fehlenden Werte.

d) Bestimme auch die Federkonstante der Stahlfeder.

1

2 In Bild 9 auf der Vorseite ist für drei Stahlfedern dargestellt, wie Kraft und Verlängerung der Federn zusammenhängen.

a) Bestimme die Federkonstanten.

b) Welche der Geraden gehört zur härtesten (weichsten) Feder?

c) Wie kann man am Diagramm erkennen, ob eine Feder härter oder weicher als eine andere ist?

Wie unterscheiden sich ihre Federkonstanten?

3 Bild 1 zeigt die Feder eines Personenwagens. Sie hat eine Federkonstante von $24\ \frac{\text{N}}{\text{mm}}$.

a) Die Feder soll um 1,2 cm auseinandergezogen werden. Wie groß muß die Kraft sein?

b) Der Pkw wird beladen. Die Gewichtskraft auf die Ladung beträgt 3600 N und verteilt sich gleichmäßig auf vier Federn. Um welche Strecke wird jede Feder zusammengedrückt?

4 Die Feder eines Kugelschreibers hat eine Federkonstante von $2\ \frac{\text{N}}{\text{cm}}$.

a) Was kannst du über die Verlängerung bei einer Kraft von 50 N sagen?

b) Worauf muß man bei Anwendung des Hookeschen Gesetzes achten?

5 Wir haben für einen Kraftmesser eine Skala hergestellt. Wie läßt sich unser Verfahren vereinfachen, wenn für die verwendete Feder das Hookesche Gesetz gilt?

Aus Umwelt und Technik: **Werkstoffprüfung**

Als im 19. Jahrhundert das Eisenbahnnetz aufgebaut wurde, war die Herstellung einwandfreien Stahls noch keine Selbstverständlichkeit. Mangelhafte Werkstoffe verursachten immer wieder Unfälle und Katastrophen: Brücken stürzten ein, Züge entgleisten, und Kessel von Dampflokomotiven explodierten.

Schon damals gab es erste Ansätze zur Werkstoffprüfung. So prüfte man in den Anfangsjahren der Eisenbahn die Qualität geschmiedeter Waggonachsen, indem man sie einfach auf eine Amboßkante fallen ließ. Wenn die Achsen diese Prozedur überstanden, ging man davon aus, daß sie in Ordnung waren...

Kleinere Qualitätsmängel konnten so natürlich nicht erkannt werden. Außerdem war nicht auszuschließen, daß die Achsen durch den Aufprall kleinere Schäden davontrugen, die später zu Brüchen führten.

2

Bessere Verfahren zur Werkstoffprüfung waren nötig. Eines dieser Verfahren ist die *Zerreißprobe*, mit deren Hilfe seit Ende des 19. Jahrhunderts die Güte von Stahl beurteilt wird.

Bei der Zerreißprobe, die auch heute noch eine wichtige Rolle spielt, geht man folgendermaßen vor:

Aus dem zu prüfenden Stahl wird ein Probestab hergestellt und in eine Zerreißmaschine gespannt (Bild 2). Dann werden die Einspannköpfe auseinandergezogen. Die Kraft auf den Probestab wird langsam erhöht, bis der Stab schließlich reißt.

Während der Zerreißprobe wird der Zusammenhang zwischen **Kraft** und **Verlängerung** des Stabes automatisch aufgezeichnet (Bild 3).

Mit Hilfe eines solchen Diagramms können Aussagen über die Qualität des Stahls gemacht werden. Sie sind wesentlich genauer als bei der „Amboßmethode".

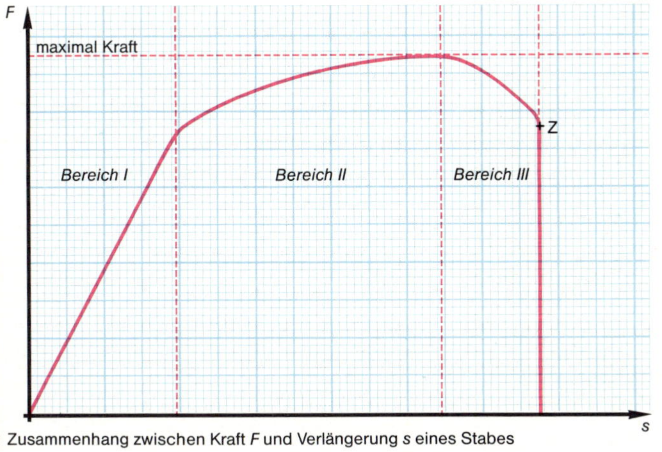

3 Zusammenhang zwischen Kraft *F* und Verlängerung *s* eines Stabes

Im Diagramm (Bild 3) erkennt man drei Bereiche:

Im *Bereich I* sind Kraft und Verlängerung proportional. Für den Stab gilt das Hookesche Gesetz; er wird *elastisch verformt*.

Vergrößert man die Kraft weiter *(Bereich II)*, so tritt eine bleibende Verformung des Stabes ein. Der Stab wird *plastisch verformt*; man sagt auch, er „fließt". Am Ende des Bereiches II erreicht die Kraft den höchsten Wert, den ein solcher Stab aushält.

Dann schnürt sich der Stab an einer Stelle ein und verlängert sich so schnell, daß die Maschine die Einspannköpfe nicht mehr schnell genug auseinanderziehen kann. Die gemessene Zugkraft geht daher zurück *(Bereich III)*.

Bei einer bestimmten Verlängerung reißt der Stab, und die Kraftanzeige geht schlagartig auf 0 N zurück.

3 Wenn mehrere Kräfte wirken...

Zwei gegen eine (Bild 4) – ein ungleicher Wettkampf?!

4

V 6 Bild 5 zeigt verschiedene Anordnungen. Bestimme jeweils die Kraft, bei der der Faden reißt.

V 7 Baue die Situation von Bild 4 nach. Die Kraft, mit der Ulrike zieht, wird durch die Gewichtskraft $\vec{F}_G$ auf ein Wägestück ersetzt (Bild 6).

a) Der Ring, an dem die Kräfte angreifen, ist im Kräftegleichgewicht: $\vec{F}_1$ und $\vec{F}_2$ halten $\vec{F}_G$ das Gleichgewicht.

Eine einzelne Kraft, die das gleiche bewirkt wie $\vec{F}_1$ und $\vec{F}_2$ zusammen, nennt man die **Resultierende** der Kräfte $\vec{F}_1$ und $\vec{F}_2$. Welchen Betrag und welche Richtung hat die Resultierende von $\vec{F}_1$ und $\vec{F}_2$?

b) Zeichne $\vec{F}_1$ und $\vec{F}_2$ sowie die resultierende Kraft $\vec{F}_R$ als Kraftpfeile (mit gleichem Angriffspunkt).

Verbinde die Spitzen nebeneinanderliegender Kraftpfeile. Welche geometrische Figur ergibt sich?

c) Vergrößere und verkleinere den Winkel zwischen den Kraftmessern. Wie ändern sich die Beträge der Kräfte $\vec{F}_1$ und $\vec{F}_2$? Was kannst du über die Resultierende aussagen?

Miß den Winkel und zeichne wieder die Kraftpfeile.

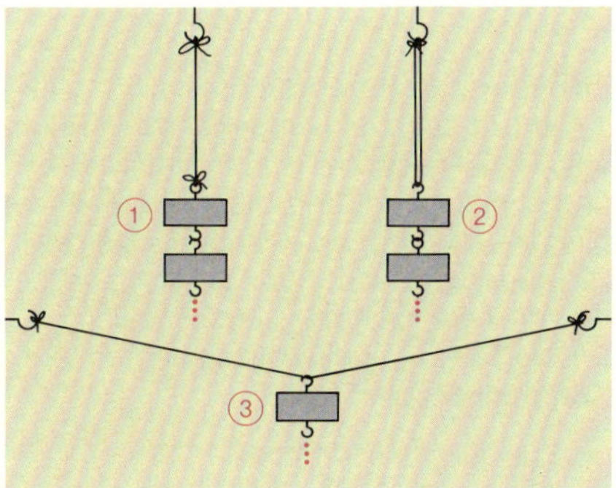

5

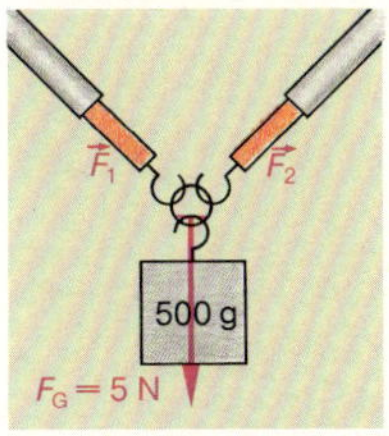

6

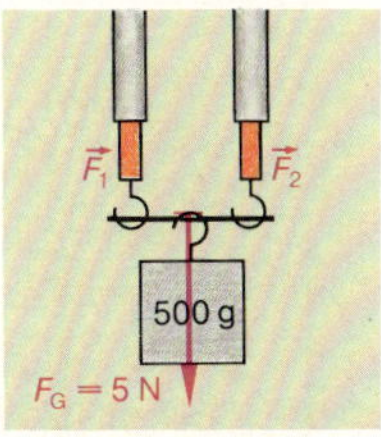

7

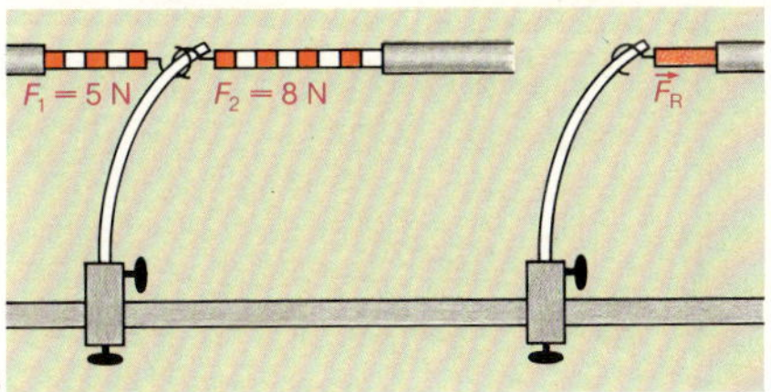

8

d) Überlege: Warum hat Ulrike in Bild 4 die Chance, bei dem ungleichen Wettkampf zu gewinnen?

e) Wenn man herausfinden will, wie groß die Resultierende von $\vec{F}_1$ und $\vec{F}_2$ ist, kann man nicht einfach die Beträge der Kräfte addieren. Warum nicht?

V 8 In Bild 7 wirken zwei Kräfte in gleicher Richtung.

a) Welche Beträge zeigen die Kraftmesser an?

Welchen Betrag und welche Richtung hat die Resultierende $\vec{F}_R$ von $\vec{F}_1$ und $\vec{F}_2$?

b) Wiederhole den Versuch mit unterschiedlichen Wägestücken.

Stelle anschließend eine Regel für Betrag und Richtung der Resultierenden zweier paralleler Kräfte auf.

V 9 Auf einen Blechstreifen wirken zwei Kräfte in entgegengesetzter Richtung (Bild 8).

Welche Regel ergibt sich für Betrag und Richtung der Resultierenden $\vec{F}_R$?

Info: **Das Kräfteparallelogramm**

Bestimmung der Resultierenden

Nehmen wir an, Ulrike in Bild 4 auf der Vorseite zieht gerade so stark, daß Kräftegleichgewicht herrscht. Solche Gleichgewichtssituationen mit mehr als zwei Kräften kann man z. B. mit Kraftmessern auf einer Magnettafel untersuchen:

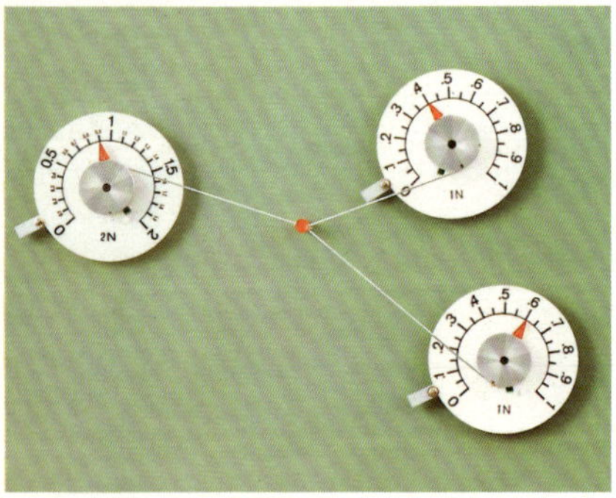
1

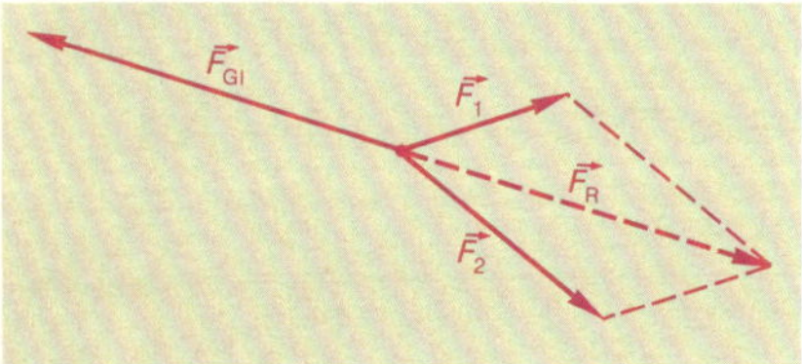

2

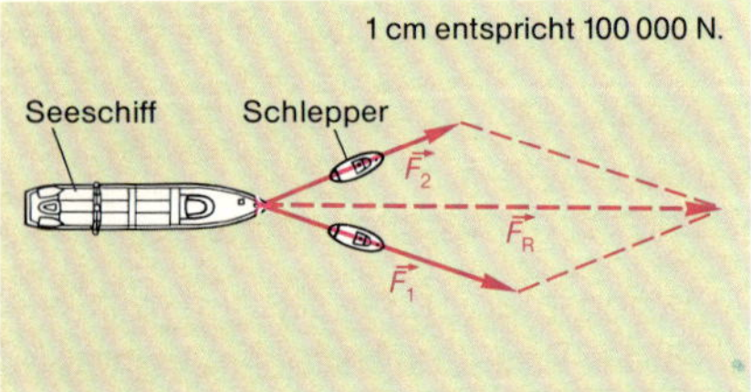

Die Zugkräfte der Schlepper sind gegeben. Es gilt: $\vec{F}_1 = 200\,000$ N und $\vec{F}_2 = 160\,000$ N. Mit Hilfe des Kräfteparallelogramms wird der Kraftpfeil von $\vec{F}_R$ konstruiert. Aus seiner Länge ergibt sich für $\vec{F}_R$ ein Betrag von 340 000 N.
3

Bild 1 stellt eine derartige Situation dar. In Bild 2 sind die entsprechenden Kraftpfeile gezeichnet: $\vec{F}_1$ und $\vec{F}_2$ zusammen halten $\vec{F}_{Gl}$ das Gleichgewicht. Genau dasselbe bewirkt auch die Kraft $\vec{F}_R$, die den gleichen Betrag wie $\vec{F}_{Gl}$ hat, aber entgegengesetzt gerichtet ist. Wir bezeichnen $\vec{F}_R$ als die **Resultierende** von $\vec{F}_1$ und $\vec{F}_2$.

Verbindet man die Spitzen der Kraftpfeile von $\vec{F}_1$, $\vec{F}_2$ und $\vec{F}_R$ miteinander, so erhält man bei allen Versuchen ein Parallelogramm – vorausgesetzt, man hat genau genug gemessen. Wir halten fest:

○ Zwei Kräfte $\vec{F}_1$ und $\vec{F}_2$, die den gleichen Angriffspunkt haben, können durch die Resultierende $\vec{F}_R$ der beiden Kräfte ersetzt werden.

○ Um die Resultierende zu bestimmen, zeichnet man das **Kräfteparallelogramm** mit den Seiten $\vec{F}_1$ und $\vec{F}_2$. Die Diagonale, die im Angriffspunkt von $\vec{F}_1$ und $\vec{F}_2$ beginnt, entspricht dem Kraftpfeil von $\vec{F}_R$.

Mit Hilfe eines Kräfteparallelogramms kann man zu zwei gegebenen Kräften die resultierende Kraft (oder Gleichgewichtskraft) zeichnerisch ermitteln (Bild 3).

Nur wenn $\vec{F}_1$ und $\vec{F}_2$ *gleiche* oder *entgegengesetzte* Richtungen haben, kann man den Betrag der Resultierenden auf einfachere Weise ermitteln: Man addiert bzw. subtrahiert die Beträge der Einzelkräfte.

Zerlegung in Komponenten

Oft tritt auch das umgekehrte Problem auf: Eine Kraft $\vec{F}$ soll durch zwei Kräfte $\vec{F}_1$ und $\vec{F}_2$ ersetzt werden, die zusammen die gleiche Wirkung wie $\vec{F}$ haben. Das heißt: Die gegebene Kraft $\vec{F}$ soll die Resultierende von zwei Kräften $\vec{F}_1$ und $\vec{F}_2$ sein.

Die Kräfte $\vec{F}_1$ und $\vec{F}_2$ bezeichnet man als **Komponenten** von $\vec{F}$.

Es gibt viele Möglichkeiten, eine Kraft in Komponenten zu zerlegen – die Komponenten können ja die verschiedensten Richtungen haben. *Wie geht man beim Zerlegen von Kräften vor?*

Überlege zuerst, welche Richtungen der Komponenten physikalisch sinnvoll sind. Vom Angriffspunkt der Kraft $\vec{F}$ aus zeichnest du dann zwei Strahlen in diese Richtungen. Konstruiere daraus ein Parallelogramm, dessen Diagonale $\vec{F}$ ist. Die Seiten dieses Parallelogramms sind die gesuchten Komponenten $\vec{F}_1$ und $\vec{F}_2$.

Die Bilder 4 u. 5 zeigen zwei Beispiele einer solchen Kraftzerlegung.

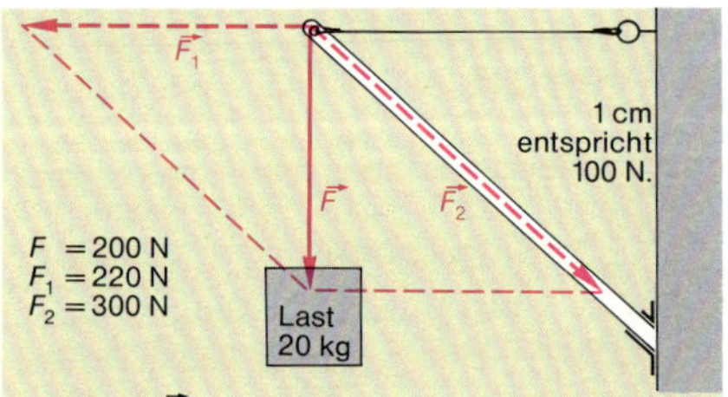

Die Kraft $\vec{F}$, die auf den Aufhängepunkt der Last wirkt, spannt das waagerechte Seil und drückt die Stange schräg gegen die Wand. Man zerlegt $\vec{F}$ daher in eine waagerechte Kraft $\vec{F}_1$ und in eine Kraft $\vec{F}_2$ in Richtung der Stange.
4

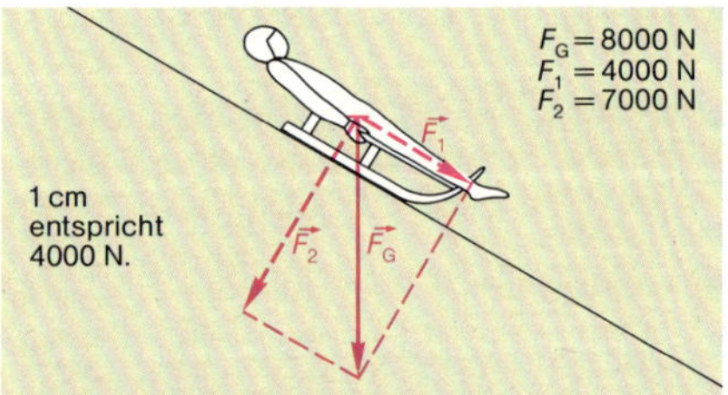

Die Gewichtskraft beschleunigt den Schlitten und preßt ihn aufs Eis. Man zerlegt $\vec{F}_G$ daher in eine Kraft $\vec{F}_1$ in Bewegungsrichtung und in eine Kraft $\vec{F}_2$ senkrecht dazu. $\vec{F}_1$ nennt man hier *Hangabtriebskraft*, $\vec{F}_2$ *Anpreßkraft* (oder *Normalkraft*).
5

Aufgaben

1 In einer Fahrstuhlanlage (Bild 6) übt das „Gegengewicht" eine Kraft von 3000 N auf die Kabine aus. Mit welcher Kraft muß die Seilwinde die Kabine halten?

2 Alle Stahlfedern in Bild 7 haben die Federkonstante $D = 2\,\frac{N}{cm}$.

a) An den Haken der verschiedenen Federkombinationen wird mit einer Kraft von 10 N gezogen. Um welche Strecke bewegen sich die Haken nach unten?

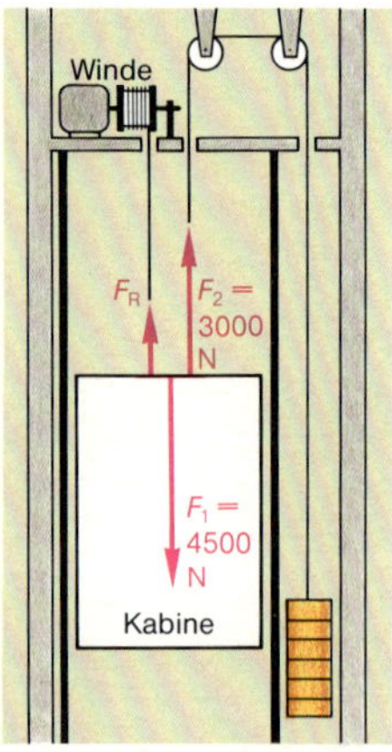

6

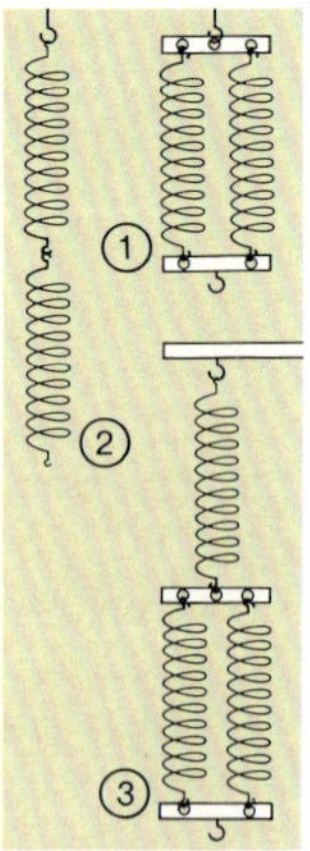

7

b) Jede dieser Federkombinationen soll durch eine einzelne Feder ersetzt werden. Federkombination und Ersatzfeder sollen bei gleicher Kraft die gleiche Verlängerung aufweisen.

Welche Federkonstanten müßten diese Federn haben?

3 Ein Auto ($F_G = 10\,000$ N) steht auf einer stark abschüssigen Straße. Der Winkel zwischen der Straße und der Waagerechten beträgt 20°.

a) Zerlege die Gewichtskraft in zwei Komponenten. Eine der Komponenten soll parallel zur Straße, die andere senkrecht zur Straße sein.

b) Bestimme die Beträge der beiden Komponenten.

c) Warum ist es physikalisch sinnvoll, die Gewichtskraft gerade in dieser Weise zu zerlegen?

4 Noch einmal zum ungleichen Wettkampf beim Tauziehen (Bild 4 auf der vorigen Doppelseite): Jeder der beiden Jungen zieht mit einer Kraft von 280 N. Mit welcher Kraft muß Ulrike ziehen, wenn die beiden Seilenden der Jungen einen Winkel von 120° einschließen?

5 Zwischen zwei Häusern hängt eine Laterne (Bild 8); die Gewichtskraft beträgt 80 N. Mit welcher Kraft werden die Seilstücke gespannt?

8
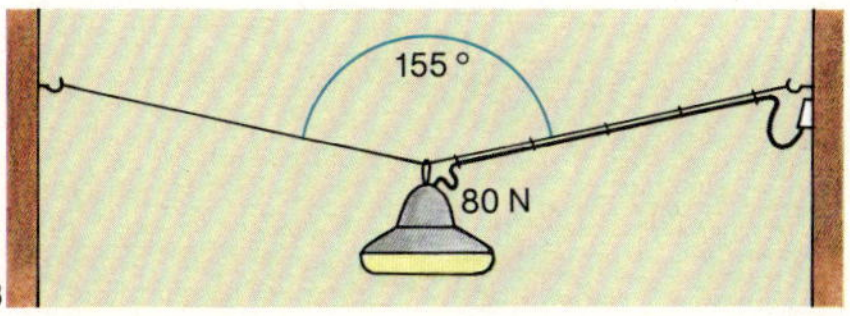

9
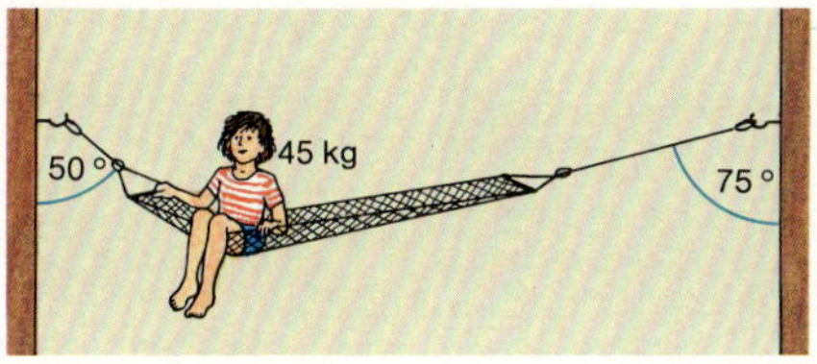

Zwei Tips: Zerlege die Gewichtskraft in Komponenten, die die Richtungen der Seilenden haben. Wähle die Knickstelle des Seils als gemeinsamen Angriffspunkt der Kräfte.

6 Susanne (45 kg) möchte eine Hängematte zwischen zwei Wände spannen. Welche Kräfte wirken auf die Aufhängung, wenn Susanne auf der Matte sitzt (Bild 9)?

7 Die Kräfte, die eine gespannte Wäscheleine aushalten muß, sind viel größer als die Summe der Gewichtskräfte, die auf die aufgehängten Wäschestücke wirken. Begründe!

Kraft und Kraftmessung

Alles klar?

1 An einem Federkraftmesser für maximal 10 N sind nur noch die Marken „0 N" und „5 N" zu erkennen.

Wie läßt sich die beschädigte Skala am einfachsten vervollständigen?

2 Eine Schraubenfeder wird durch ein angehängtes Wägestück ($F_G = 2$ N) um genau 3 cm verlängert. Wie groß ist die Verlängerung der Schraubenfeder, wenn die Kraft 1 N (4 N) beträgt?

Ein Gummiband wird durch dasselbe Wägestück ebenfalls um 3 cm verlängert. Was kannst du über die Verlängerung des Gummibandes bei 1 N (4 N) aussagen?

3 Zwei Jungen tragen gemeinsam einen Eimer. Der Winkel zwischen ihren Armen beträgt 30°. Jeder Junge übt eine Kraft von 80 N aus.

Wie groß ist die Gewichtskraft auf den Eimer?

4 An einer Schraubenfeder wird mit zwei Kraftmessern gezogen (Bild 10).

Um welche Strecke wird dadurch die Schraubenfeder verlängert?

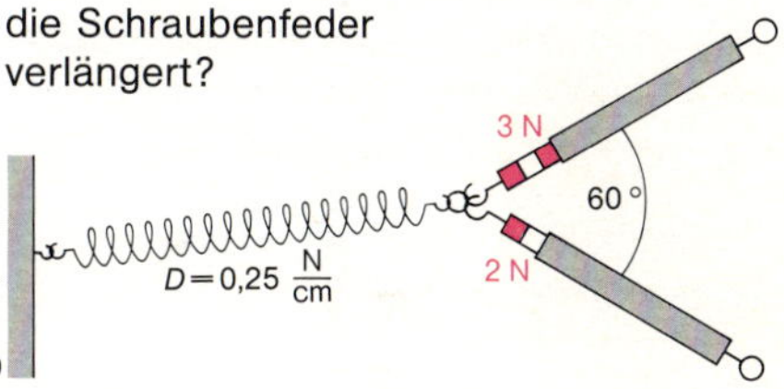

10

Auf einen Blick

Die Kraftmessung

Um zu überprüfen, ob zwei Kräfte gleich groß sind, läßt man sie auf dieselbe Feder wirken. Ist die Verlängerung der Feder gleich, haben die beiden Kräfte den *gleichen* Betrag.

Als **Kraftmesser** läßt sich z. B. eine Schraubenfeder verwenden. Die erforderliche Skala kann man mit Hilfe mehrerer gleicher Wägestücke herstellen: Man hängt eins nach dem anderen an die Schraubenfeder und markiert die jeweilige Länge.

Die Einheit der Kraft ist 1 **Newton**. 1 N ist ungefähr die Gewichtskraft, die auf ein 100-g-Wägestück wirkt.

Das Hookesche Gesetz

Für Stahlfedern stellt man fest:

Der Betrag der Kraft ist proportional zur Verlängerung der Feder.

$F \sim s.$

Diesen Zusammenhang bezeichnet man als **Hookesches Gesetz**.

Alle Paare aus Kraftbetrag und zugehörender Verlängerung haben also den gleichen Quotienten. Er hängt nur von der verwendeten Feder ab; man nennt ihn *Federkonstante D*.

$$\frac{F}{s} = D \quad \text{oder} \quad F = D \cdot s.$$

Wenn mehrere Kräfte wirken ...

Die Resultierende $\vec{F}_R$ zweier Kräfte und die Komponenten einer Kraft findet man mit Hilfe des **Kräfteparallelogramms**.

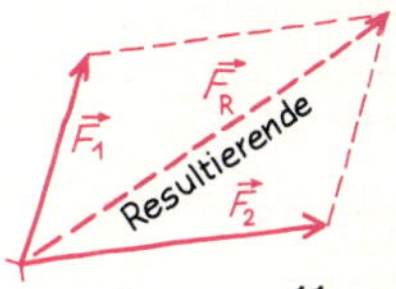

11

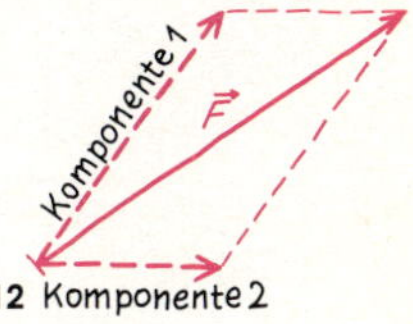

12

Haben zwei Kräfte *gleiche* oder *entgegengesetzte* Richtungen, so ergibt sich der Betrag der Resultierenden, indem man einfach die Beträge der Einzelkräfte addiert bzw. subtrahiert.

Trägheit und Massenanziehung

1 Körper sind unterschiedlich träge

Der Bewegungszustand eines Körpers kann sich nur ändern, wenn eine Kraft auf ihn wirkt. Mit diesem Satz läßt sich das Geschehen auf den Bildern 1 u. 2 erklären ...

1

2

V 1 Daß man zur Änderung des Bewegungszustandes eines Körpers eine Kraft benötigt, kannst du auch an einem Wagen beobachten, auf dem ein Holzklotz liegt.

Beschreibe jeweils die Bewegungen von Wagen und Holzklotz. Erkläre, wie sie zustande kommen.

a) Gib dem Wagen einen Stoß, so daß er ruckartig anfährt.

b) Laß den Wagen auf ein Hindernis prallen. Wiederhole den Versuch mit einem Gummiband als „Sicherheitsgurt" für den Klotz (Bild 3).

c) Ziehe den Wagen mit dem Klotz mit konstanter Geschwindigkeit geradeaus. Laß ihn dann eine enge Kurve durchfahren.

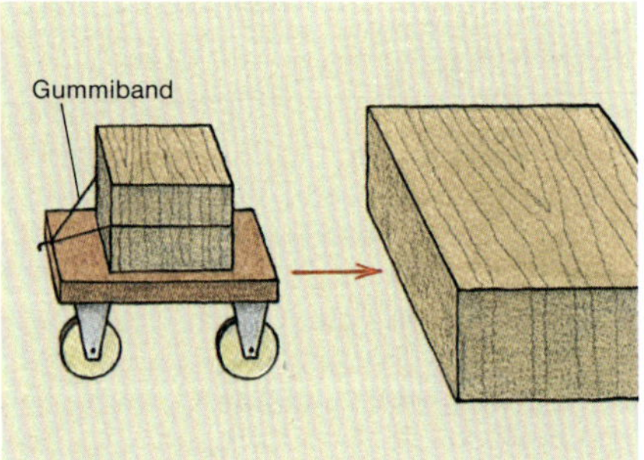

3

V 2 Befestige zwei unterschiedlich schwere Wagen an Kraftmessern, die durch eine Stange miteinander verbunden sind (Bild 4). Wenn du gleichmäßig an der Stange ziehst, ändern beide Autos ihren Bewegungszustand in gleicher Weise.

Vergleiche die Anzeigen der beiden Kraftmesser.

V 3 Lege ein Blatt Papier unter einen Pappbecher, der am Tischrand steht.

Gelingt es dir, das Papier wegzuziehen, ohne daß der Becher umkippt oder vom Tisch fällt? Der Becher soll einmal leer und einmal gefüllt sein.

Erkläre deine Beobachtungen.

V 4 Zwei verschieden große Stahlkugeln werden mit gleicher Kraft weggestoßen (Bild 5).

Welche der beiden Kugeln erreicht dabei die größere Geschwindigkeit? Findest du eine Erklärung?

V 5 Bild 6 zeigt den Versuchsaufbau. Was wird passieren, wenn du das Brettchen ganz schnell zur Seite wegziehst? (Bevor du ein Ei verwendest, übe lieber erst mit einem Apfel.)

4

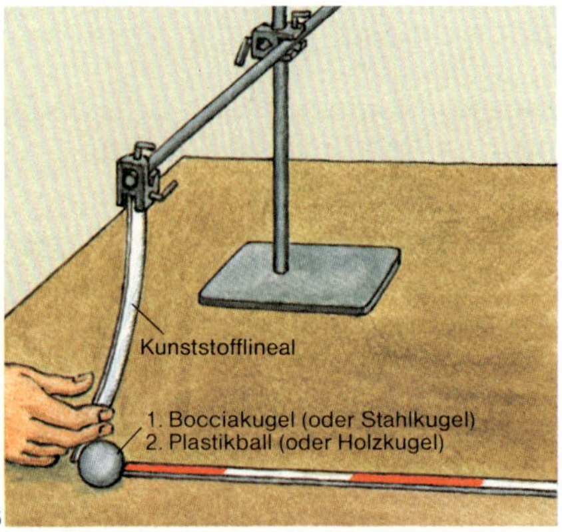

5

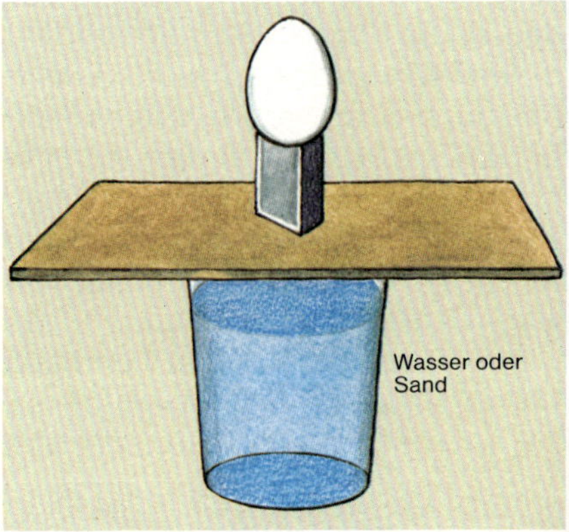

6

Info: Trägheit und Masse

Um den Bewegungszustand eines Körpers zu ändern, ist eine Kraft erforderlich. Wenn keine Kraft auf den Körper wirkt, kann sich sein Bewegungszustand nicht ändern.

Allerdings haben wir häufig den Eindruck, daß Gegenstände „von selbst" – also ohne den Einfluß einer Kraft – ihren Bewegungszustand ändern. So kommt zum Beispiel ein Kraftfahrzeug schnell zum Stillstand, wenn es nicht mehr angetrieben wird. Wir wissen aber schon, daß auch diese Änderung des Bewegungszustandes auf eine Kraft zurückzuführen ist, nämlich auf die Reibungskraft.

Um auszudrücken, daß der Bewegungszustand eines Körpers ohne Einwirkung einer Kraft gleich bleibt, sagt man in der Physik auch: **Alle Körper sind träge.**

Aber nicht alle Körper sind in gleichem Maße träge: Um den Bewegungszustand eines Lastwagens und eines Personenwagens in gleicher Weise zu ändern, ist beim Lkw eine viel größere Kraft erforderlich als beim Pkw. Läßt man dagegen gleich große Kräfte auf Lastwagen und Personenwagen wirken, so ändert sich z. B. die Geschwindigkeit des Lastwagens weniger rasch als die des Personenwagens. Der Lkw ist also viel träger als der Pkw.

Die Trägheit ist eine Eigenschaft jedes Körpers. *Wie* träge ein Körper ist, wird durch eine physikalische Größe angegeben, und zwar durch die **Masse**. Ein Körper, der sehr träge ist, hat eine große Masse; ein Körper mit geringer Trägheit hat eine kleinere Masse. **Die Masse eines Körpers gibt an, wie träge er ist.**

Die Masse wird in der Einheit **1 Kilogramm** (1 kg) angegeben (→ *Wie man Massen mißt*). Massen werden auch in Milligramm (mg), Gramm (g) und Tonnen (t) angegeben.

1000 mg = 1 g; 1000 g = 1 kg; 1000 kg = 1 t.

Wenn ein Körper die Masse 8 kg hat, so bedeutet das, daß er achtmal so träge ist wie Körper von 1 kg Masse. Das heißt: Um den Bewegungszustand beider Körper in gleicher Weise zu ändern, braucht man für den 8-kg-Körper eine achtmal so große Kraft wie für den 1-kg-Körper.

Zwei *Beispiele* zur Trägheit:

„Supertanker" haben eine sehr große Masse und sind somit sehr träge. Wenn ein solches Schiff in voller Fahrt ist, hat es einen sehr langen „Bremsweg". Schon 5 bis 10 km vor dem Ziel müssen die Maschinen auf „rückwärts, volle Fahrt" geschaltet werden, damit das Schiff rechtzeitig zum Stillstand kommt. Für raschere Bewegungsänderungen reicht die von der Schiffsschraube erzeugte Kraft nicht aus.

Zieht man in Bild 7 das Blatt Papier schnell genug weg, so fällt das Wägestück senkrecht nach unten auf den Tisch, während der Styroporblock neben dem Tisch zu Boden fällt. Das Wägestück hat eine größere Masse als der Styroporblock und ist daher viel träger. Beim Wegziehen des Papiers treten Reibungskräfte auf. Sie sind groß genug, um den wenig trägen Styroporblock auf eine hohe Geschwindigkeit zu bringen. Der Bewegungszustand des viel trägeren Wägestücks kann jedoch kaum verändert werden. Es wird daher nicht zur Seite mitgerissen und fällt nach unten auf den Tisch.

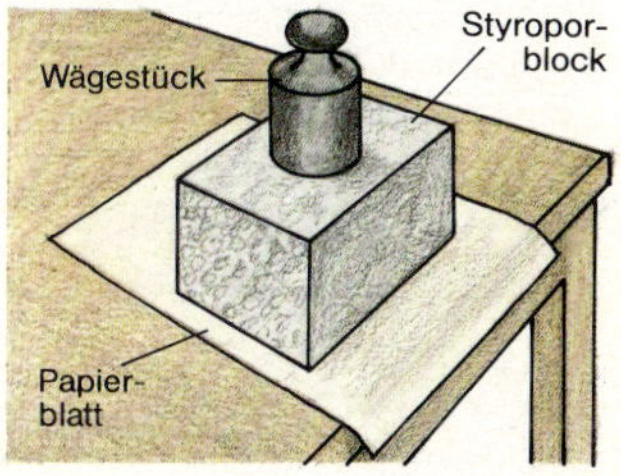

7

Aufgaben

1 In den Bildern 8–10 wird deutlich, daß Körper träge sind. Erläutere das jeweilige Geschehen mit dem Begriff *Trägheit.*

2 Gib Erklärungen für die Beobachtungen, die du in den Versuchen 1–4 machen konntest. Benutze dabei die Begriffe *Trägheit* und *Masse*.

3 Zwanzig 10-Pf-Stücke sind übereinandergestapelt. Das unterste soll entfernt werden, ohne daß man den Stapel anhebt oder umkippt ...

Wenn der Stapel aber kleiner ist, wirst du es kaum noch schaffen. Warum nicht?

4 Ein mit Wasser gefüllter Teller wird ruckartig angeschoben bzw. mit konstanter Geschwindigkeit bewegt und dann abrupt angehalten. Überlege, nach welcher Seite das Wasser jeweils überschwappt.

5 Bei welchen Fahrmanövern von Bussen und Straßenbahnen ist es wichtig, daß sich stehende Fahrgäste gut festhalten? Gib eine physikalische Begründung.

6 Wenn bei einem Hammer der Kopf nur noch lose auf dem Stiel sitzt, stößt man den Stiel kräftig auf den Boden – und schon ist der Schaden behoben. Erkläre diese Vorgehensweise physikalisch.

7 Zusammenstöße von großen Schiffen haben – auch bei niedrigen Geschwindigkeiten – verheerende Folgen. Weshalb?

8 Wenn ein Teller auf einen Steinfußboden fällt, zerbricht er eher, als wenn er auf einen Teppichboden fällt. Begründe!

8

9

10

Aus Umwelt und Technik: **Sicherheitsgurt und Schutzhelm**

Was bei einem Zusammenstoß passiert, zeigt Bild 1.

Im folgenden Zeitschriftenartikel ist es anschaulich beschrieben.

1

Sie fliegen noch, wenn der Wagen schon steht

Nehmen wir an, Sie sitzen in einem Mittelklassewagen und fahren mit 50 km/h gegen einen Baum oder ein gleich schweres, gleich schnelles Fahrzeug. Dann wird das Vorderteil des Wagens um ca. 60 cm zusammengedrückt.

Auf diesen 60 cm „Bremsweg" kommt das Auto zum Stehen.

Sie haben zum Zeitpunkt des Aufpralls die gleiche Geschwindigkeit wie das Fahrzeug. Ohne Gurt schießen Sie also mit 50 km/h weiter nach vorn.

Gut, die Reibung auf dem Sitz bremst Sie geringfügig ab. Und vielleicht haben Sie den Unfall kommen sehen und können sich 60 Millisekunden lang abstützen.

Doch das hilft auch nicht viel – Sie fliegen unaufhaltsam weiter. Sie treffen erst dann auf das Armaturenbrett, wenn der Wagen schon zerknautscht und zum Stehen gekommen ist. Ihr Bremsweg ist daher nicht länger als 4 cm (so weit beult sich ein Armaturenbrett ein).

Der Aufprall ist so stark, als habe eine 4–5 Tonnen schwere Keule zugeschlagen. Und wenn Ihr Kopf gegen den unnachgiebigen Dachrahmen prallt, ist der Schlag noch viel stärker und auf jeden Fall tödlich.

Anders mit Gurt. Hier werden Sie aufgefangen, *bevor* Sie das Armaturenbrett, den Dachrahmen oder die Windschutzscheibe erreichen. Sie werden abgebremst, weil der Gurt sich 20–25 cm dehnt. Und Sie werden zusätzlich abgebremst, weil Sie von Anfang an mit dem Fahrzeug verbunden sind. *Deshalb können Sie an der Verzögerung des Wagens teilnehmen und so von der energieverzehrenden Knautschzone profitieren.*

Und deshalb müssen Sie Sicherheitsgurte anlegen – und zwar immer!

Schon bei einem Aufprall mit 20 km/h kann der Kopf die Windschutzscheibe durchbrechen. Dann kommt es zu schweren Augen- und Gesichtsverletzungen.

Für Zweiradfahrer ist der **Schutzhelm** unentbehrlich. Die Schutzpolsterung des Helms wirkt als „Knautschzone" (Bild 2); bei einem Aufprall beträgt die Verzögerungsstrecke für den Kopf wenigstens einige Zentimeter.

Zusätzlichen Schutz bietet der Helm beim Aufprall auf Kanten, weil die Helmschale die Kräfte auf eine größere Fläche des Schädels verteilt.

Mit Schutzhelm steigen daher die Chancen für Zweiradfahrer, bei einem Unfall zu überleben, beträchtlich.

Fragen und Aufgaben zum Text

1 Beschreibe, auf welche Weise ein Sicherheitsgurt schützt.

Warum nutzt die Knautschzone eines Personenwagens nur seinen angeschnallten Insassen?

2 Warum müssen Sicherheitsgurte nach Unfällen oft erneuert werden, auch wenn sie noch unbeschädigt aussehen?

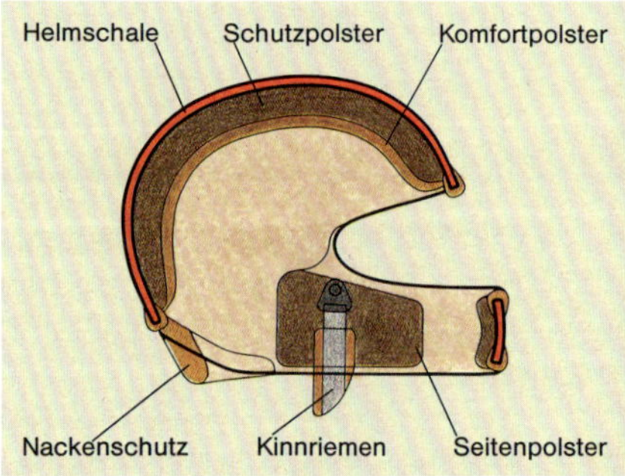

2

2 Masse und Gewichtskraft

Auf der Erde: Der Astronaut kann seine Ausrüstung kaum anheben.

3

4

Auf dem Mond: Die gleiche Ausrüstung läßt sich mühelos tragen.

V 6 Lege eine Postkarte über zwei gegeneinandergestellte Stuhllehnen. Darauf legst du ein einzelnes 10-Pf-Stück und zwei zusammengeklebte 10-Pf-Stücke (Bild 5).

Ziehe die Postkarte ruckartig zur Seite weg. Treffen die zusammengeklebten Münzen eher auf dem Boden auf als die Einzelmünze?

5

Auf die zusammengeklebten Münzen wirkt die *doppelte Gewichtskraft* wie auf die Einzelmünze.

Was kannst du aus deiner Beobachtung in bezug auf die *Trägheit* (und damit die *Massen*) der beiden Körper schließen?

In welchem Zusammenhang stehen also Gewichtskraft und Masse?

Info: **Unterschiedliche Gewichtskräfte – gleiche Massen**

Auf dem Mond haben Astronauten keine Schwierigkeiten, ihre Ausrüstung zu tragen. Auf der Erde dagegen schaffen sie es nur mit Mühe. Erde und Mond üben nämlich verschieden große Gewichtskräfte auf einen Gegenstand an ihrer Oberfläche aus.

Der Unterschied ist recht erheblich: Die Gewichtskraft, die auf ein und denselben Körper wirkt, ist auf der Erde sechsmal so groß wie auf dem Mond. Wenn man denselben Körper auf den Planeten Jupiter brächte, würde dort auf ihn eine zweieinhalbmal so große Gewichtskraft wirken wie auf der Erde.

Die Gewichtskraft auf einen Körper hängt also davon ab, auf welchem Himmelskörper er sich befindet. Aber auch auf der Erde ändert sie sich von einem Ort zum anderen: Sie ist am Nord- und Südpol etwas größer als bei uns; am Äquator ist sie etwas kleiner.

Die Gewichtskraft, die auf einen Körper wirkt, ist demnach ortsabhängig.

Wenn man auf dem Mond Fußball spielen würde, brauchte man genau die gleiche Kraft wie auf der Erde, um den Ball auf eine bestimmte Geschwindigkeit zu bringen. Um den Bewegungszustand eines bestimmten Körpers in einer bestimmten Weise zu ändern, ist überall (auf der Erde und im Weltall) die gleiche Kraft erforderlich; ein Körper hat also überall die gleiche Trägheit. Das bedeutet: **Die Masse eines Körpers ist nicht ortsabhängig.**

Wenn man auf dem Mond einen Stein aus 10 m Höhe fallen läßt, dauert es länger als auf der Erde, bis er am Boden ankommt. Das hat folgenden Grund: Die Gewichtskraft auf den Stein ist auf dem Mond kleiner als auf der Erde. Dagegen ist die Masse des Steines (und damit seine Trägheit) auf Mond und Erde gleich. Die kleinere Gewichtskraft bewirkt eine geringere Änderung des Bewegungszustandes.

Daß Masse und Gewichtskraft völlig unterschiedliche physikalische Größen sind, wird im folgenden Bericht des Astronauten *Neil Armstrong* deutlich.

Bericht über einen Aufenthalt auf dem Mond

„Auch mit den veränderten Schwereverhältnissen (Gewichtskräften) mußten wir erst einmal vertraut werden. Auf dem Mond fände es ein Astronaut gar nicht so schwierig, Sprünge von bis zu 6 m Höhe zu machen. Aber er darf nicht vergessen, daß die Masse seines Körpers die gleiche bleibt. Der Aufprall auf einen Mondfelsen würde genauso wehtun wie der Aufprall auf einen Felsbrocken hier auf der Erde."

Bild 6 zeigt zwei Gegenstände, die gleichzeitig fallen gelassen wurden. Die Gegenstände – ein 10-Pf-Stück und zwei zusammengeklebte 10-Pf-Stücke – wurden in Zeitabständen von 0,05 s fotografiert. Das Bild zeigt: Die Bewegungszustände beider Körper ändern sich in gleicher Weise, obwohl die Gewichtskraft auf den einen Körper doppelt so groß ist wie die auf den anderen. Das liegt daran, daß der doppelt so schwere Gegenstand auch doppelt so träge ist; d. h., er hat eine doppelt so große Masse.

An einem bestimmten Ort gilt: **Gewichtskraft und Masse von Körpern sind zueinander proportional. $F_G \sim m$.**

Zeichnet man ein Gewichtskraft-Masse-Diagramm für verschiedene Körper, die sich an einem bestimmten Ort befinden, so liegen alle Punkte auf einer Geraden durch den Ursprung.

In Bild 7 ist die Abhängigkeit zwischen Masse und Gewichtskraft für verschiedene „Orte" im Weltall dargestellt. Für jeden der Orte erhält man eine andere Gerade durch den Ursprung.

Dementsprechend ist der Quotient aus Gewichtskraft und Masse von Ort zu Ort verschieden; man bezeichnet diesen Quotienten als **Ortsfaktor** (Formelzeichen: g; → Tabelle).

$$g = \frac{F_G}{m}$$

Beispiel: Wie groß ist die Gewichtskraft, die an der Mondoberfläche auf einen Menschen von 50 kg Masse wirkt?

Lösung: $F_G = g \cdot m,$

$$F_G = 1{,}62\ \frac{\text{N}}{\text{kg}} \cdot 50\ \text{kg} = 81{,}0\ \text{N}.$$

Die Gewichtskraft an der Mondoberfläche beträgt 81,0 N.

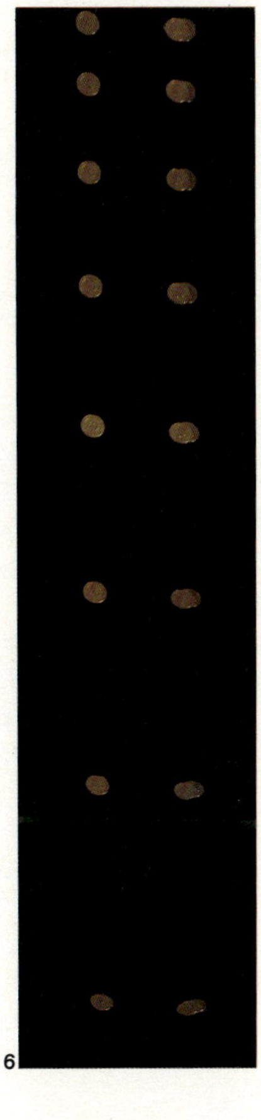
6

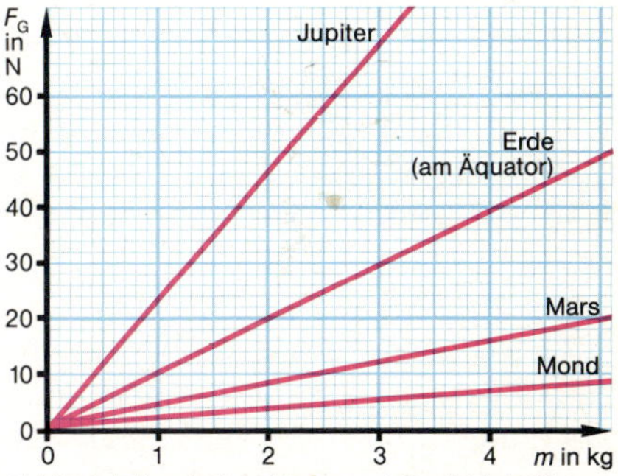

7 Abhängigkeit zwischen Masse und Gewichtskraft.

Ortsfaktoren an der Oberfläche von Himmelskörpern

Himmelskörper	g in $\frac{\text{N}}{\text{kg}}$
Erde	
Äquator	9,78
Mitteleuropa	9,81
Nord-, Südpol	9,83
Mond	1,62
Merkur	3,7
Venus	8,87
Mars	3,93
Jupiter	23,31
Saturn	9,28
Uranus	9,0
Neptun	11,6
Pluto	0,57

Aufgaben

1 Auf einen Körper von 1 kg Masse wird eine – waagerecht gerichtete – Kraft von 1 N ausgeübt, und zwar einmal auf der Erde und einmal auf dem Mond. Ist der Körper nach einer bestimmten Zeit auf dem Mond schneller als auf der Erde? Begründe deine Antwort.

2 Masse und Gewichtskraft sind völlig unterschiedliche physikalische Größen. In der Umgangssprache wird zwischen diesen beiden Begriffen jedoch kaum unterschieden. Versuche, Gründe dafür anzugeben.

3 Die Ausrüstung eines Astronauten hat eine Masse von 84 kg.

a) Welche Gewichtskraft würde ein Kraftmesser auf der Erde (auf dem Mond) anzeigen, wenn man die Ausrüstung anhängen könnte?

b) Beschreibe ein Experiment, mit dem man zeigen könnte, daß die Masse irgendeines Gegenstandes auf dem Mond genauso groß ist wie auf der Erde.

4 Auch auf der Erde kann ein Kraftmesser unterschiedliche Gewichtskräfte anzeigen, wenn man denselben Körper anhängt (Bild 1).

Versuche, dafür eine Erklärung zu finden.

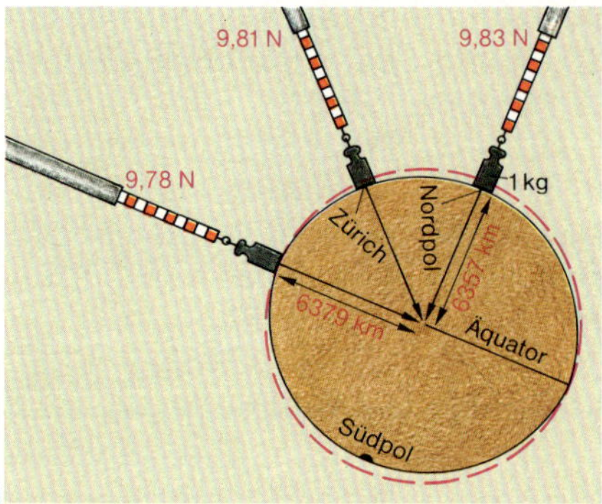

1

Gib auch an, wie groß die Gewichtskräfte auf diese Körper an der Mondoberfläche wären.

5 Berechne die Gewichtskräfte, die auf einen Sperling (30 g), eine E-Lok (90 t) und einen Menschen (70 kg) in Mitteleuropa, am Äquator und am Nordpol wirken.

6 Welche Kraft wäre erforderlich, um eine Tasche (Masse: 4 kg) auf den verschiedenen Planeten und auf dem Mond zu tragen?

Aus der Geschichte: **Die Entdeckung der Massenanziehung**

Vor 300 Jahren beschäftigte sich der englische Physiker *Isaac Newton* (1643–1727) mit der Frage, warum der Mond um die Erde kreist.

Nach 20jähriger Arbeit konnte er endlich die Antwort geben: Der Mond wird auf seine Umlaufbahn um die Erde gezwungen, weil er von der Erde *angezogen* wird.

Aber nicht nur die Erde übt eine Anziehungskraft auf den Mond aus; auch der Mond zieht die Erde an. Die Kräfte, die auf Erde und Mond wirken, sind *gleich groß* (Wechselwirkungsprinzip). Erde und Mond ziehen sich also *gegenseitig* an.

Auch die Planeten kreisen um die Sonne, weil sich die Sonne und die Planeten gegenseitig anziehen.

Die gegenseitige Anziehung von Körpern heißt **Massenanziehung** oder **Gravitation** (lat. *gravis:* schwer).

In seinem berühmten *Gravitationsgesetz* sagte Newton aus: Der Betrag der Anziehungskraft zwischen zwei Himmelskörpern hängt von den **Massen** der beiden Körper ab. Die Anziehungskraft ist um so größer, je größer die Massen der Körper sind (bei konstantem Abstand).

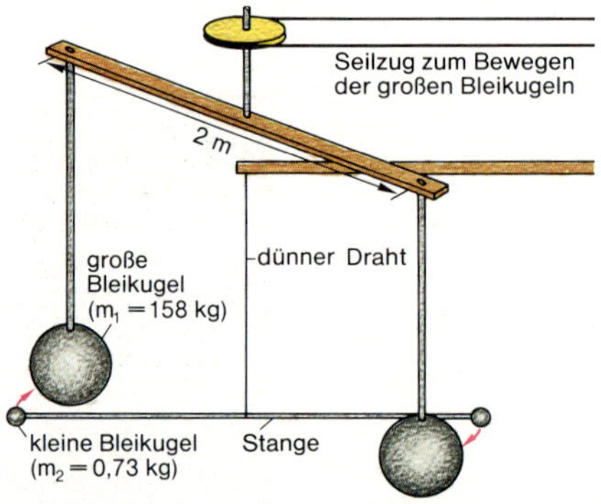

2

Newton nahm an, daß dieses Gesetz nicht auf Himmelskörper beschränkt ist. Auch alle anderen Körper, zum Beispiel zwei Bleikugeln, müßten sich demnach anziehen. Allerdings sind die Massen der Bleikugeln gegenüber den Massen von Mond oder Erde unvorstellbar klein. Daher wäre zu erwarten, daß auch die Anziehungskräfte zwischen den Bleikugeln sehr klein sind.

Diese Kräfte sind tatsächlich sehr klein, aber nicht unmeßbar klein. Als erstem gelang es vor rund 200 Jahren dem englischen Chemiker *Henry Cavendish* (1731–1810), sie zu messen. Bild 2 zeigt seinen Versuchsaufbau: Er befestigte zwei kleine Bleikugeln an einer Stange, die er (leicht drehbar) an einem Draht aufhängte. Diesen beiden Kugeln konnte er zwei große Bleikugeln nähern. Sobald er das tat, setzten sich die kleinen Kugeln langsam in Bewegung – und drehten sich in Richtung auf die großen Kugeln.

Cavendish stellte durch Messungen fest, wie stark sich der Bewegungszustand der kleinen Kugeln änderte. Daraus konnte er die Anziehungskraft bestimmen, die die große Bleikugel auf die kleine ausübte.

Nach diesem Versuch konnte man endgültig davon ausgehen, daß sich *alle* Körper gegenseitig anziehen.

Löst sich z. B. ein Apfel vom Baum, so fällt er herunter, weil die Erde ihn anzieht.

Aber auch der Apfel zieht die Erde an – mit einer *gleich großen* Kraft wie die Erde den Apfel. Wegen der riesigen Trägheit der Erde richtet diese Kraft jedoch bei der Erde nichts aus.

Als Ursache dafür, daß ein Apfel zu Boden fällt, hatten wir bisher die *Gewichtskraft* genannt. Wir wissen jetzt, daß diese Kraft auf die gegenseitige

Anziehung von Körpern zurückzuführen ist. Wie groß die Gewichtskraft ist, wird unter anderem durch die *Massen* der beiden Körper (Apfel und Erde) bestimmt.

Daß die Gewichtskraft z. B. auf dem Jupiter viel größer als auf der Erde ist, hängt mit der viel größeren Masse des Jupiters zusammen.

Der Betrag der Anziehungskraft zwischen zwei Körpern ist nicht nur von den Massen abhängig, sondern auch vom *Abstand* der Körper: Je weiter sie voneinander entfernt sind, desto kleiner ist die Anziehungskraft. (Genaugenommen ist unter *Abstand der Körper* die Entfernung ihrer „Mittelpunkte" zu verstehen.) Auch diese Gesetzmäßigkeit fand Newton heraus.

Wie sich demzufolge die Gewichtskraft auf einen Körper von 1 kg Masse in großer Höhe über der Erdoberfläche ändert, zeigt Bild 3.

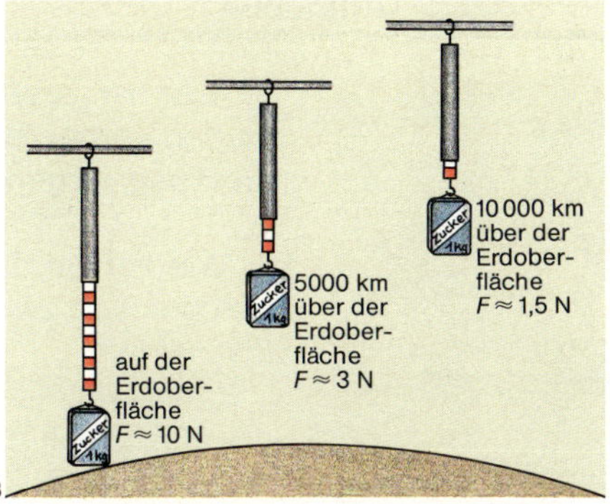

3

3 Wie man Massen mißt

Info: Balkenwaage – Kilogrammprototyp – Wägesatz

Die Masse eines Körpers gibt an, wie träge der Körper ist. Doch wie *mißt* man die Masse? Man könnte eine „Trägheitsmessung" durchführen; d. h., man müßte eine Kraft auf den Körper wirken lassen und messen, wie dadurch der Bewegungszustand des Körpers geändert wird. Eine solche Messung ist zwar möglich, aber ziemlich kompliziert.

Mit einer *Balkenwaage* (Bild 4) geht es viel einfacher: Eine Balkenwaage wird durch die Gewichtskräfte ausgelenkt, die auf die Gegenstände in den beiden Waagschalen wirken.

Wenn die Waage im Gleichgewicht ist, sind die Gewichtskräfte auf die Gegenstände *gleich*. Gleichheit der Gewichtskräfte bedeutet aber auch, daß die Massen der Gegenstände gleich sind, denn an jedem Ort sind ja Gewichtskraft und Masse zueinander proportional.

Wir können also sagen:

Die Massen zweier Körper sind gleich, wenn die Körper eine Balkenwaage ins Gleichgewicht bringen.

Eine Balkenwaage, die auf der Erde im Gleichgewicht ist, wäre auch auf dem Mond im Gleichgewicht (Bild 5). Die Gewichtskräfte auf die Körper in den Waagschalen wäre dort zwar kleiner, aber das würde für *beide* Seiten der Waage gelten.

Probleme gäbe es nur, wenn man die Balkenwaage an einen Ort brächte, an dem überhaupt keine Schwerkraft mehr wirkt. An einem solchen Ort, z. B. im Weltraum, weitab von allen Gestirnen, könnte man Massen nur durch „Trägheitsmessungen" bestimmen.

Zum Messen benötigen wir eine *Einheit*. Man hat sich international geeinigt, die Masse des in Bild 6 gezeigten Zylinders als Masseneinheit zu verwenden. Man nennt diesen Körper *Kilogrammprototyp*. Der Kilogrammprototyp hat annähernd die gleiche Masse wie 1 dm³ Wasser von 4 °C. Das ist kein Zufall, denn zunächst war das Kilogramm – nach einem Beschluß der französischen Nationalversammlung von 1791 – als die Masse festgelegt, die 1 dm³ Wasser hat.

Die Einheit der Masse ist 1 Kilogramm. Sie ist durch die Masse des Kilogrammprototyps festgelegt.

Der Zylinder von Bild 6 besteht aus den Metallen Platin und Iridium und wird im Internationalen Institut für Maße und Gewichte in Sèvres bei Paris aufbewahrt.

Die Bundesrepublik Deutschland besitzt – wie andere Staaten auch – eine Kopie des Kilogrammprototyps. Diese Kopie wird in der Physikalisch-Technischen Bundesanstalt (in Braunschweig) aufbewahrt.

Um mit einer Balkenwaage messen zu können, benötigt man keine Skala, sondern einen Satz *Wägestücke*. Um z. B. ein 2-kg-Wägestück zu erhalten, muß man ein Wägestück herstellen, das die gleiche Masse hat wie zwei 1-kg-Stücke zusammen. 500-g-Wägestücke bekommt man, wenn man zwei Wägestücke gleicher Masse herstellt, die zusammen die gleiche Masse haben wie ein 1-kg-Stück ...

Bild 1 auf der folgenden Seite zeigt einen Wägesatz. Die Physikalisch-Technische Bundesanstalt verfügt über Wägesätze, die von 0,5 mg bis 2000 kg reichen.

Vielfache der Einheit erhält man durch die Festlegung:

Zwei, drei, vier ... Körper gleicher Masse haben zusammen die doppelte, dreifache, vierfache ... Masse wie der einzelne Körper.

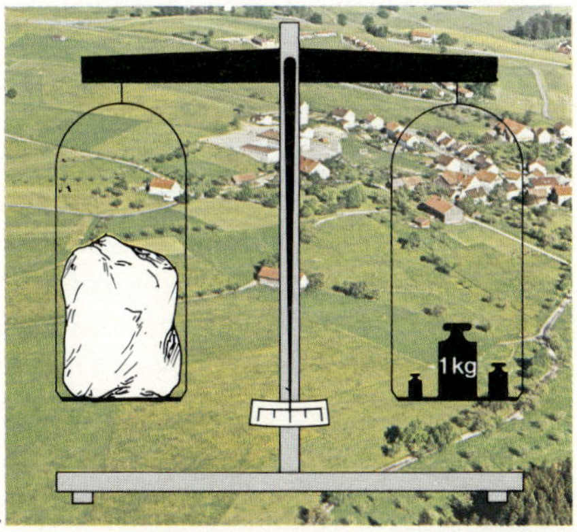

4

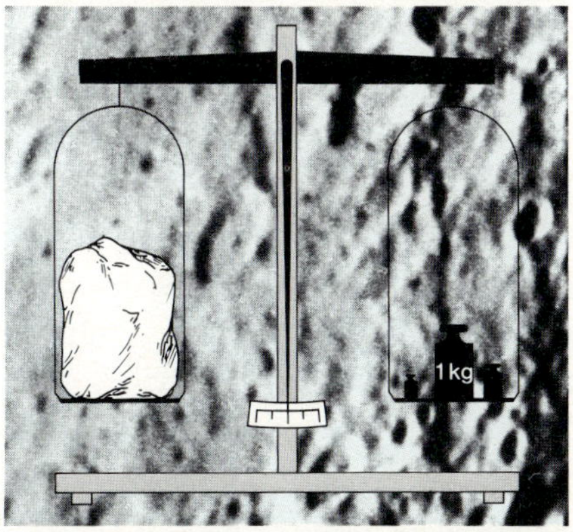

5

6

Aufgaben

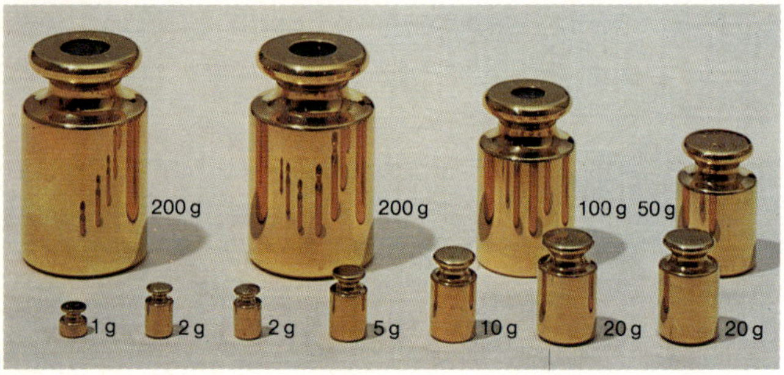

1

1 Bild 1 zeigt einen Wägesatz. Welche Wägestücke muß ein Wägesatz enthalten, mit dem alle ganzzahligen Massenwerte zwischen 1 g und 2000 g zusammengestellt werden können? (Der Wägesatz soll möglichst wenige Wägestücke enthalten.)

2 Zucker wird häufig in 1-kg-Packungen angeboten. Man könnte die Zuckerpackungen auch ein wenig größer machen und „10 N" auf die Packung schreiben.

Warum wäre das nicht sinnvoll?

3 Auch mit Hilfe einer Schraubenfeder kann man *Massen* bestimmen.

a) Wie läßt sich mit der Feder feststellen, welcher von zwei Körpern die größere Masse hat?

b) Was ist zusätzlich erforderlich, um die Massen der beiden Körper *messen* zu können? Wie würdest du bei der Messung vorgehen?

4 Wie kannst du mit einer Balkenwaage feststellen, auf welchen von zwei Gegenständen die größere *Gewichtskraft* wirkt?

Kannst du mit der Balkenwaage auch messen, wie groß die Gewichtskraft auf die beiden Körper ist? Begründe deine Antwort.

5 Auf dem Mond wird gemessen, daß eine Packung Zucker eine Masse von 5 kg hat. Eine andere Packung wird dort an einen Kraftmesser gehängt; er zeigt 25 N an. Welche Packung enthält mehr Zucker?

Wie würde die Antwort lauten, wenn sich die gleichen Meßergebnisse auf der Erde ergeben hätten?

6 Ein Raumschiff bewegt sich antriebslos durch das Weltall. Die Gegenstände in ihm scheinen völlig schwerelos zu sein. In dem Raumschiff befinden sich ein massiver Eisenzylinder und ein hohler Eisenzylinder. Äußerlich sehen beide völlig gleich aus.

Ein Astronaut nimmt in jede Hand einen der beiden Zylinder, schüttelt sie – und weiß sofort, welches der massive ist ... Erkläre!

Info: **Die gesetzlich festgelegte Krafteinheit – eine Ergänzung**

Wir haben die Krafteinheit mit Hilfe der Gewichtskraft definiert (→ *Kraft und Kraftmessung*). Nach dieser Definition ist 1 N die Gewichtskraft, die auf den 9,81ten Teil von 1 l Wasser wirkt.

Wie wir jetzt aber wissen, ist die Gewichtskraft ortsabhängig. Unsere bisherige Festlegung der Krafteinheit kann also nicht überall im Weltall gelten, ja nicht einmal überall auf der Erde. Damit die Definition sinnvoll bleibt, muß der *Ort* angegeben werden, an dem gemessen werden soll.

Die Definition lautet dann: 1 N ist die Gewichtskraft, die *in Paris* auf den 9,81ten Teil von 1 l Wasser wirkt.

Sicherlich wunderst du dich über die merkwürdige Zahl 9,81 in dieser Definition. Mit dieser Zahl hat es folgendes auf sich:

Die Ortsabhängigkeit der Gewichtskraft hat die Physiker so gestört, daß sie die Krafteinheit unabhängig von der Gewichtskraft festgelegt haben. Diese Festlegung beruht darauf, daß durch eine Kraft die *Geschwindigkeit* von Körpern verändert werden kann. Wenn eine konstante Kraft auf einen Körper wirkt (und keine Reibungskräfte stören), nimmt seine Geschwindigkeit in jeder Sekunde um den gleichen Betrag zu (Bild 2 und Tabelle).

Die Geschwindigkeit könnte z. B. mit einem Tachometer gemessen werden. (Zum Beispiel bedeutet eine Tachometeranzeige von 2 m/s: Würde der Tachometer auf einer längeren Strecke ständig diesen Wert anzeigen, so würde der Körper in jeder Sekunde genau 2 m zurücklegen.)

Die geänderte Definition für die Krafteinheit lautet: *Wenn die Geschwindigkeit eines Körpers mit der Masse 1 kg in jeder Sekunde um genau 1 $\frac{m}{s}$ ansteigt, wirkt auf ihn eine Kraft von 1 N.* So ist die Krafteinheit auch seit 1970 im „Gesetz über Einheiten im Meßwesen" festgelegt.

Wenn man die so festgelegte Einheit Newton mit der Gewichtskraft auf den Kilogrammprototyp (oder auf 1 l Wasser) vergleicht, stellt man fest: Sie ist in Paris 9,81mal so groß wie 1 N; sie beträgt also 9,81 N.

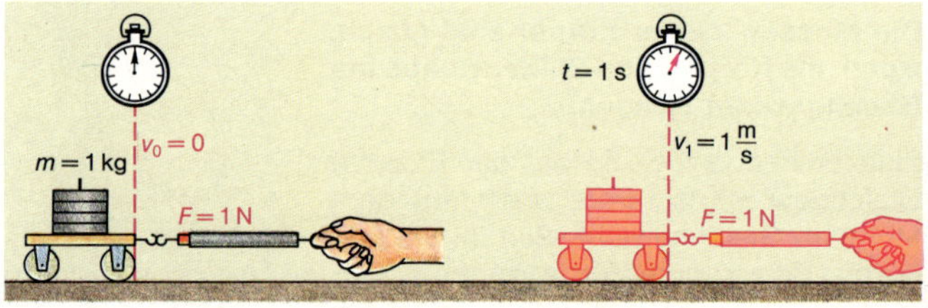

2

Änderung der Geschwindigkeit eines Körpers von 1 kg Masse bei einer Kraft von 1 N

Geschwindigkeit	Zunahme der Geschwindigkeit
beim Start: 0 $\frac{m}{s}$	
nach 1 s: 1 $\frac{m}{s}$	in der 1. Sekunde: 1 $\frac{m}{s}$
nach 2 s: 2 $\frac{m}{s}$	in der 2. Sekunde: 1 $\frac{m}{s}$
nach 3 s: 3 $\frac{m}{s}$	in der 3. Sekunde: 1 $\frac{m}{s}$

Alles klar?

1 Was würde passieren, wenn es keine Massenanziehung gäbe?

2 Wenn sich beim Holzhacken die Axt in einem schweren Holzscheit festkeilt, dreht man die Axt um und schlägt wie in Bild 3 zu.
Warum kann man das Holzscheit auf diese Weise spalten?

3 Auf einer Fahrt zum Mond wird die Gewichtskraft, die auf einen Körper wirkt, immer kleiner. In der Nähe des Mondes nimmt sie wieder zu.
Wie ist das zu erklären?

4 Aus einem Science-fiction-Film:
Auf dem Mond leben Menschen in einer Stadt unter einer riesigen luftgefüllten Glasglocke.

3

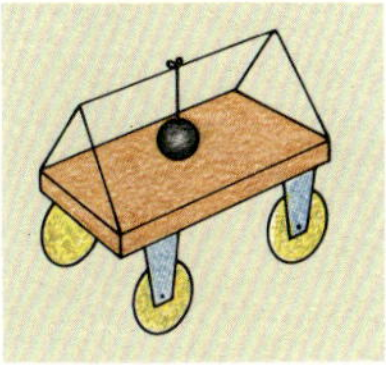
4

a) Man könnte dort viel höher springen als auf der Erde. Wären solche Sprünge gefährlicher als auf der Erde? Begründe!

b) Bei einem Verkehrsunfall in der Mondstadt prallt ein Auto gegen eine Mauer. Sind geringere Unfallfolgen zu erwarten als bei einem entsprechenden Unfall auf der Erde? Begründe!

5 An dem Drahtgestell, das an einem kleinen Wagen befestigt wurde, ist eine Metallkugel aufgehängt (Bild 4). Wie verhält sich die Kugel, ...

a) ... wenn der Wagen angestoßen wird?

b) ... wenn er sich gleichförmig bewegt?

c) ... wenn er auf ein Hindernis prallt?

d) ... wenn er nach rechts (nach links) in die Kurve geht?

6 „Bei einer Tafel Schokolade (100 g) mißt man eine Gewichtskraft von 1 N." Stimmt dieser Satz so?

7 Erkläre mit dem Begriff *Trägheit*, was bei einem Auffahrunfall geschieht.

8 „Auf Rücksitzen braucht man sich nicht anzuschnallen – dort kann man sich an den Vordersitzen abstützen!" Nimm zu dieser Ansicht Stellung.

Auf einen Blick

Trägheit und Masse

Alle Körper sind **träge**.
Sie ändern ihren Bewegungszustand nur, wenn eine Kraft auf sie wirkt.

Wenn ein Körper in Ruhe ist und auf ihn *keine Kraft* wirkt, bleibt er in Ruhe.

Wenn ein Körper in Bewegung ist und auf ihn *keine Kraft* wirkt, bewegt er sich mit konstanter Geschwindigkeit geradeaus weiter (Bild 5).

Verschiedene Körper können unterschiedlich träge sein. Das heißt:

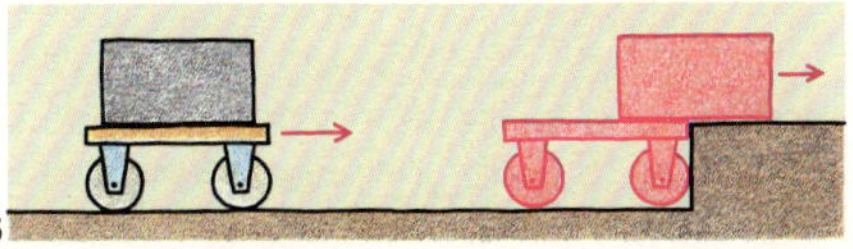
5

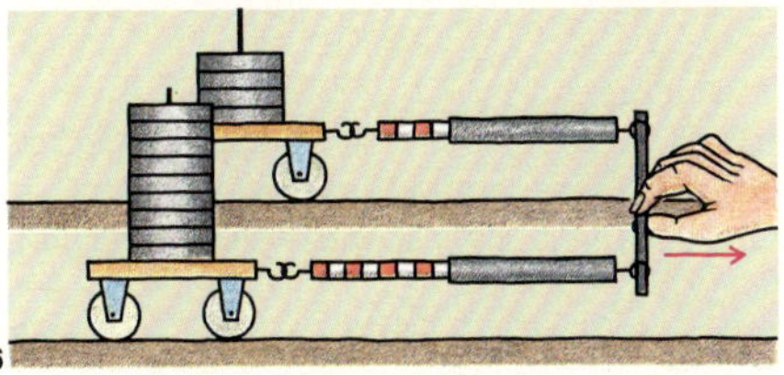
6

Man braucht unterschiedlich große Kräfte, um den Bewegungszustand dieser Körper in gleicher Weise zu ändern (Bild 6).

Die Masse eines Körpers gibt an, wie träge er ist. Je träger der Körper ist, desto größer ist seine Masse.

Die Trägheit eines Körpers – und damit die Masse des Körpers – ist überall gleich:

Die Masse ist nicht ortsabhängig.

Die Gewichtskraft

Die Gewichtskraft beruht darauf, daß sich alle Körper gegenseitig anziehen (*Gravitation* oder *Massenanziehung*).

Der Betrag der Anziehungskraft zwischen zwei Körpern hängt unter anderem von ihren Massen ab:

Je größer die Massen sind, desto größer ist die Anziehungskraft, die die Körper aufeinander ausüben.

Auf ein und denselben Körper wirken an der Oberfläche der Erde und des Mondes unterschiedlich große Anziehungskräfte: Die Erde übt an ihrer Oberfläche eine sechsmal so große Anziehungskraft aus wie der Mond an seiner Oberfläche. Die Gewichtskraft auf den Körper ist auf der Erde also größer als auf dem Mond.

Die Gewichtskraft ist ortsabhängig.

Masse und Gewichtskraft

An einem bestimmten Ort haben zwei Gegenstände genau dann gleiche Massen, wenn auf sie gleich große Gewichtskräfte wirken.

Diese Tatsache macht man sich zunutze, wenn man Massen mit einer Balkenwaage mißt:

Man vergleicht die Gewichtskraft, die auf einen Gegenstand wirkt, mit der Gewichtskraft auf die Wägestücke. Ist die Waage im Gleichgewicht, so sind die Gewichtskräfte und damit auch die Massen gleich.

Die Einheit der Masse ist 1 kg (1 Kilogramm). 1 kg ist die Masse des Kilogrammprototyps.
1 kg = 1000 g.

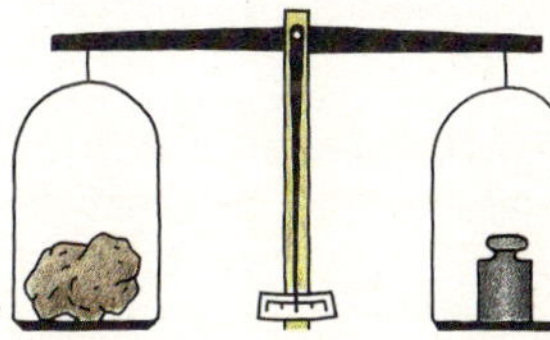
7

Die Dichte

Die Dichte – eine Eigenschaft von Stoffen

Was ist an diesen Bildern so überraschend?

1

2

Wovon hängt die Masse von Körpern ab, die alle z. B. aus Eisen bestehen?

Info: Was versteht man unter Dichte?

Zwei massive Körper gleicher Abmessungen, die aus dem gleichen Stoff bestehen, besitzen die gleiche Masse. Beide Körper zusammen haben doppelt so viel Volumen und doppelt so viel Masse wie jeder der beiden Einzelkörper.

Vergleicht man mehrere Körper *aus ein und demselben Stoff*, so stellt man fest: *Die Masse der Körper ist proportional zu ihrem Volumen.*

In einem Masse-Volumen-Diagramm liegen die Punkte für Körper aus einem bestimmten Stoff auf einer Geraden durch den Ursprung (Bild 3).

Für Körper aus einem anderen Stoff erhält man im Diagramm ebenfalls eine Ursprungsgerade, aber eine andere als für den ersten Stoff.

Die Proportionalität von Masse und Volumen bedeutet auch, daß der Quotient aus Masse und Volumen konstant ist.

Der Quotient aus Masse und Volumen ist von Stoff zu Stoff verschieden; er ist also ein *Kennzeichen* des jeweiligen Stoffes. Man bezeichnet ihn als Dichte.

Als Formelzeichen der Dichte dient der griechische Buchstabe ρ (rho).

$$\rho = \frac{m}{V}.$$

Aus dieser Definitionsgleichung ergibt sich als Einheit der Dichte $1\,\frac{\text{kg}}{\text{m}^3}$.

Wenn man diese Einheit verwendet, erhält man in vielen Fällen große Zahlenwerte. Daher gibt man die Dichte in Tabellen meist in $\frac{\text{g}}{\text{cm}^3}$ an.

$$1\,\frac{\text{g}}{\text{cm}^3} = 1000\,\frac{\text{kg}}{\text{m}^3}.$$

1. Beispiel:
10 cm³ Eisen haben eine Masse von 79 g, 40 cm³ haben eine Masse von 316 g, und 100 cm³ haben eine Masse von 790 g. Der Quotient von Masse und Volumen beträgt in allen drei Fällen $7{,}9\,\frac{\text{g}}{\text{cm}^3}$.
Diese Größe ist kennzeichnend für den Stoff Eisen. Sie gibt die Dichte von Eisen an. Man kann daraus unmittelbar ablesen, daß 1 cm³ Eisen eine Masse von 7,9 g hat.

2. Beispiel:
10 cm³ Gold haben eine Masse von 193 g. 60 cm³ haben eine Masse von 1158 g. Als Quotient von Masse und Volumen ergibt sich in beiden Fällen $19{,}3\,\frac{\text{g}}{\text{cm}^3}$.
Dies ist die Dichte von Gold. 1 cm³ Gold hat also eine Masse von 19,3 g.

Eine Tabelle mit der Dichte verschiedener Stoffe findest du im Anhang.

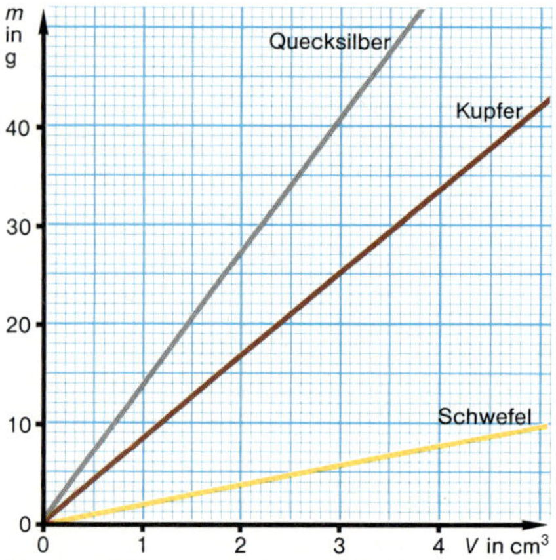

3 Masse und Volumen verschiedener Stoffe

1. Musteraufgabe:
Welches Volumen hat 1 kg Gold?

Lösung:

Ausgangsgleichung: $\rho = \frac{m}{V}$

Umformen: $V = \frac{m}{\rho}$

Einsetzen: $V = \frac{1\,\text{kg}}{19{,}3\,\frac{\text{g}}{\text{cm}^3}}$

Einheiten angleichen: $V = \frac{1000\,\text{g}\cdot\text{cm}^3}{19{,}3\,\text{g}}$

Ausrechnen: $V = 51{,}8\,\text{cm}^3$

Ergebnissatz: 1 kg Gold hat ein Volumen von 51,8 cm³.

2. Musteraufgabe:
Ein massiver Körper hat eine Masse von 9,45 kg und ein Volumen von 3,5 l. Aus welchem Stoff könnte er bestehen?

Lösung:
Zunächst wird die Dichte berechnet.

Ausgangsgleichung: $\rho = \frac{m}{V}$

Einsetzen: $\rho = \frac{9{,}45\,\text{kg}}{3{,}5\,\text{l}}$

Ausrechnen: $\rho = 2{,}7\,\frac{\text{kg}}{\text{l}}$

Einheit umrechnen: $\rho = 2{,}7\,\frac{\text{g}}{\text{cm}^3}$

Ergebnissatz: Der gesuchte Stoff hat eine Dichte von $2{,}7\,\frac{\text{g}}{\text{cm}^3}$. In der Tabelle im Anhang ist als einziger Stoff mit dieser Dichte Aluminium angegeben. Vermutlich handelt es sich also bei dem gesuchten Stoff um Aluminium.

V 1 Bestimme die Dichte eines quaderförmigen Körpers.

a) Ermittle zunächst die Masse des Quaders mit einer Balkenwaage. Miß dann Länge, Breite und Höhe des Quaders (z. B. mit einer Schieblehre), und berechne daraus das Volumen.

b) Aus welchem Material könnte der Quader bestehen?

V 2 Das Volumen einer Schraube aus Eisen soll auf zweierlei Weise bestimmt werden.

a) Miß die Masse der Schraube.
Die Dichte von Eisen findest du in der Tabelle im Anhang. Berechne das Volumen.

b) Wie kannst du das Volumen der Schraube direkt bestimmen? Überlege dir ein geeignetes Verfahren, und führe die Messung aus.

c) Vergleiche deine Ergebnisse. Welches Verfahren liefert die genaueren Werte? Wo stecken Fehlerquellen?

V 3 Jetzt geht es um die Dichte von Flüssigkeiten.

a) Bestimme die Dichte einer konzentrierten Kochsalzlösung (oder Zuckerlösung). Plane zunächst die Versuchsdurchführung.

b) Vergleiche die Dichte der Lösung mit der Dichte von Wasser.

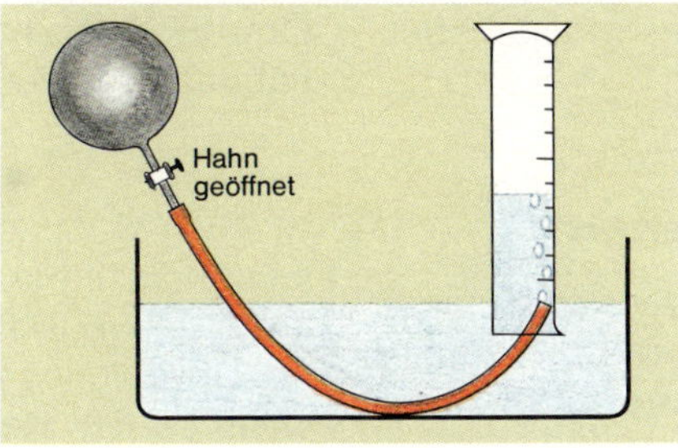

4

V 4 In diesem Versuch soll die Dichte der Luft bestimmt werden.

a) Wir benötigen eine Hohlkugel, deren Masse wir zunächst bestimmen. Nachdem zusätzlich Luft in den Kolben gepumpt wurde, wird die Masse erneut gemessen.
Berechne die Masse der hineingepumpten Luft.

b) Bild 4 zeigt, wie das Volumen ermittelt wird, das die hineingepumpte Luft normalerweise einnimmt. Beschreibe, wie man vorgehen muß.

c) Berechne die Dichte der Luft.

Aufgaben

1 Der Quader, den der Junge in Bild 1 hochstemmt, ist 1 m lang, 50 cm hoch und 50 cm breit. Er besteht aus Styropor ($\rho = 0{,}015\ \frac{\text{g}}{\text{cm}^3}$).
Berechne die Masse der Quaders und die zum Hochhalten nötige Kraft.

2 Die Dichte von Gestein beträgt etwa 2,5 $\frac{\text{g}}{\text{cm}^3}$. Der Stein von Bild 2 hat ein Volumen von rund 7 l.

a) Bestätige durch eine Rechnung, daß ein Schüler diesen Stein noch anheben kann.
Gib Masse und Gewichtskraft an.

b) Könntest du einen Goldklumpen tragen, dessen Volumen 7 l beträgt?

3 Warum ist in der Dichtetabelle im Anhang für Holz nur ein ungefährer Wert angegeben?

4 In Banken kann man 1-kg-Barren Gold kaufen.

a) Welches Volumen hat ein Barren?

b) Berechne auch das Volumen eines 1-kg-Barrens aus Eisen, Kupfer und Aluminium.

5 Bei bestimmten Käsesorten wäre es strenggenommen nicht sinnvoll, eine Dichte anzugeben. Begründe!

6 Ein Klassenzimmer ist 9,50 m lang, 7 m breit und 3,50 m hoch.
Berechne die Masse der Luft in diesem Raum.

7 Der Tank eines Autos faßt genau 47 l Benzin. Um wieviel nimmt die Masse des Autos zu, wenn der leere Tank gefüllt wird?

8 Auf den beiden Waagschalen einer Balkenwaage befinden sich zwei gleichartige Bechergläser. Ein Glas ist mit 100 cm³ Wasser gefüllt. In das andere Glas wird Spiritus eingefüllt, bis die Waage im Gleichgewicht ist.
Welches Volumen muß der Spiritus im Glas haben?

9 Was kannst du über Masse und Volumen der beiden Körper aussagen, die auf den Waagschalen von Bild 5 liegen?

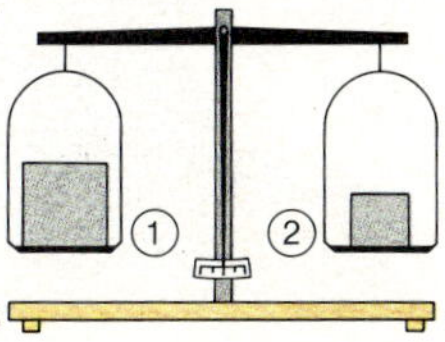

5

10 Der eine Körper in Bild 5 ist ein Aluminiumwürfel, der andere ein Silberwürfel.
Welches ist der Aluminium- und welches der Silberwürfel?

11 In welchem der Meßzylinder von Bild 6 befindet sich die Flüssigkeit mit der größeren Masse?

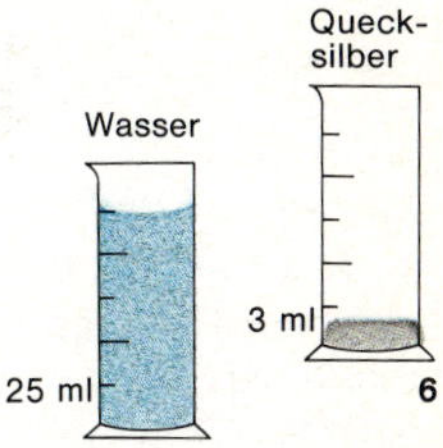

6

12 „Manfred ist schwerer als Katja." „Eisen ist schwerer als Glas."
Vergleiche beide Sätze, und erkläre, von welcher physikalischen Größe jeweils die Rede ist.

13 Zwei Plastilinkugeln haben gleich große Massen. In einer ist jedoch ein kleiner Holzklotz verborgen.
Wie kann man diese Kugel herausfinden, ohne sie zu zerstören?

14 Ulrike besitzt ein Armband. Es glänzt wie Silber. Wie könnte sie herausbekommen, ob es vielleicht aus reinem Silber besteht?

Reibung und Verkehrssicherheit

Reibung ist wichtig!

1 Micha kriegt die Kurve. Die Reifen seines Mofas haften auf der Fahrbahn.

2 Obwohl Micha mit gleicher Geschwindigkeit gefahren ist, haben die Reifen diesmal die Haftung verloren...

V 1 Wie gut haftet ein Reifen auf der Fahrbahn?

a) Bild 3 zeigt, wie du die „Haftung" messen kannst: Ziehe am Reifen erst vorsichtig und dann immer stärker (nicht ruckartig). Welchen Höchstwert erreicht die Zugkraft, unmittelbar bevor der Reifen wegrutscht?

b) Untersuche die Haftung möglichst auf verschiedenen Unterlagen (z. B. Rasen, Asphalt, ...).

c) Die auf den Reifen wirkende Kraft, die ihn am Wegrutschen hindert, wird *Haftreibungskraft* $\vec{F}_{Haft}$ genannt. Vergleiche Betrag und Richtung dieser Kraft mit Betrag und Richtung der Zugkraft.

Welchen maximalen Betrag $F_{Haft,\,m}$ hatte die Haftreibungskraft in den Versuchsteilen a und b?

V 2 Die senkrecht zur Fahrbahn wirkende Kraft, die den Reifen auf die Straße preßt, heißt *Anpreßkraft* $\vec{F}_N$ (oder *Normalkraft*). Wir untersuchen, wie Reibungskräfte von der Anpreßkraft und von der Art der Unterlage abhängen. Lege eine Tabelle nach folgendem Muster an:

Unterlage	F_N in N	$F_{Haft,\,m}$ in N	F_{Gleit} in N	μ_{Haft}	μ_{Gleit}
Tischplatte	?	?	?	?	?

a) Du benötigst ein Stück Fahrradreifen, ein Wägestück und einen Kraftmesser (Bild 4).

Bestimme, wie groß die *maximale Haftreibungskraft* für einen Reifen auf einer Tischplatte ist: Erhöhe wieder allmählich die Zugkraft, und lies ihren Höchstwert ($F_{Haft,m}$) ab, unmittelbar bevor sich der Reifen in Bewegung setzt. Wie groß ist die Anpreßkraft?

b) Auch wenn du das Reifenstück mit konstanter Geschwindigkeit langsam über eine Unterlage ziehst, wirkt eine Reibungskraft auf den Reifen. Man bezeichnet sie als *Gleitreibungskraft* $\vec{F}_{Gleit}$. Miß, wie groß diese Kraft ist, wenn du den Reifen über die Tischplatte ziehst.

c) Verändere jetzt die Anpreßkraft, indem du verschiedene Wägestücke auflegst. Miß zu jeder Anpreßkraft die maximale Haftreibungskraft und die Gleitreibungskraft.

d) Wiederhole den Versuch für andere Unterlagen. Verwende auch eine Stück von einem alten Reifen mit abgefahrenem Profil.

e) Berechne die *Haftreibungszahl* μ_{Haft} und die *Gleitreibungszahl* μ_{Gleit}:

$$\mu_{Haft} = \frac{F_{Haft,\,m}}{F_N} \quad \text{und} \quad \mu_{Gleit} = \frac{F_{Gleit}}{F_N}.$$

Vergleiche für die verschiedenen Reibungspartner Haft- und Gleitreibungszahlen.

V 3 Hängen die Reibungskräfte von der Größe der *Auflagefläche* ab?

Lege den Holzklotz nacheinander auf seine verschieden großen Seitenflächen, und ziehe ihn jeweils mit einem Kraftmesser über die Tischplatte. Miß dabei die maximale Haftreibungskraft und die Gleitreibungskraft.

V 4 Die Reibungskräfte lassen sich auch messen, indem man die *Unterlage* unter dem Gegenstand wegzieht. (Bild 5). Wiederhole V 3 nach dieser Methode mit Schleifpapier, Papier oder einem Gummistreifen als Unterlage.

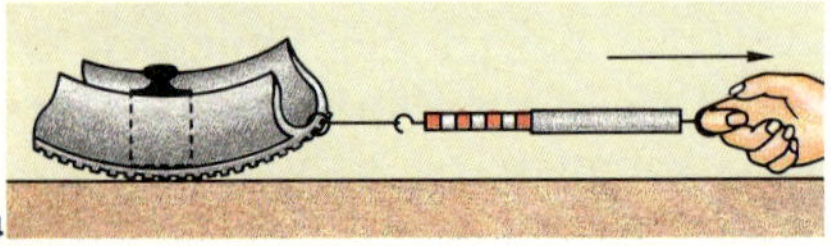

4

3

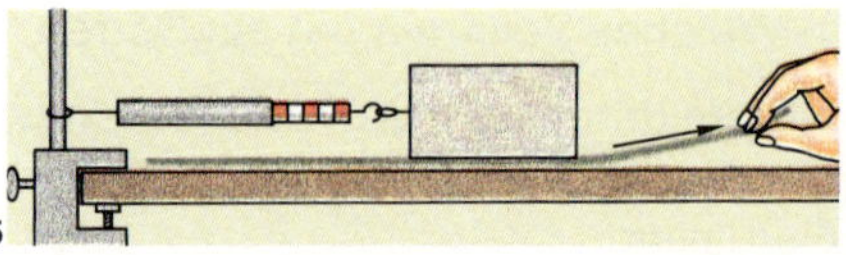

5

V 5 Wir untersuchen die Abhängigkeit der Gleitreibungskraft von der *Geschwindigkeit.*

Bild 6 zeigt den Versuchsaufbau. Bei diesem Gerät wird der Gummistreifen mit unterschiedlichen Geschwindigkeiten bewegt. Dabei mißt man die jeweilige Gleitreibungskraft. Was stellst du fest?

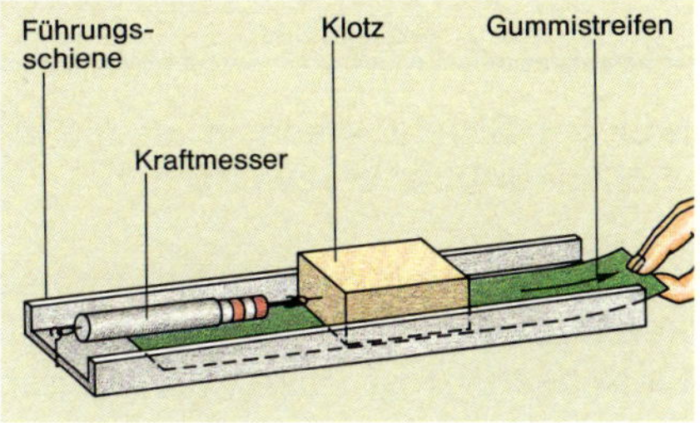

6

V 6 Man kann statt des Gerätes von Bild 6 auch eine Lok der Spurweite 45 mm verwenden. Sie wird mit einem Kraftmesser gehalten, während mit dem Trafo die Drehzahl der Räder verändert wird. Hängt die auf die Lok wirkende Reibungskraft von der Geschwindigkeit ab, mit der die Räder über die Schiene rutschen?

Info: **Verschiedene Reibungsarten**

○ *Haftreibung und Gleitreibung*

Wenn man einen Schrank verrücken will, muß man kräftig ziehen oder schieben, damit er sich von der Stelle bewegt.

Ist die Zugkraft nicht groß genug, bleibt er stehen: Er *haftet* auf dem Fußboden. Sein Bewegungszustand ändert sich nicht – er ist also im Kräftegleichgewicht. Das ist nur möglich, wenn außer der Zugkraft noch eine weitere Kraft auf den Schrank wirkt. Sie wird vom Fußboden ausgeübt.

Wenn ein Gegenstand auf einer Unterlage haftet, übt die Unterlage eine Kraft auf ihn aus. Diese Kraft ist der Zugkraft entgegen gerichtet; sie wird Haftreibungskraft $\vec{F}_{Haft}$ genannt (Bild 7).

Die Haftreibungskraft ist immer *genauso groß* wie die (parallel zur Unterlage wirkende) Zugkraft. Mit der Zugkraft wird auch die Haftreibungskraft größer.

Überschreitet jedoch die Zugkraft einen bestimmten Wert, so setzt sich der Schrank in Bewegung. Für die Haftreibungskraft gibt es also einen Höchstwert (*maximale Haftreibungskraft,* $F_{Haft,m}$). Er ist erreicht, wenn die Zugkraft so groß ist, daß sich der Körper gerade noch nicht in Bewegung setzt.

Ist der Schrank einmal in Bewegung, muß man weiterhin eine Kraft ausüben, um ihn in Bewegung zu halten – obwohl man weder seine Geschwindigkeit noch seine Bewegungsrichtung ändern will!

Die Zugkraft wird wieder gebraucht, um ein Kräftegleichgewicht herzustellen: Auf den Schrank wirkt nämlich außer der Zugkraft noch eine Reibungskraft; sie ist der Bewegung entgegengerichtet.

Die Reibungskraft, die auftritt, wenn ein Körper über eine Unterlage gleitet, heißt Gleitreibungskraft $\vec{F}_{Gleit}$ (Bild 8).

Wenn man ihren Betrag bestimmen will, läßt man den Körper mit konstanter Geschwindigkeit über die Unterlage gleiten. Die gemessene Zugkraft ist dann genauso groß wie die Gleitreibungskraft. Diese hängt *nicht von der Geschwindigkeit ab.*

○ *Wie kommt es zur Reibung?*

Die Oberfläche eines Körpers ist nie vollkommen glatt, immer gibt es kleinste Unebenheiten. Man kann sich nun vorstellen, daß sich die Oberflächen zweier Körper ineinander „verhaken", wenn die Körper gegeneinander gepreßt werden.

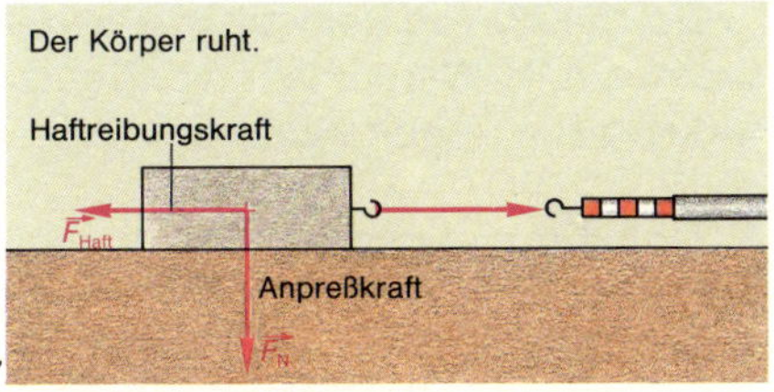

7

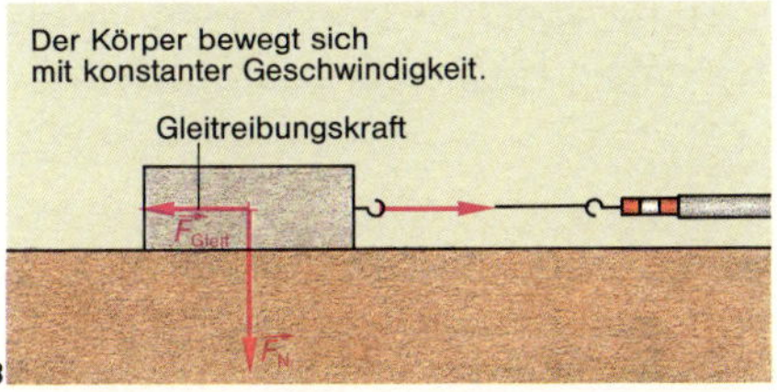

8

Wie stark sich ein Körper mit seiner Unterlage verhakt, hängt davon ab, wie die Oberflächen der beiden Körper beschaffen sind und wie stark der Körper auf seine Unterlage gepreßt wird.

Die maximale Haftreibungskraft und die Gleitreibungskraft hängen daher vom Betrag der *Anpreßkraft* $\vec{F}_N$ *(Normalkraft)* ab, die senkrecht zur Unterlage wirkt.

○ *Reibungszahlen*

Preßt man einen Körper mit unterschiedlichen Kräften auf eine Unterlage und mißt die Reibungskräfte, stellt man fest:

Sowohl $F_{Haft,\,m}$ als auch F_{Gleit} sind proportional zu F_N. Das heißt, die Quotienten aus den Beträgen von Reibungskraft und zugehöriger Anpreßkraft sind konstant. Man bezeichnet sie als **Haftreibungszahl** bzw. **Gleitreibungszahl**.

$$\mu_{Haft} = \frac{F_{Haft,\,m}}{F_N} \quad \text{bzw.} \quad \mu_{Gleit} = \frac{F_{Gleit}}{F_N}.$$

Beispiel: Beträgt die maximale Haftreibungskraft eines Holzklotzes auf einer Tischplatte 1,8 N und die Anpreßkraft (Gewichtskraft) 4 N, so ergibt sich:

$$\mu_{Haft} = \frac{1{,}8\ \text{N}}{4\ \text{N}} = 0{,}45.$$

○ *Einige Reibungszahlen*

Reibungspartner	Reibungszahlen μ_{Haft}	μ_{Gleit}
Holz auf *Stein*	0,70	0,30
Holz auf *Holz*	0,50	0,30
Stahl auf *Stahl*	0,15	0,12
Stahl auf *Stahl* (geschmiert)	0,10	0,05
Stahl auf *Eis*	0,03	0,01
Autoreifen auf...		
...trockenem Asphalt	1,0*	0,9
...nassem Asphalt	0,8	0,6
...vereistem Asphalt	0,2**	0,1***
M- und S-Reifen auf Eis	0,4	0,16

* $\mu_{Haft}=1{,}0$ bedeutet: Die Haftreibungskraft auf jeden Reifen ist genauso groß wie die Anpreßkraft. Die Reifen haben eine gute Haftung. Das Auto läßt sich gut lenken und sicher bremsen.

** $\mu_{Haft}=0{,}2$ bedeutet: Die Haftreibungskraft ist jetzt fünfmal kleiner als die Anpreßkraft. Der Bremsweg wird entsprechend länger.

*** $\mu_{Gleit}=0{,}1$ bedeutet: Die Reibungskräfte verringern sich nochmals um 50 %. Das geschieht, wenn die Räder beim Bremsen blockieren und die Reifen nur noch rutschen oder wenn die Räder beim Anfahren durchdrehen.

○ *Weitere Reibungsarten*

Haft- und Gleitreibungskräfte beim Verrücken eines Schrankes lassen sich vermeiden, wenn man den Schrank auf sogenannte Möbelrollen setzt. Beim Schieben ist dann nur noch die wesentlich kleinere **Rollreibungskraft** zu überwinden.

Die Rollreibungskraft hängt vom Material der Räder und von der Unterlage ab, aber auch vom Durchmesser der Räder. Die Rollreibungskraft ist um so geringer, je härter Rad und Unterlage sind und je größer der Durchmesser der Räder ist.

Reibung gibt es nicht nur zwischen festen Körpern. Reibung tritt auch auf, wenn feste Körper *in Gasen oder Flüssigkeiten* bewegt werden (z. B. beim Radfahren oder beim Schwimmen).

Dann gelten aber andere Gesetze als bei festen Körpern. Insbesondere sind in diesen Fällen die Reibungskräfte von der Geschwindigkeit abhängig.

Aufgaben

1 Ein Schrank (80 kg) aus Holz soll auf einem Steinfußboden verrückt werden. Welche Zugkraft ist erforderlich, damit sich der Schrank in Bewegung setzt? Wie groß muß die Zugkraft sein, wenn er in Bewegung gekommen ist?

2 Carsten zieht seine Schwester (30 kg) auf einem Schlitten (8 kg) mit Stahlkufen über einen zugefrorenen See. Wie groß muß die Zugkraft während der Fahrt mindestens sein?

3 Um die Reibung zwischen festen Körpern zu verringern, kann man Flüssigkeiten als Schmiermittel benutzen. Nenne dafür einige Beispiele.

Auch Wasser kann ein Schmiermittel sein, z. B. zwischen den Reifen und der Straße. Weshalb ist dieses „Schmiermittel" unerwünscht?

4 Erläutere mit Hilfe des Begriffes *Reibung*, warum Micha mit seinem Mofa gestürzt ist (Bild 2 der vorigen Doppelseite).

5 Ein Fahrrad wird mit der Felgenbremse abgebremst.

Welche Art von Reibung tritt an der Bremse auf? Warum läßt die Bremswirkung bei Regen nach?

6 Damit man nicht ausrutscht, muß die maximale Haftreibungskraft zwischen Schuhsohlen und Fußboden ausreichend groß sein.

Unter welchen Umständen ist die maximale Haftreibungskraft klein? Wie kann man die maximale Haftreibungskraft vergrößern?

7 Eine Holzkiste ($F_G = 600$ N) wird auf einer Steinrampe hochgeschoben. Die Rampe ist um 30° gegen die Erdoberfläche geneigt.

Wie groß ist die Anpreßkraft? Bestimme die Gleitreibungskraft. Welche Zugkraft ist erforderlich?

8 Zwischen Rad und Achse werden heutzutage Kugellager eingebaut (Bild 1). Welchen Vorteil haben sie?

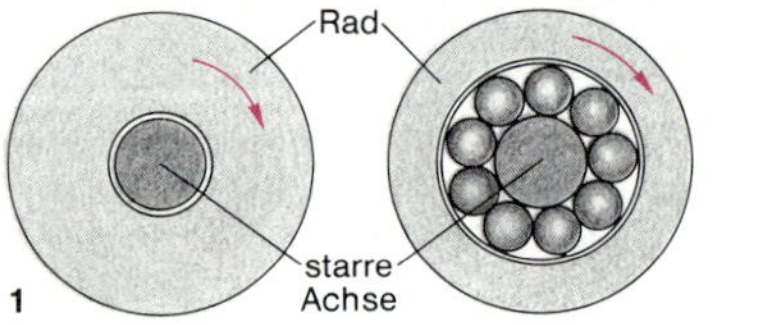

1

Aus der Geschichte: **Vom Schlitten zum Rad**

Vor 4000 Jahren in Ägypten, dem Reich der Pharaonen: Handwerker haben gerade eine Statue vollendet. Sie ist acht Meter hoch und wiegt 60 Tonnen. Nun muß sie vom Steinbruch zu ihrem Aufstellungsort gebracht werden – 40 km quer durch die Wüste.

Keine leichte Aufgabe! Trotzdem schaffen es die Ägypter – mit dem ältesten „Fahrzeug" der Menschheit, dem **Schlitten**. (Schlitten werden schon seit ca. 7000 Jahren benutzt.) Der hölzerne Schlitten, auf dem die Statue festgebunden ist, wird von 172 Männern an vier Seilen gezogen (Bild 1). Vorn auf dem Schlitten steht ein Mann und gießt Wasser vor die Kufen, um die Gleitreibung zu verringern und das Kufenholz zu kühlen.

Auch die Assyrer transportierten schwere Lasten auf Schlitten, wie dieses Relief aus dem Zweistromland zwischen Euphrat und Tigris zeigt (Bild 2). Hier erleichterte man sich das Ziehen, indem Sklaven Rundhölzer (Baumstämme) vor den Schlitten legten; auf diesen **Walzen** rollte der Schlitten weiter.

Damals kannte man auch schon **Wagenräder**, die aus rollenden Baumstämmen entwickelt wurden. Sie eigneten sich aber nur zum Transport von geringen Lasten.

2

Die Rundhölzer lagen *quer* zu den Schlittenkufen. Räumliche Darstellungen (so wie *wir* sie kennen) waren damals unbekannt; heute hat man daher den Einruck, das Bild sei falsch.
3

Aus Umwelt und Technik: **Auf die Haftreibung kommt es an!**

Auf einer vereisten, spiegelglatten Fahrbahn kann man ein Auto praktisch nicht bremsen. Auch das Anfahren bei Glatteis ist fast unmöglich. Gute Bremsen und ein „starker" Motor allein reichen also nicht aus, um den Bewegungszustand eines Autos zu ändern. Auch Fahrbahn und Reifen spielen eine wichtige Rolle.

Damit möglichst große Antriebs- oder Bremskräfte auf das Auto wirken können, müssen die Reifen auf der Fahrbahn *haften*.

Der **Antrieb** auf das Auto kommt so zustande: Der Motor bewirkt, daß die Räder eine *nach hinten* gerichtete Kraft auf die Fahrbahn ausüben. Daß diese Kraft nach hinten gerichtet ist, erkennt man, wenn Steinchen auf der Straße liegen: Sie werden nach hinten geschleudert. Die Folge ist, daß auf die Räder (und damit auf das Auto) eine *nach vorne* gerichtete *Haftreibungskraft* wirkt. Sie wird von der Fahrbahn ausgeübt und ist genauso groß wie die nach hinten gerichtete Kraft auf die Fahrbahn. (Daß eine solche Kraft auftreten muß, folgt auch aus dem *Wechselwirkungsprinzip*.)

Wenn man mehr Gas gibt, wird die Kraft der Antriebsräder auf die Straße größer – und damit auch die Antriebskraft auf das Auto. Gibt man zuviel Gas, drehen die Räder durch. Sie gleiten dann über die Fahrbahn und auf das Auto wirkt plötzlich nur noch die viel kleinere *Gleitreibungskraft*.

Die Antriebskraft, die auf ein Fahrzeug wirkt, kann nie größer sein als die maximale Haftreibungskraft. Diese Kraft bestimmt also zum Beispiel, wie schnell man anfahren kann.

Ganz ähnlich ist es beim **Bremsen** eines Autos.

Bild 4 zeigt die *Scheibenbremse* eines Autos: Zusammen mit dem Rad dreht sich die *Bremsscheibe*. Während des Bremsens werden von beiden Seiten die *Bremsbeläge* gegen die laufende Scheibe gepreßt. Auf die sich drehende Scheibe (und damit auf das Rad) wirkt eine *Gleitreibungskraft*, die die Drehbewegung hemmt.

Die Folge ist: Die Räder üben eine *nach vorne* gerichtete Kraft auf die Straße aus – und die Straße eine *nach hinten* gerichtete **Haftreibungskraft** auf das Auto.

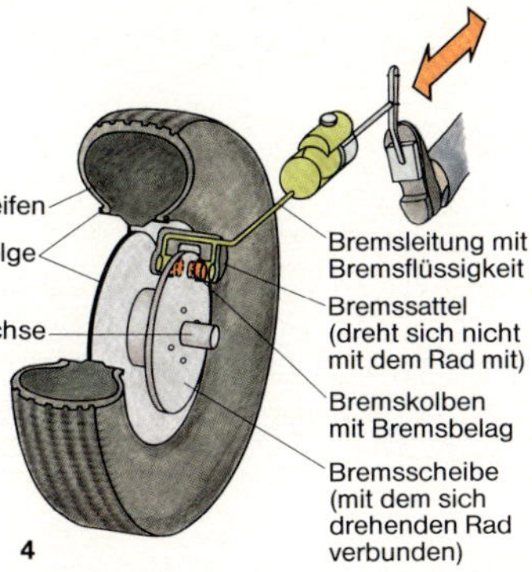

4

Tritt man zu stark auf die Bremse, so blockieren die Räder. Die Kraft, die die Straße auf das Auto ausübt, läßt schlagartig nach, da jetzt nur noch *Gleitreibung* auftritt.

Wie stark ein Fahrzeug höchstens abgebremst werden kann, wird also ebenfalls durch die maximale *Haftreibungskraft* bestimmt.

Auch beim **Kurvenfahren** muß die Straße eine Kraft auf das Fahrzeug ausüben. Die *Bewegungsrichtung* eines Körpers ändert sich ja nur, wenn eine Kraft auf ihn wirkt. Je schneller man durch die Kurve fährt, desto größer ist die benötigte Kraft.

Auch diese Kraft kann nicht größer sein als die maximale Haftreibungskraft. Fährt man zu schnell, landet man unweigerlich im Straßengraben.

Gefährlich ist es auch, wenn man in Kurven bremst oder Gas gibt. Die Haftreibungskraft ist ja bereits erforderlich, um das Auto in die Kurve zu zwingen. Werden durch Bremsen oder Gasgeben zusätzliche Kräfte nötig, besteht die Gefahr, daß die maximale Haftreibungskraft überschritten wird. Die dann wirksame Gleitreibung reicht nicht aus, um den Wagen in der Spur zu halten; das Auto rutscht geradeaus weiter.

Aus Umwelt und Technik: **ABS als „Notbremse"**

Ein Alptraum für Autofahrer: Im Dunkeln steht plötzlich ein Hindernis auf der Straße. Was tun? Bremsen *und* lenken? Ob das Auto das mitmacht?

Bild 5 zeigt dazu einen Test: Am Stoppschild haben beide Fahrer mit einer Vollbremsung begonnen. Die Fahrbahn ist naß. Beide versuchen, ihr Auto um das Hindernis herumzulenken. Das linke Auto fährt aber trotz eingeschlagener Lenkung geradeaus. Seine Räder blockieren...

Das Blockieren der Räder beim Bremsen kann böse Folgen haben:

- ○ Das Auto läßt sich nicht lenken.
- ○ Der Bremsweg wird länger.
- ○ Die Reifen werden zerstört.

Das rechte Auto hingegen läßt sich gleichzeitig bremsen *und* lenken, weil seine Räder nicht blockieren. Dieses Auto ist nämlich mit einem ABS (Anti-Blockier-System) ausgestattet.

Beim ABS werden die Drehzahlen der Räder ständig gemessen und an einen Bordcomputer gemeldet. Sinkt die Drehzahl eines Rades beim Bremsen zu schnell, stellt der Computer Blockiergefahr fest. Sofort wird die Scheibenbremse des Rades etwas gelöst, das Rad dreht sich schneller – und wird erneut stärker gebremst.

5

Dieses Wechselspiel läuft bis zu 10mal je Sekunde ab.

Übrigens sind Autos mit ABS genauso oft wie andere in Unfälle verwickelt. Die Fahrer glauben, auch in schwierigen Situationen bremsen zu können – und fahren riskanter. Zusätzliche Sicherheit bringt das ABS nur, wenn man so vorsichtig fährt, als wäre es nicht vorhanden.

Aus Umwelt und Technik: **Reifenprofil und Verkehrssicherheit**

An einen Autoreifen (Bild 1) werden heutzutage vielfältige Anforderungen gestellt. Er soll

- ○ weitgehend die Unebenheiten der Fahrbahn „schlucken“ und zu einer weichen Federung beitragen;
- ○ Antriebs-, Brems- und Lenkkräfte möglichst gut übertragen;
- ○ gut auf der Straße haften, besonders in Kurven;
- ○ auch bei Nässe, Matsch und Schnee Sicherheit bieten;
- ○ beim Fahren möglichst leise sein und sich nur wenig erwärmen;
- ○ wenig kosten und lange halten; d.h., er soll sich nur langsam abnutzen und darf nicht platzen.

Damit Reifen stets verkehrssicher sind, muß man auf **Reifendruck** und **Reifenprofil** achten. So ist z.B. für jedes Fahrzeug vorgeschrieben, wie groß der Luftdruck im Reifen sein muß. Ist der Druck höher, so ist die Standfläche des Reifens auf der Straße (die sogenannte *Aufstandsfläche*) kleiner als bei vorgeschriebenem Druck.

Eine möglichst große Standfläche ist aber wichtig: In Versuch 3 konntest du zwar feststellen, daß die Reibungskraft *nicht* von der Größe der reibenden Fläche abhängt. Dies gilt jedoch nur für starre, feste Körper (z.B. für einen Holzklotz), nicht aber für Reifen. Der biegsame, weiche Reifengummi „klebt“ nämlich um so besser auf der Straße, je größer die Standfläche ist. Dies ist übrigens auch der Grund, weshalb Reifen von Rennwagen oft gar keine Profilrillen besitzen.

Profillose Reifen sind aber nur für trockene Straßen geeignet. Damit nämlich ein Auto auch bei Regen sicher zu lenken und zu bremsen ist, muß das Wasser zwischen Reifen und Fahrbahn nach außen abgeleitet werden. Diese wichtige Aufgabe übernehmen die **Profilrillen**.

Besonders gefährlich wird es, wenn Wasser in riesigen Pfützen auf der Fahrbahn steht. Fährt dann ein Auto zu *schnell* oder mit *zu wenig Reifenprofil,* so bildet sich zwischen den Reifen und der Fahrbahn ein Wasserkeil (Bild 2). Das Auto schwimmt sozusagen auf einer Wasserschicht und läßt sich weder bremsen noch lenken! Man nennt diesen äußerst gefährlichen Zustand **Aquaplaning** (oder *Wasserglätte*).

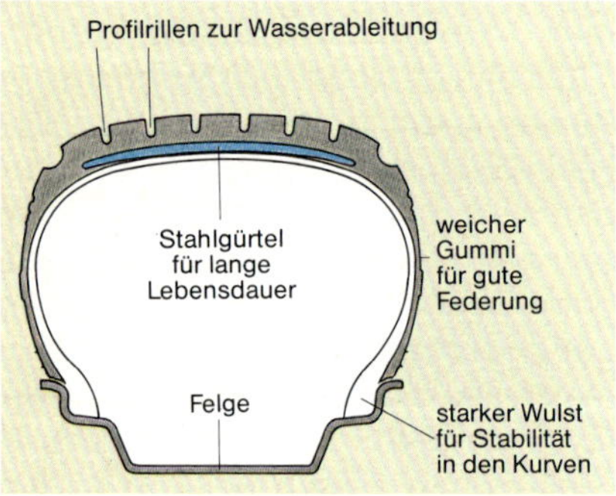

1

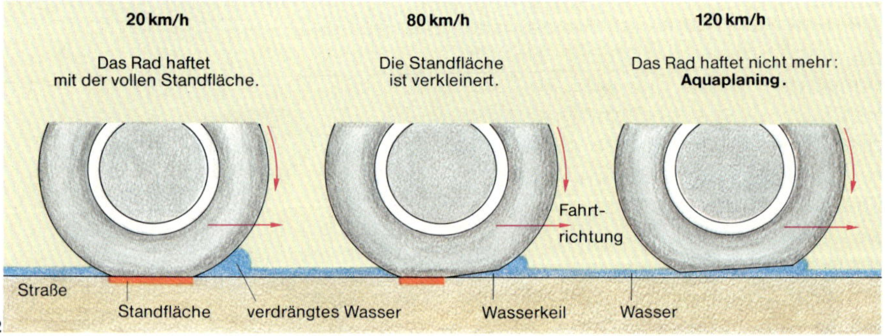

2

Fragen und Aufgaben zum Text

1 Bis 1975 waren in der Bundesrepublik Deutschland Winterreifen mit Stahlnägeln (*Spikes*) erlaubt. Welchen Vorteil hatten sie? Weshalb wurden sie verboten?

2 Reifen von Kraftfahrzeugen (auch von Mofas und Mopeds) müssen Profilrillen haben, die an jeder Stelle der Lauffläche mindestens 1 mm tief sind. Sonst darf das Fahrzeug nicht benutzt werden. (Fachleute empfehlen sogar, die Reifen nur bis auf 3 mm Profiltiefe abzufahren.) Warum ist ein gutes Reifenprofil so wichtig?

3 Ist bei niedrigem Luftdruck im Reifen die Haftung auf der Straße besser? (Sieh dir dazu Bild 3 an.)

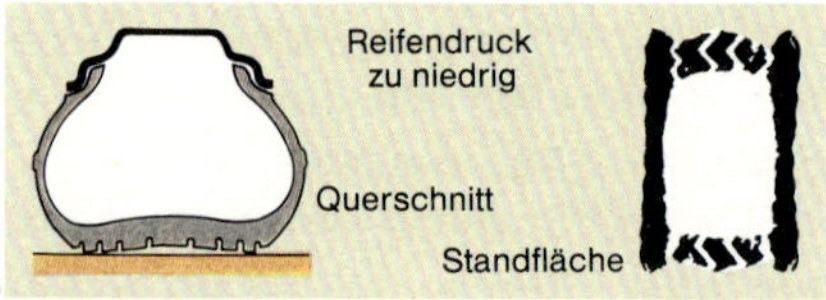

3

4 Reifen für Rennwagen werden aus einem besonders „klebrigen“ Gummi hergestellt. Oft haben sie gar keine Profilrillen. Nenne Vor- und Nachteile solcher Rennreifen.

5 Was ist *Aquaplaning*? Wann tritt es auf? Wie läßt es sich vermeiden?

6 Weshalb sind diese Fahrbahnoberflächen (Bilder 4–7) besonders für Mofa- und Motorradfahrer gefährlich? Gib eine physikalische Begründung an.

4

5

6

7

Alles klar?

1 Manchmal ist Reibung unerwünscht, dann sollen die Reibungskräfte möglichst klein sein. Bei anderen Gelegenheiten wünscht man sich recht große Reibungskräfte. Suche Beispiele für „erwünschte" und „unerwünschte" Reibung.

2 „Ohne Reibung hielte kein Nagel in der Wand." Was meinst du dazu?
Welche Rolle spielt die Reibung bei Dübeln und Schrauben?

3 Ist beim Anreißen eines Streichholzes Haftreibung oder Gleitreibung wichtig?

4 Wenn ein Auto aus einer Waschanlage kommt, kann die Wirkung der Bremsen verringert sein. Weshalb?

5 Schiffsrümpfe werden regelmäßig von Bewuchs (Algen, Seepocken, Muscheln) gesäubert.
Welchen Sinn hat diese zeitaufwendige und kostspielige Arbeit?

6 Warum kann man mit Kreide nicht auf einer Fensterscheibe schreiben?

7 „Wer gut schmiert, der gut fährt."
Erläutere den physikalischen Hintergrund für dieses Sprichwort.

8 Das Anfahren eines Autos bei Glatteis geht oft nur mit einem Trick: Jemand setzt sich hinten auf die Kofferraumklappe (bei Hinterradantrieb).
Erkläre diesen Trick.

9 Ein Auto wird mit angezogener Handbremse auf einer waagerecht verlaufenden Straße geparkt.
Was läßt sich über den Betrag der Haftreibungskraft auf das Auto aussagen?

10 Elektrolokomotiven, die für Güterzüge verwendet werden, sind besonders schwer. Auf eine solche Lokomotive wirkt z. B. eine Gewichtskraft von 840 000 N.
Diese große Gewichtskraft ist unter anderem beim Anfahren eines langen Zuges von Vorteil. Erkläre!

11 Die Rollreibung eines Eisenbahnrades ist erheblich geringer als die eines Autoreifens.
Wie ist das wohl zu erklären?

Auf einen Blick

Haftreibung

Obwohl an einem Körper gezogen wird, bleibt er auf der Unterlage liegen; er haftet. Es wirkt also eine Kraft, die der Zugkraft entgegengerichtet ist. Diese Kraft bezeichnet man als **Haftreibungskraft**.

Für die Haftreibungskraft gibt es einen Höchstwert *(maximale Haftreibungskraft)*. Überschreitet die Zugkraft diesen Wert, setzt sich der Körper in Bewegung.

8
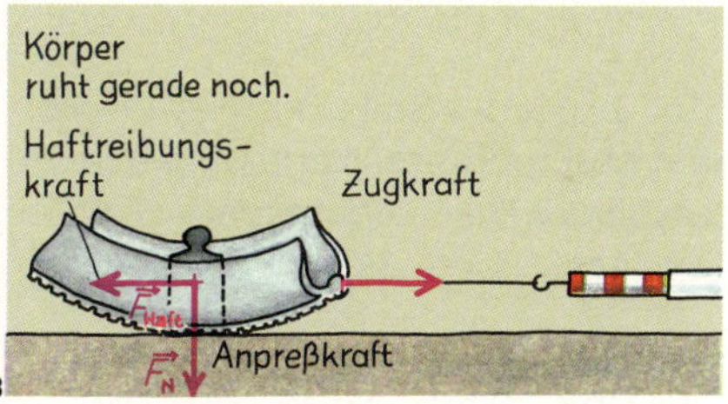

Gleitreibung

Auch wenn ein Körper auf seiner Unterlage gleitet, wirkt eine bremsende Kraft: die **Gleitreibungskraft**.

Zieht man den Körper mit gleichbleibender Geschwindigkeit über die Unterlage, so ist die gemessene Zugkraft genauso groß wie die Gleitreibungskraft.

Die Gleitreibungskraft ist immer *kleiner* als die entsprechende Haftreibungskraft.

9
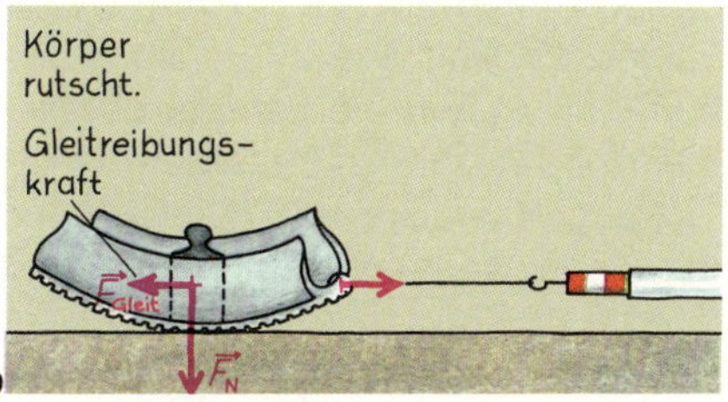

Rollreibung

Wenn man einige Stifte als Walzen unter einen Holzklotz legt, muß man nur eine geringe Kraft aufwenden, um den Holzklotz über seine Unterlage zu ziehen. Die bremsende Gegenkraft, die hierbei auftritt, bezeichnet man als **Rollreibungskraft**.

Im allgemeinen ist die Rollreibungskraft erheblich kleiner als die Gleitreibungskraft (und damit auch kleiner als die Haftreibungskraft).

10
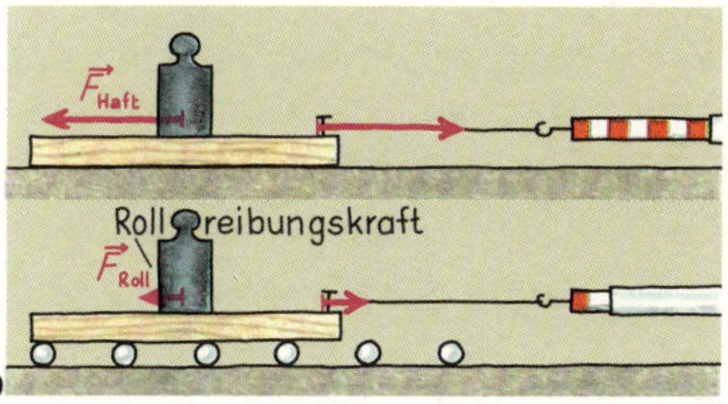

$F_{Haft,\,m} > F_{Gleit} > F_{Roll}$.

Haftreibungszahl und Gleitreibungszahl

Wie groß die Gleitreibungskraft und die maximale Haftreibungskraft sind, hängt ab

- von der Beschaffenheit der reibenden Flächen (bei Reifen auch von der Größe der Flächen) und
- von der Kraft, mit der der Körper auf die Unterlage gepreßt wird (*Anpreßkraft* oder *Normalkraft* F_N).

Die Beträge der maximalen Haftreibungskraft und der Gleitreibungskraft sind proportional zum Betrag der Anpreßkraft. $F_{Haft,\,m} \sim F_N$ und $F_{Gleit} \sim F_N$.

Die Quotienten aus Reibungskraft und Normalkraft sind konstant. Sie heißen *Haftreibungszahl* bzw. *Gleitreibungszahl*: $\mu_{Haft} = \dfrac{F_{Haft,\,m}}{F_N}$ bzw. $\mu_{Gleit} = \dfrac{F_{Gleit}}{F_N}$.

Das Drehmoment

1 Hebel machen's möglich

1

V 1 Farbdosen (Bild 2) lassen sich z. B. mit einem Schraubenzieher als *Hebel* öffnen. Probiere es aus.

Was kannst du über die Kraft aussagen, die du auf den Schraubenzieher ausüben mußt? Vergleiche sie mit der Kraft, die auf den Deckel wirkt.

Stelle in einer Schnittzeichnung dar, wie der Schraubenzieher angesetzt werden muß. Zeichne die Achse ein, um die der Schraubenzieher gedreht wird; trage auch die Kraftpfeile ein (Länge schätzen!).

V 2 Wie groß ist die Kraft, die du auf die Zange ausüben mußt, um einen Nagel durchzukneifen? Bild 3 zeigt, wie du sie messen kannst.

a) Die Kraft soll in den Punkten A, B oder C angreifen. Wo wird deiner Meinung nach die größte und wo die kleinste Kraft benötigt?

b) Überprüfe deine Vermutung.

V 3 Aus einem Bleistift und einer Leiste soll eine einfache „Wippe" gebaut werden. Auf das eine Ende der Leiste soll dabei eine Kraft von 2 N, auf das andere eine Kraft von 1 N wirken (Bild 4).

Kannst du – ohne zu probieren – die Leiste so auf den Bleistift legen, daß die Wippe sofort im Gleichgewicht ist?

V 4 Unter welchen Bedingungen herrscht an einem *zweiseitigen Hebel* (Bild 5) Gleichgewicht?

a) Lege eine Tabelle nach folgendem Muster an:

F_1 in N	a_1 in cm	F_2 in N	a_2 in cm
?	?	?	?

b) Führe mehrere Messungen durch. Für jede Messung mußt du die Größe der Kraft F_1 und die Längen der *Hebelarme* (a_1 und a_2) festlegen.

Wie groß muß jeweils F_2 sein, damit der Hebel waagerecht steht? (Achte darauf, daß du deinen Kraftmesser senkrecht zum Hebel hältst.)

c) Aus den Meßwerten läßt sich eine Gesetzmäßigkeit ableiten, nämlich

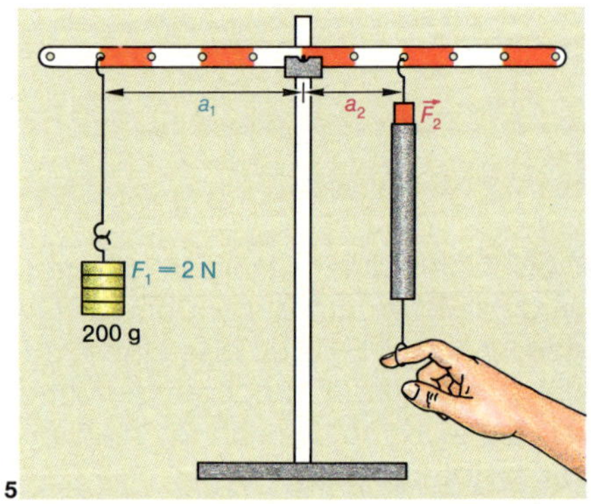

5

das *Hebelgesetz*. Versuche, eine Formulierung für diese Gesetzmäßigkeit zu finden.

d) Wie groß ist die Kraft F_2 in der Anordnung von Bild 5?

V 5 Auf jeder Seite des Hebels werden nun mehrere Wägestücke *in unterschiedlichen Abständen von der Drehachse* befestigt.

a) Bringe auf beiden Seiten mehrere gleiche Wägestücke an – und zwar so, daß sich ein Gleichgewicht einstellt. Notiere für beide Seiten des Hebels

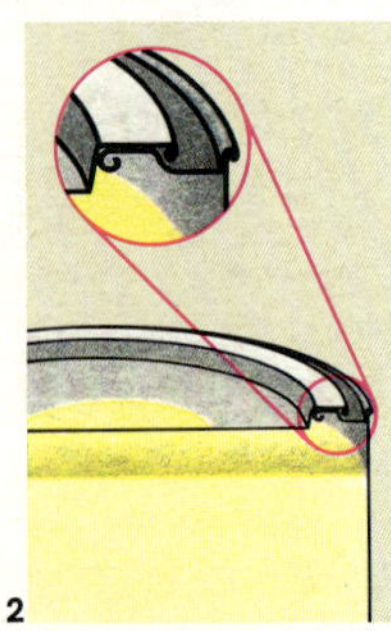
2

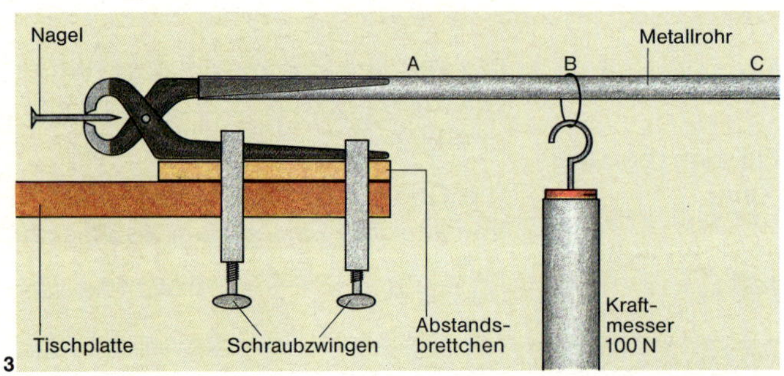

3

black

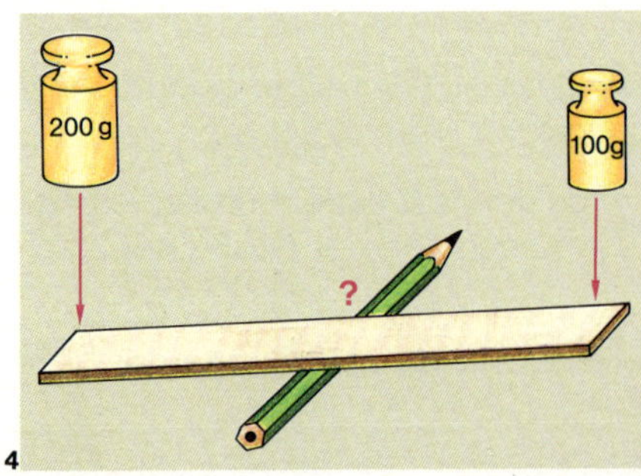

4

die Kraftbeträge und die Abstände, die die Angriffspunkte der Kräfte von der Drehachse haben.

b) Welche Gesetzmäßigkeit vermutest du?

Benutze bei deiner Formulierung den Begriff *Drehmoment* (→ Info auf der folgenden Seite).

c) Nun werden mehrere Wägestücke unterschiedlicher Masse verwendet. Überlege dir eine Verteilung der Wägestücke, bei der sich ein Gleichgewicht einstellen müßte. Probiere aus, ob deine Überlegung stimmt.

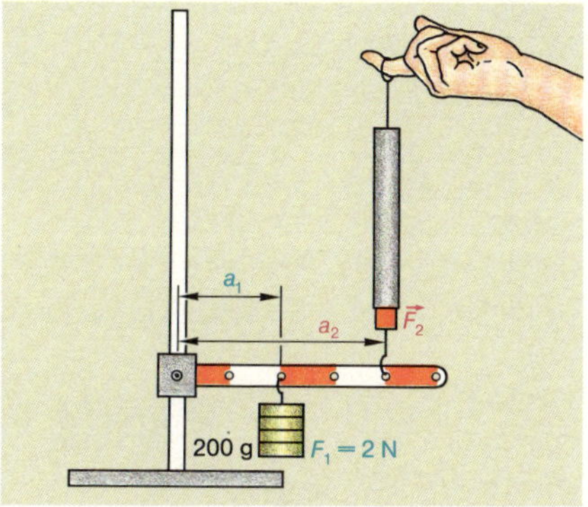

6

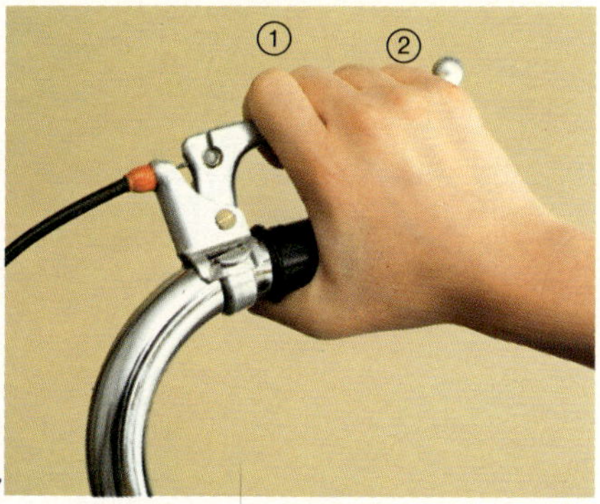

7

V 6 In Bild 6 siehst du einen Versuchsaufbau zum *einseitigen Hebel.*

a) Untersuche, ob für das Gleichgewicht am einseitigen Hebel die gleiche Gesetzmäßigkeit gilt wie am zweiseitigen (Tabelle anlegen!).

b) Wie groß ist die Kraft F_2 in der Anordnung von Bild 6?

V 7 Untersuche die Handbremse deines Fahrrades (Bild 7).

a) Macht es einen Unterschied, ob du bei 1 oder bei 2 drückst?

b) Wie unterscheidet sich der Handbremsgriff von den bisher verwendeten Hebeln?

V 8 Ein Hebel muß nicht immer eine gerade Stange sein.

Um das Hebelgesetz für beliebige Hebel zu ermitteln, verwenden wir eine drehbar gelagerte Lochscheibe (Bild 8).

In Loch A wird ein Wägestück eingehängt. Wenn man außerdem ein zweites Wägestück mit gleicher Masse in B befestigt, bleibt die Scheibe in Ruhe: Sie ist im Gleichgewicht.

a) Wird die Scheibe auch dann im Gleichgewicht sein, wenn man das zweite Wägestück in C einhängt? Begründe deine Vermutung, und überprüfe sie im Versuch.

b) Man kann das zweite Wägestück an verschiedenen Punkten anbringen, um ein Gleichgewicht zu erhalten. Was kannst du über die Lage all dieser Punkte aussagen?

c) Wie muß der Begriff *Hebelarm* definiert werden, damit auch solche Gleichgewichtssituationen mit dem Hebelgesetz erfaßt werden?

V 9 Statt des zweiten Wägestückes wird jetzt ein Kraftmesser an der Lochscheibe befestigt (Bild 9). Wir können so Kräfte mit beliebigen Richtungen wirken lassen.

Gilt auch hier das Hebelgesetz, wenn du den in Versuch 8 definierten Begriff des Hebelarms verwendest?

Miß die Hebelarme und die Kräfte, um diese Frage beantworten zu können.

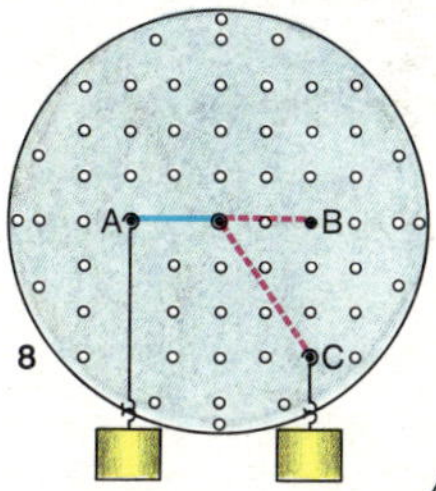

8

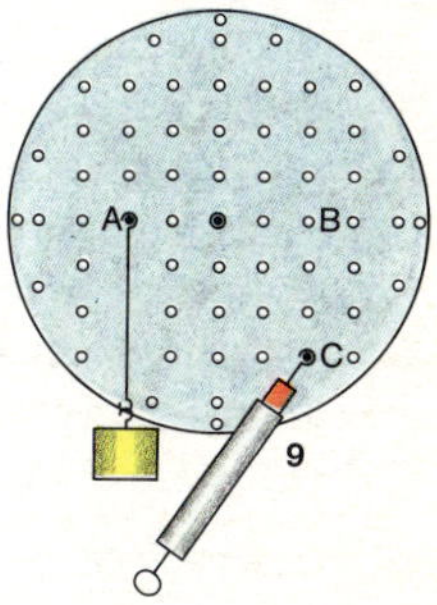

9

Aus der Geschichte: **Der Hebel – ein uraltes Hilfsmittel des Menschen**

Mit seinen körperlichen Fähigkeiten hätte der Mensch eigentlich vielen Tieren unterlegen sein müssen. Trotzdem gelang es ihm, eine beherrschende Stellung in der Natur einzunehmen.

Das ist vor allem auf seinen Erfindungsreichtum zurückzuführen:

Schon frühzeitig benutzte er Hilfsmittel, mit denen er Kräfte verstärken konnte: Zum Beispiel bediente sich der Mensch bei der Herstellung feiner Steinklingen des **Hebels**. Bild 10 zeigt eine Methode zur Absprengung einer Klinge von einem Feuerstein.

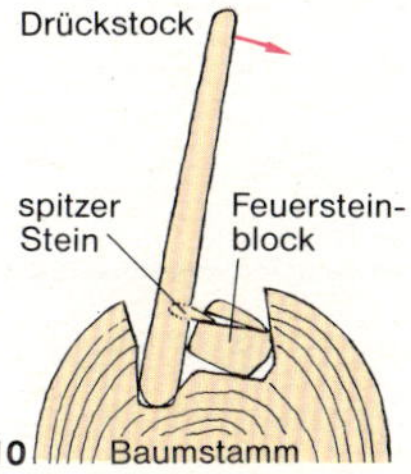

10

Ohne Hilfsmittel hätte der Mensch auch kaum die riesigen Tempel und Grabstätten errichten können, die zum Teil noch heute erhalten sind. Beim Bau der ägyptischen Pyramiden (in der Zeit um 2000 v. Chr.) hatten Hebel vermutlich eine große Bedeutung (Bild 11).

11

Info: Hebel und Drehmoment

Wir haben in den Versuchen verschiedene Geräte kennengelernt, die ein gemeinsames Merkmal besitzen: Sie können um eine Achse gedreht werden.

Die einfachsten dieser Geräte bezeichnen wir als **Hebel**. (Das Wort *Hebel* ist verwandt mit dem Wort *heben*.) Bild 1 zeigt einen „Schrankheber". Die beiden Arme a_1 und a_2 nennt man *Hebelarme*. Da die Hebelarme hier auf verschiedenen Seiten der Drehachse liegen, spricht man von einem *zweiseitigen Hebel*. In der gezeichneten Stellung sind die Kräfte senkrecht zum Hebel.

Das muß nicht immer so sein. Zum Beispiel ist das bei dem *einseitigen Hebel* von Bild 2 nicht der Fall. Um auch hier die Hebelarme festlegen zu können, benötigt man den Begriff *Wirkungslinie der Kraft*. Man versteht darunter die Gerade, die sich ergibt, wenn man den Kraftpfeil nach beiden Seiten verlängert.

Als **Hebelarm** bezeichnen wir von jetzt an den Abstand der Wirkungslinie der Kraft von der Drehachse. Der so definierte Hebelarm ist immer senkrecht zur Wirkungslinie der Kraft.

In Bild 2 wird von der Kraft $\vec{F}_1$ eine Drehwirkung im Uhrzeigersinn erzeugt, während $\vec{F}_2$ eine Drehung gegen den Uhrzeigersinn bewirkt. Die Drehwirkungen heben sich gegenseitig auf – obwohl $\vec{F}_1$ viel größer ist als $\vec{F}_2$. Die Drehwirkung hängt also nicht nur von der Kraft, sondern auch vom Hebelarm ab. Wie die Versuche zeigen, kann man die Drehwirkung einer Kraft durch das Produkt aus Kraftbetrag und Hebelarm beschreiben; dieses Produkt bezeichnet man als **Drehmoment** M.

$M = F \cdot a$.

Als Einheit des Drehmoments ergibt sich 1 Nm (Newtonmeter).

Wenn das *linksdrehende* Drehmoment auf einen Hebel (oder auf einen anderen Körper, der um eine Achse drehbar ist) genauso groß ist wie das *rechtsdrehende Drehmoment*, heben sich die Drehwirkungen gegenseitig auf. Man sagt, der Körper ist im **(Drehmoment-)Gleichgewicht**.

Zur Drehachse parallele Kräfte können keine Drehwirkung hervorrufen. Wir betrachten deshalb immer nur Kräfte, die senkrecht zur Drehachse gerichtet sind.

Wir haben bisher nur diejenigen Kräfte betrachtet, die *auf den Hebel* wirken. Mit einem Hebel will man aber oft eine möglichst große Kraft z. B. auf einen Schrank ausüben (Bild 3). Im Gleichgewicht ist die Kraft $\vec{F}_1{}'$ auf den Schrank genauso groß wie die Kraft $\vec{F}_1$, die der Schrank auf den Hebel ausübt.

$\vec{F}_1{}'$ ist aber wesentlich größer als $\vec{F}_2$.

Mit einem Hebel kann man Betrag, Richtung und Angriffspunkt einer Kraft verändern. Der Hebel ist also ein **Kraftwandler**. Auch eine Tretkurbel mit Kettenrad (Bild 4) oder ein Winkelhebel (Bild 5) sind solche Kraftwandler.

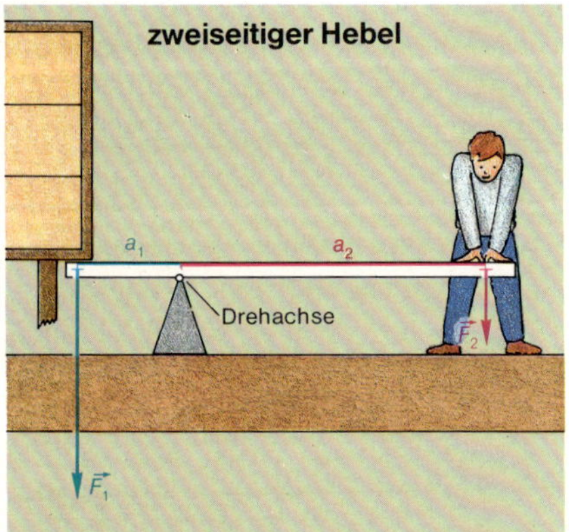

1 Es sind die Kräfte eingezeichnet, die *auf den Hebel wirken*. Der Hebel ist im Gleichgewicht.

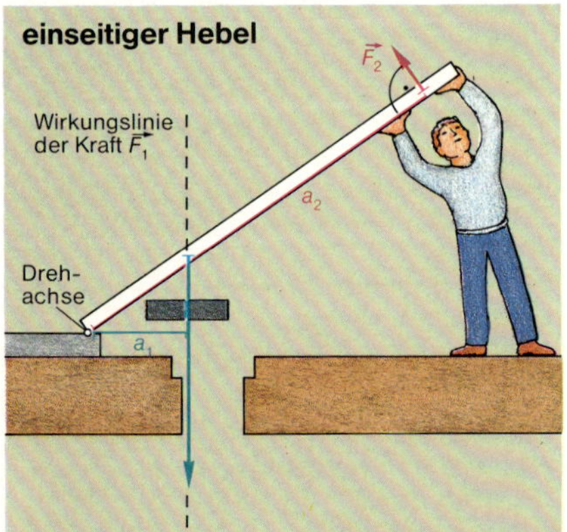

2 Es sind die Kräfte eingezeichnet, die *auf den Hebel wirken*. Der Hebel ist im Gleichgewicht.

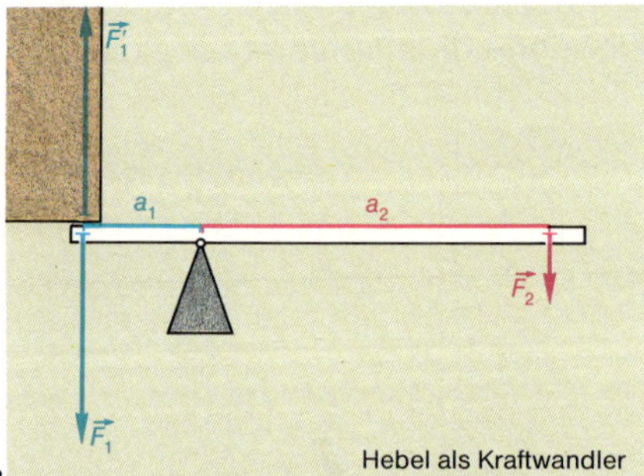

3 Hebel als Kraftwandler

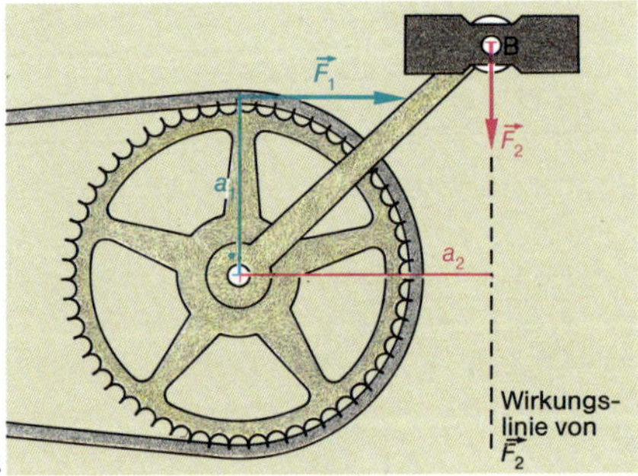

4

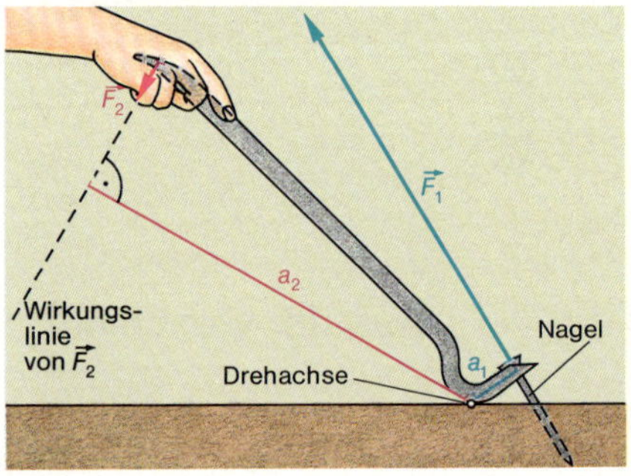

5

Aufgaben

1 In einer Versuchsreihe wurden Gleichgewichtssituationen am Hebel untersucht:

F_1	a_1	F_2	a_2
10 N	3 cm	?	5 cm
?	20 cm	1,5 N	60 cm
12 N	30 cm	4,5 N	?
9 N	25 cm	?	30 cm

Übertrage die Tabelle in dein Heft, und ergänze die fehlenden Werte.

2 In Werkstätten werden Radmuttern mit einem *Drehmomentschlüssel* festgezogen (Bild 6): Beim Anziehen der Mutter verbiegt sich der Schaft; am (nicht verbogenen) Zeiger liest man das Drehmoment ab.

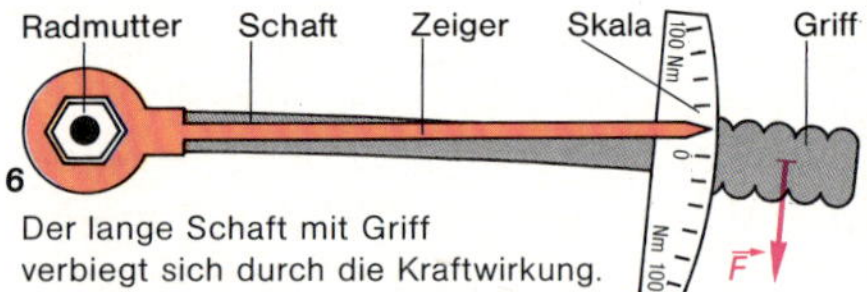

6 Der lange Schaft mit Griff verbiegt sich durch die Kraftwirkung. Der Zeiger verändert sich nicht.

Warum ist es bei Radmuttern *wichtig*, daß sie mit einem bestimmten Drehmoment angezogen werden?

3 Welche Kraft ist nötig, um eine Mutter mit einem Drehmoment von 100 Nm anzuziehen? Der Hebelarm am Drehmomentschlüssel ist 25 cm (80 cm) lang.

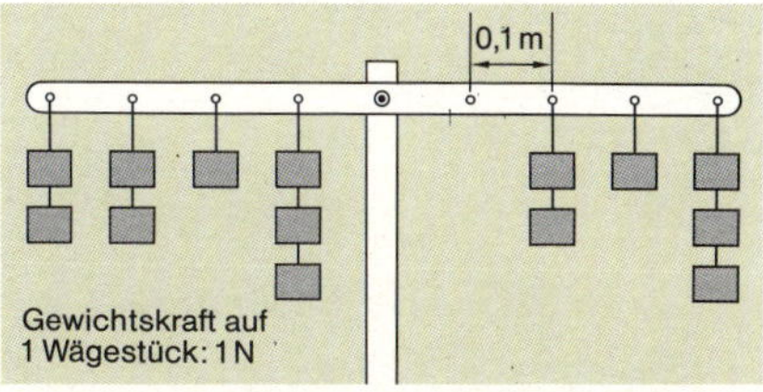

7

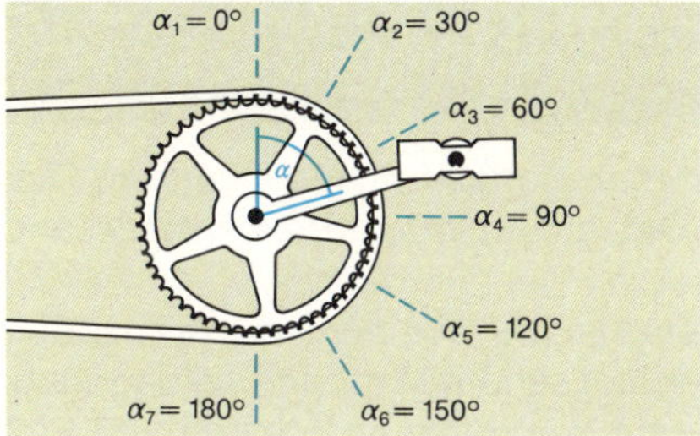

8

4 An einen Hebel wurden Wägestücke gehängt (Bild 7). Die Gewichtskraft auf jedes Wägestück beträgt 1 N. Begründe, daß dieser Hebel im Gleichgewicht ist.

5 Ein Radfahrer belastet ein Pedal mit seinem ganzen Körper. Er übt dabei eine Kraft von 500 N aus. Der Kurbelarm ist 17 cm lang.

a) Bild 8 zeigt verschiedene Stellungen der Tretkurbel. Bestimme jeweils die Länge des Hebelarms (mit Hilfe einer Zeichnung), und berechne die Drehmomente.

b) Stelle deine Ergebnisse auch graphisch dar (*waagerechte Achse:* Maßzahl des Winkels; *senkrechte Achse:* Drehmoment).

c) In welcher Stellung sollte man die Rücktrittbremse betätigen?

6 Eine Stange ist um eine Achse drehbar gelagert (Bild 9).

a) Übertrage das Bild in dein Heft. Ermittle die Länge des Hebelarms, und berechne das Drehmoment *M*, das von der Kraft $\vec{F}$ erzeugt wird.

b) Zerlege $\vec{F}$ in eine Komponente $\vec{F}_1$ parallel zur Stange und eine Komponente $\vec{F}_2$ senkrecht dazu. Berechne das Drehmoment, das von $\vec{F}_2$ hervorgerufen wird.

c) Begründe physikalisch, warum sich in beiden Fällen dasselbe Drehmoment ergibt.

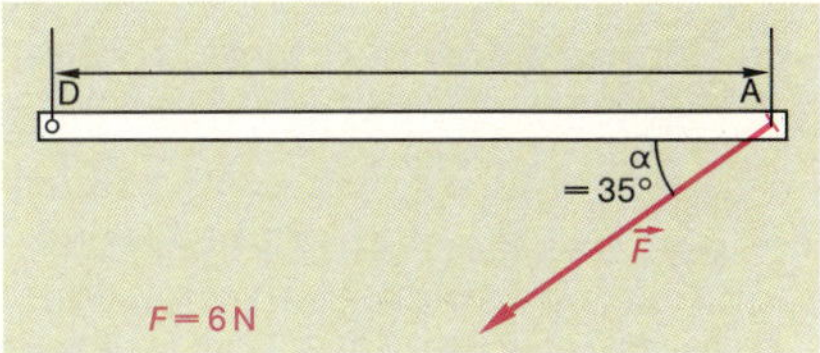

9

Aus Umwelt und Technik: **Hebel an Maschinen**

10

Beim Ausheben einer Baugrube muß viel Erdreich abtransportiert werden, um Platz für das Fundament zu schaffen. Ein *Schaufellader* (Bild 10) leistet da gute Dienste. Mit der Schaufel kann er Lasten von 3 t heben.

Bei dieser Maschine spielen **Hebel** eine wichtige Rolle. Die Bilder 11 u. 12 zeigen verschiedene Schaufelstellungen: Mit dem kurzen Hebel 1 wird die Schaufel gedreht, mit dem langen Hebel 2 wird sie gehoben und gesenkt.

Sieh dir Hebel 2 einmal genauer an: F ist der Angriffspunkt für die Kraft, die von der Maschine (mit Hilfe ihrer Hydraulik) ausgeübt wird; D_2 ist die Drehachse. Die Gewichtskraft auf die Schaufel (samt Inhalt) greift in B an.

Der Hebelarm, der zur Gewichtskraft gehört, ist viel länger als der Hebelarm, der zu der in F angreifenden Kraft gehört. Mit dem Hebel 2 spart die Maschine also keine Kraft! Im Gegenteil, in F muß eine Kraft angreifen, die *größer* als die Gewichtskraft auf die Schaufel ist.

Wahrscheinlich fragst du nun, warum die Ingenieure hier überhaupt einen Hebel eingebaut haben, wenn doch *keine Kraft gespart* wird. Die Antwort ist einfach: Der Hebel bewirkt, daß die Schaufel einen viel längeren Weg zurücklegt als der Kolben, der die Kraft ausübt.

Das ist wichtig, denn nur so können auch über 3 m hohe Lastwagen beladen werden. Der Weg, den der Punkt F dabei zurücklegt, ist nur etwa 1 m lang – und nur auf diesem Weg muß die Maschine eine Kraft ausüben.

Ein solcher Hebel erfüllt also eine andere Aufgabe als die, die du bisher kennengelernt hast: Es wird keine Kraft gespart, sondern ein Weg wird vergrößert.

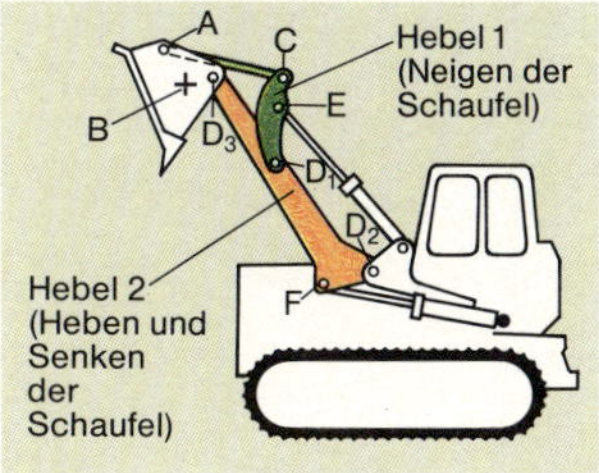

11

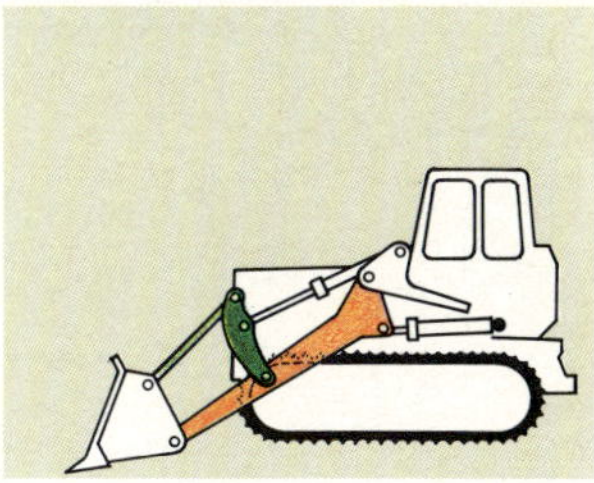
12

Fragen und Aufgaben zum Text

1 Skizziere in deinem Heft den Schaufellader von Bild 11. Trage für Hebel 2 die Hebelarme ein.

2 Wird mit Hebel 1 Kraft gespart? Begründe deine Antwort.

3 Die Schaufel kann sich um die Achse D_3 drehen. Stelle in einer Skizze die Kräfte dar, die eine Drehung der Schaufel bewirken. Zeichne auch die Hebelarme ein.

Aus Umwelt und Technik: **Hebel in der Natur**

1

Eine Pflanze kann nur dann Früchte und Samen entwikkeln, wenn ihre Blüten bestäubt werden. Dafür sorgen bei vielen Pflanzen Insekten, die – auf der Suche nach dem Nektar – von Blüte zu Blüte fliegen. Ohne es zu wissen, tragen sie so Blütenstaub von einer Blüte zur anderen.

Beim **Salbei** (Bild 1), einer Heilpflanze, die man auf Wiesen findet, „hat sich die Natur einen Trick ausgedacht". Bei diesem Trick spielt ein Hebel die Hauptrolle:

Der Staubfaden, der den Staubbeutel mit dem Blütenstaub trägt, liegt meist dicht am Blütenblatt an (Bilder 2 u. 3). Eine Platte am Ansatz des Staubfadens versperrt dem Insekt den Weg zum Nektar.

Will nun z. B. eine Hummel an den Nektar heran, muß sie in die Blüte hineinkriechen; dabei drückt sie mit ihrem Kopf die Platte nach hinten. Das hat zur Folge, daß der Staubfaden nach unten klappt (Bilder 4 u. 5). Jetzt berührt der Staubbeutel den haarigen Rücken der Hummel, und der Blütenstaub bleibt dort „kleben".

Wenn dann die Hummel zurückkriecht, nimmt der Staubfaden seine ursprüngliche Lage wieder ein. Die Hummel fliegt zur nächsten Blüte, wo der Blütenstaub am Stempel abgestreift wird.

2

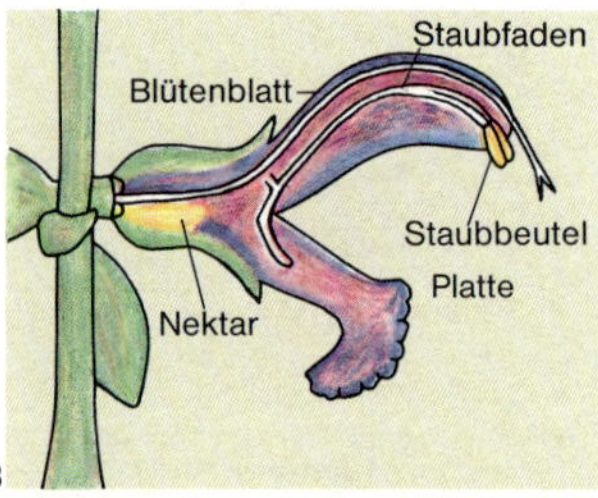

3

4

black

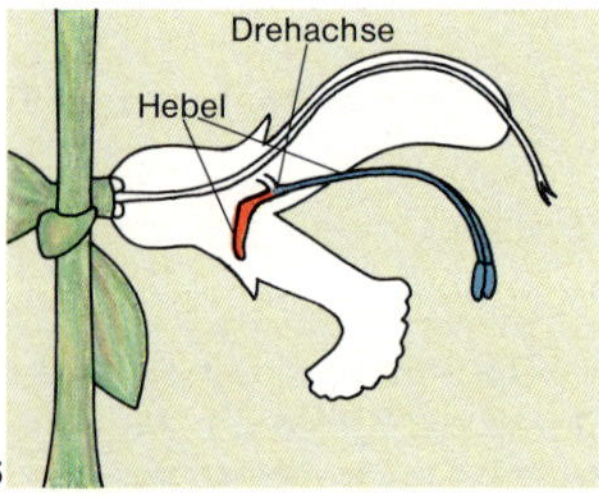

5

6

Auch bei Tieren findet man Hebel in vielerlei Formen. Die **Kreuzotter** mit ihren Giftzähnen ist dafür ein interessantes Beispiel (Bild 6):

Die Giftzähne richten sich erst auf, wenn die Kreuzotter ihr Maul öffnet. Bei geschlossenem Maul sind sie dagegen nach oben geklappt – mit der Spitze nach hinten (Bild 7). Dieser Klappmechanismus läßt sich mit dem eines Taschenmessers vergleichen.

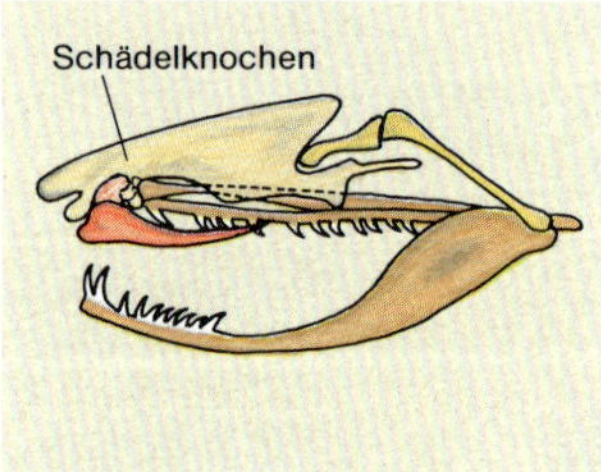

7

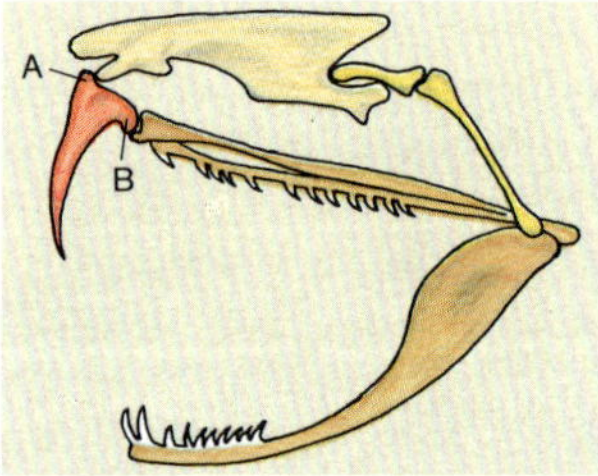

8

Die Giftzähne der Kreuzotter werden mit Hilfe von verschiedenen Schädelknochen aufgerichtet, die ein kompliziertes Hebelsystem bilden. Vereinfacht kann man die „automatische Giftzahnaufrichtung" so beschreiben (Bild 8):

Die Giftzähne sind zusammen mit den Oberkieferknochen, in denen sie fest verankert sind, bei B drehbar gelagert. Öffnet die Otter das Maul, so heben sich die Schädelknochen, und der Zahn klappt nach vorne. Wenn sie das Maul schließt, senken sich die Schädelknochen, und der Zahn klappt nach innen.

Fragen und Aufgaben zum Text

1 Bei der Salbeiblüte ist der eine Hebelarm wesentlich kürzer als der andere. Welchen Vorteil hat das?

2 Wenn ein **Mensch** eine Last hebt, wirkt sein Unterarm wie ein Hebel (Bild 9). Zeichne den Arm ab, und trage Drehachse, Kräfte und Hebelarme ein.

Eine Last von 10 kg wird angehoben. Wie groß muß die Kraft etwa sein, die der Bizeps auf den Unterarm ausübt?

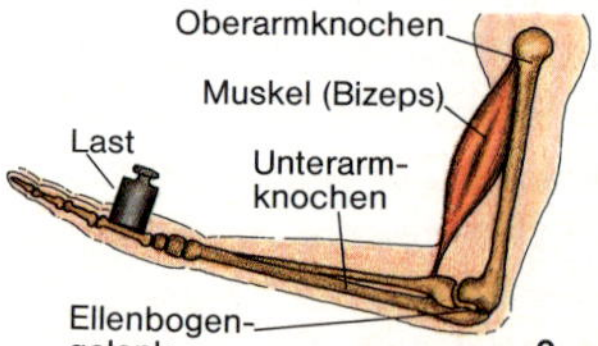

9

3 Wo findest du in deiner Umwelt Hebel? Nenne Beispiele.

2 Schwerpunkt und Gleichgewichtsarten

Ob es bei diesem Balanceakt (Bild 10) mit rechten Dingen zugeht?

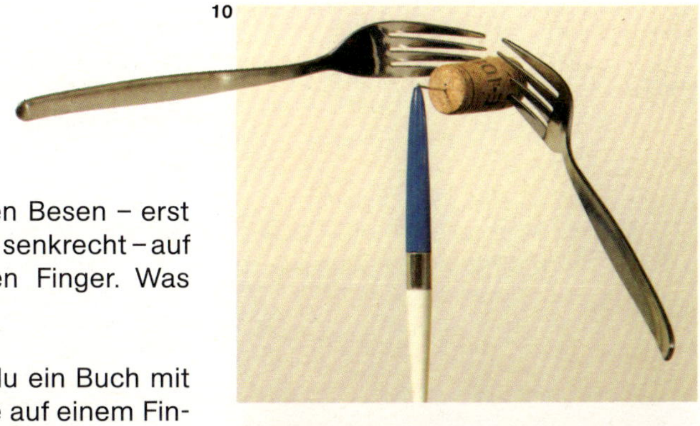
10

V 10 Balanciere einen Besen – erst waagerecht und dann senkrecht – auf einem ausgestreckten Finger. Was fällt dir leichter?

V 11 Diesmal sollst du ein Buch mit seiner größten Fläche auf einem Finger balancieren. An welche Stelle mußt du deinen Finger halten?

Kannst du das Buch balancieren, wenn du eine Hälfte des Buches mit einem Gegenstand belastest?

V 12 Lege einen Besen waagerecht auf beide Zeigefinger. Deine Hände sollen dabei möglichst weit voneinander entfernt sein.

a) Halte nun die linke Hand still, und bewege die rechte langsam auf die linke zu. Was beobachtest du?

Markiere die Stelle des Besenstieles, an der deine Zeigefinger zusammentreffen.

b) Wiederhole den Versuch mehrmals. Halte statt der linken auch einmal die rechte Hand still, oder bewege beide Hände gleichzeitig aufeinander zu. Welche überraschende Feststellung machst du?

V 13 Wir verwenden wieder eine drehbar gelagerte Lochscheibe.

a) Wenn man auf die Lochscheibe eine Kraft wie in Bild 11 ausübt, setzt sie sich in Bewegung. Warum?

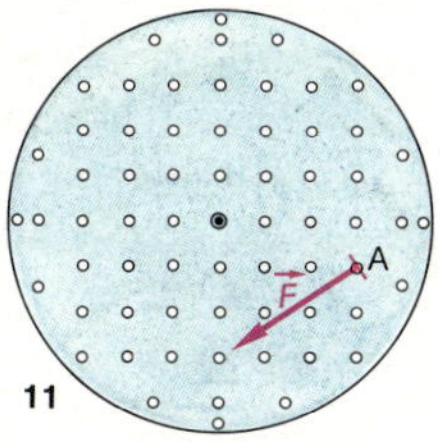

11

b) Die Kraft greift weiterhin in A an (und ist parallel zur Scheibe gerichtet); es soll jetzt aber kein Drehmoment wirken. Welche Richtung muß die Kraft haben (zwei Lösungen)?

V 14 Baue aus einem Stativfuß und einer Stativstange einen „Turm" auf.

12

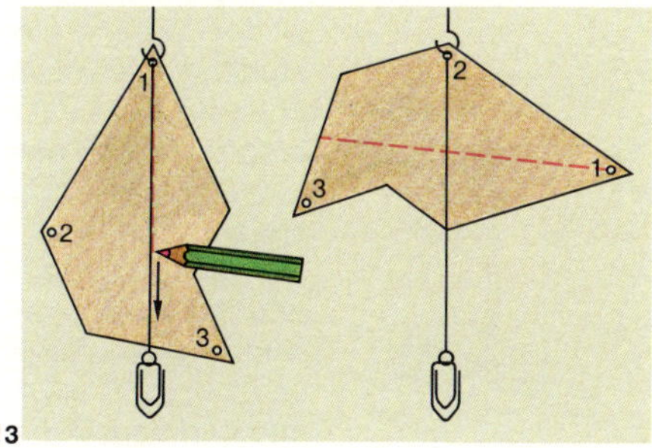

13

Am oberen Ende der Stange wird ein Tonnenfuß befestigt.

a) Wenn du den Turm ein bißchen nach rechts neigst und ihn dann losläßt, dreht er sich nach links in die Ausgangsstellung zurück; auf den Turm wirkt also ein *linksdrehendes* Drehmoment. Wenn du den Turm weiter nach rechts neigst, setzt er sich nach rechts in Bewegung; jetzt wirkt ein *rechtsdrehendes* Drehmoment.

Durch welche Kraft werden diese Drehmomente hervorgerufen?

b) Es gibt auch eine Stellung des Turmes, in der kein Drehmoment wirkt, obwohl er nach rechts geneigt ist.

Versuche, den Turm in diese Lage zu bringen, und laß ihn dann los.

c) Stell dir vor, daß die gesamte Gewichtskraft auf den Turm in einem einzigen Punkt angreift. (Er heißt *Schwerpunkt*; → Info.) Wo muß dieser Punkt in Versuchsteil b liegen?

Ein Tip: Die Gewichtskraft ruft kein Drehmoment hervor. Lege eine Skizze an, und zeichne die Wirkungslinie der Gewichtskraft.

V 15 Mit diesem Versuch untersuchen wir das Umkippen eines Kästchens (Bild 12). Damit es nicht rutscht, befestigst du eine Kugelschreibermine oder eine Stricknadel mit Klebestreifen auf dem Tisch.

a) Halte das Kästchen in der Lage fest, in der es gerade umzufallen beginnt. Zeichne dann auf das Kästchen eine vertikale Gerade, die die Drehachse schneidet.

Wiederhole den Vorgang. Stelle das Kästchen diesmal aber mit einer anderen Seite an die Mine. Du erhältst eine zweite Gerade.

Welche Bedeutung hat der Schnittpunkt der beiden Geraden?

b) Klebe eine Schraube von innen auf den Boden des Kästchens. Wie verändert sich das Versuchsergebnis?

V 16 Ermittle den Schwerpunkt eines unregelmäßig geformten Stücks Pappe. Bild 13 zeigt das Vorgehen.

Begründe, wieso du auf diese Weise den Schwerpunkt erhältst.

Schneide aus Pappe den Buchstaben L oder O aus, und versuche, den Schwerpunkt zu ermitteln. Welche Schwierigkeit tritt dabei auf?

V 17 Fertige aus einem größeren Stück Pappe einen Buchstaben an (zum Beispiel ein H). Bestimme seinen Schwerpunkt.

Befestige im Schwerpunkt mit einer Heftzwecke ein Lot (z. B. eine Büroklammer mit Faden); es zeigt die Richtung der Gewichtskraft an.

Drehe dann den Buchstaben mit einer Hand langsam um eine Ecke. Mit der anderen Hand führst du den Buchstaben, damit er nicht zur Seite hin umfällt. In welcher Lage befindet sich das Lot, wenn der Buchstabe umzukippen beginnt?

Info: Der Schwerpunkt

Es ist nicht schwer, ein Buch auf der Fingerspitze zu balancieren. Du mußt das Buch nur mit der „richtigen" Stelle auf den Finger legen. Wählst du eine andere Stelle, so kippt das Buch und fällt herunter. Daß das Buch kippt, liegt an der Gewichtskraft, die ein Drehmoment auf das Buch hervorruft.

Daß man das Buch balancieren kann, können wir uns so erklären:

Das Buch und alle anderen Körper verhalten sich so, *als ob* die Gewichtskraft in einem einzigen Punkt angreifen würde. Dieser Punkt heißt **Schwerpunkt**.

Wenn du deinen Finger genau unter den Schwerpunkt des Buches hältst, erzeugt die Gewichtskraft kein Drehmoment, denn für den zugehörigen Hebelarm gilt: $a = 0\,\text{cm}$; die Wirkungslinie der Gewichtskraft verläuft ja durch den Drehpunkt (Fingerspitze).

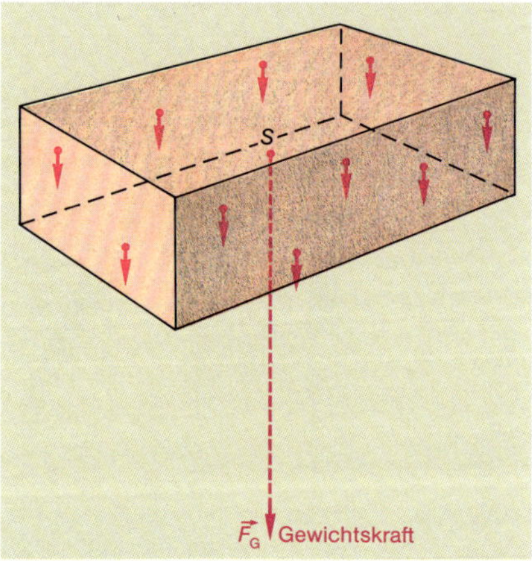

1

Bild 1 zeigt am Beispiel eines Ziegelsteins, daß diese Vorstellung eine Vereinfachung darstellt:

In Wirklichkeit besteht der Stein aus vielen einzelnen Teilchen, von denen jedes eine bestimmte Masse hat. Auf jedes Teilchen wirkt deshalb auch eine bestimmte Gewichtskraft. Der Stein verhält sich aber so, als würden die Gewichtskräfte auf die einzelnen Teilchen in einem einzigen Punkt, dem Schwerpunkt, angreifen.

Info: Verschiedene Gleichgewichtsarten

Bild 2 zeigt einen Körper, der um eine Achse drehbar gelagert ist. Wenn nur die Gewichtskraft auf ihn wirkt, gibt es drei verschiedene Möglichkeiten für ein Gleichgewicht:

Wir nehmen zunächst an, daß die Drehachse *nicht* durch den Schwerpunkt verläuft. In diesem Fall sind zwei Gleichgewichtszustände möglich:

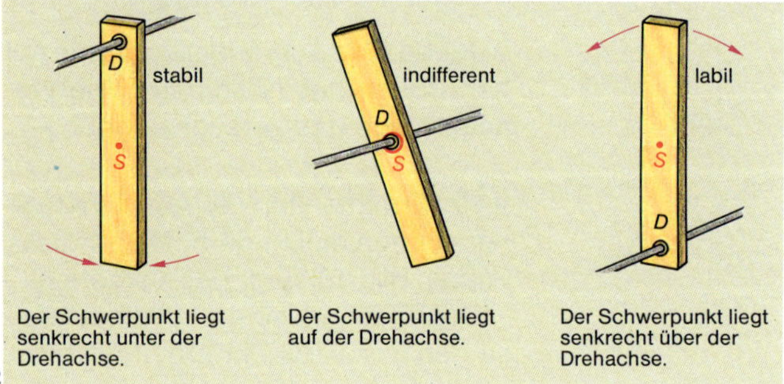

2

Der Schwerpunkt kann *vertikal unter der Drehachse* oder *vertikal darüber* liegen. In beiden Fällen schneidet die Wirkungslinie der Gewichtskraft die Drehachse; die Schwerkraft erzeugt also kein Drehmoment.

Aber nur wenn der Schwerpunkt *unterhalb* der Drehachse liegt, ist der Körper in einem **stabilen Gleichgewicht** (lat. *stabilis:* feststehend, zuverlässig). Lenkt man ihn aus dieser Lage aus, so entsteht stets ein Drehmoment, das ihn in Richtung auf seine ursprüngliche Lage zurückdreht.

Wenn der Schwerpunkt genau *über* der Drehachse liegt, spricht man von einem **labilen Gleichgewicht** (lat. *labilis:* schwankend). Die kleinste Auslenkung aus dieser Lage genügt, und der Körper verläßt sie.

In dem Fall, daß die Drehachse genau *durch* den Schwerpunkt verläuft, kann die Gewichtskraft kein Drehmoment hervorrufen; ihre Wirkungslinie verläuft ja stets durch den Schwerpunkt. Man kann den Körper drehen, wie man will – er ist immer im Gleichgewicht. Man spricht von einem **indifferenten Gleichgewicht** (lat. *indifferens:* gleichgültig, unentschieden).

Aufgaben

1 Wie kannst du in einem **Versuch** herausfinden, in welcher Höhe der Schwerpunkt eines Spielzeugautos liegt? Beschreibe das Vorgehen. (*Tip:* Du kannst z.B. an die Stoßstange eine Pappscheibe kleben.)

2 Warum bleibt ein Bleistift nicht auf der Spitze stehen, wenn man ihn losläßt?

3 Bild 3 zeigt dir ein Stehaufmännchen. Wo muß sein Schwerpunkt liegen, damit es sich aus jeder Lage wieder aufrichten kann? (*Tip:* Die Bodenfläche ist kugelförmig. Überlege, wo der Schwerpunkt in der Stellung von Bild 3 nicht liegen darf.)

3

4 In Versuch 12 wurde der Schwerpunkt eines Besens ermittelt. Würde man zwei gleich schwere Teile erhalten, wenn man den Besen an dieser Stelle durchsägte? Begründe deine Vermutung.

5 Frank will den Schwerpunkt eines unregelmäßig geschnittenen Brettes bestimmen. Er legt das Brett auf den Tisch und schiebt es ganz langsam über die Tischkante. Wenn es gerade zu kippen beginnt, hält er es fest und zieht von unten an der Tischkante entlang einen Strich auf das

Aus Umwelt und Technik: **Menschen im Gleichgewicht**

5

Du hast sicherlich schon Kleinkinder in unterschiedlichen Altersstufen beobachtet.

Babys können nur liegen. Versucht man, sie hinzusetzen, ohne sie anzulehnen, fallen sie gleich wieder um.

Erst mit etwa sechs Monaten können sie alleine sitzen; einige Monate später stehen sie auch – zunächst allerdings noch auf recht wackligen Beinen.

Das Kleinkind hat dann gelernt, seinen Körper so zu bewegen, daß der Schwerpunkt über seiner Standfläche bleibt.

Wieder einige Zeit später wagt es das Kind, sich etwas nach vorn fallenzulassen (z. B. um die ausgestreckten Arme der Eltern zu erreichen). Bevor es tatsächlich vornüberkippt, stellt es schnell einen Fuß vor: Dadurch verändert sich seine Standfläche, der Schwerpunkt liegt wieder darüber, und das Kind fällt nicht um.

Solch eine Reaktion erfordert ein schnelles und gezieltes Zusammenspiel von Gehirn, Nerven und Muskeln. Viele Male am Tag übt das Kind dieses „Spiel", bis es endlich nach einigen Wochen und nach zahllosen Stürzen geschafft ist: Das Kind kann gehen (Bild 5).

Das Gehen verlernt der Mensch sein Leben lang nicht wieder. Im Gegenteil, er lernt noch weit schwierigere Balancekunststücke zu beherrschen: das Tragen einer Last, das Stehen auf Zehenspitzen, das Gleiten auf schmalen Schlittschuhkufen, das Fahren auf zwei Rädern usw.

Wie stellen wir fest, ob unser eigener Körper gerade im Gleichgewicht ist? Dazu haben wir im Innern des Ohres ein **Gleichgewichtsorgan** (*Lagesinnesorgan*; Bild 6).

Es besteht in jedem Ohr aus zwei von Haut umgebenen Hohlräumen. In beiden Hohlräumen befindet sich an einem Teil der Wand eine geleeartige Platte *(Gallertplatte)*; in dem einen Hohlraum ist sie waagerecht angeordnet (Bild 7), in dem anderen vertikal. Kleine Kalkkristalle an der Oberfläche dienen dazu, die Platte schwerer zu machen.

In die Gallertplatte ragen feine Sinneshärchen. Wenn wir z. B. den Kopf schief halten, verschiebt sich die Gallertplatte unter dem Einfluß der Schwerkraft (Bild 8). Die Sinneshärchen werden dadurch verschoben und geben diesen Reiz über Nerven ans Gehirn weiter. Wenn nötig, „befiehlt" dieses dann den Muskeln „Gegenmaßnahmen", um das Gleichgewicht wiederherzustellen.

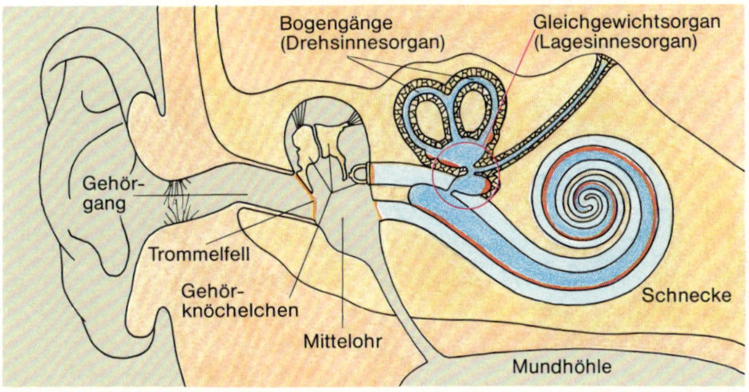

6

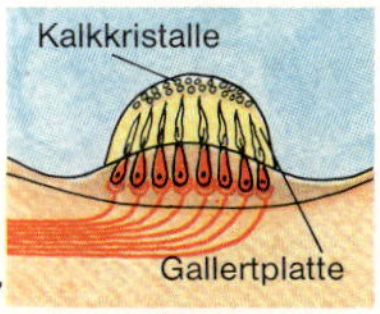

7

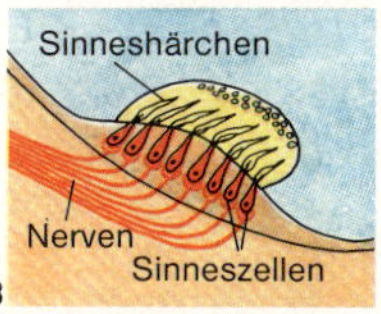

8

Brett. Dann dreht er das Brett und wiederholt den Vorgang.

Begründe Franks Vorgehensweise. Wo genau liegt der Schwerpunkt?

6 Die *Standfläche* eines Menschen kann erheblich größer sein als die Fläche seiner Schuhsohlen (Bild 4).

a) In welcher Haltung erwarten Ringkämpfer ihren Gegner? Welchen Vorteil hat diese Haltung?

Warum haben Seeleute oft einen „breiten Gang"?

b) Erkläre den Begriff *Standfläche*.

7 Die *Standfestigkeit* eines Körpers hängt von der Größe seiner Standfläche, der Lage seines Schwerpunktes und der Gewichtskraft ab.

Wie muß ein Körper aussehen, damit er besonders standfest ist?

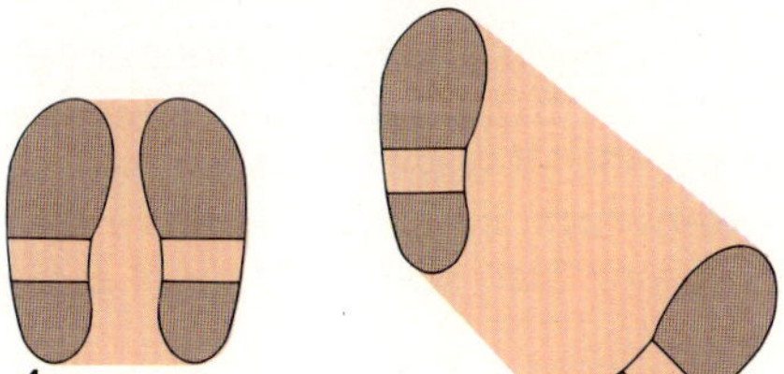

4

8 Probiere aus und erkläre:

a) Stelle dich auf ein Bein, und schließe die Augen.

b) Stelle dich dicht an eine Wand; deine Fersen sollen an die Wand stoßen. Schaffst du es, bei durchgedrückten Knien den Fußboden mit den Fingerspitzen zu berühren?

c) Stehe von einem Stuhl auf, ohne den Oberkörper vorzubeugen.

d) Trage mit seitlich ausgestrecktem Arm eine Tasche, und beobachte dabei deine Haltung im Spiegel.

Alles klar?

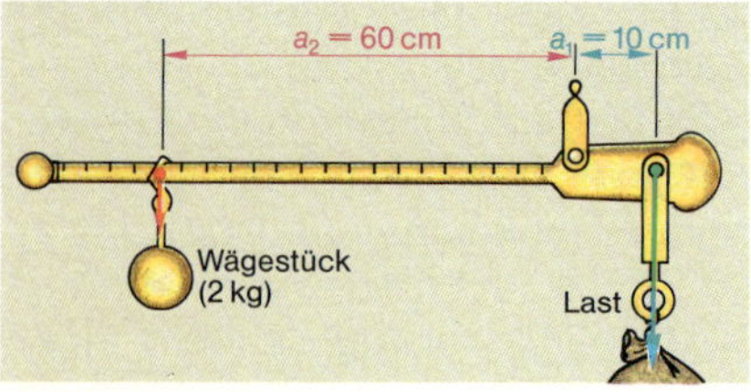

1

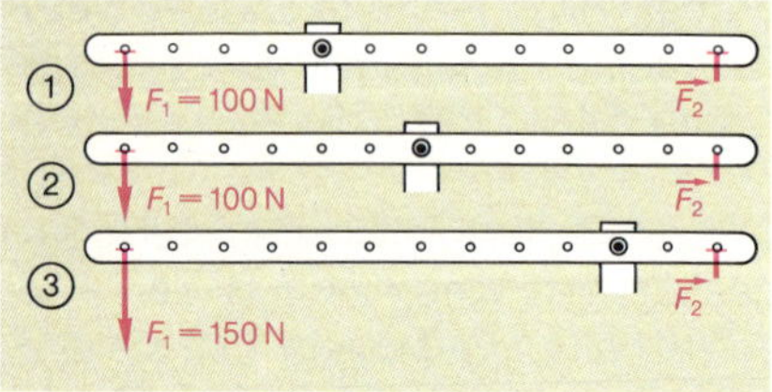

2

1 Bei der *römischen Schnellwaage* von Bild 1 werden mit nur *einem* Wägestück verschiedene Lasten gewogen. Erkläre die Funktionsweise.

Welche Masse hat der Sack Getreide, der hier gerade gewogen wird?

2 Die Hebel von Bild 2 sollen im Gleichgewicht sein. Übertrage sie in dein Heft, und zeichne die Kräfte $\vec{F}_1$ und $\vec{F}_2$ als Kraftpfeile ein (100 N entsprechen 1 cm).

3 Ein zweiseitiger Hebel soll ins Gleichgewicht gebracht werden.

In der folgenden Tabelle sind Kraftbeträge und Hebelarme angegeben. Ergänze die fehlenden Werte.

F_1	a_1	F_2	a_2
24 N	6 cm	?	3 cm
8 N	2,5 cm	?	4 cm
30 N	7 cm	35 N	?
0,6 N	4 cm	0,8 N	?
28 N	1,5 cm	10,5 N	?

4 Die in Bild 3 gezeigte Vorrichtung nennt man **Wellrad**. Bei einem Wellrad sind eine Welle (Walze) und ein Rad (hier: eine Kurbel) fest miteinander verbunden.

Der Eimer soll mit dem Wellrad gehalten werden. Wie groß muß F_2 sein?

5 Bild 4 zeigt einen Wettkampfrollstuhl für behinderte Sportler. Auch hier findest du ein Wellrad. Beschreibe es.

Welchen Vorteil bringt dieses Wellrad?

6 Schätze, wo beim *Schiefen Turm von Pisa* (Bild 5) der Schwerpunkt liegt.

7 Ein Fahrrad mit einer Schultasche auf dem Gepäckträger kippt leicht um, wenn man nur die seitliche Stütze zum Abstellen des Fahrrads benutzt. Nenne den Grund dafür.

4

8 Warum besitzen eigentlich Autokrane Stützbeine, die zur Seite ausgefahren werden können?

9 Vergleiche die Standfestigkeit eines „Kutschwagens" mit der eines Rennautos (Bilder 6 u. 7).

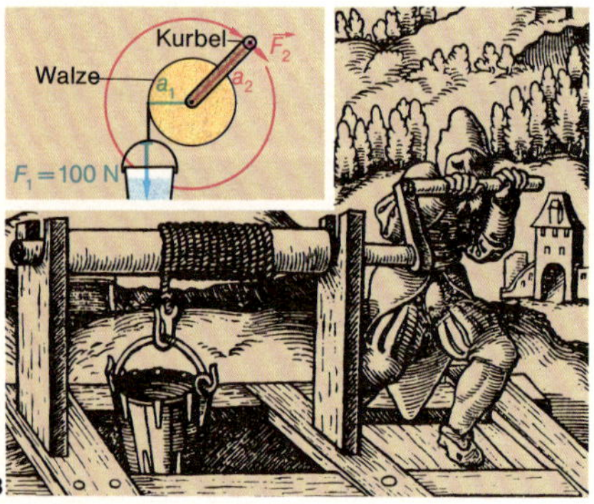

3

5

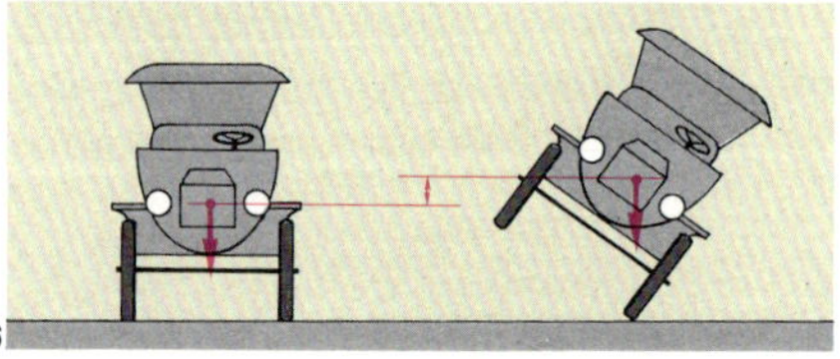
6

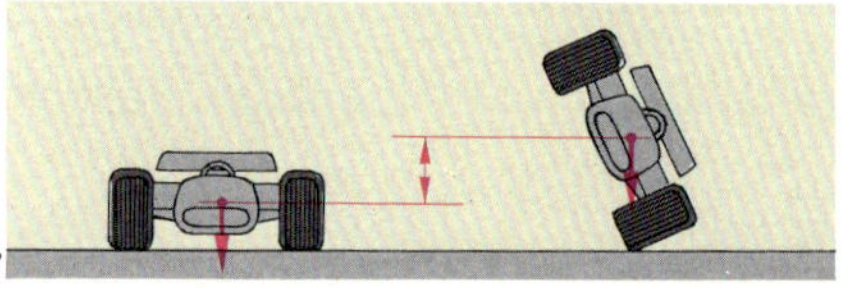
7

Auf einen Blick

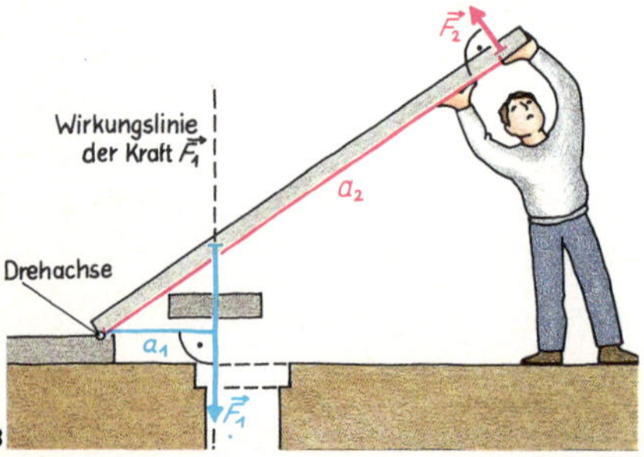

8

Hebel und Hebelarme

Man unterscheidet einseitige und zweiseitige Hebel.

Als *Hebelarm* einer Kraft bezeichnet man den Abstand, den die Wirkungslinie der Kraft von der Drehachse hat.

Hebelarm und Wirkungslinie der Kraft sind also stets senkrecht zueinander.

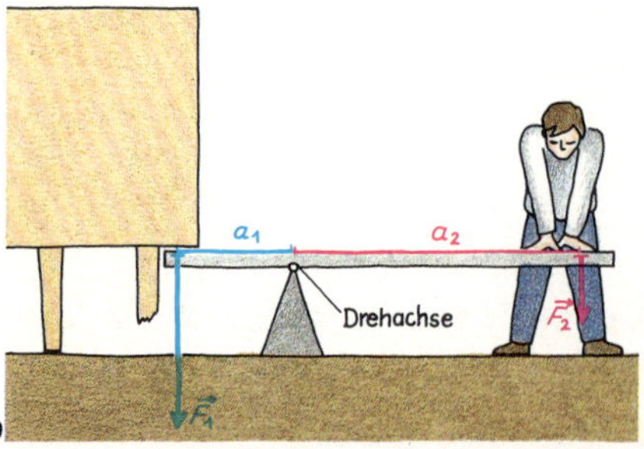

9

Definition des Drehmomentes

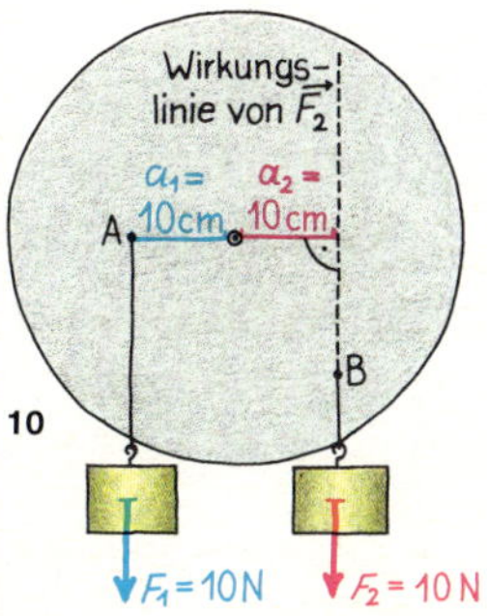

10

Das Produkt aus Kraftbetrag F und zugehörigem Hebelarm gibt an, wie groß die Drehwirkung der Kraft ist.
Man bezeichnet dieses Produkt als **Drehmoment** M.

$$M = F \cdot a$$

$M_1 = F_1 \cdot a_1$
$M_1 = 10\,\text{N} \cdot 10\,\text{cm}$
$= 100\,\text{N} \cdot \text{cm}$
$= \mathbf{1\,Nm}$

$M_2 = F_2 \cdot a_2$
$M_2 = 10\,\text{N} \cdot 10\,\text{cm}$
$= 100\,\text{N} \cdot \text{cm}$
$= \mathbf{1\,Nm}$

$M_1 = F_1 \cdot a_1$
$M_1 = 10\,\text{N} \cdot 10\,\text{cm}$
$= 100\,\text{N} \cdot \text{cm}$
$= \mathbf{1\,Nm}$

$M_2 = F_2 \cdot a_2$
$M_2 = 5\,\text{N} \cdot 20\,\text{cm}$
$= 100\,\text{N} \cdot \text{cm}$
$= \mathbf{1\,Nm}$

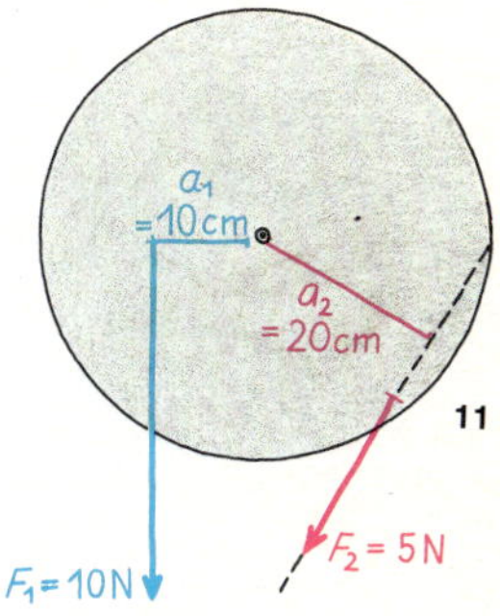

11

Drehmomentgleichgewicht am Hebel

An einem Hebel herrscht **Gleichgewicht**, wenn die Summe aller rechtsdrehenden Drehmomente gleich der Summe aller linksdrehenden Drehmomente ist.

Die Drehwirkungen der Kräfte heben sich dann gegenseitig auf, die Kräfte rufen keine Drehung hervor.

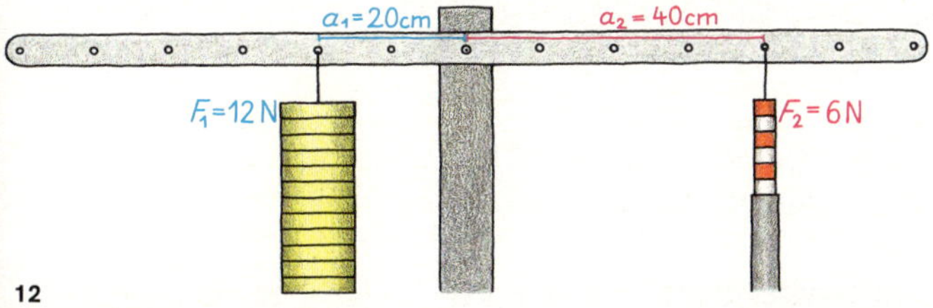

12

Linksdrehendes Drehmoment:
$F_1 \cdot a_1 = 12\,\text{N} \cdot 0{,}2\,\text{m} = \mathbf{2{,}4\,Nm}$

Rechtsdrehendes Drehmoment:
$F_2 \cdot a_2 = 6\,\text{N} \cdot 0{,}4\,\text{m} = \mathbf{2{,}4\,Nm}$

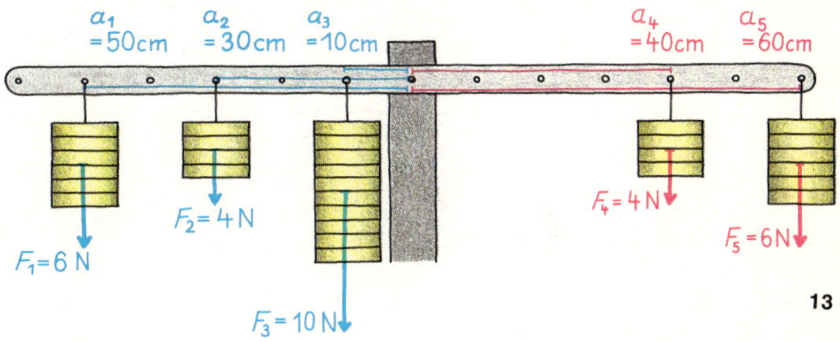

13

Summe der linksdrehenden Drehmomente:
$F_1 \cdot a_1 + F_2 \cdot a_2 + F_3 \cdot a_3$
$= 6\,\text{N} \cdot 0{,}5\,\text{m} + 4\,\text{N} \cdot 0{,}3\,\text{m} + 10\,\text{N} \cdot 0{,}1\,\text{m}$
$= \mathbf{5{,}2\,Nm}$

Summe der rechtsdrehenden Drehmomente:
$F_4 \cdot a_4 + F_5 \cdot a_5$
$= 4\,\text{N} \cdot 0{,}4\,\text{m} + 6\,\text{N} \cdot 0{,}6\,\text{m}$
$= \mathbf{5{,}2\,Nm}$

Schwerpunkt und Gleichgewichtsarten

Jeder Körper verhält sich so, als würde die ganze Gewichtskraft in einem einzigen Punkt angreifen. Diesen Punkt bezeichnet man als **Schwerpunkt**.

14

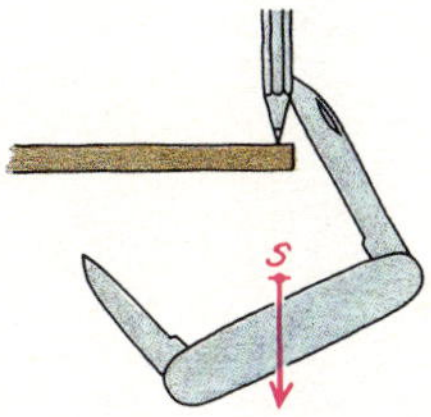

Die Gewichtskraft auf einen drehbar gelagerten Körper kann ein Drehmoment erzeugen und so eine Drehung hervorrufen. Es gibt drei Fälle, in denen die Gewichtskraft *kein* Drehmoment erzeugt:

- Der Schwerpunkt liegt vertikal unter der Drehachse (**stabiles Gleichgewicht**).
- Der Schwerpunkt liegt vertikal über der Drehachse (**labiles Gleichgewicht**).
- Der Schwerpunkt liegt auf der Drehachse (**indifferentes Gleichgewicht**).

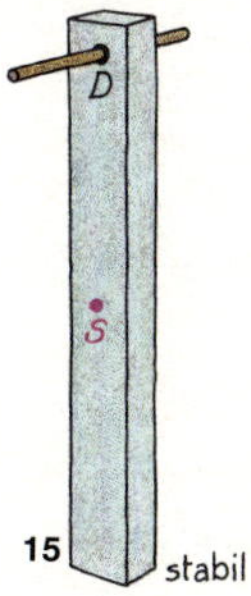

15

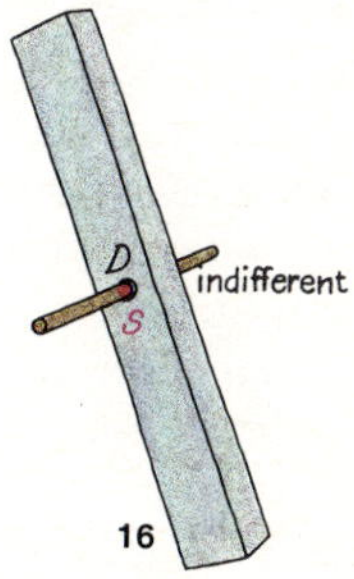

16

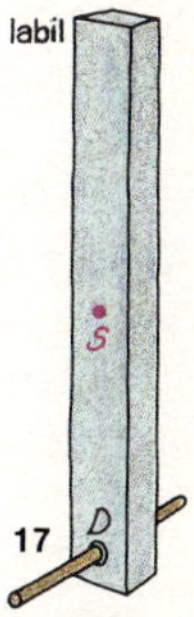

17

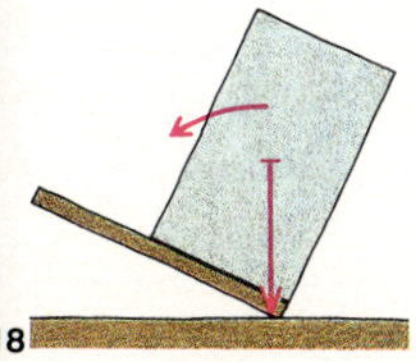

8

Versucht man einen Gegenstand (z. B. einen Kasten) zu kippen, so bewirkt die Gewichtskraft zunächst ein „rücktreibendes" Drehmoment. Wenn man den Gegenstand losläßt, fällt er in seine alte Lage zurück.

Dreht man den Körper aber weiter, so kippt er schließlich um. Das ist genau dann der Fall, wenn ein vom Schwerpunkt ausgehendes Lot nicht mehr durch die *Standfläche* des Körpers verläuft.

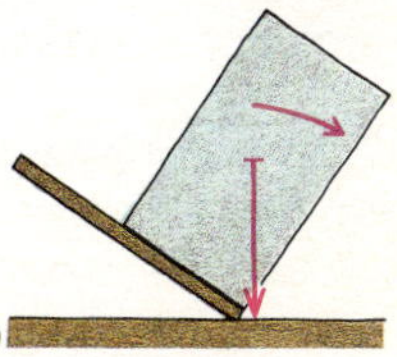

19

Einfache Maschinen

Seile und Rollen

1

Bist du sicher, daß dies kein Trickfoto ist?
Ob dieses Mädchen (29 kg) tatsächlich seine Lehrerin (62 kg) an die Decke der Turnhalle ziehen kann?

V 1 Eine Last (z. B. Wasser oder Steine) kann man auf unterschiedliche Weise hochziehen. Die Bilder 2–5 zeigen vier verschiedene Möglichkeiten.

a) Welchen Einfluß haben die fünf Vorrichtungen auf Betrag, Richtung und Angriffspunkt der Zugkraft? Stelle Vermutungen an, falls du eine der Antworten nicht weißt.

b) Plane zu jedem der vier Bilder einen Versuch (Skizze!). Als Last könntest du zum Beispiel ein 500-g-Wägestück benutzen. Lege im Heft eine Tabelle an (→ Muster), und fülle die ersten beiden Spalten aus.

Überprüfe dann deine Vermutungen durch Messungen.

c) Warum unterscheiden sich die Ergebnisse, die du zu den Anordnungen nach den Bildern 3 u. 4 erhältst?

d) Welchen Vorteil hat das Verfahren von Bild 4, welchen hat das Verfahren von Bild 5?

Erfinde eine Vorrichtung, die diese beiden Vorteile vereint. Fertige eine Skizze an.

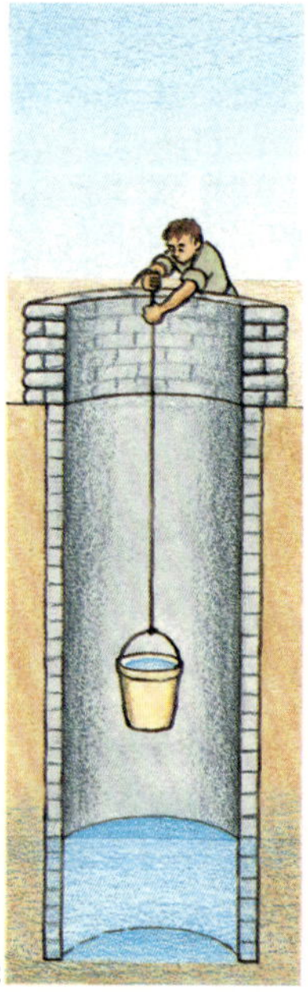
2

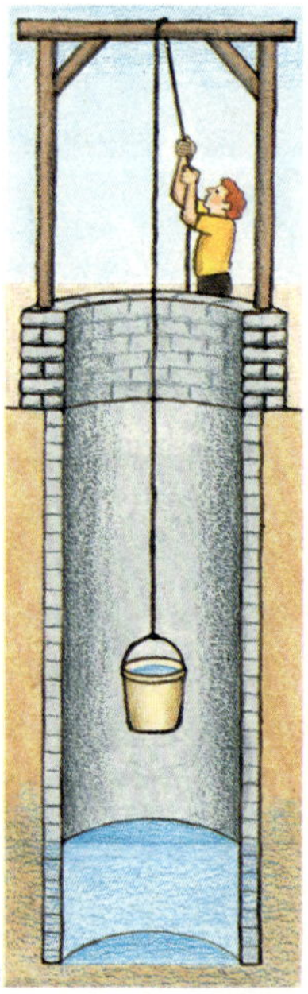
3

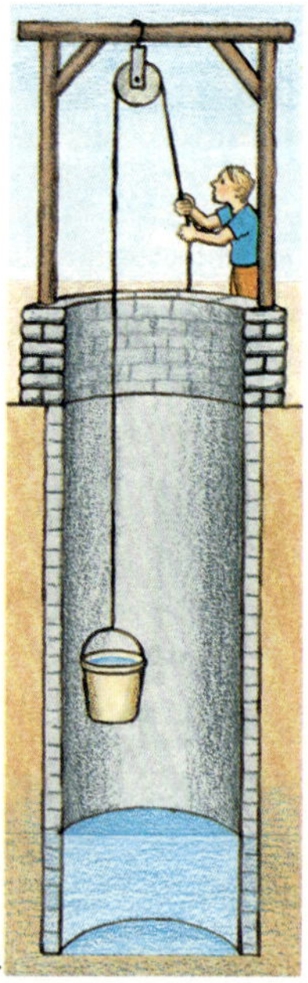
4

5

Anordnung nach …	auf die Last wirkende Gewichtskraft in N	vermutete Zugkraft in N	gemessene Zugkraft in N
Bild 2	?	?	?
Bild 3	?	?	?
…	?	?	?

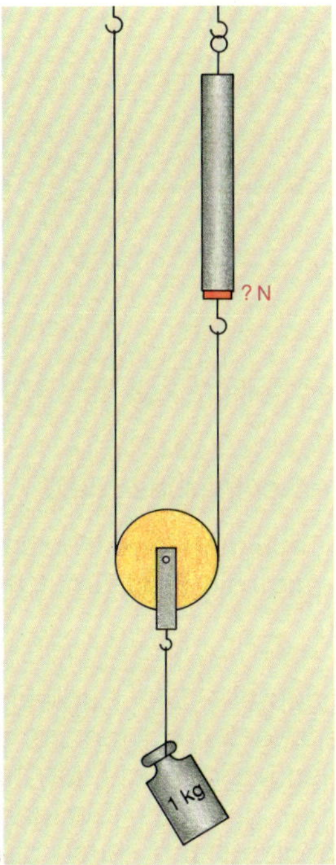

6

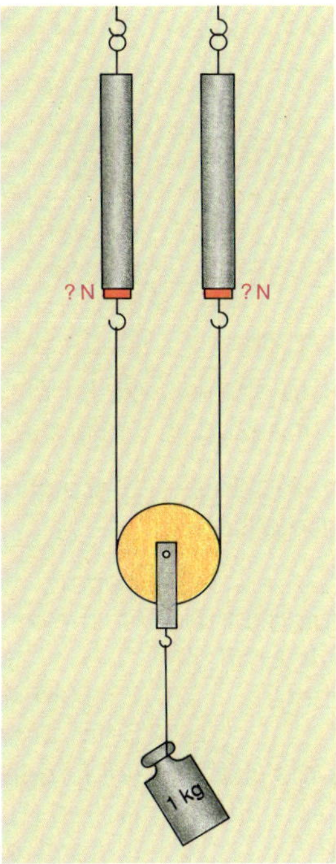

7

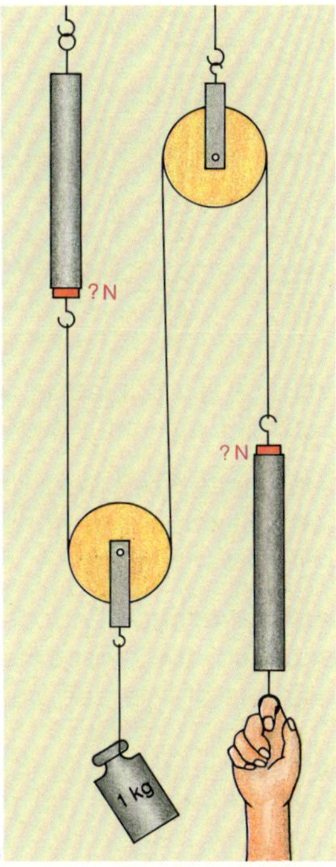

8

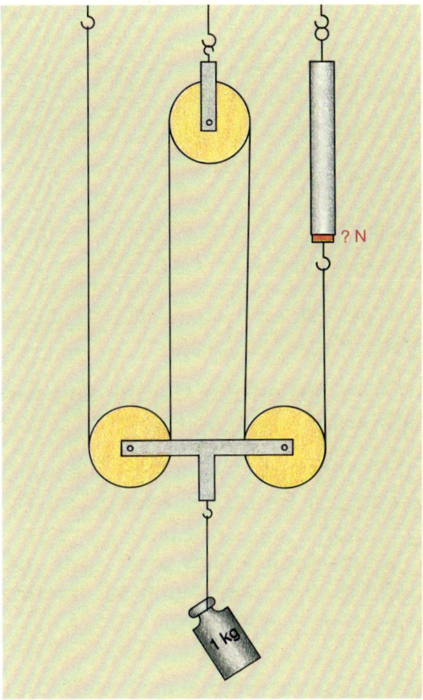

9

V 2 Die in den Bildern 6–9 gezeigten Anordnungen helfen dir, das Verfahren von Bild 5 zu erklären und eine Gesetzmäßigkeit herauszufinden.

a) Was werden deiner Meinung nach die Kraftmesser anzeigen? Begründe deine Ansicht, und überprüfe sie im Versuch.

b) Welche Gesetzmäßigkeit vermutest du?

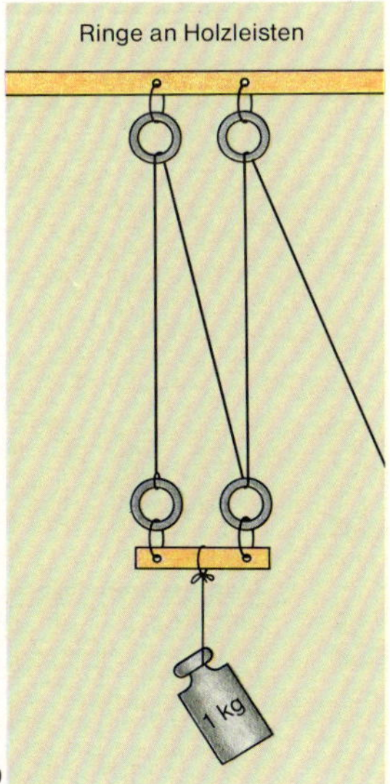

10

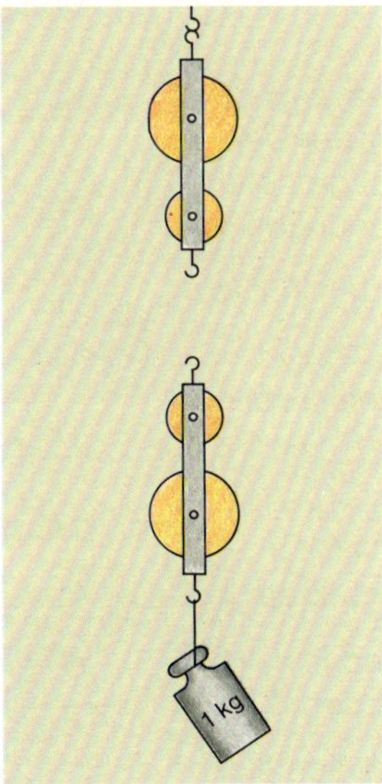

11

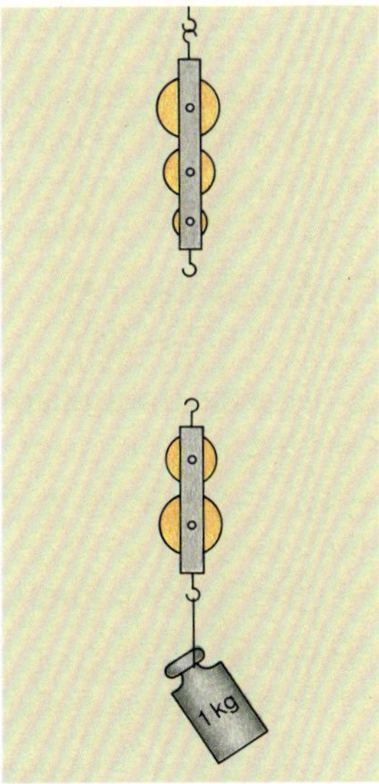

12

Flaschenzug von ...	Gewichtskraft auf die Last in N	Anzahl der tragenden Seile	Zugkraft (bei Gleichgewicht) in N	Weg, den die Last zurücklegt in cm	Weg, auf dem die Zugkraft wirkt in cm
Bild 10	10	?	?	20	?
...	10	?	?	20	?

V 3 Als *Flaschenzug* bezeichnet man eine Hebevorrichtung, bei der mehrere Rollen verwendet werden. Die Rollen sind in zwei Gruppen zusammengefaßt; diese Rollengruppen heißen *Flaschen*.

Es gibt Flaschenzüge mit unterschiedlich vielen Rollen. Je nach Bauart kann man mit ihrer Hilfe unterschiedlich viel Kraft sparen.

Wenn du zu Hause mit Flaschenzügen experimentieren willst, werden dir wahrscheinlich keine Rollen zur Verfügung stehen. In Bild 10 siehst du, was du dann tun könntest.

a) Übertrage die Bilder 11 u. 12 in dein Heft, und zeichne die noch fehlenden Seile ein.

b) Welche Versuchsergebnisse erwartest du hier?

c) Miß nach, und trage deine Meßwerte in eine Tabelle ein (→ Muster).

d) Ziehe die Last jeweils genau 20 cm hoch. Wie lang ist der Weg, auf dem die Zugkraft wirken muß? Welche Regel vermutest du?

Aufgaben

1

2

3

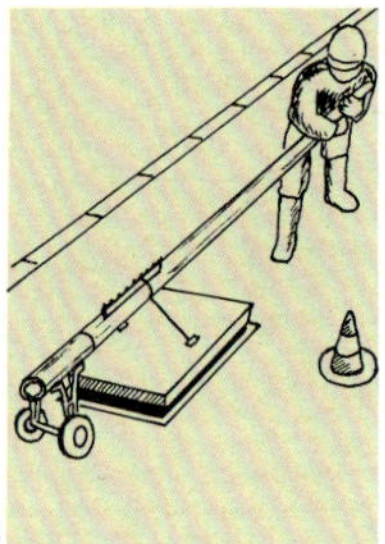
4

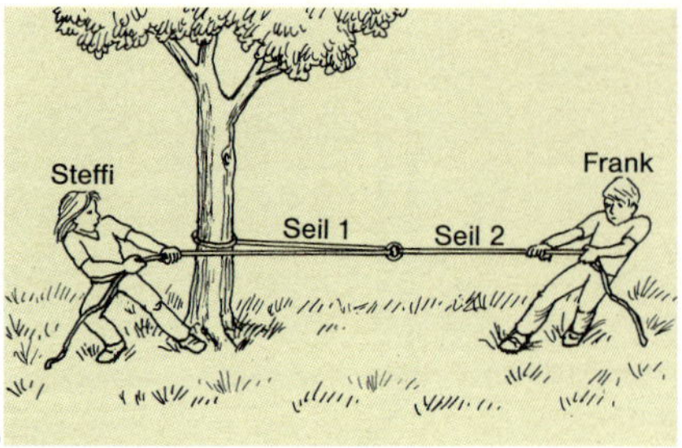

5

1 Die Bilder 1–4 zeigen einfache, aber nützliche Geräte.

a) Wie heißen die Geräte, und welche Aufgaben haben sie?

b) Beschreibe, welchen Einfluß jedes Gerät auf Betrag, Richtung und Angriffspunkt der Kraft hat.

In welchen Fällen wird Kraft „gespart“? Welchen Nachteil handelt man sich dabei ein?

2 Tauziehen einmal anders (Bild 5): Steffi gewinnt immer – auch wenn sie die Schwächere ist. Erkläre!

3 Schülerin hebt Lehrerin (Bild 6). Auch die Schülerin von Bild 1 auf der vorigen Doppelseite schaffte ihren Kraftakt nur mit einem Flaschenzug.

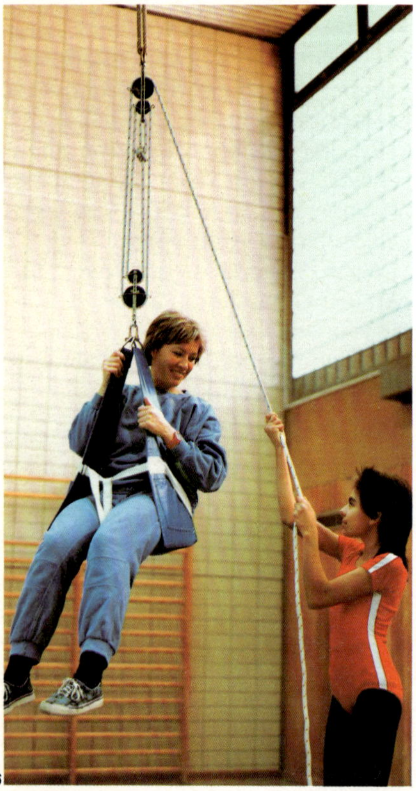
6

a) Welche Kraft wäre bei einem „idealen“ Flaschenzug nötig, um die Lehrerin hochzuziehen?

b) Aus welchen Gründen muß die tatsächlich aufgewendete Kraft größer sein als die gerade berechnete?

4 Wie groß ist hier jeweils die Kraft, die nötig ist, um die Last zu halten (Bilder 7 u. 8)?

5 In einer Autowerkstatt wird ein Motor (90 kg) mit Hilfe eines Flaschenzuges um 2 m angehoben. Der Flaschenzug besteht aus zwei Flaschen mit je zwei Rollen; jede Flasche hat eine Masse von 2 kg.

a) Es gibt zwei Möglichkeiten: Das eine Seilende ist entweder an der Decke oder an der unteren Flasche befestigt. Skizziere beide Anordnungen.

b) Welche dieser Anordnungen hältst du für praktischer?

c) Wie viele Seilstücke tragen jeweils die Last?

d) Wie groß ist die Kraft, die zum Heben der Last erforderlich ist? (Reibungskräfte nicht berücksichtigten.)

e) Wieviel Meter Seil werden jeweils durch den Flaschenzug gezogen?

f) Welche Kräfte wirken auf den Haken, an dem der Flaschenzug hängt?

6 Eine Kiste wird mit Hilfe verschiedener Flaschenzüge gehoben. Die Kiste hat eine Masse von 120 kg (einschließlich der unteren Flasche).

Diese Kräfte sind nötig: ① 600 N, ② 400 N, ③ 300 N und ④ 200 N.

a) An wie vielen Seilstücken hängt jeweils die Last?

b) Zeichne die vier Flaschenzüge.

c) Wieviel Seil muß man jeweils nachgeben, wenn man die Last um 1 m absenken will?

7 Harry behauptet: „Die Zugkraft beim Flaschenzug kann man ganz leicht berechnen. Man braucht nur die Rollen zu zählen – und dann teilt man einfach die Gewichtskraft durch die Anzahl der Rollen.“

Wende seine Regel auf die in den Bildern 9 u. 10 gezeigten Flaschenzüge an. Rechne nach, ob die Ergebnisse stimmen.

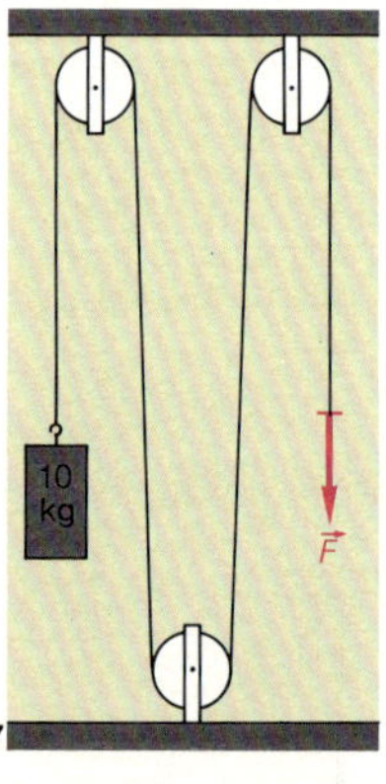

7

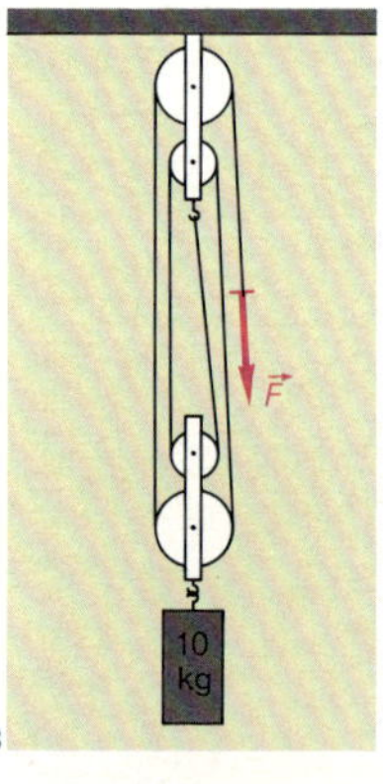

8

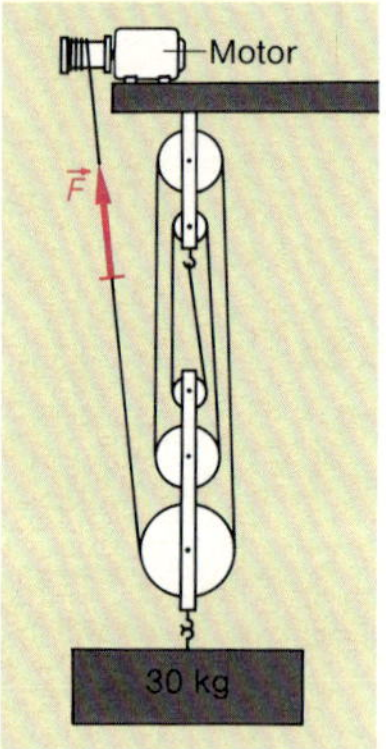

9

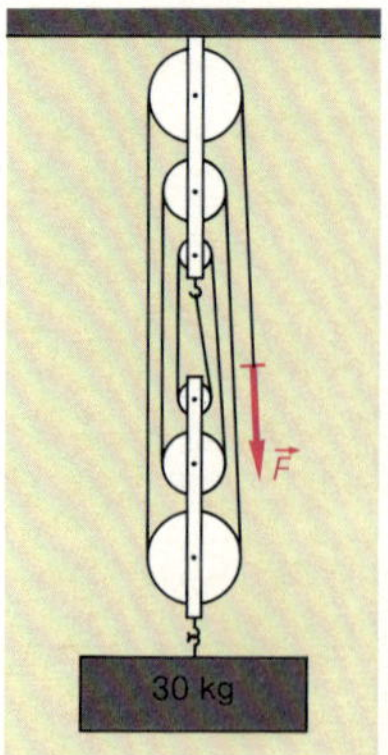

10

Aus Umwelt und Technik: **375 t Tragfähigkeit**

Der riesige Kran, den du in Bild 11 siehst, steht in einem Stahlwerk im Ruhrgebiet. Aus der Pfanne – so nennt man den am Kran hängenden großen „Eimer" – wird das flüssige Eisen in die bereitstehenden Gießformen gefüllt.

Vorher muß aber noch die Schlacke, die oben auf dem flüssigen Eisen schwimmt, abgegossen werden. Zu diesem Zweck besitzt der Kran neben dem *Haupthubwerk* einen *Hilfshub,* der die Pfanne kippen kann.

Es ist schon eindrucksvoll, was dieser Kran zu heben vermag:

Der Hilfshub allein kann schon 115 t tragen – das entspricht der Masse von 115 Pkws.

Die Pfanne ist 4,6 m hoch und hat einen Durchmesser von 4,3 m. In die Pfanne passen 270 t flüssiges Eisen hinein – soviel wiegen 270 Autos! Zum Heben dieser gewaltigen Last sind vier Flaschenzüge im Haupthubwerk nötig; jede einzelne Flasche besitzt fünf Rollen.

Und das Seil reißt nicht, wenn die riesige Last daran hängt! Dabei ist es nur 4 cm dick und hat eine Tragfähigkeit von lediglich 11,5 t.

Fragen und Aufgaben zum Text

1 In Bild 11 wird die *Tragkraft* des Krans mit 375 t angegeben. Wieso ist dieser Begriff falsch? (Heute verwendet man daher den Ausdruck *Tragfähigkeit.*)

2 Die Tragfähigkeit des Kranes beträgt 375 t, die Pfanne kann aber nur 270 t Eisen aufnehmen. Begründe diesen Unterschied.

3 Wieviel Rollen hat der Gießkran insgesamt?

4 An wieviel Seilstücken hängt die Last?

5 Das 4 cm dicke Seil hat eine Tragfähigkeit von „nur" 11,5 t. Warum reißt es aber trotzdem nicht, wenn die Pfanne am Kran hängt?

6 Bild 12 zeigt einen Eisenbahnkran für schwerste Lasten. Sein Haupthubwerk (A) hat eine Tragfähigkeit von 150 t.

a) Dieses Hubwerk ist „zwölfstrangig". Berechne die Zugkraft, die zum Heben einer Last von 150 t nötig ist.

b) Für das Seil, dessen Durchmesser 32 mm beträgt, wird eine „Bruchlast" von 87 t angegeben. Was bedeutet das?

Wieso kann trotzdem eine Last von 150 t an den Kran gehängt werden?

c) Das Seil ist 263 m lang. Der Kran kann Lasten lediglich um etwa 20 m anheben. Erkläre den Unterschied.

d) Der Kran darf nur dann mit 150 t belastet werden, wenn der Ausleger steil steht. (Die „Ausladung" des Krans darf nur 8 m betragen.) Wird der Ausleger geneigt, sinkt die Tragfähigkeit; bei einer Ausladung von 16 m beträgt sie nur noch 45 t.

Welchen Grund hat diese Abnahme der Tragfähigkeit?

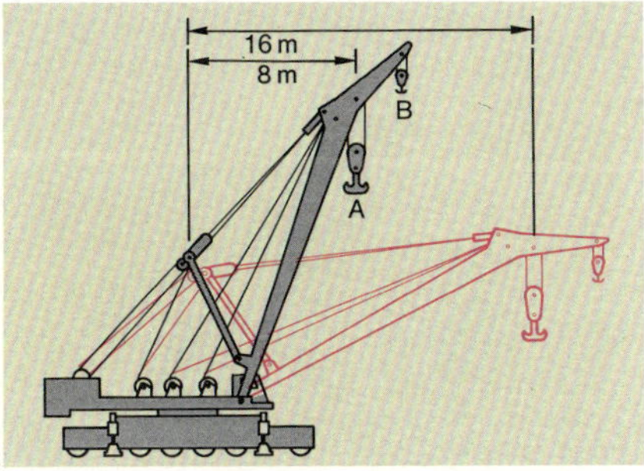

12

11

Aus der Geschichte: **Von Rollen und Flaschenzügen**

Eine der wichtigsten Erfindungen in der Geschichte der Menschheit war das **Rad**. Als erste haben es vor ungefähr 5000 Jahren vermutlich die Sumerer benutzt, die im Zweistromland zwischen Euphrat und Tigris (im heutigen Irak) lebten. Mit der Erfindung des Rades wurde auch die Entwicklung von Rollen und Flaschenzügen möglich. Um 800 v. Chr. kannten bereits die Assyrer **Rollen** zum Heben von Lasten.

1

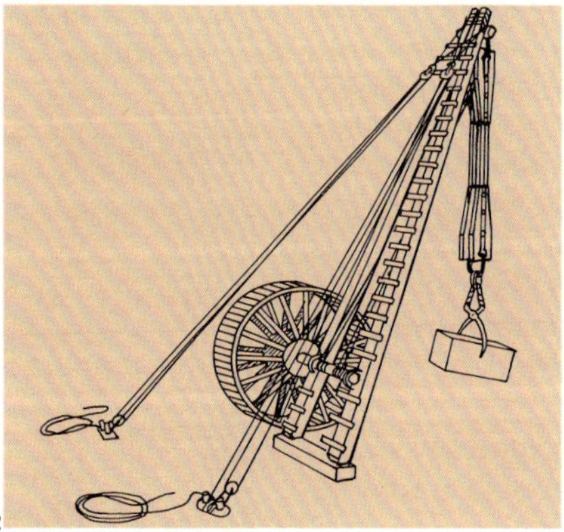
2

Die älteste Abbildung eines Kranes mit **Flaschenzug** wurde auf der Grabplatte einer römischen Familie gefunden (Bild 1). Sie lebte vermutlich um 200 v. Chr.; wahrscheinlich ist einer der dort Begrabenen von Beruf Baumeister gewesen.

Bild 2 zeigt ein Modell dieses Kranes. Der Flaschenzug, der an diesem Kran hing, hatte oben drei und unten zwei Rollen. Das Ende des Seils war an der beweglichen Flasche befestigt. Bei diesem Kran wurde also die Gesamtlast auf insgesamt fünf Seilstücke verteilt.

Zum Ziehen des Seiles diente ein Tretrad, das von Menschen angetrieben wurde: Um es in Drehung zu versetzen, mußten mehrere Menschen im Innern des Rades laufen.

Einfache Maschinen

Alles klar?

1 In manchen Situationen bringt es bereits Vorteile, wenn man nur die Richtung der Kraft verändert. Nenne dafür Beispiele.

2 Ein Bauer ist mit einem Traktor samt Anhänger auf sein Feld gefahren. Der Anhänger ist steckengeblieben. Ungefähr in Fahrtrichtung steht ein Baum. Der Bauer holt ein Seil und eine Rolle mit Haken. Dann kuppelt er den Anhänger ab ...

Skizziere, wie der Bauer sich helfen will, und begründe sein Vorgehen.

3 Thomas hangelt an einem Tau hoch, Gabi zieht sich nach oben (Bild 3).

a) Wer von beiden hat es leichter?

b) Gabi macht sich die an der Decke befestigte Rolle zunutze. Welchen Einfluß hat diese Rolle auf Richtung und Betrag der Zugkraft?

3

4 Wie groß sind die Kräfte in den Bildern 4–8 bei Gleichgewicht? (Die Gewichtskräfte, die auf die Rollen wirken, und die Reibung bleiben unberücksichtigt.)

5 Um bei Flaschenzügen die Zugkraft zu berechnen, sind wir bisher so vorgegangen: Wir haben die Gewichtskraft, die auf die Last wirkt, durch die Anzahl der tragenden Seilstücke dividiert.

Ob man so auch bei Bild 9 vorgehen kann? Einige Fragen werden dir helfen:

a) Auf wie viele Seilstücke verteilt sich bei der Anordnung nach Bild 9 die Last?

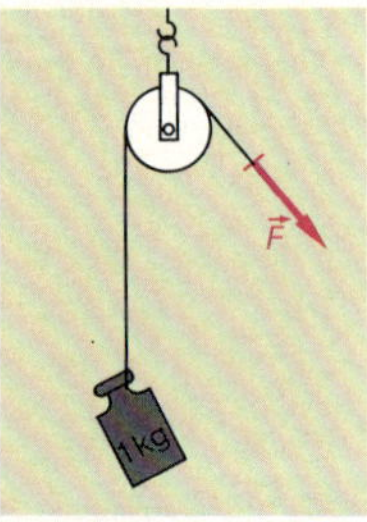

4

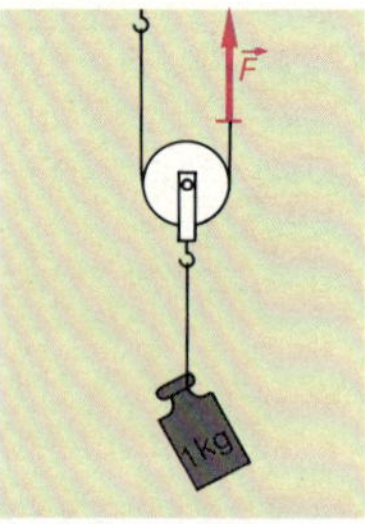

5

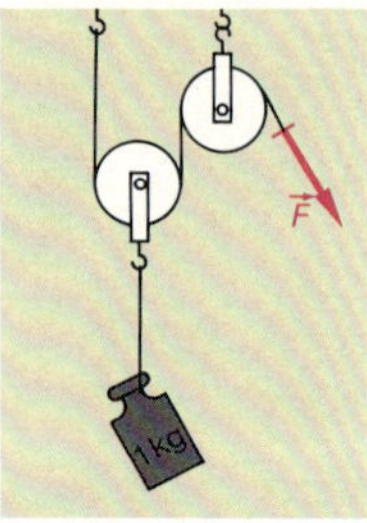

6

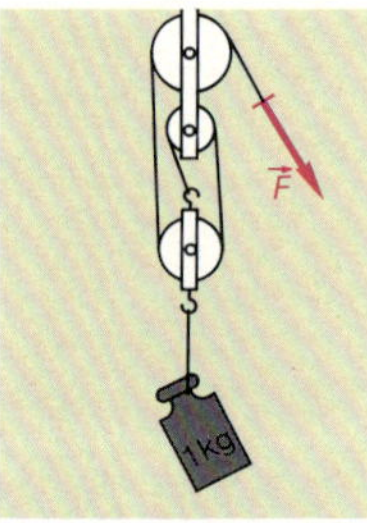

7

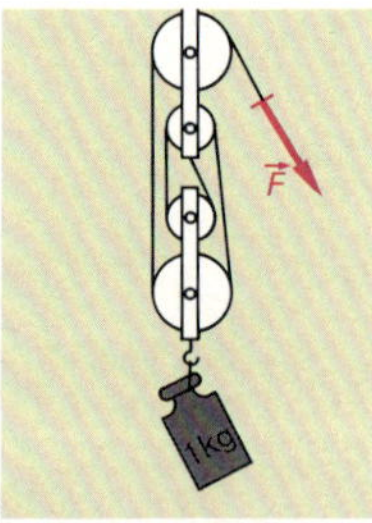

8

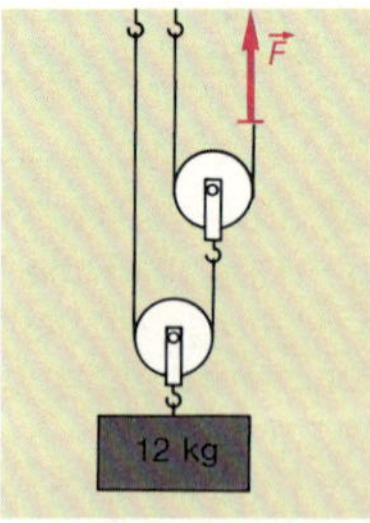

9

b) Wie groß sind die in den einzelnen Seilstücken wirkenden Kräfte?

c) Welche Kraft würde ein Kraftmesser anzeigen?

d) Woran liegt es, daß das übliche Berechnungsverfahren hier versagt?

6 *Leonardo da Vinci* (1452–1519) wies nach, daß die Gesetze, die für die Rollen gelten, auch aus dem *Hebelgesetz* hergeleitet werden können (Bilder 10 u. 11).

a) Welche Anordnung ist mit dem zweiseitigen und welche mit dem einseitigen Hebel vergleichbar?

b) Begründe mit dem Hebelgesetz, weshalb bei der in Bild 10 dargestellten Anordnung $F_2 = F_1$ und bei der in Bild 11 dargestellten $F_2 = \frac{1}{2} F_1$ gilt.

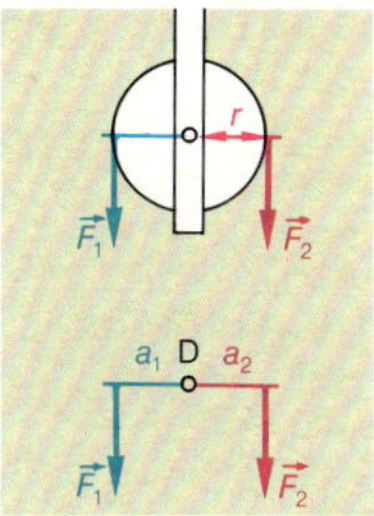

10

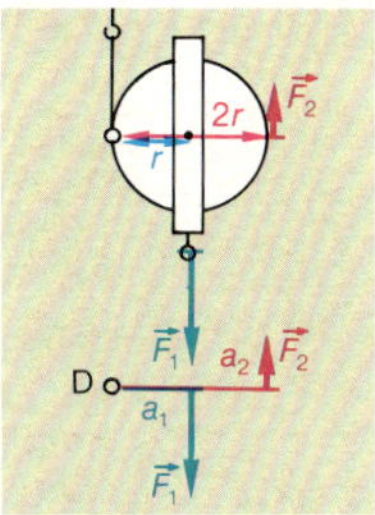

11

Auf einen Blick

Mit einem **Seil** oder einer **Stange** kann man den Angriffspunkt einer Kraft verändern. Der Betrag der Kraft bleibt aber gleich: $F_2 = F_1$.

Man unterscheidet **Rollen**, die an einer Aufhängevorrichtung angebracht sind (*feste Rollen*) und Rollen, die an der Last befestigt sind (*lose Rollen*).

Je nach Anordnung der Rollen und Seilführung kann man die Richtung der erforderlichen Zugkraft oder ihren Betrag oder auch beides verändern.

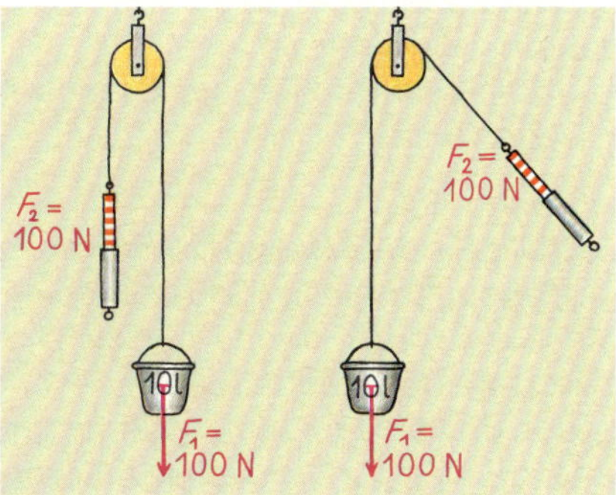

12

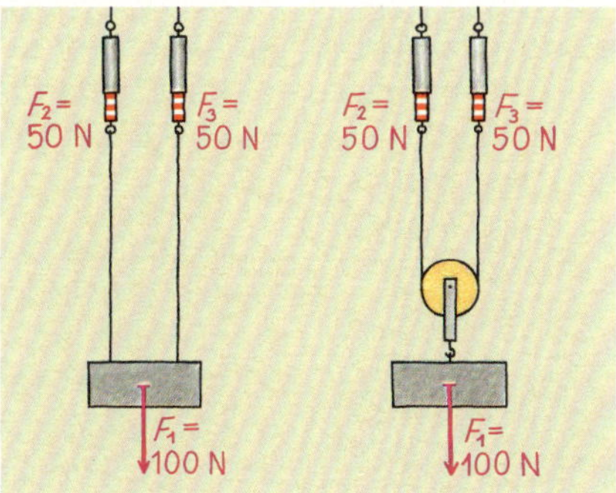

13

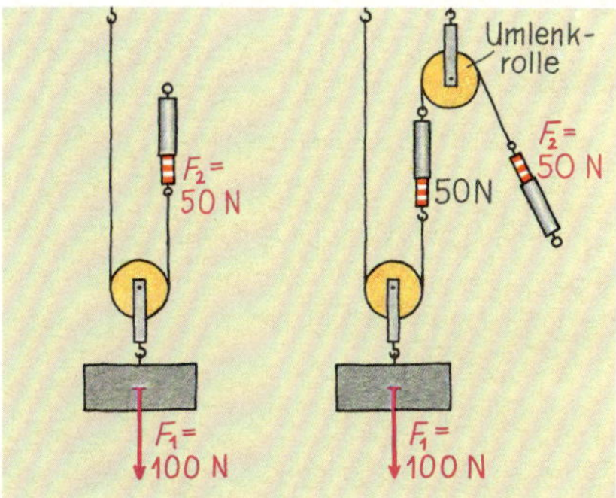

14

Mit dieser Anordnung wird nur die Richtung der Kraft verändert. Man spart keine Kraft ein:

$$F_2 = F_1.$$

Die Gewichtskraft, die auf die Last wirkt, wird auf zwei Seilstücke übertragen und gleichmäßig verteilt:

$$F_3 = F_2 = \frac{1}{2} F_1.$$

Auch hier verteilt die lose Rolle die Gewichtskraft auf zwei Seilstücke; die eine Hälfte der Last wird vom Haken getragen. Die feste Rolle verändert nur die Richtung der Kraft.

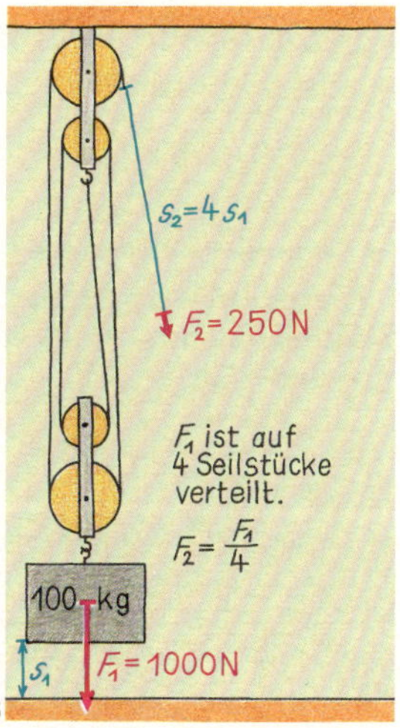

15

Bei einem **Flaschenzug** sind mehrere Rollen in zwei Gruppen *(Flaschen)* zusammengebaut. Die Gewichtskraft F_1, die auf die Last wirkt, wird gleichmäßig auf mehrere Seilstücke verteilt.

Wenn n die Anzahl der tragenden Seilstücke ist, gilt für die Zugkraft F_2 (bei Gleichgewicht):

$$F_2 = \frac{F_1}{n}.$$

Da immer Reibungskräfte auftreten und da mit der Last auch die untere Flasche angehoben wird, muß die Zugkraft in der Praxis größer sein als

$$\frac{F_1}{n}.$$

Damit eine Last um die Strecke s_1 angehoben wird, muß man das Seilende n-mal so weit ziehen:

$$s_2 = n \cdot s_1.$$

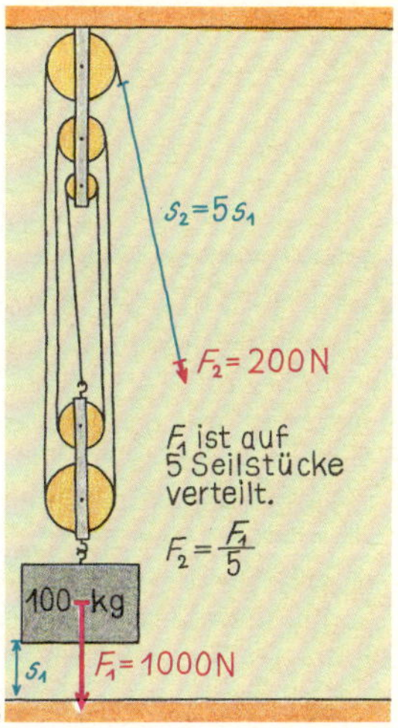

16

Die Arbeit

1 Arbeit – physikalisch betrachtet

1

Herr Marten ist Lehrer. Er korrigiert gerade Hefte (Bild 1).

Handelt es sich bei dieser Tätigkeit um Arbeit? Nun, er selbst ist sicher der Meinung, daß er arbeitet. Doch im physikalischen Sinne verrichtet er **keine Arbeit!**

Hier geht Herr Marten seinem Hobby nach: Bergsteigen (Bild 2). Die Hefte sind vergessen, die Schule ist weit. An *Arbeit* denkt er nicht.

Und doch: Gerade jetzt wird ein Physiker sagen, daß Herr Marten **Arbeit** verrichtet!

2

V 1 Dieser Versuch soll nahelegen, was man in der Physik als Arbeit bezeichnet: Ein Körper wird um die Strecke *h* angehoben – einmal auf direktem Wege und einmal mit Hilfe eines schräg gestellten Brettes (Bild 3). Das Brett nennt man *schiefe Ebene*.

Miß jeweils die erforderliche Kraft *F* und den zurückgelegten Weg *s*. Notiere die Meßwerte in einer Tabelle.

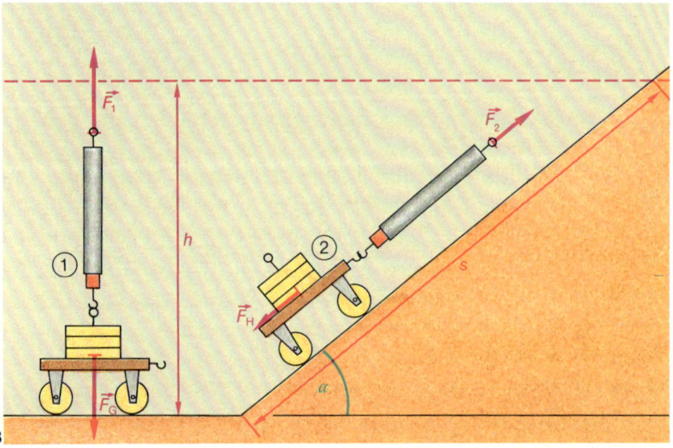

3

a) Der Wagen wird an einen Kraftmesser angehängt und auf direktem Wege hochgehoben. (Die Geschwindigkeit soll konstant sein, wenn du die Kraft abliest.)

Vergleiche die gemessene Kraft F_1 mit der Gewichtskraft F_G, die auf den Wagen wirkt.

b) Baue eine schiefe Ebene auf.

Bestimme den Weg *s*, den der Wagen zurücklegen muß, um wieder den Höhenunterschied *h* zu überwinden. Achte bei der Messung von F_2 darauf, daß du den Kraftmesser parallel zur schiefen Ebene hältst.

Noch ein *Tip*, wie du den Einfluß der Reibungskraft ausschalten kannst: Ziehe den Wagen zunächst mit konstanter Geschwindigkeit hoch, und lies dabei die Kraft ab. Bestimme dann die Kraft, die zum gleichmäßigen Hinablassen des Wagens nötig ist. Der Mittelwert zwischen diesen beiden Meßwerten entspricht der Kraft, die du ohne Reibung beim Hochziehen ausüben müßtest.

c) Wiederhole den Versuch für unterschiedliche Steigungswinkel der schiefen Ebene (bei gleicher Hubhöhe).

d) Ergänze die Tabelle um eine Spalte, in die du das Produkt aus *F* und *s* einträgst. Formuliere das Ergebnis.

Info: Die Definition der Arbeit

Beim Heben eines Körpers spart man mit einem Flaschenzug Kraft. Dafür muß man aber mehrere Meter Seil durch den Flaschenzug ziehen, um den Körper um nur 1 m anzuheben.

Wenn man denselben Körper mit verschiedenen Flaschenzügen um 1 m anhebt, stellt man fest: Je kleiner die Kraft ist, mit der man am Seil ziehen muß, desto länger ist der Weg, auf dem diese Kraft wirken muß. Dabei bleibt das Produkt aus Kraftbetrag und Weg konstant.

Dieses Produkt scheint also eine besondere Bedeutung zu haben.

Unsere Vermutung wird auch durch entsprechende Versuche mit der schiefen Ebene gestützt: Auch dort ändert sich das Produkt aus Kraftbetrag und Weg bei unterschiedlichen Steigungen nicht (wenn die Hubhöhe konstant bleibt).

Wir müssen allerdings beachten, daß bei all diesen Versuchen ganz spezielle Bedingungen erfüllt waren:

- ○ Der Betrag der Kraft war auf dem ganzen Weg konstant.
- ○ Die Kraft war immer parallel zum Weg gerichtet.

Für konstante Kräfte in Wegrichtung definieren wir: Arbeit ist das Produkt aus Kraft(betrag) und Weg.

$$W = F \cdot s.$$

Das Formelzeichen *W* für Arbeit ist von engl. *work* abgeleitet.

Wenn die Kraft zwar parallel zum Weg gerichtet ist, sich aber ihr Betrag auf dem Weg *ändert*, wird auch Arbeit verrichtet; nur können wir dann nicht so leicht angeben, wie groß sie ist.

Allgemein gilt: Arbeit wird verrichtet, wenn ein **Weg** zurückgelegt wird und dabei eine **Kraft in Wegrichtung** wirkt.

Aufgaben

1 Bild 5 zeigt Beispiele für verschiedene Arbeiten.

a) Begründe jeweils, daß im physikalischen Sinne gearbeitet wird.

b) Die dargestellten Formen der Arbeit haben besondere Namen: *Spannarbeit, Verformungsarbeit* und *Beschleunigungsarbeit*. Ordne zu!

c) Was versteht man unter *Hubarbeit*, was unter *Reibungsarbeit*?

d) Nenne weitere Beispiele, in denen physikalische Arbeit verrichtet wird. Um welche Form der Arbeit handelt es sich jeweils?

2 In Bild 6 zieht ein Kran Paletten mit Steinen nach oben.

a) Vergleiche jeweils die Arbeiten, die bei den Beispielen B–F verrichtet werden, mit der Arbeit von Beispiel A.

b) Auf jeden Stapel Steine wirkt eine Gewichtskraft von 6000 N. Die Stockwerke sind jeweils 3 m hoch. Berechne die Arbeiten.

c) Gib mehrere Möglichkeiten an, bei denen der Kran von Bild 6 genau sechsmal soviel Arbeit wie in Beispiel A verrichtet.

3 Welcher mathematische Zusammenhang besteht zwischen Arbeit und Kraft (bei konstantem Weg)?

Wie hängen Arbeit und Weg zusammen (bei konstanter Kraft)?

4 Ein Pkw ($F_G = 10000$ N) fährt 1 km mit konstanter Geschwindigkeit. Welche Form der Arbeit wird verrichtet?

Kannst du die Arbeit berechnen? Begründe deine Antwort.

5 Beim Spannen einer Feder verrichtet man Spannarbeit. Weshalb kann diese Arbeit nicht mit der Formel $W = F \cdot s$ berechnet werden?

6 Sabine zieht ihren Bruder auf dem Schlitten (Bild 7). Sie legt einen Weg von 300 m zurück und zieht mit einer konstanten Kraft von 50 N.

a) Michael will die verrichtete Arbeit berechnen; er rechnet so:

$W = F \cdot s$;

$W = 50\ \text{N} \cdot 300\ \text{m} = 15\,000\ \text{Nm}$.

Das Ergebnis ist falsch. Gib an, welche Fehler Michael gemacht hat.

b) Wie muß man hier vorgehen, um die zum Transport des Schlittens verrichtete Arbeit zu berechnen? Wie groß ist diese Arbeit?

c) Gib eine Definition der Arbeit für den Fall, daß Kraft und Weg nicht parallel gerichtet sind.

Welche Bedingung muß immer noch erfüllt sein?

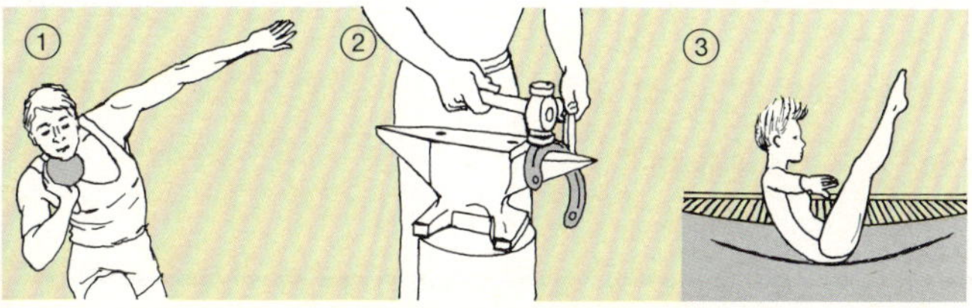

5

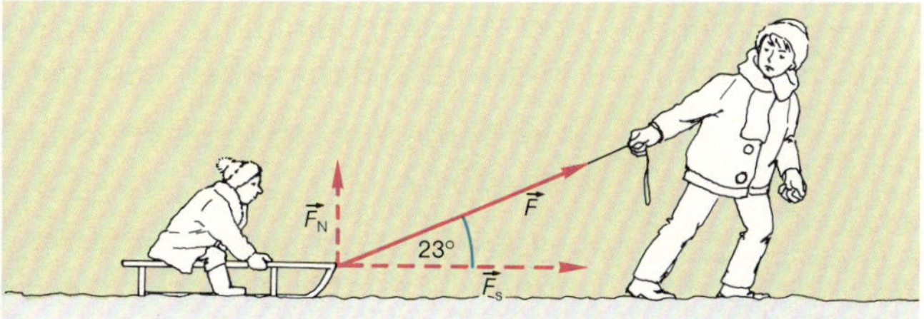

7

6

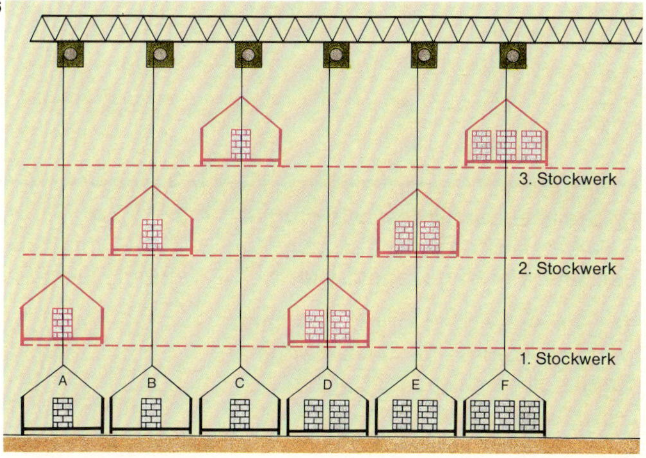

Ist die Kraft *senkrecht* zu dem zurückgelegten Weg gerichtet, so wird *keine Arbeit* verrichtet.

Beispiel: Beim Tragen einer Tasche mußt du eine nach oben gerichtete Kraft ausüben, um die Gewichtskraft auszugleichen. Die Kraft ist senkrecht zum Weg und spielt daher für die Arbeit keine Rolle.

Aus der Gleichung $W = F \cdot s$ ergibt sich als Einheit der Arbeit $1\ \text{N} \cdot 1\ \text{m} = 1\ \text{Nm}$ (Newtonmeter). Eine Arbeit von 1 Nm wird z. B. verrichtet, wenn ein Weg von 1 m zurückgelegt wird und wenn dabei in Wegrichtung stets eine Kraft von 1 N wirkt. Die Arbeitseinheit hat einen besonderen Namen; sie heißt **1 Joule** (1 J).

$1\ \text{N} \cdot 1\ \text{m} = 1\ \text{Nm} = 1\ \text{J}$.

Den Namen *Joule* (sprich: dschūl) hat man der Arbeitseinheit zu Ehren des englischen Physikers *James Prescott Joule* (1818-1899) gegeben.

Bild 4 zeigt ein Beispiel für die Arbeitseinheit: Zum Heben einer Tafel Schokolade (Masse: 100 g) benötigst du eine Kraft von etwa 1 N. Wenn du sie um 1 m anhebst, verrichtest du eine Arbeit von ca. 1 Nm oder 1 J.

4

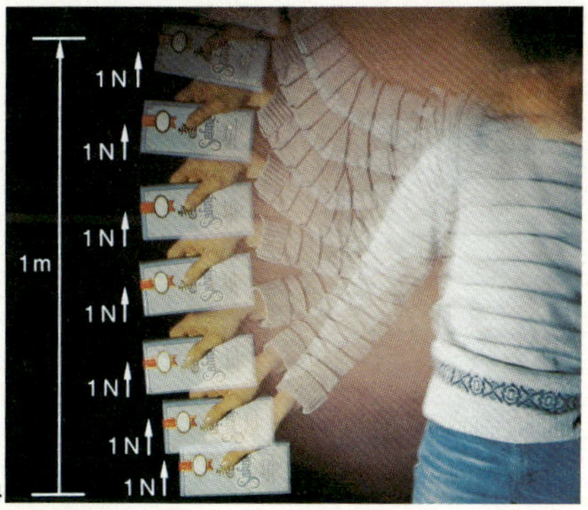

2 Alle reden von Arbeit ...

1

2

3

4

Was man in der Physik *Arbeit* nennt, unterscheidet sich von dem, was man in der Umgangssprache unter Arbeit versteht. So umfaßt der physikalische Arbeitsbegriff z. B. keine geistigen Tätigkeiten. Und auch nicht alle körperlich anstrengenden Tätigkeiten sind Arbeit im physikalischen Sinn.

○ Beschreibe, was man in der Umgangssprache unter *Arbeit* versteht.

○ Die Bilder 1–4 zeigen verschiedene Situationen.

Überlege jeweils, ob im physikalischen oder im umgangssprachlichen Sinn gearbeitet wird. Begründe deine Antworten.

○ Bei welchen der folgenden Tätigkeiten handelt es sich um Arbeit im physikalischen Sinn? Begründe deine Auswahl.

a) Der *Arzt* schreibt ein Rezept aus.
b) Ein *Elektromotor* treibt eine Pumpe an.
c) Ein *Elektromagnet* zieht einen Nagel hoch.
d) *Karin* lernt Formeln für eine Mathematikarbeit.
e) Ein *Arbeiter* hält einen schweren Balken fest.
f) *Sabine* fährt mit einem Bus nach Hause.
g) *Matthias* klettert auf einen Baum.
h) *Marion* zündet ein Streichholz an.
i) Beim Sportfest läuft *Uwe* 100 m.

3 Kann man Arbeit einsparen?

Aufgaben

1 Stelle zunächst fest, wie groß die Gewichtskraft ist, mit der dein Körper nach unten gezogen wird.

a) Wieviel Arbeit wird verrichtet, wenn du vom Keller in dein Zimmer steigst, ohne etwas zu tragen?

b) Welche Rolle spielt dabei die Steigung („Steilheit") der Treppe?

c) Berechne die Arbeit, wenn du beim Hochsteigen noch einen 25 kg schweren Koffer trägst.

d) Wie ändert sich die von dir verrichtete Arbeit, wenn du mal stehenbleibst? Welchen Einfluß hat es auf die Arbeit, wenn du den Koffer zwischendurch absetzt?

2 Frank und Michael gelangen auf verschiedenen Wegen nach oben (Bild 5). Unter welcher Bedingung sind die verrichteten Arbeiten gleich groß?

3 Auf einer Baustelle soll eine Last (420 kg) mit einer Motorwinde und einem Flaschenzug um 6 m angehoben werden. Der Flaschenzug hat zwei Flaschen mit je drei Rollen, die Motorwinde steht neben der Last.

5

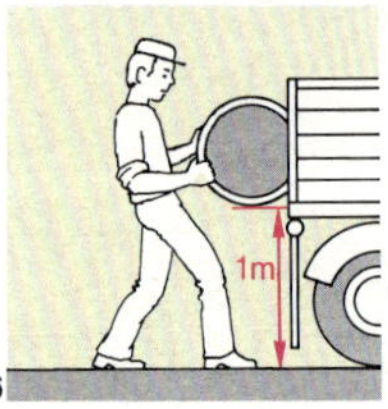

6
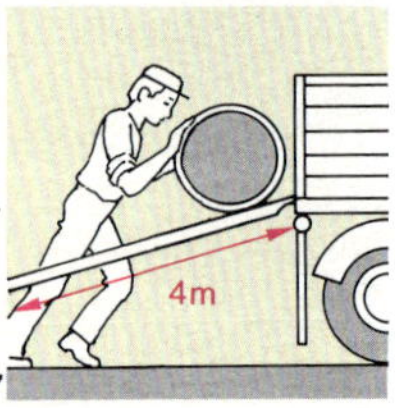

7

a) Wie groß muß die Zugkraft mindestens sein?

b) Berechne die Arbeit der Motorwinde aus der Länge des aufgewikkelten Seils und der Zugkraft.

c) Vergleiche mit der Arbeit beim direkten Hochheben.

4 Ein Faß (60 kg) wird auf einen Wagen geladen (Bild 6).

a) Wie groß ist die Kraft, die zum *Hochheben* des Fasses nötig ist?

b) Berechne die verrichtete Arbeit.

c) Das *Hochrollen* auf einer schiefen Ebene geht viel einfacher (Bild 7). Dafür ist der Weg viermal so lang. Wie groß ist jetzt die verrichtete Arbeit? Ermittle die erforderliche Kraft.

5 Die Feuerwehr pumpt einen überfluteten Keller leer. Das Wasser wird zu einem 2,70 m höher gelegenen Straßengully „angehoben". Die Motorpumpe verrichtet dabei eine Hubarbeit von 54 000 Nm.

Wieviel Liter Wasser wurden hochgepumpt?

6 Im Supermarkt: Michael schiebt mit einer Kraft von 90 N Ware aus dem Lager zu einem Regal. Dabei verrichtet er eine Arbeit von 3150 J.

Berechne den Weg, den Michael zurückgelegt hat.

Welche Annahme mußt du für diese Rechnung machen?

7 Frank will seinen Bruder auf einem Schlitten ziehen.

Von der Länge des Zugseils hängt die Richtung der Zugkraft ab (Bild 8); deshalb überlegt er, ob es sich lohnt, ein anderes Seil anzubinden.

Hätte er es mit einem längeren oder kürzeren Seil leichter?

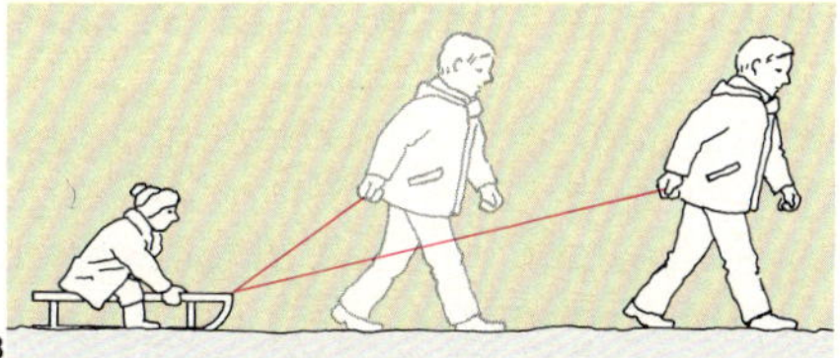
8

Welchen Einfluß hat die Länge des Seils auf die verrichtete Arbeit?

8 Die physikalischen Größen *Drehmoment* und *Arbeit* sind etwas ganz Verschiedenes, obwohl man beide in der Einheit *Newtonmeter* angibt.

a) Bei beiden Größen wird ein Kraftbetrag mit einer Länge multipliziert. Worin liegt der Unterschied?

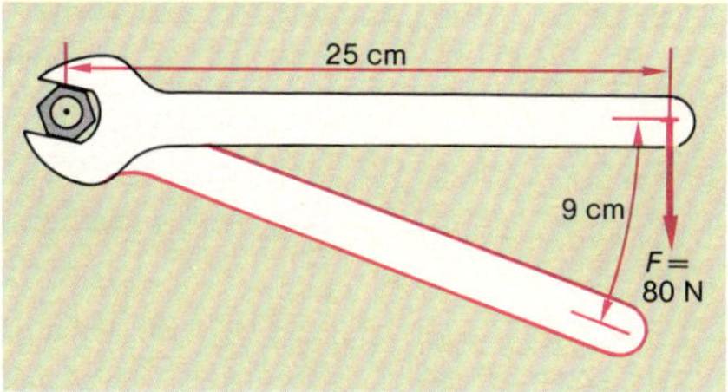

9

b) Berechne die Arbeit, die man beim Drehen des Schraubenschlüssels von Bild 9 verrichten muß.

c) Wie groß ist die Arbeit, wenn die Schraube mit einem 12,5 cm (50 cm) langen Schraubenschlüssel um den gleichen Winkel gedreht wird?

9 Karl fährt mit seinem Fahrrad (ohne Gangschaltung) auf ebener Straße zu seinem Freund, der 5 km weit entfernt wohnt. Da Karl starken Gegenwind hat, muß er besonders kräftig in die Pedale treten. Auf dem Rückweg hat er es viel leichter ...

a) Überlege zunächst, welche Art Arbeit beim Radfahren auf ebener Strecke verrichtet wird.

b) Bei welcher der beiden Fahrten hat Karl mehr Arbeit verrichtet? Begründe deine Antwort.

c) Wovon hängt es vor allem ab, wie groß die Arbeit beim Radfahren auf ebener Strecke ist?

Info: **Die Goldene Regel der Mechanik**

Heute besitzen die meisten Fahrräder eine Gangschaltung. Nimm einmal an, daß ein Radfahrer mit einer bestimmten Geschwindigkeit eine bestimmte Strecke bergauf fahren will. Er kann wählen, ob er beim Treten eine große oder eine kleine Kraft ausüben will.

Im „Berggang" ist zum Treten eine kleine Kraft notwendig; es wird *Kraft gespart*. Dafür muß aber der Radfahrer viel öfter treten, um die Strecke zurückzulegen; die Tretkurbeln legen also insgesamt einen *langen Weg* zurück.

Wenn der Radfahrer dagegen im „Schnellgang" etwas von diesem *Weg einspart*, muß er beim Treten eine *größere Kraft* ausüben. Die verrichtete Arbeit ist in beiden Fällen gleich.

Diesen Zusammenhang faßt man in der **Goldenen Regel der Mechanik** zusammen:

Wenn man Kraft spart, muß man einen größeren Weg zurücklegen. Und umgekehrt: *Wenn man Weg spart, muß man eine größere Kraft einsetzen.* **Das Produkt aus Kraft(betrag) und Weg bleibt dabei konstant.**

Diese Regel gilt nicht nur für das Fahrradgetriebe. Sie gilt für alle Zahnräder, Rollen, Flaschenzüge, Hebel, schiefe Ebenen ...

Man nennt diese Geräte auch **einfache Maschinen.**

Mit einfachen Maschinen kann man die erforderliche Kraft verringern. Die Krafteinsparung „bezahlt" man aber mit einer *Verlängerung des Weges*, auf dem die Kraft wirken muß.

Bild 10 zeigt das für den Flaschenzug: Zum Heben ist nur eine kleine Kraft nötig; man muß aber mehrere Meter Seil aufwickeln, damit sich die Last um nur einen Meter bewegt. Die Arbeit ist mit und ohne Flaschenzug gleich groß.

Es gibt keine Maschine, mit der man die Arbeit verringern kann. Arbeit läßt sich nicht einsparen.

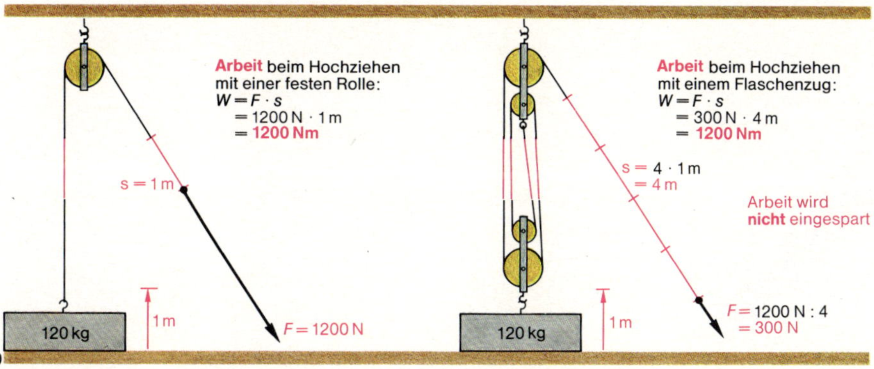

10

Aus der Geschichte: **So entstand das Fahrrad**

In der Physik spricht man nur dann von **Arbeit**, wenn man einen **Weg** zurücklegt und dabei eine **Kraft in Wegrichtung** ausübt. Sicher haben auch schon unsere Vorfahren erkannt, daß man schon arbeiten muß, wenn man nur den eigenen Körper bewegt – etwa dann, wenn man ihn beim Treppensteigen oder Klettern hochheben muß.

Doch auch beim Gehen oder Laufen auf ebener Strecke verrichtet man Arbeit: Bei jedem Schritt hebt man nämlich den eigenen Körper ein kleines Stück weit an (Bild 1). Die Beine ermüden zusätzlich durch das Tragen des Körpergewichts – selbst wenn man stillsteht.

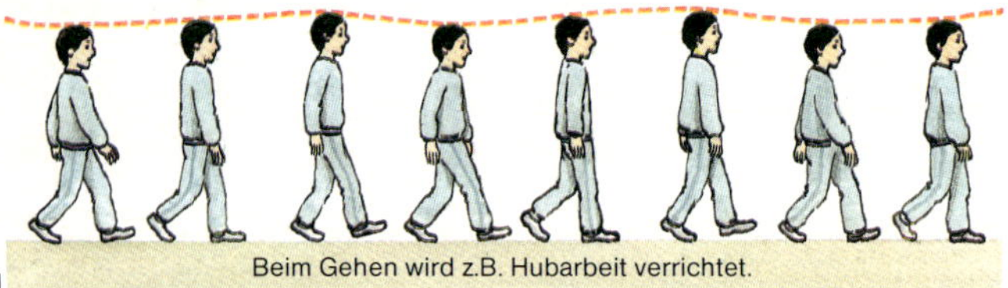
1 Beim Gehen wird z.B. Hubarbeit verrichtet.

Da ist es keineswegs erstaunlich, daß zu Beginn des vorigen Jahrhunderts der Freiherr *Karl von Drais* sich eine Art der Fortbewegung überlegte, bei der die Beine vom Körpergewicht entlastet wurden. Bei der von ihm vorgeschlagenen Fortbewegungsart blieb außerdem der Schwerpunkt des Körpers stets auf gleicher Höhe – die beim Gehen erforderliche Hubarbeit entfiel also.

Drais baute ein **Laufrad** aus Holz (Bild 2), das er 1817 in Mannheim vorführte. So wie ein Reiter sein Pferd besteigt, schwang sich Drais auf sein Laufrad. Dann stieß er sich mit beiden Füßen vorwärts. Das Laufrad war auf ebener Strecke (und erst recht bergab) sogar *schneller* als Roß und Reiter.

Die Zeitungen meldeten: *„Freiherr von Drais lief von Mannheim nach Schwetzingen in einer kleinen Stunde – die Postkutsche braucht dafür vier Stunden."*

Um 1850 bekam das Vorderrad Tretkurbeln und Pedale. Die Kurbeln waren fest mit dem Rad verbunden; eine Radumdrehung erforderte also eine Tretrunde der Kurbeln. Die Räder liefen allerdings so schnell, daß der Fahrer kaum noch mit dem Treten nachkam. Es war dann für ihn unmöglich, kräftig in die Pedale zu treten.

So kam man darauf, die Vorderräder zu vergrößern. Bei 1,50 m Durchmesser legten solche **Hochräder** (Bild 3) mit einer einzigen Raddrehung fast 5 m zurück.

Für eine bestimmte Strecke waren bei einem Hochrad weniger Tretrunden erforderlich als bei einem „Laufrad mit Pedalen". Der Weg, den man mit den Tretkurbeln beschreiben mußte, war also beim Hochrad kleiner; d. h., der Fahrer *sparte Weg ein*. Dafür mußte er mit *größerer Kraft* in die Pedale treten – das war möglich, denn er brauchte nicht mehr so schnell zu treten.

Man mußte allerdings lange üben, bis man auf dem Hochrad das Gleichgewicht halten konnte. Auch das Lenken war schwierig, weil das drehbare Vorderrad bei jeder Kurve die Schenkel des Fahrers berührte. Dessen Hosen sahen nach längerer Fahrt wie Putzlappen aus.

Hochräder waren nicht ganz ungefährlich. Gefürchtet waren vor allem die „Kopfstürze". Ein Fahrer, der gegen ein Hindernis fuhr, konnte leicht nach vorne stürzen und sich schwer verletzen.

Ungefährlicher wurde das Radfahren erst, als ab 1888 **Niederräder** (Bild 4) gebaut wurden. Sie wurden in der Werbung damals als „Sicherheitsräder" angepriesen.

Seither hat sich die Grundform des **Fahrrads** – wie wir es heute nennen – kaum verändert. Der Komfort wurde aber immer weiter vergrößert: Luftgefüllte Gummireifen, Freilauf für die Fahrt bergab, Rücktrittbremse und Gangschaltung kamen hinzu – alles Dinge, auf die du bei deinem eigenen Fahrrad bestimmt nicht mehr verzichten möchtest.

Auch heute ist das Fahrrad ein beliebtes Fortbewegungsmittel: Radfahren macht Spaß, ist umweltfreundlich, kostengünstig und gesund. Man kommt recht schnell voran, muß keinen Parkplatz suchen und bleibt nicht im Stau stecken.

Fragen und Aufgaben zum Text

1 Erkläre, weshalb man zunächst so gefährliche Hochräder und nicht schon Niederräder baute.

2 Wie erreicht das „Niederrad", das bis heute gebaut wird, trotz der kleinen Räder so hohe Fahrgeschwindigkeiten wie das Hochrad?

2

3

4

Aus Umwelt und Technik: **Der Fahrradantrieb**

5

Rennräder und viele Sporträder haben eine Kettenschaltung mit 10 oder sogar 12 Gängen (Bild 6): 2 Kettenräder vorn und 5 oder 6 Zahnräder hinten.

Welchen Sinn haben diese vielen Zahnräder?

Die Tretkurbeln mit den Pedalen sind fest mit dem Kettenrad verbunden. Die Kette überträgt den Antrieb auf die kleinen Zahnräder an der Hinterachse.

Das Kettenrad der Bilder 6 u. 7 hat 52 Zähne. Wenn die Kurbel eine Umdrehung macht, dreht sich das kleine Zahnrad hinten ebenfalls um 52 Zähne weiter. Das bedeutet für dieses Zahnrad mit seinen 13 Zähnen: Es läuft *viermal* um, während sich das Kettenrad nur *einmal* dreht. Man sagt dazu: Die Übersetzung beträgt 1 : 4. Da das kleine Zahnrad mit dem Hinterrad fest verbunden ist, dreht sich das Hinterrad ebenfalls *viermal* bei nur *einer* Kurbeldrehung.

6

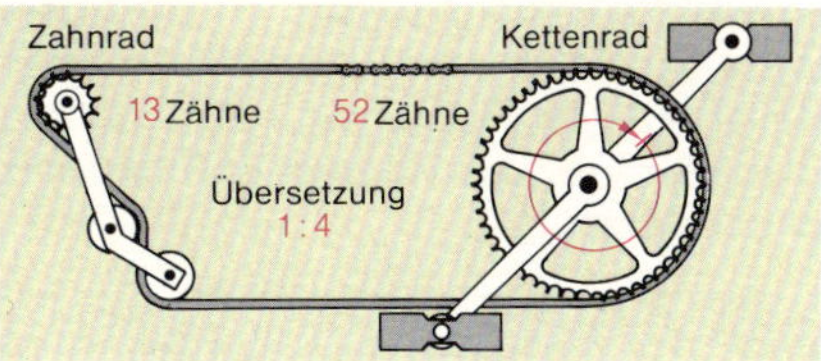

7

Das bedeutet für ein Fahrrad mit „27er Rädern", die einen Umfang von etwa 215 cm haben (Bild 8): Bei einer einzigen Kurbeldrehung (Tretrunde) legt es eine Strecke (einen Weg) von 4 · 215 cm = 8,60 m zurück. Für ein schnelles Fahren auf ebener Strecke oder bergab ist dieser **„Schnellgang"** (1 : 4-Übersetzung) also gerade richtig.

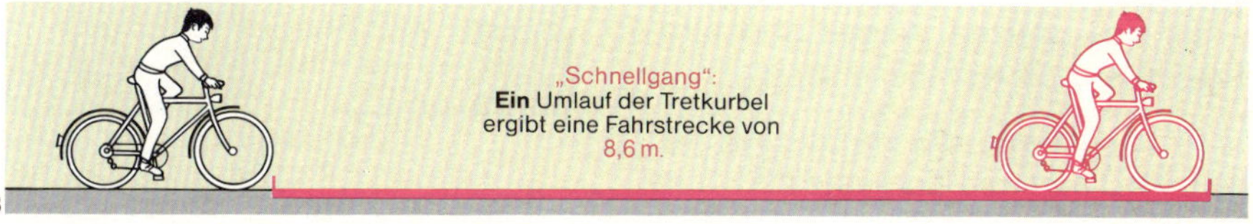

8

Willst du aber mit dem „Schnellgang" einen Berg hinauffahren, wird das Treten für dich zur Qual. Du mußt die Gangschaltung betätigen, um überhaupt noch vorwärts zu kommen. Das heißt: Du mußt ein anderes Zahnrad mit dem Kettenrad verbinden. Mit dem **„Berggang"** (1 : 2-Übersetzung) wird das Treten wieder leichter (Bilder 9 u. 10).

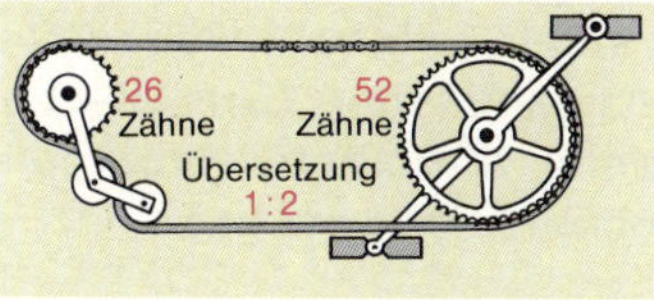

9

10

Die Bilder 11 u. 12 machen den Unterschied zwischen einem „Berggang" und einem „Schnellgang" deutlich:

Im „Berggang" mußt du nur eine kleine Kraft auf die Pedale ausüben. Um 25 m zurückzulegen, sind aber jetzt sechs Tretrunden mit der Tretkurbel nötig. Im „Schnellgang" reichen für die gleiche Fahrstrecke drei Tretrunden aus; allerdings ist die zum Treten erforderliche Kraft größer.

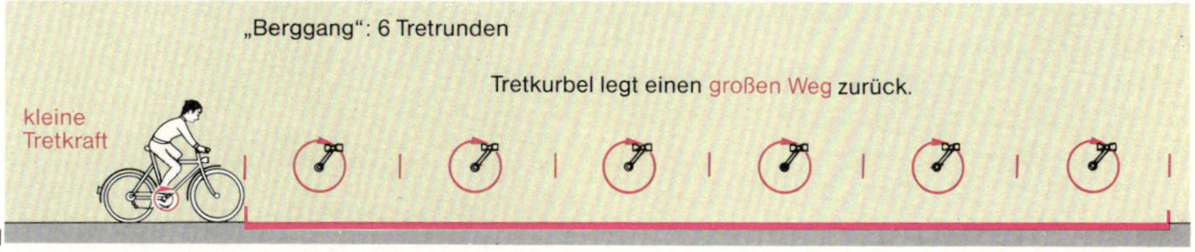

11

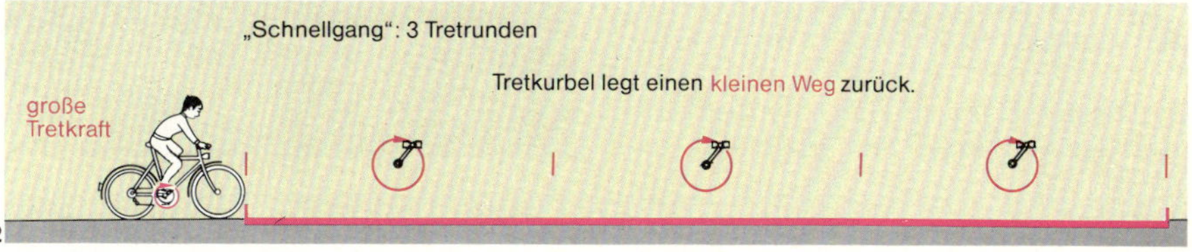

12

4 Das Arbeitsdiagramm

Aufgaben

1 In Bild 1 ist ein Vorgang dargestellt, bei dem gearbeitet wurde. Eine solche Darstellung nennt man **Arbeitsdiagramm.**

Jeder der eingezeichneten Punkte kennzeichnet mit seiner ersten Koordinate eine ganz bestimmte Stelle des Weges *s*; die zweite Koordinate gibt an, welche Kraft *F* (in Wegrichtung) an dieser Stelle wirkte.

a) Welcher Weg wurde bei dem hier dargestellten Arbeitsvorgang insgesamt zurückgelegt?

b) Woran erkennt man, daß die Kraft längs des ganzen Weges konstant war? Wie groß war diese Kraft?

c) Wodurch wird die verrichtete Arbeit im Diagramm dargestellt?

d) Welche Bedeutung hat eine Fläche von 1 cm^2 in diesem Arbeitsdiagramm?

2 Hier sind zwei weitere Arbeitsvorgänge graphisch dargestellt worden (Bilder 2 u. 3).

Wie kannst du ohne Rechnung erkennen, bei welchem Vorgang mehr Arbeit verrichtet wurde?

Berechne auch die Arbeiten.

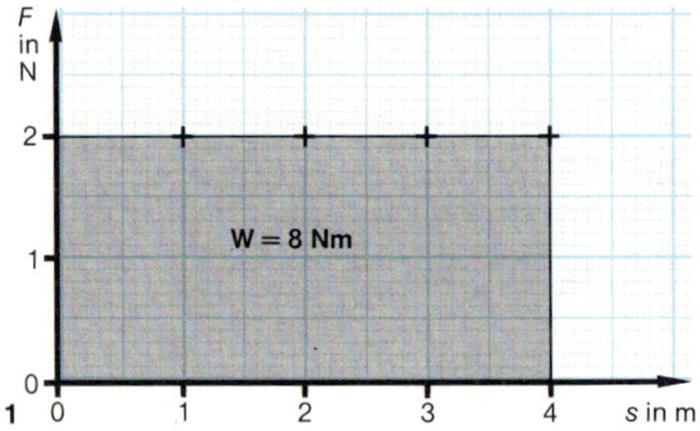

1

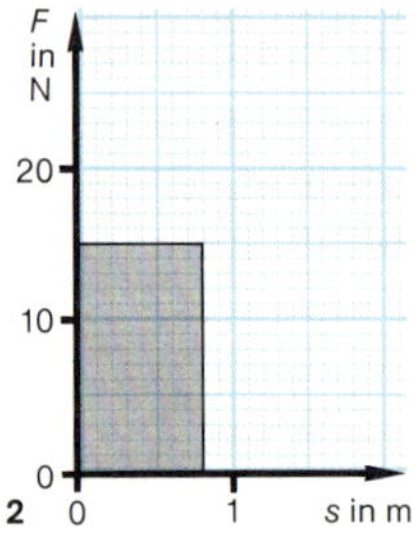

2

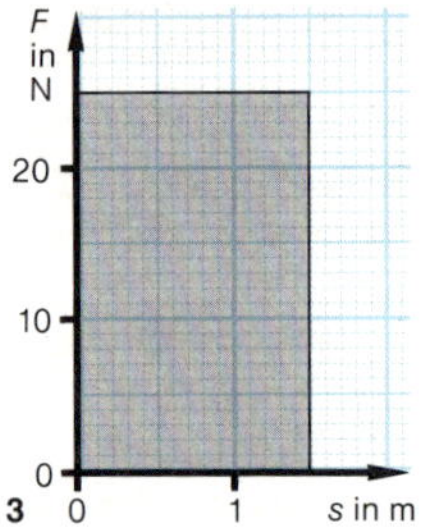

3

3 Stelle in einem Achsenkreuz dar:
① Markus (60 kg) klettert auf einen 250 m hohen Berg.
② Steffi (50 kg) klettert 300 m hoch.

4 Auf einer Baustelle werden 60 kg Steine in ein 5 m hoch gelegenes Stockwerk gebracht.

Stelle folgende Möglichkeiten als Arbeitsdiagramm dar. (Nur die an den *Steinen* verrichtete Hubarbeit soll berücksichtigt werden.)

① Sämtliche Steine werden auf einmal getragen.
② Man trägt jeweils 20 kg, geht aber dreimal.
③ Man trägt jeweils 10 kg, ...

Woran erkennt man, daß die Arbeit in allen drei Fällen gleich ist?

5 Gaby muß zwei Koffer 8 m hoch in die dritte Etage eines Hauses tragen. Die Koffer haben jeweils eine Masse von 12 kg. Nach der Hälfte des Weges werden sie ihr zu schwer. Sie setzt einen Koffer ab und holt ihn dann etwas später nach.

a) Zeichne für den gesamten Vorgang ein Arbeitsdiagramm. (Berücksichtige dabei nur die an den Koffern verrichtete Arbeit.)

b) Kann auch hierbei die Arbeit durch eine Fläche dargestellt werden? Begründe deine Antwort.

6 Eine Stahlfeder (Federkonstante $D = 20\ \frac{N}{cm}$) wird um 35 cm gedehnt.

a) Zeichne für diesen Vorgang das *F*-*s*-Diagramm.

b) Wie könnte man für diesen Fall die verrichtete Arbeit bestimmen?

Die Arbeit

Alles klar?

1 Über einem Neubau hängt die Richtkrone am Kran. Sie wiegt 50 kg und hängt 30 m hoch.

Harry hat ausgerechnet, wieviel Arbeit der Kran verrichtet, während die Krone oben hängt:

„Die Krone wird mit einer Kraft von 500 N nach unten gezogen. Also verrichtet der Kran die ganze Zeit über eine Arbeit von 500 N · 30 m = 15 000 Nm", behauptet er. Hat er recht? Begründe!

2 Diese Gebirgsstraße schlängelt sich in vielen Windungen bergan (Bild 4). Solche Straßen bezeichnet man als *Serpentinen*. Welchen Sinn haben sie?

4

3 Für die physikalische Arbeit gibt es kein besonderes Meßgerät wie z. B. für die Temperatur das Thermometer. Trotzdem kann man ermitteln, wie groß eine Arbeit ist. Wie geht man dabei vor?

4 Die Feuerwehr pumpt 40 000 Liter Wasser aus einem überschwemmten Keller. Wieviel Hubarbeit verrichtet die Pumpe, wenn das Wasser 2,50 m hochgepumpt wird?

Auf einen Blick

Was versteht man in der Physik unter Arbeit?

Arbeit wird verrichtet, wenn auf einen Körper längs seines Weges eine Kraft *in Wegrichtung* wirkt.

Wenn dagegen die Richtung der Kraft *senkrecht zum Weg* ist, wird keine Arbeit verrichtet.

Ist die Kraft *schräg zum Weg* gerichtet, kann sie zerlegt werden: in eine Komponente in Wegrichtung und in eine Komponente, die dazu senkrecht ist. Für die Arbeit ist nur die *Komponente in Wegrichtung* von Bedeutung.

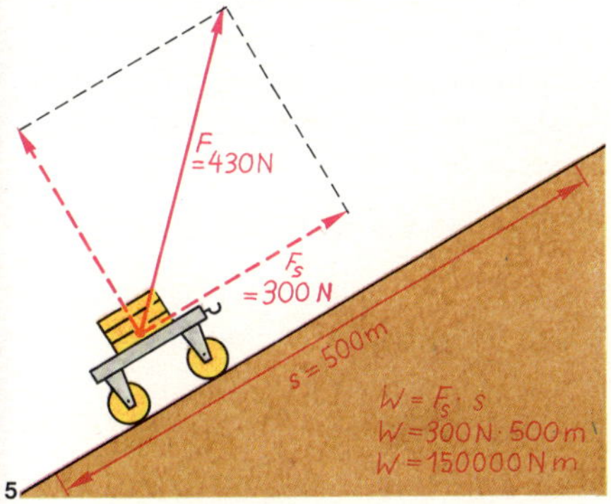

5

Für den Fall, daß der Betrag F_s der Kraft(komponente) in Wegrichtung auf dem ganzen Weg s konstant ist, definiert man:

Die **Arbeit *W*** ist das Produkt von Kraftkomponente F_s und Weg s.
$$W = F_s \cdot s.$$

Gemäß der Definition $W = F_s \cdot s$ ist die Arbeit

- proportional zu der Kraftkomponente F_s (s konstant) und
- proportional zu dem zurückgelegten Weg s (F konstant).

Aus der Definition ergibt sich auch die **Einheit** der Arbeit:

Da die Kraft in N und der Weg in m gemessen wird, ist die Einheit der Arbeit 1 N · 1 m = **1 Nm**. Man nennt sie auch **1 J** (Joule). 1 Nm = 1 J.

Beispiel: $F_s = F = 1200$ N; $s = 7$ m
$W = F_s \cdot s = 1200 \text{ N} \cdot 7 \text{ m} = 8400$ Nm

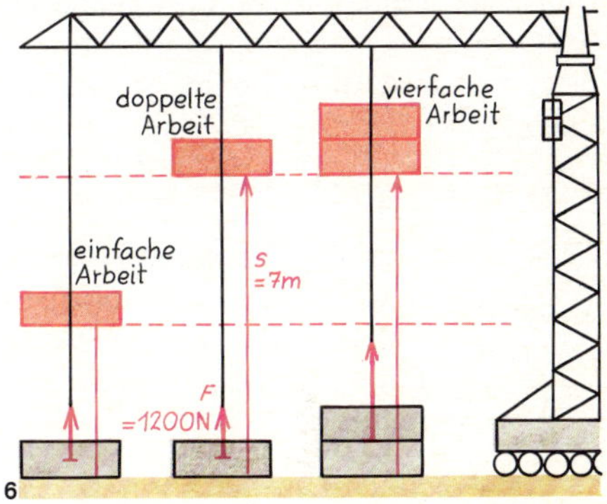

6

Welche Formen der Arbeit gibt es?

7

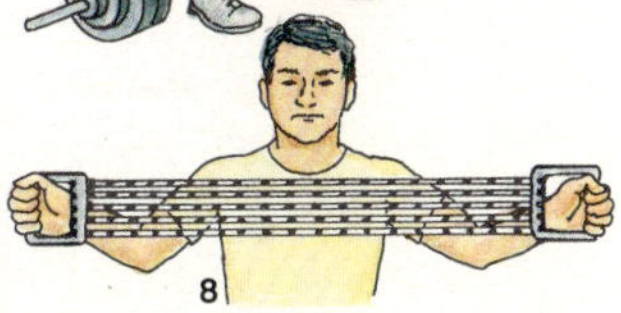

8

Beim Hochheben einer Last wird **Hubarbeit** verrichtet (Gewichtheber, Kran, Aufzug).

Verformungsarbeit tritt beim Verformen oder Zerbrechen eines Körpers auf (Ton kneten, Pappe zerreißen).

Elastische Körper werden durch **Spannarbeit** gedehnt und gespannt (Gummiband, Stahlfeder).

Beschleunigungsarbeit und **Reibungsarbeit** sind zwei weitere Formen mechanischer Arbeit.

9

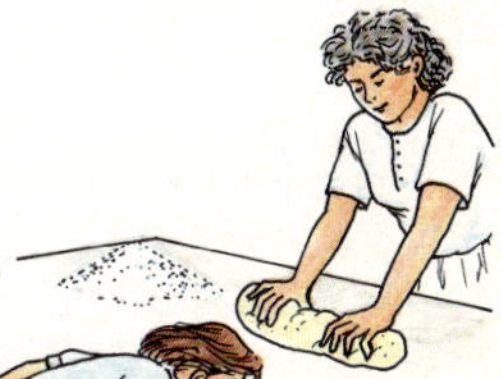

10

Die Goldene Regel der Mechanik

Kräfte kann man einsparen. Man benötigt dafür *einfache Maschinen* (Hebel, feste und lose Rollen, Flaschenzüge und schiefe Ebenen).

Mit einfachen Maschinen spart man zwar Kraft; dafür ist aber der **Weg**, den man zurücklegt, länger. Das Produkt aus Kraft und Weg – die Arbeit – bleibt dabei *konstant*.

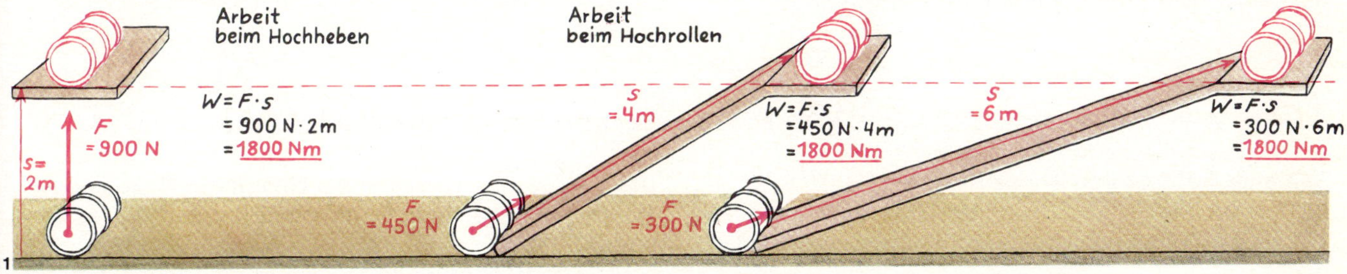

11

Diesen Zusammenhang bezeichnet man als **Goldene Regel der Mechanik**.

Die Leistung

Was versteht man unter Leistung?

Müllers Keller steht unter Wasser. Jörg Müller hat die Höhe des Wasserstandes gemessen und ausgerechnet, daß 20 000 l Wasser eingedrungen sind. Das Wasser muß zum Straßengully gepumpt werden, der 2,70 m höher liegt.

Zusammen mit seinem Vater eilt Jörg in ein Fachgeschäft. Dort zeigt ihnen der Verkäufer verschiedene elektrische Wasserpumpen.

Jörg gibt zu bedenken: „Wir brauchen eine Pumpe, die eine Arbeit von mindestens 540 000 Nm verrichten kann."

Der Verkäufer erwidert: „Das schaffen alle unsere Pumpen. Nur brauchen sie unterschiedlich lange dafür. Sie wollen doch sicher, daß der Keller möglichst schnell leer gepumpt wird. Dann brauchen Sie eine Pumpe mit hoher *Leistung*."

○ Wie hat Jörg die Arbeit berechnet?

○ Pumpe 1 benötigt 10 s, um 200 l Wasser zum Gully zu befördern (bei 2,70 m Hubhöhe). Pumpe 2 kann in der gleichen Zeit 300 l Wasser hochpumpen. Pumpe 3 braucht nur 4 s für 200 l Wasser. Vergleiche die Leistungen der Pumpen.

○ Von welchen physikalischen Größen hängt die Leistung ab? Versuche eine Formel aufzustellen, mit der man die Leistung berechnen kann.

V 1 Mit einer kleinen elektrischen Pumpe (z. B. einer Aquarienpumpe) wird Wasser von einem Becherglas in ein zweites gepumpt.

Die Leistung der Pumpe bei verschiedenen Hubhöhen soll ermittelt werden.

Welche Größen muß man messen, um die Leistung berechnen zu können? Lege eine Tabelle an.

V 2 In diesem Versuch geht es um deine eigene Höchstleistung.

a) Überlege zunächst, wie du deine Leistung beim Treppensteigen bestimmen kannst. Welche Größen mußt du dazu messen?

b) Laufe so schnell du kannst eine Treppe hinauf. Führe die Messungen durch, und berechne deine Leistung.

V 3 Ermittle die Leistung eines Motors, der mit Hilfe eines Flaschenzuges verschiedene Lasten hochzieht.

V 4 Eine von einem Windrad angetriebene Seilwinde (Bild 1) hebt nacheinander unterschiedliche Wägestücke hoch. Wie groß ist jeweils die Leistung?

V 5 Auch so können wir die Leistung eines Motors messen (Bild 2): Ein Nylonfaden ist mehrmals um einen Metallzylinder gewickelt. Ein Ende des Fadens ist an einem Haken befestigt, am anderen Ende hängt ein Wägestück.

Der Zylinder ist fest mit der Welle des Motors verbunden. Beim Drehen des Zylinders soll das Wägestück seine Lage beibehalten; gleichzeitig soll das am Haken befestigte Ende des Fadens völlig entlastet sein.

a) Durch welche Kraft wird das Wägestück gehalten?

b) Wie groß ist die Kraft, die der Zylinder auf den Faden ausüben muß, damit das Wägestück in seiner Position bleibt?

c) Berechne die *Arbeit*, die der Motor bei einer Umdrehung des Zylinders verrichtet. Welche Größe muß dazu noch gemessen werden?

d) Wie können wir jetzt die *Leistung* des Elektromotors bestimmen?

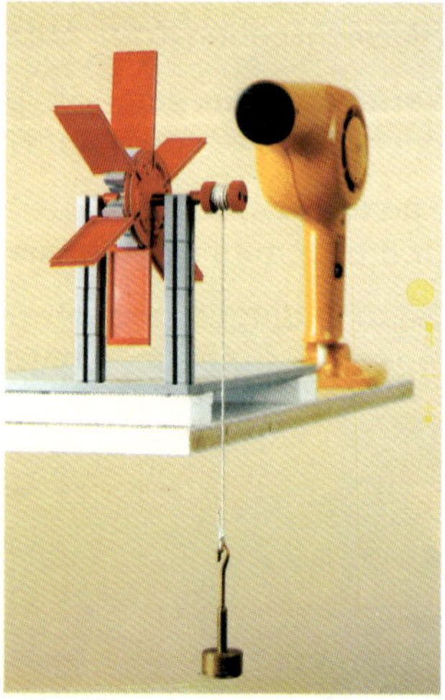

1

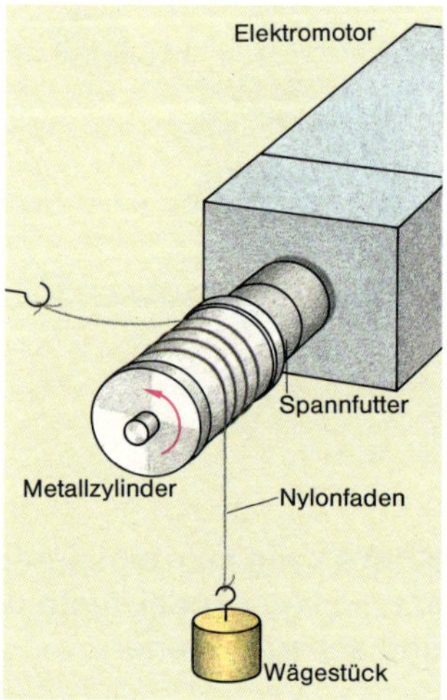

2

Aus der Geschichte: **Von Pferdestärken und Feuermaschinen**

Seit etwa 5000 Jahren ist das Pferd ein Haustier. Es half dem Menschen, Felder zu bestellen, Mühlsteine zu drehen, Wagen zu ziehen oder große Entfernungen zurückzulegen.

Leistungen von Pferden dienten früher dazu, die Größen von Ländereien anzugeben: Ein *Morgen* war die Fläche, die ein Pferdegespann im Laufe eines Morgens umpflügen konnte. (Zum Beispiel war 1 Morgen in Westfalen eine Fläche von ungefähr 2500 m^2, in Württemberg eine Fläche von 3150 m^2.)

Bis zum 18. Jahrhundert blieben Tiere (neben dem fließenden Wasser) die wichtigste „Energiequelle" – auch im Bergbau: So zogen Grubenpferde Wagen mit Kohle durch die Stollen. Pferde trieben auch die Vorrichtungen an, mit denen das Grubenwasser gehoben wurde. Sie liefen dazu (in *Göpeln*) tagelang im Kreis herum. Wenn die Leistung der Pferde zum Heben des Wassers nicht mehr ausreichte, mußte die Grube aufgegeben werden.

1712 stellte *Thomas Newcomen* in England eine Wasserpumpe vor, die von einer „Feuermaschine" angetrieben wurde (Bild 3). Mehr als 100 solcher „Feuermaschinen" wurden gebaut, obwohl sie sehr unwirtschaftlich arbeiteten und nur ein geringer Teil der eingesetzten Energie zum Arbeiten genutzt wurde. Spötter behaupteten, man würde für die Feuerung des Dampfkessels gerade soviel Kohle benötigen, wie ein Bergwerk fördern könne.

Im Jahre 1769 erhielt *James Watt* ein Patent auf „eine neue Methode zur Senkung des Dampf- und Brennstoffverbrauchs bei Feuermaschinen". Tatsächlich konnte er mit seinen Dampfmaschinen etwa zwei Drittel des Brennstoffes gegenüber Newcomens Pumpen einsparen. Bald gab es in ganz Europa Watts Dampfmaschinen.

Die Ausbreitung der Dampfmaschine stand in engem Zusammenhang mit der *industriellen Revolution*.

3

Wie groß war die **Leistung** von Watts Dampfmaschine?

Watt rechnete den Bergwerksbesitzern vor, wieviel Pferde sie an den Göpeln durch seine Maschine einsparen könnten. Wenn diese z. B. so viel leistete wie 12 Pferde, sagte er: „Die Maschine hat 12 Pferdestärken" (abgekürzt: 12 PS). Richtig hätte es eigentlich „Pferdeleistungen" heißen müssen.

Später stellte Watt Versuche an, um die Leistung eines Pferdes zu messen. Er fand heraus, daß ein Pferd in einer Sekunde eine 75 kg schwere Last um einen Meter hochheben kann (Bild 4). Watt hatte aber offensichtlich ein besonders kräftiges Pferd genommen oder nur kurze Zeit gemessen. Andere Messungen ergaben nämlich, daß die Dauerleistung eines Pferdes viel geringer ist...

Heute mißt man physikalische Leistungen nicht mehr in PS. Zu Ehren von James Watt hat man die Einheit der Leistung **Watt** (W) genannt.

$$1\,\text{W} = 1\,\frac{\text{N m}}{\text{s}} = 1\,\frac{\text{J}}{\text{s}}\;.$$

1000 W = 1 kW (Kilowatt).
1 000 000 W = 1 MW (Megawatt).

Einige Leistungen

Fahrraddynamo	3 W
Mensch	
Dauerleistung	70 W
Höchstleistung	1 400 W
Mofa	1 100 W
Mittelklasseauto	60 kW
Lastwagen	320 kW
Elektrolokomotive	5 600 kW
Kraftwerk	1 000 MW
Mondrakete	bis 70 000 MW

4

Aufgaben

1 In der Sportstunde klettern Jörg und Gerd an Tauen hoch. Beide schlagen nach genau 7 s in 5 m Höhe an.

a) Der Sportlehrer sagt, beide hätten die gleiche Leistung erbracht, und gibt beiden die gleiche Zensur. Was meinst du dazu?

b) Berechne die Leistung von Gerd (49 kg) und Jörg (56 kg).

2 Nicht alles, was man in der Umgangssprache *Leistung* nennt, ist auch im physikalischen Sinne eine Leistung. Nenne Beispiele dafür.

3 Mehrere Maschinen unterschiedlicher Leistung arbeiten gleich lange. Welcher mathematische Zusammenhang besteht zwischen der verrichteten *Arbeit* und der *Leistung*?

Mit Maschinen unterschiedlicher Leistung soll eine bestimmte Arbeit verrichtet werden. Welcher Zusammenhang besteht zwischen der benötigten *Zeit* und der *Leistung*?

4 Christine (45 kg) klettert innerhalb von einer Stunde auf einen 200 m hohen Berg. Berechne ihre durchschnittliche Leistung.

5 Matthias (48 kg) rennt eine 8 m hohe Treppe ins 3. Stockwerk hinauf. Er errechnet für sich eine Leistung von 320 W (Watt).

Welche Zeit benötigte er?

6 Die Leistung eines Kernkraftwerkes beträgt 1200 MW. Wie viele Automotoren (je 40 kW) haben die gleiche Leistung wie das Kraftwerk?

7 In welcher Zeit müßte ein Auto (800 kg; 40 kW) auf einen 1000 m hohen Berg fahren können, wenn nur Hubarbeit zu verrichten wäre?

Aus Umwelt und Technik: **Autofahren – eine besondere Leistung**

„Unser Auto leistet 55 kW." – „Das ist doch gar nichts. Unseres leistet sogar 110 kW . . ." Wenn es um Autos geht, steht oft die Leistung im Mittelpunkt. Welche Bedeutung hat eigentlich die Leistungsangabe?

Die Leistung gibt bekanntlich an, wie schnell eine bestimmte Arbeit verrichtet wird. Wenn aber ein Auto in der Garage steht, wird keine Arbeit verrichtet und auch nichts geleistet. Die Leistungsangabe beim Auto sagt aus, wieviel der Motor *maximal leisten kann.*

Wozu die Leistung im einzelnen erforderlich ist, macht Bild 1 deutlich. Angenommen, ein Auto fährt mit konstanter Geschwindigkeit – sagen wir, mit 130 km/h. Obwohl sich der Bewegungszustand des Autos nicht ändert, ist eine Antriebskraft nötig, denn es müssen ja Reibungskräfte ausgeglichen werden. Es wird also Reibungsarbeit verrichtet; der Motor muß *Leistung* erbringen.

Mit wachsender Geschwindigkeit nimmt die Luftreibung immer stärker zu und stellt schließlich den wichtigsten Bewegungswiderstand dar. Zur Überwindung des Luftwiderstandes muß Reibungsarbeit verrichtet werden. Wie groß die dazu erforderliche Leistung ist, hängt stark von der Geschwindigkeit und von der „Windschnittigkeit" der Karosserie ab. Bei einer Geschwindigkeit von 130 km/h wird eine Leistung von ungefähr 24 kW benötigt.

Die Reifen eines Autos werden beim Rollen ständig verformt. Für diese Verformungsarbeit ist eine Leistung von ca. 7 kW nötig.

Zum Antrieb der Lichtmaschine sind außerdem 2 kW erforderlich.

Rund 4 kW dienen dazu, Reibungskräfte im Getriebe und an den Achslagern zu überwinden.

Insgesamt braucht man eine Leistung von etwa 37 kW, um mit 130 km/h zu fahren. Die Höchstleistung moderner Personenwagen liegt meist höher; bei 130 km/h fährt man noch nicht „mit Vollgas". Wenn der Motor z. B. über eine Höchstleistung von 55 kW verfügt, steht also noch eine Leistung von 18 kW zur Verfügung, um Beschleunigungsarbeit zu verrichten.

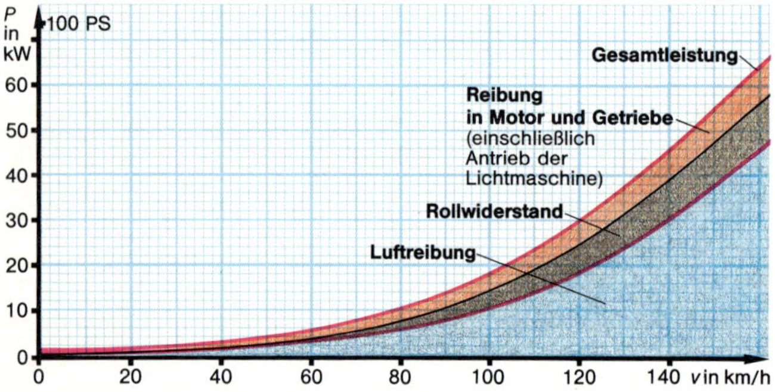

1 Gesamtleistung und zur Überwindung der Luftreibung nötige Leistung in Abhängigkeit von der Geschwindigkeit

Tips zur Reduzierung des Benzinverbrauchs

- Nicht mit allzu hohen Geschwindigkeiten fahren! Bei hohen Geschwindigkeiten ist der Luftwiderstand besonders groß.
- Luftwiderstand nicht unnötig durch Dachgepäckträger und Dachlasten erhöhen!
- Reifendruck kontrollieren! Bei zu geringem Druck verformen sich die Reifen beim Fahren stärker, und der Treibstoffverbrauch steigt.
- Elektrogeräte nur anschalten, wenn nötig! Auch die Energie z. B. für die Heckscheibenheizung stammt letztlich aus dem Benzin.
- Schwere Lasten im Kofferraum nicht unnötig „spazierenfahren"! Je größer die Masse des Autos ist, desto mehr Arbeit muß beim Beschleunigen verrichtet werden.
- Zündung regelmäßig einstellen lassen! Schlecht eingestellte Motoren haben erhöhte Energieverluste.

Aus Umwelt und Technik: **Leistung – Kraft – Geschwindigkeit**

Wenn von Leistung die Rede ist, spielt oft die Geschwindigkeit eine Rolle. Ein Beispiel macht die Zusammenhänge zwischen *Leistung* und *Geschwindigkeit* deutlich:

Mit einem **Förderband** können Steine hochbefördert werden, dabei wird Hubarbeit verrichtet. Wie groß die Leistung des Motors ist, hängt davon ab, wieviel Steine in einer bestimmten Zeit (z. B. in einer Stunde) nach oben befördert werden.

Wenn man in der gleichen Zeit mehr Steine nach oben transportieren und so die Leistung erhöhen will, hat man zwei Möglichkeiten:

- Man läßt die Geschwindigkeit des Bandes unverändert und verringert den Abstand zwischen den Steinen. Es liegen dann mehr Steine auf dem Band; zum Bewegen des Bandes ist eine größere Kraft erforderlich. Die Leistung ist proportional zur wirkenden Kraft.
- Man erhöht die Geschwindigkeit des Bandes, ändert den Abstand zwischen den Steinen aber nicht. Die Leistung ist proportional zur Geschwindigkeit des Bandes.

Diese Zusammenhänge gelten ganz allgemein:

- *Die Leistung ist proportional zur Kraft (bei konstanter Geschwindigkeit).*
- *Die Leistung ist proportional zur Geschwindigkeit (bei konstanter Kraft).*

Beim **Radfahren** hängt deine Leistung von der Kraft ab, mit der du in die Pedale trittst, und von der Geschwindigkeit, mit der sich die Pedale drehen.

Wenn du in *ebenem Gelände* und auf einer *Bergstrecke* mit gleicher Geschwindigkeit fahren willst, mußt du auf der Bergstrecke mehr leisten. Die größere Leistung auf der Bergstrecke kannst du auf zwei Arten erbringen:

Du fährst im gleichen Gang wie in der Ebene. Dann ist auf der Bergstrecke eine *größere „Pedalkraft"* nötig.

Oder du wählst am Berg einen so kleinen Gang, daß die „Pedalkräfte" auf beiden Strecken gleich groß sind. Dann mußt du aber auf der Bergstrecke *viel schneller treten.*

Es gibt sowohl Traktoren als auch Personenwagen, deren **Motoren** eine Leistung von 50 kW haben. Mit diesen

Motoren erreichen die Personenwagen eine Höchstgeschwindigkeit von etwa 160 km/h, die Traktoren fahren aber höchstens mit 25 km/h. Wie ist das möglich?

Nun, Traktoren sind so gebaut, daß sie schwere Anhänger über zerfurchte Felder ziehen können. Ein Pkw würde das nicht schaffen.

Traktoren können also große Kräfte ausüben, doch nur kleine Geschwindigkeiten erreichen.

Bei Autos ist es umgekehrt: Sie können hohe Geschwindigkeiten erreichen, aber nur kleine Kräfte ausüben.

Du siehst also: *Beide* Größen – die Kraft *und* die Geschwindigkeit – bestimmen die Leistung der Motoren.

Die Leistung

Alles klar?

1 Wie läßt sich die Leistung einer Spielzeug-Dampfmaschine mit Hilfe eines Wägestücks und eines Fadens feststellen?

2 Auf einer Baustelle hebt ein Kran einen Brückenträger (8000 kg) in eine Höhe von 20 m. Er braucht dazu 32 s.

Berechne seine Leistung.

3 Eine Maschine verrichtet in einer Stunde eine Arbeit von 5 400 000 Ws. Die Maschine war in dieser Zeit unterschiedlich belastet; ihre Leistung war also nicht konstant.

Welche Bedeutung hat in diesem Fall der Quotient aus Arbeit und Zeit?

4 In dem Prospekt einer Wasserpumpe steht: „Förderleistung: 180 l/min".

Hat die Förderleistung überhaupt etwas mit der Leistung zu tun?

5 „Unser Auto leistet 90 kW." – „Was, nicht mehr? Unseres hat 120 PS!"...

6 Beim Vergleich von Autoprospekten findet man z. B. Angaben dieser Art:

Die Leistung von Fahrzeug A beträgt 48 kW und seine Höchstgeschwindigkeit 170 km/h. Wagen B hat eine Leistung von 54 kW und erreicht 160 km/h.

Was fällt dir auf? Gib eine Erklärung für die „widersprüchlichen" Angaben.

7 „Mit leistungsstarken Autos fährt man öfter in gefährliche Situationen hinein als aus ihnen heraus." Was ist gemeint?

Auf einen Blick

Was versteht man unter Leistung?

Ein Kran leistet mehr als ein Arbeiter (Bild 2). Er kann nämlich die gleiche Arbeit in kürzerer Zeit verrichten als der Arbeiter; das „Arbeitstempo" des Krans ist größer.

Würde der Kran ebenso lange arbeiten wie der Mensch, würde er in dieser Zeit *mehr* Arbeit verrichten.

In der Physik wird das „Arbeitstempo" durch die Leistung angegeben: Die **Leistung** ist definiert als Quotient aus Arbeit *W* und Zeit *t*. Das Formelzeichen der Leistung ist *P* (von engl. *power*).

$$P = \frac{W}{t}.$$

Dabei ist vorausgesetzt, daß in der Zeit *t* gleichmäßig gearbeitet wurde. Ist das nicht der Fall, gibt der Quotient die *durchschnittliche Leistung* in der Zeit *t* an.

Aus der Definition ergibt sich als Einheit der Leistung $1\,\frac{\text{Nm}}{\text{s}}$.

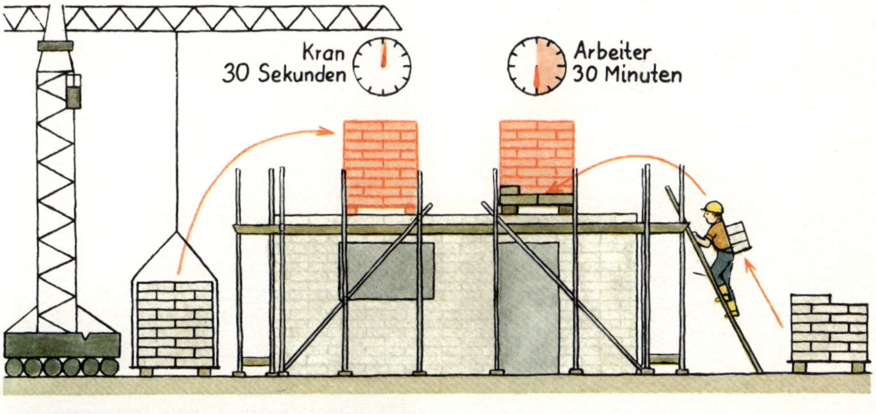

2

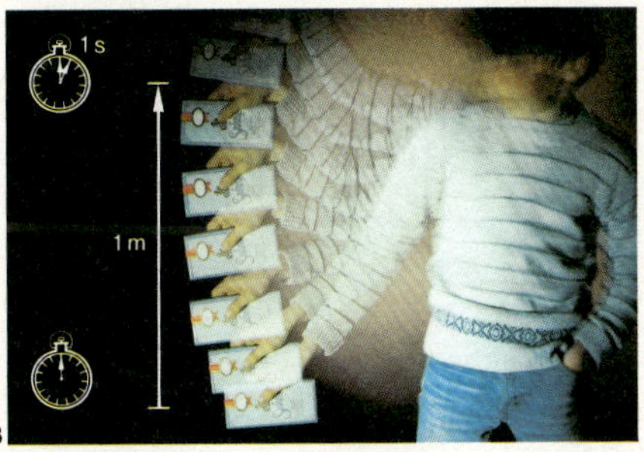

3

Zu Ehren des Schotten *James Watt* wird diese Einheit auch **Watt** (W) genannt.

$$1\,\text{W} = 1\,\frac{\text{Nm}}{\text{s}} = 1\,\frac{\text{J}}{\text{s}}.$$

1 kW = 1000 W.

Du leistest 1 W, wenn du in 1 s eine Tafel Schokolade (Gewichtskraft: 1 N) um 1 m anhebst (Bild 3).

Mechanische Energie

Keine Arbeit ohne Energie

Wenn ein Auto wie in Bild 1 aufwärts fährt, muß sein Motor schwer arbeiten; er benötigt dann mehr Benzin. Aber auch auf waagerechter Strecke kommt sein Motor nicht ohne Treibstoff aus, denn er muß Reibungsarbeit verrichten.

Die Bilder 2–4 zeigen weitere Situationen, in denen gearbeitet wird.

Arbeit geschieht nicht „von alleine". Damit gearbeitet werden kann, muß etwas zugeführt werden.

In der Physik formuliert man diesen Sachverhalt so: Es ist **Energie** notwendig, damit Arbeit verrichtet werden kann.

1

- ○ Beschreibe, woher in den Bildern 1–4 die Energie stammt, mit deren Hilfe Arbeit verrichtet wird.
- ○ Man unterscheidet verschiedene Energieformen: *Bewegungsenergie, Lageenergie, Spannenergie, elektrische Energie, chemische Energie, Strahlungsenergie ...*

  Welche Energieformen werden in den Bildern 1–4 genutzt?
- ○ Nenne weitere Beispiele für die verschiedenen Energieformen.

2

3

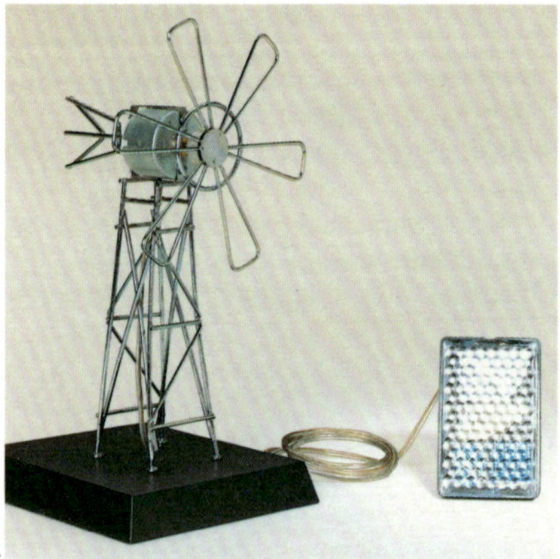

4

V 1 Eine Luftkissenfahrbahn (Bild 5) ist mit vielen kleinen Öffnungen versehen, aus denen Luft ausströmt. Zwischen Wagen und Fahrbahn bildet sich ein Luftpolster, auf dem sich der Wagen fast ohne Reibung bewegen kann.

a) Die Fahrbahn ist auf beiden Seiten durch Anschläge begrenzt. Der Wagen wird angestoßen. Beschreibe den anschließenden Bewegungsablauf möglichst genau.

b) Wann wird Arbeit verrichtet? Um welche Formen der Arbeit handelt es sich dabei?

c) Welche Energie ermöglicht die jeweilige Arbeit? Was geschieht mit dieser Energie beim Arbeiten?

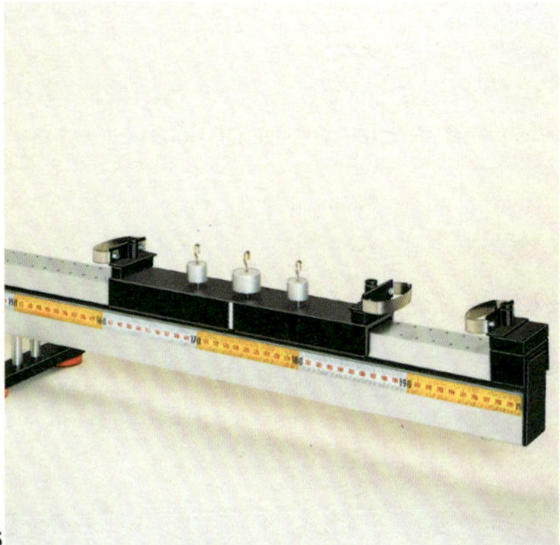

5

V 2 Ein Körper, den du anstößt, kommt irgendwann zur Ruhe. Was geschieht mit seiner Bewegungsenergie? Eine Versuchsreihe soll dir helfen, diese Fragen zu beantworten:

a) Bearbeite einen Nagel kräftig mit Sandpapier, und befühle anschließend den Nagel.

Was hat diese Beobachtung mit unserer Fragestellung zu tun?

b) Bild 6 zeigt einen Versuchsaufbau. Die Flasche wird in einen Eimer mit heißem Wasser getaucht. Beobachte, was dann geschieht.

Welche Arbeit wird in diesem Versuch verrichtet? Woher kommt die Energie?

c) Der Wagen in Versuch 1 bleibt nach einiger Zeit stehen.

Was geschieht mit seiner Bewegungsenergie?

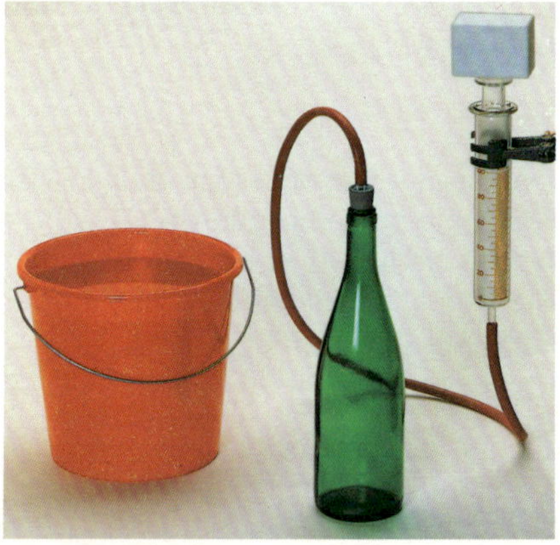

6

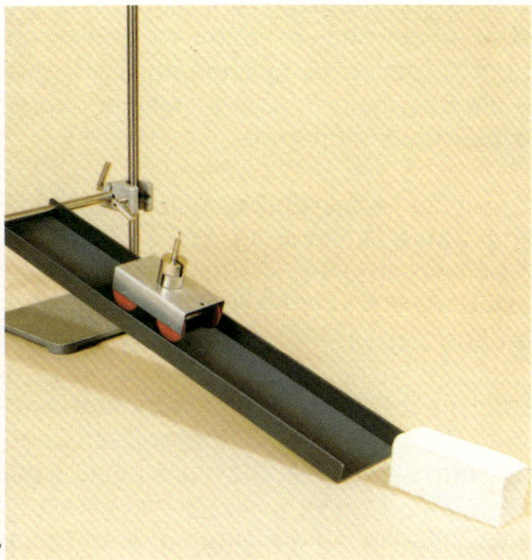

7

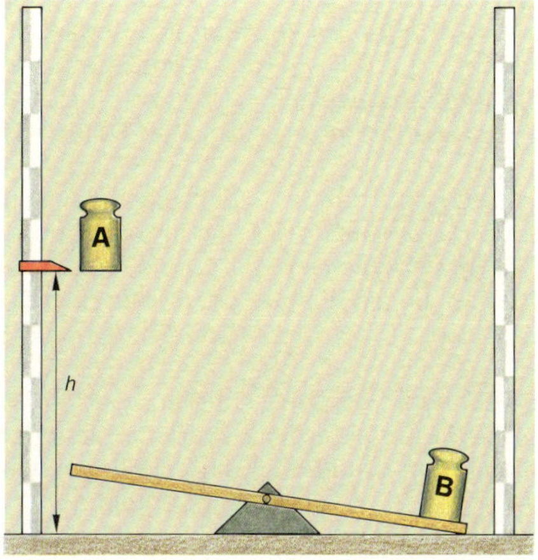

10

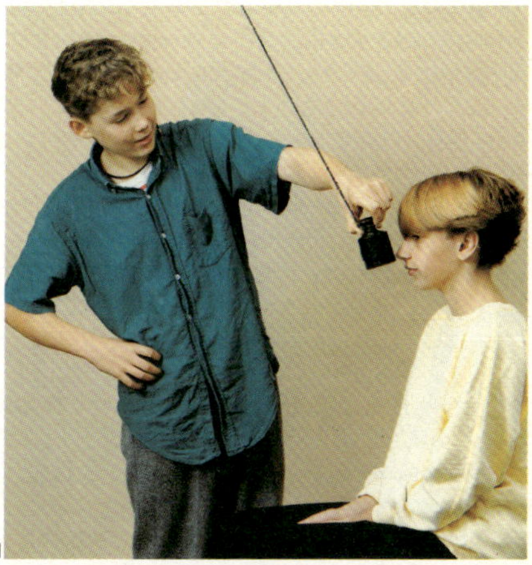

11

V 3 Eine gespannte Feder besitzt *Spannenergie*.

Diese Energie wird z. B. zum Antrieb von Spielzeugautos genutzt.

Ziehe die Feder eines solchen Autos unterschiedlich stark auf, und laß es fahren. Was stellst du fest?

V 4 Nach dem Herunterrollen besitzt der Wagen von Bild 7 *Bewegungsenergie*. Er kann den Klotz verschieben oder eine Plastilinkugel verformen.

Welche Möglichkeiten gibt es, die Bewegungsenergie des Fahrzeugs zu vergrößern?

V 5 Du brauchst eine gekrümmte Fahrbahn (Bild 8). Führe mehrere Fahrversuche mit unterschiedlicher *Lageenergie* durch.

a) Bis wohin rollt der Wagen in Bild 8 höchstens?

b) Warum kommt der Wagen nach einiger Zeit zur Ruhe?

c) Beschreibe die Energieumwandlungen bei diesem Versuch. Bild 9 kann dir dabei helfen.

d) Nimm nun an, daß der Auslauf der Fahrbahn waagerecht ist (so wie in Bild 9 gestrichelt gezeichnet). Welche Energieumwandlungen würden in diesem Fall ablaufen?

V 6 Zirkusartisten benutzen manchmal ein Schleuderbrett. Hier ist es nachgebaut worden (Bild 10). Die Wägestücke heben gleiche Massen.

a) Wie hoch fliegt das Wägestück B höchstens?

b) Welche Möglichkeiten gibt es, wenn du das Wägestück B *höher* fliegen lassen willst?

V 7 Für diesen Versuch brauchst du einen schweren Gegenstand, eine lange Schnur – und einen Partner mit starken Nerven! An seiner Nasenspitze startest du (ohne Anschwung) das Pendel (Bild 11).

Was meinst du: Muß dein Partner den Kopf zurückziehen, wenn das Wägestück zurückkommt? Erkläre das Versuchsergebnis.

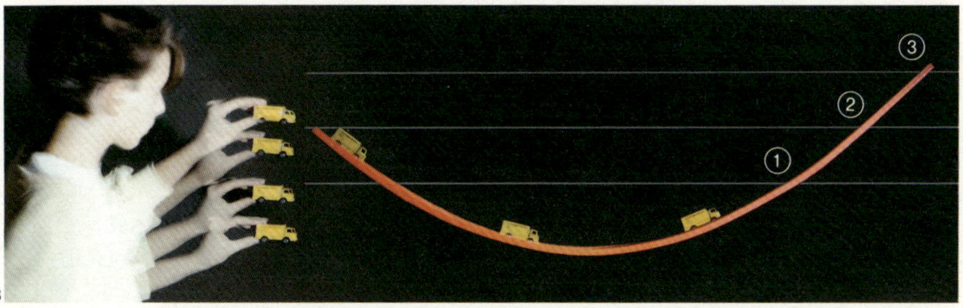

8

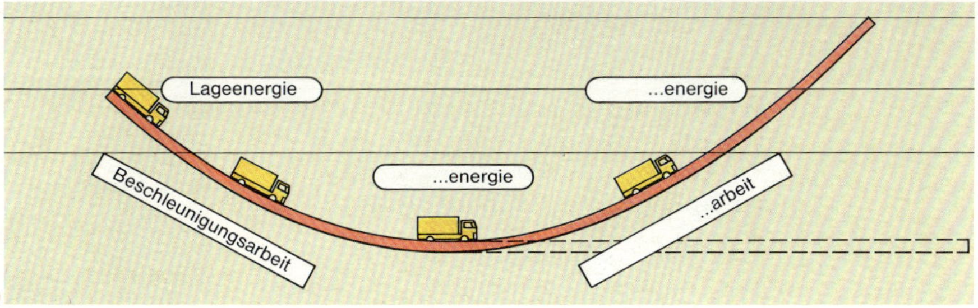

9

Info: **Was versteht man unter Energie?**

Wenn du Sport treibst oder schwer arbeitest, hast du mehr Hunger als sonst. Dein Körper braucht dann besonders viel **Energie**. Zum Arbeiten ist Energie erforderlich.

Das gilt nicht nur für uns Menschen oder für andere Lebewesen. Auch Maschinen benötigen Energie, um Arbeiten verrichten zu können.

Die Energie kann in verschiedenen **Energieformen** auftreten, z. B. als *Bewegungsenergie, Lageenergie, Spannenergie, elektrische Energie, chemische Energie, Strahlungsenergie (Lichtenergie)* ... Die drei zuerst genannten Energieformen bezeichnet man als *mechanische Energien* (Bilder 1–3).

Man braucht z. B. Energie, um einen Bogen zu spannen, also um *Spannarbeit* zu verrichten. Durch diese Arbeit wird Energie auf den Bogen übertragen: Wenn der Bogen im gespannten Zustand ist, besitzt er *Spannenergie*.

Die Spannenergie kann anschließend wieder genutzt werden, um den Pfeil zu beschleunigen. Durch die *Beschleunigungsarbeit* wird Energie vom Bogen auf den Pfeil übertragen; der Pfeil hat dann *Bewegungsenergie*.

Das gleiche gilt für alle anderen Arten von Arbeit: Beim Arbeiten wird die Energie *übertragen*.

Arbeit ist eine Form der **Energieübertragung**. Weitere Möglichkeiten, Energie zu übertragen, werden wir später kennenlernen.

Wenn Energie von einem Körper auf einen anderen übertragen wird, ändert sich häufig die Energieform (Bild 4). Man spricht in solchen Fällen von **Energieumwandlungen**.

Energie und Arbeit werden in derselben **Einheit** gemessen, nämlich in **Newtonmeter** oder **Joule** (1 Nm = 1 J).

Wenn eine Arbeit von 50 Nm verrichtet wird, gibt der eine Körper 50 Nm Energie ab; der andere nimmt 50 Nm auf. Es wird also eine Energie von 50 Nm übertragen.

Immer wenn auf der Erde mechanische Arbeit verrichtet wird, ist auch Reibungsarbeit im Spiel. Ein Teil der eingesetzten Energie führt dabei zu einer Erwärmung der reibenden Körper und der Umgebung.

Die Energie verteilt sich dabei meist auf einen großen Raum und kann praktisch nicht mehr zum Arbeiten genutzt werden. Sie ist für die Arbeit verloren („Energieverlust"), aber sie ist nicht verschwunden – sie „steckt" in den erwärmten Körpern.

Man kann auch sagen, die verteilte Energie ist für uns „weniger wertvoll" als die eingesetzte mechanische Energie.

1 2 3

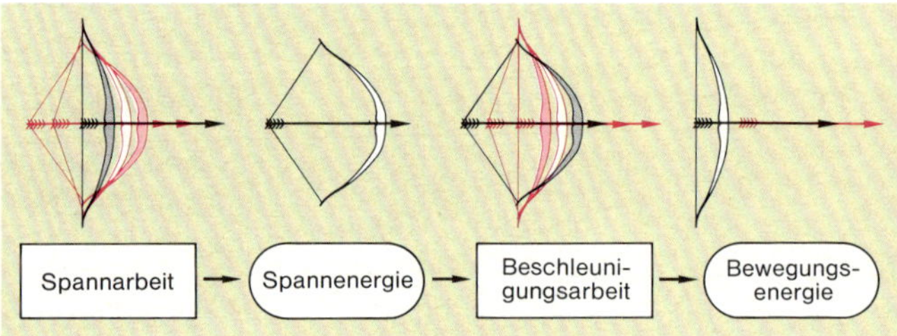

4

Aufgaben

1 Beschreibe die Energieumwandlungen beim Stabhochsprung (Bilder 5–9). Benenne auch die verrichteten Arbeiten.

2 Herr Valentin will sein Dach neu decken. Dazu müssen die alten Dachpfannen nach unten und die neuen nach oben transportiert werden. Er möchte ausnutzen, daß die alten Dachpfannen schon Lageenergie haben – und Energie braucht er ja auch, um die neuen nach oben zu schaffen. Kannst du seinen Plan beschreiben?

3 Ein rollendes Fahrrad besitzt Bewegungsenergie. Was geschieht mit dieser Energie, wenn der Fahrer die Bremse betätigt?

4 „Beim Abbremsen meines Autos geht Energie verloren." Nimm Stellung zu dieser Behauptung.

5 Berechne die Lageenergie *W*, die ein 1-kg-Wägestück erhält, wenn man es um 20 cm anhebt. Welcher Zusammenhang besteht zwischen *W*, der Masse *m* und der Hubhöhe *h*?

6 Beschreibe die Energieumwandlungen beim Schlagen eines Tennisballs (Bild 10).

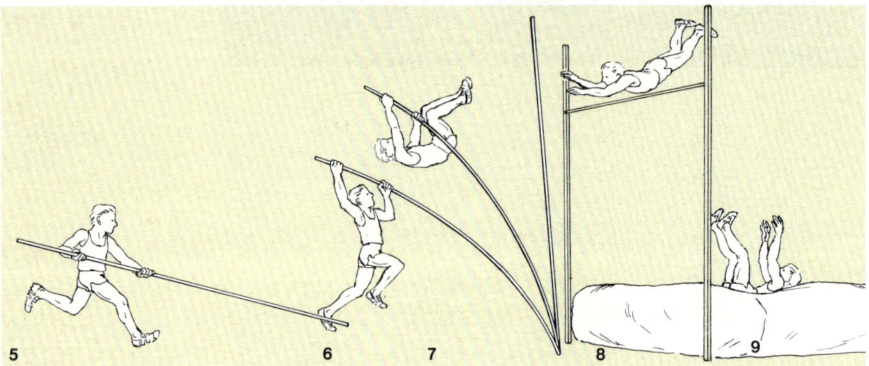
5 6 7 8 9

10

Aus der Geschichte: **Von Göpeln und Wasserrädern**

Maschinen, wie wir sie heute kennen, gab es im Altertum noch nicht. Man war weitgehend auf Muskelarbeit angewiesen, wenn z. B. Getreide gemahlen, Felder bewässert oder Lasten transportiert wurden. „Energiequellen" waren sehr oft Menschen, in der Antike vor allem Sklaven.

Trotzdem wurden schon damals mit Hilfe *einfacher Maschinen* (Rollen, Hebel ...) erstaunliche Bauwerke geschaffen: z. B. Pyramiden, Tempel und Wasserleitungen.

Wenn der Mensch überfordert war, spannte man Tiere (Ochsen, Maultiere, Esel oder Pferde) ein. In einem **Göpel** z. B. gingen Tiere ständig im Kreis herum und drehten so Wellen mit hölzernen Zahnrädern.

Bild 11 zeigt einen Göpel aus dem Jahr 1588; er diente zum Antrieb einer Mühle. Die Mühlsteine befinden sich im oberen Stockwerk.

Wohl um 200 v. Chr. kam man auf die Idee, die Energie des fließenden Wassers zu nutzen. In größerem Umfang wurden Wasserräder aber erst seit dem Mittelalter eingesetzt. Sie dienten z. B. als Antrieb für Sägewerke und Mühlen sowie für Blasebälge in Schmieden.

Bild 12 zeigt ein riesiges **Wasserrad** aus dem 16. Jahrhundert. Mit seiner Hilfe wurde Wasser aus einem Bergwerk nach oben befördert.

Das hölzerne Rad war größer als ein dreistöckiges Haus; man wußte nämlich, daß ein großes Rad Vorteile bringt: Sein Halbmesser wirkt wie der Kraftarm eines Hebels (Bild 13) – und je größer der ist, desto kleiner ist die zum Drehen nötige Kraft.

Als moderne Nachfahren der Wasserräder gelten die **Wasserturbinen** in Kraftwerken. Wo immer es möglich ist, werden Stauseen angelegt; von dort fällt das Wasser durch die Rohre hinab und trifft auf die Schaufeln der riesigen Turbinen (→ Bild 2 auf der folgenden Seite).

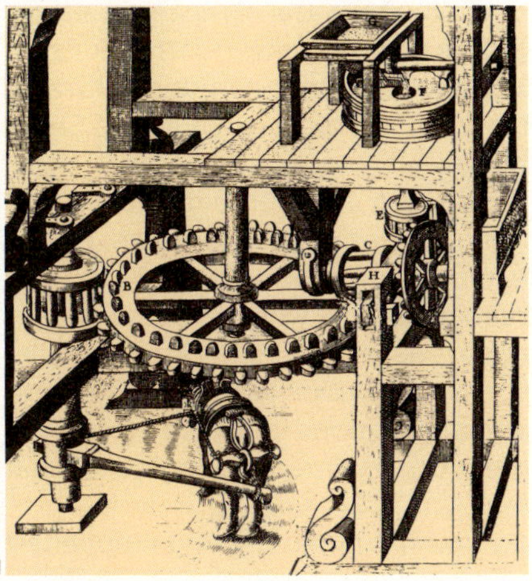
11

12

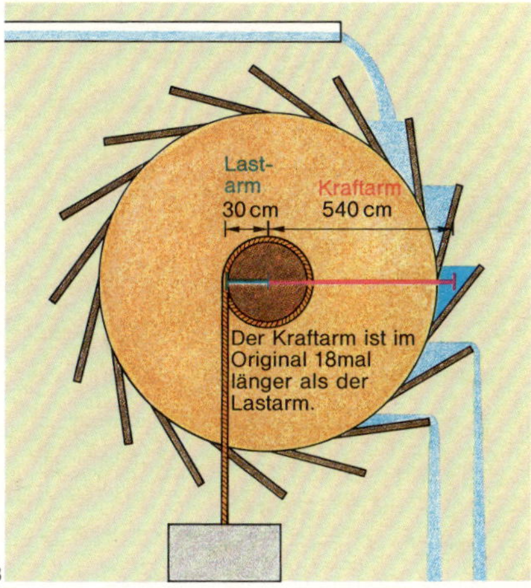

13

Fragen und Aufgaben zum Text

1 Man sagt, das fließende Wasser der Flüsse sei eine „sich selbst erneuernde" (regenerative) Energie.

Woher stammt diese Energie?

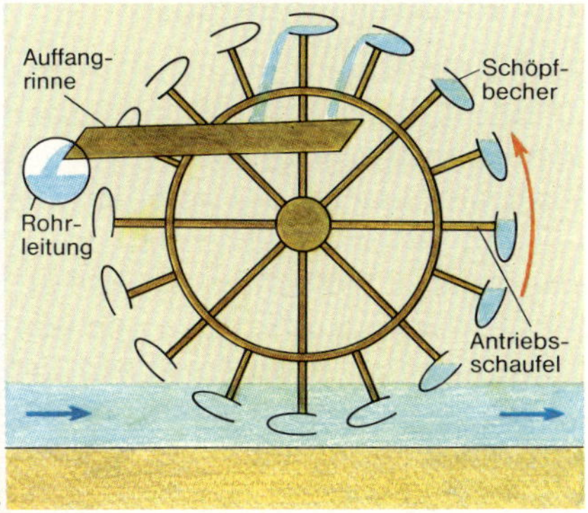

14

2 Bei dem im Bild 12 gezeigten Wasserrad handelt es sich um ein sogenanntes *Kehrrad:* Das Rad kann vorwärts und rückwärts laufen.

a) Wie funktioniert es deiner Meinung nach?

b) Welche Aufgabe hat wohl der Maschinenwärter oben in Bild 12?

3 Das Wasserrad von Bild 14 schöpft Wasser aus einem Fluß auf ein höhergelegenes Feld. Welche Energieumwandlung geht hier vor sich?

4 Wo wird die Bewegungsenergie des Windes genutzt? Woher stammt die Energie des Windes? Welchen Nachteil hat diese „Energiequelle"?

5 Bild 15 zeigt ein *oberschlächtiges* und ein *unterschlächtiges* Wasserrad.

Welche Energieformen werden hier jeweils genutzt?

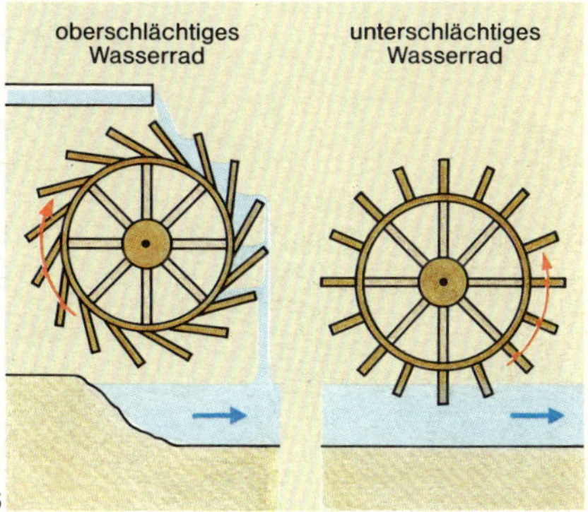

15

Aus Umwelt und Technik: **Das größte Wasserkraftwerk der Welt**

1

2

In 15jähriger Bauzeit entstand an der Grenze zwischen Brasilien und Paraguay das riesige Wasserkraftwerk *Itaipú* (Bild 1). 1975 wurde mit dem Bau begonnen, und zeitweise arbeiteten 42 000 Menschen an diesem Bauwerk! Seine Ausmaße sind wirklich gewaltig:

Der *Staudamm* ist 7,7 km lang und würde mit seiner Höhe von 196 m sogar den Kölner Dom überragen. Er begrenzt einen *Stausee*, der eine Fläche von 1350 km^2 hat. (Damit ist er etwa dreimal so groß wie der Bodensee.)

In 18 *Rohren* stürzt das Wasser dieses Sees auf die Turbinen herab – aus 120 m Höhe! Dabei fließen pro Sekunde bis zu 600 m^3 Wasser durch jedes einzelne Rohr. (Mit 600 m^3 Wasser könntest du 11 Jahre lang täglich einmal eine Badewanne füllen.)

Die *Turbinen* (Bild 2) und mit ihnen die angekoppelten Generatoren (Dynamomaschinen) drehen sich 92mal in einer Minute. Jede dieser Einheiten aus Turbine und Generator könnte bei uns ein Kohlekraftwerk ersetzen. Ein Maschinenblock liefert nämlich in jeder Sekunde genausoviel elektrische Energie wie ein ganzes Kohlekraftwerk – und in Itaipú gibt es davon 18!

In jeder Sekunde fließen allein durch den Rio Paraná 8500 m^3 Wasser in den Stausee hinein. Damit steht der „Nachschub an Energie" kostenlos zur Verfügung.

Ein Bauwerk dieser Größe stellt einen schweren Eingriff in die Umwelt dar: 67 000 Menschen mußten dem Stausee weichen; als Entschädigung erhielten sie aber kein neues Land, sondern Geld. Riesige Wälder wurden gerodet. Tiere wurden eingefangen und in Reservate gebracht.

In der Umgebung des Sees ist die Luftfeuchtigkeit angestiegen; man befürchtet, daß Pilzkrankheiten den Weizenanbau gefährden. Die seichten Küstenregionen des Sees bieten den Überträgern der Malaria ideale Lebensbedingungen. Starkes Pflanzenwachstum im Stausee muß mit Chemikalien bekämpft werden …

Aus der Geschichte: **Das Perpetuum mobile**

An einen Fahrraddynamo kann man nicht nur ein Lämpchen, sondern auch einen Elektromotor anschließen. Könnte man nicht versuchen, mit dem Elektromotor wiederum den Dynamo anzutreiben? ... Man hätte dann eine Maschine konstruiert, die sich selbst in Bewegung hält – ein **Perpetuum mobile** (lat. *perpetuus:* dauernd; *mobilis:* beweglich).

Ja, wäre es mit dieser Maschine nicht sogar möglich, eine Glühlampe zum Leuchten zu bringen?

Nach einem Perpetuum mobile wurde lange Zeit gesucht. Im Mittelalter konnten Maschinen nur durch Menschen, Tiere, Wind oder fließendes Wasser angetrieben werden. Arbeitskräfte waren aber häufig knapp, Wind und Wasser standen nicht überall und jederzeit zur Verfügung. Deshalb haben sich seit dem 12. Jahrhundert kleine Tüftler und große Denker die Köpfe darüber zerbrochen, wie man ein Perpetuum mobile bauen könnte. Die Bilder 3–5 zeigen einige ihrer Pläne.

Aber alle Versuche, ein Perpetuum mobile zu konstruieren, scheiterten. Ganz allmählich kam man zu der Einsicht, daß der Grund für das Scheitern nicht die Unfähigkeit der Konstrukteure sein konnte.

Im Jahre 1775 entschied die Französische Akademie der Wissenschaften, künftig keine Entwürfe für ein Perpetuum mobile mehr anzunehmen und zu prüfen – die Wissenschaftler waren von der *Unmöglichkeit* eines solchen Gerätes überzeugt.

Es dauerte jedoch noch bis zur Mitte des 19. Jahrhunderts, bis sich diese Überzeugung auch allgemein durchgesetzt hatte.

Die Einsicht, daß es kein Perpetuum mobile geben könne, war mit der allmählichen Ausschärfung des *Energiebegriffs* verbunden: Maschinen sollen Arbeit verrichten. Arbeit ist aber nichts anderes als die Übertragung (und eventuell Umwandlung) von Energie.

Ein Perpetuum mobile bauen zu wollen bedeutet also aus heutiger Sicht: Man sucht eine Möglichkeit, Energie zu übertragen und umzuwandeln – und zwar so, daß nach der Umwandlung *mehr* Energie vorhanden ist als vorher. Die Suche nach einer solchen Umwandlung ist vergleichbar mit dem Versuch, Wasser zu Eis erstarren zu lassen und danach wieder zu schmelzen – in der Hoffnung, auf diese Weise *mehr* Wasser zu erhalten.

Heute wissen wir, daß wegen der unvermeidlichen Reibung bei jeder Arbeit ein Teil der Energie „verlorengeht". Diese Energie führt zur Erwärmung der Umgebung; sie läßt sich nicht mehr vollständig zum erneuten Arbeiten nutzen. Nach der Umwandlung steht also grundsätzlich *weniger* Energie zur Verfügung als vorher – aus diesem Grund mußten alle Konstruktionen versagen.

Der Gedanke vom Perpetuum mobile ist jedoch immer noch sehr verlockend. Bis zum heutigen Tage versuchen Bastler, eine solche Maschine zu bauen – aber auch ihnen wird es nicht gelingen.

Fragen und Aufgaben zum Text

1 Im Text ist ein Vorschlag für ein Perpetuum mobile aus Dynamo und Elektromotor beschrieben.

a) Warum kann man mit einer solchen Vorrichtung kein Glühlämpchen zum Leuchten bringen?

b) Weshalb funktioniert die Vorrichtung auch ohne das Glühlämpchen nicht?

2 Weshalb versagten die in den Bildern 3–5 gezeigten Konstruktionen?

3 Entwirf einen Plan für ein „Perpetuum mobile" aus folgenden Bauteilen: Wasserturbine, Pumpe, Dynamo, Staubecken.

Beschreibe die Energieumwandlungen, die in deiner Anordnung ablaufen.

3 Aus dem Becken A strömt das Wasser durch das Rohr B auf das Wasserrad C. Über ein Getriebe (D–J) wird die Pumpe P angetrieben, die das Wasser aus dem unteren Becken nach oben befördert. Das Schwungrad K soll für einen gleichmäßigen Lauf der Maschine sorgen.

4 Das Wasser im Gefäß drückt auf das Wasser im Rohr. Dadurch soll das Wasser oben aus dem Rohr ins Gefäß zurückfließen.

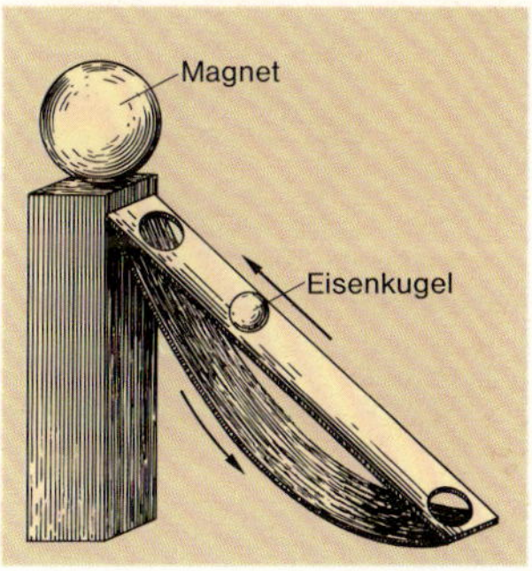

5

Alles klar?

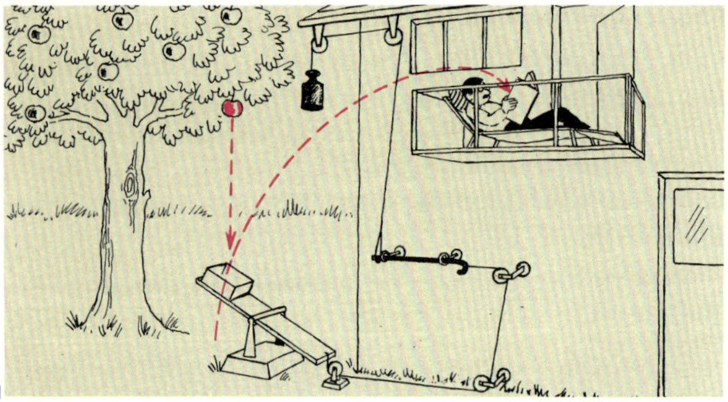

1

2

1 Arbeit kann nur dann verrichtet werden, wenn ...

2 Welche Energieformen kennst du?
Gib zu jeder Energieform wenigstens ein Beispiel an.

3 Bei der Achterbahn fahren die Wagen oft scheinbar „von allein" nach oben.
Beschreibe die Energieumwandlungen, die dabei stattfinden.

4 Jutta schreibt in ihr Physikheft: „Ohne Energie kann niemand arbeiten." Frank schreibt genau das Gegenteil ins Heft: „Ohne Arbeit besitzt niemand Energie." Wer hat recht?

5 „In allen Lebensmitteln, die es gibt, steckt Sonnenenergie."
Erkläre diese Behauptung.

6 Wieviel Lageenergie wird umgewandelt, wenn im Kraftwerk Itaipú 1 m^3 Wasser aus 120 m Höhe herabfällt?

7 Herr Witzig hat eine automatische Apfel-Erntemaschine erfunden. In Bild 1 siehst du seine Erfindung.

a) Überlege, wie die Maschine von Bild 1 funktionieren soll. Was geschieht, wenn der Apfel fällt?

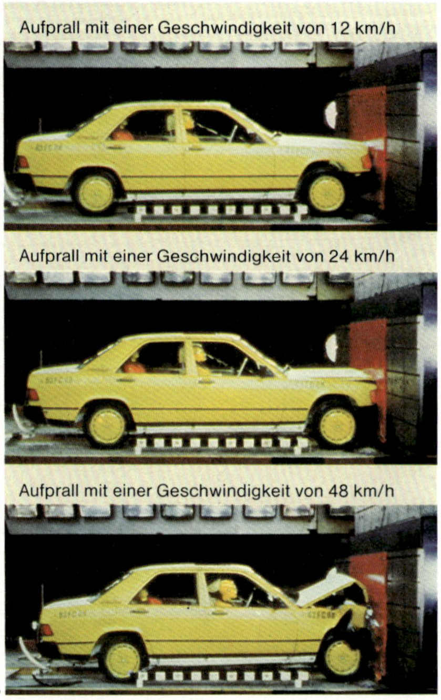

3

b) Wo steckt die Energie für Herrn Witzigs Maschine?

8 Bild 2 zeigt den Bewegungsablauf einer Trampolinspringerin.

a) Wann ist die Bewegungsenergie am größten, wann die Spannenergie, wann die Lageenergie?

b) In welchen der dargestellten Bewegungsphasen nimmt die Bewegungsenergie zu?

9 Bild 3 zeigt das Ergebnis von *Crashtests* mit unterschiedlich schnellen Autos.
Wenn ein Fahrzeug auf eine bestimmte Geschwindigkeit gebracht werden soll, muß *Beschleunigungsarbeit* verrichtet werden: Soll es die *doppelte (dreifache)* Geschwindigkeit erreichen, ist die Beschleunigungsarbeit *viermal (bzw. neunmal)* so groß.
Vergleiche die Energien, die bei den drei Tests umgewandelt werden, sowie die Ergebnisse der Verformungsarbeit.

10 Durch Arbeit wird Energie nur umgewandelt. Wieso gibt es trotzdem Probleme mit der Energieversorgung?

Auf einen Blick

4

5

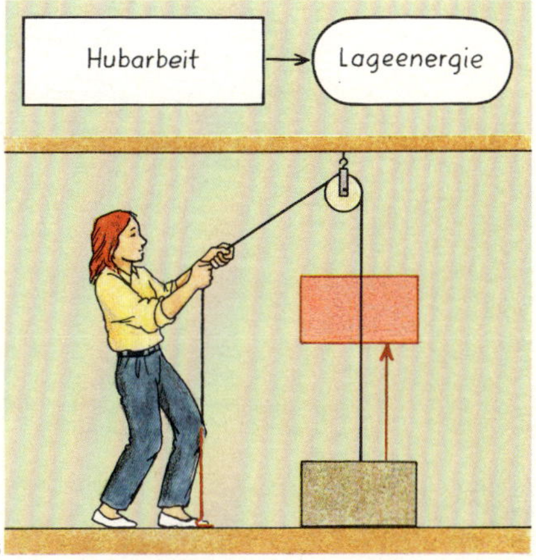

6

Energie und Energieübertragung

Um arbeiten zu können, wird **Energie** benötigt.
Die Energie wird beim Arbeiten *übertragen.*

Beispiel: Um ein Auto anschieben zu können, benötigt dein Körper chemische Energie. Beim Anschieben wird Energie von deinem Körper auf den Wagen übertragen. Der Wagen erhält dadurch Bewegungsenergie.

Arbeit ist also eine Form der **Energieübertragung**. Energie kann aber auch auf andere Weise übertragen werden (→ Wärmelehre).

Es gibt viele verschiedene Energieformen: *Lageenergie, Bewegungsenergie, Spannenergie, chemische Energie, Strahlungsenergie* ...

Die ersten drei Formen bezeichnet man gelegentlich auch als *mechanische Energieformen.*

Wenn Arbeit verrichtet wird (wenn also Energie übertragen wird), ändert sich häufig die Energieform (Bild 7). Man spricht dann von **Energieumwandlungen**.

So wird z. B. beim Bogenschießen die Spannenergie des Bogens in Bewegungsenergie des Pfeiles umgewandelt.

Mechanische Energie und Reibung

Arbeit ist immer auch mit Bewegung verbunden, und bei Bewegungen läßt sich Reibung niemals vollständig vermeiden.

Daher tritt bei jeder Arbeit auch Reibungsarbeit auf. Diese führt zu einer (meist unerwünschten) Erwärmung z. B. von Radlagern oder der umgebenden Luft.

Ein Teil der Energie geht dadurch „verloren" und läßt sich nicht mehr vollständig zum Arbeiten nutzen.

Diese „verlorengegangene" Energie ist aber noch vorhanden. Sie „steckt" in den erwärmten Körpern (man bezeichnet sie daher als *innere Energie;* → Wärmelehre).

Beim Arbeiten wird Energie nur *übertragen.*
Dabei verschwindet grundsätzlich keine Energie,
und es kommt auch keine Energie hinzu.

Weil bei der Energieübertragung die Energie nicht vermehrt wird und weil die Reibung nicht zu vermeiden ist, kann es keine Maschine geben, die ohne Energiezufuhr ständig weiterläuft.

Mit anderen Worten: Es ist unmöglich, ein *Perpetuum mobile* zu bauen.

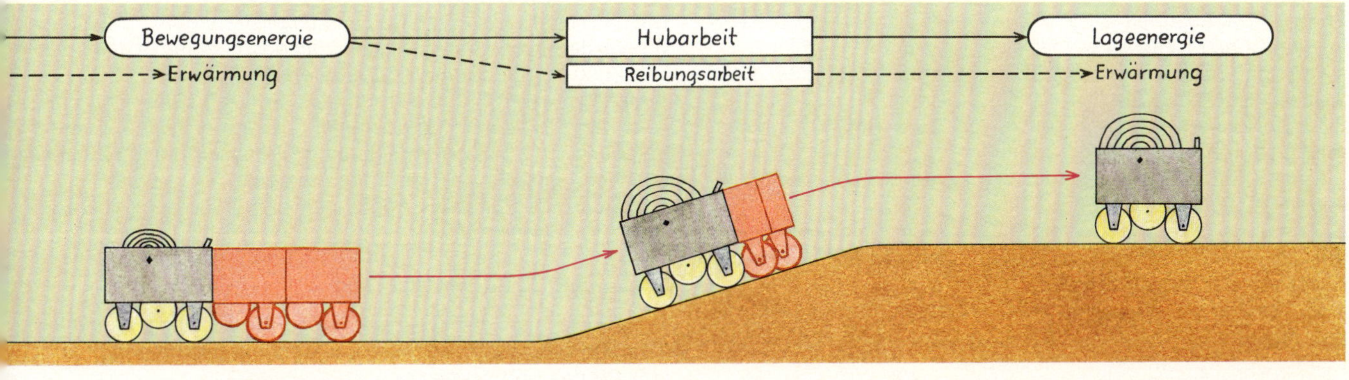

7

Eigenschaften und Aufbau der Körper

1 Aggregatzustände ändern sich

1

2

3

Festes Wasser, flüssiges Eisen, flüssige Luft und gasförmiges Propan – diese Beispiele zeigen, daß Stoffe in verschiedenen Erscheinungsformen vorkommen.

Diese Erscheinungsformen bezeichnet man als *festen, flüssigen* und *gasförmigen Aggregatzustand.*

4

V 1 Stelle Wasser in einem Trinkglas ins Gefrierfach eines Kühlschranks. Schau jede halbe Stunde nach dem Wasser. Was beobachtest du?

V 2 Das Wasser in einem halb gefüllten Becherglas wird zum Sieden gebracht. Über das Wasser halten wir (an einem Draht) eine kleine Kerze. Was geschieht?

Was stellst du fest, wenn eine Glasscheibe schräg über die Öffnung des Gefäßes gehalten wird?

V 3 Fülle zerstoßenes Eis, Paraffin und Fixiersalz in je ein Becherglas.

Wie verhalten sich die Stoffe beim Erhitzen im Wasserbad? Beobachte und beschreibe.

V 4 Ein Uhrglas mit Isobutanol wird zum Erwärmen vorsichtig auf warmes Wasser gesetzt.

Laß das Isobutanol anschließend auf Zimmertemperatur abkühlen. Was beobachtest du?

Info: **Änderungen des Aggregatzustandes**

Gegenstände nennt man in der Physik auch **Körper**. Zu den Körpern gehören Büroklammern, Tische, Häuser, Planeten und Sterne. Aber auch die Limonade in einer Flasche oder die Luft in einem Ballon sind für die Physiker Körper.

Das Material, aus dem ein Körper besteht (z. B. Eisen, Holz, Wasser, Luft), heißt **Stoff**.

Stoffe können in den Aggregatzuständen *fest, flüssig* und *gasförmig* vorkommen.

Viele Stoffe lassen sich von einem Aggregatzustand in einen anderen überführen:

Zum Beispiel kann festes Eisen flüssig und flüssiges Eisen wieder fest werden. In welchem Zustand sich das Eisen befindet, hängt von der Temperatur ab.

Wasser kann zu Wasserdampf werden (also in den gasförmigen Zustand übergehen), und Wasserdampf kann auch wieder in flüssiges Wasser verwandelt werden.

Die Temperaturen, bei denen sich der Aggregatzustand ändert, sind von Stoff zu Stoff verschieden.

Die Übergange zwischen dem festen und dem flüssigen Aggregatzustand heißen **Schmelzen** und **Erstarren**. Wenn ein Stoff vom flüssigen in den gasförmigen Zustand übergeht, spricht man von **Verdampfen**; den Übergang vom gasförmigen in den flüssigen Zustand nennt man **Kondensieren**.

Manche festen Stoffe werden beim Erhitzen sofort gasförmig. Auch beim Abkühlen überspringen sie den flüssigen Zustand. So geht z. B. festes Iod unmittelbar in den gasförmigen Zustand über (und gasförmiges Iod in den festen).

Bei der Änderung des Aggregatzustandes ändern sich auch viele Stoffeigenschaften.

Fragen und Aufgaben zum Text

1 Schlage nach, bei welchen Temperaturen Eisen, Aluminium und Zinn schmelzen. Bei welchen Temperaturen sieden flüssige Luft, Propan und Wasser?

2 Zu Silvester ist Bleigießen beliebt. Erkläre den Vorgang.

2 Das Teilchenmodell

5

6

7

Viele feste Stoffe kommen als regelmäßig geformte Körper vor; diese Körper heißen *Kristalle*.

V 5 Kristalle lassen sich „züchten".

Du benötigst Seignettesalz (oder Kaliumalaun), Kochsalz und Kupfersulfat.

Jeder der drei Stoffe wird unter Umrühren in einem Gefäß mit warmem, destilliertem Wasser aufgelöst. Du mußt jeweils soviel Salz in das Glas geben, daß ein Teil des Salzes nicht mehr gelöst wird.

Gieße die noch warmen Lösungen ohne den Bodensatz jeweils in ein zweites Gefäß. In die Lösungen hängst du Wollfäden, die an Bleistiften befestigt sind. Beim Abkühlen kannst du nach einiger Zeit kleine Kristalle an den Wollfäden entdecken.

Um größere Kristalle zu erhalten, mußt du von den Wollfäden alle Kristalle bis auf zwei oder drei abstreifen. Gieße dann die Salzlösungen noch einmal in andere Gefäße um, und hänge die kleinen Kristalle hinein. Nun brauchst du nur ein paar Tage zu warten...

V 6 Beschreibe die Form der gezüchteten Kristalle.

a) Versuche vorsichtig, die Kristalle zu zerkleinern. Schau dir die Bruchstücke an.

b) Zerschlage einige deiner Kristalle mit einem Hammer, und untersuche die Bruchstücke mit einer Lupe (oder einem Mikroskop). Was stellst du fest?

V 7 Zerkleinere einige andere Kristalle mit einem Hammer, und betrachte die kleinsten Bruchstücke unter einer Lupe oder einem Mikroskop. Vergleiche deine Beobachtungen in diesem Versuch mit denen aus V 6.

Info: So kann man sich das Wachsen von Kristallen vorstellen

Feste Stoffe lassen sich durch Zerstoßen oder Zerschlagen in kleinere Bruchstücke zerlegen. Ein Stück Kreide kannst du sogar ohne Schwierigkeiten zu feinem Staub zerkleinern.

Wenn du einen Stoff in Wasser **auflöst**, kannst du auch mit einem Mikroskop keine Bruchstücke mehr sehen. Erstaunlich ist aber, daß aus der Lösung wieder ein Kristall wachsen kann und daß die Kristalle eines Stoffes immer die gleiche Form haben.

Das Wachsen eines Kristalles erinnert an das Zusammenbauen von Legosteinen: Aus Steinen einer bestimmten Form lassen sich auch regelmäßige Körper zusammenbauen.

Du kannst dir das Entstehen eines Kristalls erklären, wenn du folgendes annimmst: Beim Lösen eines Kristalls in Wasser wird er in kleinste Bruchstücke oder **Teilchen** zerlegt. Diese Teilchen lassen sich wieder zu einem Kristall zusammenfügen. Sie sind so winzig, daß sie auch mit dem besten Mikroskop nicht sichtbar gemacht werden können.

Nicht immer wachsen die Teilchen zu einem *regelmäßig* geformten Körper zusammen. Bei den Legosteinen ist es ähnlich: Du kannst ja auch gleichartige Steine zu unregelmäßigen Formen zusammensetzen.

Solche Vorstellungen, wie wir sie uns z. B. vom Aufbau der Körper machen, bezeichnet man als **Modell**.

Modelle sind Vorstellungshilfen und dienen dazu, Beobachtungen zu erklären. Wir werden das *Teilchenmodell* noch oft verwenden. Dabei wird es oft ausreichen, wenn wir uns die Teilchen einfach als kleine Kugeln vorstellen.

Fragen und Aufgaben zum Text

1 Gieße kleine Stahlkugeln (z. B. aus Kugellagern von Fahrrädern) in ein Becherglas. Beschreibe, wie sie sich anordnen.

Stoße dann das Becherglas einmal kurz an, und untersuche wieder die Anordnung. Welchen Vorgang in der Natur könnte man sich in ähnlicher Weise vorstellen?

2 Den Würfelzucker in einer noch nicht angebrochenen Packung kann man als Modell für einen Kristall ansehen. Erläutere!

3 Eigenschaften von festen, flüssigen und gasförmigen Körpern

1

2

3

4

Welche Eigenschaften werden hier genutzt?

V 8 Wir gießen Wasser in unterschiedlich geformte Gefäße. Die Gefäße werden dann schräg gehalten. Was beobachtest du?

Beschreibe, welche Unterschiede zwischen festen und flüssigen Körpern bestehen.

V 9 Das Verhalten, das wir beim Schräghalten der Gefäße mit Wasser beobachten können, wird durch diesen Versuch noch deutlicher:

Zwei Gefäße werden durch einen Schlauch verbunden. Bei zugedrücktem Schlauch wird eines der Gefäße mit Wasser gefüllt (Bild 5).

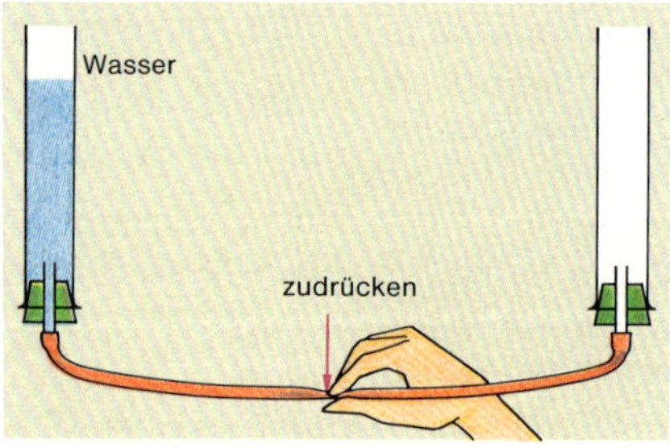

5

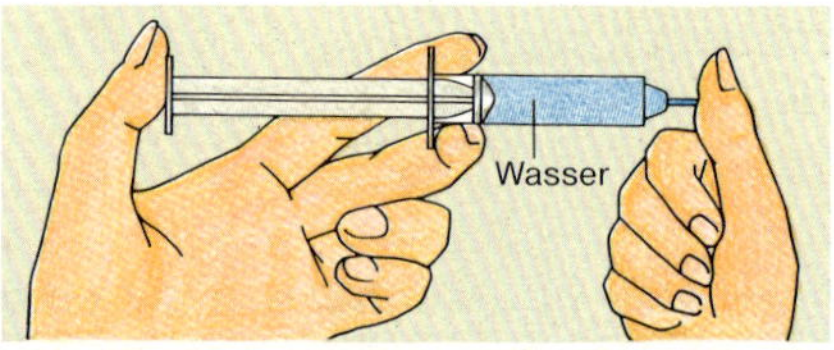

6

Was geschieht, wenn man den Schlauch freigibt?

Wie ändert sich der Wasserstand im linken Gefäß, wenn man das rechte anhebt oder schräg hält?

V 10 Du brauchst zwei Plastikspritzen (ohne Nadel); eine ist mit Luft gefüllt und eine mit Wasser (Bild 6).

a) Versuche, die Kolben in die Zylinder zu drücken. Was stellst du fest?

b) Welchen Unterschied zwischen flüssigen und gasförmigen Körpern zeigt dieser Versuch? Verwende bei deiner Antwort den Begriff *Volumen*.

Info: Feste Stoffe, Flüssigkeiten und Gase im Teilchenmodell

Feste Körper lassen sich nicht zusammenpressen. Ihre Form und ihr Volumen können kaum verändert werden.

Du kannst dir den Aufbau eines **festen Stoffes** so vorstellen: Die Teilchen, aus denen er besteht, sind fest verbunden. In der Physik sagt man: Zwischen den Teilchen wirken große Kräfte. Die Teilchen haben feste Plätze und sind regelmäßig angeordnet. Die Abstände zwischen ihnen sind gering.

Flüssige Körper haben keine bestimmte Form, sie passen sich vielmehr der Form des Gefäßes an und bilden normalerweise eine waagerechte Oberfläche. Auch sie lassen sich praktisch nicht zusammenpressen; ihr Volumen ist (fast) konstant.

Bei einer **Flüssigkeit** können die Teilchen leicht gegeneinander verschoben werden. Die Teilchen haben keine festen Plätze. Die Abstände zwischen ihnen sind gering.

Gasförmige Körper passen sich der Gefäßform an. Sie lassen sich zusammenpressen; ihr Volumen läßt sich also verändern.

Bei einem **Gas** bewegen sich die Teilchen frei in dem ganzen Raum, der ihnen zur Verfügung steht. Zwischen ihnen gibt es praktisch keine Anziehungskräfte. Der Teilchenabstand ist groß. Der Raum zwischen den Teilchen ist vollkommen leer.

Wenn ein Körper schmilzt, verlassen die Teilchen ihre Plätze und sind dann verschiebbar. Wenn ein Körper verdampft, rücken die Teilchen weiter auseinander und bewegen sich anschließend ohne Zusammenhalt im Raum. Beim Schmelzen und beim Verdampfen ändert sich also jeweils nur die *Anordnung* der Teilchen; die Teilchen selbst ändern sich nicht. Eis, Wasser und Wasserdampf bestehen also aus denselben Wasserteilchen.

Aufgaben

1 Beschreibe die Funktionsweise einer Kaffeekanne (Bild 7).

7

2 Erkläre folgende Beobachtungen mit Hilfe des Teilchenmodells:

a) Ein Stück Würfelzucker süßt eine ganze Tasse Kaffee.

b) Wenn man ein wenig Wasserfarbe in einem Glas Wasser verrührt, wird das gesamte Wasser gefärbt.

c) Wenn man im Bad etwas Parfüm oder Haarspray versprüht, riecht man es sogar im Flur.

d) Die Öffnung einer Spritze ist verschlossen. Wenn die Spritze mit Luft gefüllt ist, läßt sich der Kolben hineinschieben.

Wenn die Spritze aber mit Wasser gefüllt ist, gelingt das nicht.

e) Wasser kann man aus einem Glas in zwei andere gießen. Wasser läßt sich also mühelos „teilen" – ein Eiswürfel dagegen nicht.

3 Bild 8 zeigt einen Lehrerversuch. Was ist dabei zu beobachten? Erkläre auch die Beobachtungen.

8

Aus der Geschichte: **Teilchenvorstellungen – früher und heute**

Schon in der Antike äußerten einige Philosophen die Vorstellung, daß Stoffe aus Teilchen aufgebaut seien. Sie nannten die Teilchen *Atome* (gr. *atomon:* das Unteilbare).

Einer der Begründer dieser Atomlehre ist *Demokrit* (460–371 v. Chr.) Von ihm sind keine Schriften überliefert, wir kennen seine Lehre nur aus den Schriften anderer Autoren. So berichten z. B. der griechische Geschichtsschreiber *Plutarch* (46–120 n. Chr.) und der Philosoph *Simplikios* (ca. 530 n. Chr.) über seine Vorstellungen.

Über Demokrits Lehre

Was behauptet Demokrit? Daß sich unzählige unteilbare … Substanzen, die qualitätslos und unveränderlich seien, zerstreut im leeren Raum bewegten. Wenn sie sich aber einander näherten oder zusammenträfen oder sich miteinander verflöchten, dann käme als das Ergebnis einer solchen Vereinigung in dem einen Fall Wasser, in dem anderen Feuer, ein andermal eine Pflanze, ein andermal ein Mensch zustande. Es seien aber alles Atome oder „Ideen", wie er sie nennt, und nichts anderes.

Aus: Plutarch, Gegen Kolotes.

Wir sehen, daß derselbe Körper beständig bald flüssig, bald fest ist und daß diese Veränderung nicht durch Trennung und Wiedervereinigung erfolgt, auch nicht durch andere Lage und Anordnung der Atome, wie das Demokrit behauptet.

Aus: Aristoteles, Vom Werden und Vergehen.

Daß die Atome eine Zeitlang zusammenbleiben, begründet Demokrit mit dem Halt, den sie aneinander finden. Denn die einen von ihnen seien schief, die anderen hakenförmig, die einen mit muldenförmigen Vertiefungen, die anderen gewölbt, die andern mit andern unzähligen Unterschieden.

Aus: Simplikios, Kommentar zu Aristoteles' „Vom Himmel".

Vom 17. Jahrhundert an wurde die Teilchenvorstellung wieder aufgegriffen und als Modell zur Deutung von chemischen und physikalischen Beobachtungen weiterentwickelt. Daran hatte der englische Chemiker *John Dalton* (1766 bis 1844) einen erheblichen Anteil.

Dalton über die kleinsten Teilchen

Man unterscheidet … bei den Körpern drei Zustände; es sind diejenigen, welche man mit den Ausdrücken elastisch-flüssig, flüssig und fest unterscheidet. Ein sehr bekanntes Beispiel bietet uns das Wasser als ein Stoff, der unter gewissen Umständen alle diese drei Zustände annehmen kann. Im Wasserdampf erkennen wir einen vollkommen elastischflüssigen, im Wasser einen vollkommen flüssigen und im Eis einen vollkommen festen Stoff. Diese Beobachtungen haben stillschweigend zu dem allgemein angenommenen Schlusse geführt, daß alle Körper … aus einer ungeheuren Anzahl äußerst kleiner Teilchen oder Atome bestehen, welche durch die Kraft der Anziehung zusammengehalten werden. Diese letztere ist je nach den Umständen mehr oder weniger stark. …

Wenn sich ein Stoff im elastisch-flüssigen Zustand befindet, so sind seine Teilchen ungleich weiter voneinander entfernt als in irgend einem anderen Zustand. … Wollen wir versuchen, uns die Anzahl der in der Atmosphäre enthaltenen Teilchen vorzustellen, so ähnelt dieses Unternehmen dem, die im Weltall befindlichen Sterne zu zählen. … Aber nimmt man irgendein bestimmtes Volumen von einer Gasart, so kann man überzeugt sein, daß die Anzahl der Teilchen doch endlich sein müsse; so wie in einem gegebenen Raume des Universums die Anzahl der Sterne und Planeten nicht unbegrenzt sein kann.

Aus: John Dalton, A New System of Chemical Philosophy, 1808.

4 Die Größe der Teilchen

Bei Tankerunfällen werden große Wasserflächen verseucht. Das Öl breitet sich zu einem Ölteppich aus.

1

Auf Pfützen sieht man gelegentlich auch ganz dünne Ölschichten, die in allen Farben schillern. Wie dünn kann eigentlich eine Ölschicht höchstens sein?

V 11 Löse Zucker in Wasser auf. Vergleiche die Volumina von Zucker und Wasser vorher mit dem Volumen der Lösung nachher.

V 12 Löse ein Körnchen Kaliumpermanganat in einem Reagenzglas voll Wasser auf. Gieße anschließend die Hälfte der Lösung ab, und fülle dann das Glas wieder mit Wasser auf.

Wiederhole diesen Vorgang mehrmals. Nach wie vielen Wiederholungen kannst du gerade noch eine Rotfärbung des Wassers erkennen?

Berechne das Volumen des Wassers, auf das sich das Körnchen verteilt hat.

Info: Wie klein sind die kleinsten Teilchen?

Welche Vorstellung soll man sich von der Größe der Teilchen machen? Diese Frage scheint recht schwierig – und doch läßt sich mit einfachsten Mitteln ein Versuch durchführen, der Auskunft über die ungefähre Größe der Teilchen gibt.

Dieser sogenannte **Ölfleckversuch** beruht auf folgender Überlegung:

Öl breitet sich auf Wasser zu einer sehr dünnen Schicht aus. Wenn eine Ölschicht aus einer einzigen Lage von Teilchen besteht, ist die Höhe der Ölschicht gleich der Größe eines Ölteilchens.

Die Schichtdicke läßt sich leicht berechnen, wenn man einen Öltropfen mit bekanntem Volumen auf eine Wasserfläche tropfen läßt und die Fläche des Ölflecks bestimmt. Bild 2 veranschaulicht diese Meßmethode.

1. Man stellt eine Lösung von Öl in Leichtbenzin im Verhältnis 1:1000 her. In 1 cm^3 Benzin befindet sich 1 mm^3 Öl.

Ein Tropfen dieser Lösung wird auf eine mit feinem Korkmehl bestreute Wasseroberfläche gebracht. Es bildet sich ein großer runder Fleck, der sich nach einigen Sekunden zusammenzieht, weil das Leichtbenzin verdunstet (Bild 3). Übrig bleibt ein Ölfleck.

2. Wenn man den Ölfleck auf Millimeterpapier nachzeichnet und dann die Kästchen auszählt, ergibt sich ein Flächeninhalt des Ölflecks von

$A = 190\ cm^2 = 19\,000\ mm^2$.

3. Eine Messung ergibt, daß 40 Tropfen der Lösung ein Volumen von 1 cm^3 haben. Das Volumen eines Tropfens beträgt also

$\frac{1}{40}\ cm^3 = 25\ mm^3$.

Der Tropfen besteht nur zu einem Tausendstel aus Öl, der Rest ist Benzin. Das in einem Tropfen enthaltene Öl hat also ein Volumen von

$V = \frac{25}{1000}\ mm^3 = 0{,}025\ mm^3$.

Damit kennen wir auch das Volumen der Ölschicht.

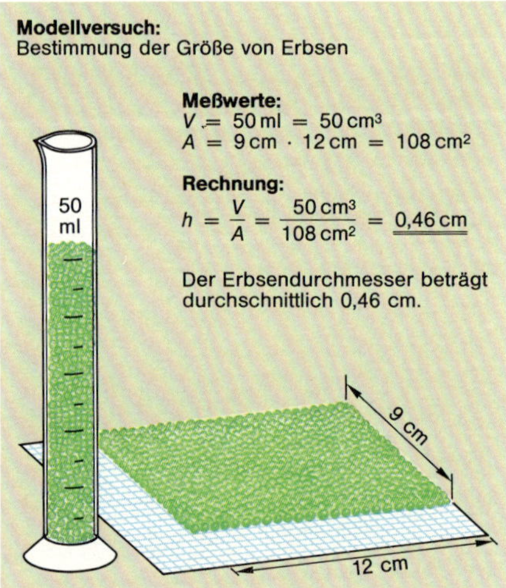

2

3

4. Wir nehmen an, daß die Ölschicht überall gleich dick ist.

Wenn man die Grundfläche der Ölschicht mit der Höhe multipliziert, erhält man das Volumen:

$V = A \cdot h$.

Wir können nun die Höhe der Ölschicht berechnen:

$h = \frac{V}{A}$,

$h = \frac{0{,}025\ mm^3}{19\,000\ mm^2}$,

$h = \frac{25}{19} \cdot \frac{1}{1\,000\,000}\ mm$,

$h = 1{,}3 \cdot \frac{1}{1\,000\,000}\ mm$.

Die Ölschicht ist also etwa ein Millionstel Millimeter hoch. Damit haben wir auch die Größe eines Ölteilchens bestimmt, vorausgesetzt, die Teilchen liegen in der Ölschicht alle nebeneinander.

Es wäre aber durchaus denkbar, daß die Ölteilchen in mehreren Schichten übereinanderliegen. In diesem Fall wäre der Teilchendurchmesser noch kleiner als *h*.

Es gibt noch viele andere Versuche, aus denen man auf den Teilchendurchmesser schließen kann. Die Ergebnisse liegen stets in der Größenordnung von Millionstel Millimetern.

Alles klar?

1 Es gibt Trichter, die seitlich kleine Stege haben (Bild 4). Weshalb sind diese Stege nützlich?

2 Eine Autotür läßt sich leicht zuschlagen, wenn ein Fenster geöffnet ist. Sind alle Fenster geschlossen, geht es erheblich schwerer. Erkäre!

3 In einem „leeren" Glas befindet sich Luft. Wie kannst du die Luft herausbekommen?

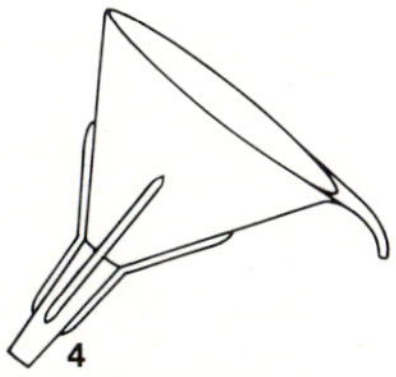
4

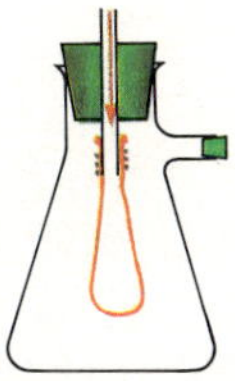
5

4 Beim Kaffeebrühen wird das Kaffeepulver vom Filter zurückgehalten. Trotzdem wird aus dem Wasser brauner Kaffee. Erkläre im Teilchenmodell.

5 Läßt sich der Luftballon von Bild 5 so aufblasen, daß er den Kolben fast ganz ausfüllt? Probiere es aus und erkläre.

6 Ein Meßzylinder ist bis zur 2-l-Marke mit Tischtennisbällen gefüllt. Die Bälle werden auf ein Kuchenblech geschüttet, so daß sie in einer Lage dicht beieinander liegen. Sie bilden ein 34 cm · 16,5 cm großes Rechteck.

Berechne, wie groß der Durchmesser eines Tischtennisballes ungefähr ist.

Auf einen Blick

Fest – flüssig – gasförmig

feste Körper	flüssige Körper (Flüssigkeiten)	gasförmige Körper (Gase)
Form unveränderlich 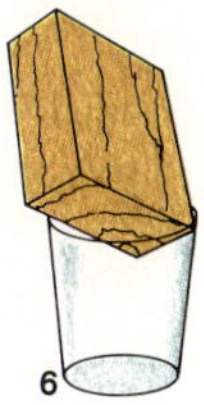 6 Unabhängig von Gefäßen behält ein fester Körper seine Form.	**Form** veränderlich  7 Flüssige Körper passen sich jedem Gefäß an. Sie haben waagerechte Oberflächen	**Form** veränderlich 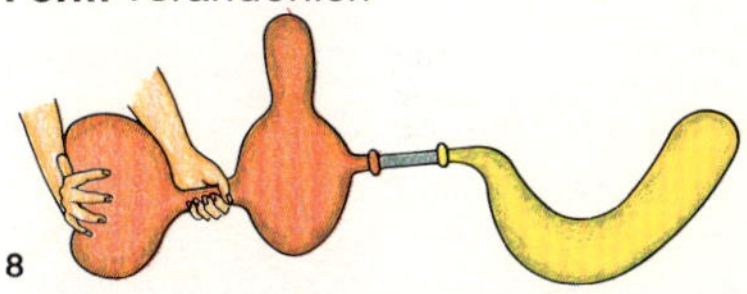 8 Gase nehmen den ganzen Raum ein, der ihnen zur Verfügung steht.
Volumen unveränderlich 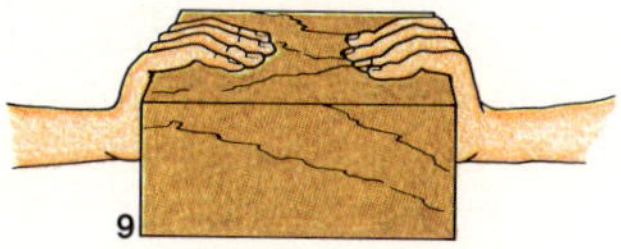 9 An festen Körpern ist keine Volumenänderung erkennbar.	**Volumen** unveränderlich 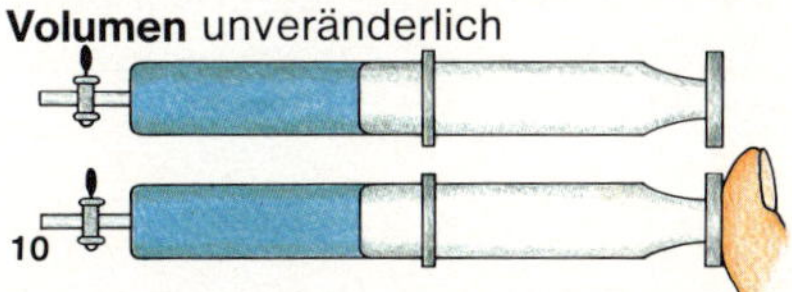 10 Flüssigkeiten haben ein (fast) unveränderliches Volumen. Sie lassen sich kaum zusammendrücken.	**Volumen** veränderlich 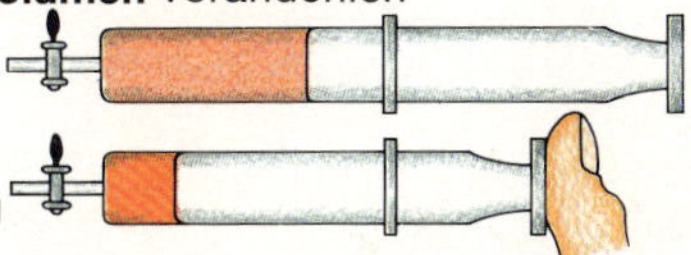 11 Gase haben ein veränderliches Volumen. Sie lassen sich zusammendrücken.
Teilchenmodell  12 Die Teilchen üben große Anziehungskräfte aufeinander aus und werden dadurch zusammengehalten. Die Teilchen haben feste Plätze und sind regelmäßig angeordnet. Ihre Abstände zueinander sind sehr gering.	**Teilchenmodell** 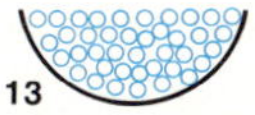 13 Die Teilchen sind gegeneinander verschiebbar; der Zusammenhalt ist weniger stark. Die Abstände zwischen den Teilchen sind ebenfalls gering.	**Teilchenmodell** 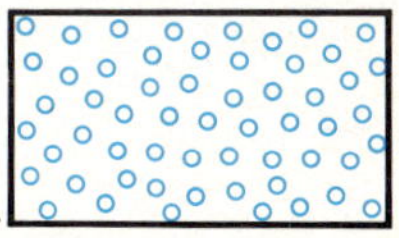 14 Die Teilchen bewegen sich frei und regellos im Raum. Es gibt keinen Zusammenhalt zwischen den Teilchen.

Änderungen des Aggregatzustandes

Viele Stoffe können in allen **drei Aggregatzuständen** vorkommen: **fest, flüssig** und **gasförmig**.

Bei ganz bestimmten Temperaturen, die für jeden einzelnen Stoff typisch sind (der jeweiligen *Schmelz-* und *Siedetemperatur*), gehen die Stoffe von einem Aggregatzustand in einen anderen über.

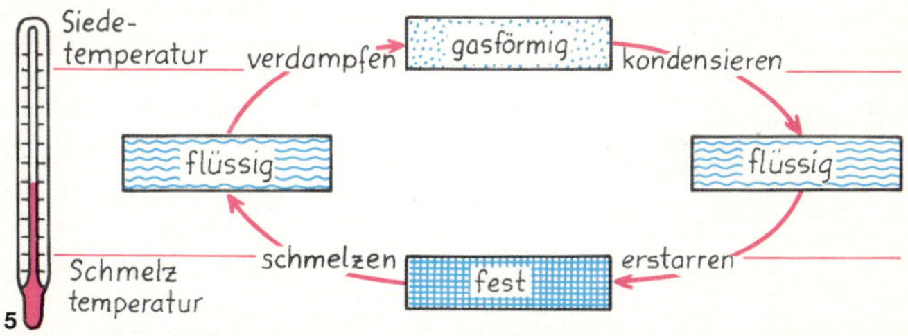

15

Mechanik der Flüssigkeiten

1 Der Stempeldruck

1

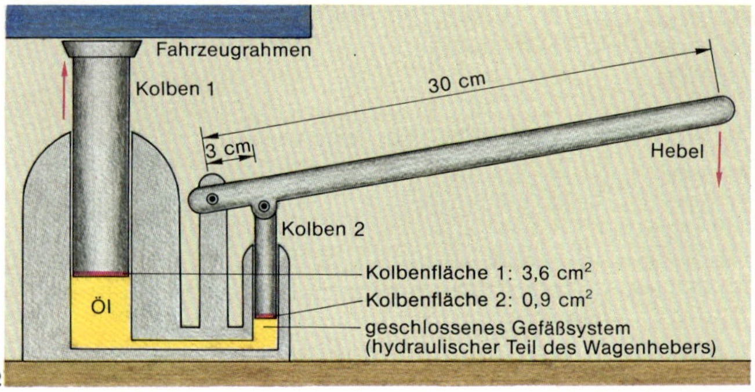

2

Ein Kraftfahrzeug anzuheben,
mit einem hydraulischen Wagenheber ist das kinderleicht!
Ob das nur an dem Hebel liegt?

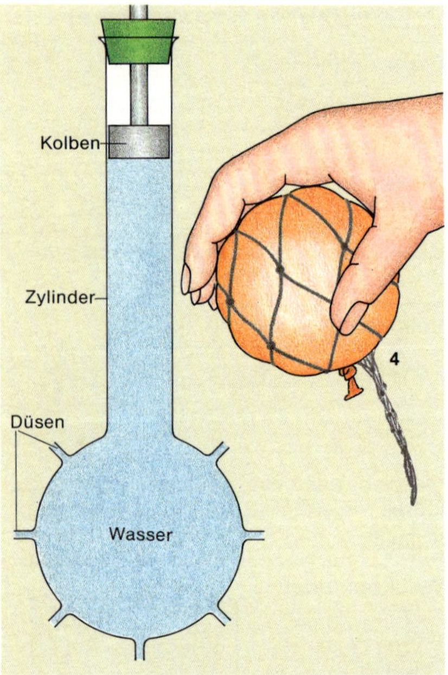

3

4

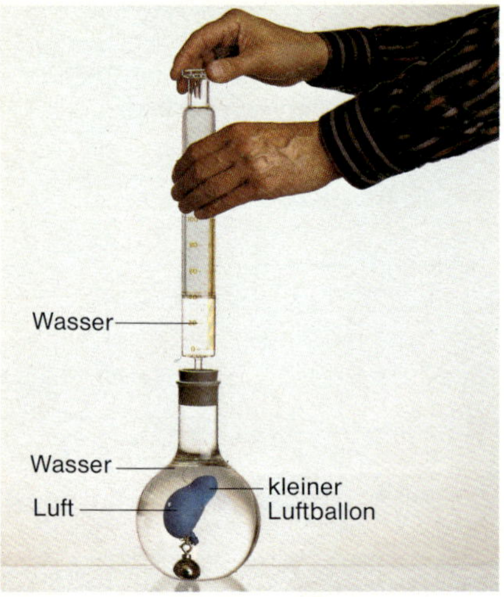

5

V 1 Bild 3 zeigt den Versuchsaufbau. Was wird zu beobachten sein, wenn man den Kolben nach unten schiebt?

V 2 Stecke einen Luftballon in ein Netz, und fülle ihn mit Wasser (Bild 4). Ziehe dann das Netz straff, und drükke mit dem Daumen auf die Gummihaut.

Wiederhole den Versuch, nachdem du das Netz etwas zusammengezogen hast.

V 3 Was wirst du bei diesem Versuch beobachten (Bild 5)?

Beschreibe das Versuchsergebnis, und suche eine Erklärung dafür.

V 4 Zwei unterschiedlich große Kolbenprober werden miteinander verbunden (Bild 6). Mit ihnen soll untersucht werden, wie der hydraulische Teil des Wagenhebers funktioniert.

a) Was geschieht, wenn du auf einen der beiden Kolben ein Wägestück stellst?

b) Stelle auf beide Kolben je ein 1-kg-Wägestück. Was beobachtest du? Was kannst du daraus folgern?

c) Belaste Kolben 1 mit einem 1-kg-Wägestück. Welches Wägestück muß auf Kolben 2 stehen, damit sich jeder der beiden Kolben im Kräftegleichgewicht befindet?

d) Stelle das 1-kg-Wägestück nun auf Kolben 2. Mit welchem Wägestück mußt du gleichzeitig den Kolben 1 belasten, damit die Kolben in Ruhe bleiben?

e) Ersetze das 1-kg-Wägestück durch ein anderes Wägestück, und stelle es zunächst wieder auf Kolben 1 und dann auf Kolben 2.

Versuche in beiden Fällen vorherzusagen, welches weitere Wägestück erforderlich ist.

f) Vergleiche die Querschnittsflächen der beiden verwendeten Kolben.

Welche Beziehung vermutest du zwischen den Größen dieser Flächen und den Kräften, bei denen die Kolben in Ruhe bleiben?

g) Überprüfe deine Vermutung:

Ersetze einen der beiden Kolbenprober durch einen mit einer anderen Querschnittsfläche, und stelle dann mit Wägestücken wieder ein Kräftegleichgewicht her.

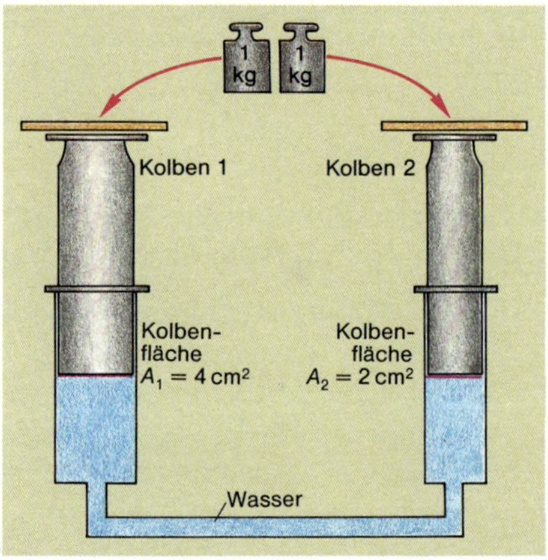

6

Info: Eingeschlossene Flüssigkeiten in einem Spannungszustand

Wenn man eine Tube mit flüssigem Klebstoff längere Zeit nicht benutzt hat, ist häufig die Öffnung verstopft. Man rollt dann das Tubenende auf und versucht so, den Klebstoff aus der Öffnung herauszupressen.

Durch das Aufrollen erhält man wieder eine prall gefüllte Tube mit glatter Oberfläche. Die Flüssigkeit in der Tube steht „unter Druck"; sie befindet sich in einem Spannungszustand, der sich dadurch bemerkbar macht, daß die Flüssigkeit auf jedes Teilstück ihrer Begrenzungsfläche eine Kraft ausübt. Ist die Tubenfläche an irgendeiner Stelle zu schwach, so bricht sie, und der Klebstoff tritt aus.

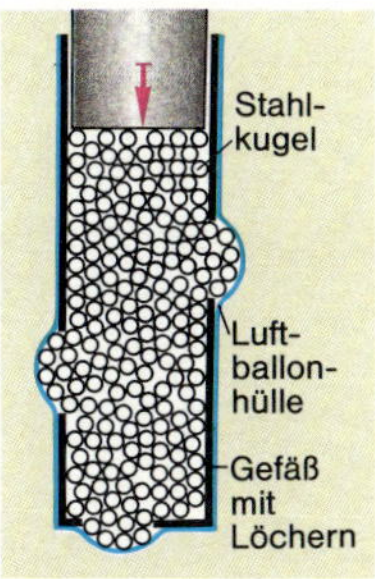

7

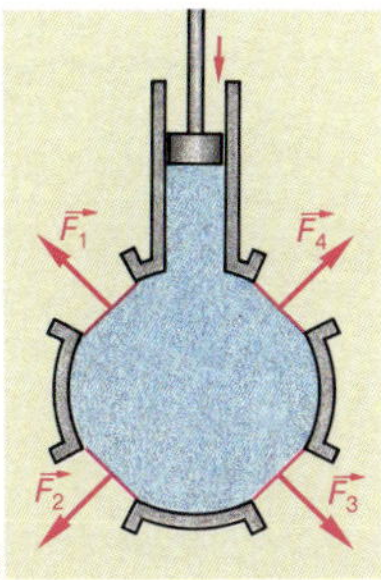

8

Ganz ähnlich ist es, wenn man auf den Kolben in Bild 3 eine Kraft ausübt. Das Wasser wird dann aus allen Öffnungen der Glaskugel herausgepreßt.

Bei allen Flüssigkeiten sind die Teilchen leicht gegeneinander verschiebbar. Daher fühlst du z. B. kaum einen Widerstand, wenn du deinen Finger in Wasser tauchst. Die Teilchen weichen dem Finger einfach aus. Wenn auf die Flüssigkeit eine Kraft ausgeübt wird, versuchen die Teilchen aufgrund ihrer Verschiebbarkeit in alle Richtungen auszuweichen.

Stoßen die Teilchen an Begrenzungsflächen, so üben sie Kräfte auf die Flächen aus. In Bild 7 wird dieses Verhalten der Flüssigkeitsteilchen im Modell dargestellt.

Die Kraft, die die Flüssigkeit auf ihre Begrenzungsflächen ausübt, ist immer senkrecht zu diesen Flächen (Bild 8).

Info: Der Druck in eingeschlossenen Flüssigkeiten

In den drei Kolbenprobern von Bild 9 wird das Wasser durch die belasteten Kolben in einen „Spannungszustand" versetzt. Das Wasser übt Kräfte auf alle Begrenzungsflächen aus, auch auf die Kolben.

Ein Vergleich der Kräfte auf die Kolben zeigt: Je größer die Querschnittsfläche eines Kolbens ist, desto größer ist die auf ihn wirkende Kraft. **Die Kraft F, die die Flüssigkeit auf eine Fläche ausübt, ist proportional zum Flächeninhalt A.**

$$F \sim A.$$

Daher ist der Quotient aus Kraft und Flächeninhalt konstant:

$$\frac{F}{A} = \text{konst.}$$

Je stärker wir das Wasser „unter Spannung" setzen, desto größer ist dieser Quotient. Er ist also ein Maß für den Spannungszustand und heißt **Druck** p:

$$\boldsymbol{p = \frac{F}{A}}.$$

Gelegentlich spricht man auch vom *Stempeldruck*. Man will dadurch andeuten, wie der Druck erzeugt wird: Mit einem Stempel (Kolben) wird eine Kraft auf eine eingeschlossene Flüssigkeit ausgeübt.

Die Aussage, daß der Quotient aus Kraft und Flächeninhalt konstant ist, gilt für jedes (annähernd ebene) Stück der Begrenzungsfläche.

Auch die Oberfläche eines *in* der Flüssigkeit befindlichen Körpers begrenzt die Flüssigkeit (Bild 10). Für ein Flächenstück eines solchen Körpers ist der Quotient F/A ebenfalls konstant. Man kann deshalb sagen: Dieser Quotient beschreibt den Spannungszustand auch *im Innern* der Flüssigkeit.

Der (Stempel-)Druck ist überall in der Flüssigkeit gleich groß.

Wie groß die Kraft auf eine Fläche ist, hängt nicht nur vom Druck, sondern auch von der Größe der Fläche ab. Deshalb stellen wir Kräfte, die Flüssigkeiten infolge ihres Druckes ausüben, durch einen Pfeil mit einem Querstrich dar. Der Querstrich soll die Fläche andeuten, auf die die Kraft wirkt (→ Bilder 8 u. 10).

Die Einheit des Druckes ist **1 Pascal** (1 Pa). Sie ist nach dem französischen Mathematiker und Physiker *Blaise Pascal* (1623–1662) benannt. Aus der Definition des Druckes ergibt sich:

$$1\ \text{Pa} = 1\ \frac{\text{N}}{\text{m}^2}.$$

Ein Druck von 1 Pa herrscht also, wenn eine Kraft von 1 N senkrecht auf eine Fläche von 1 m² wirkt.

Ein Druck von 1 Pa ist recht klein. Man gibt den Druck daher oft in Hektopascal (hPa) oder in Bar (bar) an:

$$1\ \text{hPa} = 100\ \text{Pa}.$$
$$1\ \text{bar} = 100\,000\ \text{Pa}.$$

Am besten merkst du dir:

$$1\ \text{hPa} = 1\ \text{mbar (Millibar)}.$$

Der Druck einer Flüssigkeit beträgt 1 bar, wenn sie eine Kraft von 10 N auf eine Fläche von 1 cm² ausübt (Bild 11):

$$1\ \text{bar} = 100\,000\ \text{Pa}$$
$$= 100\,000\ \frac{\text{N}}{\text{m}^2} = \frac{100\,000\ \text{N}}{10\,000\ \text{cm}^2} = 10\ \frac{\text{N}}{\text{cm}^2}.$$

Druckmeßgeräte nennt man **Manometer**. Bild 12 zeigt ein solches Gerät: Die Flüssigkeit übt eine Kraft auf die Membran aus; deren Verformung wird angezeigt.

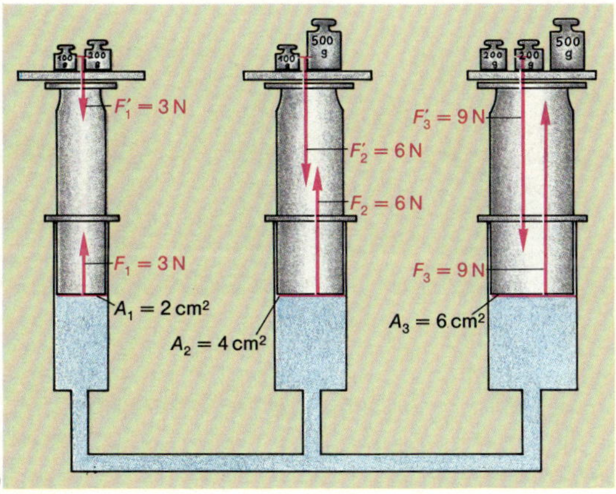

9

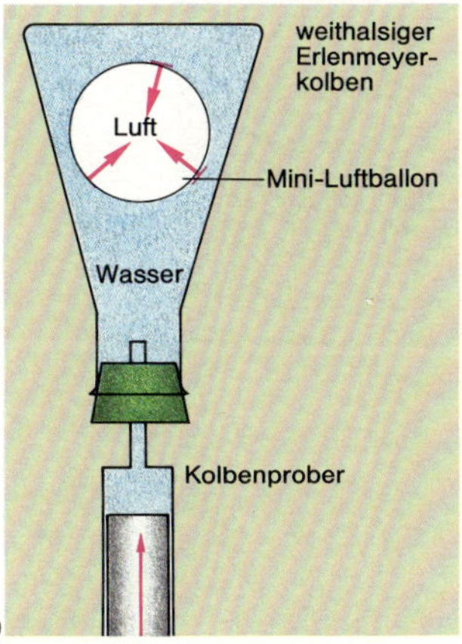

10

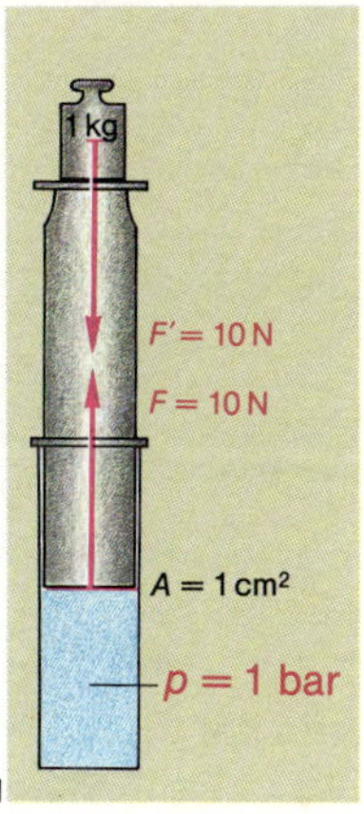

11

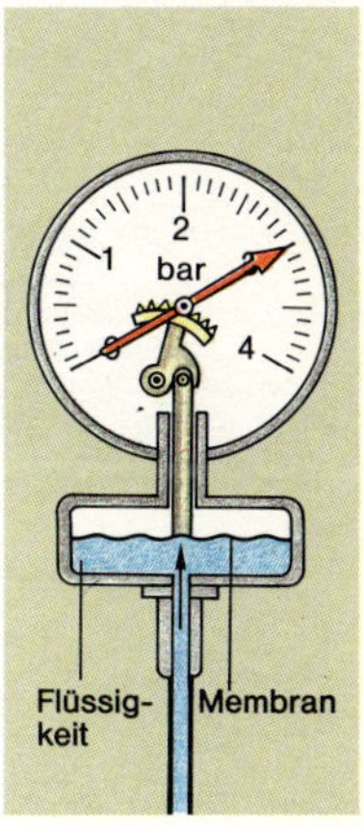

12

Aufgaben

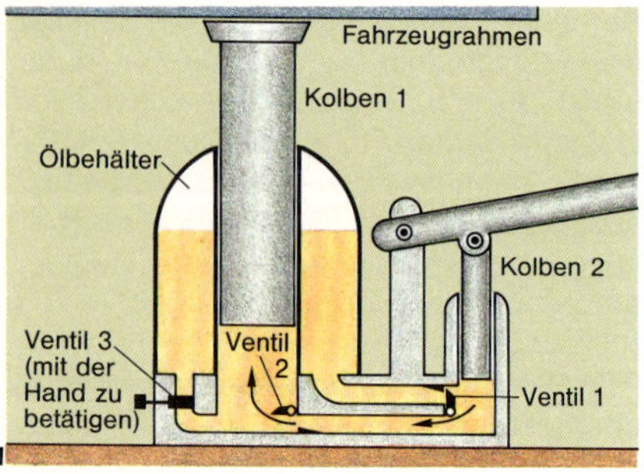

1

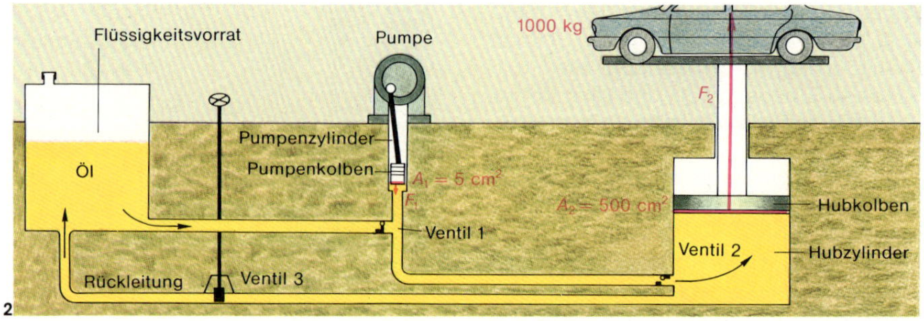

2

1 Zum hydraulischen Wagenheber (Bild 2 der vorherigen Doppelseite):

a) Wie groß muß die Kraft (senkrecht zum Hebel) sein, um eine Last von 500 kg anzuheben?

Wie hoch ist der Druck im System?

b) Gehe von den Kolbenabmessungen in Bild 2 auf der vorigen Doppelseite aus. Nimm nun an, daß die Flüssigkeit eine Kraft von 600 N auf Kolben 1 ausübt. Wie groß ist der Druck in der Flüssigkeit?

Welche Kraft muß auf Kolben 2 ausgeübt werden, um diesen Druck zu erzeugen?

2 Der Wagenheber von Bild 2 auf der vorigen Doppelseite ist vereinfacht dargestellt. Mit einem solchen Wagenheber könnte man ein Auto nur um einige Millimeter anheben.

Gib dafür eine Begründung.

Beschreibe mit Hilfe von Bild 1, wie dieser Mangel beseitigt wird.

3 Auch viele Hebebühnen arbeiten hydraulisch (Bild 2).

a) Beschreibe die Funktionsweise der Hebebühne.

b) Wie groß ist der Druck in der Flüssigkeit? Welche Kraft muß auf den Pumpenkolben ausgeübt werden, um diesen Druck zu erzeugen?

Um wieviel Millimeter wird der Wagen angehoben, wenn der Pumpenkolben um 10 cm gesenkt wird?

c) Auf die beiden Kolben wirken unterschiedliche Kräfte. Auch die Wege, auf denen diese Kräfte wirken, sind verschieden. Erkennst du eine Gesetzmäßigkeit?

4 In einer Wasserleitung herrscht ein Druck von 6 bar.

a) Kann man ein 10 cm^2 großes Loch mit der Hand zuhalten? Wie groß wäre die erforderliche Kraft?

b) Angenommen, an die Wasserleitung wird ein Zylinder angeschlossen, in dem sich ein Kolben bewegen kann. Wie groß müßte die Querschnittsfläche dieses Kolbens sein, wenn durch ihn ein Auto von 1000 kg Masse angehoben werden soll?

Aus Umwelt und Technik: **Kräfteverstärkung durch hydraulische Systeme**

3

4

Vorrichtungen, bei denen Kräfte mit Hilfe von Flüssigkeiten übertragen und verstärkt werden, nennt man *hydraulische Systeme* – abgeleitet von gr. *hydraulos*: Wasserorgel. (Die Wasserorgel wurde ca. 100 v. Chr. erfunden; im heutigen Sinne war sie aber kein hydraulisches System.)

Beispiele für hydraulische Systeme sind der Wagenheber von Bild 1 der vorigen Doppelseite und die Bremsanlage eines Autos. Auch Bagger, Planierraupen, Schaufellader, Kipperfahrzeuge und moderne Traktoren arbeiten mit solchen Vorrichtungen (Bilder 3 u. 4).

Wie hydraulische Systeme funktionieren, ist vereinfacht in Bild 5 dargestellt: Auf den Kolben 1 wird eine Kraft $F_1 = 1000$ N ausgeübt. Der Druck p in der Flüssigkeit beträgt also:

$$p = \frac{F_1}{A_1} = \frac{1000 \text{ N}}{2 \text{ cm}^2} = 500 \frac{\text{N}}{\text{cm}^2}.$$

Weil der Druck überall in der Flüssigkeit gleich groß ist, übt diese auf jeden Quadratzentimeter der Begrenzungsfläche eine Kraft von 500 N aus. Die Kraft auf Kolben 2 beträgt daher:

$$F_2 = p \cdot A_2 = 500 \frac{\text{N}}{\text{cm}^2} \cdot 4 \text{ cm}^2$$

$$F_2 = 2000 \text{ N}.$$

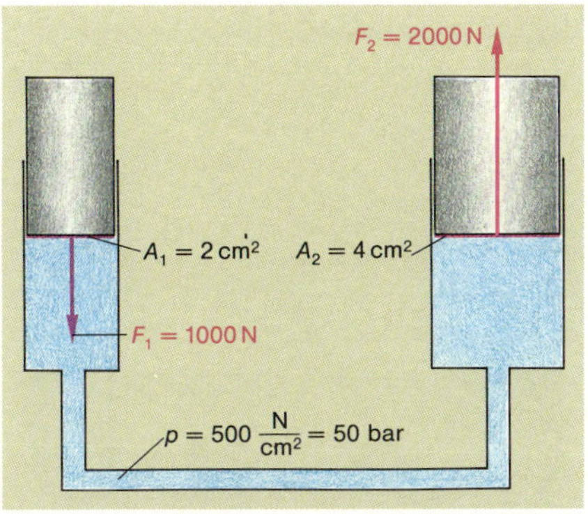

5

Die Kraft auf den Kolben 2 ist also doppelt so groß wie jene Kraft, die auf den Kolben 1 ausgeübt wird.

Die Kraft, die von der Flüssigkeit auf den zweiten Kolben ausgeübt wird, kann leicht vergrößert werden. Man muß nur einen Kolben mit größerer Querschnittsfläche verwenden.

Hydraulische Systeme verändern Beträge und Richtungen von Kräften, sie sind *Kraftwandler* – genau wie Hebel. Während aber Hebel oft unförmig lang sind, lassen sich entsprechende hydraulische Systeme auf recht kleinem Raum unterbringen.

In den heute verwendeten hydraulischen Systemen beträgt der Druck bis zu 200 bar. Als Flüssigkeit wird Öl verwendet.

2 Der Schweredruck

Aus Umwelt und Technik: **11 000 m unter der Meeresoberfläche**

23. Januar 1960: Der 11 000 m tiefe Marianengraben im Pazifischen Ozean ist Schauplatz eines kühnen Unternehmens. Der Schweizer *Jacques Piccard* und der Amerikaner *Don Walsh* wollen mit ihrer „Trieste" (Bild 6) den Meeresgrund erreichen.

Die „Trieste" besteht aus einem zigarrenförmigen Auftriebskörper und einer Tauchkugel, in der sich die Forscher aufhalten.

Der Auftriebskörper ist teilweise mit Benzin (das ja leichter ist als Wasser) und teilweise mit Meerwasser gefüllt. Das Wasser steht über Rohrleitungen mit dem äußeren Meerwasser in Verbindung.

Don Walsh berichtet: *„Der Abstieg begann sehr langsam. Durch den starken Wellengang wurden wir heftig durchgeschüttelt, aber bereits in 30 m Tiefe war nichts mehr von der unruhigen See zu spüren. Wir sanken jetzt mit einer Geschwindigkeit von 1,3 m/s.*

Bald waren wir im Bereich vollkommener Dunkelheit angelangt. Wir hatten die Scheinwerfer meistens nicht eingeschaltet. So konnten wir die selbstleuchtenden Lebewesen der Tiefsee beobachten.

Nach etwa 4 Stunden waren wir in 9000 m Tiefe angelangt. Um nicht zu heftig auf dem Meeresboden aufzusetzen, warfen wir Eisenballast ab.

Erst in 10 907 m Tiefe erreichten wir nach 4 Stunden 48 Minuten Fahrt den Meeresboden. Im Scheinwerferlicht sahen wir einen ca. 30 cm langen, flachen Fisch, wenig später eine dunkelrote Krabbe. Auch in dieser ungeheuren Tiefe lebten also noch Tiere.

Nach 20 Minuten Aufenthalt begann der Aufstieg. Und 3 Stunden 27 Minuten später kamen wir wieder wohlbehalten an der Meeresoberfläche an."

Fragen und Aufgaben zum Text

1 Warum mußten die Wände der Tauchkugel so dick sein (→ Technische Daten)?
Weshalb wurde die gesamte Tauchkugel – und nicht nur die obere Hälfte – mit so dicken Wänden ausgestattet?

2 Die Wände des Auftriebskörpers waren nicht so stabil gebaut. Begründe!

6

Technische Daten der „Trieste"

Auftriebskörper:	
Länge	20 m
Wandstärke (Eisenblech)	**0,5 cm**
Tauchkugel:	
Außendurchmesser	2,18 m
Wandstärke (Edelstahl)	**12 cm**
Durchmesser der Plexiglasfenster innen/außen	6 cm/40 cm
Dicke der Fensterscheiben	15 cm

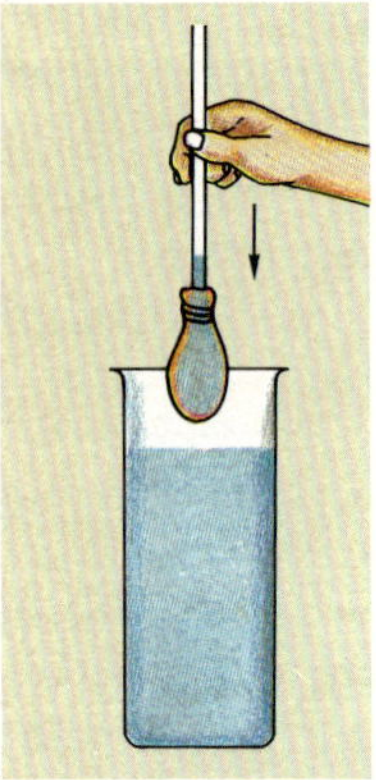
1

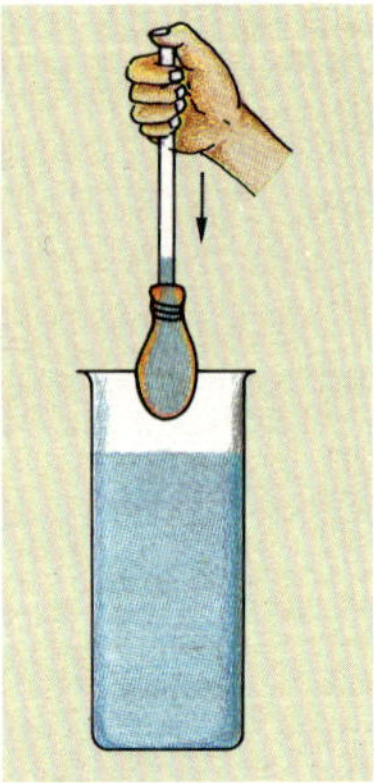
2

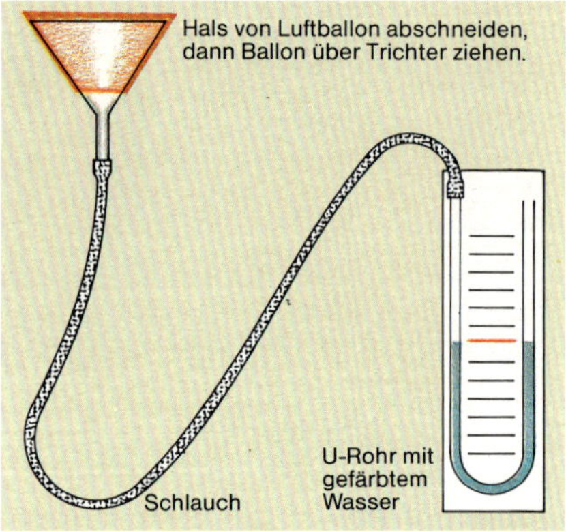

3

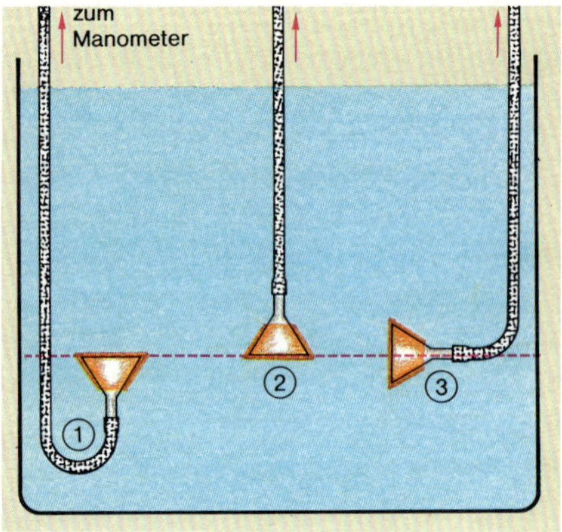

4

V 5 Du benötigst eine leere Flasche mit Schraubverschluß. Bohre ein Loch in den Verschluß, stecke einen durchsichtigen Trinkhalm in das Loch, und klebe ihn luftdicht fest.

Stülpe die Flasche um, und tauche den Halm langsam in ein hohes, mit Wasser gefülltes Glas. Beobachte, wie weit das Wasser in den Trinkhalm eindringt.

Erkläre deine Beobachtung.

V 6 Ein Ballon wird an einem Glasrohr befestigt und anschließend mit Wasser gefüllt (Bilder 1 u. 2).

a) Tauche den Ballon in das Wasser ein, und ziehe ihn wieder heraus.

Halte dann das Rohr vor dem Eintauchen zu. Gib die Öffnung frei, wenn sich der Ballon am Boden des Gefäßes befindet.

b) Wie lassen sich die Beobachtungen erklären?

V 7 Ein Trichter ist mit einer Gummihaut verschlossen (Bild 3); die Haut soll nicht gespannt sein.

a) Wenn du den Trichter unter Wasser hältst, steht das Wasser in den Schenkeln des U-Rohres nicht mehr in gleicher Höhe. Begründe!

b) Wovon hängt der Höhenunterschied des Flüssigkeitsstands in den Schenkeln des U-Rohres ab?

c) Spielt es eine Rolle, ob die Trichteröffnung nach oben, nach unten oder zur Seite zeigt (Bild 4)?

V 8 Schließe ein Manometer an den Trichter an, und miß den Druck in Abhängigkeit von der Eintauchtiefe.

Werte die Meßreihe graphisch aus. Welche Gesetzmäßigkeit ergibt sich?

Info: **Der Schweredruck in Flüssigkeiten**

Im Wasser steigt der Druck mit zunehmender Tiefe an. Daß der Druck größer wird, hast du sicherlich schon beim Tauchen zu fühlen bekommen; das Trommelfell wird wie eine Membran verformt und mehr und mehr nach innen gedrückt.

Um diese Druckzunahme zu erklären, stellen wir uns ein sehr hohes, wassergefülltes Gefäß in Form eines Quaders vor. Seine Grundfläche soll 1 m² betragen. In dem Quader betrachten wir eine Wasserschicht, die sich z. B. in 30 m Tiefe befindet (Bild 5).

Auf dieser Schicht lastet das darüber liegende Wasser, also eine 30 m hohe „Flüssigkeitssäule“. Die Säule wirkt wie der Stempel eines Kolbenprobers. Daher herrscht in der markierten Schicht ein Druck; man nennt ihn **Schweredruck**.

Wie groß der Schweredruck ist, ergibt sich sowohl aus der Gewichtskraft F_G, die auf die Flüssigkeitssäule wirkt, als auch aus der Grundfläche A der Säule:

$$p = \frac{F_G}{A}.$$

Die Gewichtskraft auf 30 m³ Wasser beträgt ungefähr 30 000 N. Der Druck, der in der Wasserschicht in 30 m Tiefe von der darauf stehenden Flüssigkeitssäule hervorgerufen wird, beträgt also:

$$p = \frac{30\,000\ \text{N}}{1\ \text{m}^2} = 30\,000\ \text{Pa} = 3\ \text{bar}.$$

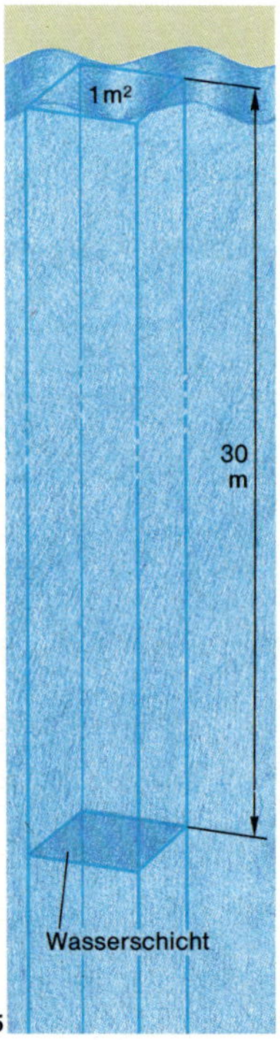

5

Betrachten wir eine Schicht in größerer Tiefe, so lastet auf ihr eine höhere Flüssigkeitssäule; die Gewichtskraft auf diese Säule ist entsprechend größer. Mit zunehmender Tiefe herrscht somit ein immer größerer Druck.

Wir können mathematisch herleiten, welcher Zusammenhang zwischen Druck und Tiefe besteht. Dazu stellen wir uns wieder einen hohen Quader vor, der mit einer Flüssigkeit (Dichte: ϱ_{Fl}) gefüllt ist. In der Tiefe h wird wieder eine Schicht gekennzeichnet. Auf ihr lastet eine Flüssigkeitssäule mit dem Volumen $V = A \cdot h$ und der Masse $m = \varrho_{Fl} \cdot V = \varrho_{Fl} \cdot A \cdot h$.

Mit Hilfe des Ortsfaktors g läßt sich aus der Masse die Gewichtskraft auf die Flüssigkeitssäule berechnen:

$F_G = g \cdot m.$

$F_G = g \cdot \varrho_{Fl} \cdot A \cdot h.$

Damit ergibt sich für den Schweredruck, der in der Tiefe *h* der Flüssigkeit herrscht:

$$\mathbf{p = \frac{F_G}{A} = g \cdot \varrho_{Fl} \cdot h.}$$

Der Schweredruck p in einer Flüssigkeit ist proportional zur Tiefe h, denn sowohl der Ortsfaktor als auch die Dichte der Flüssig-

keit sind praktisch konstant; sie hängen nicht von der Tiefe *h* ab. Die Dichte bleibt gleich, weil sich Flüssigkeiten (im Gegensatz zu Gasen) nicht zusammenpressen lassen.

Die Querschnittsfläche *A* taucht in der Formel nicht auf. Daß der Druck *nicht* von dieser Fläche abhängt, läßt sich so erklären: Bei gleicher Höhe wirkt auf eine „dicke" Säule zwar eine größere Gewichtskraft als auf eine „dünne" Säule, aber die Kraft wird bei der dicken Säule auf eine größere Fläche ausgeübt. Der Quotient aus Kraft und Fläche ist von der Fläche unabhängig.

Die Formel $V = A \cdot h$ gilt nicht nur für Quader, sondern z. B. auch für Zylinder. Daher kann man den Druck in einem zylinderförmigen Gefäß genauso berechnen wie in einem rechteckigen.

Beispiel: Wie groß ist der Schweredruck am Boden einer Brennspiritusflasche (Füllhöhe: 22 cm)?

Lösung:

$$p = g \cdot \varrho_{Fl} \cdot h,$$

$$p = 9{,}81\ \frac{N}{kg} \cdot 0{,}79\ \frac{g}{cm^3} \cdot 22\ cm = 9{,}81\ \frac{N}{kg} \cdot 790\ \frac{kg}{m^3} \cdot 0{,}22\ m,$$

$$p = 1705\ \frac{N}{m^2} = 1705\ Pa = 17{,}05\ hPa = 17{,}05\ mbar.$$

Der Schweredruck beträgt also etwa 17 mbar.

Aus Umwelt und Technik: **Vom Tauchen und seinen Gefahren**

Beim Tauchen ist der menschliche Körper geänderten Umweltbedingungen ausgesetzt. Daß der Aufenthalt in großen Tiefen nur in einer Tauchkugel möglich ist, hängt mit dem Schweredruck des Wassers zusammen. Nach jeweils 10 m Tauchtiefe ist der Druck um 1 bar gestiegen.

Erstaunlich ist, daß es auch an den tiefsten Stellen des Meeres, in rund 10 km Tiefe, noch Lebewesen gibt. Wieso können sie den ungeheuren Druck von ca. 1000 bar in der Tiefe ertragen, der Mensch aber nicht?

Bei der Erklärung hilft ein Beispiel: Eine luftgefüllte, verschlossene Flasche, die mit Eisen beschwert ist und im Meer versinkt, wird durch den Druck in großer Tiefe zerstört. Eine wassergefüllte, offene Flasche dagegen bleibt unbeschädigt. Bei der *offenen* Flasche herrscht nämlich innen und außen der gleiche Druck; von innen und außen wirken somit gleich große Kräfte auf die Glaswand. Bei der *verschlossenen* Flasche wirken die Kräfte nur von außen.

Die Tiere der Tiefsee kann man mit der offenen Flasche vergleichen: In ihrem Körper herrscht der gleiche Druck wie im Wasser, und sie sind auf diese Druckverhältnisse eingestellt. Der Mensch dagegen entspricht der geschlossenen Flasche; seine Lunge ist der Hohlraum.

Ohne Hilfsmittel und ohne besonderes Training können Menschen nur etwa 40 s lang tauchen. Geübte Schwamm- und Perlentaucher schaffen es, bis zu 4 min unter Wasser zu bleiben. Sie erreichen Tiefen von bis zu 30 m.

6

Mit Preßluftgeräten kann man 80 m bis 90 m Tauchtiefe erreichen. Die aus der Preßluftflasche eingeatmete Luft steht stets unter dem gleichen Druck wie das Wasser der Umgebung. Daher wird der Lungenhohlraum nicht zusammengequetscht.

Allerdings wird es ab 50 m Tiefe wegen des *Tiefenrausches* sehr gefährlich. Bei ungeübten Tauchern können sogar schon ab 15 m Anzeichen dieses rauschartigen Zustandes auftreten: ein Verlust der Urteilsfähigkeit, leichtsinniges Verhalten, Schläfrigkeit. Der Tiefenrausch entsteht durch den Stickstoffanteil der Atemluft.

Wie es zur gefürchteten *Taucherkrankheit* kommt, kannst du dir an einer Sprudelflasche klarmachen:

Wenn du sie öffnest, entstehen Gasbläschen, die aufsteigen und entweichen. In der geschlossenen Flasche herrscht nämlich ein höherer Druck, und das Gas ist im Wasser gelöst. Bei geringerem Druck kann das Wasser nicht soviel Gas aufnehmen.

Ähnlich ist es mit unserem Blut: Bei hohem Druck löst es viel Stickstoff. Läßt der Druck plötzlich nach, bilden sich Gasbläschen im Blut und verstopfen die Adern. Es kommt zu Schmerzen und Lähmungen, die sogar zum Tode führen können. Taucher, die längere Zeit dem Druck in größerer Tiefe ausgesetzt waren, müssen erst wieder an geringeren Druck gewöhnt werden. Das geschieht durch Pausen beim Auftauchen oder in einer *Dekompressionskammer* (Bild 6).

Um den Tiefenrausch zu vermeiden, wird der Stickstoffanteil der Atemluft durch ein anderes Gas (z. B. Helium) ersetzt. Mit diesem Gasgemisch (und speziellen Geräten) lassen sich Tiefen von einigen hundert Metern erreichen. Die Gefahr der Taucherkrankheit ist damit allerdings nicht gebannt; auch Helium wird nämlich im Blut gelöst.

Regeln zum Tauchen ohne Atemgerät

1. Vor dem Tauchen nur ein- oder zweimal tief durchatmen! Schnelles und tiefes Atmen vor dem Tauchen kann unter Wasser zu Bewußtlosigkeit führen. Mehr Sauerstoff gelangt durch das schnelle Atmen nicht ins Blut.

2. Schnorchel nicht verlängern; 35 cm sind genug! Bei verlängertem Schnorchel sind Lungenschäden zu befürchten. Durch den Schweredruck des Wassers wird Blut aus den Venen in den Brustraum gepreßt, so daß in der Lunge Blutgefäße platzen. Auch der Kreislauf wird in Mitleidenschaft gezogen; es kann zu Bewußtlosigkeit kommen.

3. Für Druckausgleich sorgen! (Nase zuhalten und Luft aus der Lunge in die Nase drücken.) Durch den Schweredruck des Wassers wird das Trommelfell nach innen gewölbt. Schon ab 5 m Tauchtiefe können Schäden auftreten.

Aufgaben

1 Mit Hilfe der Beobachtungen von Versuch 6 läßt sich das Druckgefühl erklären, das man beim Tauchen im Ohr empfindet. Beschreibe!

Berechne den Druck in 4 m Wassertiefe. Welche Kraft wirkt in dieser Tiefe von außen auf das Trommelfell (Fläche: ca. 0,5 cm^2)?

2 Wenn eine eingeschlossene Flüssigkeit mit einem Stempel unter Druck gesetzt wird, gehen wir davon aus, daß der Druck überall in der Flüssigkeit gleich groß ist. Welche Einschränkung müssen wir dabei strenggenommen machen?

3 In einem langgestreckten Gefäß befindet sich eine 76 cm hohe Quecksilbersäule.

Berechne den Druck am Boden des Gefäßes. Wie hoch müßte eine Wassersäule sein, damit unten in der Säule der gleiche Druck herrscht?

4 Die Dichte von Meerwasser beträgt 1,03 g/cm^3.

a) Berechne den Schweredruck des Meerwassers in 10 m, 1000 m und 10 000 m Tiefe.

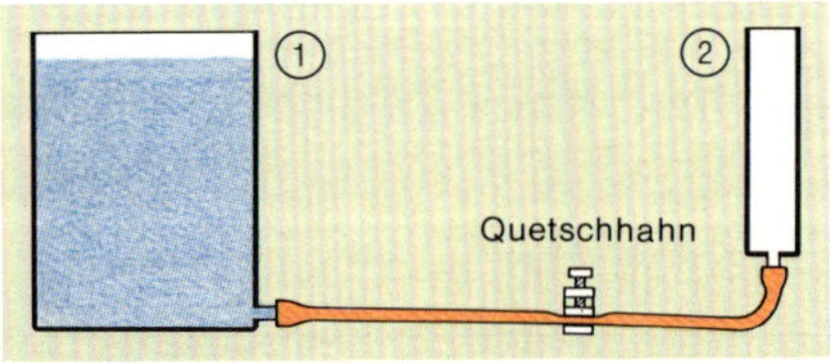

1

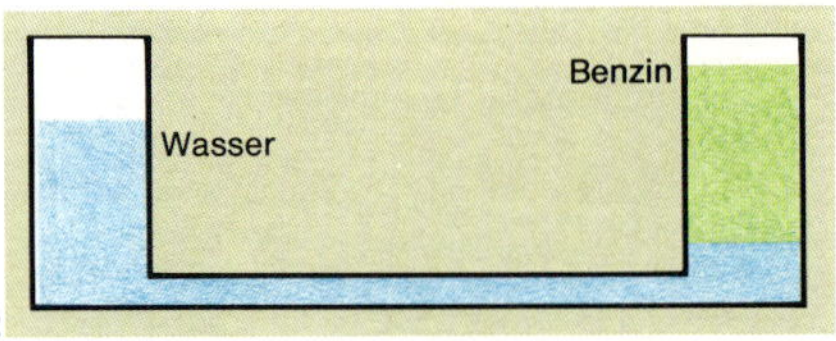

2

b) Die Außenfläche eines Fensters der „Trieste“ beträgt etwa 1260 cm^2. Welche Kraft wirkt in den unterschiedlichen Tiefen auf dieses Fenster?

5 Berechne die Kraft, die das Meerwasser in 5000 m Tiefe auf jeden Quadratzentimeter der Haut eines Fisches ausübt.

Warum wird der Fisch nicht vom Wasser zerquetscht?

6 Zwei Gefäße sind durch einen Schlauch verbunden (Bild 1).

Wie hoch steigt in Gefäß 2 das Wasser, wenn der Hahn geöffnet wird? Begründe deine Antwort.

Was geschieht, wenn du Gefäß 2 anschließend etwas anhebst?

7 Warum sind in Bild 2 die Flüssigkeitssäulen nicht gleich hoch?

3 Schweredruck und Gefäßform

Von dem berühmten französischen Philosophen und Naturwissenschaftler *Blaise Pascal* (1623–1662) wird folgende Geschichte erzählt:

Pascal behauptete, er könne mit ein paar Gläsern Wein ein volles Weinfaß zerstören. Aber niemand glaubte ihm.

Daraufhin bohrte Pascal ein Loch oben in ein Faß und steckte ein mehrere Meter langes, dünnes Rohr hinein (Bild 3). Nachdem er das Faß sorgfältig abgedichtet hatte, goß er Wein in das Rohr. Das dünne Rohr füllte sich schnell – und plötzlich barst das Faß mit lautem Krachen!

Wie war das möglich?

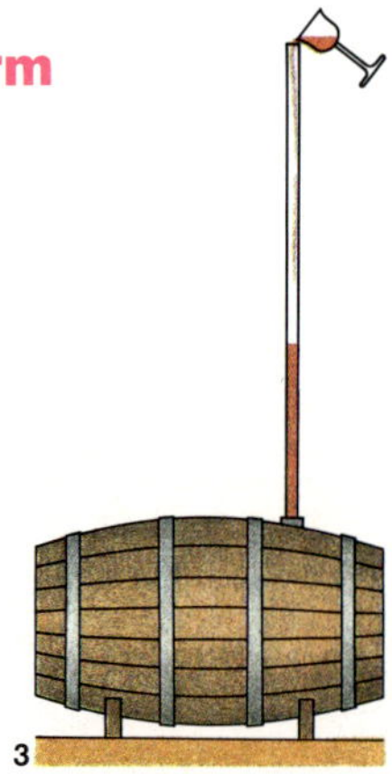
3

V 9 Eine wassergefüllte Wärmflasche wird mit einem durchbohrten Gummistopfen verschlossen und mit einem durchsichtigen Schlauch verbunden (Bild 4).

Auf die Flasche wird ein Brettchen gelegt und darauf ein 5-kg-Wägestück gestellt. Versuche vorherzusagen, wie hoch das Wasser im Schlauch steigen wird.

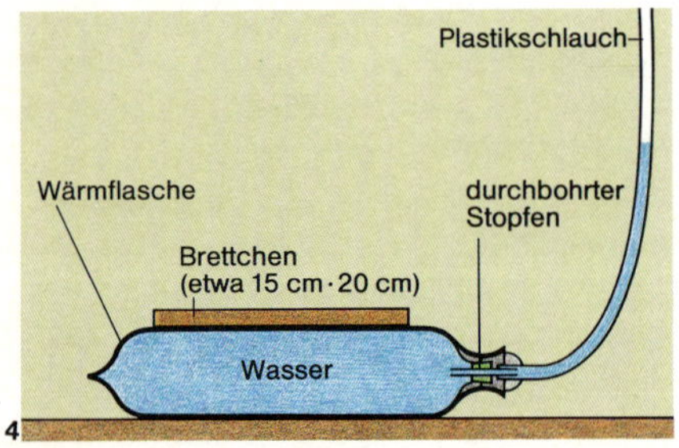

4

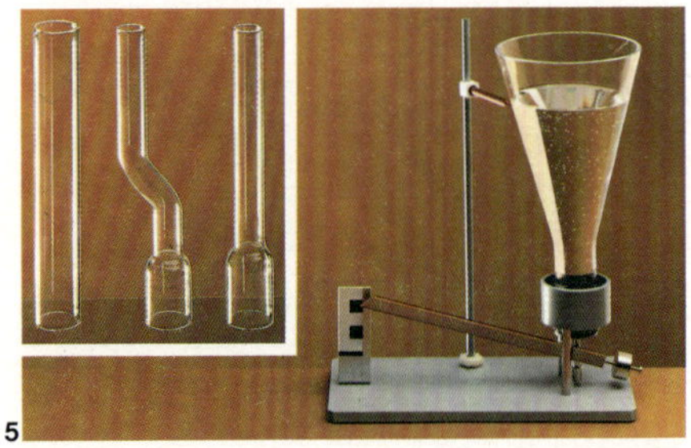
5

V 10 Wir messen den Schweredruck des Wassers am Boden unterschiedlich geformter Gefäße (Bild 5). Der Druck bewirkt, daß eine Membran am Gefäßboden ausgewölbt wird. Diese Auswölbung wird über einen Hebel angezeigt und kann durch Anhängen von Wägestücken rückgängig gemacht werden.

a) Stelle Vermutungen über den Druck am Boden der Gefäße an.

b) Überprüfe die Vermutungen durch Messungen.

Formuliere das Ergebnis.

Info: **Unglaublich, aber wahr – das Paradoxon des Schweredrucks**

Wir wissen bereits, daß der Schweredruck in einem Quader oder einem Zylinder nicht davon abhängt, ob die Querschnittsfläche groß oder klein ist. Wie groß ist aber der Schweredruck in Gefäßen, die oben enger oder weiter sind als unten?

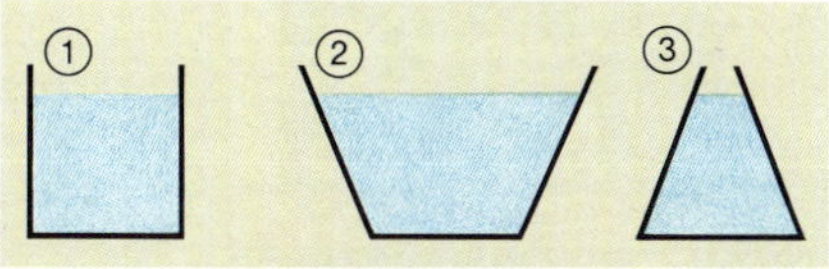

6

In Bild 6 siehst du solche Gefäße; die Flüssigkeit steht in ihnen gleich hoch. Mißt man den Schweredruck am Boden dieser Gefäße, so erhält man ein erstaunliches Ergebnis: Obwohl das Gefäß 1 mehr Flüssigkeit enthält als die Gefäße 2 und 3, herrscht am Boden aller drei Gefäße der gleiche Druck.

Der Schweredruck ist also unabhängig von der Gefäßform; er hängt nur von der Füllhöhe und der Dichte der Flüssigkeit (sowie vom Ortsfaktor) ab.

Weil dieser Sachverhalt auf den ersten Blick merkwürdig erscheint, spricht man von einem **Paradoxon**.

Wir können uns dieses überraschende Ergebnis so erklären:

Jedes Teilchen im Innern einer Flüssigkeit ist im Kräftegleichgewicht; sonst würde es sich sofort in Bewegung setzen, denn die Teilchen sind ja leicht gegeneinander verschiebbar.

Wir betrachten jetzt eine ganz bestimmte Flüssigkeitsschicht (Bild 7). Auch diese Schicht befindet sich im Kräftegleichgewicht, weil ihre Teilchen im Gleichgewicht sind. Du kannst die Flüssigkeitsschicht in Gedanken durch eine stabile Wand ersetzen. Am Schweredruck ändert sich dadurch nichts. Wir haben das Gefäß aber in zwei Teile geteilt.

Wenn man die Trennwand mit den übrigen Gefäßwänden fest verbindet, kann man auch die Flüssigkeit aus Teil 1 entfernen, ohne daß sich der Druck in Teil 2 ändert. Allerdings übt die Flüssigkeit dann nur noch von einer Seite eine Kraft auf die Trennwand aus; die erforderliche Gleichgewichtskraft wird von den Gefäßwänden erzeugt, an denen die Trennwand befestigt ist.

Die gleichen Überlegungen können wir auch für beliebig geformte Trennwände anstellen. Die Gefäßform hat also keinen Einfluß auf den Schweredruck.

Beispiele: In gleicher Tiefe unter der Flüssigkeitsoberfläche herrscht in dem Faß mit aufgesetztem Rohr (Bild 3) der gleiche Druck wie in einem Zylinder.

Beim Tauchen in wassergefüllten Höhlen spielt es keine Rolle, ob sich unmittelbar über dem Taucher Wasser oder Gestein befindet; der Druck ist in beiden Fällen der gleiche (Bild 8).

Als **verbundene Gefäße** bezeichnet man beliebig geformte Gefäße, die nach oben hin offen sind und die z. B. durch ein Rohr miteinander in Verbindung stehen.

Beide Gefäße sollen mit der gleichen Flüssigkeit gefüllt sein (Bild 9).

Die Flüssigkeit im Rohr ist nur dann in Ruhe, wenn an beiden Seiten des (waagerechten) Verbindungsrohres der gleiche Druck herrscht. Daher müssen *die Flüssigkeitsspiegel in verbundenen Gefäßen auf gleicher Höhe liegen.* Solange das nicht der Fall ist, fließt Flüssigkeit von dem einen Gefäß ins andere.

Auch in verbundenen Gefäßen hängt der Schweredruck also nicht von der Gefäßform ab, sondern einzig und allein von der Tiefe.

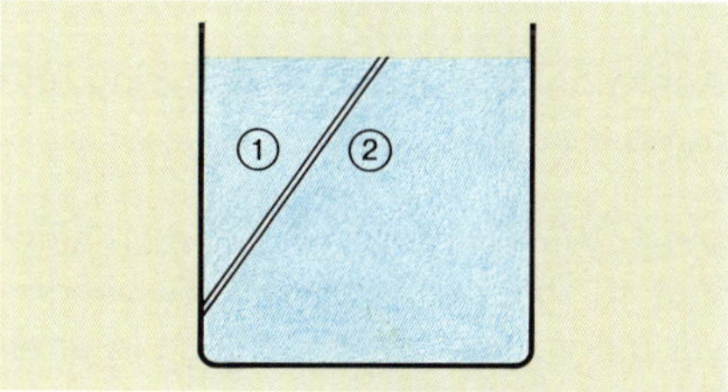

7

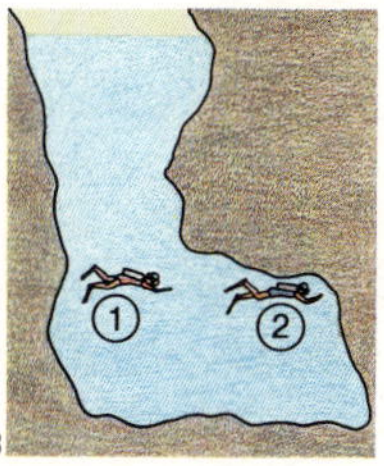

8

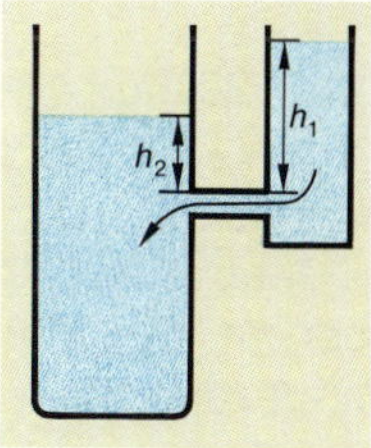

9

Aufgaben

1 Am Fuß einer Staumauer befindet sich der *Grundablaß*, der dazu dient, den Stausee zu entleeren. Die Öffnung liegt 200 m unter dem Wasserspiegel des Sees und ist durch einen 2 m² großen Schieber verschlossen.

Berechne die Kraft, die auf den Schieber wirkt.

Warum hängt die Kraft weder von der Größe des Stausees ab noch davon, ob der Schieber vertikal steht oder geneigt ist?

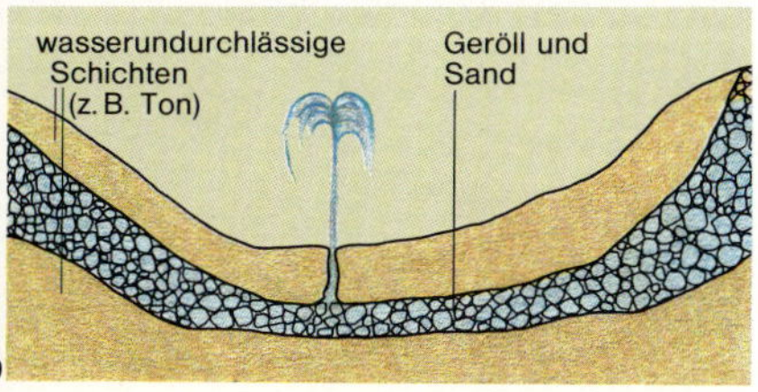

10

2 Bild 10 zeigt einen *artesischen Brunnen.* Der Name ist abgeleitet von der Landschaft Artois im Norden Frankreichs. Erkläre die Entstehung dieser natürlichen Springbrunnen.

3 In Bild 11 steht das Öl im Einfüllstutzen höher als im Tank. Warum?

Wie kann man erreichen, daß der Tank vollständig gefüllt werden kann?

11

4 Die Bilder 12 u. 13 zeigen Anwendungen des Prinzips der verbundenen Gefäße. Beschreibe jeweils die Funktionsweise.

12

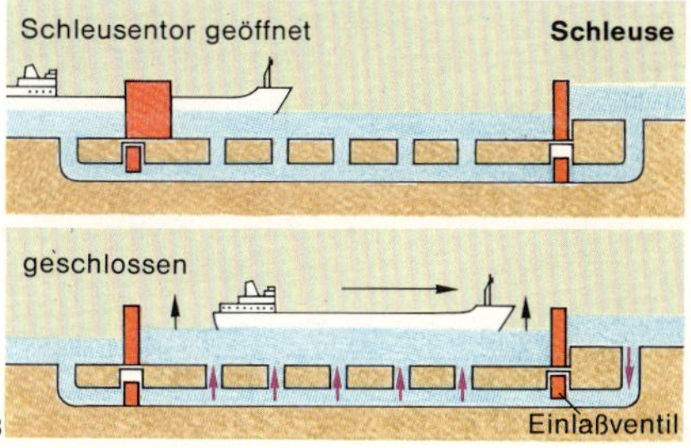

13

4 Der Auftrieb

1

Da hat Dagobert mal wieder Pech gehabt...

Zugegeben, der Zeichner hat ein wenig übertrieben: Es gibt keinen Hufeisenmagneten, der diese schwere Truhe tragen kann.

Aber daß die Truhe nicht schon *unter Wasser* zerbrochen ist, läßt sich physikalisch begründen...

V 11 Hänge einen Metallquader an einen Kraftmesser, und lies die Gewichtskraft ab.

Tauche den Quader dann in Wasser ein. Wie groß ist die Kraft, die jetzt angezeigt wird?

V 12 Wirkt auf einen Körper, der sich unter Wasser befindet, nicht mehr die ganze Gewichtskraft?

Stelle auf die eine Waagschale einer Balkenwaage ein Glas mit Wasser und einen kleinen Metallquader. Bringe die Waage dann mit Hilfe von Wägestücken ins Gleichgewicht.

Nun versenkst du den Quader im Glas. Was stellst du fest?

V 13 Fülle einen Luftballon mit Wasser, und binde ihn zu. Im Ballon darf keine Luft mehr sein.

Hänge den Ballon an einen Gummiring, und tauche ihn dann langsam in einen mit Wasser gefüllten Eimer. Achte dabei auf den Gummiring und auf die Form des Ballons.

V 14 Wir suchen eine Gesetzmäßigkeit für den scheinbaren Gewichtsverlust von Körpern, die sich in einer Flüssigkeit befinden.

Du benötigst den wassergefüllten Ballon von V 13, verschiedene Metallquader, einen Kraftmesser, ein Überlaufgefäß und einen Meßzylinder.

a) Bestimme für jeden Körper die folgenden Größen:

○ die Gewichtskraft F_G (in Luft);
○ die Kraft F_W, mit der der Körper nach unten gezogen wird, wenn du ihn ganz im Wasser versenkt hast;
○ das Volumen V des verdrängten Wassers.

Trage die Meßergebnisse in eine Tabelle ein (→ Muster unten). Erkennst du eine Gesetzmäßigkeit?

b) Führe die Messungen mit Brennspiritus statt mit Wasser durch.

V 15 Nimm eine Eisenschraube, und stelle eine Plastilinkugel her, auf die die gleiche Gewichtskraft wirkt wie auf die Schraube.

Laß die Körper ganz in Wasser eintauchen, und miß die zum Halten nötige Kraft. Was stellst du fest?

V 16 Wenn du eine Styroporkugel (oder einen Gummiball) unter Wasser losläßt, wirkt auf die Kugel (oder den Ball) eine nach oben gerichtete Kraft. Bild 2 zeigt, wie du sie messen kannst.

Bestimme das Volumen des verdrängten Wassers, und berechne die Gewichtskraft auf das Wasser. Vergleiche mit der gemessenen Kraft.

Gewichtskraft auf den Körper F_G in N	nach unten gerichtete Kraft in Wasser F_W in N	scheinbarer Gewichtsverlust $F_G - F_W$ in N	Volumen des verdrängten Wassers V in cm^3	Gewichtskraft auf das verdrängte Wasser F_A in N
?	?	?	?	?

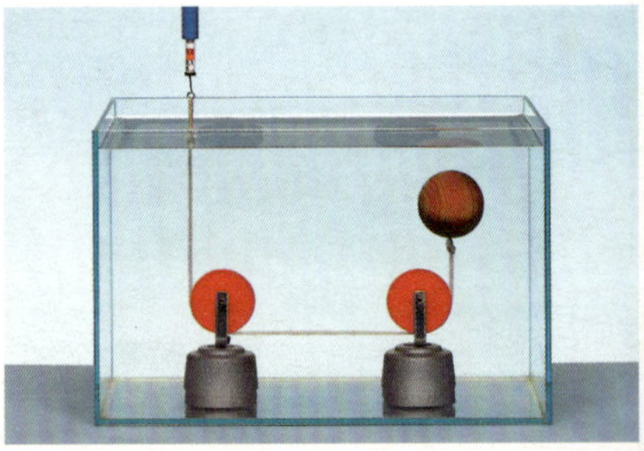
2

Info: **Die Auftriebskraft**

Unter Wasser kannst du schwerere Gegenstände leichter tragen als an Land. Es scheint, als würde auf einen untergetauchten Körper eine kleinere Gewichtskraft wirken.

In Wirklichkeit ist aber die Gewichtskraft auf einen Körper in Wasser und in Luft *gleich groß*. Unter Wasser wird ein Körper ja genauso von der Erde angezogen, als würde er sich in Luft befinden.

Daß ein Körper im Wasser leichter zu tragen ist, liegt daran, daß das Wasser eine nach oben gerichtete Kraft auf ihn ausübt. Diese Kraft heißt **Auftriebskraft**.

Versenkt man einen Körper in Wasser, so zeigt ein Kraftmesser nicht mehr die Gewichtskraft an (Bilder 3 u. 4). Vielmehr wird die Resultierende aus der Gewichtskraft und der nach oben wirkenden Auftriebskraft gemessen.

Wie läßt sich die Auftriebskraft erklären?

Infolge des Schweredrucks wirken auf einen eingetauchten Körper Kräfte, die senkrecht zu seinen Begrenzungsflächen sind. Da der Schweredruck mit der Tiefe zunimmt, wirkt auf die Unterseite des Körpers eine etwas größere Kraft als auf seine Oberseite. Als Resultierende der Kräfte auf Ober- und Unterseite ergibt sich die nach oben gerichtete Auftriebskraft.

Bei einem quaderförmigen Körper können wir eine Formel für die Auftriebskraft herleiten (Bild 5):

Wir bezeichnen die Grundfläche des Quaders mit A und seine Höhe mit h. Die Eintauchtiefe der Deckfläche nennen wir h_1, die der Grundfläche h_2.

Es gilt: $h = h_2 - h_1$.
Die Dichte der Flüssigkeit sei ϱ_{Fl}.

In Höhe der Deckfläche herrscht der Schweredruck

$p_1 = g \cdot \varrho_{Fl} \cdot h_1$.

In Höhe der Grundfläche herrscht der Schweredruck

$p_2 = g \cdot \varrho_{Fl} \cdot h_2$.

Somit wirkt auf die Deckfläche die Kraft

$F_1 = p_1 \cdot A = g \cdot \varrho_{Fl} \cdot h_1 \cdot A$

und auf die Grundfläche die Kraft

$F_2 = p_2 \cdot A = g \cdot \varrho_{Fl} \cdot h_2 \cdot A$.

Die Resultierende der beiden Kräfte ist die Auftriebskraft:

$F_A = F_2 - F_1$,

$F_A = g \cdot \varrho_{Fl} \cdot A \cdot h_2 - g \cdot \varrho_{Fl} \cdot A \cdot h_1$,

$F_A = g \cdot \varrho_{Fl} \cdot A \cdot (h_2 - h_1)$,

$F_A = g \cdot \varrho_{Fl} \cdot A \cdot h$.

Da $A \cdot h$ das Volumen des Quaders ist, gilt:

$F_A = g \cdot \varrho_{Fl} \cdot V$.

Die Kräfte auf einander gegenüberliegende Seitenflächen des Quaders sind gleich groß, aber entgegengesetzt gerichtet. Sie heben sich also gegenseitig auf.

Durch Messungen stellt man fest, daß die Formel für die Auftriebskraft auf einen Quader auch für andere Körper gilt.

Wir erhalten somit als Ergebnis: *Wenn sich ein Körper mit dem Volumen V in einer Flüssigkeit befindet, übt diese auf ihn eine Auftriebskraft aus mit dem Betrag*

$F_A = g \cdot \varrho_{Fl} \cdot V$.

Dabei ist ϱ_{Fl} die Dichte der Flüssigkeit.

Das Produkt $g \cdot \varrho_{Fl} \cdot V$ hat eine anschauliche Bedeutung: Es ist genauso groß wie die Gewichtskraft auf die Flüssigkeit, die der Körper verdrängt hat. Man kann daher sagen:

Die Auftriebskraft, die ein Körper in einer Flüssigkeit erfährt, ist so groß wie die Gewichtskraft auf die verdrängte Flüssigkeit *(Archimedisches Prinzip)*.

Beispiel: Auf einen Eisenwürfel von 10 cm Kantenlänge wirkt eine Gewichtskraft von 78 N. Er verdrängt 1 l Wasser.

Die Auftriebskraft in Wasser ist so groß wie die Gewichtskraft auf 1 l Wasser; sie beträgt also etwa 10 N. Wenn der untergetauchte Würfel an einem Kraftmesser hängt, zeigt dieser nur 68 N an.

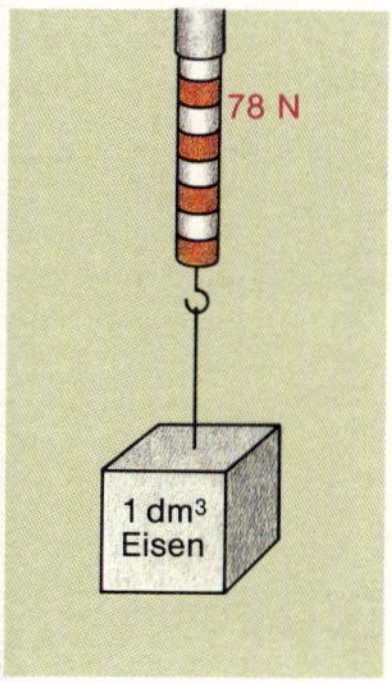

3

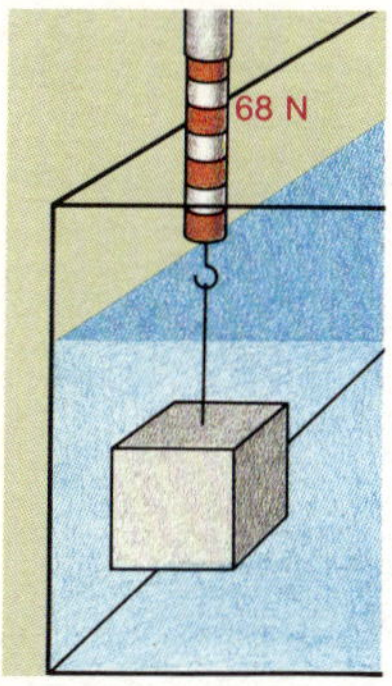

4

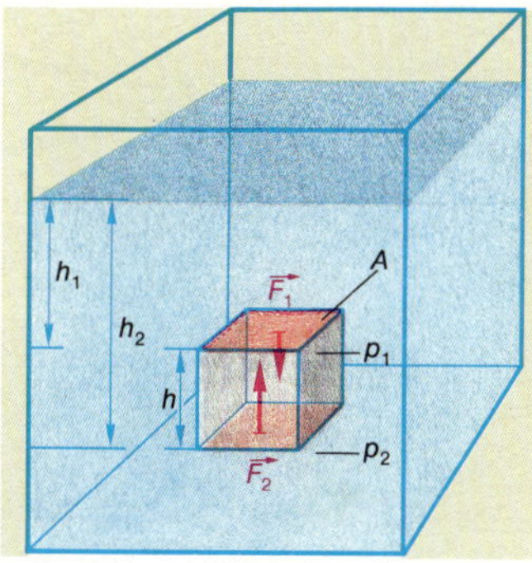

5

Beispiel: Eisenwürfel mit 10 cm Kantenlänge in Wasser
(Eintauchtiefen: h_1 = 15 cm, h_2 = 25 cm)

Schweredruck in 15 cm Tiefe: $p_1 = 0{,}15\ \frac{N}{cm^2}$

Kraft auf die Deckfläche: $F_1 = p_1 \cdot A$

$F_1 = 0{,}15\ \frac{N}{cm^2} \cdot 100\ cm^2 = 15\ N$.

Schweredruck in 25 cm Tiefe: $p_2 = 0{,}25\ \frac{N}{cm^2}$

Kraft auf die Grundfläche: $F_2 = p_2 \cdot A$,

$F_2 = 0{,}15\ \frac{N}{cm^2} \cdot 100\ cm^2 = 25\ N$.

Antriebskraft: $F_A = F_2 - F_1 = 25\ N - 15\ N = 10\ N$.

Aufgaben

1 Warum wird ein Taucher eigentlich nicht durch das Wasser über ihm zu Boden gedrückt?

2 Im Schwimmbad kannst du eine Person, die sich weitgehend unter Wasser befindet, ohne Schwierigkeiten tragen. Begründe!

3 Stell dir vor, der Eisenwürfel von Bild 5 würde sich nicht 15 cm, sondern 5 m unter der Wasseroberfläche befinden. Wie groß wäre die zum Halten nötige Kraft?

4 Ein Eisenwürfel ($V = 75\ cm^3$) wird in Leitungswasser (ϱ = 1,00 g/cm³) und in Salzwasser (ϱ = 1,03 g/cm³) getaucht.

Wie groß ist dabei jeweils die Auftriebskraft?

Berechne auch die Auftriebskräfte auf einen gleich großen Würfel aus Aluminium.

5 Um eine 400 cm³ große Holzkugel unter Wasser zu halten, ist eine Kraft von 1 N erforderlich.

Berechne die Gewichtskraft auf die Kugel.

6 Auf einen Gegenstand wirkt eine Gewichtskraft von 135 N. Wenn man ihn in Wasser taucht, mißt man nur noch eine Kraft von 85 N.

Aus welchem Material könnte der Gegenstand bestehen?

Aus der Geschichte: **Archimedes als Detektiv**

Der Überlieferung nach deckte der berühmte griechische Naturwissenschaftler und Philosoph *Archimedes* (285–212 v. Chr.) eine Straftat auf. Folgendes soll sich zugetragen haben:

König *Hieron von Syrakus* ließ sich von einem Goldschmied aus einem Barren reinen Goldes eine Krone anfertigen. Damit ihn der Goldschmied nicht betrügen konnte, hatte er den Barren vorher wiegen lassen.

Die Krone, die der Goldschmied ablieferte, hatte tatsächlich das gleiche Gewicht wie der Barren. Trotzdem war das Mißtrauen des Königs noch nicht verflogen. War es nicht möglich, daß der Goldschmied einen Teil des Goldes durch Silber ersetzt und dieses im Innern der Krone versteckt hatte? Natürlich hätte man nachschauen können, aber dabei wäre die Krone zerstört worden.

So beauftragte der König Archimedes. Er sollte die Echtheit der Krone prüfen, ohne sie zu beschädigen. Ein schwieriges Problem – Archimedes grübelte lange darüber nach.

Als er gerade ein Bad nahm, soll er plötzlich ausgerufen haben: „Heureka!“ (Ich hab's gefunden.)

Er eilte zum König und ließ sich die Krone und ein gleich schweres Stück Gold geben. Dann nahm er eine Waage, legte die Krone auf die eine Waagschale und das Gold auf die andere – die Waage war, wie erwartet, im Gleichgewicht.

1

Anschließend tauchte er die beiden Waagschalen samt Krone und Goldbarren in ein Becken mit Wasser.

Da geschah etwas Erstaunliches: Die Waagschale mit dem Goldklumpen senkte sich; die Waage war nicht mehr im Gleichgewicht (Bild 1).

Keiner der Umstehenden verstand das. Für Archimedes aber war der Fall vollkommen klar: Der Goldschmied war ein Betrüger.

Fragen und Aufgaben zum Text

1 Erkläre, warum die Waage unter Wasser nicht im Gleichgewicht war.

2 Der Goldschmied wurde überführt, weil die Krone eine physikalische Stoffeigenschaft von Gold nicht aufwies. Um welche Eigenschaft handelt es sich?

5 Das Schwimmen

2

3

Eisen schwimmt und Holz sinkt...

V 17 Untersuche, ob (massive) Körper aus folgenden Stoffen in Wasser schwimmen:

Eisen, Kupfer, Wachs (Stearin), Holz, Kohle, Eis, Glas, Gummi, Kunststoff, Stein...

V 18 Prüfe diese Behauptung nach: „Körper schwimmen eher in einem tiefen Wasserbecken als in einem flachen.“

Als Schwimmkörper eignet sich ein teilweise mit Sand gefülltes Tablettenröhrchen oder ein Korken, der an seiner Unterseite mit Nägeln „gespickt“ ist. Der Körper soll in einem flachen Wasserbecken ganz langsam zu Boden sinken (oder im Wasser schweben).

V 19 Untersuche jetzt, ob Salzwasser „besser trägt“ als Süßwasser.

a) Fülle z. B. einen Meßbecher etwa zur Hälfte mit Wasser, und lege ein rohes Ei hinein. Gib dann mehrere Löffel Salz in das Wasser, und rühre um...

b) Du benötigst einen Schwimmkörper wie in Versuch 18; er soll in Leitungswasser schwimmen. Bringe an dem Körper eine Skala an. Merke dir, bis zu welchem Skalenstrich er eintaucht.

Laß den Körper dann in Salzwasser schwimmen. Wie weit taucht der Schwimmkörper ein?

V 20 Bild 4 zeigt den Aufbau.

a) Die Waage wird ins Gleichgewicht gebracht. Dann setzt du den Holzquader auf das Wasser. Wieviel Wasser verdrängt er? Was kannst du über die Gewichtskräfte auf die verdrängte Wassermenge und auf den Holzquader aussagen?

b) Mit dem Schwimmkörper aus V 18 wird der Versuch mehrfach wiederholt. Der Körper soll so belastet sein, daß er unterschiedlich tief eintaucht.

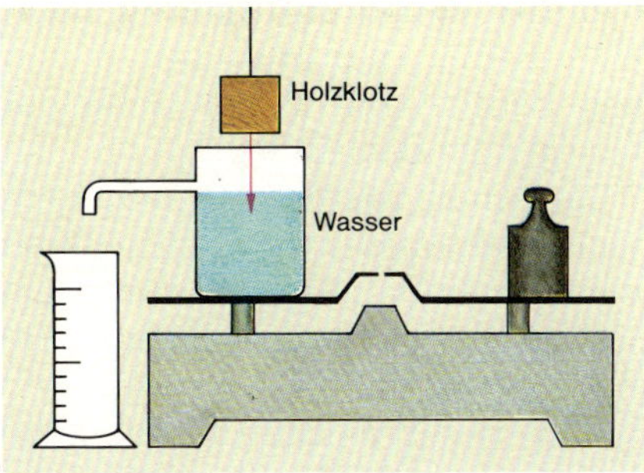

4

c) Verwende jetzt Salzwasser statt Leitungswasser.

d) Wieviel Flüssigkeit verdrängt ein schwimmender Körper? Formuliere eine Regel.

V 21 Du brauchst Wasser, Speiseöl und Brennspiritus.

a) Aus etwa 10 cm Höhe läßt du einen Teelöffel Speiseöl in ein Glas mit Wasser laufen.

b) Gieße einen Teelöffel Speiseöl in ein leeres Glas, und fülle dieses anschließend langsam mit Wasser.

Aufgaben

1 Denke dir einen untergetauchten Körper. Auf ihn wirken die Gewichtskraft und die Auftriebskraft. In welcher Beziehung müssen diese Kräfte stehen, damit der Körper *aufsteigt, sinkt* bzw. im Wasser *schwebt*?

2 Häufig kann man von der (mittleren) Dichte ϱ_K eines Körpers reden (z. B. bei einer verschlossenen Flasche). Wir verstehen darunter den Quotienten aus der Masse und dem Volumen des Körpers:

$$\varrho_K = \frac{m}{V}.$$

Verwende diese Größe, um anzugeben, wann ein untergetauchter Körper in einer Flüssigkeit der Dichte ϱ_{Fl} *aufsteigt, sinkt* bzw. *schwebt*.

3 Denke dir einen quaderförmigen Körper. In welcher Beziehung muß seine Dichte zur Dichte der Flüssigkeit stehen, damit er *schwimmt*?

4 Warum schwimmt ein Schiff?
Was kannst du über die Auftriebskraft und die Gewichtskraft auf ein schwimmendes Schiff aussagen?
Vergleiche mit der Gewichtskraft auf die verdrängte Flüssigkeit.

5 Übertrage die Tabelle rechts in dein Heft, und ergänze sie.

6 Eisberge befinden sich zum Teil über und zum Teil unter der Wasseroberfläche. Berechne das Verhältnis des untergetauchten Volumens zum Gesamtvolumen ($\varrho_{Eis} = 0{,}92$ g/cm³).

7 In einem Buch von *Karl May* will ein Gauner einem Händler eine Ölquelle verkaufen. Er behauptet, am Grund eines Sees lagern große Ölmengen, die vom Wasser niedergedrückt würden. Dem Händler leuchtet diese Erklärung ein. Was meinst du?

8 Die Ballons in Bild 5 enthalten nur Wasser, auch das Becken ist mit Wasser gefüllt. Warum schwimmen einige Ballons, während andere schweben oder gesunken sind?

9 Eine verschlossene, leere Flasche verdrängt 0,95 l Wasser, wenn sie untergetaucht wird. Auf die Flasche wirkt eine Gewichtskraft von 6 N.

a) Welche Kraft muß man ausüben, um die leere Flasche unter Wasser zu halten?

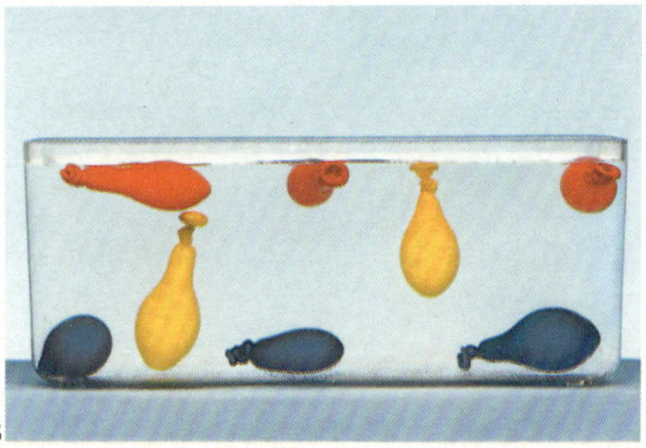
5

b) Wieviel Wasser müßte man in die leere Flasche füllen, damit sie im Wasser schwebt?

10 Man kann die Dichte von Flüssigkeiten mit einer *Senkwaage* (einem *Aräometer*) bestimmen.
Erkläre ihre Funktionsweise anhand von Bild 6.

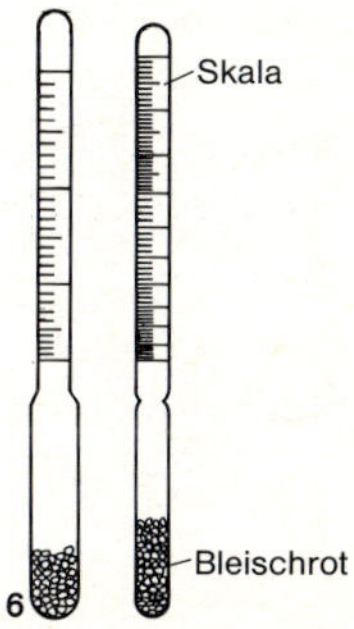

6

11 Ein Reagenzglas mit einer Querschnittsfläche von 3 cm² ist so mit Nägeln beschwert, daß es im Wasser schwimmt. Die Gewichtskraft auf Reagenzglas und Nägel beträgt insgesamt 0,3 N.

a) Wie groß ist die Gewichtskraft auf die verdrängte Flüssigkeit? Wie groß ist ihre Masse?

b) Das Reagenzglas wird einmal in Leitungswasser und einmal in Salzwasser ($\varrho = 1{,}03$ g/cm³) getaucht.
Welches Volumen hat jeweils die verdrängte Flüssigkeit?
Um wieviel Millimeter sinkt das Reagenzglas in Leitungswasser tiefer ein als in Salzwasser?

Körper	mittlere Dichte in $\frac{g}{cm^3}$	Flüssigkeit	Dichte in $\frac{g}{cm^3}$	schwimmt	schwebt	sinkt
Eisenwürfel	?	?	?	x	–	–
Stahlkasten	0,4	?	?	x	–	–
Aluminiumdraht	?	Salzwasser	1,03	?	?	?
Korken mit Nägeln	1,0	Wasser, 100 °C	0,96	?	?	?
Korken mit Nägeln	1,0	Wasser, 4 °C	1,0	?	?	?

Aus Umwelt und Technik: **Schiffshebung durch Schaumstoff**

Im Hafen von Kuweit sank im November 1965 das Frachtschiff „Al Kuweit" mit etwa 5000 Schafen an Bord. Von verschiedenen Firmen gingen Angebote zur Bergung des Schiffes ein. Dabei machte der Däne *Karl Krøyer* – man nannte ihn den dänischen „Ideenmann" – einen phantastisch klingenden Vorschlag:

Kleine Styroporkügelchen sollten das Schiff heben! Ob er wohl beim Lesen dieser Bildgeschichte (Bild 1) darauf gekommen war?

Tatsächlich übertrug man ihm den Auftrag. So konnte es also losgehen!

Per Flugzeug ließ Krøyer zunächst Pumpen, dicke Schläuche und eine Ladung Styroporkügelchen nach Kuweit bringen. Die Hauptladung der Kugeln kam dann per Schiff.

Die Schaumstoffkugeln ließ er zunächst mit Wasser vermischen. Dann wurden sie mit Preßluft durch die Schläuche in den vorher abgedichteten Schiffsrumpf gepumpt (Bild 2).

Nach sechs Wochen war es dann soweit: Die „Al Kuweit" erschien an der Wasseroberfläche (Bild 3).

Seine Methode zur Hebung eines gesunkenen Schiffes wollte Krøyer zum Patent anmelden.

Das Patentamt lehnte aber seinen Antrag mit der Begründung ab, nicht er – Krøyer – sei der Erfinder dieser Methode, sondern der Autor der Donald-Duck-Geschichte ...

2

1

3

Aus Umwelt und Technik: **Von U-Booten und Fischen**

Unterseeboote und Fische haben eine Gemeinsamkeit: Sie können unter Wasser schweben, steigen und sinken.

Beim Schweben sind Gewichtskraft und Auftriebskraft gleich groß. Dieses Kräftegleichgewicht wird in der Natur und in der Technik auf verschiedene Weise erreicht:

Ein **U-Boot** hat eine starre Form und damit ein konstantes Volumen. Somit ist auch die Auftriebskraft immer gleich groß. Um den Schwebezustand zu erreichen, muß also die *Gewichtskraft* auf das Boot passend „eingestellt" werden. Zu diesem Zweck verfügt das U-Boot über große Tanks. Wenn sie mit Wasser gefüllt werden, nimmt die Gewichtskraft auf das Boot zu. Zur Verringerung der Gewichtskraft bläst man sie mit Preßluft leer (Bild 4).

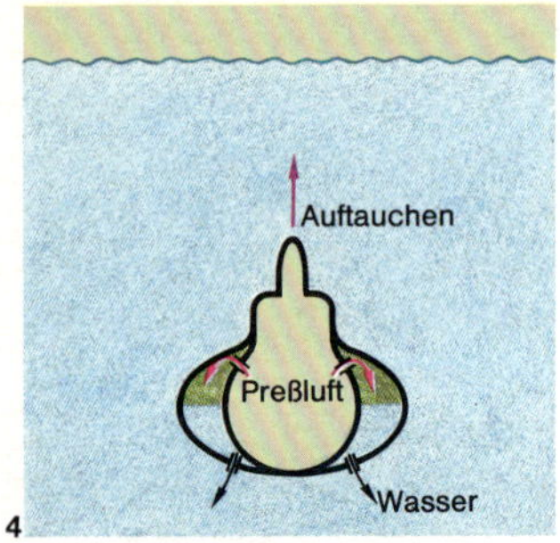

4

5

Bei **Fischen** dagegen ist die Gewichtskraft praktisch unveränderlich. Viele Fische können aber ihr Körpervolumen und damit die *Auftriebskraft* verändern. Sie besitzen dazu ein besonderes Organ, die *Schwimmblase* (Bild 5). Sie ist mit Kohlenstoffdioxid und Sauerstoff gefüllt.

Über den Blutkreislauf kann der Schwimmblase weiteres Gas zugeführt werden, dann wird sie größer. Oder das Blut nimmt Gas auf, dann wird sie kleiner. Hat die Schwimmblase die richtige Größe, so schwebt der Fisch.

Ein Fisch, der in großer Tiefe schwimmt, ist dem enormen Schweredruck des Wassers ausgesetzt. Damit seine Schwimmblase nicht zusammengequetscht wird, muß in ihr der gleiche Druck herrschen wie außerhalb.

Beim Aufsteigen gibt der Fisch Gas aus der Schwimmblase ab und paßt sich so dem abnehmenden Schweredruck an. Holt man aber einen Fisch plötzlich aus großer Tiefe an die Oberfläche, so kann er den Druck in der Schwimmblase nicht schnell genug verringern. Die Blase dehnt sich stark aus: Der Fisch sieht aus wie eine Trommel und geht zugrunde; man sagt, er sei *trommelsüchtig*.

Manche Fische, z. B. Haie, besitzen keine Schwimmblase. Sie können nicht bewegungslos im Wasser schweben. Um nicht nach unten zu sinken, müssen sie ständig mit den Flossen eine Kraft erzeugen.

Alles klar?

1 Die Bezeichnungen *Stempeldruck* und *Schweredruck* lassen erkennen, wie der Druck jeweils erzeugt wird. Erläutere!

2 Bild 6 zeigt eine recht originelle Personenwaage. Auf einem wassergefüllten Gummikissen liegt eine 25 cm · 25 cm große Holzplatte.

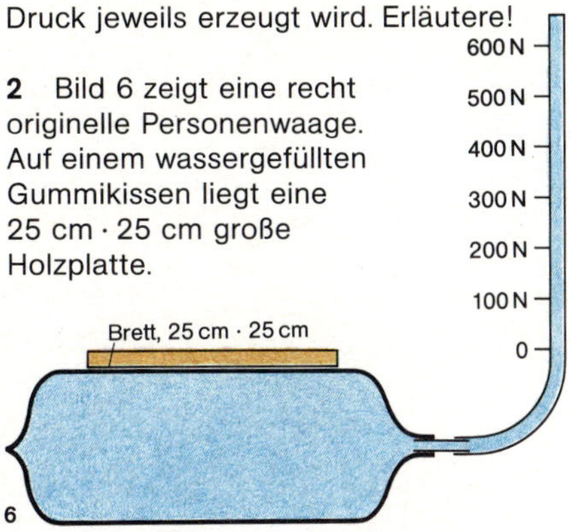

6

a) Wie funktioniert diese Waage?

b) Jörg (40 kg) stellt sich auf die Platte. Welcher Druck entsteht im Wasser?
Wie hoch steigt das Wasser in dem Schlauch?

c) Bei Ute steigt das Wasser im Schlauch 50 cm hoch.
Berechne die Gewichtskraft.

3 Beschreibe einen einfachen Versuch, der zeigt, daß die Gewichtskraft auf einen untergetauchten Körper nur scheinbar abnimmt.

4 Das größte Lebewesen auf der Erde ist der Blauwal. Er wiegt mehr als 30 Elefanten. Selbst die Saurier waren leichter.
Warum kann ein so schweres Tier nur im Wasser leben?

5 Beim Bau einer Staumauer sind Betonblöcke verwendet worden ($l = 1$ m, $b = 50$ cm, $h = 40$ cm, $\varrho = 2{,}1$ g/cm^3).
Wie stark belastet ein solcher Betonblock das Seil eines Kranes vor und nach dem Eintauchen ins Wasser?

6 Von Wind und Wellen hängt es ab, wie tief ein Schiff im Wasser liegen darf. Wind und Wellen sind aber in den verschiedenen Gebieten der Weltmeere zu verschiedenen Jahreszeiten recht unterschiedlich. Daher sind an Schiffen „Freibordmarken" angebracht (Bild 7), bis zu denen das Schiff eintauchen darf.
Auf besonderen Karten ist festgelegt, zu welchen Zeiten welche der Markierungen T, S, W, WNA in einem *See*gebiet zu beachten ist.
Die Marken TF und F sind von Bedeutung, wenn das Schiff in einem *Fluß*hafen beladen wird.
Erkläre, aus welchem Grund diese Marken höher liegen als die entsprechenden Seewassermarken T und S.

Freibordmarke an der Bordwand eines Schiffes
TF – Tropen Frisch(Süß-)wasser, F – Frischwasser Sommer, T – Tropen See(Salz-)wasser, S – Seewasser Sommer, W – Seewasser Winter, WNA – Winter Nordatlantik.
7

7 Sinkt ein Schiff im Winter oder im Sommer (in Seewasser) tiefer ein? Begründe deine Antwort.

8 Stell dir vor, ein Schiff wird im Winter in Wilhelmshaven (Nordsee) beladen. Dann nimmt es Kurs auf Afrika und fährt in die Kongomündung (Süßwasser) ein.
Wie ändert sich dabei die Eintauchtiefe? (Die Abnahme der Treibstoffmenge kannst du außer acht lassen.)

9 In Bild 8 ist ein Wasserversorgungsnetz mit einem Wasserturm dargestellt. Beschreibe und erkläre!

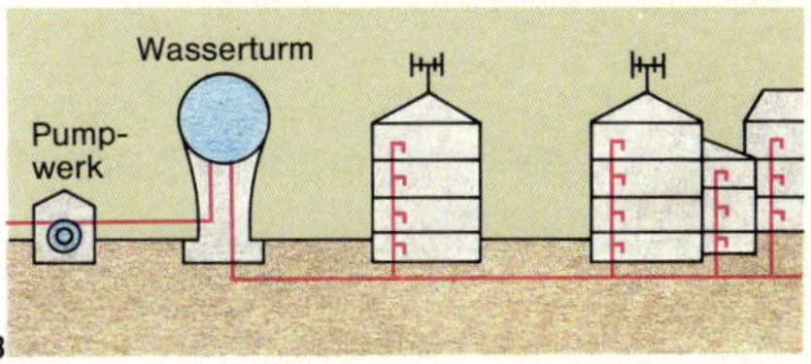

8

10 Nur wenn du tief Luft holst und dich langgestreckt ins Wasser legst, gehst du nicht unter.

a) Gib dafür eine Erklärung.

b) Was schließt du daraus über die Dichte des menschlichen Körpers?

c) Ein Mensch geht im Toten Meer nicht unter, auch nicht, wenn er ausatmet (Bild 9). Erkläre mit dem Begriff *Auftriebskraft*!

9

11 Zwei gleich große Überlaufgefäße sind bis zum Rand mit Wasser gefüllt.

a) In eines der beiden Gefäße wird vorsichtig ein Holzklotz gelegt. Nachdem das Wasser abgelaufen ist, werden beide Gefäße auf eine Balkenwaage gestellt.
Befindet sich die Waage im Gleichgewicht? Begründe!

b) Statt des Holzklotzes wird ein Eisenwürfel verwendet. Was geschieht?

12 Das Hühnerei in Bild 10 schwebt an der Grenzfläche von Leitungswasser und konzentriertem Salzwasser. Erkläre!

10

13 Wenn ein Auto bei einem Unfall in einen Fluß oder Kanal stürzt, können die Insassen die Türen zunächst nicht öffnen. Warum nicht?
Wie muß man sich verhalten, um aus dem Auto herauszukommen?

14 Bild 11 zeigt, wie du einen „Flaschenteufel" bauen kannst.
In den Deckel des Tablettenröhrchens wird ein kleines Loch gestochen. Dann wird das Röhrchen zum Teil mit Wasser gefüllt und mit Nägeln beschwert, so daß es im Wasser gerade noch schwimmt.
Wenn du die Flasche etwas zusammendrückst, sinkt das Röhrchen nach unten, wenn du sie losläßt, steigt es wieder nach oben.
Versuche, dieses merkwürdige Verhalten des „Flaschenteufels" zu erklären.

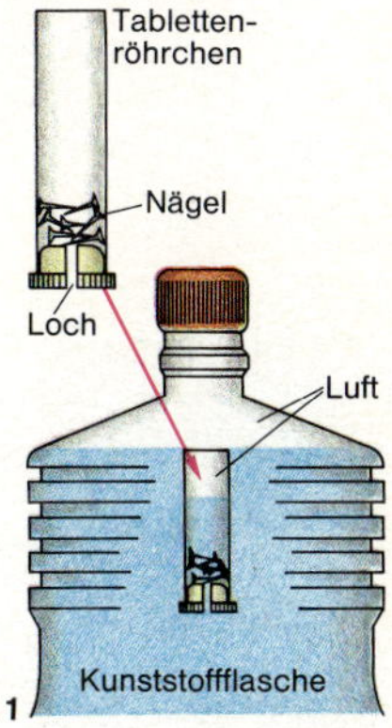

11

Auf einen Blick

Der Stempeldruck

Wenn man auf eine eingeschlossene Flüssigkeit mit Hilfe eines Kolbens (Stempels) eine Kraft ausübt, ändert sich der Zustand der Flüssigkeit: In ihr herrscht ein **Druck**.

Wir erkennen diesen Zustand daran, daß die Flüssigkeit Kräfte auf ihre Begrenzungsflächen (und auch auf eingetauchte Körper) ausübt. Die Kräfte wirken auf jedes Teilstück der Begrenzungsflächen. *Gleich große Teilstücke erfahren gleich große Kräfte.*

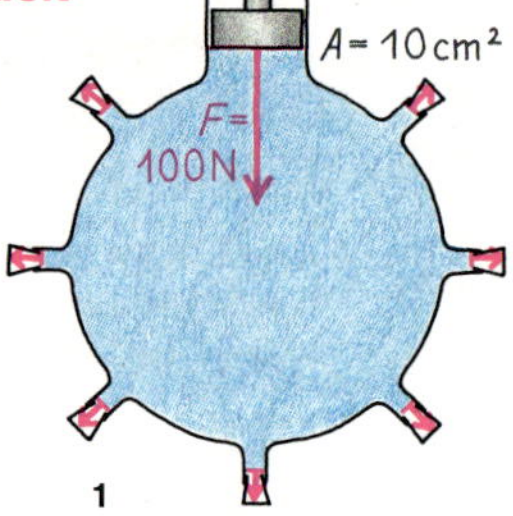

1 Das Wasser spritzt nach allen Seiten gleich stark heraus, wenn die Stopfen entfernt werden.

Druck in der Flüssigkeit:

$$p = \frac{F}{A} = \frac{100\,\text{N}}{10\,\text{cm}^2} = \frac{10\,\text{N}}{1\,\text{cm}^2}$$

= 1 bar = 1000 hPa

Wie groß der Druck ist, wird durch den Quotienten aus Kraft und Fläche angegeben:

$$p = \frac{F}{A}.$$

Hydraulische Systeme sind Kraftwandler. Wie sie im Prinzip funktionieren, zeigt Bild 2:

Auf den Kolben mit der kleinen Querschnittsfläche wird eine Kraft ausgeübt. Der entstehende Druck ist überall in der Flüssigkeit gleich.

Da der zweite Kolben eine dreimal so große Querschnittsfläche hat wie der erste, wirkt auf ihn auch eine dreimal so große Kraft.

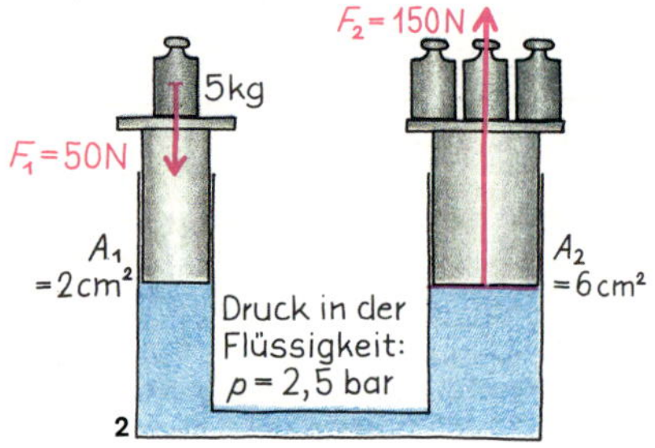

2

$$p = \frac{F_2}{A_2} = \frac{F_1}{A_1}$$

$$F_2 = \frac{A_2}{A_1} \cdot F_1$$

$$F_2 = \frac{6\,\text{cm}^2}{2\,\text{cm}^2} \cdot F_1$$

$$F_2 = 3\,F_1$$

Der Schweredruck

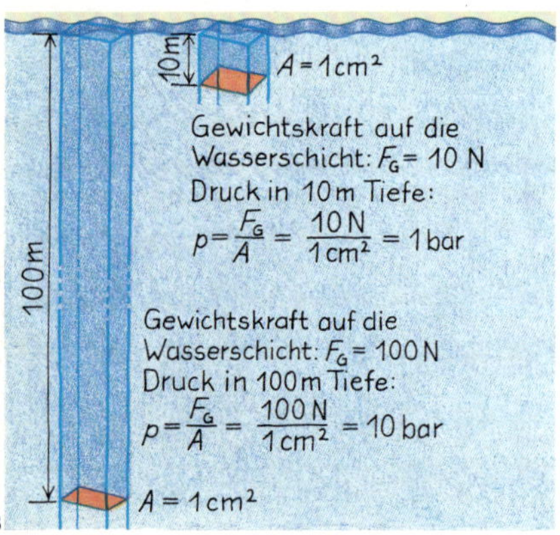

3

Auf jeder waagerecht liegenden Flüssigkeitsschicht lastet die darüber liegende Flüssigkeit. Dadurch entsteht in der Schicht ein Druck, der um so größer ist, je höher die Flüssigkeit über der Schicht steht.

Den Druck in einer Flüssigkeitsschicht, der von der darüber liegenden Flüssigkeit hervorgerufen wird, nennt man **Schweredruck**. Es gilt: $p = g \cdot \varrho_{Fl} \cdot h$.

Dabei sind g der Ortsfaktor, ϱ_{Fl} die Dichte der betreffenden Flüssigkeit und h die Höhe der auf der Schicht lastenden Flüssigkeitssäule.

Der Schweredruck hängt nicht von der Form des Gefäßes ab.

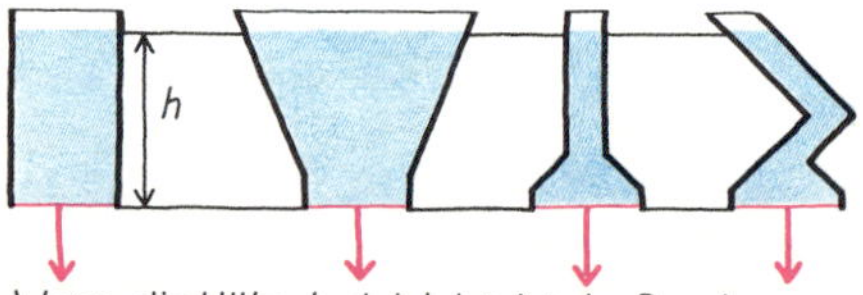

4 Wenn die Höhe h gleich ist, ist der Druck am Boden in allen Gefäßen gleich groß.

Verbundene Gefäße

In zwei miteinander *verbundenen Gefäßen* steht die Flüssigkeit gleich hoch.

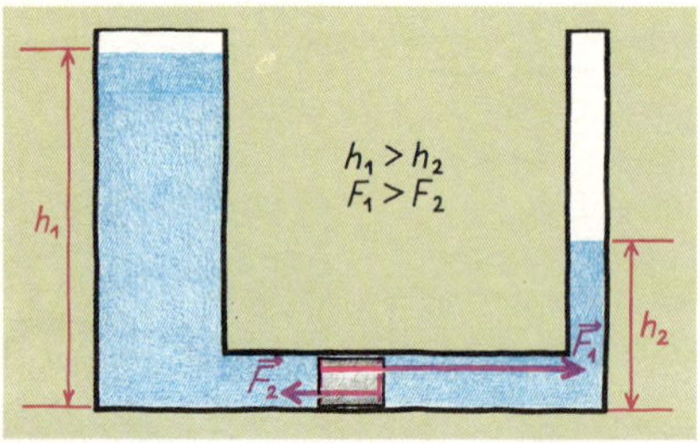

5

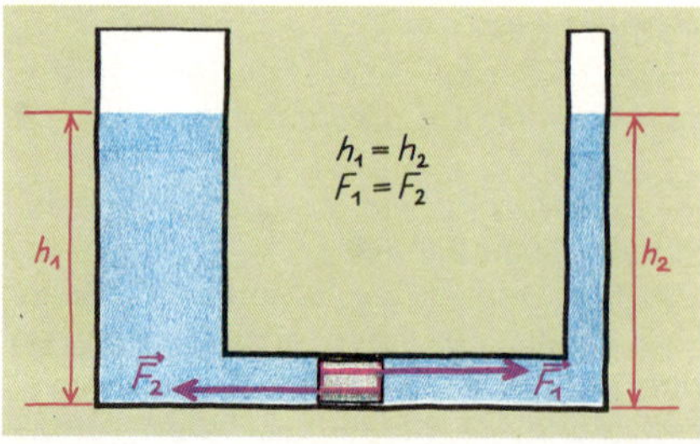

6

Auf den beweglichen Kolben wirkt von links eine größere Kraft als von rechts; links ist nämlich der Schweredruck größer.

Der Kolben bewegt sich so lange nach rechts, bis in beiden Gefäßen das Wasser gleich hoch steht. Dann ist auch der Schweredruck auf beiden Seiten des Kolbens gleich groß.

Der Auftrieb in Flüssigkeiten

Auf Körper in Flüssigkeiten wirken **Auftriebskräfte**.

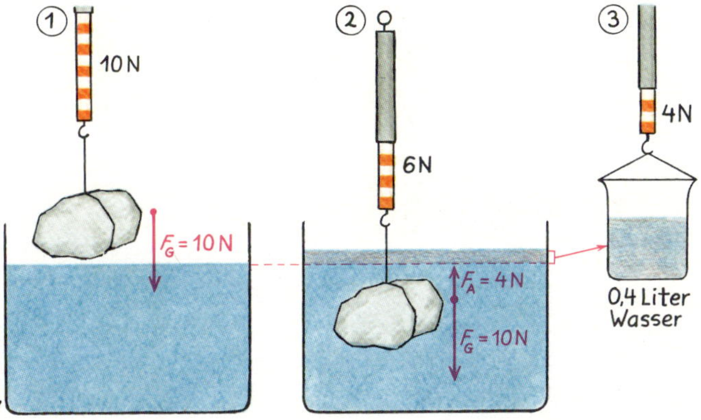

7

Die Auftriebskraft läßt sich so erklären: Der Schweredruck nimmt mit der Tiefe zu. Auf die Unterseite des Körpers wirkt daher eine größere Kraft als auf die Oberseite.

Die Auftriebskraft ist stets der Gewichtskraft entgegen gerichtet. Aus diesem Grund wird der eingetauchte Körper scheinbar leichter.

Die Auftriebskraft, die ein eingetauchter Körper erfährt, ist so groß wie die Gewichtskraft auf die vom Körper verdrängte Flüssigkeit *(Archimedisches Prinzip).*

Für die Auftriebskraft F_A ergibt sich: $F_A = g \cdot \varrho_{Fl} \cdot V$.

Dabei sind g der Ortsfaktor, ϱ_{Fl} die Dichte der Flüssigkeit und V das Volumen der verdrängten Flüssigkeit.

Sinken, schweben, steigen

Ein Körper, der vollständig in eine Flüssigkeit eingetaucht ist, ...

... *sinkt*, wenn die auf ihn wirkende Auftriebskraft kleiner ist als die Gewichtskraft,

... *schwebt*, wenn die auf ihn wirkende Auftriebskraft genauso groß ist wie die Gewichtskraft,

... *steigt*, wenn die auf ihn wirkende Auftriebskraft größer ist als die Gewichtskraft.

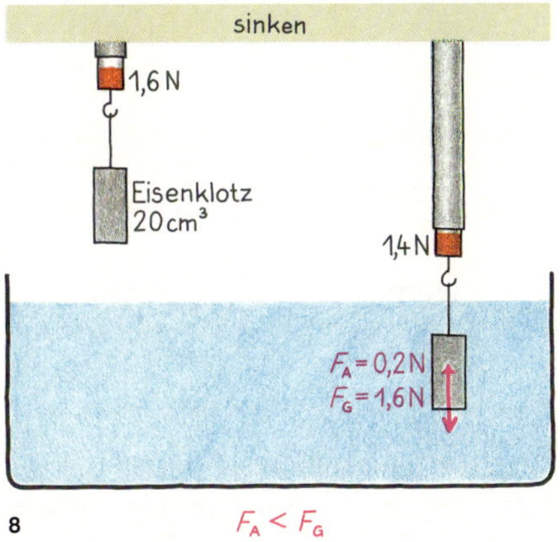

8 $F_A < F_G$

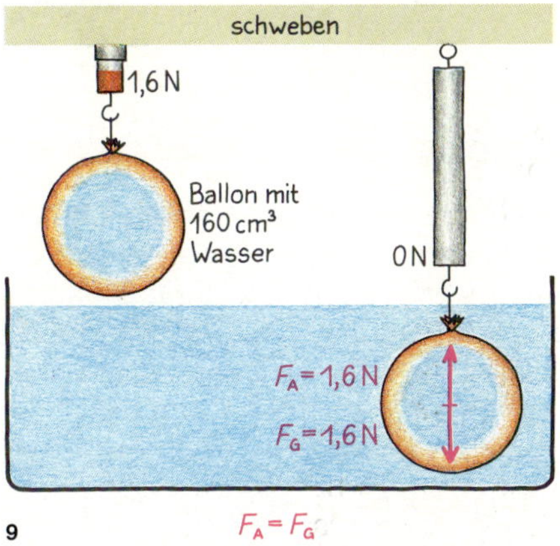

9 $F_A = F_G$

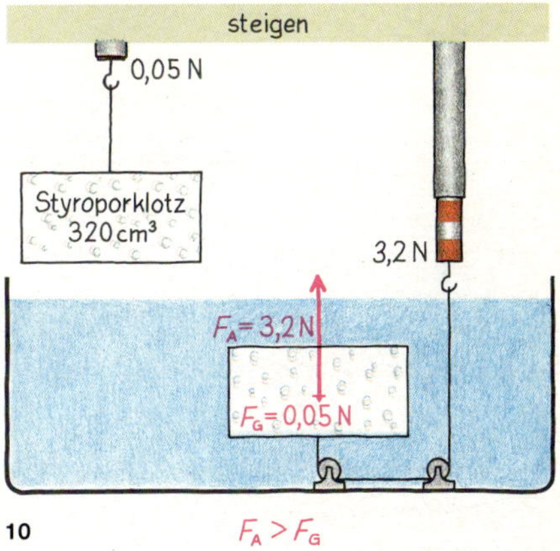

10 $F_A > F_G$

Welcher der drei Fälle eintritt, kann man voraussagen, wenn man die Dichte der Flüssigkeit ϱ_{Fl} und die (mittlere) Dichte des Körpers ϱ_K kennt.

Sinken: $\varrho_K > \varrho_{Fl}$

Schweben: $\varrho_K = \varrho_{Fl}$

Steigen: $\varrho_K < \varrho_{Fl}$

Das Schwimmen

Die Auftriebskraft, die auf einen schwimmenden Körper wirkt, ist genauso groß wie die Gewichtskraft auf diesen Körper.

Der Körper taucht so tief ein, bis die Gewichtskraft auf die verdrängte Flüssigkeit genauso groß ist wie die Gewichtskraft auf den Körper.

Wenn die (mittlere) Dichte eines Körpers kleiner als die Dichte der Flüssigkeit ist, schwimmt er.

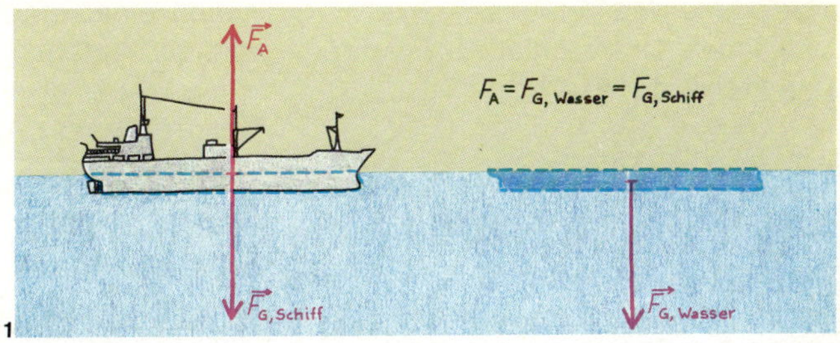

11

Mechanik der Gase

1 Eingesperrte Gase

1

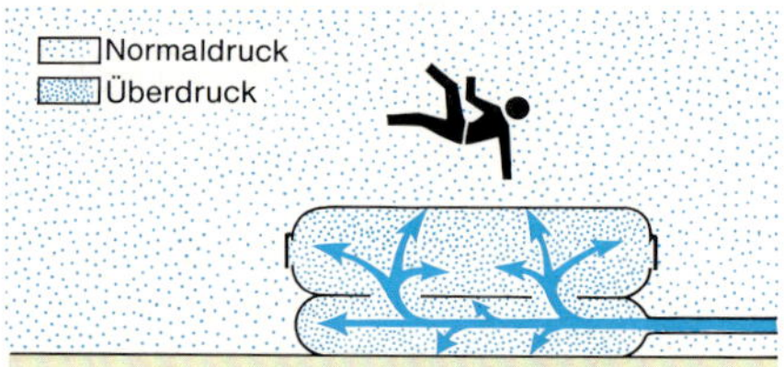

2 Durch ein Gebläse wird Luft in das Kissen geblasen. Bereits nach knapp einer Minute ist es gefüllt.

3 Wenn ein Mensch in das Kissen fällt, wird die Luft im Kissen zusammengepreßt. Ein Teil der Luft entweicht durch seitliche Schlitze.

4 Nach nur zehn Sekunden ist das Kissen wieder gefüllt, und der nächste Mensch kann springen.

Brand im 7. Stockwerk eines Hochhauses! Den Bewohnern der darüberliegenden Stockwerke sind die Fluchtwege abgeschnitten. Die Drehleiter der Feuerwehr reicht nicht hoch genug. Ein Riesenluftkissen, der „Sprungretter", kann den Eingeschlossenen Hilfe bringen (Bilder 1–4).

○ Auf welche Weise wird der fallende Mensch vom Luftkissen abgebremst?

○ Sind die seitlichen Öffnungen des Sprungretters nicht ein Nachteil? Es muß doch ständig Luft in das Kissen geblasen werden.

V 1 Du benötigst für diesen Versuch eine Luftpumpe oder eine Kunststoffspritze (ohne Nadel).

a) Ziehe den Kolben heraus, und halte die Öffnung mit dem Daumen zu. Stoße nun den Kolben hinein, und laß ihn dann sofort wieder los. Beschreibe deine Beobachtungen.

b) Fülle die Spritze mit Wasser, und wiederhole den Versuch.

Welchen Unterschied zur Luftfüllung stellst du fest?

V 2 Puste kräftig in das Röhrchen (Bild 5). Was geschieht, nachdem du das Röhrchen aus dem Mund genommen hast?

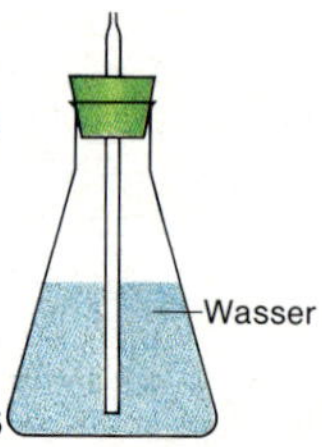

5

V 3 Ein aufgeblasener Luftballon wird in ein Einkaufsnetz gesteckt. Da das Netz dicht anliegen soll, mußt du es oben zusammenhalten.

Was geschieht, wenn du das Netz straffer ziehst? Versuche, deine Beobachtungen zu erklären.

V 4 Wir untersuchen, welcher Zusammenhang zwischen *Druck* und *Volumen* einer eingeschlossenen Gasmenge besteht.

Dazu sperren wir Luft in einem Kolbenprober ein und messen ihren Druck (Bild 6). Das Druckmeßgerät (Manometer) wird angeschlossen, wenn der Kolben zur Hälfte herausgezogen ist.

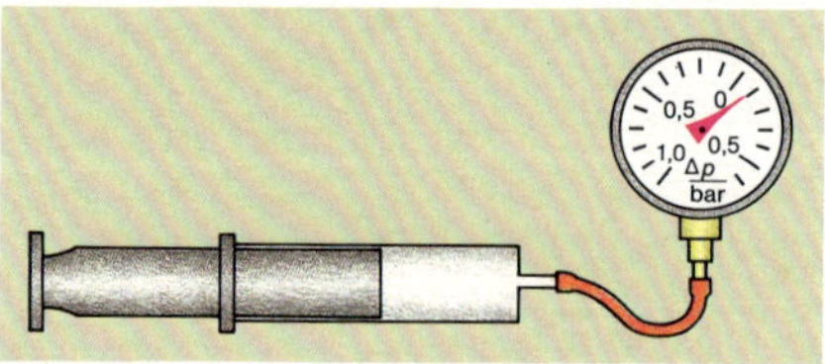

6

a) Wir verändern das Volumen der eingeschlossenen Luftmenge.

Beobachte dabei die Anzeige des Manometers.

b) Bei unterschiedlichem Druck p wird das Volumen V der eingeschlossenen Luft gemessen. Die Temperatur der Luft muß bei allen Messungen gleich sein.

Notiere die Meßwerte in einer Tabelle, und stelle die Meßreihe dann graphisch dar (*waagerechte Achse:* Druck; *senkrechte Achse:* Volumen).

Welche Vermutung ergibt sich aus dem Diagramm? Wie kannst du sie bestätigen?

V 5 Den Zusammenhang zwischen Druck und Volumen einer Gasmenge kann man auch mit dem Aufbau von Bild 7 untersuchen: Die Kugel paßt so genau in das Glasrohr, daß sie den rechten Teil des Rohres luftdicht abschließt. Trotzdem läßt sie sich leicht im Rohr bewegen.

Überlege, wie sich die Kugel verhält, wenn Luft aus dem linken Teil des Rohres abgepumpt oder in ihn hineingepumpt wird.

Wie wird der Druck der Luft rechts von der Kugel bestimmt? (*Tips:* Welche Kräfte wirken auf die Kugel? Was kannst du über die Kräfte aussagen, wenn die Kugel in Ruhe ist? Was folgt daraus für den Druck?)

Die Messungen werden wie in Versuch 4 durchgeführt.

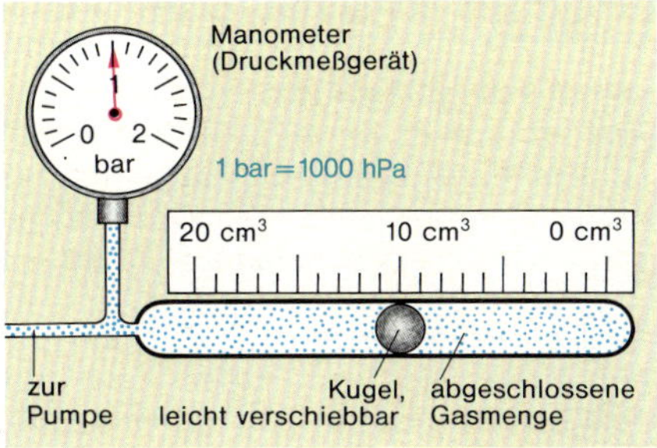

7

Info: **So kann man sich das Verhalten von Gasen erklären**

Wenn in einem Raum eine Parfümflasche geöffnet wird, kannst du das Parfüm nach einiger Zeit überall riechen – selbst wenn kein Luftzug vorhanden ist.

Das Parfüm verdunstet, es wird gasförmig. Wie aber gelangt dieses Gas an alle Stellen des Raumes?

Wir stellen uns vor, daß alle Stoffe aus Teilchen bestehen. Im Gegensatz zu festen und flüssigen Stoffen sind bei einem Gas die kleinsten Teilchen nicht durch Kräfte aneinander gebunden; sie können sich (fast) frei bewegen und befinden sich in ständiger Bewegung. Zwischen den Teilchen kommt es dauernd zu Zusammenstößen. Sie bewegen sich deshalb kreuz und quer im gesamten Raum, der ihnen zur Verfügung steht.

Die Teilchen z. B. der Zimmerluft sind erstaunlich schnell: Bei geradliniger Bewegung würden sie die Strecke Stuttgart–Hamburg in rund 20 min zurücklegen. Sie bewegen sich nämlich mit Geschwindigkeiten, die in der Größenordnung von 500 m/s liegen.

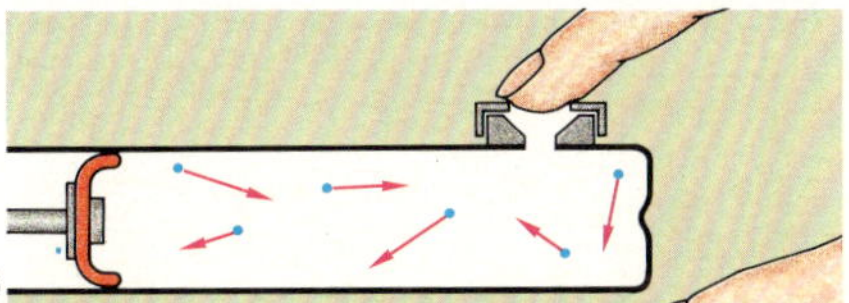
8

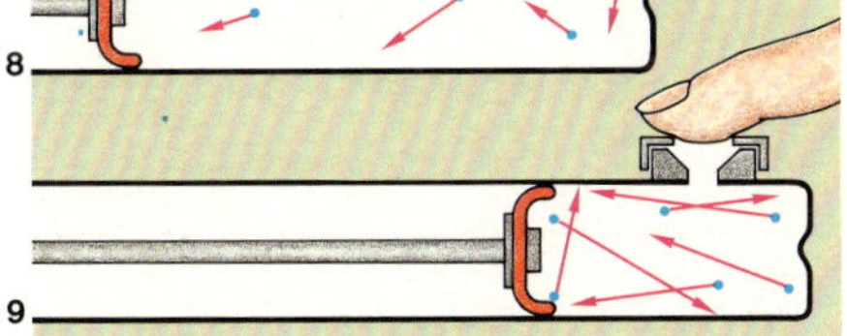
9

Angesichts solcher Geschwindigkeiten ist es verwunderlich, daß es einige Minuten dauern kann, bis Teilchen aus der Parfümflasche in alle Ecken des Raumes gelangt sind. Man muß aber bedenken, daß die Teilchen sich nicht geradlinig fortgewegen, sondern ständig mit anderen zusammenstoßen.

Wir betrachten nun ein Gas, das in ein Gefäß eingesperrt ist, z. B. die Luft in einer Luftpumpe. Auf die Begrenzungsflächen prasseln in jeder Sekunde unzählige Gasteilchen (Bild 8). Dadurch übt das Gas auf die Pumpenwände Kräfte aus; es steht also „unter Druck".

Wenn man die Pumpenöffnung zuhält und den Kolben in die Pumpe preßt, steigt der Druck: Weil nun den Teilchen weniger Raum zur Verfügung steht, prallen sie häufiger gegen die Wände. Die Kräfte auf die Wände werden größer (Bild 9).

Wenn sich Gase in einem abgeschlossenen Raum befinden, herrscht dort ein Druck. Er ist eine Folge der ständigen Bewegung der Gasteilchen.

Info: **Der Druck in eingeschlossenen Gasen**

Eingeschlossene Gase üben Kräfte auf alle Begrenzungsflächen aus (Bilder 10 u. 11). Wir betrachten Kräfte, die auf (annähernd) ebene Teilstücke der Begrenzungsflächen wirken. Wie bei den Flüssigkeiten gilt auch bei den Gasen:

- ○ Die Kraft ist senkrecht zur Fläche.
- ○ Die Kraft ist proportional zur Größe der Fläche.

Auf eine doppelt so große Fläche übt die Flüssigkeit eine doppelt so große Kraft aus. Der Quotient aus Kraft(betrag) und Fläche ist konstant:

$$\frac{F}{A} = \text{konst.}$$

Je stärker wir das Gas „unter Druck" setzen, desto größer wird auch dieser Quotient. Er ist also (wie bei den Flüssigkeiten) ein Maß für den Druckzustand.

$$\boldsymbol{p = \frac{F}{A}}.$$

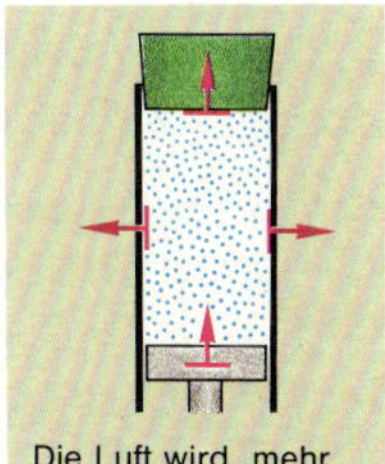
Die Luft wird mehr und mehr „unter Druck" gesetzt. Die Kräfte auf die Wände werden größer.
10

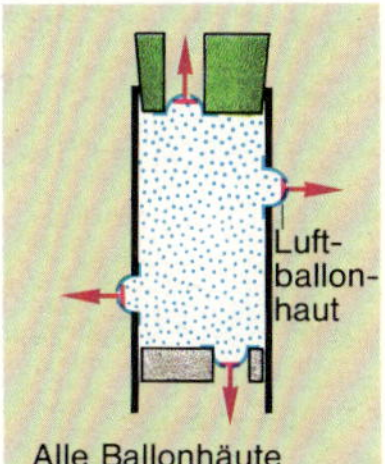

Alle Ballonhäute werden gleich stark verformt. In alle Richtungen wirken hier gleich große Kräfte.
11

Der Druck eines eingeschlossenen Gases ist überall gleich groß.

Zwischen Gasen und Flüssigkeiten gibt es jedoch einen wichtigen Unterschied: Gase lassen sich zusammenpressen, Flüssigkeiten dagegen (fast) nicht. Man sagt:

Gase sind *kompressibel*, Flüssigkeiten sind *inkompressibel* (lat. *comprimere:* zusammendrücken).

Erhöht man also den Druck einer eingeschlossenen *Flüssigkeitsmenge*, so ändert sich ihr Volumen nur ganz geringfügig.

Dagegen kann man das Volumen einer *Gasmenge*, die in einem Kolbenprober eingeschlossen ist, beliebig verkleinern oder vergrößern, indem man den Kolben verschiebt.

Wenn man den Kolben hineindrückt, nimmt der Druck des Gases zu. *Je kleiner das Volumen der eingeschlossenen Gasmenge ist, desto größer ist der Druck.*

Genaue Messungen zeigen:

Das Produkt aus Druck p und Volumen V eines eingeschlossenen Gases ist konstant: $p \cdot V = \text{konst.}$

Diese Gesetzmäßigkeit bezeichnet man als **Boyle-Mariottesches Gesetz**.

Das Boyle-Mariottesche Gesetz gilt nur bei *konstanter Temperatur.* Der Druck eines Gases steigt nämlich auch, wenn man es erhitzt.

Info: Eine Wiederholung aus der Mathematik – die Antiproportionalität

Aus der Mathematik kennst du den Begriff **Antiproportionalität** *(umgekehrte Proportionalität)*:

Zwei Größen sind zueinander antiproportional (umgekehrt proportional), wenn alle zusammengehörenden Paare dieser Größen das gleiche Produkt haben (Produktgleichheit).

Ein einfaches Beispiel: Stell dir vor, du sollst ein quaderförmiges Gefäß basteln, in das genau 2 l hineinpassen. Es gibt dafür viele Möglichkeiten (Bild 1).

Die *Höhe* des Quaders hängt nämlich davon ab, wie groß seine *Grundfläche* gewählt wird: Wenn man die Grundfläche verdoppelt (verdreifacht), muß die Höhe halbiert (gedrittelt) werden. In jedem Fall ist das Produkt aus Grundfläche und Höhe gleich groß, nämlich 2 l. Grundfläche und Höhe sind also antiproportional.

Auch die Paare aus Druck und Volumen eines eingeschlossenen Gases sind produktgleich. Druck und Volumen sind somit antiproportional. Zum doppelten (dreifachen) Volumen gehört der halbe (gedrittelte) Wert des Druckes.

Die Tabelle zeigt die Zuordnung von Druck und Volumen. In Bild 2 sind die Wertepaare in ein Diagramm eingetragen.

Die in Bild 2 gezeichnete Kurve ist eine *Hyperbel*.

Leider kann man einer Ausgleichskurve in einem Diagramm nicht ohne weiteres ansehen, ob sie eine Hyperbel ist oder nicht. Aus der graphischen Darstellung läßt sich also nicht mit Sicherheit erkennen, ob eine antiproportionale Zuordnung vorliegt.

Man muß daher prüfen, ob die Paare der Zuordnung produktgleich sind.

Weil alle Messungen Meßfehler aufweisen, kann man allerdings nicht erwarten, daß sich bei der Produktbildung immer genau der gleiche Wert ergibt.

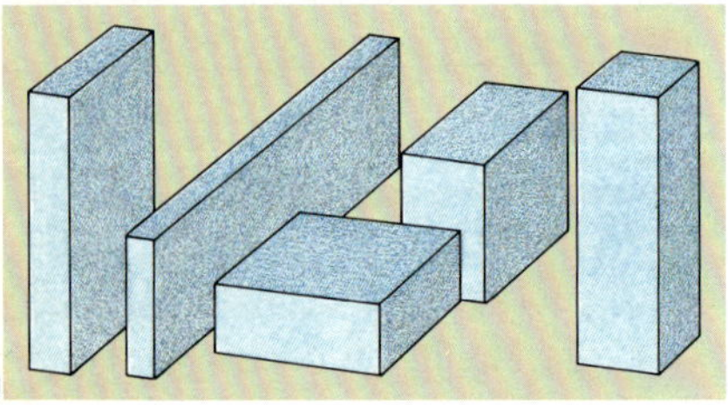
1

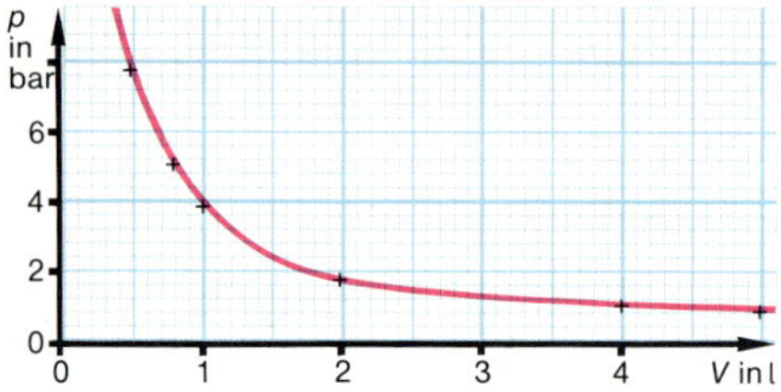

2 Druck und Volumen eines eingeschlossenen Gases

p in bar	V in l	$p \cdot V$ in bar · l
7,90	0,5	3,95
5,05	0,8	4,04
3,90	1,0	3,90
1,95	2,0	3,90
1,00	4,0	4,00
0,85	5,0	4,25

Aufgaben

1 Auf eine eingeschlossene Flüssigkeit und ein eingeschlossenes Gas werden mit Hilfe von Kolben gleich große Kräfte ausgeübt. Was geschieht in beiden Fällen?

Welche unterschiedlichen Auswirkungen ergeben sich bei Flüssigkeit und Gas?

2 Schlägt man mit der Hand auf eine aufgeblasene Papiertüte, so zerplatzt diese. Wieso eigentlich?

3 Die meisten Fahrzeuge haben *luftgefüllte* Gummireifen. Welche Eigenschaft der Luft wird dabei genutzt?

Nenne Vorteile gegenüber anderen Verfahren, die man früher zur Federung anwandte (Bilder 3 u. 4).

3 Militärfahrrad mit Ersatzbereifung aus Schraubenfedern, 1916

4 Hochrad mit Vollgummireifen, 1870

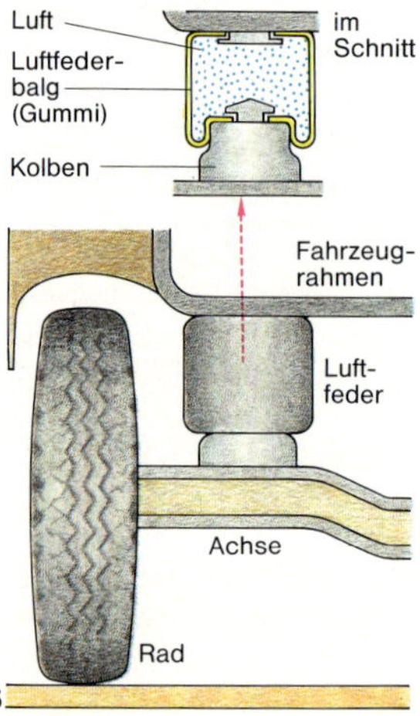

5

4 Reisebusse sind häufig „luftgefedert" (Bild 5). Warum kann man das Gas nicht durch eine Flüssigkeit ersetzen?

5 Der Zusammenhang zwischen Druck p und Volumen V einer bestimmten Gasmenge wurde bei konstanter Temperatur untersucht.

p in bar	0,6	0,8	1,0	1,2	1,4	1,6
V in cm³	19,0	14,6	11,9	9,5	8,3	7,2

a) Trage die Meßwerte in ein Diagramm ein *(waagerechte Achse:* Volumen*)*, und zeichne die Ausgleichskurve.

b) Welche Gesetzmäßigkeit wird durch den Kurvenverlauf nahegelegt? Überprüfe diese Vermutung.

6 Wenn man einen Glaskolben mit einem Stopfen verschließt und dann erwärmt, steigt der Druck des Gases. Versuche den Druckanstieg zu erklären.

Warum sollte der Stopfen nicht zu fest sitzen?

7 Die Preßluftflasche eines Tauchers enthält 10 l Luft bei einem Druck von 200 bar. Der Taucher benötigt in jeder Minute ca. 25 l Luft.

a) Wie lange kann er unmittelbar unter der Wasseroberfläche tauchen? (Der Druck beträgt dort 1 bar.)

b) Auch in größeren Wassertiefen benötigt er pro Minute 25 l Luft. Warum wird die mögliche Tauchzeit um so kürzer, je tiefer er taucht?

Aus Umwelt und Technik: **Gasspeicher über und unter Tage**

Zum Heizen und zur Warmwasserbereitung wird häufig Erdgas eingesetzt. Das Gas kommt z. B. über lange Pipelines aus den Fördergebieten in der Nordsee.

Der Gasbedarf hängt stark von der Jahreszeit und von der Tageszeit ab. Um den schwankenden Bedarf dekken zu können, braucht man große Gasspeicher.

Der Kugelbehälter von Bild 6 faßt 5000 m^3 Gas. Der zulässige Druck beträgt 6 bar. Man kann also eine Gasmenge speichern, die bei 1 bar ein Volumen von 30 000 m^3 hat.

6

Gas kann auch in Höhlen (Kavernen) gespeichert werden. So wurde z. B. für die Gasversorgung von Kiel aus einem Salzstock in 1300 m Tiefe Salz ausgewaschen. Es entstand dadurch eine 30 000 m^3 große Kaverne.

Das Erdgas wird mit hohem Druck (bis zu 180 bar) in die Kaverne gepreßt. Entsprechend viel Gas paßt hinein: Bei 1 bar hätte es ein Volumen von 4 800 000 m^3!

Der Mehrbedarf an Erdgas, der im Winter auftritt, kann zum Teil aus der Kaverne gedeckt werden. Im Sommer wird wieder Gas nachgefüllt.

Aus Umwelt und Technik: **Druck auch in Festkörpern?**

Gase und *Flüssigkeiten* verhalten sich in einer Hinsicht völlig gleich: Sie geraten unter Druck, wenn man sie in ein Gefäß einsperrt und dann mit einem Stempel versucht, ihr Volumen zu verkleinern. Der Druck ist überall im Gas oder in der Flüssigkeit gleich. Wie groß er ist, wird durch den Quotienten F/A angegeben.

Festkörper zeigen ein ganz anderes Verhalten.

Auch in Festkörpern gibt es Spannungszustände: Wenn du z. B. versuchst, eine Eisenstange zu verbiegen, so gerät sie in einen Spannungszustand.

In Bild 7 ist der Spannungszustand im Kunstharzmodell eines Kranhakens sichtbar gemacht. Auf solchen Aufnahmen erkennt man, wo der Haken am stärksten belastet wird und daher am stabilsten gebaut werden muß. Unterschiedliche Farben bedeuten unterschiedliche Spannungen. Je dichter die farbigen Linien zusammenliegen, desto mehr steht das Material „unter Spannung".

Wie du siehst, *ist der Spannungszustand in einem Festkörper keineswegs überall gleich* – im Gegensatz zu dem in einer Flüssigkeit oder in einem Gas. Deswegen kann man *nicht* von einem Druck im Festkörper reden.

Trotzdem ist der Quotient F/A auch bei Festkörpern von Bedeutung. In Bild 8 drückt sich der Stein um so tiefer in den Schaumgummi ein, je kleiner die Auflagefläche ist. Die „Eindrücktiefe" hängt vom Quotienten aus der Gewichtskraft und der Größe der Auflagefläche ab. Diesen Quotienten könnte man als „Flächenbelastung" bezeichnen.

Den Unterschied zwischen Druck und Flächenbelastung machen auch die Bilder 9 u. 10 deutlich.

Daß sich Festkörper anders verhalten als Flüssigkeiten und Gase, läßt sich mit dem Teilchenmodell erklären:

Bei einem Festkörper haben die Teilchen eine ganz bestimmte räumliche Anordnung; sie sind an feste Plätze gebunden. Bei den Flüssigkeiten hatten wir aber gesehen, daß gerade die leichte Verschiebbarkeit der Teilchen der Grund dafür ist, daß der Druck überall gleich groß ist.

Bei manchen Stoffen ist es schwer zu sagen, ob sie flüssig oder fest sind. Kalter Teer ist steif und fest; man könnte ihn für einen Festkörper halten. Wenn man ihn ein wenig erwärmt, läßt sich seine Form verändern; er scheint dann eher eine sehr zähe Flüssigkeit zu sein.

Sogar bei Gestein gibt es solche Schwierigkeiten: Die bis zu 60 km dicke Erdkruste übt auf den darunterliegenden Erdmantel ungeheure Kräfte aus. Unter diesen Bedingungen wird das Gestein des Erdmantels verformbar und verhält sich ähnlich wie eine Flüssigkeit. Die Erdkruste „schwimmt" auf dem Erdmantel. Im Innern der „flüssigen" Erde wird der Druck mit zunehmender Tiefe immer größer. Er beträgt im Erdkern vermutlich einige Millionen Bar.

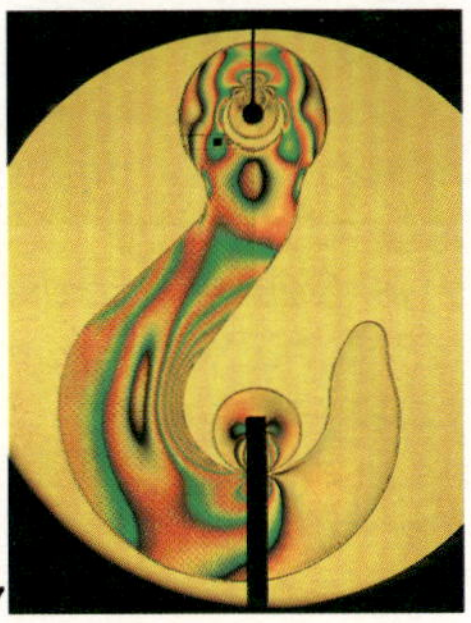
7

8

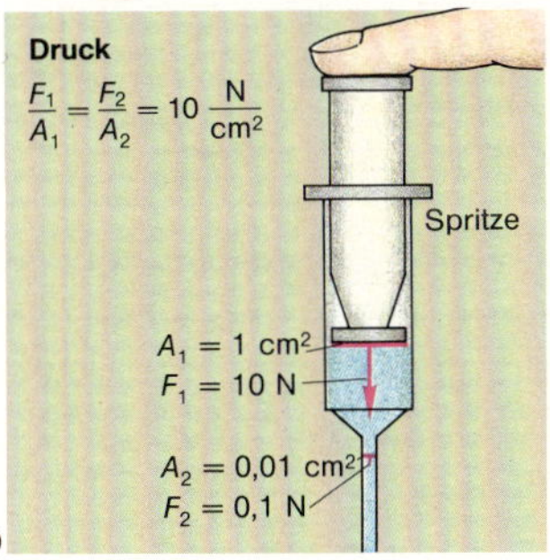

9

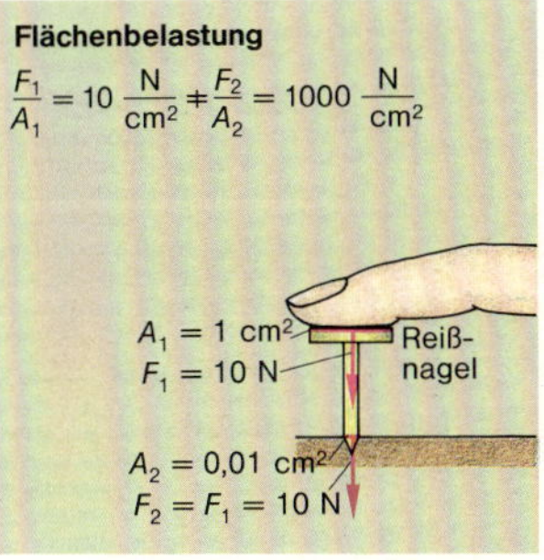

10

2 Der Schweredruck der Luft und seine Wirkungen

1 Ein Riesenmohrenkopf ...

2 und was davon übrigbleibt.

V 6 Bild 3 zeigt den Versuchsaufbau. Der Absperrhahn ist zunächst noch geschlossen.

a) Über das offene zweite Rohr wird Luft aus dem Kolben gesaugt. Was kannst du während des Absaugens beobachten?

b) Was geschieht, wenn der Hahn geöffnet wird? Erkläre die Vorgänge.

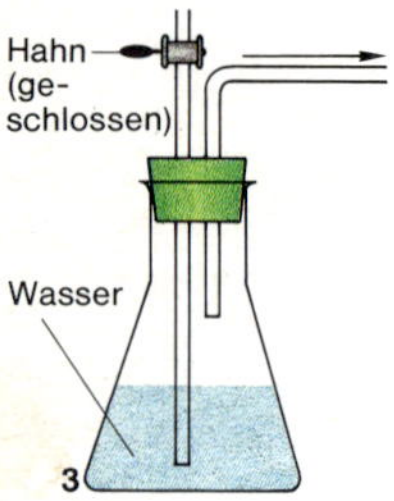

3

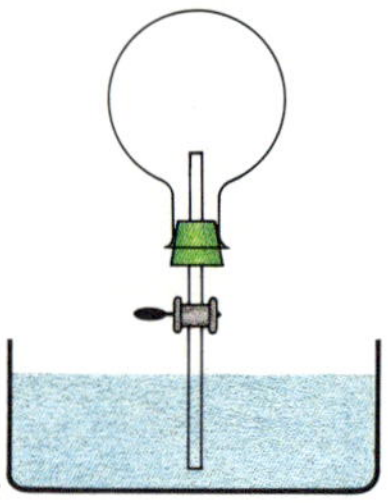
4

V 7 Unter Wasser öffnen wir den Hahn eines Rundkolbens, aus dem vorher Luft abgepumpt wurde (Bild 4).

Versuche, eine Erklärung für deine Beobachtungen zu finden.

V 8 Über einen Glasring wird eine Folie aus Zellglas (Cellophan) gespannt. Der Ring wird auf eine Platte über die Ansaugöffnung einer Pumpe gestellt. Dann wird die Pumpe eingeschaltet ...

V 9 Die Bilder 5–7 zeigen die Versuchsaufbauten.

Überlege, was jeweils geschieht, wenn man die Luft aus dem Kolben pumpt.

Begründung deine Vermutungen.

V 10 Fülle ein Glas bis zum Rand mit Wasser. Lege eine Postkarte darauf, und drehe das Glas vorsichtig um. Dann läßt du die Karte los.

Lege statt der Pappe ein Stück Mullbinde (Gaze) auf das Glas, und laß Wasser hindurchlaufen, bis das Glas randvoll ist. Lege deine Hand darauf, drehe das Glas um, und ziehe die Hand weg ...

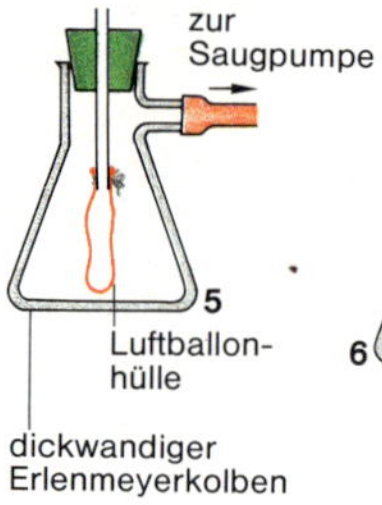

5

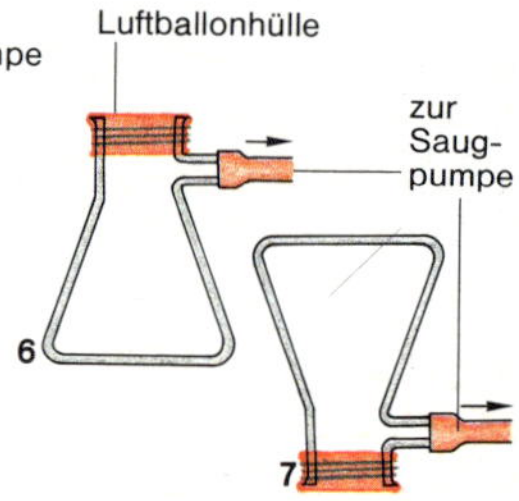

6
7

Aus der Geschichte: **Vom „horror vacui" zum Luftdruck**

Wenn du einen mit Wasser gefüllten Schlauch wie in Bild 8 hältst und dann die untere Öffnung freigibst, läuft das Wasser nicht aus. Wichtig ist nur, daß du die obere Öffnung weiterhin fest verschließt.

Solche und ähnliche Versuche waren schon im Altertum bekannt. Man erklärte diese Versuche durch den „horror vacui" (lat. Furcht, Grausen vor der Leere):

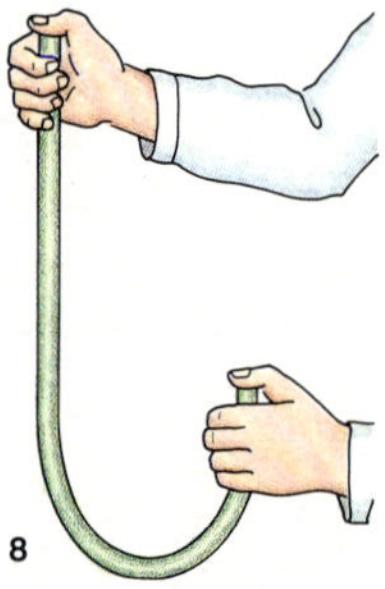
8

Wenn das Wasser ausfließen würde, müßte im oberen Teil des Schlauches ein völlig leerer Raum entstehen, ein *Vakuum*. Luft kann ja nicht eindringen, solange das obere Schlauchende verschlossen ist. Vor der Leere aber fürchtet sich die Natur (so meinte man) – und deshalb strömt das Wasser nicht aus.

Erst im 17. Jahrhundert begann man, systematisch Versuche durchzuführen. Einer der bekanntesten Forscher auf diesem Gebiet war der Magdeburger Bürgermeister *Otto von Guericke* (1602–1686).

Für einen seiner berühmten Versuche ließ er zwei Halbkugeln (Schalen) aus Kupfer herstellen (Bild 9). Eine davon war mit einem Absperrhahn versehen. Als Dichtungsring verwendete er einen mit Wachs und Öl getränkten Lederring. Guericke berichtete folgendes:

„Diese Schalen habe ich, nachdem jener Ring dazwischen gebracht war, aufeinander gelegt und dann die Luft rasch ausgepumpt. Da sah ich, mit wieviel Gewalt sich die beiden Schalen gegen den Ring preßten! Sie hafteten unter der Einwirkung des Luftdrucks so fest aneinander, daß 16 Pferde sie nicht oder nur sehr mühsam auseinanderzureißen vermochten. Gelingt aber bei äußerster Kraftanstrengung die Trennung bisweilen doch noch, so gibt es einen

Knall wie von einem Büchsenschuß. Sobald aber durch Öffnen des Hahnes der Luft Zutritt gewährt wird, können die Schalen von jedermann sogar bloß mit der Hand voneinander getrennt werden.“

Die Kunde von Guerickes Versuchen lief durch das ganze Land, und die Versuchsergebnisse erregten großes Aufsehen.

Wie aus dem Bericht hervorgeht, verwendete Guericke schon nicht mehr die Theorie vom „horror vacui“. Vielmehr war er davon überzeugt, daß die Halbkugeln von der äußeren Luft zusammengepreßt wurden.

9

Info: Wie der Schweredruck der Luft entsteht

Die Erde ist von einer Lufthülle umgeben. Wir leben sozusagen auf dem Grund eines riesigen Meeres aus Luft (Bild 10).

Genau wie in einer Flüssigkeit entsteht auch in der Luft ein **Schweredruck**: Stell dir eine dünne Luftschicht vor, die parallel zur Erdoberfläche ist. Über dieser Luftschicht steht eine hohe Luftsäule. Auf die Säule wirkt eine Gewichtskraft, und mit dieser Kraft wird die Luftschicht unter Druck gesetzt.

10

Luft ist viel leichter als Wasser (Gewichtskraft auf 1 m^3 Luft: 12,7 N). Wir leben jedoch am Boden eines sehr tiefen „Luftmeeres“, deswegen können wir recht eindrucksvolle und erstaunliche Wirkungen des Luftdruckes beobachten.

Je höher wir im „Luftmeer“ aufsteigen, desto geringer wird der Luftdruck.

Aufgrund des Schweredruckes übt die Luft Kräfte auf alle Begrenzungsflächen aus.

Beispiele: Ist die Luft aus den Magdeburger Halbkugeln von Bild 9 herausgepumpt, werden sie von der äußeren Luft zusammengepreßt (und nicht „vom Vakuum zusammengesaugt“).

Wenn man einen wassergefüllten Schlauch oben zuhält und unten freigibt, fließt das Wasser nicht aus (Bild 8 auf der linken Seite). Am unteren Ende des Schlauches übt nämlich die Luft eine Kraft auf die Wasseroberfläche aus, die das Ausströmen verhindert. Am zugehaltenen Ende kann die Luft keine Kraft auf das Wasser ausüben.

Auch mit einem Trinkhalm nutzt du den Luftdruck: Wenn der Druck der Luft im Mund kleiner als der äußere Luftdruck ist, preßt die äußere Luft das Getränk in deinen Mund hinein.

Aufgaben

1 Wie kommt es, daß man aneinandergepreßte Saughaken (Bild 11) kaum auseinanderziehen kann?

Ist der Name *Saughaken* gut gewählt? Begründe!

Warum funktionieren Saughaken eigentlich nur an glatten Wänden?

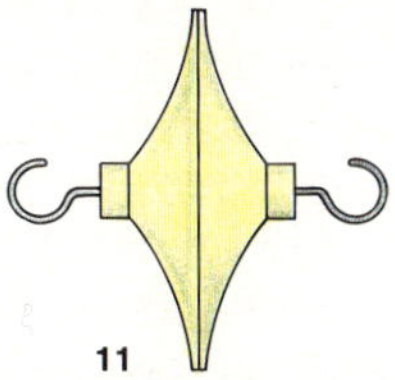

11

2 Wenn Gläser mit Marmelade oder eingekochtem Obst noch nicht angebrochen sind, sitzen die Deckel häufig sehr fest. Welche Kraft hält Glas und Deckel zusammen?

3 Erkläre die Funktionsweise eines *Stechhebers* (Bild 12).

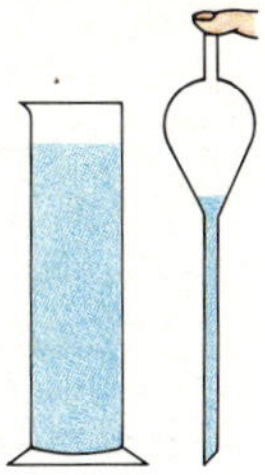

12

4 Was wird bei diesem **Versuch** (Bild 13) geschehen, wenn die Saugpumpe eingeschaltet wird?

Was wirst du beobachten können, wenn in der Glasglocke ein leicht aufgeblasener Luftballon liegt?

5 Für einen Mondspaziergang benötigen die Astronauten einen luftdichten Raumanzug.

Warum genügen nicht ein Helm und eine Sauerstoffflasche?

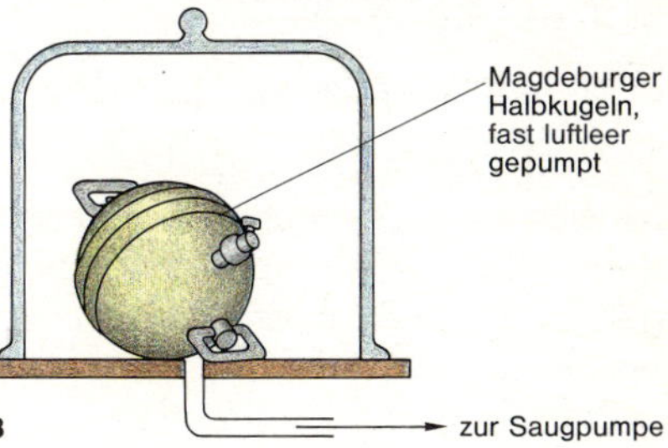

13

3 Die Messung des Schweredrucks der Luft

Aus der Geschichte: **Guerickes Luftdruckmesser**

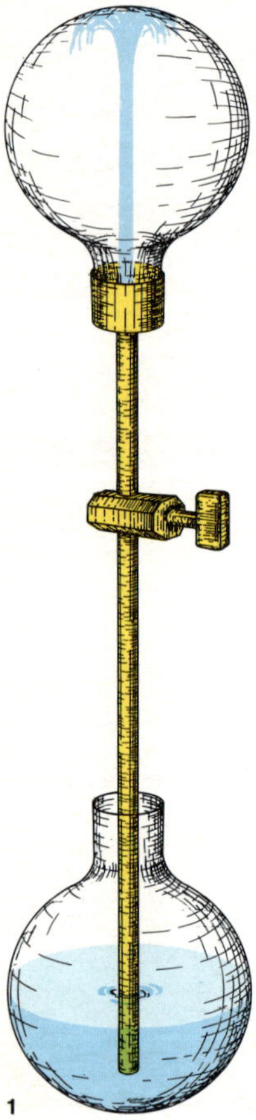
1

In seinem Arbeitszimmer hatte *Guericke* einen interessanten Apparat aufgestellt (Bild 1). Aus der oberen Glaskugel konnte er die Luft herauspumpen. Wenn er dann das Rohr in Wasser tauchte und den Hahn öffnete, spritzte das Wasser mit großer Gewalt nach oben.

Seine Besucher waren jedesmal verblüfft. Schließlich wußten die meisten von ihnen noch nicht, daß es einen Luftdruck gibt und daß die Luft das Wasser im unteren Teil des Apparates „unter Druck setzt".

Eines Tages fragten ihn einige seiner Besucher, bis zu welcher Höhe sich das Wasser emporleiten lasse. Guericke wußte keine Antwort, konnte sich aber auch nicht vorstellen, daß das Wasser bis zu jeder beliebigen Höhe steigen würde. Deshalb stellte er einen Versuch an:

Er baute den Apparat vor seinem Haus auf und verlängerte das Rohr immer weiter. Wieder und wieder setzte Guericke die Pumpe an den Hahn an und pumpte die Luft aus dem Glasgefäß. Doch jedesmal, wenn er das Gefäß auf das Rohr setzte und den Hahn öffnete, stieg das Wasser in die Glaskugel.

Schließlich reichte das Rohr bis zum vierten Stockwerk (Bild 2), und wieder stieg das Wasser im Rohr empor. Diesmal gelangte es aber nicht bis ins Glasgefäß – es blieb bei 19 Magdeburger Ellen (ca. 10 m) stehen.

Aufgrund dieses Versuches konnte Otto von Guericke angeben, wie groß der Luftdruck ist: Der Luftdruck ist so groß, daß die Luft eine Wassersäule von ungefähr 10 m Höhe „tragen" kann.

2

Bald bemerkte Guericke, daß sich der Wasserstand im Rohr im Laufe der Tage geringfügig änderte. Die Höhe des Wasserstandes hing mit dem Wetter zusammen: Bei schlechtem Wetter sank der Wasserspiegel, bei schönem Wetter stieg er. Als eines Tages der Wasserspiegel besonders tief sank, sagte er ein Unwetter vorher. Kaum waren zwei Stunden vergangen, da fegte tatsächlich ein heftiger Sturm über Magdeburg hinweg.

V 11 Mit einem 10 m langen, durchsichtigen Plastikschlauch, einem passenden Stopfen und einem Eimer voll abgekochtem Wasser läßt sich Guerickes Experiment zur Luftdruckmessung wiederholen. Man braucht nicht einmal eine Pumpe ...

V 12 In der Glasglocke von Bild 3 ist der Luftdruck zunächst genauso groß wie außerhalb.

a) Warum fließt das Wasser nicht aus dem Zylinder?

b) Was wird geschehen, wenn man den Luftdruck in der Glocke verringert und anschließend wieder Luft einströmen läßt?

Begründe deine Vermutung.

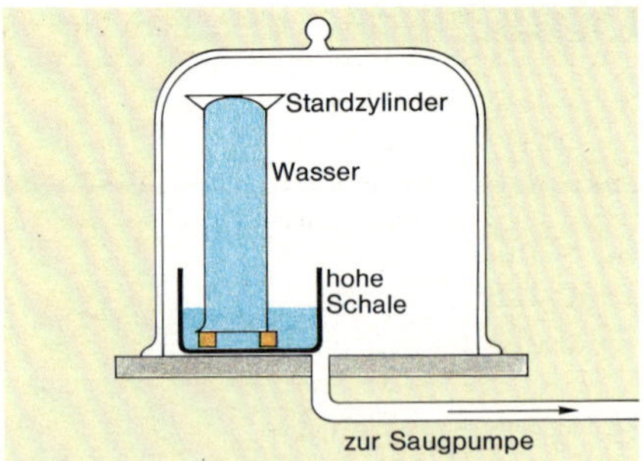

3

V 13 Verschließe die Öffnung einer Plastikspritze (ohne Nadel), nachdem du den Kolben hineingeschoben hast.

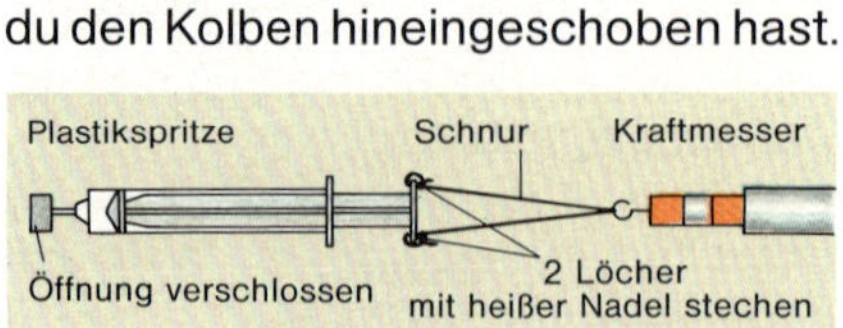

4

a) Miß die Kraft, die zum Herausziehen des Kolbens nötig ist (Bild 4).

b) Vergleiche die Kräfte bei unterschiedlichen Spritzen.

c) Was haben die gemessenen Kräfte mit dem Luftdruck zu tun?

Aus den Meßwerten soll der Luftdruck berechnet werden ...

V 14 Mit dem Versuchsaufbau von Bild 5 läßt sich der Luftdruck recht genau bestimmen. Wie muß man vorgehen?

Stelle die wirkenden Kräfte in einer Zeichnung dar.

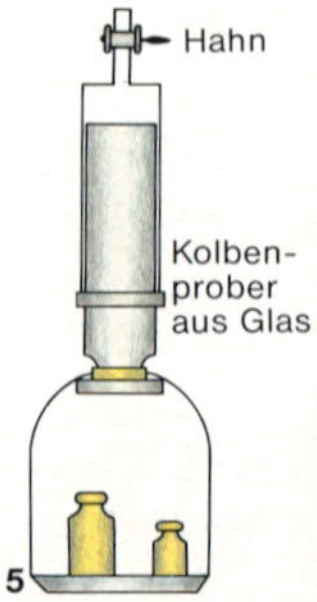

5

Info: **Wie man den Luftdruck mißt**

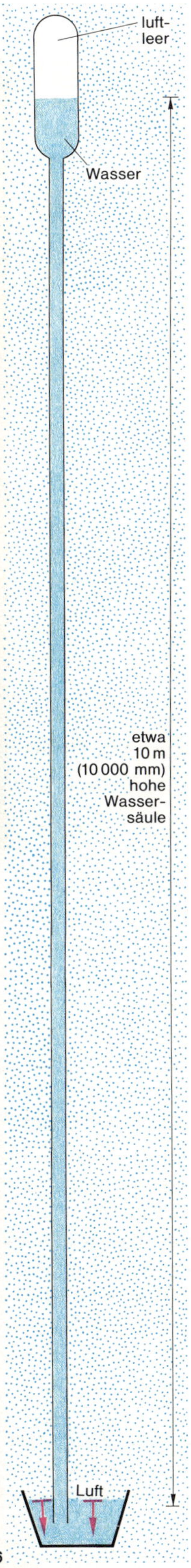

6

Um den Luftdruck zu messen, benutzte *Guericke* ein über 10 m langes Rohr, das mit Wasser gefüllt war. Dieser Luftdruckmesser (Bild 6) war unhandlich und für genaue Messungen ungeeignet.

Bereits einige Jahre vor Guericke beschäftigte sich der italienische Naturwissenschaftler *Evangelista Torricelli* (1608–1647) mit der Messung des Luftdrucks. Statt Wasser verwendete er das schwerere Quecksilber (Dichte bei 0 °C: $\varrho_{Hg} = 13{,}6\ g/cm^3$). Er kam mit einem recht kurzen Rohr aus: Die Quecksilbersäule in dem oben zugeschmolzenen Rohr war ca. 760 mm lang.

Auch Torricelli stellte mit Erstaunen fest, daß sich die Länge der Quecksilbersäule im Laufe von Tagen änderte – zwar nur um einige Millimeter, aber doch meßbar. Er vermutete zunächst Meßfehler, aber auch bei sorgfältiger Messung gab es die Schwankungen. Wie Guericke zog auch Torricelli den richtigen Schluß: Die Schwankungen der Quecksilbersäule mußten auf Änderungen des Luftdruckes zurückzuführen sein.

Geräte, mit denen man den Schweredruck der Luft messen kann, heißen **Barometer**. Noch heute werden *Quecksilberbarometer* verwendet (Bild 7).

In Meereshöhe ist die Quecksilbersäule im Mittel 760 mm lang. Daraus läßt sich der Luftdruck berechnen:

Die Quecksilbersäule wird von der Luft gehalten. Der Luftdruck p ist daher genauso groß sein wie der Schweredruck p_{Hg} am Boden der Quecksilbersäule.

$$p = p_{Hg},$$

$$p = g \cdot \varrho_{Hg} \cdot h,$$

$$p = 9{,}8\ \frac{N}{kg} \cdot 13{,}6\ \frac{g}{cm^3} \cdot 76\ cm = \frac{9{,}8\ N \cdot 13{,}6\ g \cdot 76\ cm}{1000\ g \cdot cm^3},$$

$$p = 10{,}13\ \frac{N}{cm^2} = 1013\ hPa = 1{,}013\ bar.$$

Dieser Druck heißt *Normdruck* (mittlerer Druck in Meereshöhe).

Statt des Quecksilberbarometers verwendet man häufig die besonders handlichen *Dosenbarometer* (Bild 8).

Den Druck eingesperrter Gase (z. B. Luftdruck im Autoreifen) mißt man mit einem **Manometer** (Bild 9). Das „unter Druck stehende" Gas verformt dabei z. B. über eine Membran eine Feder.

Häufig wird nicht der in einem eingeschlossenen Gas herrschende Druck angegeben, sondern der *Überdruck* oder der *Unterdruck*. Unter Überdruck versteht man die Differenz zwischen dem tatsächlichen Druck und dem äußeren Luftdruck (Bild 10). Zum Überdruck ist also der äußere Luftdruck zu addieren.

Entsprechend ist der Unterdruck die Differenz zwischen dem äußeren Luftdruck und dem Druck in dem Gefäß. Den Unterdruck muß man also vom äußeren Luftdruck abziehen.

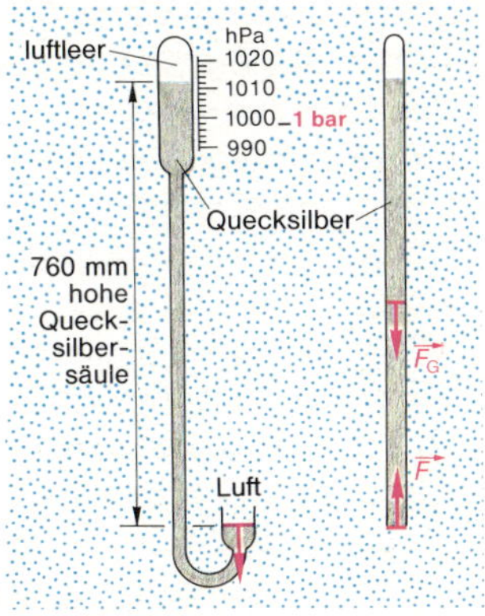

7

Einige (Über-)Druckwerte

Traglufthalle	0,003 bar
Mopedreifen	1,2–1,8 bar
Motorradreifen	1,5–2,0 bar
Fahrradreifen	ca. 2 bar
Fahrzeugreifen	
Pkw	1,6–2,2 bar
Lkw	3,5–5,0 bar
Spraydosen	max. 10 bar
Sauerstoffflasche	150 bar
Preßluftflasche („Taucherflasche")	200 bar

Wichtigster Teil des Dosenbarometers ist die fast luftleere Druckdose aus Blech. Je stärker die Luft von außen auf den gewellten Deckel drückt, desto mehr wird er eingedellt. Drückt die Luft weniger stark, wölbt sich der Deckel wieder zurück.
Mit dem Deckel ist eine Feder verbunden. Sie überträgt die Bewegungen des Deckels auf den Zeiger.

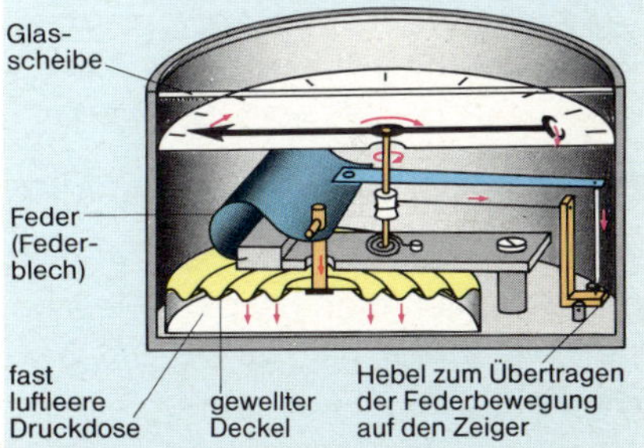

8

9

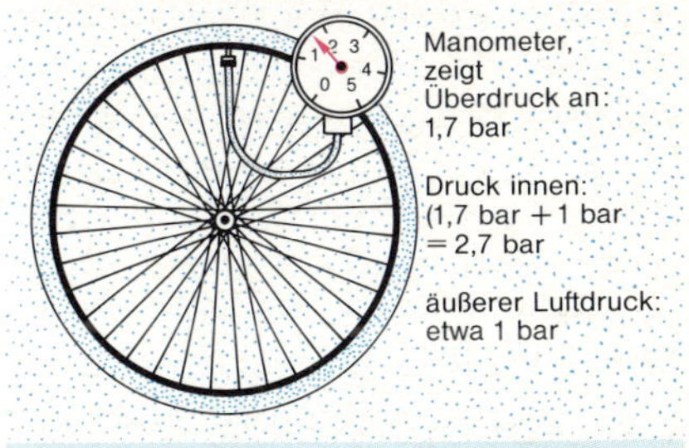

Der Luftdruck ist innerhalb und außerhalb des Reifens zunächst gleich. Dann wird zusätzliche Luft in den Reifen gepumpt. Im Reifen entsteht ein Druck von 2,7 bar: 1 bar äußerer Luftdruck plus 1,7 bar Überdruck.
10

Aufgaben

1 Ein einfacher **Versuch**: Unter einer glattgestrichenen Zeitung liegt ein 10 cm · 10 cm großes Brettchen. In seiner Mitte ist ein Faden befestigt, der durch ein kleines Loch in der Zeitung nach oben geführt wird.

a) Versuche, das Brettchen mit einem Ruck nach oben zu ziehen. Ziehe auch einmal ganz langsam.

b) Berechne die Kraft, die die Luft auf eine 40 cm · 80 cm große Zeitung ausübt.

2 Die Messungen zu Versuch 13 ergaben z. B. folgende Kolbenflächen sowie Kräfte, die zum Herausziehen des Kolbens nötig waren:

$A_1 = 3{,}8\ \text{cm}^2$, $F_1 = 40\ \text{N}$;
$A_2 = 1{,}13\ \text{cm}^2$, $F_2 = 15\ \text{N}$.

a) Berechne den jeweiligen Luftdruck.

b) Ein Barometer zeigte 1013 hPa an. Warum erhielt man bei den Messungen Ergebnisse, die von diesem Wert abweichen?

3 Bild 1 zeigt ein einfaches „Dosenbarometer" zum Selbstbauen. Mit

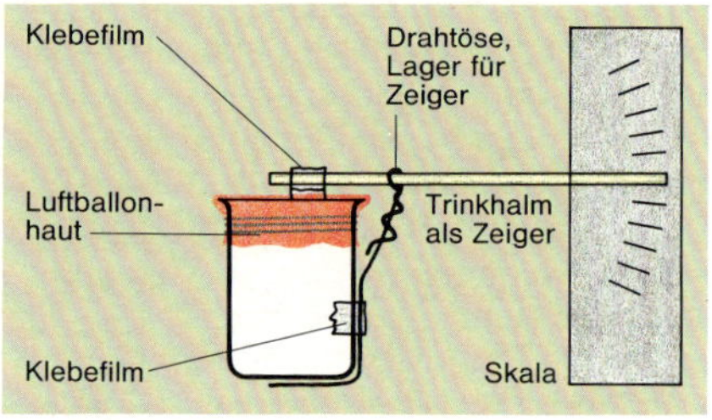

1

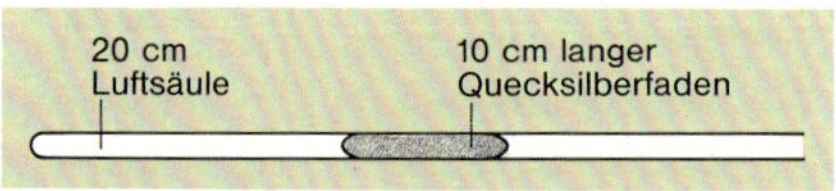

2

dem Gerät lassen sich Luftdruckschwankungen nachweisen.

Um das Gerät auszuprobieren, kann man es unter eine Glocke stellen und den Druck verringern. Was wird zu beobachten sein? Erkläre!

4 Berechne die Höhe der Wassersäule in Guerickes Barometer bei einem Luftdruck von 1013 hPa.

5 Am Tag vor einem Gewitter sinkt der Luftdruck von 1030 auf 990 hPa. Um welche Strecke sinkt dabei der Flüssigkeitsspiegel eines Quecksilberbarometers?

6 In einem einseitig verschlossenen Glasrohr befindet sich ein Quecksilberfaden. Er schließt eine Luftmenge ein (Bild 2). Wenn das Rohr flach auf dem Tisch liegt, ist die eingeschlossene Luftsäule 20 cm lang.

a) Das Rohr wird aufgerichtet, das offene Ende zeigt nach oben. Welcher Druck herrscht jetzt in der eingeschlossenen Luft (äußerer Luftdruck: 1000 hPa)? Wie lang ist die Luftsäule im stehenden Rohr?

b) Was geschieht, wenn man das Rohr so dreht, daß die Öffnung nach unten zeigt? Wie lang ist die Luftsäule in diesem Fall?

7 In einem oben verschlossenen Glasrohr *(Torricelli-Rohr)* steht eine 76 cm lange Quecksilbersäule. Über dieser Säule ist das Rohr luftleer. Das untere Rohrende taucht in eine Wanne mit Quecksilber ein.

Das Rohr (Länge: 1 m) steht zunächst senkrecht. Wie ändert sich der Quecksilberstand, wenn es geneigt wird? Zeichne, und begründe deine Zeichnung physikalisch.

Aus Umwelt und Technik: **Ohne Sauerstoffflaschen auf den Mount Everest**

Beim Tauchen wird der Druck um so größer, je tiefer man taucht. Mit zunehmender Tiefe lastet ja immer mehr Wasser auf der Schicht, in der wir uns gerade befinden.

Auch der Schweredruck der Luft entsteht, weil die oberen Luftschichten auf den darunterliegenden lasten.

Wir leben am Boden des „Luftmeeres". Daher wird der Luftdruck um so kleiner, je höher wir steigen:

In Meereshöhe beträgt er im Mittel 1013 hPa. Auf dem höchsten Berg Deutschlands, der Zugspitze (2963 m), ist er schon auf 691 hPa zurückgegangen. In etwa 5500 m Höhe ist er nur noch halb so groß wie in Meereshöhe, und auf dem höchsten Berg der Erde, dem Mount Everest (8848 m), beträgt er nur noch 314 hPa. In noch größerer Höhe ist der Luftdruck noch kleiner.

Nach jeweils 5,5 km ist der Luftdruck auf die Hälfte abgesunken. In 55 km Höhe beträgt er nur noch 1/1024 des Drucks in Meereshöhe, also etwa 1 hPa. Die Atmosphäre geht allmählich in den Weltraum über.

Im Gegensatz zu Wasser kann man Luft zusammenpressen; Luft ist *kompressibel*. Das Volumen einer bestimmten Luftmenge hängt also vom Druck ab: Je kleiner der Druck ist, desto größer ist das Volumen. *Mit abnehmendem Druck verringert sich daher auch die Dichte der Luft.*

Die Luft auf dem Mount Everest hat nur knapp ein Drittel der Dichte von Luft in Meereshöhe. So „dünne" Luft reicht kaum noch zum Atmen, insbesondere wenn man schwere Arbeit verrichtet – und Bergsteigen ist Schwerstarbeit.

Die Erstbesteigung des Mount Everest gelang dem Neuseeländer *E. Hillary* im Jahre 1953, und zwar mit einem Atemgerät. Seit dieser Zeit haben viele Expeditionen den Gipfel mit Hilfe von Sauerstoffflaschen erreicht.

Der aus Südtirol (Italien) stammende *Reinhold Messner* setzte sich das Ziel, den Mount Everest ohne Atemgerät zu bezwingen. 1978 stieg eine Gruppe von Bergsteigern mit Messner und dem Österreicher *Peter Habeler* in das Himalaya-Gebirge ein und schlug dort ein Basislager auf. Messner berichtete:

„Auch nachdem die ersten unserer Kameraden mit Sauerstoff am Gipfel gewesen waren und im Basislager gefeiert wurden, zweifelten Peter Habeler und ich immer noch an unseren Aufstiegschancen. Wir wußten, daß der Engländer Norton bereits 1924 bis auf etwa 8600 m ohne Sauerstoffgeräte vorgedrungen war. Aber wir wußten nicht, ob der

Mensch höher überhaupt noch lebensfähig ist. Auf jeden Fall mußten wir schnell sein, wenn wir ohne Gehirnschaden davonkommen wollten. Wir vertrauten auf unsere leichte Ausrüstung, die in Jahren aufgebaute Kondition und das instinktive Kletterkönnen."

Nach viel Mühsal und Gefahr kamen die beiden Bergsteiger in die Nähe des Gipfels.

„Jetzt, kurz nach Mittag und auf einer Höhe von 8800 m, können wir uns selbst in den Rastpausen nicht mehr auf den Beinen halten. Wir kauern uns hin, knien uns hin und klammern uns an den Stiel des Pickels, dessen Spitze wir in den harten Firn gerammt haben ... Das Atmen ist so anstrengend, daß kaum noch Kraft zum Weitergehen bleibt. Nach jeweils zehn bis fünfzehn Schritten sinken wir in den Schnee, rasten, kriechen weiter ...

Am 8. Mai zwischen ein und zwei Uhr nachmittags erreichten Peter Habeler und ich den Gipfel des Mount Everest ... Peter Habeler und ich waren die ersten, die ohne auch nur ein einziges Mal Sauerstoff aus Flaschen zu atmen vom Basislager zum Gipfel gestiegen sind."

Aus Umwelt und Technik: **Luftdruckschwankungen**

Daß der Luftdruck nicht immer und überall gleich ist, läßt sich mit dem Gerät von Bild 3 nachweisen: Sinkt z. B. der äußere Druck, so schiebt die Luft im Innern der Flasche den Tropfen etwas weiter nach außen.

Dieses Gerät ist sehr empfindlich: Wenn du damit in einem Gebäude einige Stockwerke hochsteigst, zeigt es an, daß der Luftdruck abnimmt.

Man kann damit sogar nachweisen, daß beim Öffnen oder Schließen einer Tür für kurze Zeit in bestimmten Bereichen ein Über- bzw. Unterdruck herrscht. Die Luft vor der Tür wird verdrängt. Bei schneller Bewegung der Tür kann sie nicht schnell genug ausweichen – es entsteht ein Überdruckbereich. Hinter der Tür kann die Luft nicht schnell genug folgen – es entsteht ein Unterdruckbereich.

Solche Über- oder Unterdruckbereiche sind immer zu beobachten, wenn sich ein Körper schnell durch die Luft bewegt.

Fährt ein Zug mit hoher Geschwindigkeit in einen Tunnel ein, so bildet sich vor der Lokomotive ein zusätzlicher Überdruck, weil die Luft am seitlichen Ausweichen gehindert wird. Zu noch größeren Druckschwankungen kommt es, wenn sich zwei Züge im Tunnel begegnen. Bei Strecken, die mit hoher Geschwindigkeit befahren werden und die durch viele, lange Tunnel führen (z. B. bei der neuen Bahnstrecke Hannover–Würzburg), stellen diese Schwankungen ein Problem dar. Die Passagiere würden immer wieder einen unangenehmen Druck im Ohr verspüren. Deshalb werden für solche Strecken druckfeste Eisenbahnwagen gebaut. Fenster und

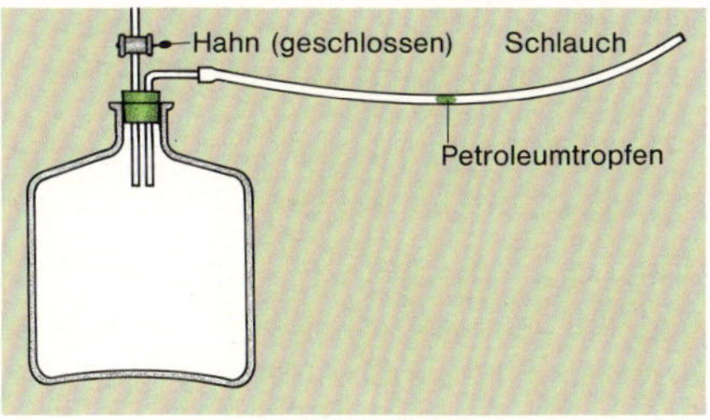

3

Türen schließen so dicht, daß sich die Druckschwankungen im Wagen nicht bemerkbar machen.

Es gibt auch natürliche Druckschwankungen: Luft dehnt sich ja beim Erwärmen aus. Warme Luft hat also eine geringere Dichte als kalte Luft. Daher ist auch die Gewichtskraft auf 1 m^3 kalte Luft größer als die Gewichtskraft auf 1 m^3 warme Luft. Der Schweredruck der Luft wird aber gerade durch die Gewichtskraft hervorgerufen, die auf die Luft wirkt.

Die Sonne erwärmt die Luft in den verschiedenen Gebieten der Erde unterschiedlich stark. Daher ergeben sich Luftbewegungen (Winde), und es bilden sich riesige Luftwirbel mit hohem Druck (*Hochdruckgebiete*) und solche mit niedrigem Druck (*Tiefdruckgebiete*). Die Hochs und Tiefs bestimmen unser Wetter: Bei einem Hoch ist der Himmel meist klar, Tiefs bringen Wolken und Regen mit sich. Bei extremen Wetterlagen kann der Luftdruck bis auf 1080 hPa steigen oder bis auf 880 hPa fallen.

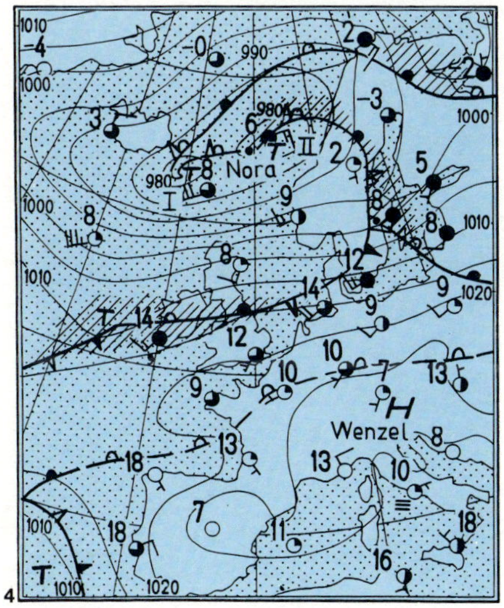

4

Auf Wetterkarten sind Hoch- und Tiefdruckgebiete dargestellt (Bild 4). Die Linien verbinden Orte mit gleichem Luftdruck; die Zahlen an den Linien geben den Druck in hPa an.

Wie groß der Luftdruck an einem Ort ist, hängt auch von der Höhe des Ortes über dem Meeresspiegel ab. Auf der Wetterkarte werden die Höhenunterschiede nicht berücksichtigt. Es ist immer der Druck genannt, der herrschen würde, wenn der Ort in Meereshöhe läge.

Dosenmanometer werden so eingestellt, daß sie den auf Meereshöhe bezogenen Luftdruck anzeigen.

Auf einem *Quecksilberbarometer* dagegen liest man den tatsächlichen Luftdruck ab. Kennt man die Höhe des Ortes, so kann man den Druck leicht auf Meereshöhe umrechnen. Bis etwa 600 m nimmt nämlich der Luftdruck um ca. 12 hPa ab, wenn man 100 m nach oben steigt.

Beispiel: In München (530 m über dem Meeresspiegel) wird mit einem Quecksilberbarometer ein Druck von 940 hPa gemessen. Der auf Meereshöhe bezogene Luftdruck beträgt 940 hPa + 5,3 · 12 hPa = 1004 hPa.

Aus der Geschichte: **Die erste Operation bei geöffnetem Brustkorb**

Noch vor 80 Jahren gab es bei schweren Verletzungen des Brustkorbes keine Rettung. Auch Operationen an den Organen innerhalb des Brustkorbes waren unmöglich. Um das zu verstehen, müssen wir zunächst die Vorgänge bei der **Atmung** kennenlernen.

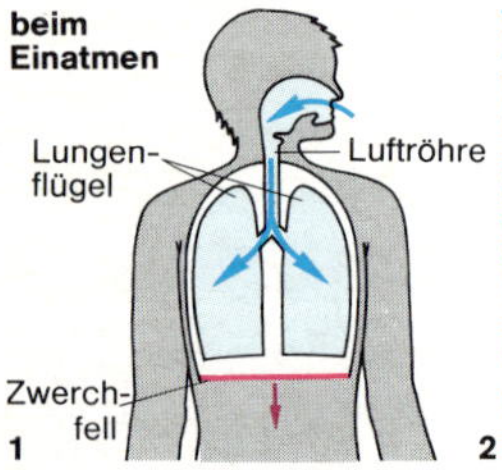

1

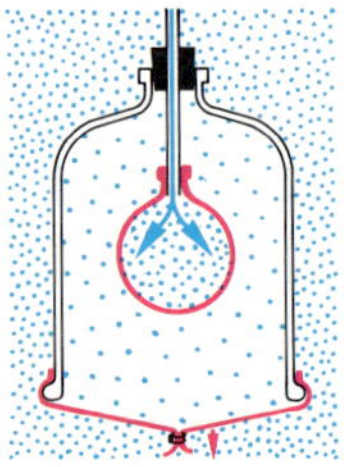
2

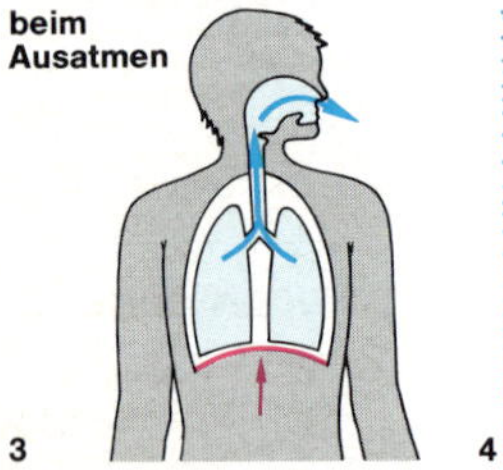

3

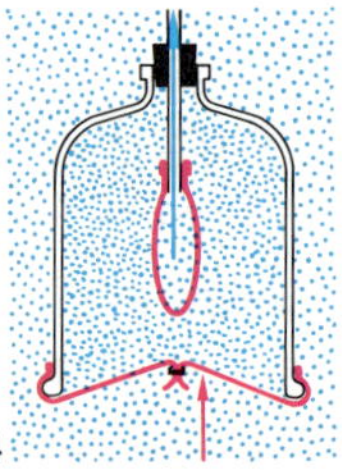
4

Die Bilder 1 u. 3 zeigen die Lunge beim Ein- und Ausatmen. Auf welche Weise Luft in die Lunge gelangt, soll ein **Modellversuch** zur Atmung klarmachen (Bilder 2 u. 4): Die Glasglocke stellt den Brustkorb dar, der Luftballon darin die Lunge. Die Plastiktüte, die dicht um die Glocke geklebt ist, entspricht dem Zwerchfell, das den Brustkorb nach unten hin abschließt.

Wird die Plastiktüte nach unten gezogen (Bild 2), vergrößert sich der Raum unter der Glocke. Dort entsteht ein **Unterdruck** gegenüber dem äußeren Luftdruck. Dies hat zur Folge, daß die Außenluft in den Luftballon einströmt.

Ähnlich füllt sich die Lunge **beim Einatmen** mit Luft (Bild 1): Die Rippen heben sich, das Zwerchfell spannt sich nach unten. Der Brustraum wird dadurch größer. Es entsteht ein Unterdruck, und die Außenluft strömt durch die Luftröhre in die Lunge, bis der Druck ausgeglichen ist.

Beim Ausatmen senken sich die Rippen, und das Zwerchfell wölbt sich nach oben (Bild 3). Der Brustraum wird dadurch kleiner, so daß für die Luft weniger Platz bleibt. Folglich wird sie aus der Lunge herausgepreßt.

Zum Atmen muß also im Brustkorb ein Unterdruck erzeugt werden können. Das ist aber nur möglich, wenn der Brustraum durch den Brustkorb nach außen hin *luftdicht* abgeschlossen ist. Wird er durch Verletzungen undicht, können sich die Lungenflügel kaum noch mit Luft füllen, und nach kurzer Zeit tritt der Tod ein.

Zu Beginn des 20. Jahrhunderts wurden verschiedene Methoden entwickelt, wie man trotzdem den Brustkorb für Operationen öffnen kann. In Deutschland löste *Ferdinand Sauerbruch* als erster dieses Problem.

Er baute eine *Unterdruckkammer*, um den zum Einatmen nötigen Unterdruck auch bei geöffnetem Brustkorb aufrechtzuerhalten. Damit führte er zunächst viele erfolgreiche Operationen an Tieren durch (Bild 5).

Im Juni 1904 fand die erste Operation dieser Art an einem Menschen statt. Dazu hatte man eine gläserne Unterdruckkammer gebaut – groß genug für drei Ärzte und den Patienten, dessen Kopf aus der Kammer herausguckte. Eine Motorpumpe sorgte für den notwendigen Unterdruck, der ca. 13 hPa niedriger als der äußere Luftdruck sein mußte.

Sauerbruch, der bei der Operation für die Überwachung des Drucks verantwortlich war, berichtet: „ . . . *Dann brachte man die Kranke, und Geheimrat von Mikulicz trat ein. Nun auf einmal – überaus gespenstisch wirkte es auf mich – kamen alle Zuschauer langsam näher, um dieser Operation zuzusehen. An den drei Wänden sah ich nichts als Gesichter. Und aus allen blickten forschende Augen in das Glashaus. Der Geheimrat durchschnitt die Haut. Jetzt war es an mir, den Unterdruck herzustellen. Ich tat das, sah auf meine Meßapparate. Der Luftdruck in der Kammer sank. Ich war zufrieden, alles schien ausgezeichnet zu gehen . . .*

Dann – plötzlich durchfuhr mich ein eisiger, ein entsetzlicher Schreck. Ich hatte für den Bruchteil einer Sekunde aufgesehen, starrte in die sich weitenden Augen der Zuschauer, blickte zurück auf mein Manometer und sah hilflos zu, wie der Unterdruck entwich, begriff, daß die Kammer sich mit der normalen Atmosphäre füllte, wußte, daß die Brust der Kranken geöffnet war, ahnte Fürchterliches . . .

Die Patientin war tot. Unsere Apparatur hatte versagt.“

Schon einen Monat später wurde die nächste Operation in der Kammer durchgeführt – diesmal erfolgreich. Damit waren der Chirurgie völlig neue Möglichkeiten eröffnet . . .

Heutzutage werden Patienten bei Operationen innerhalb des Brustkorbs meist künstlich beatmet. Dazu wird stoßweise Sauerstoff in die Lunge gepumpt. Der Druck in der Lunge ist dabei stets etwas größer als der äußere Luftdruck.

Fragen und Aufgaben zum Text

1 Warum gelingt der Modellversuch zur Atmung nicht, wenn der „Brustraum" (die Plastiktüte) ein Loch hat?

2 Warum können Brustverletzungen tödlich sein, auch wenn kein wichtiges Organ betroffen ist? Wie könnte man bei solchen Verletzungen Erste Hilfe leisten?

3 Warum mußte der Kopf des Patienten außerhalb der Unterdruckkammer sein?

4 Sauerbruch schreibt, er habe bei der ersten Operation hilflos zusehen müssen, wie der Unterdruck *entwich.*
a) Ist diese Ausdrucksweise physikalisch richtig? Begründe deine Meinung.
b) Welche Gründe für den Druckanstieg sind denkbar?

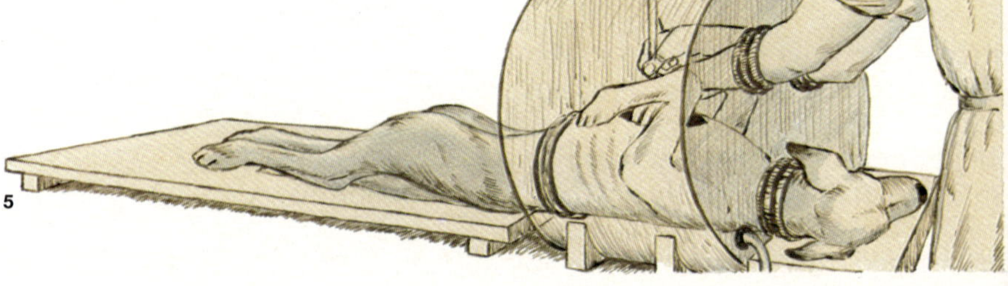
5

Aus Umwelt und Technik: **Das Druckgefühl im Ohr**

Ein unangenehmes Druckgefühl im Ohr spürt man bei verschiedenen Gelegenheiten, zum Beispiel im Flugzeug bei Start und Landung, in einer Seilbahn oder beim Autofahren im Gebirge.

Bild 6 zeigt einen Schnitt durch unser Ohr: Das *Trommelfell*, ein rundes Häutchen von knapp 1 cm Durchmesser, trennt das *äußere Ohr* vom *Mittelohr*.

Das Mittelohr ist durch eine etwa 4 cm lange, 2 mm schmale Röhre mit dem Rachenraum verbunden. Diese Röhre heißt *Ohrtrompete* (oder *Eustachische Röhre*). Sie hat die Aufgabe, den Druck im Mittelohr dem äußeren Luftdruck anzupassen, damit auf beiden Seiten des Trommelfells der gleiche Druck herrscht.

Ändert sich der äußere Luftdruck sehr schnell, so kann es einige Zeit dauern, bis der Druckausgleich erfolgt. In der Zwischenzeit ist das Trommelfell etwas nach innen oder außen gewölbt, und wir empfinden jenes unangenehme Druckgefühl im Ohr. In diesem Fall hilft Schlucken oder herzhaftes Gähnen. Die Mündung der Ohrtrompete im Rachenraum ist nämlich normalerweise verschlossen und öffnet sich nur beim Schlucken.

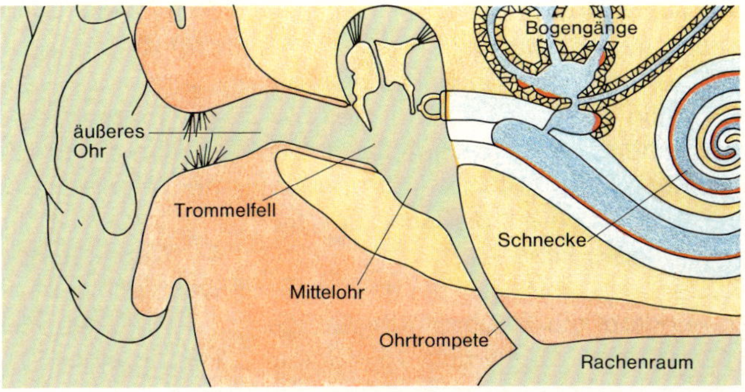

6

Daß unser Ohr auf Druckänderungen empfindlich reagiert, ist nicht verwunderlich. Seine Hauptaufgabe ist ja gerade das Wahrnehmen von Druckschwankungen: Jede Schallquelle erzeugt in der angrenzenden Luft in schneller Folge Über- und Unterdruck. Diese Druckschwankungen breiten sich aus. Wenn sie unser Ohr erreichen, hören wir ein Geräusch oder einen Ton. Bei den tiefsten hörbaren Tönen wird unser Ohr 20mal in jeder Sekunde von Über- und Unterdruck getroffen, bei hohen Tönen bis zu 20 000mal.

4 Auftrieb in Gasen

7

Leichter als Luft?

V 15 Die Masse eines (leeren) Luftballons wird mit einer Briefwaage bestimmt. Anschließend wird der Ballon aufgeblasen.

a) Schätze, wieviel Luft der Ballon enthält. Um wieviel Gramm müßte die Masse des Ballons beim Aufblasen zugenommen haben ($\varrho_{Luft} = 1{,}29$ g/l)?

b) Welchen Wert zeigt die Waage für den aufgeblasenen Ballon an?

V 16 Eine fast leere Haarspraydose wird in einem Gefrierbeutel vakuumverpackt. Beutel und Dose werden gewogen.

Drehe die Dose so, daß sich das Ventil unten befindet. Betätige das Ventil nun so lange, bis der Beutel mit Gas gefüllt ist.

Kann sich die Masse verändert haben? Was zeigt die Waage an?

V 17 Bild 8 zeigt den Aufbau. Die Glasschale wird mit einem schweren Gas (z. B. Propan) gefüllt. Was beobachtest du, wenn Seifenblasen in die Glasschale fallen? Versuche die Beobachtung zu erklären.

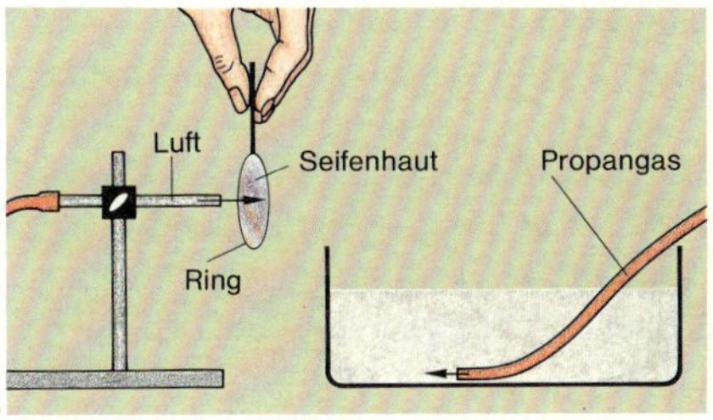

8

Mit dem gleichen Aufbau lassen sich Seifenblasen herstellen, die mit Wasserstoff gefüllt sind. Wie verhalten sich diese Seifenblasen?

V 18 An einer Waage hängt an der einen Seite eine Glaskugel, an der anderen ein kleines Wägestück (Bild 9). Die Waage wird unter eine Glasglocke gestellt, dann wird die Luft abgepumpt. Was geschieht?

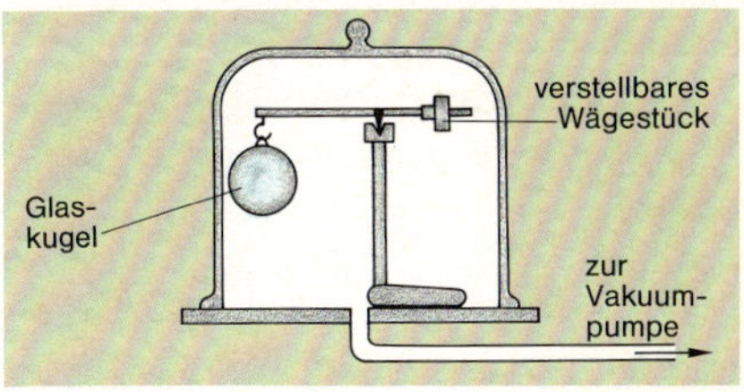

9

Aufgaben

1 Warum erfahren Körper in *Flüssigkeiten* einen Auftrieb?

Übertrage die Erklärung auf die Lufthülle der Erde (also auf *Gase*).

Überlege, ob die Herleitung der Formel für die Auftriebskraft in Flüssigkeiten auch auf die Gase übertragen werden kann.

2 Erkläre die Beobachtungen, die man in den Versuchen 15–18 machen kann. Verwende dabei den Begriff *Auftriebskraft.*

3 Formuliere das *Archimedische Prinzip* für den Auftrieb, den ein Körper in einem Gas erfährt.

4 Wann steigt ein Ballon nach oben, wann schwebt er, und wann sinkt er?

Leite aus dem Archimedischen Prinzip eine Regel her.

5 In Flüssigkeiten hängt der Auftrieb *nicht* davon ab, in welcher Höhe sich der Körper befindet. Gilt für Luft das gleiche? Begründe!

6 Was geschieht mit einem aufsteigenden Ballon (dessen Volumen sich nicht ändert)? Steigt er immer weiter?

Vergleiche mit dem Verhalten eines Stückes Holz, das ein Taucher auf dem Meeresgrund losläßt.

Aus der Geschichte: **Leichter als Luft – Ballons und Luftschiffe**

Anfang Juni 1783 sorgten die Brüder *Jacques* und *Charles Montgolfier* für großes Aufsehen: Sie füllten einen Ballon mit „stinkigem Rauch", der beim Verbrennen von Schafwolle und Stroh entstand. Und tatsächlich – der Ballon erhob sich in die Lüfte. Warum er aufstieg, konnte aber zunächst niemand erklären.

Die Montgolfiers selbst glaubten, sie hätten ein mysteriöses „elektrisches Gas" erzeugt, das auch die Wolken in der Schwebe hielte. Eine Kommission von Wissenschaftlern beauftragte deshalb den Pariser Physik-Professor *Jacques Charles*, den Ballonflug genauer zu untersuchen.

Auch Charles wußte nicht, daß es bei den *Montgolfieren* nur auf die heiße Luft im Innern ankommt. Vielmehr glaubte er, ein Ballon könne nur mit Hilfe des gerade entdeckten Wasserstoffgases aufsteigen. Er baute daher den ersten **Wasserstoffballon** (Bild 1) und startete ihn am 27. August 1783 in der Nähe von Paris.

Diese Ballonfahrt fand ein recht unrühmliches Ende. Der unbemannte Ballon platzte nämlich in 5 km Höhe und fiel 15 km vom Startplatz entfernt in der Nähe eines Dorfes zu Boden. Was dann geschah, beschreibt ein Bericht aus jener Zeit (Bild 2):

„Die Einwohner liefen haufenweise herbei, und da zwei Mönche sie versichert hatten, die Ballonhülle wäre die Haut von einem Ungeheuer, so griffen sie dasselbe mit Steinen, Mistgabeln und Dreschflegeln an. Der Pfarrer im Orte mußte sich daher auch zur herabgefallenen Luftkugel begeben, um seine erschrockenen Pfarrkinder zu beruhigen."

1

2

Für die erste *bemannte* Ballonfahrt wurde dann im November 1783 wieder eine Montgolfiere eingesetzt, also ein **Heißluftballon**. Bald jedoch setzten sich die Wasserstoffballons durch.

Erst in unseren Tagen hat der Heißluftballon wieder an Bedeutung gewonnen (als Sportgerät).

Einen aufsehenerregenden Flug führten 1862 die Engländer *Henry Coxwell* und *James Glaisher* durch:

Mit einem Ballon, der mit Leuchtgas gefüllt war, erreichten sie nach eigenen Angaben eine Höhe von über 10 000 m. Da sie keinen Sauerstoff mitführten, hätten beide ihren Wagemut beinahe mit dem Leben bezahlt. Während der eine infolge der dünnen Luft bereits ohnmächtig war, gelang es dem anderen gerade noch, eine Ventilleine zu ziehen, so daß oben aus dem Ballon etwas Gas entweichen konnte. Der Ballon sank daraufhin, und die beiden waren gerettet.

Im Jahre 1960 fand ein weiterer spektakulärer Ballonflug statt:

Ein Hauptmann der amerikanischen Luftwaffe stieg mit einem Ballon auf eine Höhe von 31 360 m. Dann sprang er – geschützt durch einen Druckanzug – mit dem Fallschirm ab. 14 Minuten später landete er wohlbehalten auf der Erde.

24. März 1900. Augenblicklich sieht man mit Spannung der Auffahrt des vom Generalleutnant Grafen von Zeppelin konstruierten Riesenluftschiffs entgegen, die in nächster Zeit aus der wohlverschlossenen Ballonhalle inmitten des Bodensees erfolgen soll.

Der große hölzerne Schuppen, die Montierungshalle für das neue Luftschiff, schwimmt auf 95 Pontons. Wenn der große zylinderförmige Ballon, den diese Halle birgt, fertiggestellt ist, wird seine Länge ungefähr 125 Meter betragen.

Das Gerüst dieses Riesenluftschiffs besteht fast ganz aus Aluminiumstäben, die von starken Aluminiumdrähten zusammengehalten werden. Dieses Gerüst ist in mehrere Abteilungen geteilt, von denen jede einen mit Wasserstoffgas gefüllten Ballon als eigentlichen Tragfaktor enthält. Im ganzen tragen nicht weniger als 17 Ballons mit einem Raumgehalt von 10 000 Kubikmetern das Fahrzeug, während seine Bewegung durch vier große Schrauben, deren Flügel ebenfalls aus Aluminium hergestellt sind, bewirkt wird. Die aus dem gleichen Metall erbauten beiden Gondeln tragen je einen Benzinmotor, um die vier großen Schrauben in Bewegung zu setzen.

Friedrichshafen, 2. Juli 1900. Der erste größere Aufstieg des Luftschiffs verlief heute fehlerlos. Das Schiff schwebte 8 Uhr 3 Min. bei Manzell empor und landete 8 Uhr 20 Min. bei Immenstaad. Auf- und Abstieg gingen tadellos glatt. Die Höhe, in der manövriert wurde, betrug etwa 200 Mtr. Das Schiff dampfte zuerst eine kurze Strecke gegen den Wind, wendete dann und lief mit dem Wind, der schwach war, 13 Mtr. per Sekunde. Hernach brach ein Drahttau der Steuervorrichtung, deshalb erfolgte der Abstieg. Die Stabilität des Fahrzeugs war vorzüglich. Der Versuch wird baldigst wiederholt werden. Die anwesenden Sachverständigen waren sehr befriedigt. Die Behauptung, daß Luftschiffe mit genügender Stabilität möglich seien, wird für erwiesen gehalten. Die Landung erfolgte auf dem Wasser. Das Luftschiff schwamm auf den Seitengondeln wie eine Ente.

3

Ballons haben einen großen Nachteil: Die Flugrichtung bestimmt allein der Wind. Immer wieder hat man daher versucht, Ballons lenkbar zu machen und mit einem Motor anzutreiben.

Diese Versuche führten schließlich zur Entwicklung von **Luftschiffen**.

Die ersten großen Luftschiffe wurden von Graf Zeppelin (1838–1917) gebaut (→ Zeitungsmeldungen und Bild 3).

In der Blütezeit der Luftschifffahrt fuhren Luftschiffe mit Passagieren von Kontinent zu Kontinent (Bild 4).

4

Auch für die Polarforschung wurden Luftschiffe eingesetzt, z. B. im Mai 1926 das norwegische Militärluftschiff „Norge". Mit ihm glückte dem Norweger *Roald Amundsen*, dem Italiener *Umberto Nobile* und dem Amerikaner *Lincoln Ellsworth* die Fahrt von Spitzbergen über den Nordpol nach Alaska.

Im Jahre 1929 fand mit dem Luftschiff „Graf Zeppelin" (LZ 127) sogar eine Reise um die Welt statt (→ Technische Daten).

Für die ca. 34 000 km lange Strecke brauchte das Luftschiff LZ 127 knapp 300 Stunden reine Flugzeit – hinzu kamen mehrtägige Zwischenlandungen in den Städten Tokio, Los Angeles und New York.

Das Zeitalter der Luftschiffe endete dann aber jäh (Bild 5):

Am 6. Mai 1937 verunglückte die „Hindenburg" (LZ 129) bei der Landung in Lakehurst bei New York. Das mit Wasserstoff gefüllte Luftschiff brannte völlig aus, und 35 Menschen kamen ums Leben.

Daraufhin wurden alle deutschen Luftschiffe außer Dienst gestellt. Luftschiffe, die später noch gelegentlich gebaut wurden, füllte man nicht mehr mit Wasserstoff, sondern mit dem unbrennbaren Helium.

5

Technische Daten des LZ 127

Länge	237 m
Leistung der 5 Motoren	1949 kW
Volumen der 17 Gasbehälter	105 000 m^3
Reisegeschwindigkeit	110 km/h
Aktionsradius	10 000 km
Leergewicht (ohne Treibstoff und Füllgas)	62 000 kg
Besatzungsmitglieder	38
Passagiere	20

Fragen und Aufgaben zum Text

1 Weshalb können auch Ballons aufsteigen, die mit heißer Luft gefüllt sind?

2 Welche Möglichkeiten gibt es bei einem Wasserstoffballon, die Flughöhe zu vergrößern oder zu verringern?

3 Die Mechaniker hatten den Ballon von Professor Charles vor dem Start prall mit Gas gefüllt. Warum platzte der Ballon in großer Höhe?

4 Das Luftschiff „Zeppelin" (LZ 127) hatte Motoren, die sowohl mit Benzin als auch mit einem gasförmigen Treibstoff betrieben werden konnten. Die Treibgaszellen verringerten den für das Füllgas zur Verfügung stehenden Raum.
a) Bei dem Füllgas handelte es sich um ein vorwiegend aus Wasserstoff bestehendes Gasgemisch ($\varrho = 0{,}16\ kg/m^3$). Berechne die mögliche Nutzlast, wenn das Luftschiff 75 000 m^3 Füllgas enthielt.
b) Angenommen, das Luftschiff wäre nicht mit Wasserstoff, sondern mit 75 000 m^3 Helium gefüllt worden. Wie hätten sich die Auftriebskraft und die Nutzlast verändert?

5 Pumpen

Verschiedene Pumpen für verschiedene Zwecke.

1

2

3

V 19 Stich ein Loch in den Deckel eines Marmeladenglases, und stecke einen Trinkhalm in das Loch; verklebe den Halm luftdicht. Fülle das Glas dann mit Wasser, und setze den Deckel auf.

Versuche aus dem Trinkhalm Wasser zu saugen.

Stich nun ein zweites Loch in den Deckel ...

V 20 Du kannst das Marmeladenglas aus Versuch 19 verwenden. Klebe im zweiten Loch (Bild 4) einen weiteren Trinkhalm fest. Was geschieht, wenn du in den zweiten Halm hineinbläst? Versuche deine Beobachtung zu erklären.

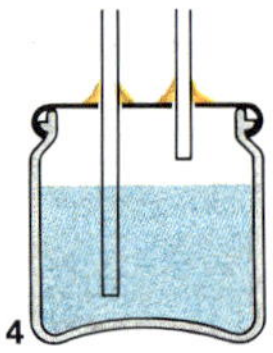
4

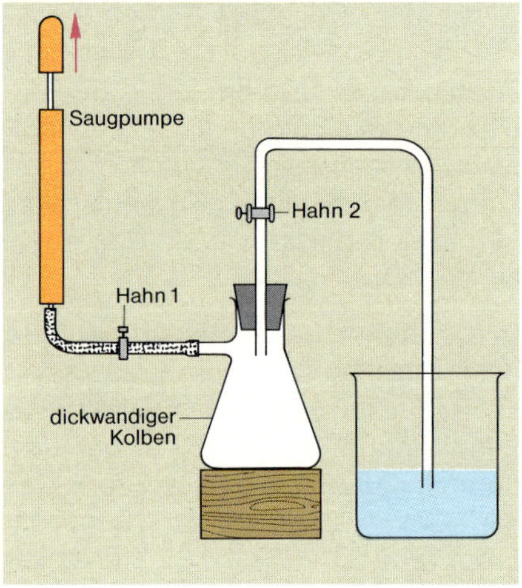

5

V 21 Wie ein Saugwagen funktioniert, läßt sich mit dem Aufbau von Bild 5 vorführen.

Hahn 2 ist zunächst geschlossen und Hahn 1 geöffnet. Was geschieht, wenn die Saugpumpe betätigt wird?

Nun wird Hahn 1 geschlossen und Hahn 2 geöffnet.

Erkläre den Saugvorgang: Welche Aufgabe hat die Pumpe? Wer treibt das Wasser in den Kolben?

Info: **Wie Pumpen funktionieren**

Wenn man eine Flüssigkeit hochpumpen will, gibt es grundsätzlich zwei Möglichkeiten:

Stell dir ein wassergefülltes U-Rohr vor, das an beiden Seiten mit Stempeln abgeschlossen ist (Bild 6). Auf beide Stempel wirkt eine Kraft, die durch den Luftdruck hervorgerufen wird. Diese Kraft wird von den Stempeln auf das Wasser übertragen.

Hebt man nun den Stempel 1 an, so übt nur noch Stempel 2 eine Kraft auf das Wasser aus. Diese Kraft bewirkt, daß das Wasser im linken Teil des Rohres nach oben steigt.

Man kann aber auch die nach unten gerichtete Kraft auf Stempel 2 vergrößern. Auch dann steigt das Wasser im linken Teil des Rohres an.

Beim Pumpen muß man also entweder auf der einen Seite einen Unterdruck erzeugen (Anheben des Stempels) oder auf der anderen einen Überdruck (Herunterdrükken des Stempels). Pumpen, die einen Unterdruck erzeugen, nennt man *Saugpumpen*, die anderen *Druckpumpen*.

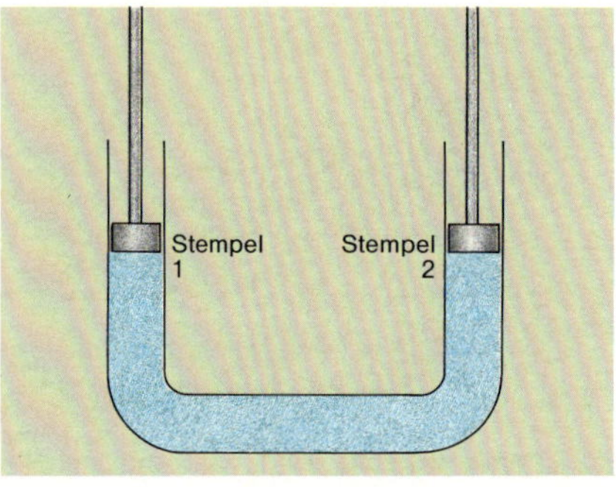

6

Auf den ersten Blick scheinen die beiden Pumpmethoden gleich wirkungsvoll zu sein. Das ist aber nicht der Fall. Bei einer Saugpumpe übt die *Luft* die Kraft aus, die das Wasser nach oben steigen läßt. Wenn der Luftdruck 1 bar beträgt, kann das Wasser nur 10 m hoch steigen. Mit Saugpumpen läßt sich Wasser somit höchstens um 10 m anheben. (In der Praxis werden sogar nur Hubhöhen von knapp 9 m erreicht.)

Bei einer Druckpumpe ist die Hubhöhe um so größer, je größer der Überdruck ist, den man durch das Herunterdrücken des Stempels erzeugt. Dieser Überdruck kann beliebig groß sein – sofern ihn nur die Gefäßwände aushalten.

Aufgaben

1 Bild 7 zeigt den Aufbau einer Wasserpumpe, wie man sie häufig in Gärten findet.

Erkläre ihre Funktionsweise.

Eine solche Pumpe kann Wasser nur um etwa 9,50 m heben. Warum nicht höher?

2 Wie funktioniert die Pumpe von Bild 8?

Sie sieht so ähnlich aus wie die Gartenpumpe. Beschreibe die Unterschiede.

3 Der Stempel einer Fahrradluftpumpe besteht aus einer biegsamen Scheibe aus Leder oder Kunststoff (Bild 9). Welche Aufgaben hat er?

Woran kann es liegen, wenn eine Luftpumpe defekt ist?

4 Mit einer *Kapselluftpumpe* (Bild 10) lassen sich Gefäße fast völlig luftleer pumpen. Man kann mit dieser Pumpe erreichen, daß die restliche Luft im Gefäß nur noch einen Druck von 0,001 mbar hat.

Ein Zylinder dreht sich in einer Trommel und berührt sie an einer Stelle. Zwei Schieber werden durch Federn an die Trommelwand gepreßt. Auf diese Weise entstehen drei voneinander getrennte Kammern.

a) Wenn sich der Zylinder in Bild 10 etwas weiterdreht, sinkt der Druck im angeschlossenen Gefäß. Begründe!

b) Beschreibe, was bei weiterer Drehung des Kolbens mit der Luft in Kammer 1 geschieht.

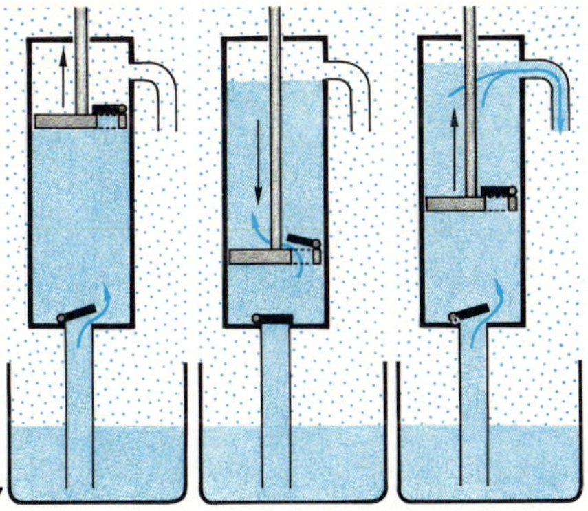
7

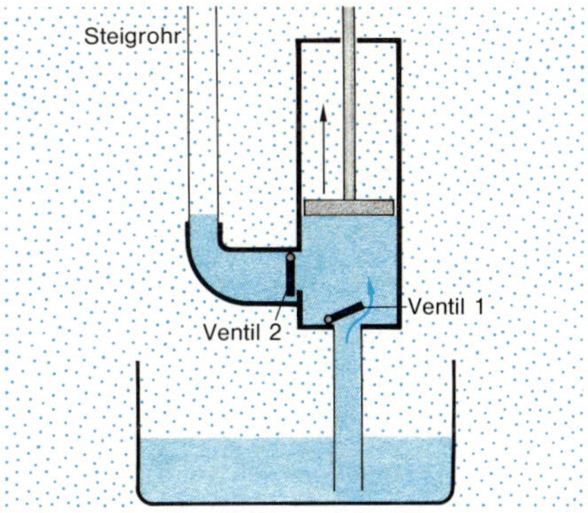

8

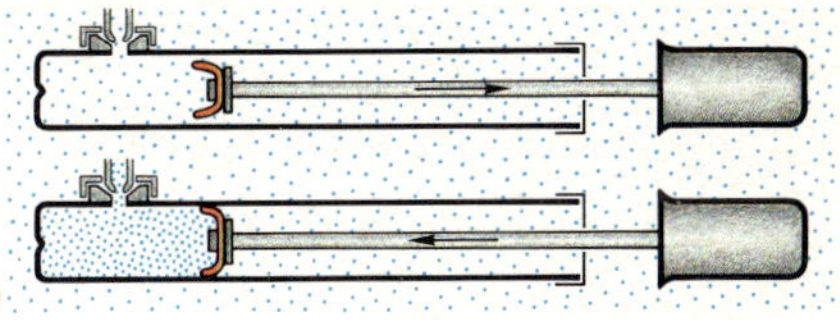
9

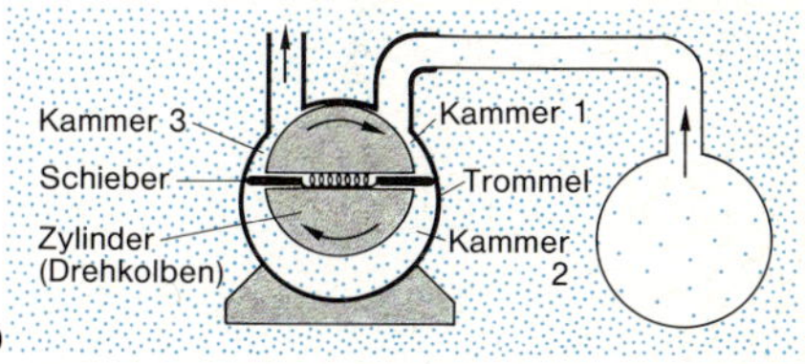

10

Mechanik der Gase

Alles klar?

1 Aus einer Milchdose, in die nur ein Loch gestochen wurde, fließt kaum Milch heraus. Was muß man tun? Es gibt zwei Möglichkeiten.

2 Lebensmittel werden heute häufig „vakuumverpackt".

Beim Verpacken spielt der Luftdruck eine Rolle. Beschreibe und erkläre den Verpackungsvorgang.

3 Manche Häuser, besonders auf dem Lande, sind nicht an öffentliche Wasserleitungen angeschlossen. Sie haben eine eigene Wasserversorgungsanlage mit einem Brunnen.

Eine Pumpe befördert das Wasser aus dem Brunnen in einen Druckbehälter, von dem die Wasserleitungen ausgehen. Der (luftdichte) Behälter enthält stets eine bestimmte Menge Luft. Auch wenn die Pumpe gerade nicht läuft, kann Wasser aus den Hähnen fließen. Erkläre!

4 Die Fläche der Handinnenseite ist ungefähr 150 cm^2 groß. Welche Kraft übt die Luft auf diese Fläche aus? Warum spürst du diese Kraft nicht?

5 Kolbenpumpen verfügen immer über Ventile. Warum sind die Ventile nötig?

6 Warum darf das (äußere) Gehäuse eines Dosenbarometers nicht luftdicht verschlossen sein?

7 Auf dem 4478 m hohen Gipfel des Matterhorns hat die Quecksilbersäule eines Barometers eine mittlere Höhe von 433 mm. Berechne den Luftdruck in hPa.

8 Weshalb lassen sich Barometer als Höhenmesser verwenden?

Als man zu Beginn der Luftfahrt nur Barometer als Höhenmesser einsetzte, gab es eine wichtige Merkregel: „Vom Hoch ins Tief – geht's schief." Erkläre!

9 Bei Verletzungen des Brustkorbes wird dem Verunglückten eine dichtschließende Gesichtsmaske aufgesetzt. Dann wird er mit Sauerstoff versorgt, der unter geringem Überdruck steht.

Warum kann auch bei diesem Verfahren die Atmung funktionieren?

10 Auf eine zusammengefaltete Plastiktüte wirkt eine Gewichtskraft von 0,10 N. Die Tüte wird mit Luft gefüllt, verschlossen und an einen empfindlichen Kraftmesser gehängt. Welche Anzeige erwartest du? Begründe deine Antwort.

11 Der menschliche Körper hat ungefähr die gleiche Dichte wie Wasser. Ein 60 kg schwerer Mensch hat somit ein Volumen von ca. 60 l.

Wie groß ist die Auftriebskraft, die dieser Mensch in Luft erfährt?

Welchen Einfluß hat diese Kraft auf das Ergebnis einer Wägung?

Auf einen Blick

Der Druck eingeschlossener Gase

Wenn Gase in einen Behälter eingeschlossen sind, stehen sie unter **Druck**.

Das hat folgenden Grund: Die Gasteilchen bewegen sich ständig kreuz und quer durch den ihnen zur Verfügung stehenden Raum. Dabei prasseln in jeder Sekunde unzählig viele Teilchen gegen die Begrenzungswände. Auf diese Weise übt das Gas Kräfte auf die Wände aus.

Beim Zusammenpressen steigt der Druck des Gases, weil den Teilchen dann weniger Raum zur Verfügung steht und sie daher häufiger gegen die Wände stoßen. Die Kräfte auf die Wände werden somit größer.

Eingesperrte Gase lassen sich durch Kräfte zusammenpressen. Sie sind *kompressibel*.

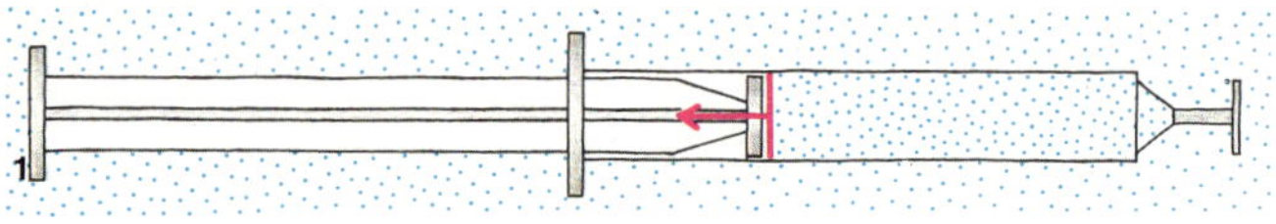
1

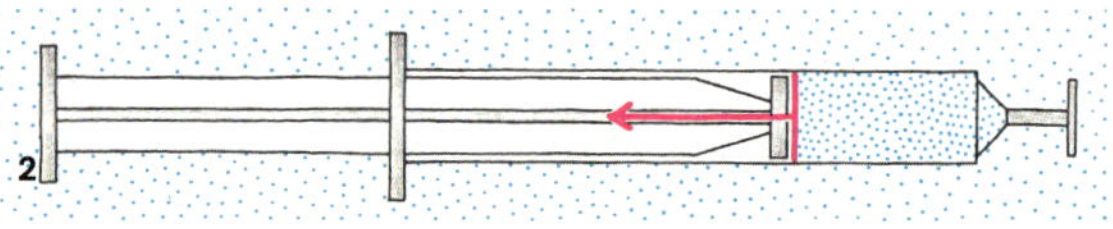
2

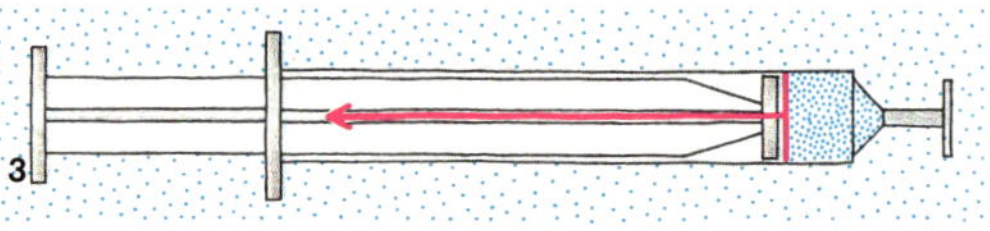
3

Das Boyle-Mariottesche Gesetz

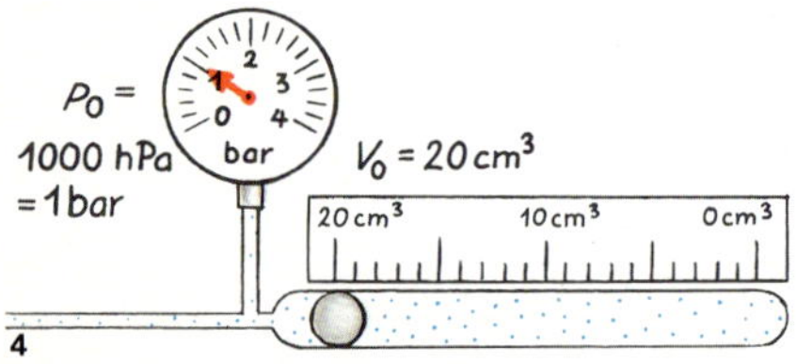

4

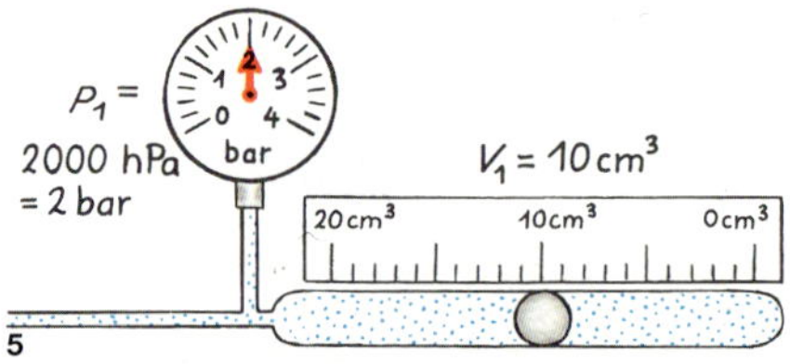

5

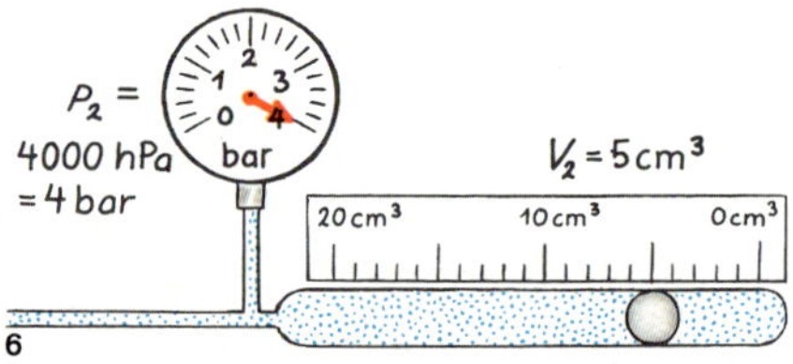

6

Preßt man ein Gas bei konstanter Temperatur zusammen, steigt der Druck: Wenn das Gas nur noch die Hälfte (ein Viertel) seines Anfangsvolumens hat, ist der Druck doppelt (viermal) so groß wie der Anfangsdruck.

Bei gleichbleibender Temperatur ist das Produkt aus Druck und Volumen einer eingeschlossenen Gasmenge konstant:

$$p_0 \cdot V_0 = p_1 \cdot V_1 = p_2 \cdot V_2 = konst.$$

Druck und Volumen sind zueinander antiproportional (umgekehrt proportional).

Der Schweredruck der Luft

Die Erde ist von einer Lufthülle umgeben. Die Dichte der Luft nimmt mit zunehmender Höhe ab.

Die Luft in den unteren Schichten wird durch die darüberliegende Luft zusammengepreßt. Auf diese Weise entsteht der **Schweredruck** der Luft.

Wenn Druckunterschiede zwischen Hohlräumen im Innern eines Körpers und der Außenluft bestehen, lassen sich Wirkungen des äußeren Luftdrucks beobachten:

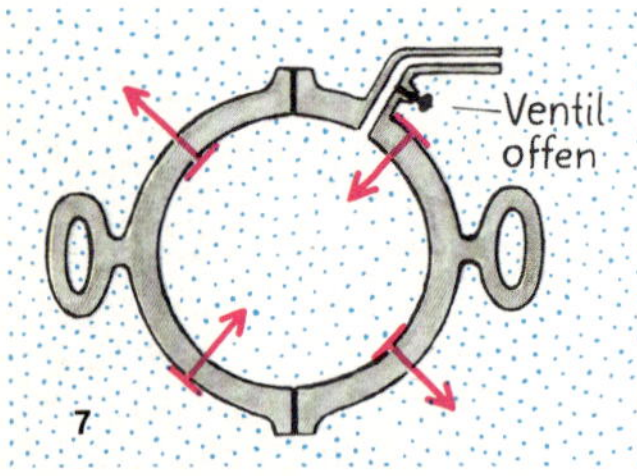

7

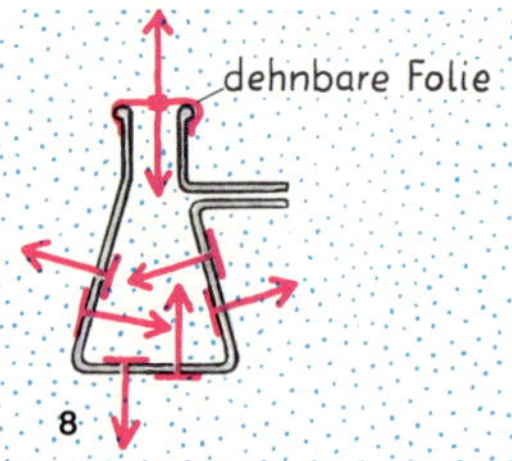

8

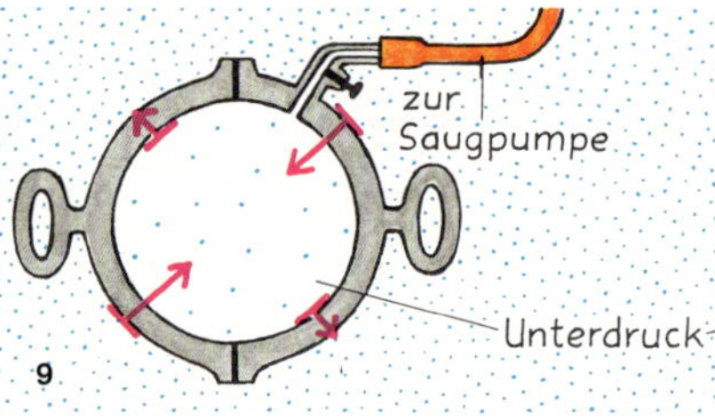

9

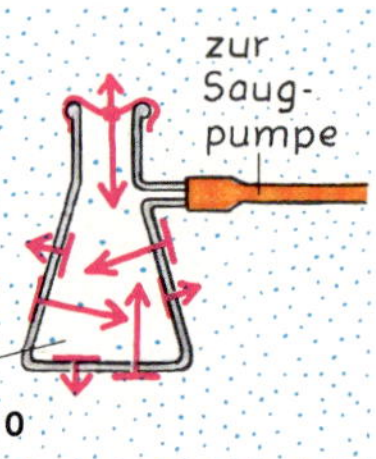

10

Die Halbkugeln lassen sich leicht trennen, und die Folie ist nicht eingedellt, weil der Druck der Luft innen und außen gleich groß ist. Die Luft übt also von innen und außen gleich große Kräfte aus.

Die Halbkugeln lassen sich kaum noch trennen, und die Folie ist eingedellt, weil der Druck im Innenraum kleiner ist als außen. Die Kräfte auf die Außenflächen sind größer als die auf die Innenflächen.

Die Messung des Luftdrucks

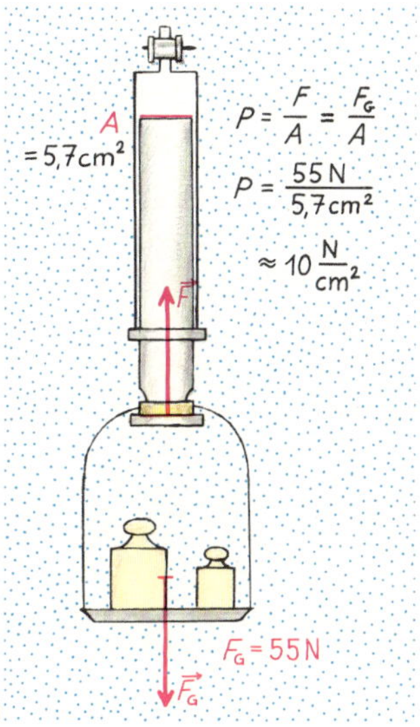

11

Aufgrund ihres Schweredrucks übt die Luft auf den Kolben in Bild 11 eine nach oben gerichtete Kraft aus und drückt ihn in den Kolbenprober hinein.

Wenn man immer mehr Wägestücke auf die Waagschale stellt, wird der Kolben schließlich nach unten gezogen. Unmittelbar vorher ist die Gewichtskraft auf Kolben, Waagschale und Wägestücke genauso groß wie die Kraft, die die Luft auf den Kolben ausübt.

Der Luftdruck läßt sich als Quotient von Gewichtskraft F_G und Kolbenfläche A berechnen.

Für den Luftdruck ergibt sich annähernd

$$p = 10\,\frac{\text{N}}{\text{cm}^2} = 1\ \text{bar}.$$

Der mittlere Luftdruck in Meereshöhe beträgt 1013 mbar = 1013 hPa.

Genauso groß ist der Schweredruck am Boden einer ca. 10 m hohen Wassersäule.

12

Meßgeräte für den Luftdruck nennt man **Barometer**. Ein Quecksilberbarometer besteht aus einem oben verschlossenen Rohr, in dem sich Quecksilber befindet. Der Raum über dem Quecksilber ist luftleer. Das Quecksilber wird durch die äußere Luft im Rohr gehalten.

Der Schweredruck, der am Boden der Quecksilbersäule herrscht, ist genauso groß wie der Luftdruck.

Bei einem Luftdruck von 1013 hPa ist die Quecksilbersäule genau 760 mm lang.

Pumpen

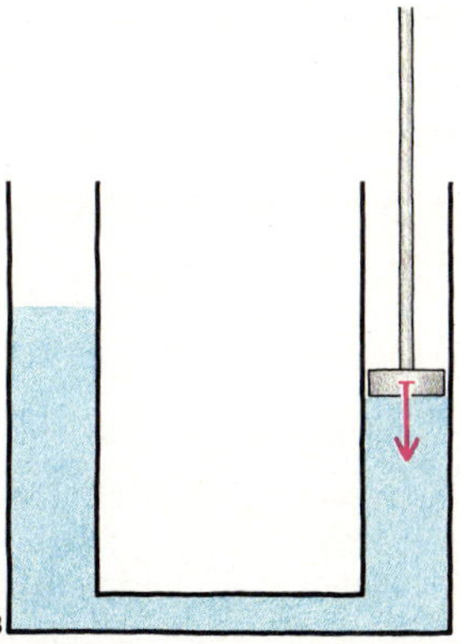
13

Funktionsprinzip einer Druckpumpe für Flüssigkeiten:

Die Flüssigkeit im linken Steigrohr steigt nach oben, weil der Stempel im rechten Rohr nach unten gedrückt wird.

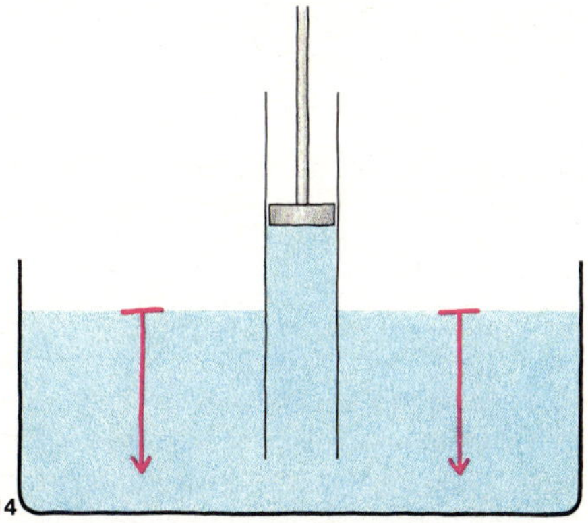
14

Funktionsprinzip einer Saugpumpe für Flüssigkeiten:

Wenn man den Stempel anhebt, steigt die Flüssigkeit im Steigrohr nach oben. Die dafür erforderliche Kraft auf die Flüssigkeitsoberfläche wird von der Luft ausgeübt.

Mit Saugpumpen kann Wasser bis zu 10 m hoch gepumpt werden.

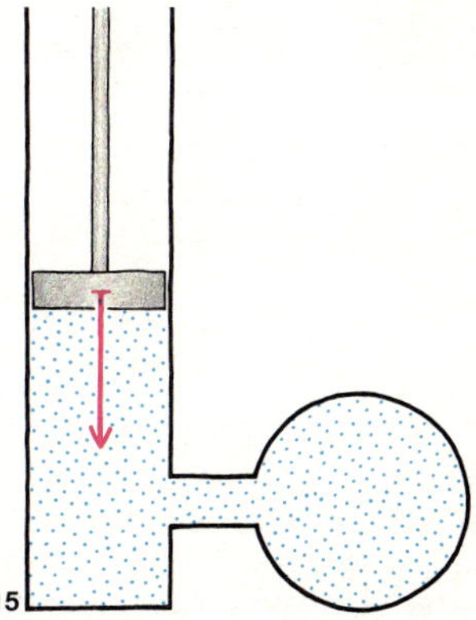
15

Funktionsprinzip einer Gaspumpe:

Wenn man das Volumen einer abgeschlossenen Gasmenge verkleinert, wird der Druck größer (→ Boyle-Mariottesches Gesetz).

Ein Beispiel für eine solche Pumpe ist die Fahrradpumpe.

Temperaturen und Thermometer

Die Temperaturmessung

Ein einfacher **Versuch** zu unserem Temperaturempfinden:

Halte zunächst einmal eine Hand in kaltes Wasser und die andere in warmes. Anschließend tauchst du beide Hände in eine Schüssel mit lauwarmem Wasser.

Was empfindest du?

1

V 1 Unser Temperaturempfinden läßt sich täuschen. Außerdem ist es auf einen recht kleinen Temperaturbereich beschränkt. Man benötigt daher ein Meßgerät, ein **Thermometer**. Mit ihm kann man **Temperaturen** messen.

a) Aus welchen Teilen besteht ein Thermometer (Flüssigkeitsthermometer)?

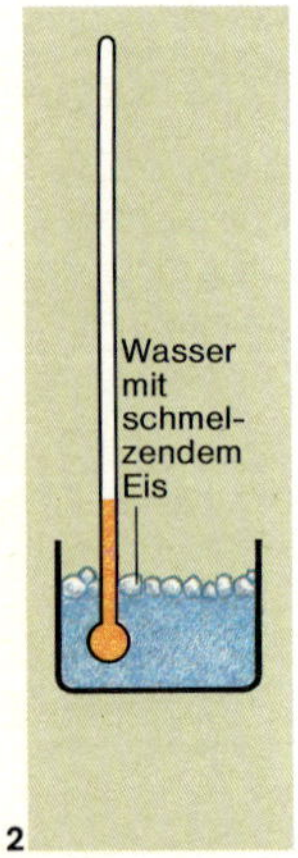

2

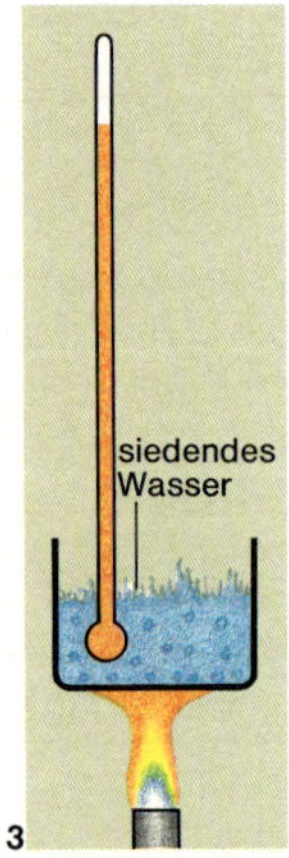

3

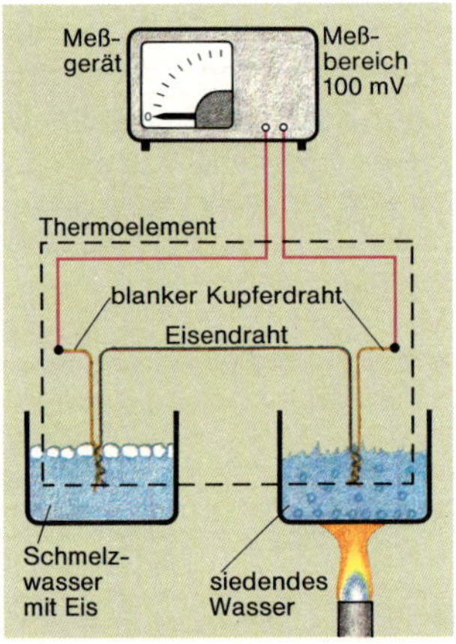

4

b) Eine *Thermometerskala* soll hergestellt werden. Die Bilder 2 u. 3 zeigen zwei wichtige Schritte bei der Herstellung der Celsiusskala.

Beschreibe die einzelnen Schritte, und führe sie aus.

Achtung! Wegen der Spritzgefahr verwendet man beim Erhitzen von Flüssigkeiten stets Siedesteinchen.

c) Auf welcher physikalischen Eigenschaft der Flüssigkeiten beruht ein solches Thermometer?

V 2 Bild 4 zeigt, wie man ein elektrisches Thermometer selbst herstellen kann. Es besteht aus einem Meßgerät und einem *Thermoelement* als Spannungsquelle.

a) Einer der beiden Knoten wird in siedendes Wasser getaucht, der andere in Wasser mit schmelzendem Eis.

Wie ändert sich die Anzeige des Meßgerätes, wenn das heiße Wasser allmählich abkühlt?

b) Was geschieht, wenn man beide Knoten gleichzeitig in Schmelzwasser oder in siedendes Wasser taucht?

c) Wie könnten wir aus der Skala des Meßgerätes eine Thermometerskala machen?

Info: **Die Celsiusskala**

In allen europäischen Staaten werden **Temperaturen** heute einheitlich in Grad Celsius (°C) gemessen.

Bei der Festlegung der **Celsiusskala** spielen die *Schmelztemperatur von Eis* und die *Siedetemperatur von Wasser* eine wichtige Rolle. Diese Temperaturen sind (unter gewissen Voraussetzungen) fest und unveränderlich. Deshalb nennt man sie **Temperaturfixpunkte** (lat. *fixus:* fest, unveränderlich).

Die Schmelztemperatur von Eis ist festgelegt als 0 °C, die Siedetemperatur von Wasser als 100 °C.

Den Abstand, den die Marken für diese beiden Temperaturen auf der Thermometerskala haben, bezeichnet man als den **Fundamentalabstand** des Thermometers; er wird in 100 gleiche Teile unterteilt. 1 °C entspricht also dem 100sten Teil des Fundamentalabstandes.

Oberhalb des Siedepunktes von Wasser und unterhalb des Schmelzpunktes von Eis wird die Temperaturskala mit gleicher Schrittweite fortgesetzt. Temperaturen unterhalb von 0 °C beschreibt man durch negative Zahlen (*Beispiel:* In der Nähe des Südpols wurde schon eine Lufttemperatur von –94,5 °C gemessen).

Für die auf der Celsiusskala gemessene Temperatur verwendet man als Formelzeichen den griechischen Buchstaben ϑ (Theta).

Bei Zeitangaben macht man einen Unterschied zwischen Zeit*punkten* (12 Uhr 30) und Zeit*spannen* (12 Stunden und 30 Minuten). Ähnlich ist es bei Temperaturangaben: Man unterscheidet „Temperatur*punkte*" und Temperatur*differenzen*.

Temperaturdifferenzen werden meist in der Einheit **Kelvin** (K) angegeben. Die Temperaturdifferenz von 1 °C bezeichnet man als 1 K. (Über die *Kelvinskala* wirst du später Genaueres erfahren.)

Beispiel: Wenn die Lufttemperatur morgens $\vartheta_1 = 8\,°C$ beträgt und mittags $\vartheta_2 = 20\,°C$, so ergibt sich als Temperaturdifferenz $\vartheta_2 - \vartheta_1 = 12$ K.

Statt $\vartheta_2 - \vartheta_1$ schreibt man oft auch nur $\Delta\vartheta$ (Delta Theta).

Aus Umwelt und Technik: **Verschiedene Thermometer**

Flüssigkeitsthermometer enthalten meist Quecksilber oder Alkohol. Ihr Meßbereich ist nach unten durch den Erstarrungspunkt der Flüssigkeit beschränkt (bei Quecksilber: −39 °C).

Nach oben sind dem Meßbereich durch die Haltbarkeit des verwendeten Steigrohres Grenzen gesetzt. Bei zu hohen Temperaturen wird es durch die verdampfende Thermometerflüssigkeit auseinandergesprengt.

Mit speziellen Flüssigkeitsthermometern lassen sich Temperaturen von −200 °C bis etwa 1000 °C messen.

Das Quecksilber aus einem zerbrochenen Thermometer ist sorgfältig einzusammeln. Sonst entstehen beim Verdunsten giftige Dämpfe.

Minimum-Maximum-Thermometer (Bild 5) zeigen die Höchst- und die Tiefsttemperaturen an, die in einem gewissen Zeitraum eingetreten sind. Sie bestehen aus einem U-Rohr, das an beiden Enden erweitert ist. Das linke Rohrende ist völlig, das rechte zum Teil mit Alkohol gefüllt. Im U-Rohr selbst befindet sich Quecksilber.

Als Thermometerflüssigkeit dient der Alkohol im linken Gefäß. Bei steigender Temperatur dehnt er sich aus und bewegt dabei das Quecksilber. Im rechten Teil des U-Rohres steigt die Quecksilbersäule an und schiebt ein Stahlstäbchen vor sich her.

Bei sinkender Temperatur zieht sich der Alkohol wieder zusammen, so daß die Quecksilbersäule in dem rechten Rohrteil nach unten sinkt. Das Stahlstäbchen bleibt jedoch in der höchsten Stellung hängen. An seinem unteren Ende kann man die Höchsttemperatur ablesen.

Gleichzeitig steigt das Quecksilber im linken Rohrteil und schiebt ein zweites Stahlstäbchen, das zur Anzeige der Tiefsttemperatur dient, hoch.

Mit einem kleinen Magneten kann man die Stahlstäbchen nach jeder Messung wieder an die Enden der Quecksilbersäule bringen.

In einem **Bimetallthermometer** (Bild 6) wird die Temperatur mit Hilfe eines meist spiralförmigen Bimetallstreifens gemessen. Dieses besteht aus zwei verschiedenen aufeinandergeschweißten Metallen und ist an einem Ende befestigt. Bei Erwärmung dehnen sich die Metalle unterschiedlich aus, so daß sich der Streifen stärker (oder weniger stark) krümmt.

Am freien Ende der Spirale befindet sich ein Zeiger, der auf einer Skala die Temperatur anzeigt.

Zur raschen Temperaturmessung in größeren Temperaturbereichen werden oftmals **Thermoelemente** verwendet (Bild 7).

Ein Thermoelement ist eine Spannungsquelle – wie ein galvanisches Element (z. B. eine Monozelle) oder ein Fahrraddynamo.

Thermoelemente lassen sich leicht herstellen: Man benötigt zwei Drähte aus unterschiedlichen Metallen und knotet sie an beiden Enden zusammen. Der eine Draht wird dann unterbrochen; dort wird ein elektrisches Meßinstrument eingebaut. Die Anzeige des Gerätes hängt von der Temperaturdifferenz der Knoten ab. *Ein* Knoten muß daher stets eine bestimmte Temperatur haben (z. B. 0 °C).

Manche Stoffe verändern ihre Farbe, wenn sie bestimmte Temperaturen erreichen. Solche **Temperaturmeßfarben** werden z. B. bei der Entwicklung von Flugzeugtriebwerken eingesetzt (Bild 8).

Mit ähnlichen Stoffen versehene Papierstreifen werden in der Autoentwicklung eingesetzt, um Temperaturen an bestimmten Stellen zu messen (Bild 9). Das Papier wird bei Erreichen der „Umschlagtemperatur" grau bis schwarz.

Flüssigkristallthermometer zeigen die Temperaturen ebenfalls durch einen Farbumschlag an. Diese Thermometer sind als Wohnzimmerthermometer verbreitet (Bild 10).

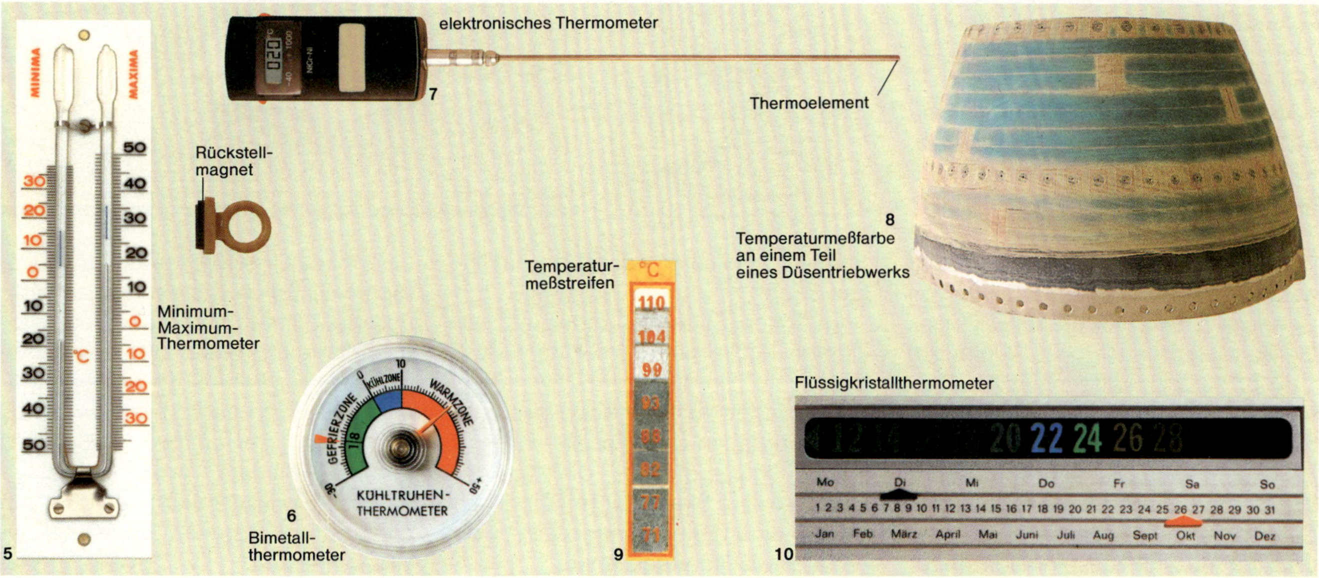

5 Minimum-Maximum-Thermometer

6 Bimetallthermometer

7 elektronisches Thermometer, Thermoelement

8 Temperaturmeßfarbe an einem Teil eines Düsentriebwerks

9 Temperaturmeßstreifen

10 Flüssigkristallthermometer

Aufgaben

1 In der Umgangssprache verwenden wir oft Sätze wie: „Heute ist ein kalter Sommertag." – „Das Badewasser ist heiß." – „Die Suppe ist lauwarm."

Ordne diesen Sätzen Temperaturbereiche zu.

Warum wissen wir bei den umgangssprachlichen Formulierungen ohne weiteres, *was* gemeint ist?

2 Weshalb dauert das Fiebermessen (mit einem Quecksilberthermometer) einige Minuten?

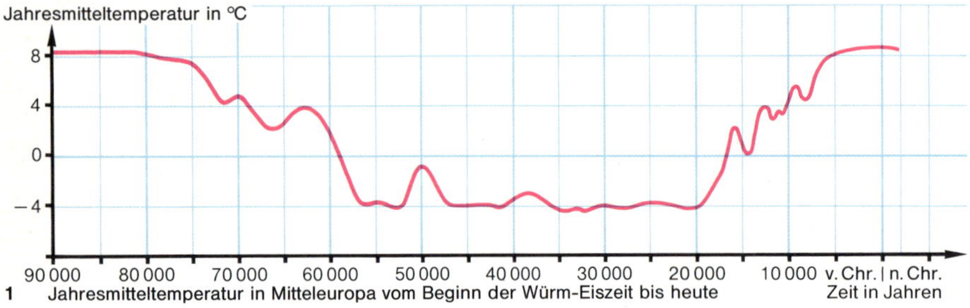

1 Jahresmitteltemperatur in Mitteleuropa vom Beginn der Würm-Eiszeit bis heute

3 Warum gäbe es Probleme, wenn man mit einem Flüssigkeitsthermometer die Temperatur in einem Fingerhut voll Wasser messen wollte?

4 Im Diagramm von Bild 1 sind die Jahresmitteltemperaturen in Mitteleuropa von der letzten Eiszeit bis heute dargestellt. Was kannst du aus dem Diagramm ablesen?

5 Wie sieht wohl ein Temperaturdiagramm für einen Vormittag in eurem Klassenraum aus?

6 Beschreibe, wie man ein Thermometer mit Celsiusskala herstellt.

Aus der Geschichte: **Erste „Thermometer"**

Im Altertum waren Thermometer – und damit die Temperaturmessung – noch unbekannt. Es wurden aber schon Geräte gebaut, die so ähnlich funktionierten wie unsere heutigen Thermometer.

Der Grieche *Philon von Byzanz* (um 230 v. Chr.) benutzte eine hohle, luftgefüllte Bleikugel mit einem angeschlossenen Rohr.

Dieses Rohr tauchte mit seinem freien Ende in Wasser ein (Bild 2). Wenn nun zum Beispiel die Sonne auf die Kugel schien, stieg die Temperatur der eingeschlossenen Luft an. Die Folge war, daß Luft aus der Kugel entwich – im Wasser stiegen dann Blasen auf.

Bei sinkender Temperatur verkleinerte sich das Volumen der Luft in der Kugel, und eine entsprechende Menge Wasser drang in die Kugel ein.

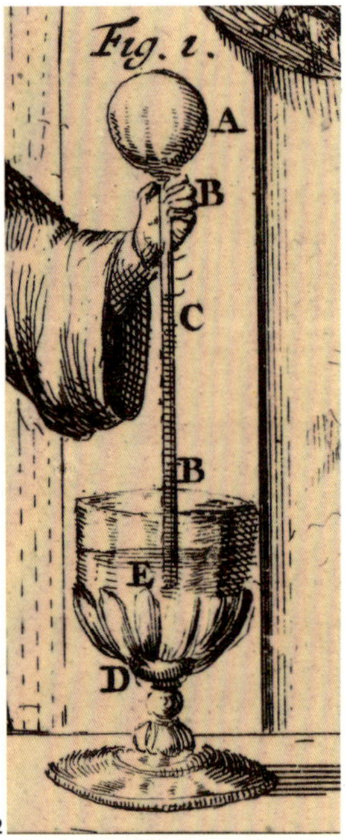

2

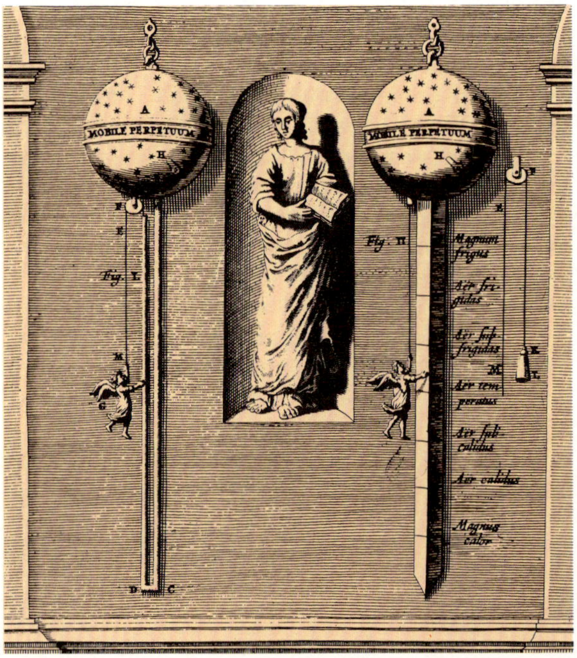

3

Ein anderer interessanter Vorläufer des Thermometers geht auf *Otto von Guericke* (1602–1686) zurück: Das Gerät bestand aus einem kupfernen U-Rohr, das zur Hälfte mit Alkohol gefüllt war (Bild 3). Ein Schenkel dieses Rohres war mit einer luftgefüllten Hohlkugel aus Kupfer verbunden. Wenn die Temperatur z. B. zunahm, dehnte sich die Luft in der Kugel aus, und der Flüssigkeitsspiegel im rechten Schenkel sank, während er im linken stieg.

Im linken Schenkel schwamm ein kleiner Hohlkörper aus dünnem Messingblech. Von diesem „Schwimmer" lief ein Faden zu einer Rolle oberhalb des Rohres. An dem Faden war eine kleine Figur befestigt, die mit der Hand auf eine Skala zeigte. (Die Skala war auf einem Blech angebracht, welches das U-Rohr verdeckte.)

Guerickes „Thermometerskala" war recht willkürlich in sieben Abschnitte unterteilt: *magnum frigus* (große Kälte), *aer frigidus* (kalte Luft), *aer subfrigidus* (etwas kalte Luft), *aer temperatus* (milde Luft), *aer subcalidus* (etwas heiße Luft), *aer calidus* (heiße Luft) und *magnus calor* (große Hitze).

Diese Skala war nicht geeignet, um die Lufttemperatur im Sinne der Physik zu *messen*.

Aus der Geschichte: **Die Entwicklung von Thermometerskalen**

Von 1640 an widmete sich insbesondere die Akademie in Florenz der Entwicklung von Thermometern. Bild 4 zeigt ein dort gebautes Alkoholthermometer. Die kunstvolle Glaskrone stellt die Thermometerkugel (also das Vorratsgefäß für die Thermometerflüssigkeit) dar. Das schlanke Steigrohr ist fast einen Meter lang. 420 aufgeschmolzene Glasperlen bilden die Thermometerskala. Als Nullpunkt hatte man vermutlich den Flüssigkeitsstand bei größter Winterkälte gewählt und als Höchstwert den Stand bei größter Sommerhitze.

Natürlich war solch ein Thermometer ziemlich unhandlich. Man kam deshalb auf den Gedanken, das dünne Röhrchen in Form einer Wendel „aufzuwickeln“ (Bild 5).

Wenn die Thermometer verschieden dicke Steigrohre oder unterschiedlich geteilte Skalen hatten, konnten die Messungen der einzelnen Thermometer nicht miteinander verglichen werden. Für die gleiche Temperatur erhielt man mit jedem Thermometer einen anderen Meßwert!

So war denn folgender Vorschlag, der auf den dänischen Astronomen *Olaf Römer* (1644–1710) zurückgeht, ausgesprochen vorteilhaft: Auf den Thermometerskalen sollten künftig die Höhen der Flüssigkeitssäulen bei schmelzendem Eis und bei siedendem Wasser markiert werden.

Der Schwede *Anders Celsius* (1701–1744) griff die Idee auf, die Schmelztemperatur von Eis und die Siedetemperatur von Wasser als *Temperaturfixpunkte* zu verwenden. Er schlug 1742 folgendes vor:

Der Abstand zwischen den Markierungen für diese Fixpunkte (d. h. der Fundamentalabstand) soll in 100 gleiche Teile eingeteilt werden; dabei ist Quecksilber als Thermometerflüssigkeit zu verwenden.

Allerdings betrug bei Celsius die Siedetemperatur des Wassers 0 Grad und die Schmelztemperatur von Eis 100 Grad! Erst später wurde die Skala umgedreht.

Nach dem französischen Naturwissenschaftler *René-Antoine Réaumur* (1683–1757) ist eine Thermometerskala benannt, bei welcher der Fundamentalabstand in 80 gleiche Teile unterteilt ist. Bis zum Ende des 19. Jahrhunderts wurden Temperaturen oft in °R (Grad Reaumur) angegeben. Die Reaumurskala wird heute nicht mehr verwendet.

In Amerika ist auch heute noch die *Fahrenheitskala* in Gebrauch. Diese wurde 1714 – also noch vor der Celsiusskala – von *Daniel Gabriel Fahrenheit* (1686–1736) aus Danzig entwikkelt. Fahrenheit baute seine Thermometer in der heute noch üblichen Form und füllte einige mit Quecksilber, andere mit Alkohol. Offenbar angeregt durch einen Besuch bei Olaf Römer in den Jahren 1708 und 1709, suchte er nach Temperaturfixpunkten für seine Meßskala. Als einen Fixpunkt und als Nullpunkt seiner Thermometerskala wählte er die Temperatur einer Mischung aus Eis, festem Salmiak und Wasser („Kältemischung“); diese Temperatur soll auch die tiefste Nachttemperatur des bitterkalten Winters von 1709 gewesen sein. Fahrenheit hoffte, durch diese Wahl negative Temperaturen vermeiden zu können. Als zweiter Fixpunkt diente ihm vermutlich seine eigene Körpertemperatur.

Fahrenheit markierte die Höhe der Flüssigkeitssäule bei diesen beiden Fixpunkten; dann teilte er den Abstand zwischen den Markierungen in 100 gleiche Teile. Die Schmelztemperatur des Eises betrug auf seiner Skala 32 °F (sprich: Grad Fahrenheit) und die Siedetemperatur des Wassers 212 °F.

Die verschiedenen Temperaturskalen kannst du in Bild 6 miteinander vergleichen.

4

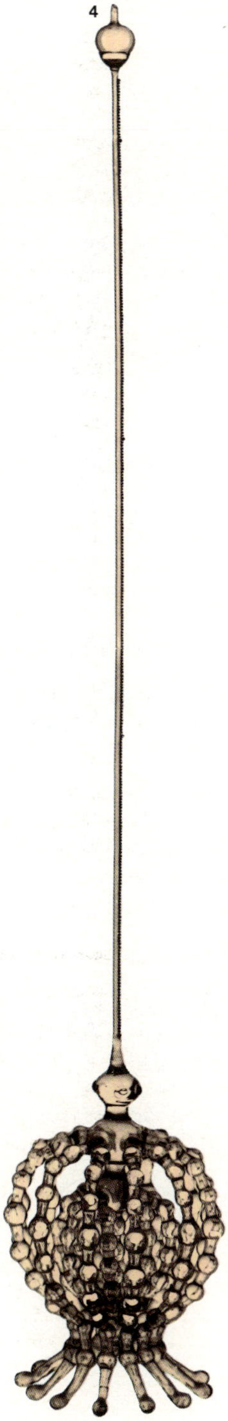

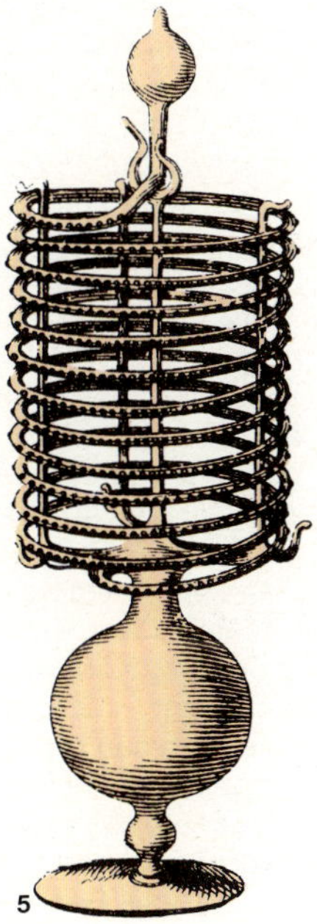

5

Fragen und Aufgaben zum Text

1 In der Oberpfalz wurde im Sommer 1983 eine Lufttemperatur von 40 °C (im Schatten) gemessen. Höhere Temperaturen wurden in Deutschland in diesem Jahrhundert nicht erreicht.

Gib diese Temperatur in °F und °R an. (Du kannst sie aus Bild 6 ablesen.)

2 In wieviel Teile ist der Fundamentalabstand bei der Reaumurskala und bei der Fahrenheitskala unterteilt?

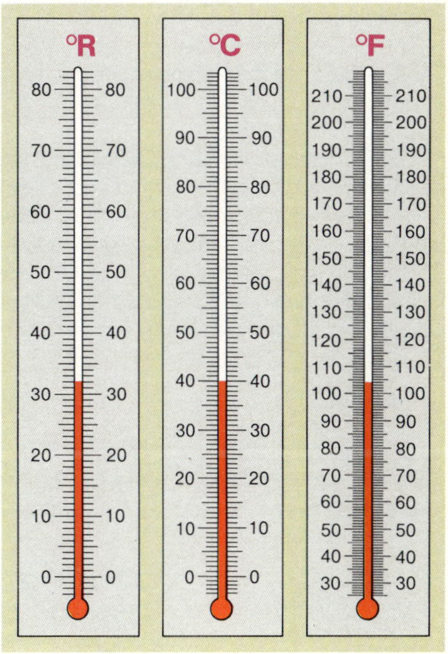

6

Temperatur – innere Energie – Wärme

1 Temperatur im Teilchenmodell

In den Bildern 1 u. 2 siehst du glühend heiße Bremsscheiben eines Autos.

Der Fahrer des Wagens hat bei einer Abwärtsfahrt im Gebirge längere Zeit gebremst; dabei hatte er den Motor abgeschaltet. Die Bremsscheiben haben sich so auf eine Temperatur von über 600 °C erhitzt.

○ Wie kommt es, daß sich die Temperatur der Bremsscheiben so stark erhöht?

○ Welche Folgen kann es haben, wenn die Bremsanlage überhitzt ist?

Bremsscheibe ▶ während der Fahrt

... auf dem Prüfstand ▼

1

2

V 1 Bremse mit deinem Fahrrad aus höherer Geschwindigkeit ab, und berühre anschließend die Nabe des Hinterrades (Rücktrittbremse).

V 2 Schlage einen Nagel mit einem Hammer in ein Stück Holz, und ziehe ihn mit einer Zange sofort wieder heraus. Was stellst du fest, wenn du den Nagel berührst?

V 3 Biege einen dicken Eisendraht an einer Stelle ein paarmal hin und her. Prüfe dann die Biegestelle mit den Fingerspitzen.

Info: Temperatur und Teilchenbewegung

In den Versuchen erwärmten sich Körper, ohne daß sie z. B. mit einer Flamme aufgeheizt wurden; wir haben die Körper lediglich „bearbeitet". Wie läßt sich diese Art der Erwärmung erklären? Was geschieht eigentlich im Innern eines Körpers, wenn seine Temperatur ansteigt?

Um diese Fragen beantworten zu können, müssen wir noch etwas über den Aufbau von Körpern erfahren:

Alle Körper bestehen aus kleinsten **Teilchen** (Atome, Ionen oder Moleküle). Diese Teilchen sitzen aber nicht ruhig an festen Plätzen; vielmehr befinden sie sich **in ständiger Bewegung**.

Wie können wir uns die Teilchenbewegung bei festen Körpern, Flüssigkeiten und Gasen vorstellen?

Die Teilchen eines *festen Körpers* (Bild 5) haben alle ihren festen Platz; dort schwingen sie hin und her. Die Teilchen üben große Kräfte aufeinander aus; dadurch halten sie sich gegenseitig auf ihren Plätzen.

Die Teilchen einer *Flüssigkeit* (Bild 6) haben keine festen Plätze. Sie können sich aneinander vorbeischieben und führen ungeordnete Zickzackbewegungen aus. Obwohl die Teilchen leicht gegeneinander verschiebbar sind, besteht zwischen ihnen ein Zusammenhalt, so daß sich eine Oberfläche ausbildet.

Die Teilchen von *Gasen* (Bild 7) bewegen sich frei und regellos im ganzen Raum, der ihnen zur Verfügung steht. Die Abstände der Teilchen sind – im Vergleich zu ihren Durchmessern – groß. Zwischen ihnen wirken praktisch keine Anziehungskräfte.

Könnten wir die Teilchen direkt beobachten, so würden wir auch bei Gasen nur eine Zitterbewegung wahrnehmen. Die Teilchen eines Gases fliegen nämlich nicht ständig geradeaus. Vielmehr stoßen sie dauernd mit anderen Teilchen zusammen, wobei sich ihre Bewegungsrichtungen ändern.

Daher kommen Gasteilchen auch kaum voran, obwohl sie erstaunlich schnell sind: Luftteilchen bewegen sich bei Zimmertemperatur schneller als Düsenflugzeuge!

Ein Teilchen bewegt sich nicht immer gleich schnell. Vielmehr ändert sich seine Geschwindigkeit beim Zusammenstoß mit anderen Teilchen.

Wenn man *ein* Teilchen über einen längeren Zeitraum verfolgt (→ Bild 1 auf der folgenden Doppelseite), kann man *die mittlere Geschwindigkeit dieses einen Teilchens* bestimmen.

Man kann aber auch *alle* Teilchen eines Körpers in einem bestimmten Augenblick betrachten. Die Teilchen haben in diesem Augenblick unterschiedliche Geschwindigkeiten. Aus diesen Geschwindigkeiten kann man den Mittelwert bilden – dies ist die *mittlere Geschwindigkeit aller Teilchen* (in einem Augenblick).

Kein Teilchen kann über längere Zeit schneller oder langsamer sein als die übrigen, weil es von diesen bei den Stößen gebremst oder beschleunigt würde. Daher ist die mittlere Geschwindigkeit aller Teilchen in einem Augenblick ebenso groß wie die mittlere Geschwindigkeit eines Teilchens in einem längeren Zeitraum. Man spricht einfach von der *mittleren Teilchengeschwindigkeit*.

Man hat festgestellt, daß die mittlere Geschwindigkeit der Teilchen eines Körpers eng mit der **Temperatur** des Körpers zusammenhängt (→ *Die seltsamen Beobachtungen des Robert Brown*).

Erhöht man die Temperatur des Körpers, so erhöht sich auch die mittlere Geschwindigkeit seiner Teilchen. Kühlt man den Körper ab, so werden die Teilchen langsamer.

Die Temperatur eines Körpers gibt uns also Auskunft über die mittlere Geschwindigkeit seiner Teilchen.

5

6

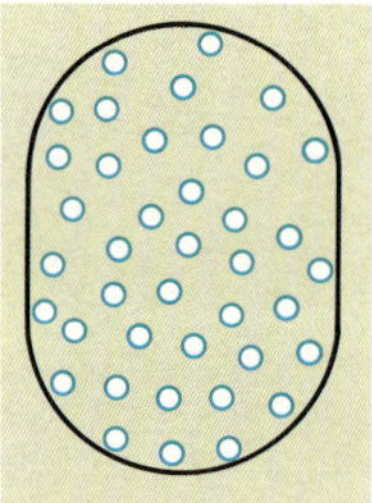

7

V 4 Bild 3 zeigt den Versuchsaufbau. Ziehe die Schnur wie eine Säge hin und her. Fasse anschließend die Schraubenzieherklinge an.

V 5 Für diesen Versuch eignet sich am besten ein elektronisches Thermometer. Klemme eine Wäscheklammer aus Holz an seinen Temperaturfühler. Ob sich die Temperatur ändert, wenn du die Wäscheklammer mehrmals drehst?

Notiere die Temperatur bei Versuchsbeginn und nach der 10., 20., 30., 40. und 50. Drehung.

Stelle deine Meßwerte in einem Diagramm dar (*waagerechte Achse:* Anzahl der Drehungen; *senkrechte Achse:* Temperatur). Was kannst du aus dem Diagramm ablesen?

V 6 Halte eine Fahrradpumpe mit einem Lappen fest, und bewege den Kolben etwa 20mal hin und her. Was spürst du, wenn du danach den unteren Teil der Pumpe berührst?

Wiederhole diesen Vorgang, halte jetzt aber die Pumpenöffnung mit dem Daumen zu.

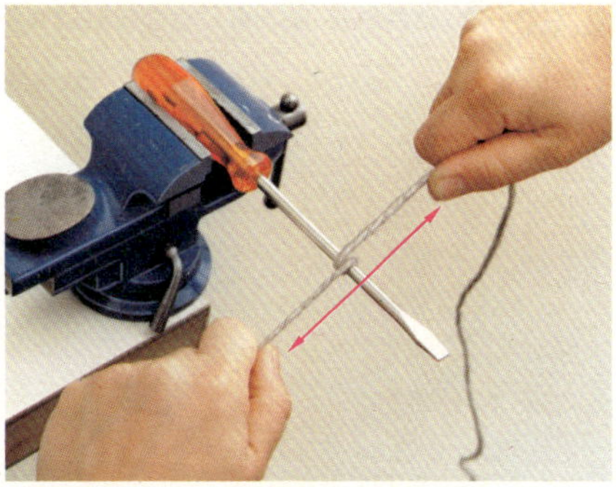
3

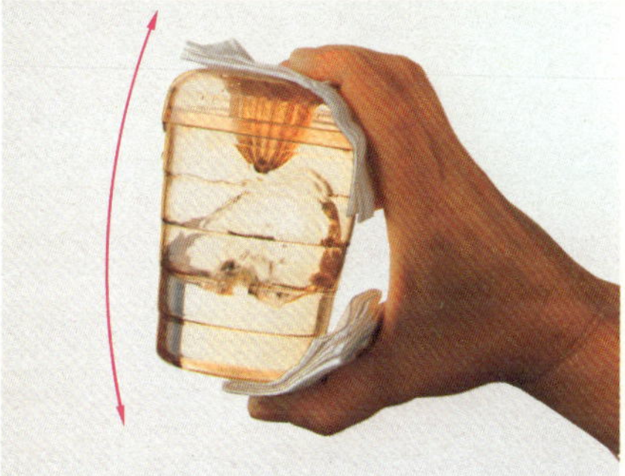
4

V 7 Kann man Wasser dadurch erwärmen, daß man es eine Minute lang kräftig schüttelt?

a) Probiere es mit 100 g Wasser in einem verschließbaren Kunststoffgefäß aus (Bild 4). Miß die Anfangs- und die Endtemperatur möglichst auf 1/10 Grad genau.

Wie ändert sich die Temperatur, wenn du zwei oder drei Minuten lang schüttelst?

b) Überlege, wie du in einem Kontrollversuch nachweisen könntest, daß keine Erwärmung durch die Hand stattfindet.

Nun können wir auch erklären, warum die Temperatur einer Bremsscheibe beim Bremsen ansteigt (Bilder 1 u. 2):

Die Bremsscheibe ist fest mit dem Rad verbunden und dreht sich mit ihm. Tritt der Fahrer auf das Bremspedal, so werden die Bremsbeläge gegen die Bremsscheiben gepreßt.

Die Oberflächen eines Bremsbelages oder einer Bremsscheibe (Bild 8) scheinen glatt und eben zu sein. Durch ein Mikroskop betrachtet, sehen sie aber wie eine Gebirgslandschaft aus (Bild 9). Beim Bremsen greifen die Unebenheiten der Oberflächen ineinander (Bild 10). Bremsscheibe und Bremsbeläge verhaken sich, werden wieder auseinandergerissen, verhaken sich von neuem usw. Dabei werden ständig Teilchen von ihren Plätzen gezerrt, federn zurück und schwingen dann heftiger als zuvor. Und das bedeutet ja nichts anderes, als daß die Temperatur der Bremsscheibe (und der Bremsbeläge) ansteigt.

8

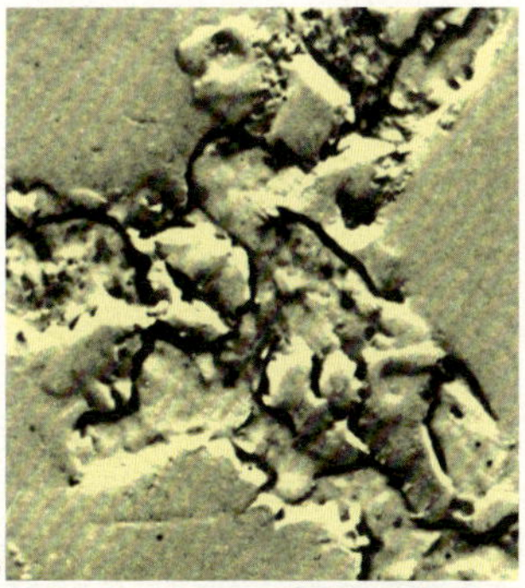
9

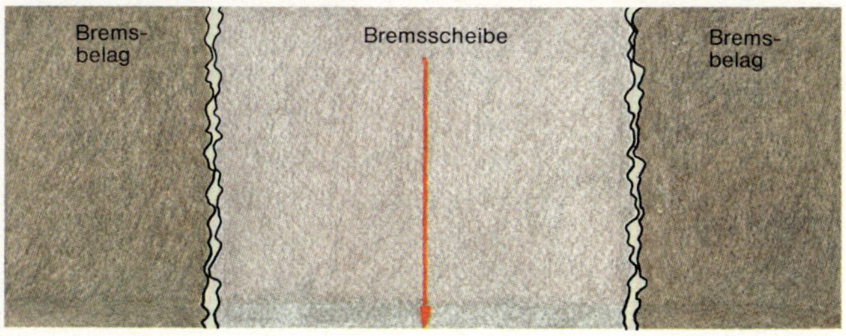

10

Nimmt die mittlere Teilchengeschwindigkeit ab, so sinkt die Temperatur des Körpers.

Man kann sich nun vorstellen, daß die Teilchen irgendwann zur Ruhe kommen. Diese theoretische Vorstellung führt zu der Vermutung, daß es eine **niedrigste Temperatur** gibt. Tatsächlich hat die Temperatur einen solchen Tiefstwert; er liegt bei −273 °C.

Ein Ansteigen der Temperatur eines Körpers bedeutet immer, daß die mittlere Teilchengeschwindigkeit erhöht wird. Je größer aber die Geschwindigkeit eines Teilchens ist, desto größer ist auch seine **Bewegungsenergie**.

Je höher die Temperatur eines Körpers ist, desto größer ist die (mittlere) Bewegungsenergie jedes seiner Teilchen.

Fragen und Aufgaben zum Text

1 Die Temperatur eines Körpers steigt. Was bedeutet das für die Teilchen, aus denen der Körper besteht?

2 In V 7 wurde Wasser nur durch Schütteln erwärmt. Was geschah dabei mit den Wasserteilchen?

3 Erkläre V 4 im Teilchenmodell.

4 In das linke Glas von Bild 11 wurde gerade ein Körnchen Farbstoff geworfen, in das rechte schon vor 30 Minuten. Das Wasser im rechten Glas wurde nicht bewegt …

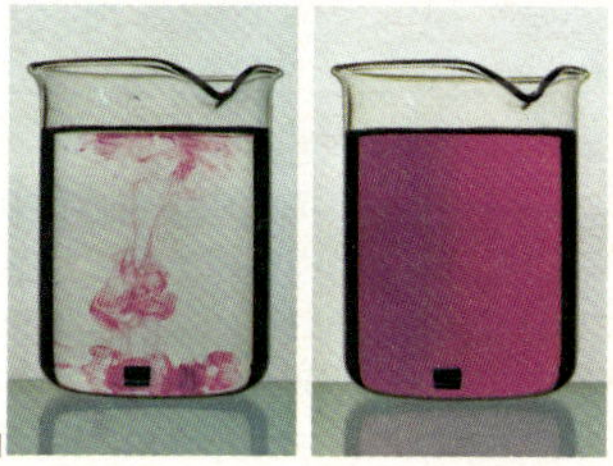
11

Aus der Geschichte: **Die seltsamen Beobachtungen des Robert Brown**

Im Jahr 1827 machte der englische Arzt und Botaniker *Robert Brown* eine überraschende Entdeckung:

Er untersuchte Blütenstaub und interessierte sich besonders für den Inhalt von Pollenkörnern. Er zerquetschte einige Körner in einem Tropfen Wasser. Die winzigen Bestandteile der Körner, die sich ins Wasser ergossen, beobachtete er unter dem Mikroskop. Seine Verwunderung war groß, als er feststellte, daß diese „Partikel" niemals zur Ruhe kamen – wie lange er sie auch beobachtete. Vielmehr blieben sie in einer ständigen regellosen **Bewegung**.

Bild 4 zeigt den Weg eines solchen Partikels. Dabei wurde alle 30 Sekunden seine jeweilige Position durch einen Punkt markiert.

Brown glaubte zunächst, bei diesen Bestandteilen der Pollenkörner handele es sich um Lebewesen. Daß diese Vermutung aber nicht stimmen konnte, zeigten ihm bald weitere Beobachtungen: Auch Ruß- und Staubkörner, ja sogar kleine Metallsplitter bewegten sich!

Erst 60 Jahre nach Browns Beobachtungen fand man eine Erklärung: Die sichtbaren Partikel werden ständig von den unsichtbaren, viel kleineren Wassermolekülen angestoßen, die ja selbst in ständiger Bewegung sind. Die unregelmäßigen Zickzackbewegungen der Pollenpartikel waren somit die unmittelbare Folge der Bewegung der Wassermoleküle.

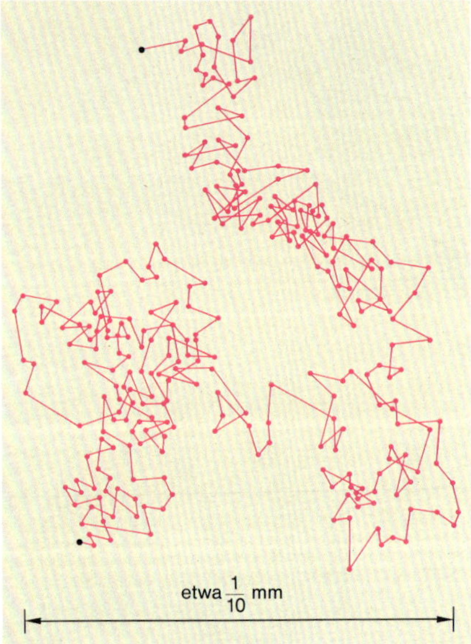

1

Zu Beginn unseres Jahrhunderts gelang es sogar, aus der Bewegung eines dieser sichtbaren Partikel die *mittlere Geschwindigkeit* der Wassermoleküle zu berechnen. Auf diese Weise konnte nachgewiesen werden, daß die mittlere **Teilchengeschwindigkeit** in einem Körper um so größer ist, je höher dessen **Temperatur** ist.

Somit wurden die Beobachtungen Robert Browns nachträglich zu einer glänzenden Bestätigung für die Theorie der Teilchenbewegung.

Fragen und Aufgaben zum Text

1 Stell dir vor, ein Stückchen Papier fällt auf einen Ameisenhaufen. Aus der Ferne siehst du nur eine Zitterbewegung. Inwiefern entspricht diese Bewegung den Zickzackbewegungen der Pollenpartikel?

2 Vergleiche den **Modellversuch** von Bild 2 mit Browns Beobachtungen.

3 In einem **Versuch** kann man ähnliche Beobachtungen wie R. Brown machen. Man benötigt dazu ein Mikroskop mit einer Rauchkammer. Bläst man etwas Rauch in diese Kammer, so lassen sich bei 50–100facher Vergrößerung recht gut die Schwebestoffe des Rauches erkennen.

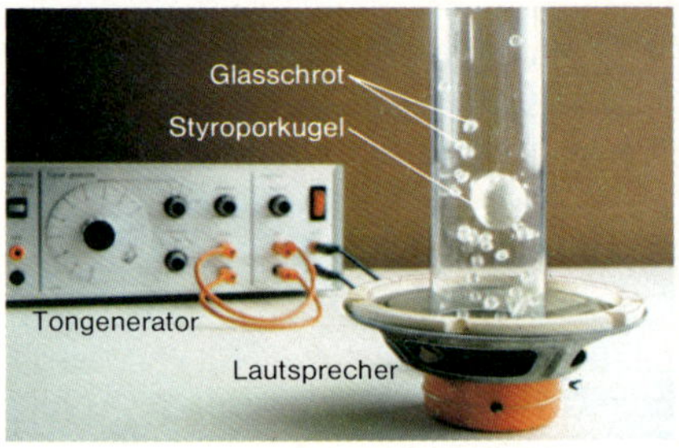

2

2 Was beim Erwärmen geschieht

Aus der Geschichte: **Die Theorie vom „Wärmestoff"**

Die Frage, was beim Erwärmen geschieht, beschäftigte die Menschen immer wieder. Und immer wieder tauchte dabei die Vorstellung auf, beim Erwärmen eines Körpers würde diesem ein „Wärmestoff" zugeführt. Man nahm an, daß ein heißer Körper besonders viel von diesem „Wärmestoff" besitze. Beim Abkühlen – so meinte man – fließe der „Wärmestoff" auf andere Körper über.

Mit der Vorstellung vom „Wärmestoff" ließen sich viele Beobachtungen erklären. So wußte man z. B., daß sich Körper beim Erwärmen ausdehnen. Dafür konnte man sich nur *einen* Grund denken: Der „Wärmestoff", der in einen Körper strömt, nimmt zusätzlichen Raum ein.

Allerdings konnte nie nachgewiesen werden, daß ein Körper schwerer wird, wenn man ihn erhitzt. Einen Stoff aber, der nichts wiegt, kann man sich kaum vorstellen.

Es ist daher nicht verwunderlich, daß es unter den Physikern auch andere Auffassungen über die Wärme gab. Vor 200 Jahren schrieben dazu die beiden Wissenschaftler *Laplace* und *Lavoisier*:

„Die Physiker sind sich über die Wärme nicht einig. Mehrere von ihnen betrachten die Wärme als ein Fluidum (Flüssigkeit, Wärmestoff)… *Andere Physiker halten die Wärme für das Ergebnis unsichtbarer Bewegungen der Teilchen der Materie. Die leeren Räume zwischen den Teilchen gestatten diesen, nach allen Richtungen zu schwingen. Diese unsichtbare Bewegung ist die Wärme."*

Zu jener Zeit – man schrieb das Jahr 1789 – lebte in München der Amerikaner *Graf Rumford*. Er stand als Kriegsminister in bayerischen Diensten.

Oft hatte er beobachten können, wie Kanonenrohre ausgebohrt wurden (Bild 3). Durch das Bohren erhitzten sich die Rohre sehr stark.

Nach der Stofftheorie der Wärme wurde dabei der „Wärmestoff" aus den Rohren herausgequetscht. Aber konnte das denn stimmen?

Der „Wärmestoff", der in einem Metallstück steckt, müßte doch irgendwann einmal zu Ende gehen. Rumford hatte aber eher den Eindruck, daß man beim Bohren beliebig viel Wärme gewinnen kann.

Um der Sache auf den Grund zu gehen, führte er mehrere Versuche durch: In die Kanonenbohrmaschine ließ er einen massiven Messingzylinder und einen stumpfen Bohrer einspannen. Der Bohrer wurde gegen den Zylinder gepreßt und eine halbe Stunde lang gedreht. Der Messingzylinder erhitzte sich dabei von 16 °C auf 54 °C.

Rumford änderte die Versuchsanordnung; er ließ den Messingzylinder jetzt in einen Wasserbehälter stellen. Wieder wurde „gebohrt" – diesmal

3

zweieinhalb Stunden lang. Schließlich siedete das Wasser!

Wenn man nur lange genug den Bohrer auf dem Messingklotz drehte, konnte man offenbar beliebig viel Wasser erwärmen.

All diese Beobachtungen sprachen gegen die Annahme, daß in dem Metall eine begrenzte Menge eines „Wärmestoffes" stecken könnte.

Rumford untersuchte auch, ob heiße Bohrspäne aus Messing eine bestimmte Wassermenge weniger erwärmen als gleich viel massives Messing (gleicher Temperatur). Er fand keinen Unterschied. Also war aus den Spänen beim Bohren kein „Wärmestoff" herausgepreßt worden.

Aus all dem zog Graf Rumford den Schluß: *„Sie* (die Wärme) *kann keine materielle Substanz sein. Es erscheint mir schwierig, wenn nicht ganz unmöglich, mir vorzustellen, daß Wärme irgend etwas anderes sein kann als das, was bei diesem Experiment andauernd dem Teilstück zugeführt wurde, während die Wärme in Erscheinung trat, nämlich Bewegung."*

So führte die Beobachtung sichtbarer Bewegungen zur Vorstellung einer „inneren" Bewegung als dem Wesen der Wärme.

Info: **Die innere Energie und der Energieerhaltungssatz**

Bohrt man mit einem stumpfen Bohrer auf einem Metallklotz, so wird Reibungsarbeit verrichtet. Der Körper jedoch, an dem man arbeitet, wird weder angehoben noch beschleunigt. Wo bleibt dann aber die beim Arbeiten eingesetzte Energie?

Versuche zeigen, daß die Temperatur eines geriebenen Körpers ansteigt. Das heißt: Die mittlere Geschwindigkeit seiner Teilchen nimmt zu. Die verrichtete Arbeit führt also zu einer *Erhöhung der Bewegungsenergie* der Teilchen.

Außerdem dehnen sich die meisten Stoffe bei Temperaturerhöhung aus; die Teilchen rücken weiter auseinander. Bekanntlich muß man Arbeit verrichten, wenn man z. B. zwei Magnete, die sich anziehen, voneinander entfernt; das gleiche gilt, wenn man zwei durch eine Feder verbundene Körper auseinanderzieht. Bei den Teilchen eines Körpers ist es genauso: Da zwischen ihnen Anziehungskräfte wirken, muß Arbeit verrichtet werden, um sie auseinanderzurücken. Der Körper erhält so *zusätzliche Energie*.

Also steckt die beim Arbeiten eingesetzte Energie im Körper, und zwar in der Bewegung und Anordnung der Teilchen.

Die gesamte Energie, die in der Bewegung und der Anordnung aller Teilchen eines Körpers gespeichert ist, bezeichnet man als **innere Energie** des Körpers. Man kann somit sagen: Durch die verrichtete Reibungsarbeit wird die innere Energie erhöht (Bild 4).

Die *innere Energie* umfaßt die *gesamte Bewegungsenergie aller Teilchen* (und zusätzlich die in der Anordnung steckende Energie). Die *Temperatur* hängt eng mit der *mittleren Bewegungsenergie je Teilchen* zusammen: Erhöht man die Temperatur, so nimmt die mittlere Bewegungsenergie jedes Teilchens zu.

Man kann daher sagen: **Je höher die Temperatur eines Körpers ist, desto größer ist seine innere Energie.**

Den Unterschied zwischen innerer Energie und Temperatur macht folgendes Beispiel deutlich: Führt man dem Wasser

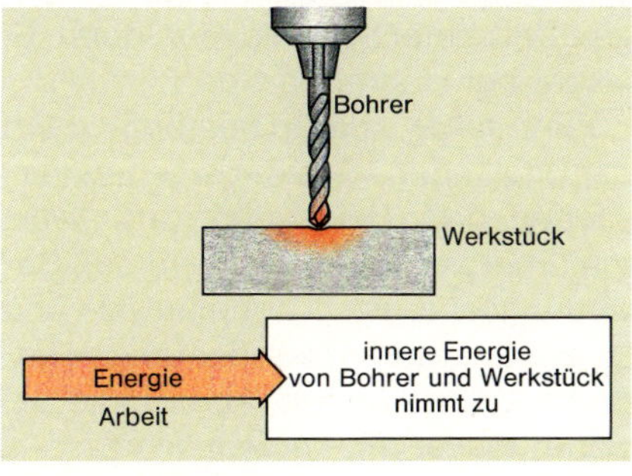

4

in einer Badewanne und dem Wasser in einer Teetasse gleich viel Energie zu, so nimmt die innere Energie in beiden Fällen um den gleichen Betrag zu. Beim Badewasser verteilt sie sich aber auf viel mehr Teilchen als beim Teewasser. Die mittlere Bewegungsenergie je Teilchen nimmt daher beim Badewasser nur wenig zu; beim Teewasser ist die Zunahme erheblich. Das bedeutet, daß die Temperatur des Badewassers sich fast nicht ändert, während die des Teewassers stark ansteigt.

In der Mechanik haben wir gesehen, daß sich bei Bewegungen auf der Erde Reibung nie ganz vermeiden läßt.

Wird Beschleunigungs- oder Hubarbeit verrichtet, tritt immer auch Reibungsarbeit auf. Daher lassen sich die mechanischen Energieformen Spannenergie, Bewegungsenergie und Lageenergie nicht vollständig ineinander umwandeln; immer geht Energie scheinbar „verloren" und führt zur Erwärmung der Umgebung.

Wenn man auch die Erwärmung in die Betrachtungen einbezieht und den Begriff *innere Energie* einführt, gilt trotz Reibung der **Erhaltungssatz der Energie**:

Energie wird immer nur übertragen. Dabei verschwindet keine Energie, und es kommt auch keine hinzu.

Info: Wärme – eine Form der Energieübertragung

Will man die Temperatur und damit die innere Energie eines Körpers erhöhen, muß man dem Körper *Energie zuführen*. Das kann durch *Arbeiten* geschehen, aber auch auf ganz andere Weise:

Um einen Topf voll Wasser zu erwärmen, verwendet man *Wärmequellen*, z. B. eine Kochplatte oder einen Gasherd. Von den heißen Glühdrähten oder der Flamme strömt die Energie in das kältere Wasser.

Man kann auch ein heißes Stück Metall in das Wasser tauchen oder heißes Wasser hinzugießen. Das Metall oder das heiße Wasser geben dann Energie an das kalte Wasser ab – solange, bis beide die gleiche Temperatur (die *Mischungstemperatur*) angenommen haben.

Ein Körper mit höherer Temperatur gibt Energie – ohne unser Einwirken – an einen Körper mit geringerer Temperatur ab.

Berühren (oder vermischen) sich zwei Körper, so wird Energie allein aufgrund eines Temperaturunterschiedes übertragen. In diesem Fall sagt man, es wird **Wärme** übertragen (Bild 1).

Damit hast du neben der mechanischen *Arbeit* eine weitere Energieübertragung kennengelernt, nämlich die Energieübertragung in Form von *Wärme*.

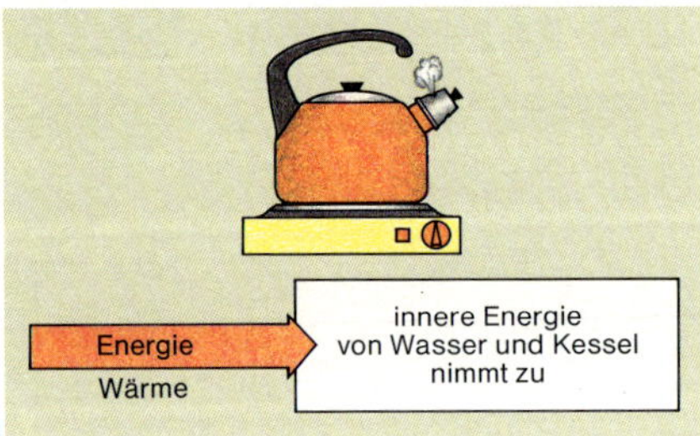

1

Mit Hilfe des Teilchenmodells kann man sich die Übertragung von Wärme so vorstellen:

Berühren sich zwei Körper von unterschiedlicher Temperatur, so stoßen die schnelleren Teilchen des heißeren Körpers mit den langsameren Teilchen des kälteren Körpers zusammen. Die schnelleren Teilchen geben dabei Energie an die langsameren Teilchen ab; diese werden dadurch schneller.

Beim Glühdraht einer Kochplatte (oder bei anderen Wärmequellen) wird Energie nachgeliefert; daher werden die Teilchen im Glühdraht nicht langsamer.

Dagegen erhält z. B. ein heißer Metallklotz, den man in kaltes Wasser taucht, keinen „Nachschub" an Energie. Die Teilchen des heißeren Körpers werden langsamer; seine Temperatur nimmt ab.

Aufgaben

1 „Ist das heute eine Wärme!" – „Die Hauswand speichert die Wärme." – „12 °C Wärme." – „Das Essen wird aufgewärmt." Welche physikalischen Begriffe sind jeweils gemeint?

2 Nenne weitere Wärmequellen.
Stelle die Energieumwandlungen dar, wenn mit diesen Wärmequellen ein Kessel Wasser erhitzt wird.

3 Beschreibe die Energieumwandlung in der Bremsanlage eines Autos.

4 Bei einem eingeschalteten Tauchsieder, der in Wasser steckt, kann man von einem *Energiestrom* reden. Erkläre, was damit gemeint ist.

5 Früher wurden Bügeleisen noch nicht elektrisch beheizt. Vielmehr enthielten sie in ihrem Innern einen Eisenblock, den man auf dem Herd aufheizen mußte.
Beschreibe die Funktionsweise dieser Bügeleisen mit Hilfe der Begriffe *innere Energie* und *Wärme*.

6 Beschreibe im Teilchenmodell, wie mit einem Thermometer die Lufttemperatur gemessen wird.

Aus der Geschichte: **Robert Mayer – ein Genie und sein Schicksal**

Der Entdecker des Energieerhaltungssatzes ist der Heilbronner Arzt *Robert Mayer* (1814–1878).

Schon in seiner Schulzeit beeindrucken ihn Darstellungen angeblicher Perpetua mobilia. Später beschäftigt er sich viele Jahre mit dem, was wir heute *Energie* nennen, und sucht nach Zusammenhängen zwischen „Bewegung" und „Wärme".

Im Jahre 1842 veröffentlicht er die Ergebnisse seiner Überlegungen und Versuche. Seine wichtigsten Erkenntnisse würde man heute ungefähr so formulieren:

- ○ Wasser läßt sich durch *starkes* Schütteln erwärmen. Durch dieses Arbeiten wird die innere Energie des Wassers erhöht.
- ○ Um die Temperatur eines Körpers zu erhöhen, muß ihm Energie zugeführt werden – entweder durch Arbeit oder als Wärme.
- ○ Energie bleibt immer erhalten; sie wird weder erzeugt noch zerstört.
- ○ Energie wird nur von einem Körper auf einen anderen übertragen.

Doch berühmte Physiker der damaligen Zeit belächeln Mayers Ideen. Er erntet nur Hohn und Spott.

Fünf Jahre später bestätigt dann der Engländer *Joule* mit eigenen Versuchen, daß „Bewegung" und „Wärme" Energieformen sind und daß Bewegungsenergie, Lageenergie und innere Energie ineinander umgewandelt werden können. Aber Joule erwähnt Mayer mit keinem Wort.

Mayer ist enttäuscht und niedergeschlagen. Nicht einmal jetzt wird also zugegeben, daß er den *Satz von der Erhaltung der Energie* als erster fand. 1850 unternimmt Mayer sogar einen Selbstmordversuch. Man bringt ihn in ein Irrenhaus; die Ärzte halten ihn für größenwahnsinnig. Als er 13 Monate später nach Hause zurückkehrt, will sich kein Patient mehr von ihm behandeln lassen.

Nur ganz langsam wendet sich das Blatt: Einige Physiker erkennen, daß sie Mayer Unrecht getan haben.

1862 findet er endlich Anerkennung und Ehre. Die Royal Institution of Britain stellt fest: „No greater genius than Robert Mayer has appeared in our century."

Alles klar?

1 Reibungsarbeit hat oft unerwünschte Temperaturerhöhungen zur Folge. Die Energie muß dann abgeführt werden. Auf welche Weise geschieht das in den Bildern 2 u. 3?

2 Etwas Salz wird in ein Glas Wasser geschüttet. Auch wenn man nicht umrührt, schmeckt das ganze Wasser nach kurzer Zeit salzig. Erkläre!

2

3 Woran erkennt man, daß die mittlere Geschwindigkeit der Teilchen eines Körpers zunimmt oder abnimmt?

4 Ein Streichholz entzündet sich erst durch das Reiben. Erläutere diesen Vorgang im Teilchenmodell.

5 Harry stöhnt: „Die Luftteilchen sind ganz schön hektisch heute, echt schweißtreibend." Was meint er damit?

6 Wie läßt sich im Teilchenmodell erklären, daß die Temperatur einen Tiefstwert hat?

3

Auf einen Blick

Temperatur und Teilchenbewegung

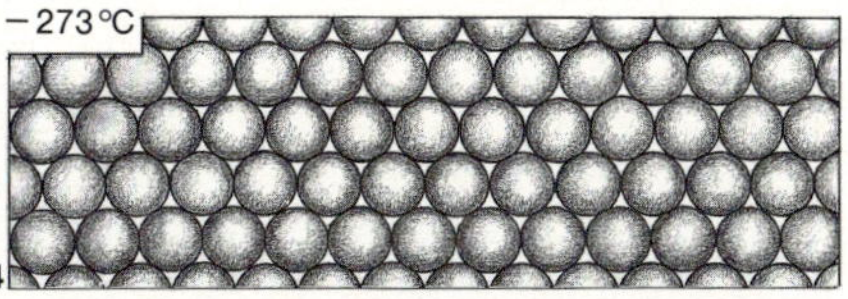

4

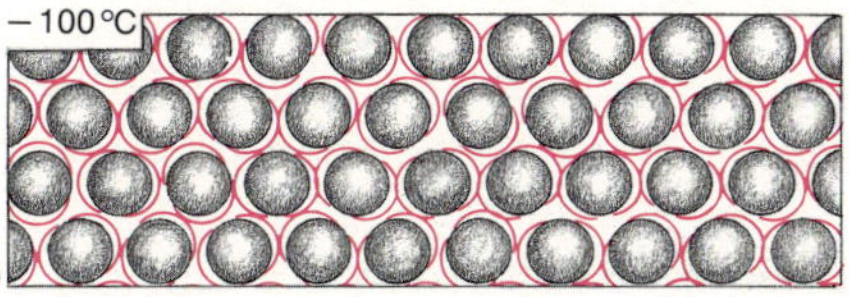

5

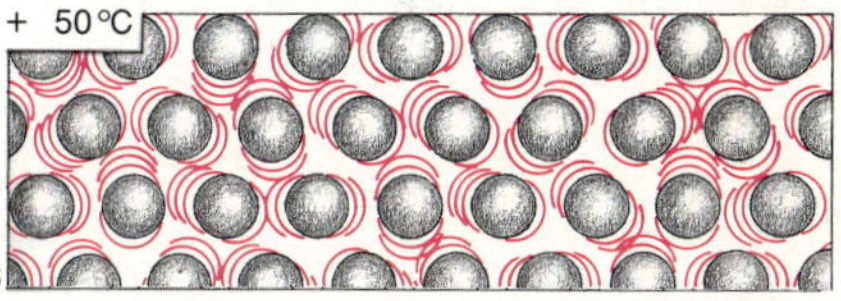

6

Die kleinsten Teilchen der Stoffe sind in ständiger regelloser Bewegung. Steigt die mittlere Geschwindigkeit der Teilchen, so steigt die Temperatur des Körpers. Werden die Teilchen langsamer, so sinkt die Temperatur. Bei –273 °C hört die Bewegung der Teilchen praktisch auf. Tiefer kann die Temperatur eines Körpers nicht sinken.

Temperaturerhöhung durch Arbeit und Wärme

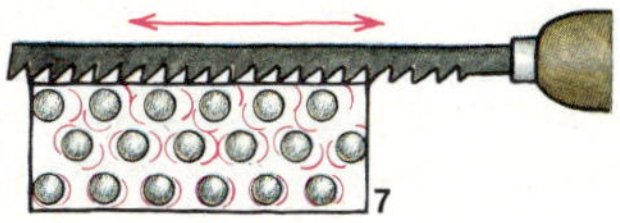
7

Die Temperatur eines Körpers kann auf verschiedene Weisen erhöht werden. Man kann ein Stück Eisen zum Beispiel mit einer Feile bearbeiten oder in eine Brennerflamme halten. Die Folge ist jeweils, daß die Teilchen des Eisenkörpers in heftigere Bewegung versetzt werden.

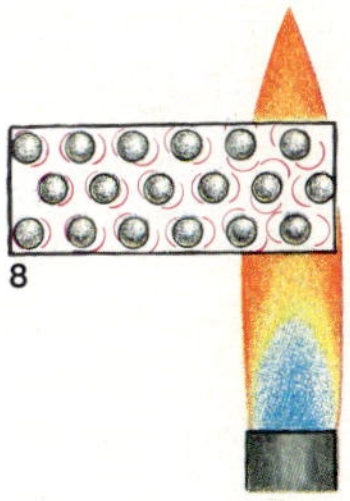
8

In beiden Fällen wird Energie zugeführt, entweder durch **Arbeit** oder als **Wärme**.

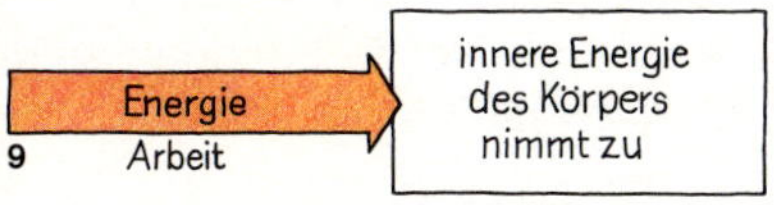

9

Die zugeführte Energie ist im Körper gespeichert, und zwar in der Bewegung und Anordnung der Teilchen.

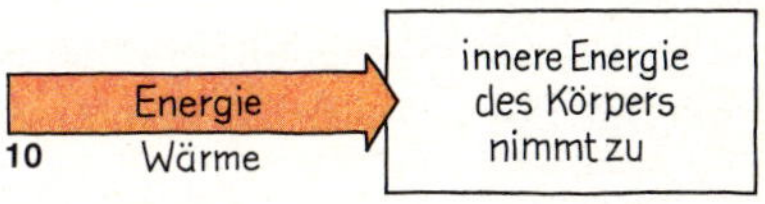

10

Als **innere Energie** des Körpers bezeichnet man die Bewegungsenergie aller Teilchen eines Körpers und die in ihrer Anordnung steckende Energie.

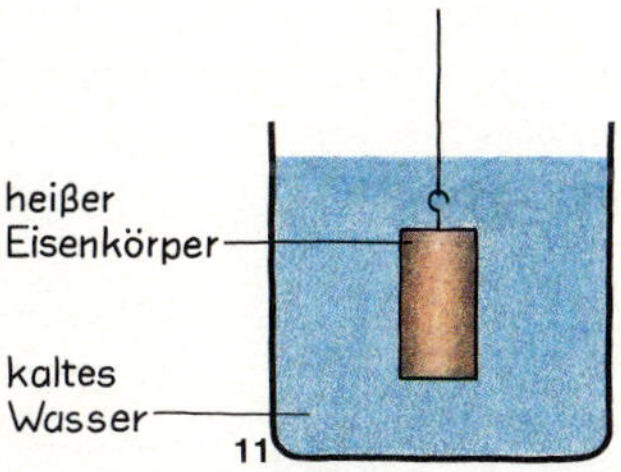

11

Berühren sich Körper unterschiedlicher Temperaturen, so gibt der heißere stets Wärme an den kälteren ab, bis beide die gleiche Temperatur (Mischungstemperatur) erreicht haben.

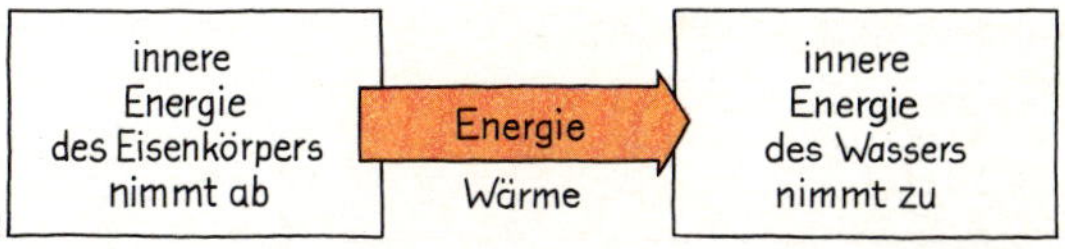

12

Temperaturänderungen und ihre Folgen

1 Flüssigkeiten werden erwärmt und abgekühlt

1 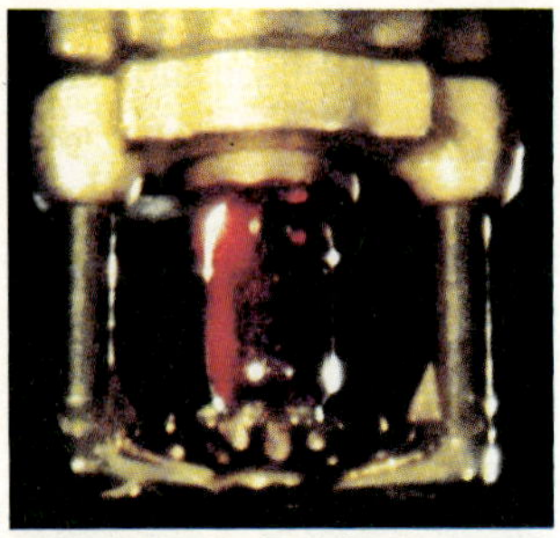

2 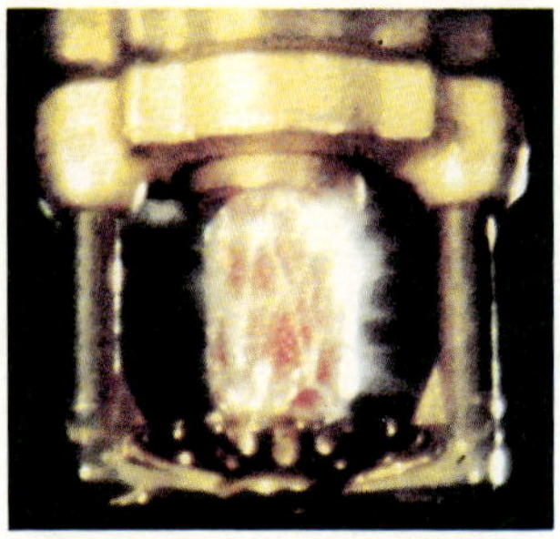

3 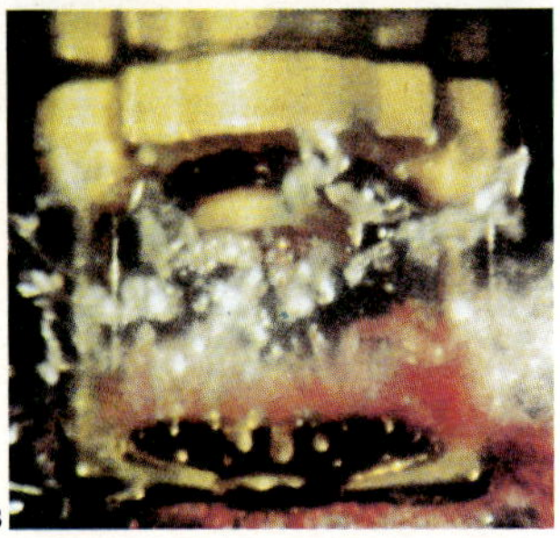

4 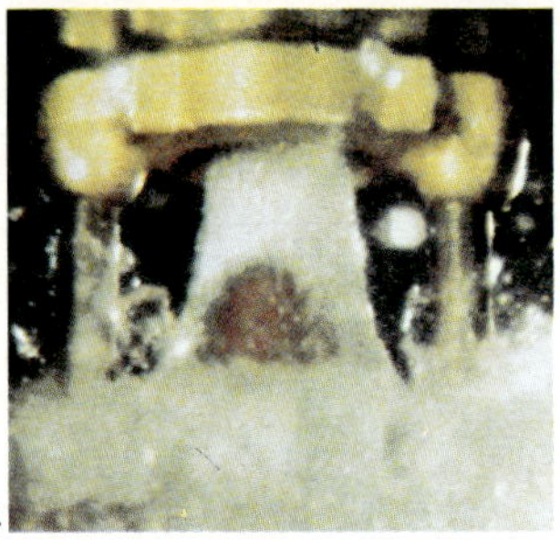

Brand im Kaufhaus – sofort sprüht Löschwasser aus Sprinklern an der Decke (Bilder 1–5).

5 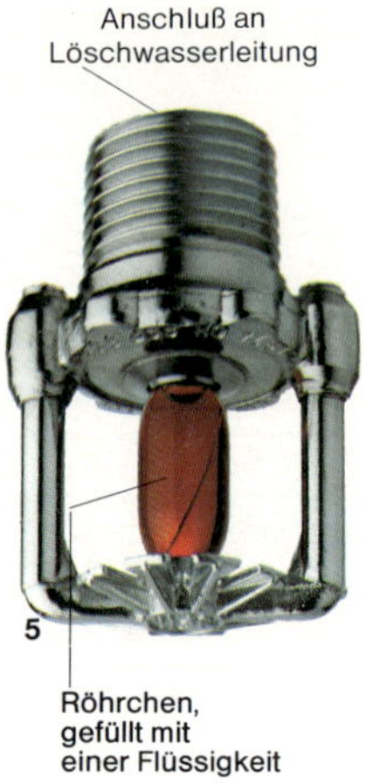

6 

7 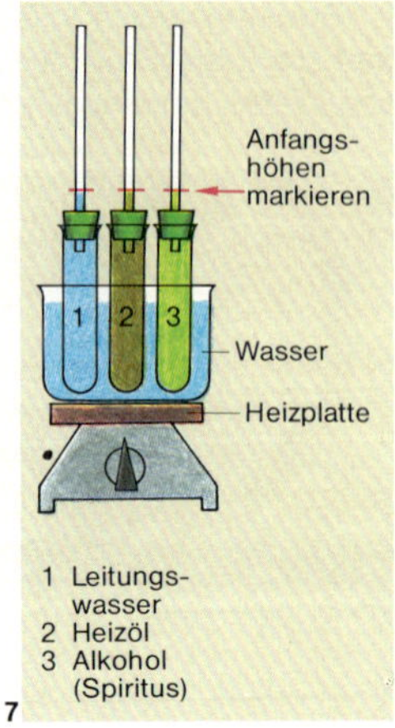

Die in den Bildern 6 u. 7 gezeigten Versuche helfen dir, die Funktionsweise einer Sprinkleranlage zu verstehen.

- ○ Was hat der Versuch von Bild 6 mit einer solchen Feuerlöschanlage zu tun?
- ○ Was zeigt der Versuch von Bild 7?
- ○ Wie funktioniert eine Sprinkleranlage?

Aufgaben

1 Beschreibe, wie ein Flüssigkeitsthermometer funktioniert.

Was passiert, wenn man ein Thermometer „überhitzt"?

2 Bild 8 zeigt die Ausdehnung verschiedener Flüssigkeiten bei Erwärmung von 20 °C auf 21 °C, also um 1 K. Angegeben ist die Volumenzunahme für jeweils 1 l Flüssigkeit.

Berechne die Volumenzunahmen für die Anordnung von Bild 7. Nimm dabei an, daß jeweils 100 cm^3 Flüssigkeit von 20 °C auf 60 °C erhitzt wurde. Was setzt du bei deiner Rechnung voraus?

3 Das Wasser zeigt beim Erwärmen von 0 °C an eine Besonderheit. Sie ist in Bild 9 dargestellt.

Beschreibe, um welche Besonderheit es sich handelt.

4 Auf den Boden ist ein Viereck gezeichnet. Die Schüler bewegen sich zunächst nur wenig und dürfen das Viereck nicht verlassen (Bild 10).

Was geschieht, wenn sie sich schneller bewegen und dabei gegeneinander stoßen?

Übertrage deine Antwort auf das Verhalten der Teilchen einer Flüssigkeit, die gerade erwärmt wird.

5 Weshalb sollte man im Sommer den Benzintank eines Autos nicht randvoll füllen?

Begründe deine Antwort mit einer Rechnung. Nimm dabei an, daß der Tank 70 l faßt (Temperatur im Erdtank der Tankstelle: 12 °C; Lufttemperatur: 27 °C); verwende die Angaben von Bild 8.

6 Ein Heizöltank faßt 5000 l Heizöl. Er wird bei 10 °C zu 75 % gefüllt.

Wieviel Liter Heizöl befinden sich bei 25 °C im Tank?

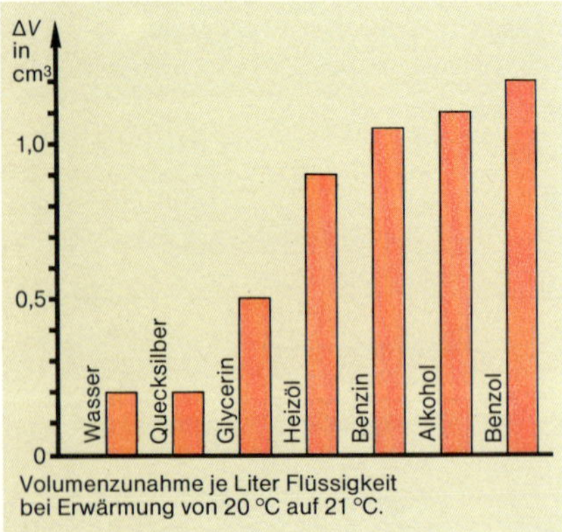

8

9 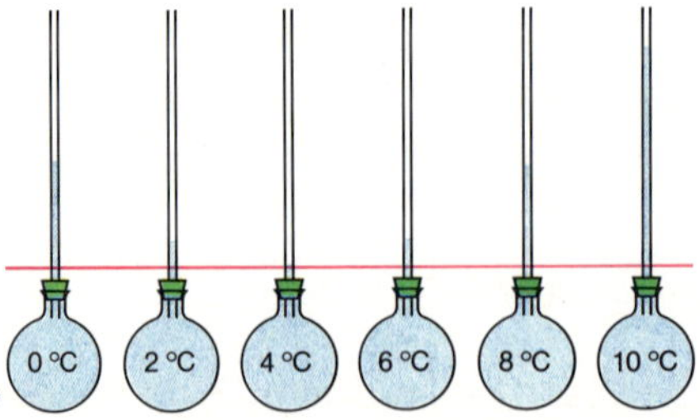

10 

Aus Umwelt und Technik: **Die Anomalien des Wassers**

Stehende Gewässer frieren im Winter stets von oben her zu (Bild 11). Das Wasser erstarrt zuerst an der Oberfläche des Gewässers – und sinkt nicht nach unten.

Während flache Tümpel im Laufe des Winters bis zum Grunde durchfrieren, bleibt in tieferen Seen das Wasser unter der dicker werdenden Eisschicht flüssig (die Eisdecke verhindert ein rasches Auskühlen des Wassers). Die Seen weisen eine „Temperaturschichtung" auf (Bild 12): Direkt unter dem Eis hat das Wasser eine Temperatur von 0 °C; mit zunehmender Tiefe steigt die Wassertemperatur an und erreicht nach einigen Metern 4 °C. Daher können Fische in Seen den Winter überstehen.

Daß Eis auf Wasser schwimmt und daß sich in stehenden Gewässern eine Temperaturschichtung ausbildet, sind Naturerscheinungen, an denen nichts Außergewöhnliches zu sein scheint. Doch wenn man nach einer Erklärung sucht, stößt man darauf, daß sich Wasser anders verhält als „normale" Flüssigkeiten:

Die meisten Flüssigkeiten ziehen sich beim Abkühlen gleichmäßig zusammen. Das heißt: Das Volumen einer bestimmten Flüssigkeitsmenge wird mit jedem Kelvin, um das die Temperatur sinkt, um einen bestimmten Betrag kleiner. Die Dichte der Flüssigkeit nimmt entsprechend zu.

Warmes Wasser verhält sich genauso. Unterhalb von ca. 20 °C zieht es sich aber immer weniger stark zusammen. Bei 4 °C hat eine bestimmte Wassermenge schon das kleinste Volumen, das sie überhaupt erreichen kann. Wenn man sie weiter abkühlt, dehnt sie sich aus – das Volumen wird also wieder größer!

Demnach hat Wasser bei 4 °C seine größte Dichte. Zwischen 4 °C und 0 °C wird die Dichte von Wasser bei sinkender Temperatur kleiner!

Weil dieses Verhalten von der „normalen" Gesetzmäßigkeit abweicht, spricht man von einer **Anomalie des Wassers** (griech. Vorsilbe *a-:* nicht; *nomos:* Gesetz).

11

12

1 l Wasser von 4 °C ist somit schwerer als 1 l Wasser von 6 °C oder von 2 °C. Aus diesem Grund kann auf Wasser von 4 °C sowohl wärmeres als auch kälteres Wasser „schwimmen".

Damit können wir erklären, wie es zu der Temperaturschichtung in einem See oder einem anderen stehenden Gewässer kommt: Wenn im Herbst und im Winter die Lufttemperaturen sinken, kühlt auch das Wasser an der Oberfläche des Sees ab.

Wenn das Oberflächenwasser eine geringere Temperatur annimmt als tiefere Wasserschichten, sinkt es ab – das Oberflächenwasser hat ja dann eine größere Dichte als das übrige Wasser. An seine Stelle tritt wärmeres Wasser aus tieferen Schichten. Dieser Wasseraustausch geht solange weiter, bis der ganze See eine Temperatur von 4 °C erreicht hat.

Wenn nun das Wasser an der Oberfläche weiter abkühlt (auf 3 °C oder 2 °C), sinkt dieses noch kühlere Wasser nicht mehr nach unten – es schwimmt sozusagen auf dem Wasser von 4 °C. Also nimmt die Wassertemperatur nur an der Wasseroberfläche und in den höheren Wasserschichten ab, und nur an der Oberfläche erstarrt das Wasser zu Eis.

Daß das Eis nicht nach unten sinkt, hängt mit einer **zweiten Anomalie** des Wassers zusammen:

Auch beim Übergang vom flüssigen in den festen Zustand verhält sich Wasser anders als die meisten Stoffe. Normalerweise wird nämlich das Volumen eines Körpers beim Erstarren *kleiner.* Wenn aber Wasser (bei 0 °C) gefriert, hat das entstehende Eis ein *größeres* Volumen als das Wasser: Aus 1 Liter Wasser werden 1,1 Liter Eis! (Diese sprunghafte Volumenänderung beim Erstarren erfolgt ohne Temperaturänderung – denn während Wasser gefriert, bleibt seine Temperatur bei 0 °C stehen.)

Diese Anomalie hat beträchtliche Auswirkungen. Sie trägt z. B. zur Verwitterung von Gestein bei: Jeder Fels hat winzige Spalten und Risse. In diese dringt Regenwasser ein, das im Winter gefriert. Dadurch werden die Risse Stück für Stück erweitert. So werden selbst große Felsen im Laufe von Jahrtausenden „gesprengt" und in kleine Brocken zerlegt.

Fragen und Aufgaben zum Text

1 Ein hohes Becherglas ist mit Leitungswasser gefüllt. Darauf schwimmt eine Schicht aus Eisstückchen (ca. 5 cm breit). Die Wassertemperatur wird gemessen.

Was wird man in diesem **Versuch** feststellen?

2 Ein weiterer **Versuch** zur Anomalie des Wassers: Ein Kolben mit angeschlossenem Steigrohr ist blasenfrei mit abgekochtem Wasser gefüllt. Ein Thermometer zeigt die Temperatur des Wassers an. Den Kolben kühlt man in einer „Kältemischung" aus zerstoßenem Eis und Salz ab; dabei wird mit einem Magnetrührer umgerührt. Stelle die Volumenänderung des Wassers zwischen 10 °C und 0 °C in einem Diagramm dar.

3 Erkläre, warum du keine Getränkeflaschen ins Tiefkühlfach eines Kühlschranks legen solltest.

2 Feste Körper werden erwärmt und abgekühlt

Aus der Geschichte: **Eine Pendeluhr mit Temperaturanpassung**

Heutzutage können wir die Uhrzeit auf die Sekunde genau von Quarzuhren ablesen.

Früher war das anders. Die ersten mechanischen Räderuhren wurden im 13. Jahrhundert gebaut; ihre Anzeige wich noch bis zu zwei Stunden pro Tag ab. Im Laufe der Zeit wurden diese Uhren verbessert, so daß sie am Tage lediglich noch um ein paar Minuten falsch gingen.

Wesentlich genauere Zeitmesser waren die 1673 erfundenen Pendeluhren. Man machte sich dabei die Tatsache zunutze, daß ein Pendel für jede seiner Hin- und Herbewegungen immer die gleiche Zeit braucht.

Auch die Pendeluhren wurden immer weiter vervollkommnet; sie waren bis ins 20. Jahrhundert hinein die genauesten Zeitmesser.

Bereits im Jahre 1725 wurde vom englischen Uhrmacher *John Harrison* eine Uhr gebaut, die weniger als eine Zehntelsekunde pro Tag falsch ging – eine für die damalige Zeit verblüffende Genauigkeit. Das Neuartige an dieser Uhr stellte ihr Pendel dar. Der eigentliche Pendelkörper, die Pendellinse, war an mehreren Metallstäben aufgehängt (Bild 1).

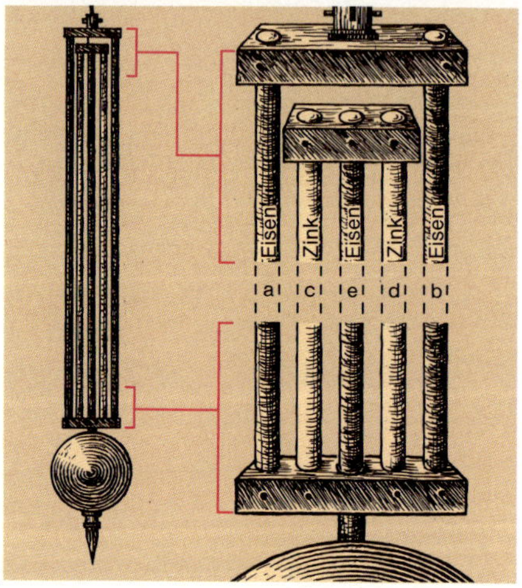

1

In einem Physikbuch von 1847 hieß es über diese Pendeluhr mit Temperaturanpassung:

„Bei den Pendeluhren ist die Veränderung des Ganges durch Wärme und Kälte bemerkbar. Alle Teile der Uhr werden durch Wärme verlängert, also auch das Pendel. Verlängert man aber ein Uhrpendel, so geht die Uhr langsamer, verkürzt man es, so geht sie geschwinder. Die Pendeluhr wird also im Sommer langsamer gehen. Im gemeinen Leben nimmt man auf diese Veränderung, die am Tage nur wenige Sekunden beträgt, keine Rücksicht.

Diejenigen Uhren aber, welche zum wissenschaftlichen Gebrauch bestimmt sind, dürfen nicht falsch gehen. Solche Uhren enthalten einen sinnreichen Mechanismus, welcher die Verlängerung des Pendels in der Wärme sogleich selbst wieder korrigiert.

Ein solches Kompensationspendel besteht aus zwei Eisenstangen, die unten einen Querstab tragen. Aus selbigem ragen nach oben zwei Zinkstangen. Am oberen Ende sind diese durch einen weiteren Querstab verbunden, in dessen Mitte wiederum eine Eisenstange hängt. Diese verläuft frei durch ein Loch im unteren Querstab und trägt die Pendellinse.

Stehen die Längen der Stangen im richtigen Verhältnis, so befindet sich die Pendellinse an einerlei Stelle; denn wenn die Eisenstangen die Linse in der Wärme herabsenken, werden die Zinkstangen sie um ebensoviel wieder anheben.“

V 1 Mit dem Versuchsaufbau von Bild 2 kann man die Ausdehnung von Rohren aus unterschiedlichen Materialien messen. Die Messungen werden z. B. für ein Messing- und ein Eisenrohr durchgeführt.

a) Das Rohr (Länge: l_0)wird bei Zimmertemperatur (ϑ_0) eingespannt und der Zeiger auf die Skalenmitte eingestellt. Dann erwärmt man das Rohr auf verschiedene Temperaturen ϑ, indem warmes Wasser oder Wasserdampf hindurchgeleitet wird (Temperatur des Wassers vor dem Einleiten und nach dem Ausströmen messen und Mittelwert bilden).

Notiere den jeweiligen Zeigerausschlag *s*, die Temperatur ϑ und die Temperaturdifferenz $\Delta\vartheta = \vartheta - \vartheta_0$.

b) Wir wollen nun wissen, um wieviel die Länge des Rohres (gegenüber l_0) beim Erwärmen zugenommen hat. Wir müssen also die Längenänderung $\Delta l = l - l_0$ aus dem Zeigerausschlag bestimmen.

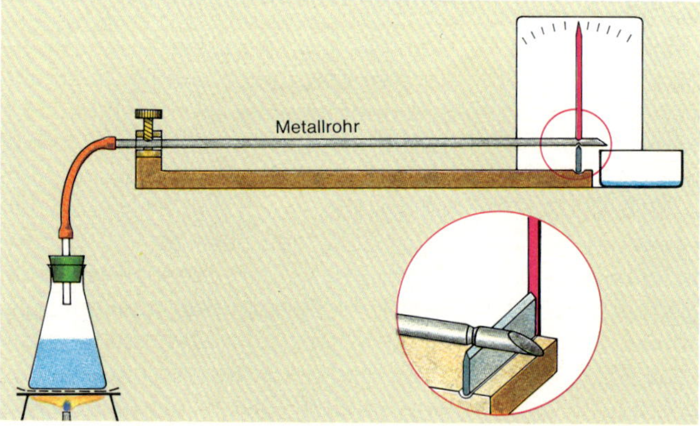

2

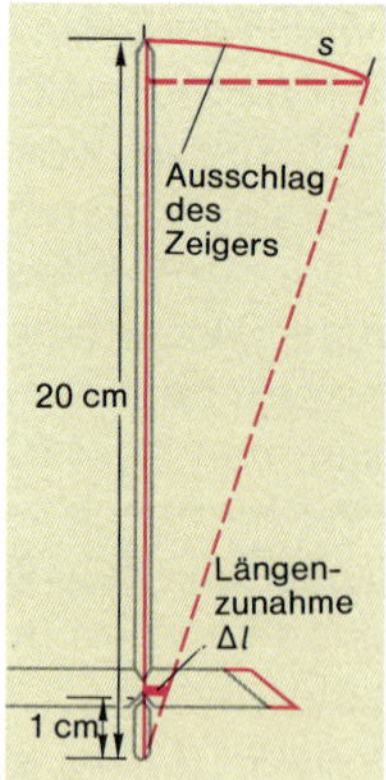

3

Für die Anordnung von Bild 3 gilt: $\Delta l = \frac{1}{20}\,s$.

Stelle Δl in Abhängigkeit von der Temperaturerhöhung $\Delta\vartheta$ dar.

V 2 Bild 4 zeigt den Versuch. Ob du das Ergebnis vorhersagen kannst?

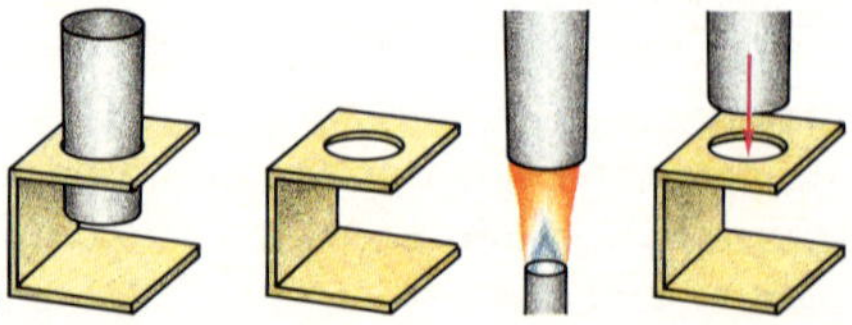
4

V 3 Ein Bimetallstreifen besteht aus zwei verschiedenen Metallblechen, die fest miteinander verbunden sind.

Was wird geschehen, wenn du den Bimetallstreifen so wie in den Bildern 5 u. 6 erhitzt? Begründe deine Vermutung, und prüfe sie nach.

5
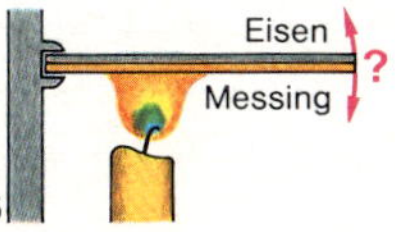

6
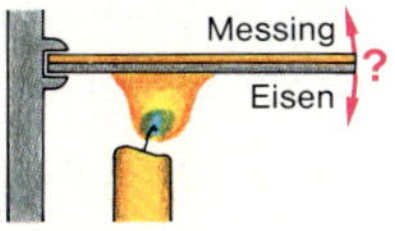

V 4 (Lehrerversuch) Ein Messingrohr wird mit Hilfe eines gußeisernen Bolzens und eines Metallkeils in einem Rahmen befestigt und erhitzt (Bild 7). Nach dem Erwärmen wird überprüft, ob der Keil festsitzt. Überlege dir vor dem Versuch, was beim Erwärmen des Rohres und dann beim Abkühlen geschehen wird.

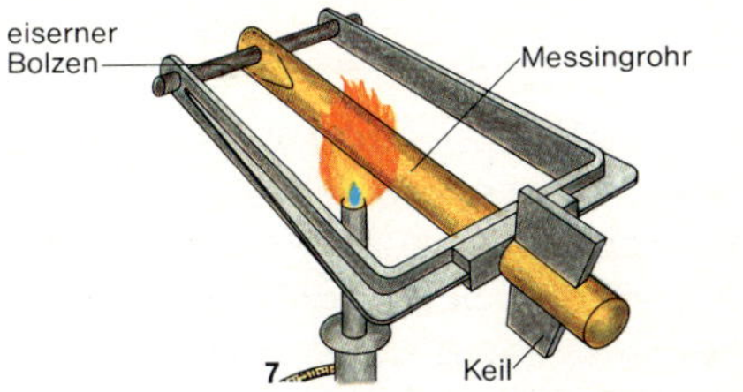

7

Info: Die Ausdehnung fester Körper beim Erwärmen

Wenn zwei Werkstoffe fest miteinander verbunden werden sollen, muß man ihr Verhalten bei Erwärmung genau kennen. Dehnen sich die Stoffe nämlich unterschiedlich aus, kommt es in dem „Verbund" zu Spannungen, die zu Schäden und Zerstörungen führen können.

Ein Beispiel für den Verbund von zwei Werkstoffen ist *Stahlbeton*. Man versteht darunter Beton, in den Stahlstäbe und -matten eingegossen sind. Sind Schäden an Stahlbeton denkbar, die mit der Ausdehnung von Stahl und Beton bei Erwärmung zusammenhängen?

Um solche und ähnliche Fragen beantworten zu können, muß man wissen, *von welchen Größen* die Ausdehnung abhängt und *wie* sie von diesen Größen abhängt.

Beim Erwärmen von Körpern ändert sich immer ihr *Volumen*. Bei festen Körpern ist aber meist nur die Ausdehnung in einer Richtung von Interesse:

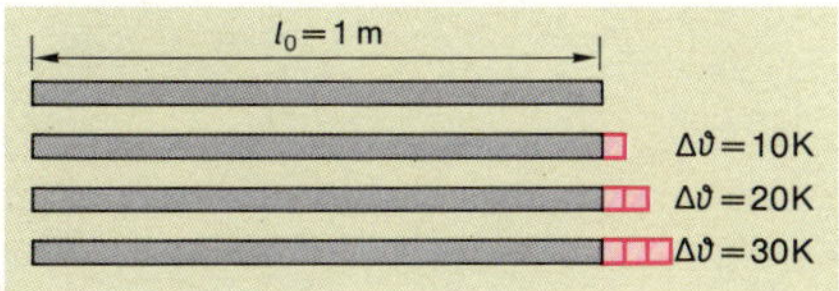

8

Die **Längenänderung** hängt vom *Material*, von der *Temperaturerhöhung* $\Delta\vartheta$ und von der *Länge* l_0 des Stabes bei der Anfangstemperatur ab.

Erwärmt man z. B. einen Eisenstab der Länge $l_0 = 1$ m um $\Delta\vartheta = 10$ K, so hat er eine Länge von $l = 1{,}00012$ m. Seine Längenänderung $\Delta l = l - l_0$ beträgt also 0,12 mm. Bei einer Temperaturerhöhung von 20 K ist die Verlängerung des Stabes doppelt so groß, bei 30 K dreimal so groß (Bild 8). *Die Längenänderung* Δl *ist also proportional zur Temperaturerhöhung* $\Delta\vartheta$:

$\Delta l \sim \Delta\vartheta$.

Verdoppelt (verdreifacht) man die Länge des Eisenstabes, so dehnt sich jeder „1-m-Teilstab" um 0,12 mm aus, wenn man ihn um 10 K erwärmt (Bild 9): Der 2 m lange Stab dehnt sich um 0,24 mm aus, der 3 m lange um 0,36 mm. *Die Längenänderung ist proportional zur Anfangslänge* l_0:

$\Delta l \sim l_0$.

Da die Längenänderung zu $\Delta\vartheta$ und zu l_0 proportional ist, ist sie auch zum Produkt $l_0 \cdot \Delta\vartheta$ proportional (→ Info unten).

$\Delta l \sim l_0 \cdot \Delta\vartheta$.

Diese Proprotionalität bedeutet, daß der Quotient $\alpha = \dfrac{\Delta l}{l_0 \cdot \Delta\vartheta}$ konstant ist. Man bezeichnet diesen Quotienten als den **Ausdehnungskoeffizienten** für die Längenänderung.

Für Eisen ergibt sich: $\alpha = 0{,}012\ \dfrac{\text{mm}}{\text{m} \cdot \text{K}}$.

Das bedeutet: Die Länge eines 1 m langen Eisenstabes nimmt um 0,012 mm zu, wenn der Stab um 1 K erwärmt wird.

Die Längenänderung kann nach folgender Formel berechnet werden:

$\Delta l = \alpha \cdot l_0 \cdot \Delta\vartheta$.

In Bild 10 ist die Längenänderung gleich langer Stäbe aus *verschiedenen Stoffen* graphisch dargestellt. Die Stäbe dehnen sich bei gleicher Temperaturerhöhung unterschiedlich stark aus; der Ausdehnungskoeffizient ist von Stoff zu Stoff verschieden (→ Tabelle im Anhang).

Wie die Tabelle zeigt, dehnen sich Beton und Eisen in gleicher Weise aus. Dies ist eine wesentliche Voraussetzung für die Verwendbarkeit von Stahlbeton.

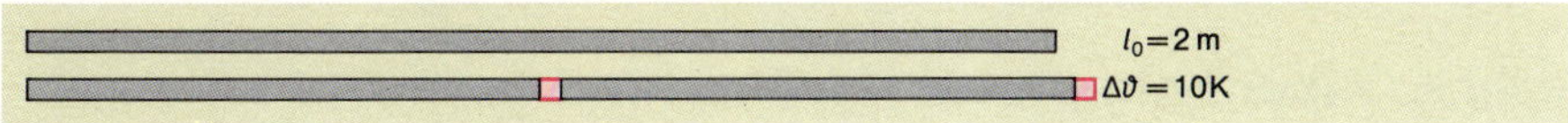

9

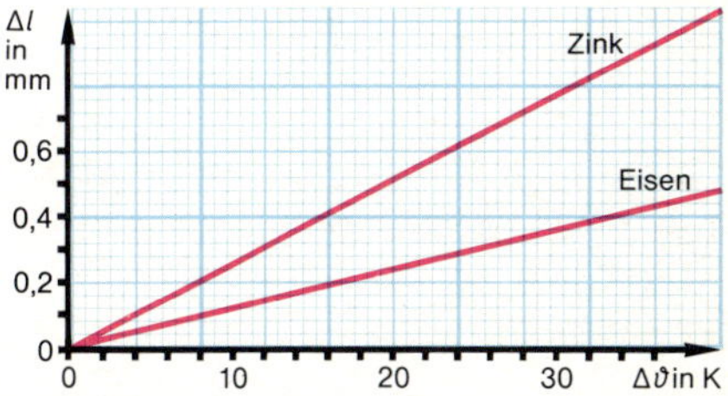

10 Längenänderung 1 m langer Stäbe

Info: Zusammenfassen von Proportionalitäten

In der Physik kommt es häufig vor, daß eine Größe von mehreren anderen abhängt. *Beispiel:* Die Längenänderung Δl eines Eisenstabes beim Erwärmen ist von der Anfangslänge l_0 *und* der Temperaturerhöhung $\Delta\vartheta$ abhängig.

Um herauszufinden, welche Art von Abhängigkeit vorliegt, führt man mehrere Versuchsreihen durch. Dabei ändert man in jeder Versuchsreihe nur *eine* der Variablen und läßt die anderen konstant.

Oft ergibt sich dabei, daß die untersuchte Größe zu zwei anderen proportional ist. *Die untersuchte Größe ist dann auch zum Produkt dieser Größen proportional* (vorausgesetzt, diese Größen sind voneinander unabhängig).

Beispiel: Für die Längenänderung erhält man $\Delta l \sim \Delta\vartheta$ (l_0 = konst.) und $\Delta l \sim l_0$ ($\Delta\vartheta$ = konst.). Die beiden Beziehungen lassen sich zusammenfassen: $\Delta l \sim l_0 \cdot \Delta\vartheta$.

Du kannst dir diesen mathematischen Sachverhalt so verdeutlichen:

Denke dir zunächst einen 1 m langen Stab. Wenn wir ihn um 10 K erwärmen, verlängert er sich z. B. um 0,1 mm.

Ein zweiter Stab aus gleichem Material soll 3 m lang sein. Bei Erwärmung um 10 K wird er um 3 · 0,1 mm länger. Erwärmt man ihn um 20 K, ist auch seine Längenzunahme doppelt so groß: 2 · (3 · 0,1 mm).

Bei dreifacher Anfangslänge und doppelter Temperaturerhöhung ergibt sich somit die sechsfache Längenzunahme Δl.

Betrachte nun das Produkt $l_0 \cdot \Delta\vartheta$: Im ersten Fall ergibt sich 1 m · 10 K, im zweiten ist es sechsmal so groß: 3 m · 20 K.

Das Produkt $l_0 \cdot \Delta\vartheta$ wächst also in gleichem Maße wie Δl. Das heißt: $\Delta l \sim l_0 \cdot \Delta\vartheta$.

Aufgaben

1 Metallstäbe werden beim Erhitzen länger. Werden sie dabei dicker oder dünner (wie ein Gummiband, das man in die Länge zieht), oder bleibt der Durchmesser gleich? Begründe deine Antwort.

2 Eine Metallplatte mit einer Bohrung in der Mitte wird erwärmt.

Ändert sich dabei der Durchmesser des Loches? Wenn ja, wie?

3 Genauso wie ein Autorad besitzt auch ein Eisenbahnrad einen Reifen. Dieser besteht aus besonders hartem Stahl. Der Reifen wird auf den eigentlichen Radkörper weder geschraubt noch geschweißt. Vielmehr wird er erhitzt und *aufgeschrumpft* (Bild 1). Warum hält der Reifen?

4 Erwärmt man ein Flüssigkeitsthermometer, so dehnt sich auch die gläserne Thermometerkugel aus.

Was geschähe wohl, wenn sich das Glas stärker ausdehnen würde als die Thermometerflüssigkeit?

5 Auf einer Wand ist ein kupfernes Heizungsrohr verlegt. Bei 20 °C hat es eine Länge von 6 m. Es wird vom Heizungswasser auf 70 °C erwärmt. Berechne die Längenänderung.

6 Die Bilder 2 u. 3 zeigen die Dehnungsfuge einer Brücke aus Stahlbeton: einmal im Sommer bei 30 °C (Fugenbreite: 48 mm) und einmal im Winter bei −10 °C (Fugenbreite: 72 mm). Wie lang ist die Brücke?

1

2

3

7 Zur *Pendeluhr mit Temperaturanpassung* (Bild 1, vorige Doppelseite):

a) Überprüfe mit Hilfe eines Schlüsselbundes an einem Faden, daß die Zeit für eine Hin- und Herbewegung von der Fadenlänge abhängt.

b) Warum geht eine einfache Pendeluhr im kalten Zimmer schneller als im warmen?

c) Auf welche Weise wird bei hohen Temperaturen die Längenänderung der Eisenstäbe ausgeglichen?

d) Bei 0 °C sind die Eisenstäbe a und b 32 cm, der Eisenstab e ist 31 cm lang. Wie lang müssen die Zinkstäbe c und d sein, damit die Pendellänge nicht von der Temperatur abhängt?

8 Wie funktioniert der Temperaturregler eines Bügeleisens (Bild 4)?

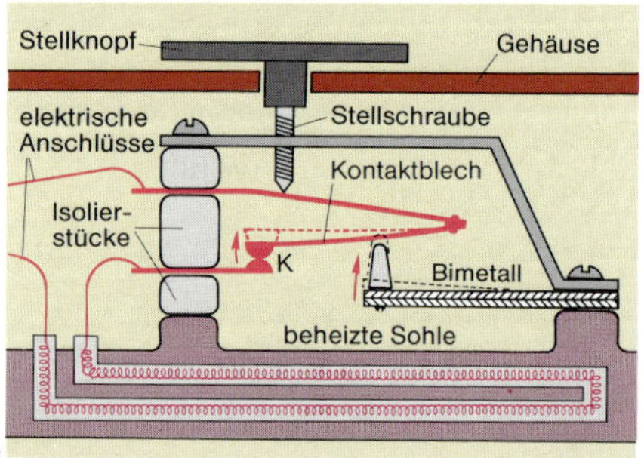

4

Aus Umwelt und Technik: **Eisenbahngleise – früher und heute**

5

„Rattap rattap – rattap rattap ..." Mehrere kurze Schläge hintereinander, dann eine kleine Pause, und wieder die Schläge – früher klang dieses ermüdende Geräusch manchem Eisenbahnreisenden noch lange nach der Ankunft in den Ohren.

Das typische Fahrgeräusch der Eisenbahn entstand immer dann, wenn ein Räderpaar über einen Schienenstoß rollte. Beim Gleisbau achtete man nämlich darauf, daß die Schienenstücke nicht aneinanderstießen. Vielmehr ließ man kleine Lücken, damit sich die Schienen beim Erwärmen ausdehnen konnten.

Trotzdem kam es gelegentlich zu Unfällen, weil die Gleise nicht sorgfältig genug verlegt waren und sich bei Erwärmung verbogen (Bild 5).

Wer heute mit dem Zug fährt, hört das „Eisenbahnrattern" nicht mehr. Die Fahrt verläuft viel ruhiger – vor allem deshalb, weil die Schienen miteinander verschweißt sind.

Aber was geschieht mit diesen Schienen beim Erwärmen? Betrachten wir zunächst ein durchgehendes

Schienenstück von 1 km Länge. Dieses müßte sich um 35 cm ausdehnen, wenn es bei Sonnenschein von 20 °C auf 50 °C erwärmt wird!

Voraussetzung wäre, daß sich das Schienenstück in Längsrichtung verschieben kann. Es ist jedoch fest mit den Schwellen verschraubt, und diese liegen in einem Schotterbett. Die Schienenenden können sich somit bei Erwärmung nicht verschieben. An beiden Enden des Schienenstückes wirken Haftreibungskräfte, die es zusammendrücken.

Du kannst dir die 1-km-Schiene als riesige Stahlfeder vorstellen; auch für sie gilt das Hookesche Gesetz. Wenn man diese „Feder" um 35 cm zusammendrücken will, muß man an beiden Enden eine Kraft von ungefähr 450 kN ausüben; das entspricht der Gewichtskraft auf 45 Autos.

Nimm nun an, diese 1 km lange Schiene ist mit einer zweiten gleich langen Schiene verbunden. Bei 50 °C üben dann die beiden Schienen an der Verbindungsstelle eine Kraft von jeweils 450 kN aufeinander aus. An den beiden freien Enden der 2 km langen Schiene ändert sich nichts; dort reichen weiterhin Reibungskräfte von 450 kN aus, um die Ausdehnung zu verhindern. Die Schienenlänge spielt also keine Rolle für den Betrag der Kraft. (Lediglich auf den letzten 50 m einer endlos verschweißten Schiene kann es zu Längenänderungen kommen; dort sind die Reibungskräfte noch nicht groß genug.)

Bei hohen oder niedrigen Temperaturen sind die endlos verschweißten Schienen in einem Spannungszustand – wie eine gespannte Feder. Das Gleisbett muß dann dafür sorgen, daß die Schienen weder zur Seite noch nach oben hin ausweichen. Erst mit modernen Gleisbauverfahren hat man die notwendige Lagesicherheit der Schienen erreicht. In Kurven ist eine äußerst sorgfältige Gleisverlegung erforderlich.

3 Gase werden erwärmt und abgekühlt

Vor nicht ganz 400 Jahren konstruierte der italienische Arzt *Sanctorius* das in den Bildern 6 u. 7 gezeigte Fieberthermometer.

Damit Fieber zu messen, war aber gar nicht so einfach. Zunächst mußte nämlich der Arzt selbst die Thermometerkugel in den Mund nehmen und sich dann den Stand der Flüssigkeit merken…

Wie funktionierte wohl ein solches Thermometer?

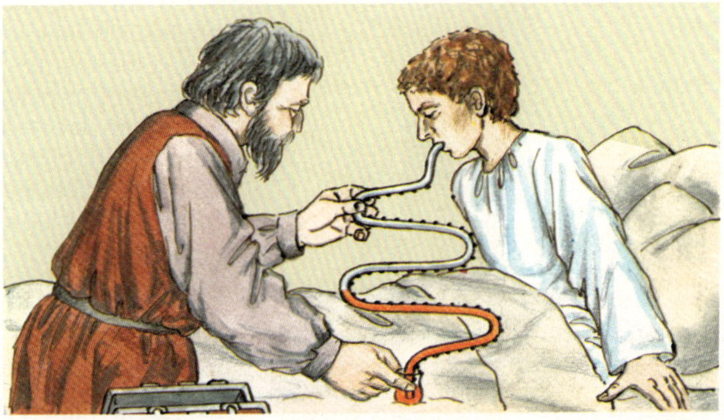
6

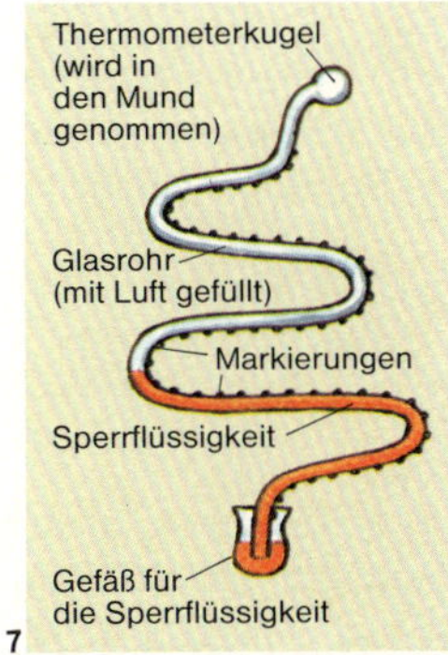

7

V 5 Feuchte die Öffnung einer leeren Flasche an, und lege eine Münze darauf. Umfasse dann die Flasche mit beiden Händen…

V 6 Wieviel Luftblasen entweichen, wenn du einen Kolben mit der Hand erwärmst (Bild 8)?

Wieviel sind es bei einem Reagenzglas (25 ml)?

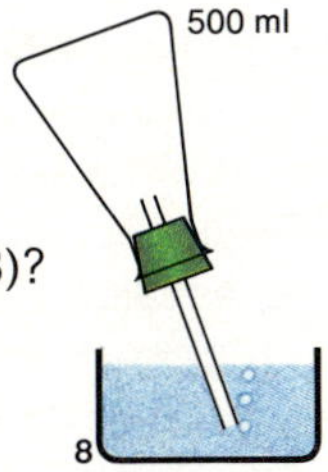

8

V 7 Die Änderung des **Volumens** verschiedener Gase (Luft, Kohlenstoffdioxid, Erdgas, Butan) soll untersucht werden (Bild 9).

a) Die eingeschlossenen Gasmengen werden im Wasserbad um 10 K erwärmt. Was stellst du fest?

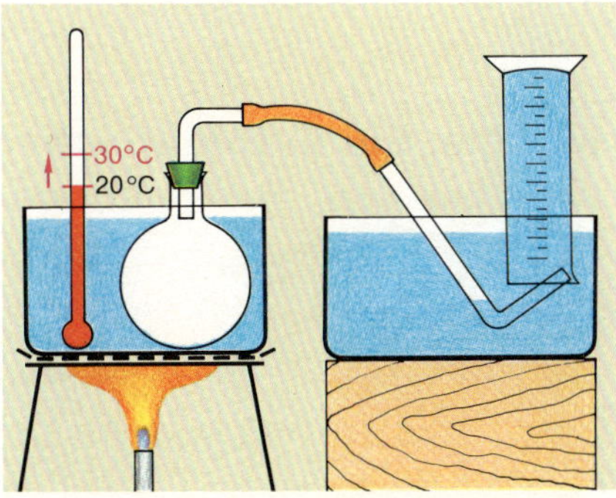

9

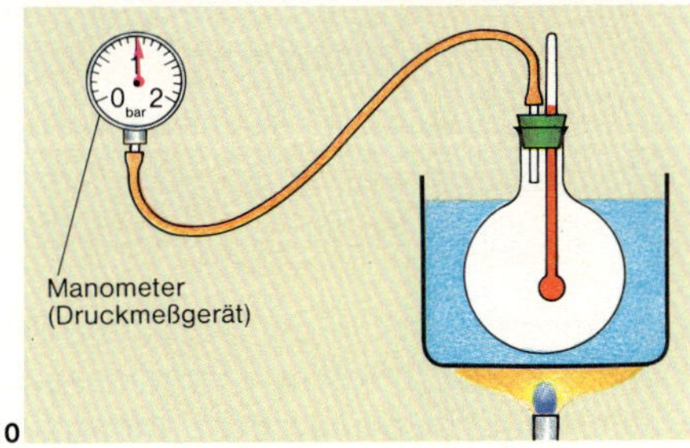

10

b) Vergleiche die Volumenzunahme von Luft bei Erwärmung um 5 K, 10 K, 15 K und 20 K.

V 8 Wir erwärmen eingeschlossene Luft (Bild 10); ihr Volumen kann sich nicht ändern. Dabei messen wir den **Druck** (→ *Mechanik der Gase* u. Info).

a) Wie ändert sich der Druck bei steigender Temperatur? Fertige ein Diagramm an (*waagerechte Achse:* Temperatur; *senkrechte Achse:* Druck).

b) Stelle auch die Druck*änderung* in Abhängigkeit von der Temperatur*änderung* graphisch dar.

c) Ohne den Kolben aus dem Wasser zu nehmen, lockern wir den Stopfen. Anschließend verschließen wir den Kolben wieder, lassen ihn abkühlen und messen Druck und Temperatur.

Info: **Volumen- und Druckänderung von Gasen**

Ein Gas nimmt stets den ganzen ihm zur Verfügung stehenden Raum ein. Erwärmt man das Gas in einem nicht verschlossenen Gefäß, so entweicht ein Teil des Gases. Das Volumen der Gasmenge wird also größer.

Wenn man das Gas aber in einem fest verschlossenen Gefäß erwärmt, kann sich sein Volumen nicht ändern. Das Gas „will" nach allen Seiten ausweichen und steht mehr und mehr „unter Druck". Auf die Gefäßwände wirken Kräfte. Diese Kräfte entstehen, weil in jedem Augenblick unzählige Teilchen auf die Wände prasseln (Bild 1).

Wie groß die Kraft ist, die das Gas auf ein bestimmtes Flächenstück (z. B. einen Stopfen) ausübt, hängt von der Größe des Flächenstückes ab. Wirkt auf ein Wandstück von 1 cm^2 eine bestimmte Kraft, so ist die Kraft auf 2 cm^2 doppelt so groß, auf 3 cm^2 dreimal so groß usw. Der Quotient aus Kraft *F* und Fläche *A* ist stets gleich groß; er eignet sich daher als Maß für den **Druck**:

$$p = \frac{F}{A}$$

Der Druck wird in Pascal (Pa) oder in Bar (bar) gemessen:

$$1\ \text{Pa} = 1\ \frac{\text{N}}{\text{m}^2},$$

$$100\,000\ \text{Pa} = 1\ \text{bar}.$$

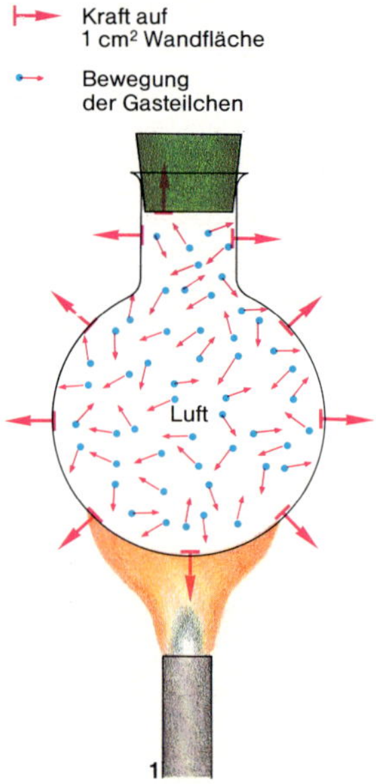

1

Bei konstantem Druck ist die Volumenänderung ΔV proportional zur Temperaturänderung $\Delta\vartheta$ und zum Anfangsvolumen V_A.

$$\Delta V \sim V_A \cdot \Delta\vartheta.$$

Bei konstantem Volumen ist die Druckänderung Δp proportional zur Temperaturänderung $\Delta\vartheta$ und zum Anfangsdruck p_A.

$$\Delta p \sim p_A \cdot \Delta\vartheta.$$

Im Gegensatz zu festen Körpern und Flüssigkeiten dehnen sich alle Gase beim Erwärmen in gleichem Maße aus. Auch der Druck ändert sich also bei allen Gasen in gleicher Weise. Gehen wir z. B. von einer Anfangstemperatur von 0 °C aus, so gilt:

Beim Erwärmen um 1 K nimmt bei *allen* Gasen das Volumen um $\frac{1}{273}$ des Volumens V_0 bei 0 °C zu:

$$\Delta V = \frac{1}{273\ \text{K}} \cdot V_0 \cdot \Delta\vartheta.$$

Beim Erwärmen um 1 K nimmt bei *allen* Gasen der Druck um $\frac{1}{273}$ des Druckes p_0 bei 0 °C zu:

$$\Delta p = \frac{1}{273\ \text{K}} \cdot p_0 \cdot \Delta\vartheta.$$

Diese beiden **Gasgesetze** gehen auf die französischen Physiker *Joseph Gay-Lussac* (1778–1850) und *Guillaume Amontons* (1663–1705) zurück.

Daß mit steigender Temperatur der Druck zunimmt, wird durch das Teilchenmodell verständlich: Je höher die Temperatur ist, desto größer ist die Teilchengeschwindigkeit, und desto heftiger prallen die Teilchen gegen die Wände.

Will man dagegen den Druck konstant halten, muß man dem erhitzten Gas einen größeren Raum zur Verfügung stellen. An der Heftigkeit des Aufprallens ändert sich dadurch zwar nichts, aber in jedem Kubikzentimeter befinden sich nun weniger Teilchen; daher prasseln auch weniger Teilchen auf jeden Quadratzentimeter der Gefäßwand.

Fragen und Aufgaben zum Text

1 Warum ist es nicht sinnvoll, den Reifendruck eines Autos unmittelbar nach einer langen Autobahnfahrt zu kontrollieren?

2 Eine verschlossene Flasche, die 2 l Luft enthält, wird von 0 °C auf 70 °C erwärmt. Wieviel Luft entweicht aus der Flasche, wenn man sie bei 70 °C öffnet?

3 Um wieviel Kelvin muß man eine Luftmenge von 0 °C erwärmen, damit sich das Volumen verdoppelt (p = konst.)?

4 Wenn man ein eingeschlossenes Gas abkühlt, sinkt der Druck. Welcher Druck ergäbe sich bei einer Temperatur von −273 °C? Erkläre mit Hilfe der Teilchenvorstellung.

Aus der Geschichte: **Ein automatischer Türöffner**

Türen, die sich automatisch öffnen und schließen, gibt es heute in fast jedem Supermarkt. Erstaunlich ist aber, daß bereits im 1. Jahrhundert n. Chr. eine Vorrichtung zum Türöffnen konstruiert worden ist. Sie wurde von dem Physiker und Techniker *Heron von Alexandria* erfunden.

Die in Bild 2 dargestellte Vorrichtung war zum Öffnen und Schließen von Tempeltüren gedacht: Von der Opferschale vor dem Tempel führte ein Metallstab in das Innere der metallenen Hohlkugel A, die mit Wasser und Luft gefüllt war.

Wenn das Opferfeuer entzündet wurde, erwärmte sich der Metallstab

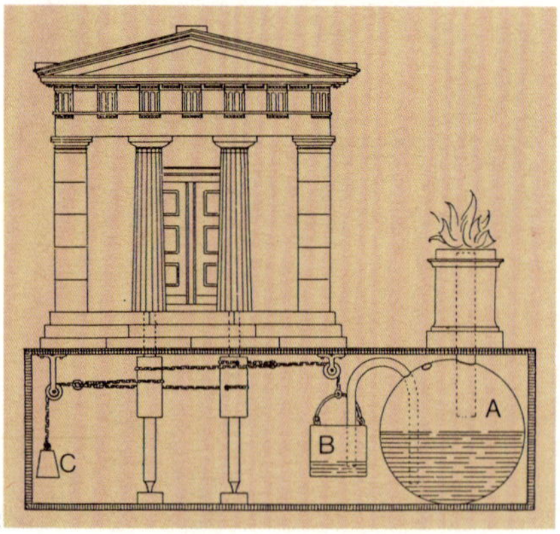

2

und auch die Luft in der Hohlkugel A. Da die Kugel luftdicht verschlossen war, erhöhte sich in ihr der Luftdruck. Das hatte zur Folge, daß ein Teil des Wassers in den Eimer B floß. Durch das einlaufende Wasser wurde der Eimer schwerer, sank nach unten und drehte die Türpfosten – die Türen öffneten sich. Gleichzeitig wurde das „Gegengewicht" C angehoben.

Nach dem Verlöschen des Opferfeuers kühlte sich die Luft in der Hohlkugel A ab. Mit sinkender Temperatur nahm dort auch der Luftdruck wieder ab, und das Wasser strömte wieder in das Gefäß unter der Feuerstelle zurück. Das Gegengewicht zog nun den leichter werdenden Eimer nach oben. Dabei wurden die Türen wieder geschlossen.

Aus der Geschichte: **Die erste Reise mit dem Heißluftballon**

Am 21. November 1783 war es soweit: Zum erstenmal unternahmen zwei Menschen einen „Luftspaziergang" über den Dächern von Paris. Sie stiegen mit dem Heißluftballon auf (Bild 3), den die Brüder *Montgolfier* gebaut hatten und der daher **Montgolfiere** genannt wurde.

Der Ballon bestand aus einzelnen Stoffbahnen, die wie bei einem Kleid mit Knöpfen verbunden waren. Innen war der Ballon mit Papier beklebt. Die Luft im Ballon wurde durch ein Strohfeuer erhitzt, das unter der Öffnung des Ballons brannte. Einer der Passagiere berichtete:

...Wir hatten uns merklich den Dächern der Stadt genähert, schürten das Feuer und stiegen sogleich mit großer Leichtigkeit empor...

3

Mich dünkte, daß wir gegen den nächsten Kirchturm flögen, den ich schließlich durch das Innere des Ringes deutlich sehen konnte. Bei höherem Aufsteigen führte uns ein neuer Luftstrom von dieser Richtung ab und trieb uns nach Süden.

Nun rief ich: „Jetzt aber hinab auf die Erde!"

Wir schürten das Feuer nicht mehr, und mein unerschrockener Gefährte, der auf der Vorderseite stand, rief mir zu, daß wir wohl auf die Mühlen hinabgehen werden.

Schnell warf ich deshalb ein Bund Stroh ins Feuer und schürte es tüchtig, daß es lebhaft aufflackern sollte. Dadurch stiegen wir abermals.

Mein Gefährte rief mir nochmals zu: „Achtung vor den Mühlen!" Wir waren aber schon längst über die Mühlen hinweggeflogen. Deshalb rief ich ihm zu: „Nun rasch hinab!"...

Info: **Der absolute Nullpunkt und die Kelvinskala**

Die Bilder 4 u. 5 zeigen, wie Volumen bzw. Druck einer bestimmten Gasmenge von der Temperatur abhängen.

Diese Zusammenhänge entsprechen den Gasgesetzen von Gay-Lussac bzw. Amontons: Bei einer Temperaturzunahme von 0 °C auf 273 °C verdoppelt sich das Volumen bzw. der Druck der Gasmenge.

Beide Geraden schneiden die Temperaturachse bei −273 °C. Es scheint, als könnte man das Gas durch Abkühlen in einen Zustand bringen, bei dem das Volumen 0 cm³ bzw. der Druck 0 bar beträgt.

Für *alle* Gase erhält man den gleichen Schnittpunkt. Die Temperatur von −273 °C heißt **absoluter Nullpunkt**.

Tiefere Temperaturen gibt es nicht. Das kann man allerdings *nicht* daraus schließen, daß nach den Gasgesetzen das Volumen bzw. der Druck bei −273 °C den Wert 0 annimmt. Die Gasgesetze verlieren nämlich bei tiefen Temperaturen ihre Gültigkeit – spätestens dann, wenn das Gas beim Abkühlen zur Flüssigkeit wird.

Daß es eine tiefste Temperatur gibt, wird durch unser Teilchenmodell verständlich: Die Temperatur eines Körpers gibt ja bekanntlich Auskunft über die mittlere Geschwindigkeit seiner Teilchen. Je tiefer die Temperatur ist, desto langsamer bewegen sich die Teilchen.

Die Temperatur eines Körpers kann nur so lange sinken, bis die Teilchen völlig zur Ruhe gekommen sind. Ihre Geschwindigkeit kann dann nicht mehr kleiner werden – und deshalb ist auch keine tiefere Temperatur möglich. In unserer Modellvorstellung brauchten die Teilchen am absoluten Nullpunkt keinen Raum mehr für ihre Bewegung. Ein Druck entstünde auch nicht, denn die Teilchen würden nicht mehr gegen die Gefäßwände prasseln.

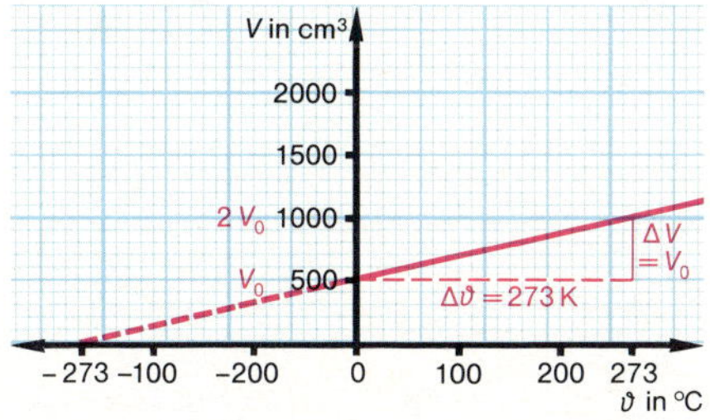

4 Volumen und Temperatur eines Gases (p = konst.)

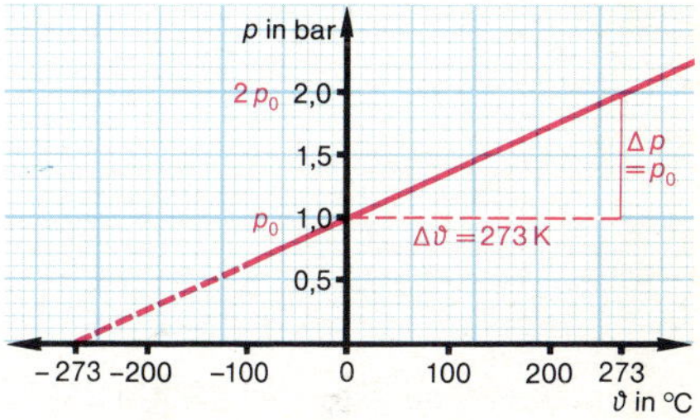

5 Druck und Temperatur eines Gases (V = konst.)

Der schottische Physiker *William Thomson* (1834–1907), später zum *Lord Kelvin* geadelt, schlug eine neue Temperaturskala vor. Der Nullpunkt dieser **absoluten Temperaturskala** oder **Kelvinskala** liegt bei −273 °C (genau: −273,15 °C).

Die Einheit 1 Kelvin (1 K) stimmt mit der Einheit der Celsiusskala überein. Beide Skalen haben also die gleiche Schrittweite (Bild 6). Der Schmelzpunkt von Eis (0 °C) liegt bei 273 K und der Siedepunkt von Wasser (100 °C) bei 373 K.

Für *absolute Temperaturen*, die auf der Kelvinskala gemessen werden, verwendet man das Formelzeichen T. Auf der Celsiusskala gemessene Temperaturen haben das Formelzeichen ϑ. Wir werden Temperaturen auch weiterhin in °C angeben. Wenn nötig, können wir sie ja problemlos in K umrechnen.

Temperaturdifferenzen sind auf beiden Skalen gleich. Es wäre eigentlich gleichgültig, ob man sie in °C oder in K angibt. Die Physiker haben sich aber für das Kelvin entschieden.

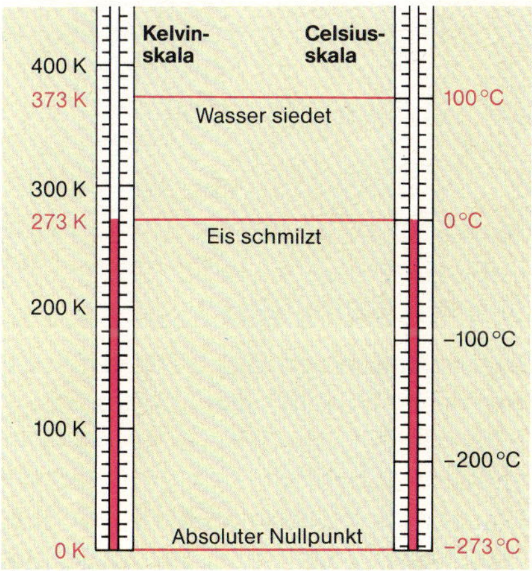

6

Info: Die absolute Temperatur und die Gasgesetze

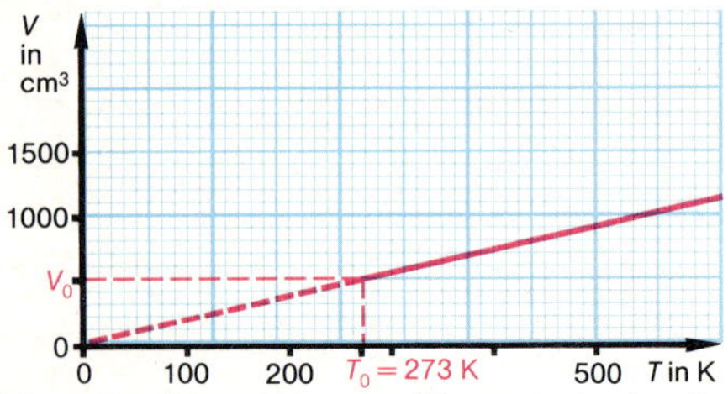

1 Proportionalität von Volumen und Temperatur (p = konst.)

Wenn man die absolute Temperaturskala verwendet, lassen sich die Gasgesetze besonders einfach darstellen:

Trägt man das Volumen bzw. den Druck in Abhängigkeit von der absoluten Temperatur auf, so ergeben sich zwei Geraden durch den Ursprung des Koordinatensystems (Bilder 1 u. 2).

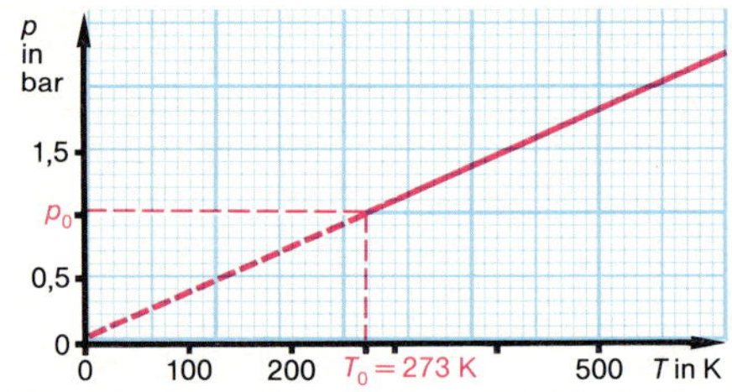

2 Proportionalität von Druck und Temperatur (V = konst.)

Das **Gesetz von Gay-Lussac** lautet demnach:

Bei konstantem Druck ist das Volumen einer Gasmenge proportional zur absoluten Temperatur.

$\boldsymbol{V \sim T}$ (für p = konst.).

Wenn man also die absolute Temperatur verdoppelt (oder halbiert), nimmt die Gasmenge einen doppelt (halb) so großen Raum ein (bei konstantem Druck).

Musteraufgabe:

Ein Zimmer hat ein Volumen von 5 m · 4 m · 2,5 m = 50 m³. Wieviel Luft entweicht, wenn das Zimmer geheizt wird und dabei die Lufttemperatur von 10 °C auf 25 °C steigt?

Lösung: Wir betrachten die Luftmenge, die bei der Temperatur 10 °C (T_1 = 283 K) im Zimmer enthalten ist. Mit V_1 bezeichnen wir ihr Volumen bei T_1, mit V_2 das bei 25 °C (T_2 = 298 K).

$$\frac{V_2}{T_2} = \frac{V_1}{T_1} \quad \text{oder} \quad V_2 = \frac{T_2}{T_1} \cdot V_1,$$

$$\Delta V = V_2 - V_1 = \left(\frac{T_2}{T_1} - 1\right) V_1 = \frac{1}{T_1}(T_2 - T_1)\, V_1,$$

$$\Delta V = \frac{1}{T_1} \cdot V_1 \cdot \Delta T,$$

$$\Delta V = \frac{1}{283\ \text{K}} \cdot 50\ \text{m}^3 \cdot 15\ \text{K} = 2{,}65\ \text{m}^3.$$

Beim Erwärmen des Zimmers entweichen 2,65 m³ Luft. (Das Volumen ist bezogen auf 25 °C.)

Wenn der Druck konstant ist, gilt: Beim Erwärmen oder Abkühlen um 1 K ändert sich das Volumen einer Gasmenge um $\frac{1}{273}$ des Volumens bei 273 K (0 °C) oder um $\frac{1}{300}$ des Volumens bei 300 K (27 °C) oder um $\frac{1}{323}$ des Volumens bei 323 K (50 °C).

Als **Gesetz von Amontons** erhält man:

Bei konstantem Volumen einer Gasmenge ist der Druck proportional zur absoluten Temperatur.

$\boldsymbol{p \sim T}$ (für V = konst.).

Wenn man also die absolute Temperatur verdoppelt (oder halbiert), verdoppelt (oder halbiert) sich auch der Druck, vorausgesetzt, das Gas kann sich nicht ausdehnen.

Musteraufgabe:

Die Luft in einem Autoreifen steht bei 5 °C unter einem Druck von 2,8 bar oder 2800 hPa. Bei einer Autobahnfahrt steigt die Temperatur des Reifens auf 70 °C. Um wieviel nimmt der Druck zu?

Lösung: Mit p_1 bezeichnen wir den Druck bei 5 °C (T_1 = 278 K), mit p_2 den bei 70 °C (T_2 = 343 K).

$$\frac{p_2}{T_2} = \frac{p_1}{T_1} \quad \text{oder} \quad p_2 = \frac{T_2}{T_1} \cdot p_1,$$

$$\Delta p = p_2 - p_1 = \left(\frac{T_2}{T_1} - 1\right) p_1 = \frac{1}{T_1}(T_2 - T_1)\, p_1,$$

$$\Delta p = \frac{1}{T_1} \cdot p_1 \cdot \Delta T,$$

$$\Delta p = \frac{1}{278\ \text{K}} \cdot 2{,}8\ \text{bar} \cdot 65\ \text{K} = 0{,}65\ \text{bar}.$$

Beim Erwärmen steigt der Druck im Reifen um ca. 0,7 bar. (Dabei wurde von Änderungen des Reifenvolumens abgesehen.)

Wenn das Volumen konstant ist, gilt: Beim Erwärmen oder Abkühlen um 1 K ändert sich der Druck eines Gases um $\frac{1}{273}$ des Druckes bei 273 K (0 °C) oder um $\frac{1}{300}$ des Druckes bei 300 K (27 °C) oder um $\frac{1}{323}$ des Druckes bei 323 K (50 °C).

Aufgaben

1 Daß es einen absoluten Nullpunkt gibt, kann man mit dem Teilchenmodell verstehen. Erläutere!

2 Ein Ballon schwebt, wenn er genauso leicht ist wie die umgebende Luft. (Ballon und Luft müssen die gleiche Dichte haben.)

a) Der Ballon von Bild 3 hat ein Volumen von 2700 m³. Die Luft im Ballon wird von 0 °C auf 36 °C erwärmt. Wieviel Luft entweicht? Wie groß darf die Masse von Ballonfahrer, Korb und Hülle sein, wenn der Ballon gerade noch abheben soll (Dichte von Luft in Meereshöhe: ca. 1 g/l)?

3

b) In 5 km Höhe beträgt die Dichte der Luft nur noch ca. 0,5 g/l.

Angenommen, Hülle, Korb und Last haben eine Masse von 500 kg. Welche Temperaturdifferenz zwischen Ballonluft und Außenluft ist nötig, um in 5 km Höhe zu fahren?

3 Wie groß ist der Druck in einer Preßluftflasche, die in der Sonne auf 50 °C erwärmt wurde? Bei 20 °C betrug der Druck 200 bar.

Alles klar?

1 Die höchste Lufttemperatur auf der Erde wurde mit 59,4 °C in der Sahara gemessen, die tiefste Lufttemperatur mit −94,5 °C am Südpol. Rechne beide Temperaturen in K um.

2 Eine eiserne Talbrücke ist 684 m lang. Der Konstrukteur geht davon aus, daß die Brücke im Sommer Temperaturen von 50 °C und im Winter von −30 °C annehmen kann. Um wieviel Millimeter muß sich die Brücke bewegen können?

3 Erkläre, wie ein *Gasthermometer* (Bild 4) funktioniert. (Das Trockenmittel sorgt dafür, daß keine Feuchtigkeit in das Innere des Thermometers gelangt.)

Wie könntest du eine Temperaturskala für dieses Thermometer anfertigen?

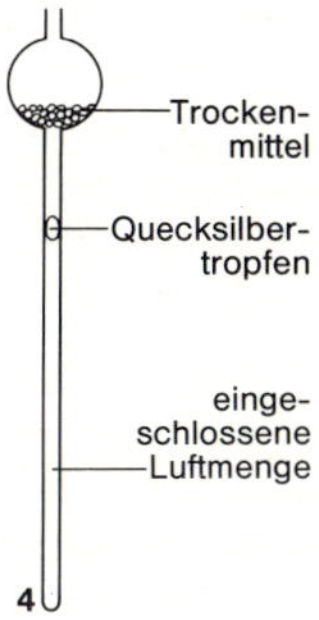

4

4 Ein Schlauchboot wird bei 22 °C aufgepumpt; der Druck beträgt 1200 hPa.

Auf welchen Wert steigt der Druck an, wenn das Boot von der Sonne auf 50 °C erwärmt wird (V = konst.)?

5 Von Kiel nach München sind es mit der Eisenbahn ca. 1000 km. Um wieviel würde sich die Schienenlänge zwischen Winter (−20 °C) und Sommer (40 °C) ändern?

Warum wird die Entfernung Kiel–München im Sommer nicht wirklich größer?

Auf einen Blick

Ausdehnung flüssiger und fester Körper beim Erwärmen

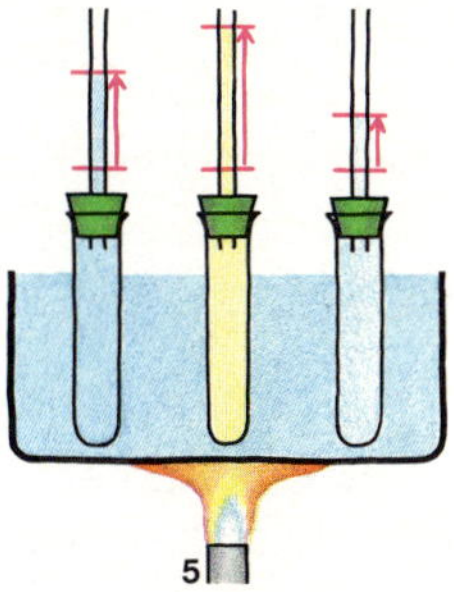
5

Mit steigender Temperatur ändert sich das **Volumen** von flüssigen und festen Körpern:

Flüssigkeiten dehnen sich in der Regel beim Erwärmen aus; beim Abkühlen ziehen sie sich zusammen.

Auch feste Körper dehnen sich beim Erwärmen *nach allen Seiten* aus und ziehen sich beim Abkühlen wieder zusammen.

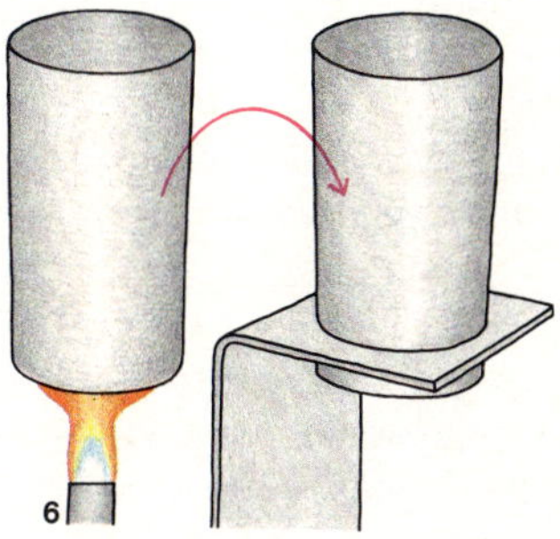
6

Bei flüssigen und festen Körpern ist die Volumenzunahme abhängig

- von der Temperaturänderung,
- vom ursprünglichen Volumen und
- vom Stoff, aus dem der Körper besteht.

Bei festen Körpern ist meist nur die Ausdehnung in *einer* Richtung von Interesse: Erwärmt man einen Stab der Länge l_0 um die Temperaturdifferenz $\Delta\vartheta$, ergibt sich die Längenänderung

$\Delta l = \alpha \cdot l_0 \cdot \Delta\vartheta$.

Der **Ausdehnungskoeffizient** α für die Längenänderung ist materialabhängig. Für Eisen gilt: $\alpha = 0{,}012\,\frac{\text{mm}}{\text{m} \cdot \text{K}}$.

Ein 1 m langer Eisenstab wird bei Erwärmung um 1 K um 0,012 mm länger.

Gase werden erwärmt: Volumen- und Druckänderung

Auch Gase dehnen sich beim Erwärmen aus und ziehen sich beim Abkühlen zusammen (Voraussetzung: kein fest verschlossenes Gefäß).

Um wieviel das Volumen einer Gasmenge zunimmt, hängt *nicht* von der Art des Gases ab.

Bei Erwärmung um 1 K dehnt sich *jedes* Gas um $\frac{1}{273}$ des Volumens bei 0 °C aus (bei konstantem Druck).

Das Volumen einer Gasmenge und ihre absolute Temperatur sind proportional, wenn der Druck konstant bleibt **(Gesetz von Gay-Lussac)**:

$V \sim T$ für p = konst.

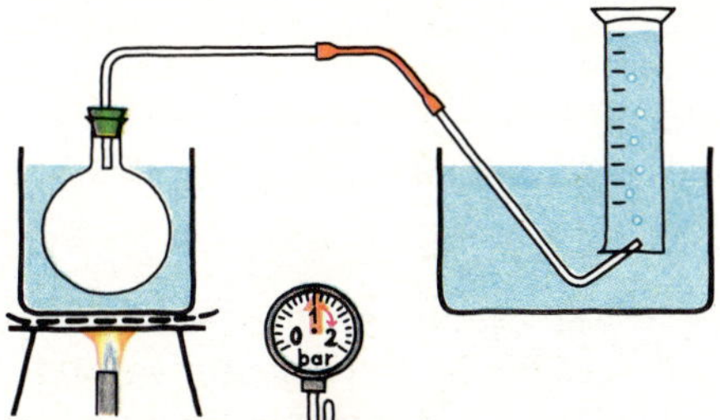
7

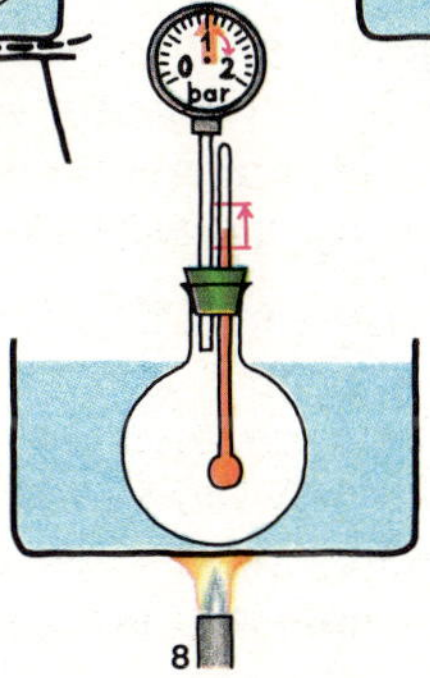
8

Erhitzt man ein Gas in einem abgeschlossenen Gefäß, so kann es sich nicht ausdehnen. Dafür steigt der Druck des Gases.

Um wieviel der Druck des Gases steigt, hängt *nicht* von der Art des Gases ab.

Bei Erwärmung um 1 K steigt in jedem Gas der Druck um $\frac{1}{273}$ des Drucks bei 0 °C (bei konstantem Volumen).

Der Druck in einer Gasmenge und ihre absolute Temperatur sind proportional, wenn das Volumen konstant bleibt **(Gesetz von Amontons)**:

$p \sim T$ für V = konst.

Die spezifische Wärmekapazität

Wärme wird gemessen

Aus Umwelt und Technik: **Fernwärme per Bahn**

In Elektrizitätswerken kann immer nur ein Teil der eingesetzten Energie zum Antrieb der Generatoren verwendet werden. Die übrige Energie muß in Form von Wärme abgeführt werden – z. B. mit Hilfe von Kühltürmen.

Diese „Abwärme" kann man aber auch in Fernheizungsnetzen nutzen: Im Elektrizitätswerk erhitztes Wasser fließt über Rohrleitungen in die Haushalte und wird dort beim Heizen abgekühlt; anschließend strömt es wieder zurück ins Elektrizitätswerk. Bei großen Entfernungen ist der Bau eines solchen Rohrleitungsnetzes allerdings zu teuer.

In kleinerem Rahmen könnten zur Überbrückung von Entfernungen bis etwa 100 km *Kesselwagen* eingesetzt werden. Der Spezialkesselwagen von Bild 1 wurde für entsprechende Versuche gebaut. Er kann eine Last von 63 t befördern und ist mit einer guten Wärmeisolierung ausgestattet.

Solche Kesselwagen sollen im Elektrizitätswerk z. B. um 80 K erhitztes Wasser aufnehmen, das am Bestimmungsort in ein Heizungsnetz eingespeist wird. Die Wagen transportieren dann das abgekühlte Wasser zurück.

Aber ist Wasser tatsächlich der beste Energiespeicher? Kann 1 kg Wasser mehr Energie als andere Stoffe beim Erwärmen aufnehmen und beim Abkühlen abgeben?

1

V 1 In diesem Versuch geht es um die zum Erwärmen von Wasser erforderliche Energie. Dabei leistet uns ein 1000-Watt-Tauchsieder gute Dienste, denn dieses Gerät gibt in jeder Sekunde eine ganz bestimmte Energie ab, nämlich 1000 J.

a) Überlege dir zunächst, wovon die Temperaturerhöhung des Wassers abhängen kann.

b) Unterschiedliche Mengen Wasser (0,5 kg, 0,75 kg, 1 kg, ..., 1,5 kg) sollen um 10 K erwärmt werden.

Es ist wichtig, daß beim Erwärmen ständig umgerührt wird.

Wie lange muß der Tauchsieder jeweils eingeschaltet sein? Wieviel Energie wird dem Wasser dabei zugeführt?

Stelle die Meßwerte graphisch dar (*waagerechte Achse:* Masse; *senkrechte Achse:* zugeführte Energie).

c) Wir erwärmen jetzt 1 kg Wasser eine Minute lang. Nach jeweils 10 s wird der Tauchsieder ausgeschaltet und die erreichte Wassertemperatur ermittelt.

Wieviel Energie ist in 10 s, 20 s, ..., 60 s zugeführt worden?

Fertige wiederum ein Diagramm an (*waagerechte Achse:* Temperaturerhöhung; *senkrechte Achse:* zugeführte Energie).

d) Wie lange müßte der Tauchsieder eingeschaltet sein, damit sich 1 kg Wasser um genau 1 K erwärmt? Wieviel Energie ist dazu nötig?

V 2 Untersuche den Zusammenhang zwischen Energiezufuhr und Temperaturerhöhung für Glycerin oder Glykol (Frostschutzmittel). Gehe wie in V 1 b vor.

Wieviel Energie ist erforderlich, um 1 kg Glycerin (Glykol) um 1 K zu erwärmen? Vergleiche dein Ergebnis mit der in Bild 7 angegebenen *spezifischen Wärmekapazität* dieses Stoffes (→ Info).

V 3 Mit einem Tauchsiederversuch läßt sich auch für feste Stoffe ermitteln, wie Energiezufuhr und Temperaturerhöhung zusammenhängen.

a) 0,5 kg Wasser und 0,5 kg Kupfer in Form kleiner Kugeln (Kupferschrot) werden in ein Blechgefäß geschüttet. Mit einem 1000-W-Tauchsieder führt man dann 60 s lang Energie zu. Wie groß ist die Temperaturerhöhung?

b) Wieviel Energie hat die Wassermenge aufgenommen? (Mit Tabellenwert rechnen!) Welcher Energiebetrag bleibt für das Kupfer übrig?

Berechne daraus, wieviel Energie erforderlich ist, um 1 kg Kupfer um 1 K zu erwärmen.

c) Vergleiche das Ergebnis mit dem Tabellenwert für die spezifische Wärmekapazität von Kupfer.

Wie sind auftretende Abweichungen zu erklären?

d) Zu einem genaueren Wert kann man kommen, wenn man den Versuch einmal ohne das Kupferschrot wiederholt...

V 4 Wenn wir einen Körper durch mechanische Arbeit erwärmen, können wir die zugeführte Energie als Produkt von Kraft (in Wegrichtung) und Weg berechnen.

a) In einer 1 m langen Pappröhre befindet sich 1 kg Bleischrot. Die Röhre wird 10-, 20- und 30mal gedreht und jeweils „auf den Kopf" gestellt. Bei jedem Drehen wird das Bleischrot um 1 m angehoben. Noch während es fällt, muß man die Röhre wieder auf die Tischplatte stellen. Die Temperatur des Bleischrots wird zu Beginn und am Ende des Versuches (mit einem Temperaturfühler) gemessen.

b) Durch das fortwährende Umstülpen der Röhre wird am Bleischrot Hubarbeit verrichtet.
Wie groß ist diese Arbeit?

c) Der Versuch wird wiederholt: 500 g Bleischrot werden 40mal hochgehoben und 1 m fallengelassen.

V 5 Dem Metallzylinder von Bild 2 kann durch Reibungsarbeit Energie zugeführt werden.

a) Wie kannst du die Reibungsarbeit berechnen, die bei einer Umdrehung

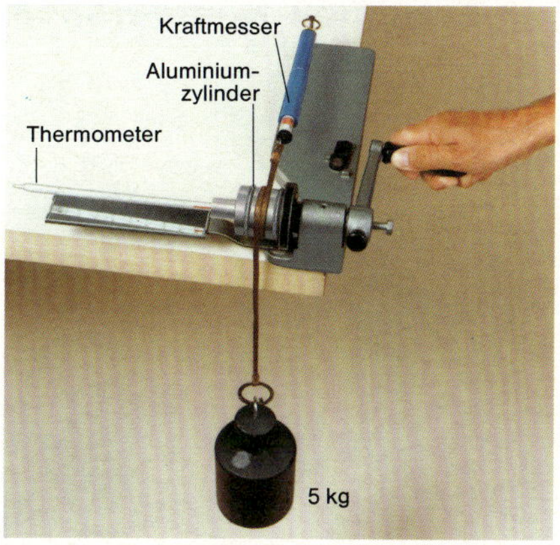

2

des Zylinders verrichtet wird? Welche Größen mußt du dazu kennen?

b) Wir verwenden zunächst einen Aluminiumzylinder und messen die Temperaturerhöhung für 25, 50, 75, 100 und 125 Umdrehungen.

c) Berechne die jeweils verrichteten Arbeiten, und stelle die Temperaturerhöhung in Abhängigkeit von der zugeführten Energie graphisch dar.

d) Der Versuch wird mit einem Aluminiumzylinder doppelter Masse und mit einem Kupferzylinder wiederholt.

Info: **Wie zugeführte Energie und Temperaturerhöhung zusammenhängen**

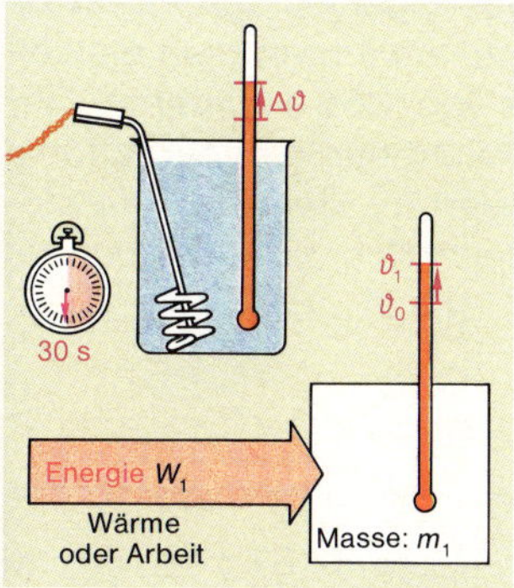

3

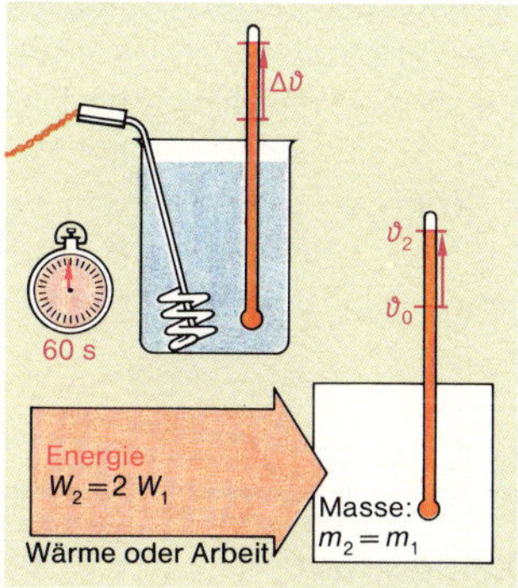

4

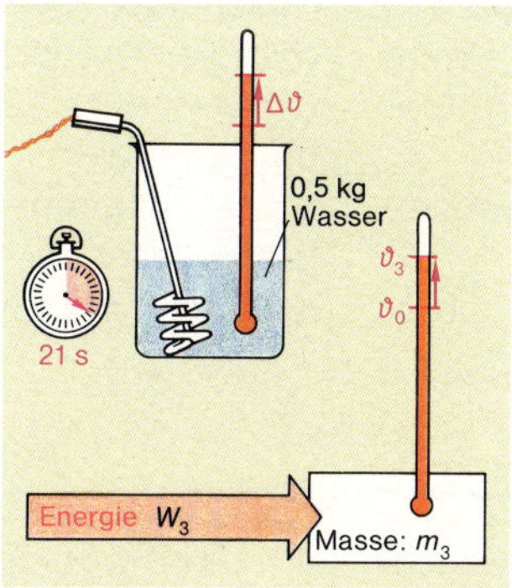

5

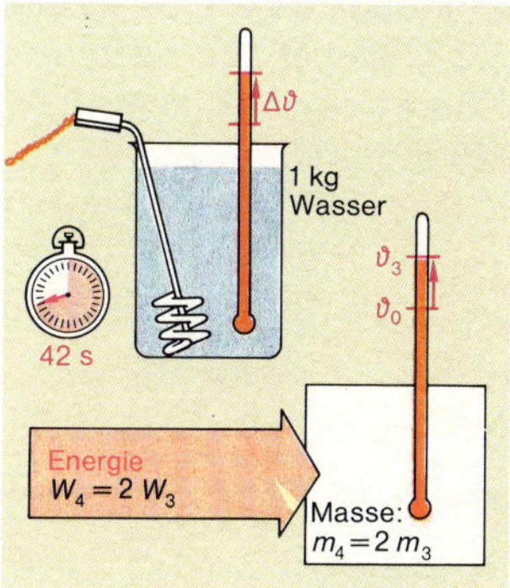

6

Wir wissen bereits: Wenn man die Temperatur z. B. in einem Becherglas mit Wasser erhöhen will, muß man dem Wasser Energie zuführen – entweder durch Arbeit oder als Wärme.

Je mehr Energie einem Körper zugeführt wird, desto größer ist die Temperaturerhöhung (Bilder 3 u. 4).

Wir nennen die Anfangstemperatur ϑ_0, die Endtemperatur ϑ und die Temperaturerhöhung $\Delta\vartheta = \vartheta - \vartheta_0$. Es gilt:

Die einem Körper zugeführte Energie W_Q und die Temperaturerhöhung $\Delta\vartheta$ sind zueinander proportional.

$W_Q \sim \Delta\vartheta$ $\qquad$ ($m = \text{const.}$).

Verwendet man Körper unterschiedlicher Masse, aber aus gleichem Material, so stellt man fest: Für die gleiche Temperaturerhöhung muß einem Körper um so mehr Energie zugeführt werden, je größer seine Masse m ist (Bilder 5 u. 6).

Die für eine bestimmte Temperaturerhöhung nötige Energie W_Q und die Masse der Körper sind zueinander proportional (bei gleichem Material).

$W_Q \sim m$ $\qquad$ ($\Delta\vartheta = \text{const.}$).

Beide Proportionalitäten lassen sich zusammenfassen:

$W_Q \sim m \cdot \Delta\vartheta$.

Will man also z. B. einen Körper doppelter Masse um die doppelte (dreifache) Temperaturdifferenz erwärmen, braucht man die vierfache (sechsfache) Energie.

Die Proportionalität bedeutet, daß der Quotient $\dfrac{W_Q}{m \cdot \Delta\vartheta}$ konstant ist.

Man bezeichnet diese Konstante als die **spezifische Wärmekapazität**. Sie hängt nur vom Material ab. Ihr Formelzeichen ist c (von engl. *capacity:* Aufnahmefähigkeit).

$$c = \frac{W_Q}{m \cdot \Delta\vartheta} \quad \text{oder} \quad W_Q = c \cdot m \cdot \Delta\vartheta.$$

Als Einheit für c ergibt sich $1\,\dfrac{\text{kJ}}{\text{kg} \cdot \text{K}}$.

Die spezifische Wärmekapazität gibt an, wieviel Energie zugeführt werden muß, um 1 kg eines Stoffes um 1 K zu erwärmen.

Bei Kupfer ist dazu ungefähr dreimal so viel Energie erforderlich wie bei Blei. Die spezifische Wärmekapazität von Wasser ist verhältnismäßig groß (→ Bild 7 u. Tabelle im Anhang).

Sinkt die Temperatur eines Körpers, so wird genauso viel Energie frei, wie bei der Erwärmung um die gleiche Temperaturdifferenz zugeführt wird.

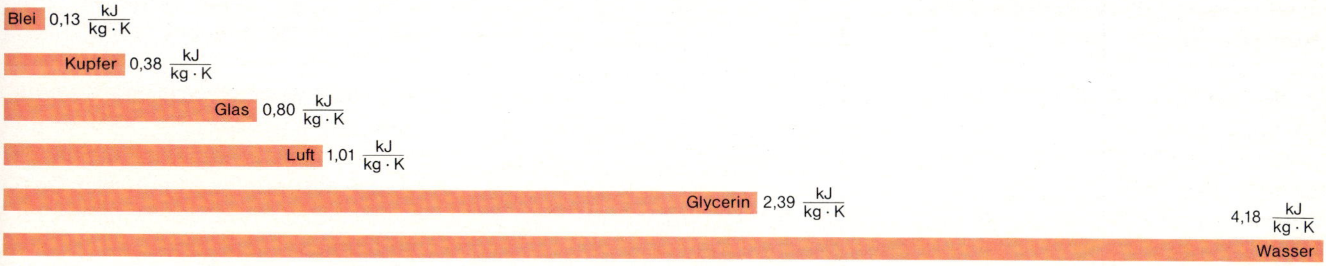

Aus der Geschichte: **Der berühmte Rührversuch von James P. Joule**

Der englische Physiker *James Prescott Joule* (1818–1889) beschäftigte sich schon in jungen Jahren mit Messungen, vor allem im Bereich der Wärmelehre. Als 21jähriger fand er Gesetzmäßigkeiten für die Wärmewirkung des elektrischen Stromes.

Kurze Zeit danach, im Jahre 1843, ging er einer anderen Frage nach:

Welcher Zusammenhang besteht zwischen der an einem Körper verrichteten (Reibungs-)Arbeit und der dadurch bewirkten Temperaturerhöhung des Körpers?

Um diese Frage zu beantworten, dachte sich Joule eine Versuchsanordnung aus, wie du sie in den Bildern 1 u. 2 siehst. Sie bestand aus einem Rührer, der in ein wassergefülltes Gefäß eintauchte.

Der Rührer wurde durch herabsinkende Bleizylinder angetrieben. Er hatte die Aufgabe, das Wasser durcheinanderzuwirbeln und so Reibungsarbeit zu verrichten. Dadurch erhöhte sich die Wassertemperatur.

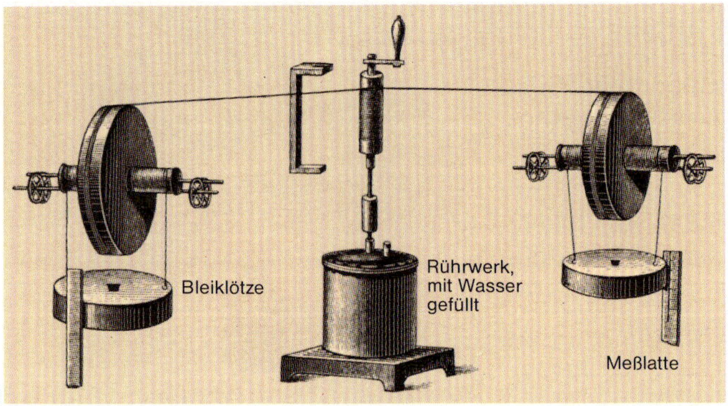

1

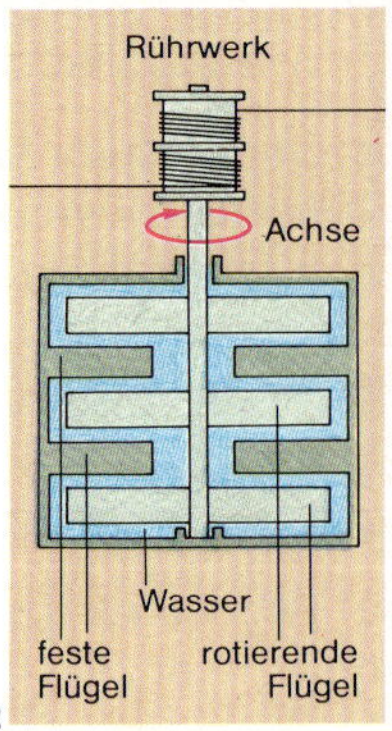

2

Bei diesem Versuch wird die Lageenergie der Bleizylinder fast vollständig in innere Energie des Wassers umgewandelt.

Die Lageenergie konnte Joule leicht berechnen: Sie war genauso groß wie die Hubarbeit, die er zunächst verrichten mußte, wenn er die Bleizylinder in ihre Anfangslage hob.

In heutige Einheiten umgerechnet, lautet Joules Ergebnis: Um 1 kg Wasser um 1 K zu erwärmen, muß man eine Energie von 4155 J zuführen. Dieser Wert weicht nur sehr geringfügig von dem Wert ab, den man mit modernen Meßverfahren ermittelt hat (nämlich 4181,6 J).

Aufgaben

1 Frau Meier setzt 1,5 l Teewasser auf. Es ist mit einer Temperatur von 15 °C aus der Wasserleitung gekommen und soll nun auf 95 °C erhitzt werden. Wieviel Energie ist nötig?

Wie hoch müßte ein 50 kg schwerer Mensch klettern, damit seine Lageenergie diesem Energiebetrag entspricht?

2 Eine Wärmflasche aus Kupfer faßt 5 l Wasser; leer wiegt sie 1 kg. Nach dem Auffüllen mit heißem Wasser hat sie eine Temperatur von 80 °C.

Solange ihre Temperatur nicht unter 30 °C gesunken ist, wärmt sie das Bett. Wieviel Energie gibt die Wärmflasche ab?

Wieviel Energie würde eine Wärmflasche abgeben, die mit 80 °C heißem Sand gefüllt wäre?

3 Ist das Wasser in einem unbeheizten Freibad erst einmal warm, so kühlt es nur sehr langsam wieder ab. Ein oder zwei kühle Tage haben kaum Auswirkungen auf die Wassertemperatur. Erkläre!

4 Übertrage die folgende Tabelle in dein Heft, und ergänze sie:

Masse des Glycerins	Temperaturerhöhung	zugeführte Energie
1,5 kg	5 K	?
2 kg	10 K	?
1 kg	?	2,39 kJ
0,5 kg	?	2,39 kJ
1,5 kg	?	14,34 kJ
?	10 K	15 kJ
?	15 K	100 kJ

5 Die beiden Geraden in Bild 3 ergaben sich aus zwei Meßreihen beim Erwärmen von Glycerin. Worin unterschieden sich die Versuche?

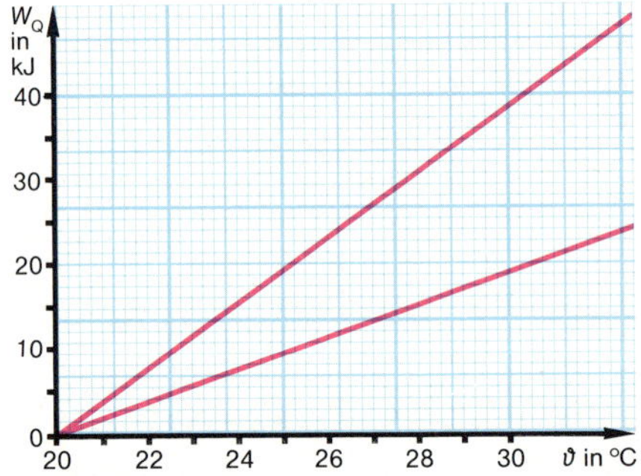

3 Erwärmen von Glycerin

6 Heißes Wasser (0,3 kg; 84 °C) und kaltes Wasser (0,6 kg; 18 °C) werden gemischt. Berechne die Mischungstemperatur (→ Info rechts oben).

7 In ein Trinkglas ($m_G = 110$ g) wird siedendes Wasser ($m_W = 130$ g) geschüttet. Die Temperatur des Glases betrug 20 °C.

Welche Temperatur nehmen Wasser und Glas an?

In Wirklichkeit nimmt das Wasser eine etwas tiefere Temperatur an. Gib dafür eine Begründung.

8 Ein im Wasserbad erhitzter Bleiklotz ($m_{Pb} = 200$ g) hat eine Temperatur von 90 °C. Der Bleiklotz wird in Wasser ($m_W = 100$ g) von 20 °C getaucht. Nach dem Umrühren stellt man eine Mischungstemperatur von 24 °C fest.

Berechne die spezifische Wärmekapazität von Blei. (*Tip:* Die vom Blei abgegebene Energie ist gleich der vom Wasser aufgenommenen. Drücke diesen Sachverhalt in einer Gleichung aus.)

Info: **Wie man die Mischungstemperatur berechnet**

Musteraufgabe:
Zu 50 l heißem Badewasser (60 °C) werden 100 l kaltes Wasser (15 °C) hinzugefügt. Berechne die Mischungstemperatur ϑ.

Lösung:
Die Energie W_{auf}, die das kalte Wasser aufnimmt, ist genauso groß wie die Energie W_{ab}, die das heiße Wasser abgibt.

$W_{auf} = c_W \cdot 100\ kg \cdot (\vartheta - 15\,°C)$
$W_{ab} = c_W \cdot 50\ kg \cdot (60\,°C - \vartheta)$

Ausgangsgleichung:

$$c_W \cdot 100\ kg \cdot (\vartheta - 15\,°C) = c_W \cdot 50\ kg \cdot (60\,°C - \vartheta)$$

Umformen:

$$2\,(\vartheta - 15\,°C) = 60\,°C - \vartheta$$
$$2\,\vartheta - 30\,°C = 60\,°C - \vartheta$$
$$3\,\vartheta = 90\,°C$$
$$\vartheta = 30\,°C$$

Die Mischungstemperatur beträgt 30 °C.

Die spezifische Wärmekapazität

Alles klar?

1 Wenn man die Temperaturmessungen aus vielen Jahren vergleicht, stellt man fest, daß es überall in Deutschland im Januar am kältesten ist. Nur auf der Insel Helgoland ist die Durchschnittstemperatur im Frühjahr am niedrigsten.
Gib dafür eine Erklärung.

2 Die Außenmauern eines Hauses bestehen aus 80 m^3 Ziegelstein. 1 m^3 hat eine Masse von 1,5 t.
An einem Frühlingstag erwärmen sich die Außenmauern auf 25 °C. Wieviel Energie gibt das Mauerwerk nachts ab, wenn es sich um 10 K abkühlt?
Angenommen, die Mauern wären aus Styropor ($\varrho = 15\ kg/m^3$) statt aus Ziegel. Wieviel Energie könnte das Mauerwerk in diesem Fall abgeben?

3 Ein Automotor (Masse: 100 kg) besteht aus Eisen und wird von 12 l Wasser gekühlt. Nach einer Fahrt hat der Motor eine Temperatur von 100 °C. Er kühlt auf 15 °C ab. Wieviel Energie gibt der Motorblock ab, wieviel das Kühlwasser?

4 Eine Kupferkugel ($m_{Cu} = 30$ g) wird in der Flamme eines Bunsenbrenners erhitzt und sofort danach in Wasser ($m_W = 150$ g) von 20 °C getaucht. Es ergibt sich eine „Mischungstemperatur" von 34 °C. Welche Temperatur hatte die Kugel?
Was kannst du über die Temperatur in der Flamme aussagen?

5 Glycerin (200 g) wird auf 100 °C erhitzt und anschließend in einem Becherglas mit 400 g Wasser von 15,0 °C gemischt. Die Mischungstemperatur beträgt 32,1 °C.
Welche spezifische Wärmekapazität ergibt sich?
Vergleiche den ermittelten Wert mit dem Tabellenwert. Wie groß ist die Abweichung (in %)? Begründe die Abweichung.

Auf einen Blick

Energiezufuhr und Temperaturerhöhung

Wenn Körper gleicher Masse, aber aus unterschiedlichen Stoffen, um die gleiche Temperaturdifferenz erwärmt werden sollen, ist unterschiedlich viel Energie erforderlich (Bild 4).

Die Körper geben auch unterschiedlich viel Energie ab, wenn sie um die gleiche Temperaturdifferenz abgekühlt werden.

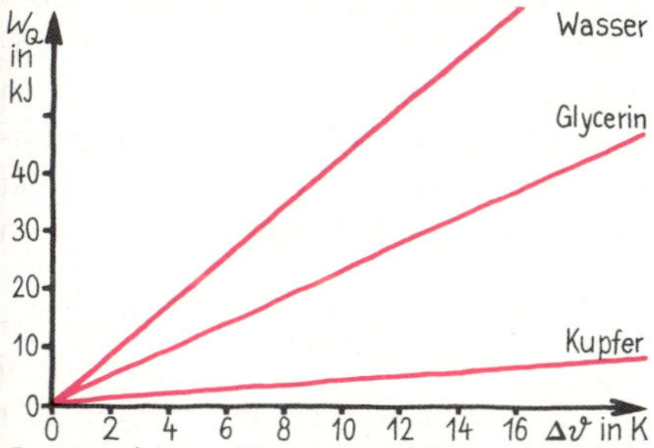

4 Energiezufuhr und Temperaturerhöhung ($m = 1$ kg)

Je nachdem, aus welchem Stoff sie bestehen, sind die Körper deshalb unterschiedlich gute Energiespeicher.

Wie gut sich die verschiedenen Stoffe zur Speicherung von Energie eignen, wird durch die **spezifische Wärmekapazität** c beschrieben:

$$c = \frac{W_Q}{m \cdot \Delta\vartheta}.$$

Dabei bezeichnet W_Q die zugeführte Energie, m die Masse des Körpers und $\Delta\vartheta = \vartheta_1 - \vartheta_0$ die Temperaturdifferenz (ϑ_0: Anfangstemperatur; ϑ_1: Endtemperatur).

Die spezifische Wärmekapazität gibt an, wieviel Energie erforderlich ist, um 1 kg eines Stoffes um 1 K zu erwärmen (Bild 5). Gleich viel Energie wird frei, wenn 1 kg des gleichen Stoffes um 1 K abkühlt (Bild 6).

Die Energie W_Q, die ein Körper bei der Erwärmung von der Temperatur ϑ_1 auf ϑ_2 aufnimmt (oder bei einer entsprechenden Abkühlung abgibt), läßt sich so berechnen:

$$W_Q = c \cdot m \cdot \Delta\vartheta.$$

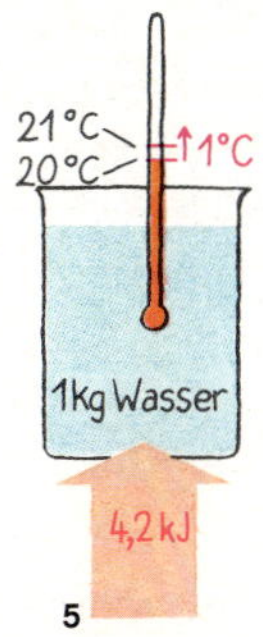

5

6

Verborgene Energie

1 Schmelzen und Erstarren

1

2

Wenn im Frühjahr Obstbäume und Weinreben austreiben, tritt häufig noch Frost auf – vor allem nachts oder in den frühen Morgenstunden.

Um die jungen Triebe vor dem Erfrieren zu bewahren, besprüht man sie mit Wasser! Blüten und Blätter werden dann von einer dünnen Eisschicht überzogen ...

V 1 Stelle ein kleines Glas mit Wasser in die Gefriertruhe. In das Wasser soll ein Thermometer eintauchen.

Lies alle 15 Minuten die Temperatur des Wassers ab. Welche erstaunliche Beobachtung machst du?

V 2 Wir wollen das *Erstarren* (Gefrieren) von Wasser beobachten.

Zum Abkühlen des Wassers verwenden wir eine „Kältemischung" (Bild 3). Lies alle 30 Sekunden die Temperatur ab, die im Reagenzglas herrscht. Stelle die Meßwerte in einem Diagramm dar, und beschreibe den Erstarrungsvorgang genau.

V 3 Wir untersuchen das *Schmelzen* von Eis.

a) Einige zerstoßene Eiswürfel werden in ein Becherglas mit Wasser geschüttet. Dann erwärmen wir das Glas mit kleiner Brennerflamme und rühren dabei vorsichtig um. Alle 30 Sekunden wird die Temperatur abgelesen. Fertige ein Temperatur-Zeit-Diagramm an.

b) Vergleiche die *Schmelztemperatur* von Eis mit der *Erstarrungstemperatur* von Wasser (→ Versuch 2).

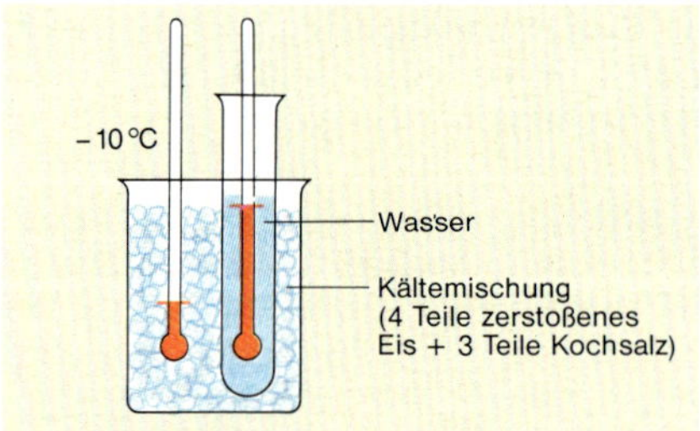

3

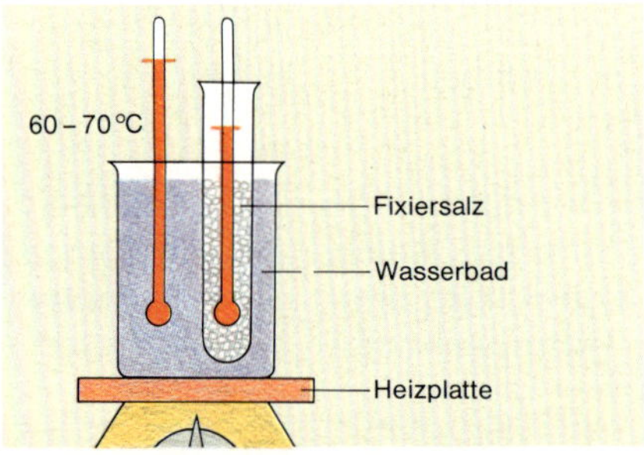

4

c) Obwohl Energie in Form von Wärme zugeführt wird, steigt die Temperatur *nicht*. Wofür wird die zugeführte Energie benötigt?

V 4 In einen ungefähr 500 g schweren Eisblock ist ein 300-Watt-Tauchsieder eingefroren.

Wieviel Schmelzwasser entsteht, wenn der Tauchsieder 100 s lang eingeschaltet wird? Überlege, worauf bei der Durchführung des Versuchs zu achten ist.

Berechne, wieviel Energie zum Schmelzen von 1 kg Eis nötig ist. (Der Tauchsieder gibt in jeder Sekunde eine Energie von 300 J ab.)

V 5 In diesem Versuch untersuchen wir das Erstarren eines geschmolzenen Salzes (Fixiersalz).

a) Fülle ein sauberes Reagenzglas zur Hälfte mit Fixiersalzkristallen, und erhitze es im Wasserbad auf ca. 60 °C (Bild 4).

Bestimme die Schmelztemperatur.

b) Wenn alle Kristalle geschmolzen sind, läßt du die Flüssigkeit (Schmelze) auf Zimmertemperatur abkühlen. Während des Abkühlens darfst du nicht umrühren.

Wirf dann einen kleinen Kristall in die „unterkühlte Schmelze", und achte auf das Thermometer.

c) Vergleiche wieder Schmelz- und Erstarrungstemperatur.

d) Für jede Temperaturerhöhung eines Körpers ist Energie nötig. Woher stammt in diesem Beispiel die Energie für die Temperaturerhöhung?

Info: **Die Schmelzwärme**

Damit ein Körper schmilzt, muß ihm Energie zugeführt werden. Diese Energie bezeichnet man als **Schmelzwärme**.

Je größer die Masse eines Körpers ist, desto mehr Schmelzwärme ist erforderlich. Schmelzwärme und Masse sind zueinander proportional. Den Quotienten aus Schmelzwärme und Masse nennt man **spezifische Schmelzwärme**.

Die spezifische Schmelzwärme ist von Stoff zu Stoff verschieden. Sie gibt an, wieviel Energie man zum Schmelzen von 1 kg eines Stoffes benötigt.

Beim Erstarren gibt ein Körper Energie ab – und zwar genausoviel, wie er beim Schmelzen aufgenommen hat (Bild 5).

Die vom Körper abgegebene Erstarrungswärme ist genauso groß wie die aufgenommene Schmelzwärme.

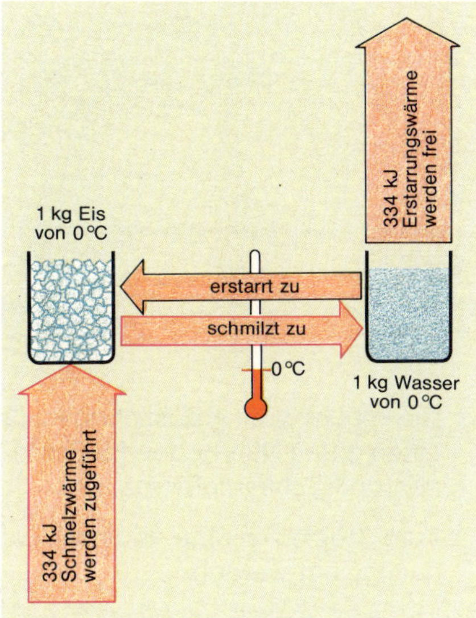

5

Während ein Körper schmilzt oder erstarrt, ändert sich seine Temperatur *nicht*. Daher ändert sich auch nicht die Bewegungsenergie der Teilchen.

Wo aber bleibt die beim Schmelzen zugeführte Energie, und woher kommt die beim Erstarren freigesetzte Energie?

Mit Hilfe des *Teilchenmodells* können wir diese Fragen beantworten: In einem festen Körper üben die Teilchen große Kräfte aufeinander aus. Die Teilchen werden durch diese Kräfte auf bestimmten Plätzen festgehalten, wo sie sich hin und her bewegen.

Wenn man einen festen Körper erwärmt, steigt zunächst seine Temperatur an. Die zugeführte Energie vergrößert die Bewegungsenergie der Teilchen. Mit steigender Temperatur werden ihre Schwingungen immer heftiger.

Bei einer bestimmten Temperatur, der Schmelztemperatur, sind die Schwingungen so heftig, daß sich die Teilchen von ihren Plätzen lösen können.

Während des Schmelzvorganges steigt die Temperatur nicht weiter an, da die gesamte zugeführte Energie benötigt wird, um die Teilchen voneinander zu trennen. Dabei muß nämlich Arbeit gegen die Kräfte verrichtet werden, die die Teilchen zusammenhalten.

Die beim Schmelzen zugeführte Energie wird beim Erstarren der Flüssigkeit wieder frei, wenn die Teilchen wieder an ihren Plätzen „einrasten".

Die als Schmelzwärme zugeführte Energie „steckt" also in der Flüssigkeit, und zwar in der beim Schmelzen geänderten Anordnung der Teilchen. Wir rechnen die Schmelzwärme daher zur *inneren Energie* eines Körpers.

Schmelztemperatur und spezifische Schmelzwärme

Stoff	Schmelztemperatur in °C	spezifische Schmelzwärme in $\frac{kJ}{kg}$
Quecksilber	−38,9	11,8
Wasser	0	334
Glycerin	18,4	201
Fixiersalz	48,5	94
Zinn	232	59,6
Blei	327	23,0
Kupfer	1083	205
Eisen	1535	277
Wolfram	3380	192

Aufgaben

1 Bei kurzen Nachtfrösten werden manchmal Weinstöcke, Obstbäume und Gemüsekulturen künstlich „beregnet" (Bilder 1 u. 2).

Wieso werden Pflanzen dadurch vor dem Erfrieren geschützt?

Weshalb kann man dieses Verfahren nicht auch bei länger anhaltendem Frost anwenden?

2 Will man Saft für längere Zeit kühl halten, so wirft man ein paar *Eis*würfel (0 °C) hinein. Gleich viel *Wasser* von 0 °C hätte eine viel geringere Wirkung. Begründe!

3 100 g Eis (0 °C) werden mit 0,5 l Wasser von 15 °C übergossen.

Schmilzt dabei das ganze Eis? Wenn nicht: Wieviel Gramm Eis bleiben übrig?

4 Frau Müller will eine tiefgefrorene Suppe (1 kg) auftauen und dann zum Sieden bringen. (Eine Suppe besteht fast ausschließlich aus Wasser – auch wenn sie nach etwas anderem schmeckt.)

Dazu stellt Frau Müller einen Topf mit der gefrorenen Suppe (0 °C) auf eine 1000-Watt-Herdplatte. (Die Platte gibt 1000 J pro Sekunde ab.)

a) Wie lange dauert es mindestens, bis die Suppe siedet („kocht")?

b) Wieviel elektrische Energie hätte Frau Müller sparen können, wenn sie die Suppe rechtzeitig aus der Gefriertruhe genommen hätte (Zimmertemperatur: 20 °C)?

5 Im Frühjahr bleiben Seen auch bei Temperaturen von über 0 °C noch lange zugefroren. Bei Sonnenschein taut die Eisdecke kaum; wenn aber Regenwetter einsetzt, taut sie recht schnell. Gib dafür eine Erklärung.

6 Wenn starker Frost drohte, stellte man früher einen großen Wasserbehälter zu den Kartoffeln in den Vorratskeller. Weshalb?

7 Beim Herstellen von Goldmünzen werden Goldbarren geschmolzen.

Einem 1-kg-Barren muß man eine Energie von insgesamt 202 kJ zuführen, um ihn zunächst von Zimmertemperatur (20 °C) auf die Schmelztemperatur (1063 °C) zu erhitzen und dann zu schmelzen.

Berechne die Schmelzwärme. (*Tip:* Die spezifische Wärmekapazität von Gold findest du im Anhang.)

Aus der Geschichte: **Als es noch keinen elektrischen Kühlschrank gab ...**

Um die Jahrhundertwende gab es in den Haushalten noch keine elektrischen Kühlschränke. Statt dessen bewahrte man leicht verderbliche Lebensmittel häufig in *Eisschränken* auf (Bild 1). Diese Schränke hatten Doppelwände, die mit trockenen Sägespänen ausgefüllt waren. Das obere Fach des Schrankes wurde mit Eis gefüllt, das alle zwei bis drei Tage geliefert wurde. Das Eis schmolz allmählich und sorgte so für Kühlung.

Die zum Schmelzen des Eises erforderliche Energie wurde der Luft im Innenraum sowie den eingelagerten Lebensmitteln entzogen. Dadurch erreichte man, daß die Temperatur der Lebensmittel sank.

Die Eisschränke hatten aber zwei schwerwiegende Nachteile:

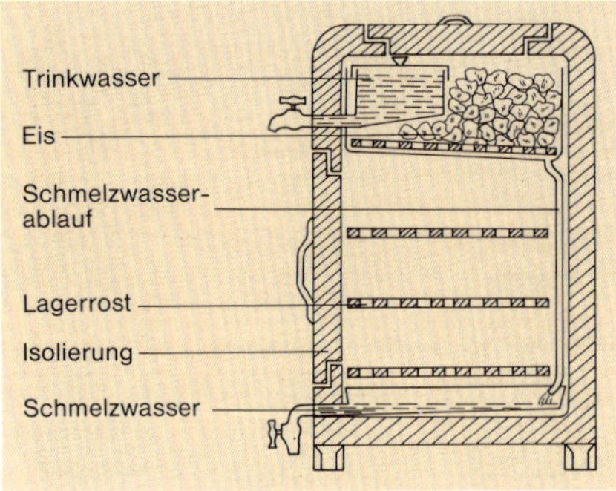

1

- ○ Die Feuchtigkeit im Eisschrank bot einen guten Nährboden für Bakterien und Schimmelpilze.
- ○ Zum Kühlen mußte laufend Eis nachgelegt werden.

Um auch mitten im Sommer Eis zur Verfügung zu haben, gab es jahrhundertelang nur eine Möglichkeit: Man mußte im Winter Eisblöcke aus den Eisdecken zugefrorener Seen und Flüsse herausschneiden. Die Blöcke wurden in Eiskellern gelagert und manchmal erst im dritten Sommer nach der „Eisernte“ verwendet.

Seit Ende des 19. Jahrhunderts wurde dieses Natureis mehr und mehr durch das künstlich hergestellte „Kristalleis“ ersetzt.

Im Jahre 1876 stellte nämlich der Ingenieur *Carl von Linde* in München die erste leistungsfähige Kühlmaschine vor.

Das war die Geburtsstunde des Kühlschranks – doch es dauerte noch einige Jahrzehnte, bis aus den unförmigen Kühlmaschinen handliche Kühlschränke wurden.

2 Verdampfen und Kondensieren

In das kalte Teewasser wird einfach nur Dampf geleitet, ... 2

... und nach wenigen Sekunden siedet das Wasser. Wie ist das möglich?

V 6 Wir beobachten das *Sieden* von Wasser: Ein 250-ml-Becherglas, das zur Hälfte mit Wasser gefüllt ist, wird mit einem Brenner erhitzt.

Rühre ständig um; lies alle 30 Sekunden die Temperatur ab (Tabelle!).

a) Was ist kurz vor dem Sieden im Wasser zu bemerken?

b) Stelle die Meßwerte graphisch dar. Was fällt dir an der Meßkurve auf?

c) Was geschieht mit der während des Siedens zugeführten Energie?

V 7 In diesem Versuch bestimmen wir, wieviel Energie zum Verdampfen von 1 g Wasser erforderlich ist.

a) Fülle ein Reagenzglas etwa 2 cm hoch mit Wasser, und gib ein paar Siedesteinchen dazu. Miß dann die Anfangstemperatur.

Wie lange dauert es, bis das Wasser bei kleiner Brennerflamme seine Siedetemperatur erreicht?

Ermittle anschließend die Zeit, die vergeht, bis das Wasser vollständig verdampft ist.

b) Man kann davon ausgehen, daß der Gasbrenner in jeder Sekunde gleich viel Energie an das Wasser abgibt. Wievielmal mehr Energie ist zum Verdampfen als zum Erhitzen erforderlich?

c) Um 1 g Wasser um 1 K zu erhitzen, braucht man 4,2 J. Wieviel Energie mußte pro Gramm Wasser zugeführt werden, bis das Wasser siedete?

Berechne mit der Antwort von Teil b die Energie, die zum Verdampfen von 1 g Wasser nötig ist.

V 8 Kann man den Wasserdampf eigentlich sehen?

a) Bild 3 zeigt den Versuchsaufbau. Wo bildet sich sichtbarer „Nebel"?

Halte auch eine Glasplatte in den Dampfstrahl.

b) Entferne die Düse, und miß die Temperatur des Dampfes im Kolben (direkt über der Wasseroberfläche).

V 9 Wie du den „Teeautomaten" von Bild 2 nachbauen kannst, siehst du in Bild 4. Plane mit diesem Aufbau einen Versuch zu folgender Frage:

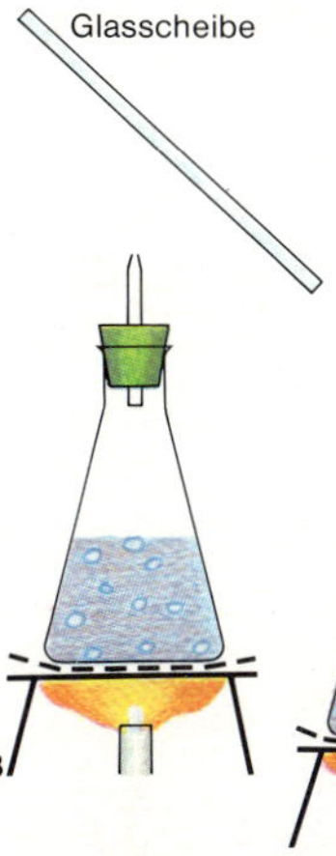

3

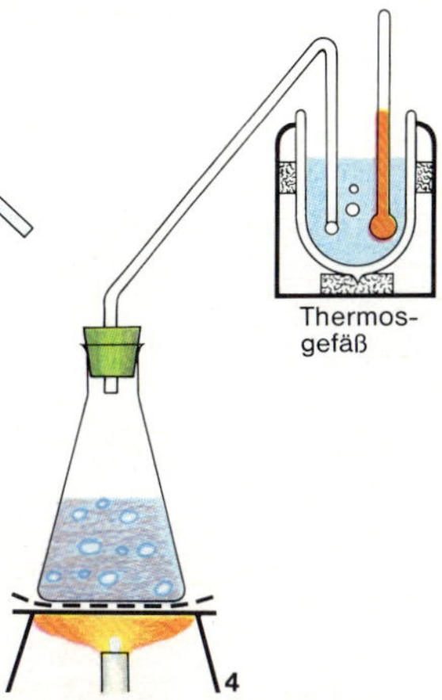

4

Wieviel Energie wird frei, wenn 1 g Wasserdampf wieder zu Wasser wird (kondensiert)?

Dazu einige *Tips*:

1. Laß zuerst so lange Dampf durch das Rohr in die Luft ausströmen, bis sich im Rohr keine Wassertropfen mehr bilden.
2. Die Masse des kondensierten Dampfes erhältst du, wenn du das Thermosgefäß vor und nach dem Einleiten des Dampfes wiegst.
3. Die Rechnung wird einfacher, wenn du solange Dampf einleitest, bis das Wasser gerade siedet.

Info: **Die Verdampfungswärme**

Wenn man einem Becherglas voll Wasser Energie zuführt, steigt die Wassertemperatur so lange an, bis das Wasser *siedet*. Im Wasser bilden sich dann Bläschen, die aus Wasserdampf bestehen und zur Oberfläche aufsteigen.

Wird weiterhin Energie zugeführt, so geht immer mehr Wasser in Wasserdampf über, bis schließlich das ganze Wasser verdampft ist. Die Wassertemperatur bleibt während dieser Zeit gleich; die zugeführte Energie wird nämlich für das Verdampfen gebraucht.

Die für das Verdampfen nötige Energie nennt man **Verdampfungswärme**.

Um 1 kg Wasser zu verdampfen, benötigt man 2256 kJ. Das ist mehr als das Fünffache der Energie, die erforderlich ist, um 1 kg Wasser von 0 °C auf 100 °C zu erhitzen.

Der Quotient aus Verdampfungswärme und Masse des verdampften Körpers heißt **spezifische Verdampfungswärme** und ist von Stoff zu Stoff verschieden (→ Tabelle im Anhang).

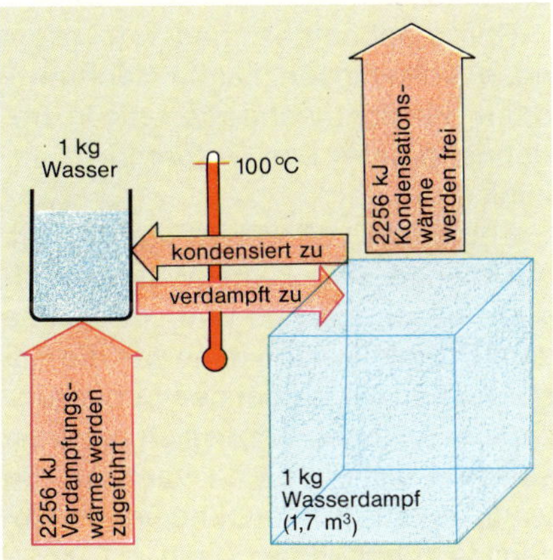

5

Entzieht man dem Dampf Energie, so verwandelt er sich wieder in eine Flüssigkeit; er *kondensiert*. Die Energie, die der Dampf beim Kondensieren abgibt, wird **Kondensationswärme** genannt.

Die zugeführte Verdampfungswärme ist genauso groß wie die freigesetzte Kondensationswärme (Bild 5).

Auch der Übergang zwischen dem flüssigen und dem gasförmigen Zustand läßt sich mit dem *Teilchenmodell* erklären:

Im Innern einer Flüssigkeit lassen sich die Teilchen leicht gegeneinander verschieben. Bei der Verschiebung eines Teilchens treten keine zusätzlichen (rücktreibenden) Kräfte auf. Die Kräfte, die auf ein Teilchen von seinen Nachbarteilchen ausgeübt werden, heben sich im Innern der Flüssigkeit gegenseitig auf (Bild 6).

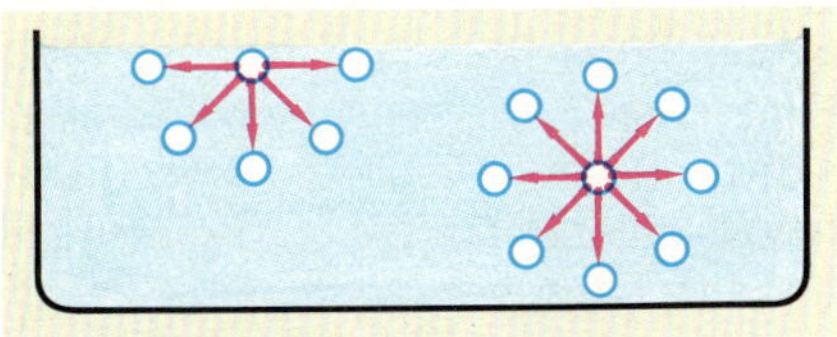
6

An der Flüssigkeitsoberfläche jedoch werden die Flüssigkeitsteilchen von den darunterliegenden Nachbarteilchen festgehalten.

Damit ein Teilchen die Flüssigkeit verlassen kann, muß es an der Oberfläche die anziehenden Kräfte der Nachbarteilchen überwinden. Auch unterhalb der Siedetemperatur reicht dazu die Bewegungsenergie der schnellsten Teilchen aus – die Flüssigkeit verdunstet.

Ist die Siedetemperatur erreicht, haben viele Teilchen eine so große Bewegungsenergie, daß sie die Flüssigkeit verlassen können. Befinden sie sich aber nicht in der Nähe der Oberfläche, sondern im Innern der Flüssigkeit, so bilden sie Dampfblasen, die nach oben steigen.

Beim Sieden bleibt die Temperatur der Flüssigkeit konstant. Die zugeführte Energie ist erforderlich, damit sich die Teilchen voneinander entfernen können.

Daß die Teilchenabstände beim Verdampfen größer werden, erkennst du daran, daß ein Körper im gasförmigen Zustand einen viel größeren Raum einnimmt als im flüssigen Zustand. So entstehen z. B. aus 1 l Wasser ca. 1700 l Wasserdampf (bei einem Druck von 1013 hPa).

Auch die als Verdampfungswärme zugeführte Energie steckt in der Anordnung der Teilchen und ist Teil der *inneren Energie* des Körpers.

Fragen und Aufgaben zum Text

1 Wenn man Kartoffeln in einem offenen Topf kocht, sollte man den Herd so einstellen, daß das Wasser gerade noch siedet.

Warum sollte man keine höhere Heizstufe wählen?

2 In Gasheizungen verbrennt Erdgas. Dabei bilden sich Kohlenstoffdioxid und Wasser. Beim Verbrennen von 1 kg Erdgas entstehen ca. 2 kg Wasserdampf.

Wieviel Energie ließe sich gewinnen, wenn man den Dampf noch innerhalb der Heizungsanlage zu 100 °C heißem Wasser kondensieren könnte?

3 Ein Kellner füllt 180 g Leitungswasser ($\vartheta = 15\,°C$) in ein Teeglas und erhitzt dieses Wasser durch Einleiten von Wasserdampf auf Siedetemperatur.

Wird das Teeglas dabei voll? (Es muß mindestens 0,2 Liter Tee enthalten.)

Aus Umwelt und Technik: **Regen, Schnee, Hagel, Reif**

1

Überall auf der Erde verdunstet Wasser. Daher enthält die Luft stets Wasserdampf – mal mehr, mal weniger. Sehen kann man den Wasserdampf nicht; auch **Wolken** (Bild 1) bestehen *nicht* aus Wasserdampf.

Wolken entstehen erst dann, wenn Wasserdampf *kondensiert:* Meist lagern sich dabei mehr und mehr Wassermoleküle an ein Staubkorn an und bilden so schließlich einen winzigen Wassertropfen.

Wolken sind also nichts anderes als Ansammlungen mehr oder weniger großer Wassertröpfchen.

Solange die Tröpfchen (oder Eiskristalle) einer Wolke klein sind, fallen sie nicht zur Erde; sie werden nämlich von den Aufwinden in der Schwebe gehalten. Sind die Tropfen dafür zu schwer, so **regnet** es.

Regentropfen sind unterschiedlich groß. *Nieselregen* besteht aus Tropfen von etwa Sandkorngröße (0,1–0,5 mm ∅). Bei einem Gewitterregen dagegen können die Tropfen Kirschkerngröße (6 mm ∅) erreichen.

2

3

4

In einigen Kilometern Höhe kann die Lufttemperatur oft weit unter 0 °C absinken, ohne daß der in der Luft enthaltene Wasserdampf kondensiert. (Wenn nämlich sehr wenige Wassermoleküle vorhanden sind, kommen kaum einmal so viele zusammen, daß sich ein Tropfen bildet). Staubkörnchen mit bestimmten Eigenschaften dienen dann als Kristallisationskerne für **Schneekristalle** (Bild 2). Der Wasserdampf geht dabei unmittelbar in Eis über; der flüssige Zustand wird übersprungen.

Die Wassermoleküle können sich in vielfältigen Formen zu Schneekristallen aneinanderlagern.

Mehrere Schneekristalle zusammen ergeben eine Schneeflocke.

Hagelkörner entstehen in hohen Wolken mit sehr viel Wasser; dort können sich große Tropfen bilden. Diese Tropfen fallen aber nur bis zur Wolkenunterseite, dann werden sie durch kräftige Aufwinde wieder in die Höhe getragen. Dort gefrieren sie zu kleinen „Eisklumpen" und fallen erneut nach unten. Unterwegs sammeln sie weitere „Wolkentröpfchen" ein und wachsen so ständig an. Manchmal werden sie mehrere Male vom Aufwind erfaßt und nach oben transportiert. Hagelkörner können deshalb aus mehreren Schichten bestehen und sehr groß werden (Bild 3).

Da große Hagelkörner schnell zur Erde fallen, bleibt ihnen nicht genügend Zeit zum Tauen.

Auch bei der Entstehung von **Reif** (Bild 4) wandelt sich Wasserdampf nicht erst in Wassertropfen um; es entstehen vielmehr sogleich kleine Eiskristalle.

Reif beobachtet man vor allem nach wolkenlosen, kalten Nächten – dann nämlich, wenn die Luft in Bodennähe unter den Gefrierpunkt abkühlt.

Enthält die Luft wenig Feuchtigkeit, so können sich keine Wassertröpfchen bilden. Zweige und Grashalme zum Beispiel wirken dann wie die Kristallisationskerne bei den Schneekristallen: An ihnen lagern sich die Wassermoleküle nach und nach an. So wachsen oft dicht nebeneinander unzählige schöne Eiskristalle.

3 Siedetemperatur und Druck

5

Ein Schnellkochtopf hat gegenüber einem normalen Kochtopf verschiedene Vorteile. Woran liegt das?

Verehrte Kundin, verehrter Kunde!

Wir beglückwünschen Sie zu Ihrem neuen Schnellkochtopf. Jetzt gehören auch Sie zum großen Kreis derjenigen, die sich für eine moderne Kochmethode entschieden haben. Sie können nun *schnell*, *energiesparend* und *gesund* kochen:

○ Das Kochgut wird viel schneller gar; also sparen Sie sowohl Energie (Strom oder Gas) als auch Zeit. Überzeugen Sie sich selbst anhand der folgenden Übersicht:

○ Sie kochen gesünder, weil Mineralstoffe nicht ausgelaugt und Vitamine nicht durch langes Kochen zerstört werden.

○ Sie kochen wesentlich appetitanregender, denn die Farbe des Kochgutes verändert sich kaum.

○ Die Speisen sind auch wohlschmeckender, weil Aroma- und Geschmackstoffe erhalten bleiben.

Kochgut	mit dem Schnellkochtopf	im normalen Kochtopf	Ihre Zeitersparnis
Kalbfleisch	15 min	60 min	75 %
Rouladen	20 min	90 min	78 %
Rotkohl	8 min	90 min	91 %
Salzkartoffeln	6 min	25 min	76 %

V 10 Schau einmal beim Kochen mit dem Schnellkochtopf zu.

a) Wenn die Speisen kochen, ragt aus dem Kochventil ein Stift heraus.

Was kann man feststellen, wenn man mit dem Finger kurz auf den Stift drückt?

b) Was ist zu beobachten, wenn der Topf vorschriftsmäßig geöffnet wird? (Den Topf vor dem Öffnen abkühlen!)

V 11 Wir beobachten das Sieden von Wasser unter veränderten Bedingungen. In Bild 6 siehst du den Versuchsaufbau.

Sobald das Wasser im Kolben siedet, wird der Schlauch einige Sekunden lang mit einer Zange zusammengedrückt. (Schutzbrille tragen!) Achte auf das Wasser im Rundkolben und auf das Thermometer.

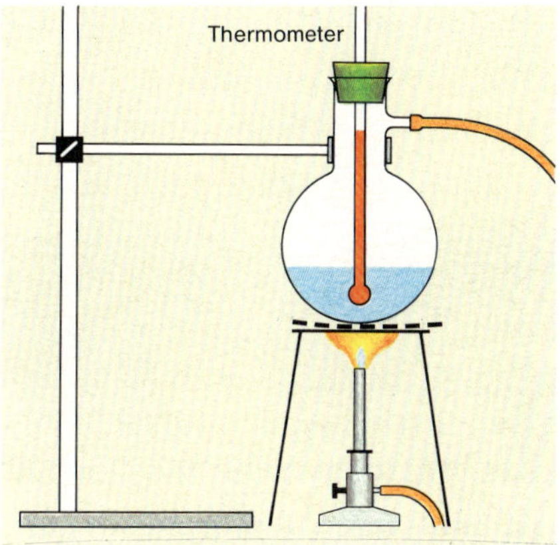

6

V 12 Eine mit Wasser gefüllte Schale wird unter eine Glasglocke gestellt. Dann wird die Luft abgepumpt.

Versuche vorherzusagen, was geschehen wird.

Info: Wie die Siedetemperatur vom Druck abhängt

Die Siedetemperatur von Wasser beträgt nicht immer 100 °C. Vielmehr hängt sie vom Druck an der Wasseroberfläche ab, bei offenen Gefäßen also vom Luftdruck.

Je höher der Druck ist, desto höher ist die Siedetemperatur.

Ein hoher Druck erschwert die Bildung von Dampfblasen im Innern des Wassers. Dafür gibt es folgende Erklärung:

Das Wasser wird durch die Luft oder andere Gase, die auf ihm lasten, „unter Druck gesetzt". Wenn sich eine Blase bildet, muß sie beim Ausdehnen das Wasser und die darauf lastende Luft wegschieben. Der Druck in der Blase muß daher mindestens so groß sein wie der äußere Luftdruck.

Der Druck in einer Blase hängt von der mittleren Geschwindigkeit der Teilchen ab (also von der Temperatur des Dampfes und der Flüssigkeit): Der Druck ist um so höher, je größer die Geschwindigkeit ist, mit der die Teilchen in der Blase gegen die Flüssigkeit prasseln.

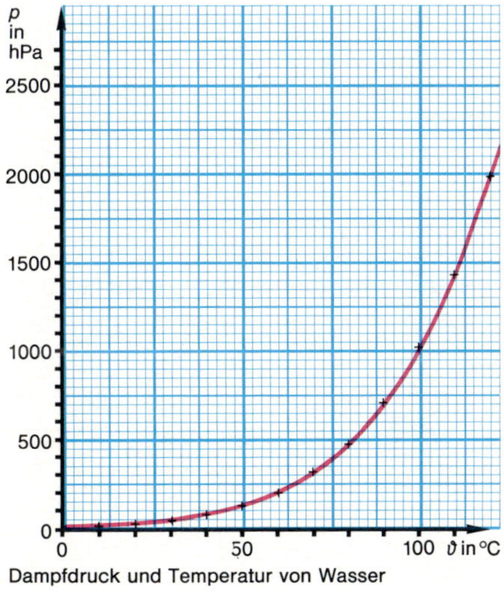

7 Dampfdruck und Temperatur von Wasser

Bild 7 zeigt für Wasser den Zusammenhang zwischen der Temperatur und dem Druck, bei dem sich gerade noch Dampfblasen bilden können. Bei gleicher Temperatur ist dieser **Dampfdruck** von Flüssigkeit zu Flüssigkeit verschieden.

Eine Flüssigkeit siedet bei derjenigen Temperatur, bei der Dampfdruck und äußerer Luftdruck gleich groß sind.

Der Luftdruck nimmt mit zunehmender Höhe ab. Daher sinkt im Gebirge die Siedetemperatur z. B. von Wasser um so tiefer, je höher man steigt.

Aus Umwelt und Technik: **Der Schnellkochtopf**

Der Schnellkochtopf besitzt einen dicht schließenden Deckel. Dadurch kann der beim Kochen entstehende Dampf nicht entweichen, und der Druck im Topf steigt an.

Je nach der Höhe des Drucks im Topf steigt die Siedetemperatur des Wassers bis auf 117 °C an. Bei dieser erhöhten Temperatur werden die Speisen schneller gar. Das Ansteigen des Drucks wird durch den Stift am Kochventil angezeigt: Je höher der Druck ist, desto weiter ragt der Stift heraus (Bilder 1–3).

Schon wenn die erste Rille des Ventilstiftes sichtbar wird, kann man die elektrische Kochplatte auf Stufe 1 schalten. Die gespeicherte Energie der Kochplatte reicht dann aus, um Temperatur und Druck weiter zu erhöhen, so daß schließlich auch die zweite Rille des Stiftes sichtbar wird. (Gasherd jetzt auf Sparflamme drehen!) Beide Rillen müssen während der gesamten Kochzeit sichtbar sein.

Steigt der Druck im Topf zu stark an (z. B. durch ein spätes Zurückschalten der Kochplatte), öffnet sich ein Sicherheitsventil, und ein Teil des Dampfes entweicht. So wird verhindert, daß der Topf explodiert und Personen zu Schaden kommen.

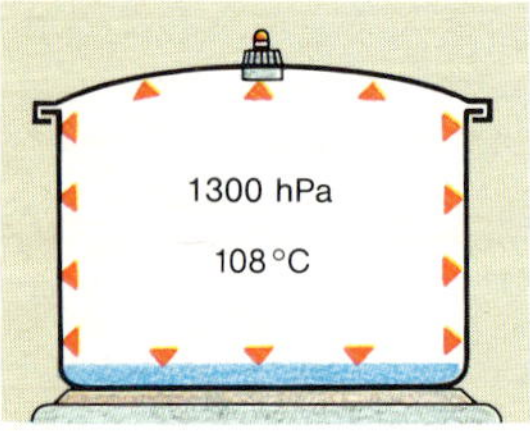

1

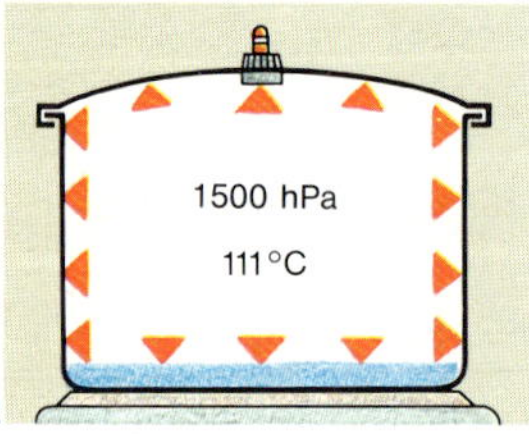

2

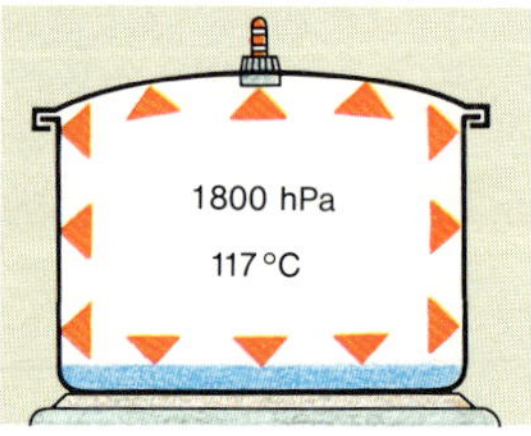

3

Aus Umwelt und Technik: **Geysire – heiße Springbrunnen**

Im Yellowstone-Nationalpark in den USA stehen Besucher in der Nähe eines Erdloches. Etwas Dampf steigt auf – sonst ist nichts zu sehen.

Plötzlich wird unter Zischen und Brausen heißes Wasser aus der Erde herausgeschleudert. Für kurze Zeit steht eine mehr als 10 m hohe Wassersäule über dem Erdloch (Bild 4). Ein gewaltiges Naturschauspiel!

Genauso unvermittelt wie diese Springquelle zu sprudeln beginnt, versiegt sie wieder. Erst nach einiger Zeit erfolgt der nächste Ausbruch.

Heiße Quellen, die ihr Wasser in Abständen springbrunnenartig ausstoßen, heißen **Geysire**.

Wie kommt es zum Ausbruch eines Geysirs? Wasser aus einer unterirdischen Quelle oder das Grundwasser sammelt sich ständig in einem Hohlraum. Diese Höhle ist durch einen langen, „knieartigen“ Gang mit der Erdoberfläche verbunden.

4

Das Wasser in der Höhle wird durch heißes Gestein oder vulkanische Gase bis zum Sieden erhitzt. Der entstehende Wasserdampf und die Gase aus der Erde können zunächst ungehindert abziehen (Bild 5).

Von oben fließt dann wieder etwas Wasser zurück (vom vorangegangenen Ausbruch). Auch von unten aus der Höhle strömt Wasser nach. Dadurch wird im oberen Teil des Knies Wasserdampf eingeschlossen (Bild 6). In ihm entsteht ein Überdruck.

Das Wasser im unteren Teil kann nun nicht mehr ausweichen; auch in ihm herrscht ein Überdruck. Daher wird es bis zu 120 °C heiß, und der Druck steigt weiter an. Schließlich preßt der Wasserdampf die Wassersäule im oberen Teil des Ganges nach oben (Bild 7), so daß etwas Wasser aus dem Gang herausfließt.

Nun geht alles ganz schnell: Durch das abfließende Wasser wird die Dampfblase wieder „entlastet“, und der Überdruck im Knie nimmt ab. Das Wasser im unteren Teil der Röhre beginnt plötzlich (explosionsartig) zu sieden. Dadurch wird das Wasser im oberen Teil der Röhre mit großer Gewalt herausgeschleudert (Bild 8). Nach kurzer Zeit beginnt der Vorgang erneut.

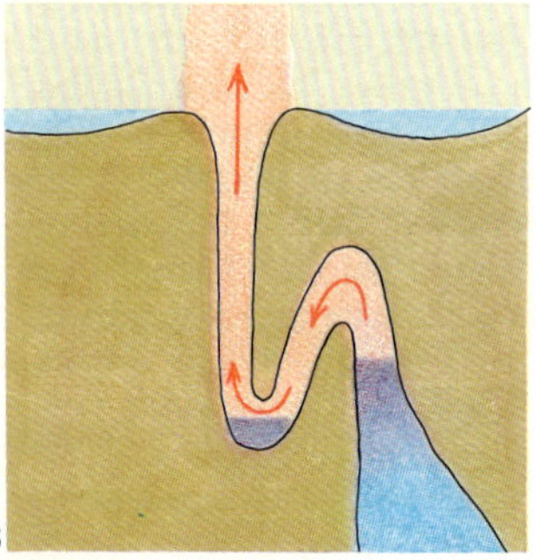
5

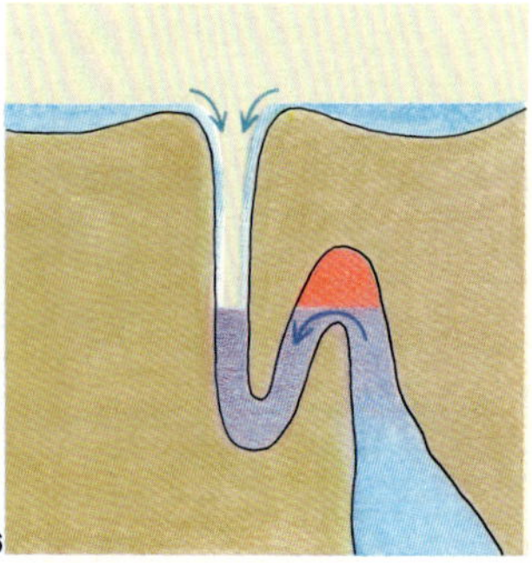
6

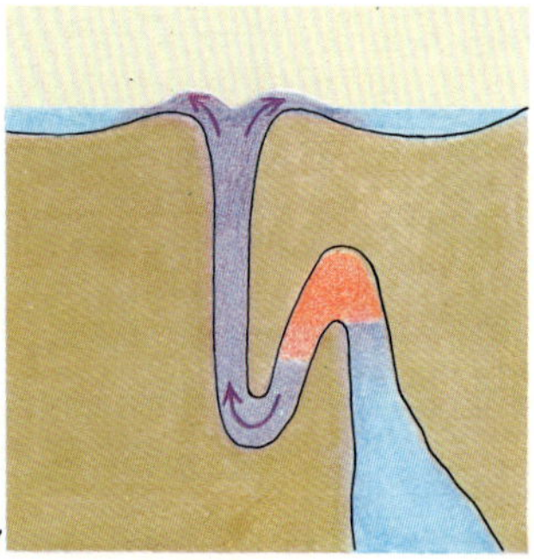
7

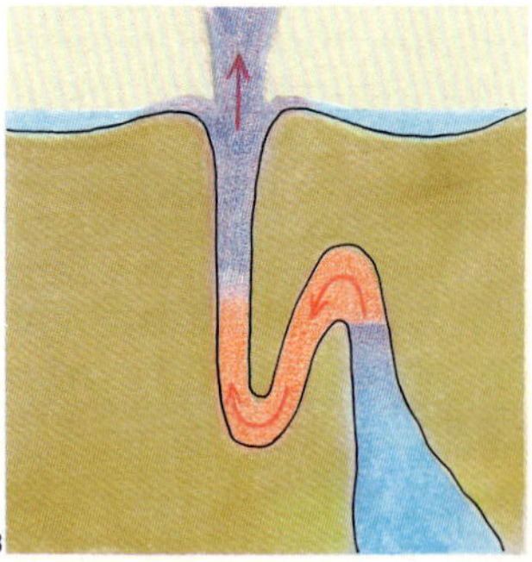
8

Alles klar?

1 Es gibt immer wieder Überlegungen, Eisberge mit Schiffen an die Küsten von Wüstengebieten zu schleppen. Dort sollen sie zur Trinkwasserversorgung dienen.

Warum wäre es möglich, Eisberge über lange Strecken in warme Regionen zu transportieren, ohne daß sie während des Transports völlig schmelzen?

2 Ein Glas Orangensaft (200 g) wird mit einem Eiswürfel (30 g) gekühlt.

Wieviel Energie wird dem Orangensaft beim Schmelzen des Eises entzogen?

Um wieviel Kelvin sinkt die Temperatur des Saftes höchstens?

3 Zum Erhitzen von Milch werden 20 g Wasserdampf von 100 °C in ein Glas mit 200 g Milch geleitet. Wie heiß wird etwa die Milch, wenn sie anfangs eine Temperatur von 15 °C besaß?

4 Schadet es den Pflanzen, wenn sich Rauhreif bildet, oder nutzt es ihnen eher? Begründe deine Antwort.

5 „Bei schönem Wetter dauert das Kochen länger." Erkläre diese Aussage.

6 Als einen Fixpunkt für die Thermometerskala haben wir die Siedetemperatur des Wassers benutzt. Welche Angabe muß zusätzlich gemacht werden?

7 Welcher Zusammenhang besteht zwischen dem Druck im Schnellkochtopf, der Siedetemperatur von Wasser und der Garzeit von Speisen?

8 Auf dem Mount Everest (8848 m) – dem höchsten Berg der Erde – beträgt der Luftdruck ungefähr 340 hPa, auf der Zugspitze ca. 700 hPa.

Lies aus Bild 7 auf der vorigen Doppelseite ab, welche Siedetemperatur das Wasser auf diesen Berggipfeln hat.

Auf einen Blick

Schmelzwärme und Verdampfungswärme

Viele Körper können fest, flüssig oder gasförmig sein.
Während ein Körper schmilzt oder erstarrt, verdampft oder kondensiert, ändert sich seine Temperatur nicht.
Schmelztemperatur und Erstarrungstemperatur sind gleich.

Beim Schmelzen muß dem Körper Energie zugeführt werden: die **Schmelzwärme**. Beim Erstarren gibt der Körper Energie ab: die **Erstarrungswärme**.

Die von einem Körper abgegebene Erstarrungswärme ist genauso groß wie die von ihm aufgenommene Schmelzwärme.

Soll eine Flüssigkeit verdampfen, muß ihr Energie zugeführt werden: die **Verdampfungswärme**. Kondensiert ein Gas, so wird Energie frei: die **Kondensationswärme**.

Die von einem Körper abgegebene Kondensationswärme ist genauso groß wie die von ihm aufgenommene Verdampfungswärme.

Die als Schmelzwärme oder Verdampfungswärme zugeführte Energie steckt im flüssigen oder gasförmigen Körper; sie gehört zu seiner **inneren Energie**.

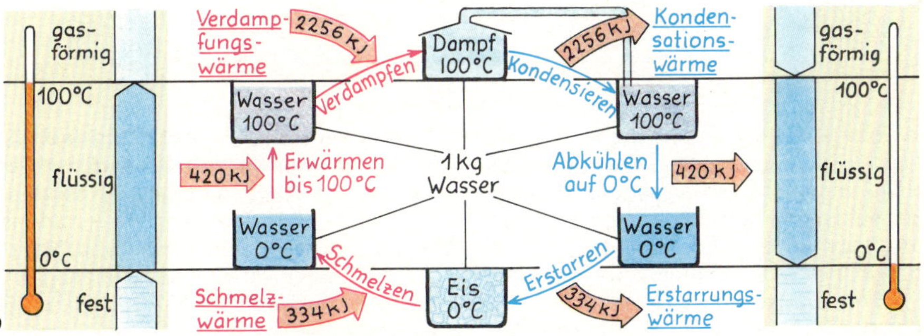

9

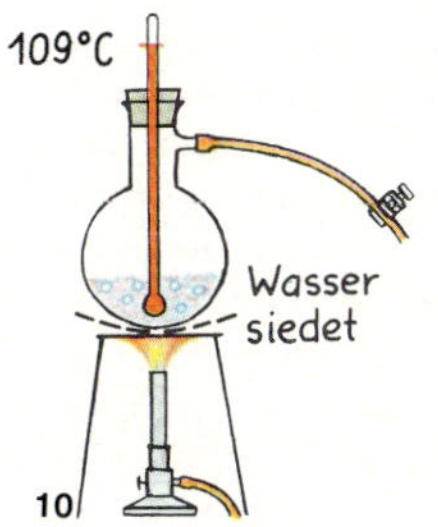

10

Siedetemperatur und Druck

Die **Siedetemperatur** einer Flüssigkeit hängt von dem **Druck** ab, der über der Flüssigkeit herrscht (z. B. vom Luftdruck).

Bei normalem Luftdruck (1013 hPa) siedet z. B. Wasser bei 100 °C.
Steigt der Druck, so siedet das Wasser bei höherer Temperatur.
Verringert man den Druck an der Wasseroberfläche, so siedet das Wasser schon unterhalb von 100 °C.

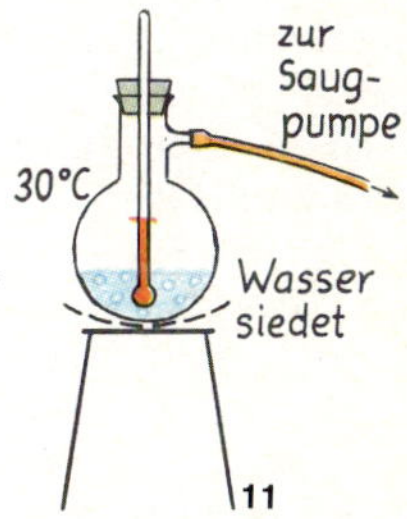

11

Verdunsten und Kühlen

1 Kühlen im warmen Sommerwind?

1

Wenn man Wasser in einem porösen Tonkrug aufbewahrt, wird der Krug zwar außen etwas feucht, dafür bleibt das Wasser aber angenehm kühl.

Warum ist das Wasser im Krug kühler als die Umgebung?

V 1 Verreibe einen Tropfen Wasser auf dem Handrücken. Was spürst du, wenn das Wasser verdunstet?

Versuche es auch mit einem Tropfen Spiritus oder Parfürm.

V 2 Läßt sich das Abkühlen auch mit einem Thermometer nachweisen?

a) Wickle etwas Löschpapier (oder Watte) um die Thermometerkugel. Feuchte das Papier mit Spiritus an, und beobachte das Thermometer, während du es ruhig hältst.

b) Wiederhole den Versuch, blase aber diesmal gleichmäßig gegen das angefeuchtete Löschpapier.

c) Untersuche andere Flüssigkeiten (z. B. Wasser, Waschbenzin, Aceton). Versuche, möglichst niedrige Temperaturen zu erreichen. Ermittle jeweils Anfangs- und Endtemperatur sowie den Temperaturunterschied.

V 3 Laß verschiedene Flüssigkeiten in offenen Glasschalen verdunsten. Wie tief sinken ihre Temperaturen?

a) Verwende zum Beispiel Wasser, Spiritus, Speiseöl und Waschbenzin.

Alle vier Flüssigkeiten sollen in verschlossenen Vorratsflaschen bereits die Zimmertemperatur angenommen haben.

Miß die Anfangstemperaturen in den Flaschen.

b) Fülle dann jeweils etwa 50 g Flüssigkeit in die Glasschalen.

Bestimme die Temperaturen aller vier Flüssigkeiten eine Stunde lang alle 15 Minuten. Miß dann noch einmal nach zwei Stunden.

Überprüfe auch am folgenden Tag die Temperaturen. Ist das noch bei allen Flüssigkeiten möglich?

c) Versuche, eine Erklärung für deine Beobachtungen zu finden.

Info: **Verdunsten und Verdunstungskühlung**

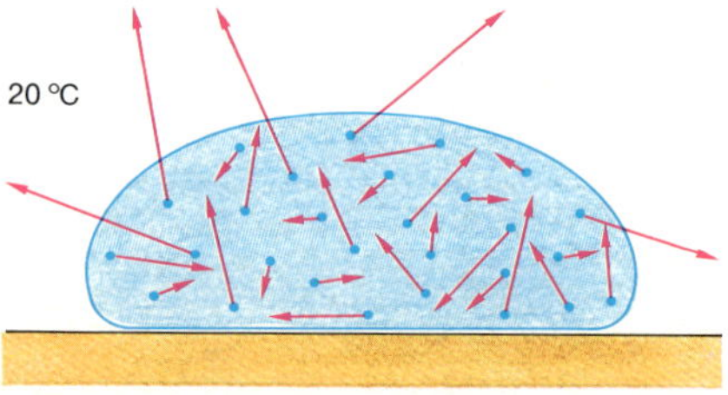

2

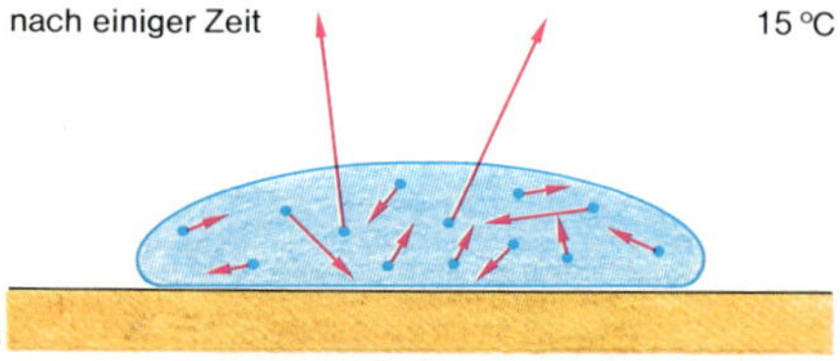

3

Läßt man eine Flüssigkeit in einem offenen Gefäß stehen, so geht sie allmählich in den gasförmigen Zustand über. Das geschieht auch weit unterhalb der Siedetemperatur. Man sagt, die Flüssigkeit **verdunstet**. Im Gegensatz zum Sieden bilden sich beim Verdunsten aber keine Dampfblasen innerhalb der Flüssigkeit.

Mit dem *Teilchenmodell* können wir den Verdunstungsvorgang erklären. Stell dir dazu z. B. einen Wassertropfen vor:

Die Teilchen, aus denen der Tropfen besteht, sind bekanntlich in ständiger Bewegung. Aber nicht alle Teilchen haben die gleiche Bewegungsenergie. Die einen bewegen sich langsamer, andere dagegen schneller.

Du weißt auch: Auf ein Teilchen an der Oberfläche des Tropfens wirken Kräfte, die es in der Flüssigkeit halten. Um den Tropfen zu verlassen, muß das Teilchen Arbeit gegen diese Kräfte verrichten.

Die Bewegungsenergie der meisten Teilchen reicht dazu nicht aus. Nur besonders schnelle Teilchen haben genügend Energie, um sich aus dem Zusammenhalt der Flüssigkeit zu befreien (Bild 2). Der Tropfen verliert daher beim Verdunsten nur die schnellsten Teilchen, die langsameren bleiben zurück. Das hat zur Folge, daß die mittlere Bewegungsenergie der restlichen Teilchen im Tropfen abnimmt; die Temperatur des Tropfens sinkt (Bild 3).

Für das Verdunsten einer Flüssigkeit ist Energie erforderlich (Verdampfungswärme). Sie wird der Flüssigkeit selbst entzogen. Diesen Vorgang nennt man **Verdunstungskühlung**.

Somit sinkt die Temperatur der verdunstenden Flüssigkeit unter die Temperatur ihrer Umgebung. Die Folge ist, daß nun die Umgebung Energie an die Flüssigkeit abgibt. Bei einem Wassertropfen auf deiner Haut merkst du das daran, daß sich die Haut an dieser Stelle abkühlt. Der Verdunstungsvorgang wird also durch die *Energiezufuhr aus der Umgebung* aufrechterhalten.

Verdunstung beobachtet man nur bei Flüssigkeiten, die sich in offenen Gefäßen befinden. Verschließt man die Gefäße, so kommt der Verdunstungsvorgang rasch zum Erliegen. Teilchen, die die Flüssigkeit verlassen haben, kehren nämlich auch wieder in die Flüssigkeit zurück. Das geschieht um so häufiger, je mehr Teilchen sich im Raum über der Flüssigkeit befinden. Schließlich stellt sich ein Gleichgewichtszustand ein: In jeder Sekunde treten ebenso viele Teilchen in die Flüssigkeit ein, wie aus ihr heraustreten. Die mittlere Bewegungsenergie der Flüssigkeitsteilchen ändert sich dann nicht.

In einem abgeschlossenen Gefäß sinkt daher die Temperatur einer Flüssigkeit nicht unter die Umgebungstemperatur.

2 Kühlschrank und Wärmepumpe

Info: Die Funktionsweise des Kühlschranks

Das Röhrensystem eines Kühlschranks enthält ein **Kühlmittel**, das je nach Temperatur flüssig oder gasförmig ist. Es hat die Aufgabe, Energie aus dem Innern des Kühlschranks nach außen zu transportieren. Man verwendet meist Frigen® 12; seine Siedetemperatur bei einem Luftdruck von 1 bar beträgt −29,8 °C.

Im Innenraum des Kühlschranks befindet sich ein Teil des Röhrensystems, der **Verdampfer** (Bilder 4 u. 9). In ihm verdampft das Kühlmittel; dafür ist Energie nötig. Sie wird dem Kühlmittel selbst entzogen, dessen Temperatur dadurch rasch unter die des Kühlraumes sinkt. Die Folge ist, daß nun die Luft im Kühlraum und die

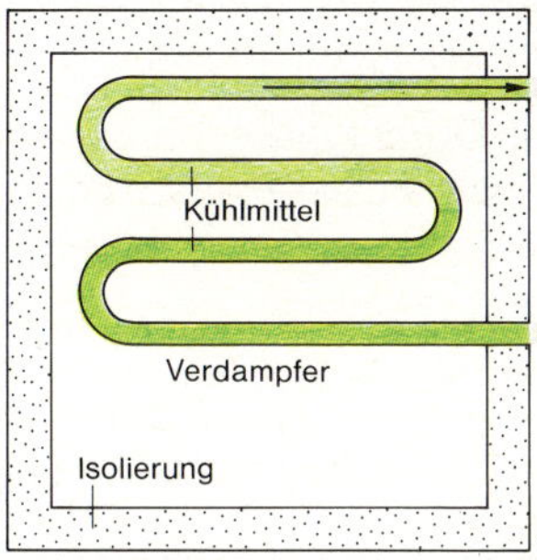

4

eingelagerten Lebensmittel Energie an das Kühlmittel abgeben und so dessen weiteres Verdampfen ermöglichen; die Temperatur im Kühlschrank sinkt.

Mit einer Kolbenpumpe **(Kompressor)** wird der Dampf aus dem Verdampfer abgesaugt (Bild 5). Dadurch wird der Verdampfungsvorgang beschleunigt und die Kühlung verstärkt.

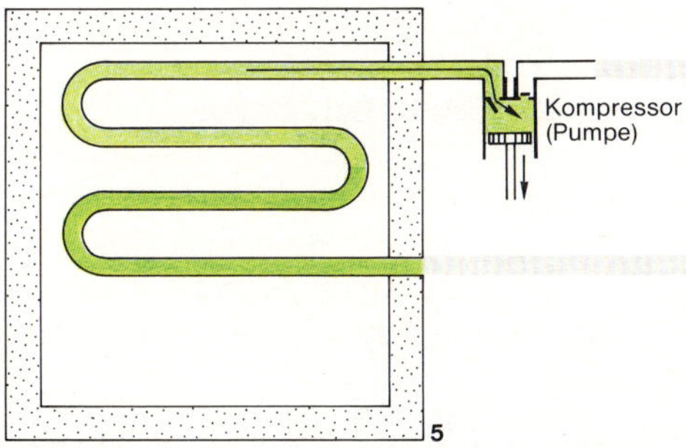

5

Es wäre aber nicht sinnvoll, wenn man den abgesaugten Dampf einfach in die Umgebung entweichen ließe; man müßte ja das Kühlmittel immer wieder nachfüllen. Daher wird der Dampf durch den Kompressor in den **Verflüssiger** gepreßt (Bild 6). Dieser befindet sich außen an der Rückwand des Kühlschranks. Durch das Zusammenpressen erhitzt sich der Dampf (wie die Luft in einer Fahrradpumpe, deren Öffnung du beim Pumpen zuhältst).

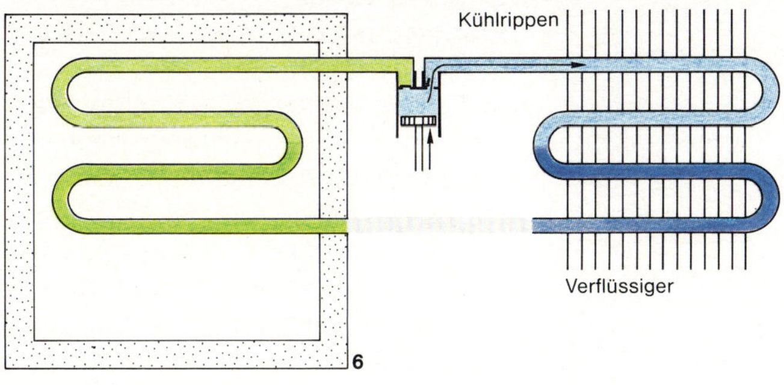

6

Die Temperatur des Dampfes steigt dabei über 40 °C und liegt somit über der Umgebungstemperatur. Während der Dampf durch den Verflüssiger strömt, gibt er Energie an die Umgebung ab, seine Temperatur sinkt.

Bei etwa 40 °C kondensiert der Dampf. Daß er bei einer so hohen Temperatur wieder flüssig wird, liegt daran, daß im Verflüssiger ein Druck von ca. 9 bar herrscht. Die freigesetzte Kondensationswärme wird über die Kühlrippen abgegeben.

Durch ein **Kapillarrohr** strömt das Kühlmittel zurück in den Verdampfer (Bild 7). Der Druck dort beträgt nur ca. 2 bar. Das Kühlmittel beginnt daher aufs neue zu verdampfen. Der Kreislauf des Kühlmittels ist geschlossen (Bild 8).

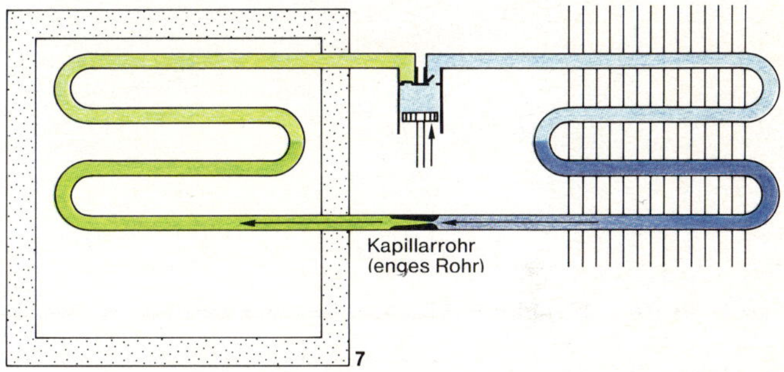

7

Die Bilder 8–10 zeigen den Aufbau eines Kühlschrankes.

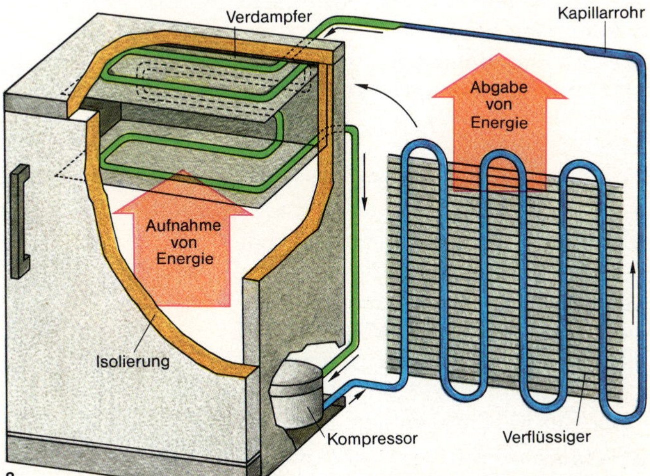

8

9

10

Diese Versuche sollen dir helfen, den Kühlvorgang zu verstehen:

V 4 Im Aufbau nach Bild 1 wird der Etherdampf eine Zeitlang abgesaugt. Erkläre deine Beobachtung.

V 5 Bild 2 zeigt den Versuchsaufbau. Der Kolben wird zunächst langsam herausgezogen. Wie kannst du erklären, daß der Kraftmesser dabei stets den gleichen Betrag anzeigt? Was geschieht, wenn sich der Kolben in den Zylinder hineinbewegt?

a) Wir wiederholen den Versuch, diesmal wird aber gekühlter Ether in den Kolbenprober gesaugt. (Etherflasche vorher in Wasser von 0 °C stellen.) Was zeigt der Kraftmesser jetzt an? Begründe den Unterschied zur Anzeige bei nicht gekühltem Ether.

b) Der Kolben wird (ohne Kraftmesser) ruckartig und in kleinen Schritten herausgezogen und zurückgeschoben. Wann setzt das Sieden bzw. Kondensieren ein? Wann hört es auf?

c) Jetzt pressen wir den Ether bis auf ein wenig „Restfeuchtigkeit" aus dem Kolbenprober und verschließen seine Öffnung. Zieht man den Kolben zurück, so sieht der Zylinder völlig trokken aus. Der Kolben wird nun kräftig in den Zylinder gepreßt.
Was beobachtest du?

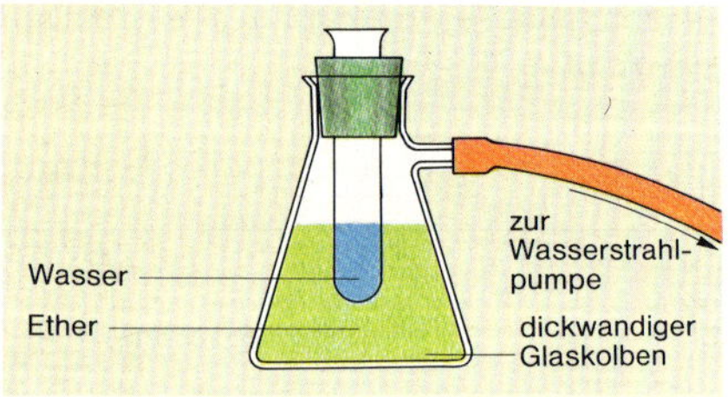

1

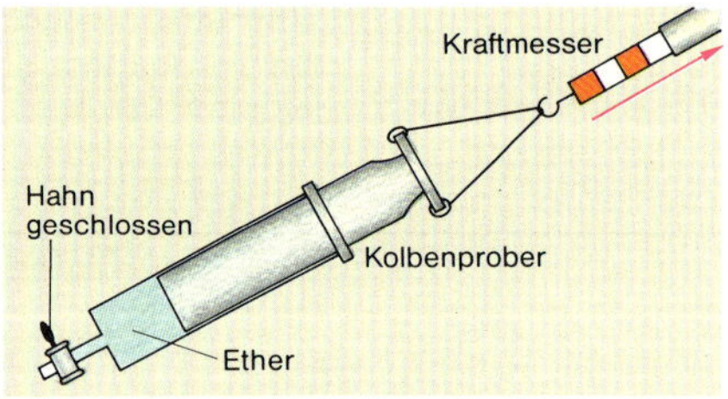

2

V 6 Das Röhrensystem eines Kühlschranks enthält meist Frigen® 12.

a) Aus einer Druckdose wird etwas flüssiges Frigen in ein Reagenzglas gefüllt. Was kannst du beobachten?

b) Warum siedet Frigen nicht schon in der Dose?

Aufgaben

1 Wenn wir in V 5 den Kolben ruckartig herausziehen, verdampft ein Teil der Flüssigkeit. Weshalb hört dieses Verdampfen wieder auf?
Preßt man den Dampf zusammen, so kondensiert er teilweise. Aus welchem Grund hört das Kondensieren dann auf?

2 Auf welche Weise wird im Verdampfer eines Kühlschranks eine tiefe Temperatur erreicht?

3 An welchen Stellen des Röhrensystems wird Energie aufgenommen oder abgegeben?

4 Welche Aufgabe hat der Kompressor, welche das Kapillarrohr?

Aus Umwelt und Technik: **Mit kaltem Wasser heizen – die Wärmepumpe**

In 7 m Tiefe hat das Grundwasser eine Temperatur von ca. 10 °C – das ganze Jahr über. Solches Wasser bezeichnest du sicher als kalt. Würde man es durch einen Heizkörper pumpen, so könnte dieser auch nur eine Temperatur von 10 °C annehmen. Zum Heizen eines Zimmers sind aber Temperaturen von über 40 °C erforderlich.

Trotzdem steckt in dem 10 °C warmen Wasser noch viel Energie. Kühlt man es z. B. auf 5 °C ab, so wird ein Teil davon frei.

Man kann diese Energie tatsächlich zum Heizen nutzen, und zwar mit einer **Wärmepumpe**.

Wärmepumpen funktionieren nach dem gleichen Prinzip wie Kühlschränke (Bild 3). Vereinfacht kann man sich eine Wärmepumpe so vorstellen: Der *Verdampfer* befindet sich außerhalb des Hauses und entzieht dem Grundwasser, der Luft oder dem Erdreich Energie in Form von Wärme. Der *Verflüssiger* liegt im Haus und gibt Wärme ab. Eine Wärmepumpe kühlt also die Umgebung und erwärmt das Haus.

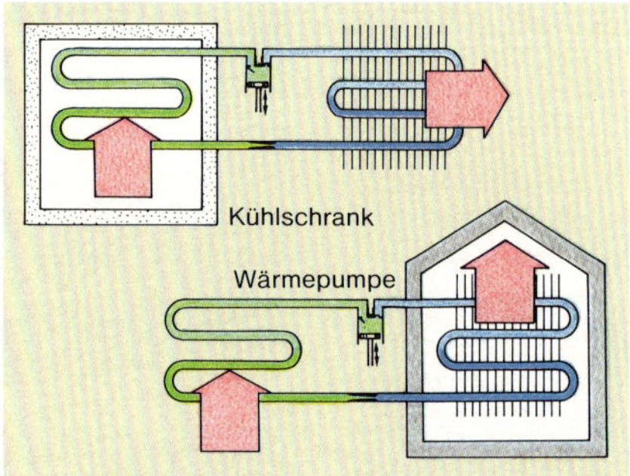

3

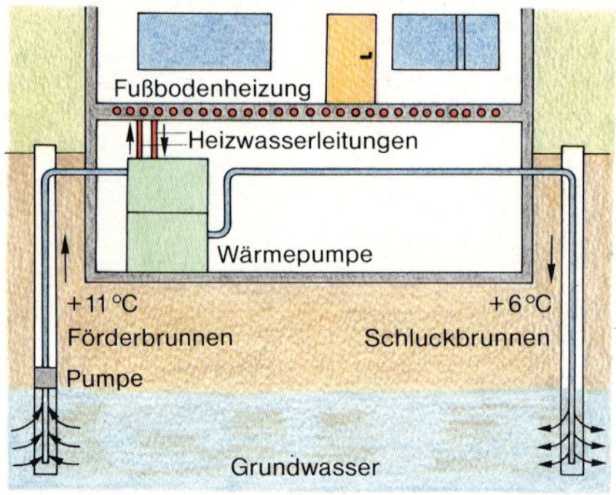

4

Bild 4 zeigt eine Möglichkeit, wie eine Wärmepumpe zur Heizung eines Hauses eingesetzt werden kann.

Um 1 kJ Wärme aus der Umgebung zu beziehen, benötigt eine Wärmepumpe nur etwa 0,4 kJ elektrischer Energie für den Kompressor. Zur Erzeugung dieser Energie muß aber im Wärmekraftwerk etwa 1 kJ Energie aufgewendet werden.

Welchen Vorteil hat dann die Wärmepumpe? Eine Wärmepumpe zu betreiben kann billiger sein, als z. B. mit Öl zu heizen. Das hängt von den „Strom"- und Heizölpreisen ab. Außerdem sind Umweltschutzmaßnahmen in Kraftwerken wohl eher zu verwirklichen als bei Einzelheizungen.

Alles klar?

1 Könnte man die Küche im Sommer dadurch kühlen, daß man die Tür des Kühlschranks offenstehen läßt?

2 Auf manchen Dosen mit Pflanzenschutzsprays findet sich folgender Hinweis: „Beim Sprühen Abstand von 50 cm einhalten, sonst sind Pflanzenschäden durch Unterkühlung möglich." Erkläre!

3 Das Enteiser-Spray für die Windschutzscheibe sollte man im Winter nie im Auto liegenlassen. Warum nicht?

4 Im Röhrensystem eines Kühlschranks herrscht nicht überall der gleiche Druck. Wo ist der Druck hoch, wo niedrig?

Was ergibt sich daraus für die Temperatur, bei der das Kühlmittel im Verflüssiger kondensiert und im Verdampfer verdampft?

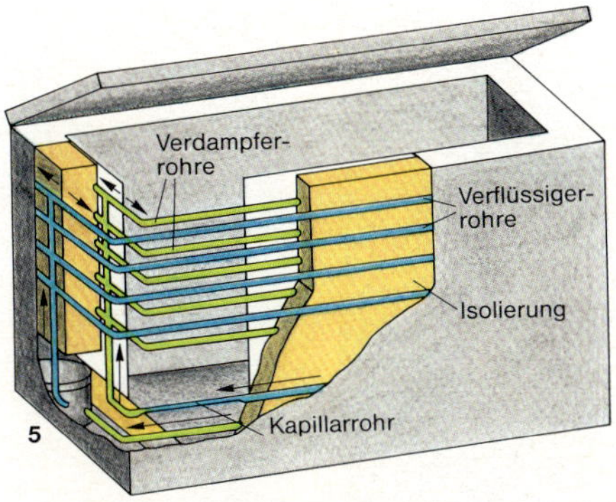

5

5 Bild 5 zeigt dir, wie eine Gefriertruhe aufgebaut ist. Wie sind die Verdampfer- und Verflüssigerrohre angeordnet? Vergleiche mit einem Kühlschrank!

6 Wie tief kann die Temperatur in einem Kühlschrank höchstens sinken, wenn der Druck im Verdampfer einen Wert von 1 bar nicht unterschreitet?

7 „Wasser strömt nur von höher gelegenen Stellen zu tiefer gelegenen. Damit es in umgekehrter Richtung (also von unten nach oben) fließt, benötigt man eine Pumpe." Formuliere eine entsprechende Aussage für den Energiestrom bei der Wärmepumpe.

8 Die Windrichtung kannst du bestimmen, indem du einen Finger anfeuchtest und hochhältst. Erkläre!

9 Wenn man sich im Freibad nach dem Baden nicht abtrocknet, friert man häufig – trotz Sonnenscheins. Weshalb?

10 Weshalb sollte man nasse Kleidung nicht am Körper trocknen lassen?

Auf einen Blick

Verdunstung und Verdunstungskühlung

Flüssigkeiten verdampfen auch unterhalb ihrer Siedetemperaturen; man spricht dann von **Verdunstung**.

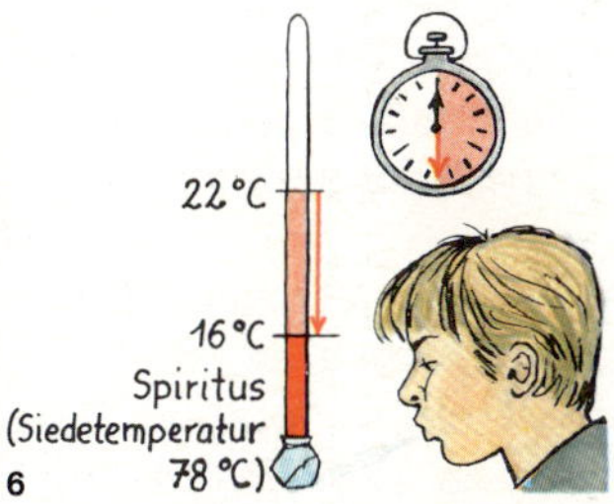

6

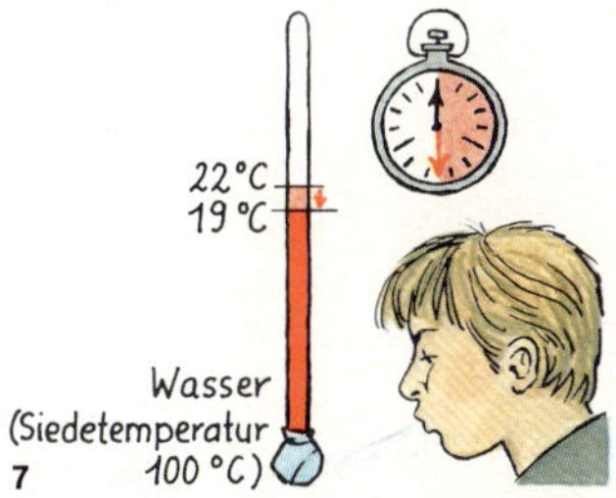

7

Die zum Verdunsten nötige Energie (Verdampfungswärme) wird der Flüssigkeit selbst entzogen. Die Temperatur der Flüssigkeit sinkt („Verdunstungskühlung"). Weil die Flüssigkeit dann kälter ist als ihre Umgebung, fließt Energie aus der Umgebung in die Flüssigkeit.

Je *niedriger* dabei der Siedepunkt der Flüssigkeit ist, desto *schneller* verdunstet die Flüssigkeit (und desto *tiefer* sinkt auch ihre Temperatur).

Wie schnell eine Flüssigkeit verdunstet, ist auch abhängig von ihrer Temperatur und von der *Größe ihrer Oberfläche* – desgleichen von der *Umgebungstemperatur* und von der *Luftbewegung*.

Versuche zum Kühlschrank

Wenn *in einem abgeschlossenen Gefäß* eine Flüssigkeit verdampft, steigt der Druck des Gases über ihr. Wenn der Druck einen bestimmten Wert (den sog. Dampfdruck) überschreitet, können sich in der Flüssigkeit keine Dampfblasen mehr bilden, und das Verdampfen hört auf (Bild 8).

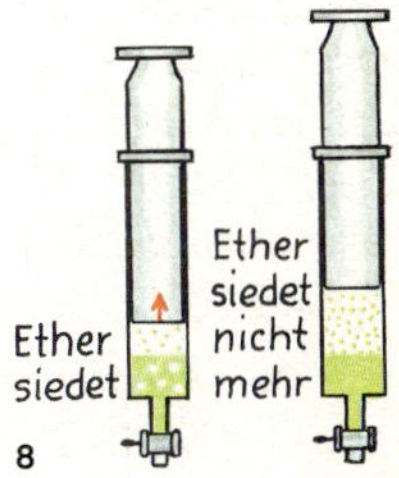

8

Je niedriger die Temperatur der Flüssigkeit ist, desto geringer ist ihr Dampfdruck.

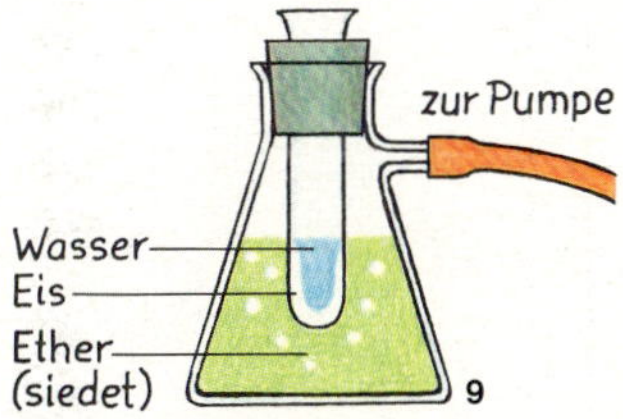

9

Saugt man den entstehenden Dampf ab, so siedet der Ether und verdampft.

Die zum Verdampfen nötige Energie wird dem Wasser entzogen. Das Wasser erstarrt schließlich zu Eis (Bild 9).

Schiebt man den Kolben von Bild 10 in den Zylinder, so kondensiert soviel Gas, daß der Druck des Gases wieder den Dampfdruck erreicht.

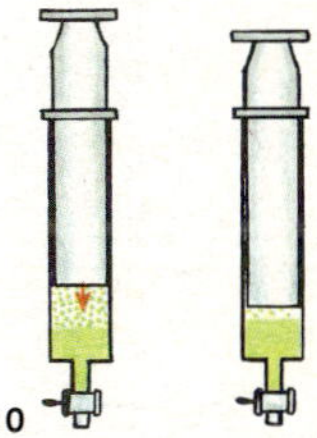
10

Auch im Kühlschrank verdampft eine Flüssigkeit und entzieht dem Kühlraum Energie. Diese wird beim Kondensieren des Dampfes an die Außenluft abgegeben (→ Info: *Die Funktionsweise des Kühlschranks*).

Maschinen, die mit Wärme arbeiten

1 Heißer Dampf verrichtet Arbeit

1

2

Auch die Elektrolokomotive wird letzten Endes mit Dampf betrieben...

V 1 Bringe in einem Reagenzglas Wasser zum Sieden. Verschließe das Reagenzglas mit einem Stopfen, den du vorher mit Glycerin oder Speiseöl angefeuchtet hast.

Achtung, der Stopfen darf nur leicht eingedrückt werden!

Erhitze das Wasser weiter. Was geschieht? Überlege dir, welche Energieumwandlung hier stattfindet.

V 2 Mit der Vorrichtung, die du in Bild 3 siehst, kann Wasser hochgehoben werden.

Beschreibe, wie sie funktioniert. Verwende dabei die Begriffe *Arbeit* und *Energie*.

V 3 Bild 4 zeigt dir zwei Phasen des Versuchsablaufs. Beschreibe, wie der Versuch durchgeführt wird.

Was ändert sich am Versuchsaufbau, wenn der Versuch mehrmals durchgeführt wird?

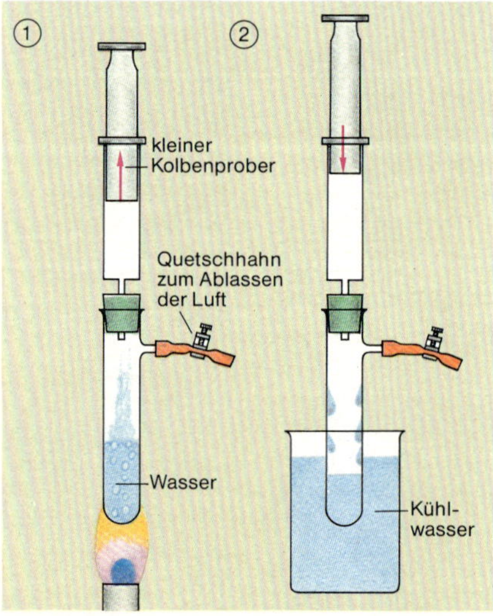

4

V 4 Bisher haben wir stets Wasser erwärmt und verdampfen lassen, um etwas in Bewegung zu setzen oder hochzuheben.

Es geht aber auch anders: Bild 5 zeigt die Versuchsanordnung. Erhitze kurzzeitig das leere Gefäß, und achte dabei auf das Wasser im U-Rohr.

Erkläre deine Beobachtung.

V 5 Auch in diesem Versuch geht es um Wärme und Arbeit:

Du brauchst ein gebogenes Reagenzglas, das zu zwei Dritteln mit Wasser gefüllt ist.

Erhitze den wassergefüllten Teil des Glases (Bild 6). Kurz bevor das Wasser zu sieden beginnt, entfernst du die Flamme. Kippe das Glas dann so, daß Luft in den heißen Teil des Winkelrohres strömt...

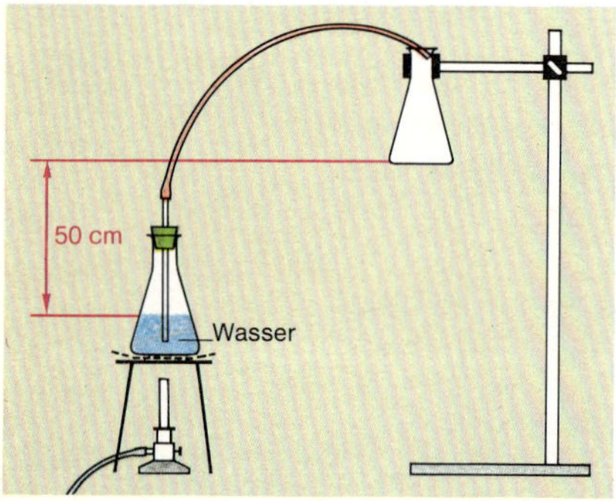

3

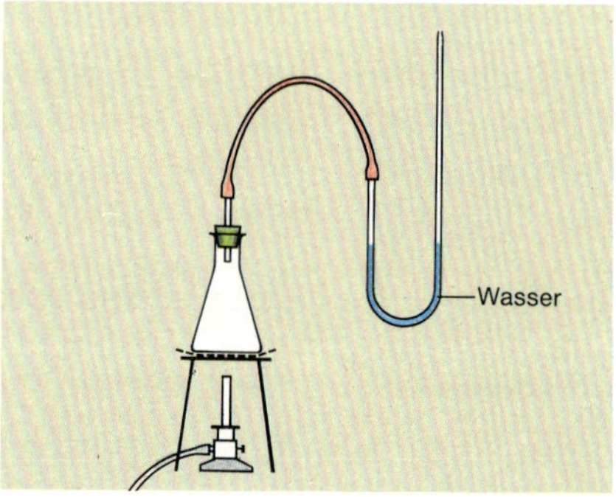

5

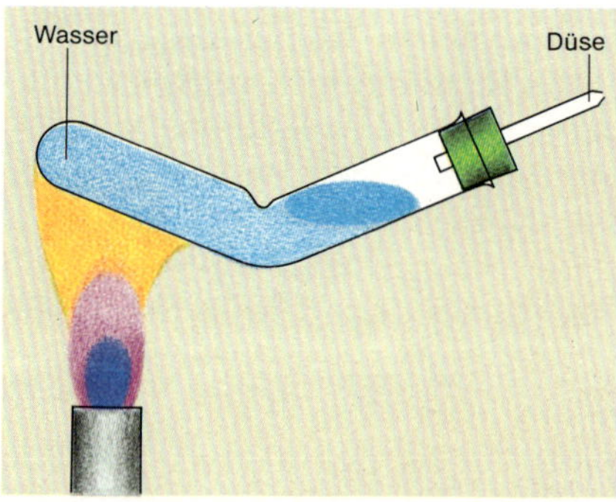

6

Aus der Geschichte: **Vom Tretrad zu den ersten Dampfmaschinen**

7

8

Bis vor etwa 250 Jahren war es oft sehr mühsam, Arbeitsgeräte und Maschinen anzutreiben. Damals gab es nämlich noch keine Motoren. Die Kräne, Mühlen oder Schmiedehämmer mußten durch strömendes Wasser, Wind, Tiere oder sogar durch Menschen bewegt werden.

Die Antriebsenergie für wind- und wassergetriebene Maschinen stand jedoch nicht ständig zur Verfügung, und die von Menschen und Tieren angetriebenen Maschinen waren nicht sehr leistungsfähig.

Im Bergbau führte dies zu großen Schwierigkeiten. Um Kohle und Erz zu fördern, mußten die Schächte der Bergwerke immer tiefer in die Erde getrieben werden. Und je tiefer die Schächte waren, desto mehr Grundwasser drang in sie ein. Mit den vorhandenen Maschinen (Bild 7) konnte das viele Wasser oft nicht mehr herausgeschafft werden, die Schächte und Stollen wurden deshalb vom Wasser überflutet. Leistungsfähigere Maschinen und Pumpen waren erforderlich. Doch mit welcher Energie sollten diese Maschinen angetrieben werden?

Um das Jahr 1700 herum wurden in Deutschland und England Versuche durchgeführt, die das Ziel hatten, Wasserdampf zum Antrieb zu verwenden. Man bemühte sich, die *innere Energie* des Dampfes zu nutzen.

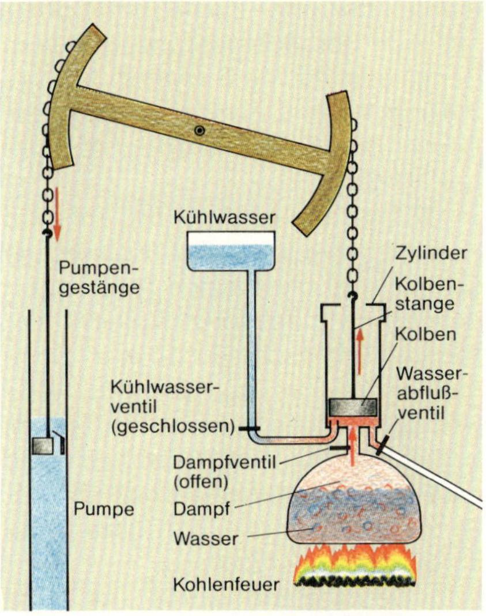

9

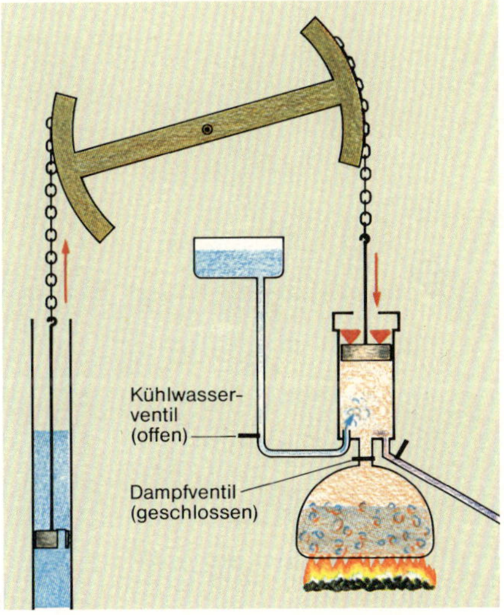

10

Am erfolgreichsten bei diesen Versuchen war 1712 der Engländer *Thomas Newcomen*. Er baute eine Dampfmaschine (Bild 8), die die Wasserpumpe einer Kohlengrube antrieb. Seine Dampfmaschine funktionierte so:

Durch das schwere Gestänge der Pumpe wurde der Kolben hochgezogen; dabei strömte Dampf in den Zylinder ein (Bild 9). Dann wurde das Dampfventil geschlossen und Kühlwasser in den Zylinder gespritzt (Bild 10). Durch dieses Abkühlen wurde der Wasserdampf im Zylinder wieder zu Wasser; der Dampf kondensierte. Das Wasser nahm einen viel geringeren Raum ein als zuvor der Dampf. Die Kraft, die der Dampf auf den Kolben ausgeübt hatte, wirkte nun nicht mehr. Aufgrund des Luftdrucks übte aber noch die Luft von außen eine Kraft auf den Kolben aus und schob ihn nach unten.

Diese Dampfmaschine nannte man **atmosphärische Dampfmaschine** – die Luft der Atmosphäre bewegte ja den Kolben und hob das Wasser.

Ab 1712 wurden solche Maschinen im Bergbau eingesetzt.

Newcomens Dampfmaschine hatte aber einen großen Nachteil: Der Zylinder mußte für jede Kolbenbewegung neu aufgeheizt und dann wieder abgekühlt werden. Sie arbeitete daher recht langsam und „verschlang" riesige Mengen an Kohle.

Aus der Geschichte: **Mit Watts Dampfmaschine begann das Industriezeitalter**

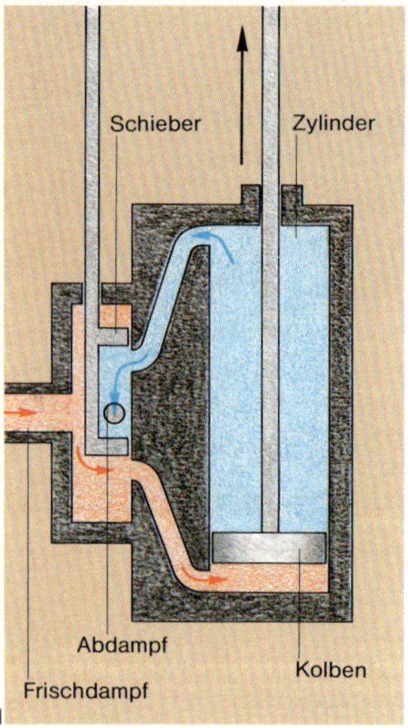

1

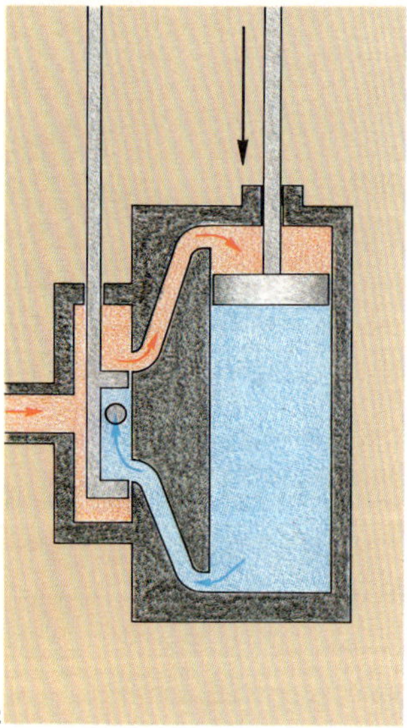

2

3

In den Jahren 1763 bis 1776 entwickelte der Schotte *James Watt* eine neuartige Dampfmaschine.

Sie verbrauchte nur noch ein Drittel der Brennstoffmenge von Newcomens Maschine. Außerdem führte sie 60 Kolbenbewegungen je Minute aus – mehr als dreimal soviel wie Newcomens Dampfmaschine.

Bei Watts Maschine wurde der Kolben nicht mehr von der Luft bewegt. Sie arbeitete mit Wasserdampf, dessen Druck wesentlich größer war als der äußere Luftdruck:

In einem Kessel, der mit Kohle beheizt wurde, verdampfte Wasser. Der Kessel war zunächst mit dem unteren Teil des Zylinders verbunden (Bild 1). Der unter Druck stehende Wasserdampf schob den Kolben nach oben. Mit Hilfe des Schiebers wurde dann der Kessel mit dem oberen Teil des Zylinders verbunden; nun schob der Dampf den Kolben wieder nach unten (Bild 2).

1781 gelang es Watt, die Auf- und Abwärtsbewegung des Kolbens in Drehbewegungen eines Schwungrades umzuwandeln (Bild 3). Nun konnten Dampfmaschinen auch in Spinnereien, Webereien, Eisen- und Walzwerken andere Maschinen antreiben; bisher hatten meist Menschen diese anstrengende Arbeit verrichtet. Große Fabriken entstanden. Das Industriezeitalter begann.

In Deutschland wurde die erste Dampfmaschine 1783 in Betrieb genommen. Um 1800 gab es in England bereits 500 Dampfmaschinen, zehn Jahre später waren es über 5000.

Einige Jahrzehnte nach Watts Erfindung setzte man Dampfmaschinen zum Antrieb von Fahrzeugen ein: 1818 fuhr erstmals ein Dampfschiff über den Atlantik. 1825 wurde in England die erste Eisenbahnlinie eröffnet. 1835 fuhr in Deutschland der erste dampfbetriebene Zug zwischen Nürnberg und Fürth.

Auch auf vielen anderen Gebieten wurden Dampfmaschinen verwendet (Bilder 4 u. 5).

Dampfmaschinen haben moderne Nachfolger bekommen: die Dampfturbinen. Auch in ihnen verrichtet Wasserdampf Arbeit.

4 Auch in der Landwirtschaft wurden Dampfmaschinen eingesetzt – zum Beispiel diese hier um 1895 zum Ziehen eines riesigen Pfluges. Ebenso konnte man damit Dreschmaschinen und andere Geräte betreiben.

5 Dampfwalze zum Glätten von Straßenschotter (um 1900).

Aus Umwelt und Technik: **Die Dampfturbine**

Dampfgetriebene Maschinen spielen heutzutage in Elektrizitätswerken eine wichtige Rolle. Allerdings handelt es sich dabei nicht um Dampfmaschinen, sondern um **Dampfturbinen**. Sie treiben die riesigen Generatoren (Dynamomaschinen) an.

Turbinen funktionieren nach dem gleichen Prinzip wie eine Windmühle. Bei der einfachsten Form einer Turbine strömt Wasserdampf, der in einem Dampfkessel erzeugt wird, aus einer Düse auf die Schaufeln des Turbinenrades. Bild 6 zeigt eine der ersten Turbinen aus dem Jahre 1629, entworfen von dem italienischen Architekten *Giovanni Branca*.

Der Dampf steht im Kessel unter hohem Druck. Durch die Düse bekommt er eine hohe Strömungsgeschwindigkeit. Mit Hilfe der Düse wird innere Energie des Dampfes in Bewegungsenergie umgewandelt.

Weil die innere Energie des Dampfes abnimmt, sinkt seine Temperatur; er kühlt ab.

Der Dampf verrichtet dann Arbeit am Turbinenrad. Dabei nimmt seine Bewegungsenergie ab; die Strömung wird langsamer.

Der schwedische Ingenieur *Gustaf de Laval* konstruierte im Jahre 1889 die erste wirklich leistungsfähige Dampfturbine. Bei dieser Maschine strömte der Dampf durch vier Düsen auf ein großes Laufrad mit vielen Schaufeln (Bild 7).

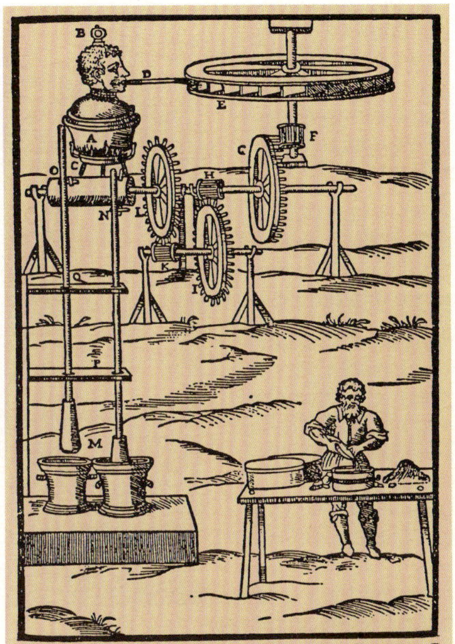

Abb. 5. Brancas Dampfrad (1629). Ein »Püsterich« B bläst einen Dampfstrahl D gegen ein Schaufelrad E, das über ein Zahnradgetriebe F—L eine Pulverstampfe antreibt.

6

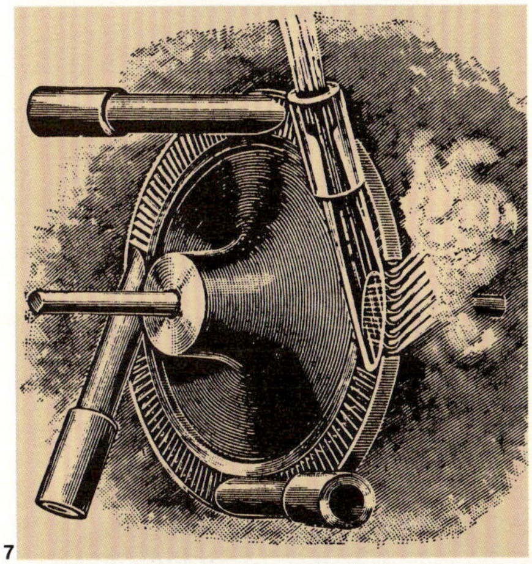

7

Da die Energie des Dampfes von einem einzigen Schaufelrad aufgenommen wurde, drehte es sich sehr schnell. Eine solche *Schnellläuferturbine* erreichte mehr als 26 000 Umdrehungen in der Minute. So hohe Drehzahlen mußten durch komplizierte Getriebe verringert werden, wobei durch Reibung erhebliche Energieverluste auftraten.

Der amerikanische Ingenieur *Charles Curtis* (1860–1953) hatte die Idee, eine mehrstufige Turbine zu bauen. Bei dieser Turbine wird die Bewegungsenergie des strömenden Dampfes in mehreren Schritten zum Arbeiten genutzt. Auf derselben Welle sind mehrere Laufräder befestigt (Bild 8). Zwischen den Laufrädern befinden sich Leitschaufeln, die den Dampf nach Durchströmen des einen Laufrades auf das nächste lenken.

Da der Dampf schrittweise Energie abgibt, wird seine Strömungsgeschwindigkeit immer geringer. Gleichzeitig sinkt seine Temperatur, und er nimmt einen immer größeren Raum ein. Deshalb werden die Laufräder zum Turbinenende hin immer größer. Auf diese Weise läßt sich auch noch die Energie des langsam strömenden Dampfes nutzen.

In den modernen Elektrizitätswerken schaltet man mehrere Turbinen hintereinander, so daß oft Turbinenanlagen beachtlicher Länge entstehen (Bild 9).

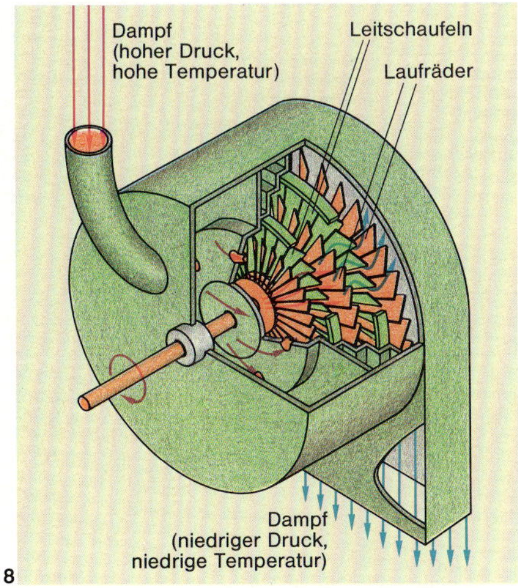

8

9 Montage einer Dampfturbine

Info: **Energieumwandlungen im Kraftwerk**

Ohne Zufuhr von Energie kann keine Maschine arbeiten. Wenn Maschinen Arbeit verrichten, wird die zugeführte Energie – meist in anderer Form – weitergegeben. Die Energie wird übertragen und umgewandelt.

Alle Maschinen geben genausoviel Energie ab, wie ihnen zugeführt wird. *Energie kann niemals verschwinden.* Man bezeichnet diesen Satz als *Gesetz von der Erhaltung der Energie.*

Die zum Arbeiten nötige Energie kann *auch in Form von Wärme* zugeführt werden, das geschieht z. B. bei der Dampfturbine.

Maschinen, denen Wärme zugeführt wird und die mit dieser Energie Arbeit verrichten, heißen **Wärme-Energie-Maschinen**.

Wärme tritt also nicht nur am Ende von Energieumwandlungen auf, sondern auch an ihrem Anfang. Ein wichtiges Beispiel für die Nutzung von Wärme zum Arbeiten sind die **Wärmekraftwerke** (z. B. Kohlekraftwerke, Kernkraftwerke). Dort wird mit *Dampfturbinen* Arbeit verrichtet: Die Turbinen treiben *Generatoren* (Dynamomaschinen) an und erzeugen so elektrische Energie.

Alle Wärmekraftwerke funktionieren nach demselben Prinzip: Wasser strömt in einem geschlossenen Kreislauf, wobei es verdampft und wieder kondensiert.

Betrachten wir als Beispiel ein Kohlekraftwerk (Bilder 1 u. 2). Die Brennkammer enthält ein Netz dünner Rohrleitungen, in denen sich Wasser befindet. Bei der Verbrennung der Kohle wird Energie frei, die dem Wasser zugeführt wird. In einem Kraftwerk verdampfen in jeder Sekunde ungefähr 500 kg Wasser.

Der 500 bis 600 °C heiße Dampf steht unter hohem Druck (ca. 200 bar). Er strömt durch die Turbine und treibt sie an. Dabei nimmt sein Volumen zu, während sein Druck und seine Temperatur sinken. Nachdem der Dampf durch die Turbine geströmt ist, könnte man ihn einfach an die Atmosphäre abgeben. Er hätte dann eine Temperatur von 100 °C und einen Druck von 1 bar.

Dem Dampf kann aber in der Turbine mehr Energie entzogen werden, wenn man für einen geringeren Druck am Ende der Turbine sorgt. Um das zu erreichen, wird ein *Kondensator* an die Turbine angeschlossen: In ihm kondensiert der Dampf bei ca. 30 °C; der Druck im Kondensator beträgt nur 0,04 bar. Das entstehende Wasser wird wieder dem Heizkessel zugeführt.

Wenn sich der Wasserdampf zu Wasser verflüssigt, gibt er Energie an das Kühlwasser ab (Kondensationswärme). Das erwärmte Kühlwasser wird meist in einem Kühlturm wieder abgekühlt und kann dann erneut in den Kondensator fließen.

Wärmekraftwerke erzeugen also nicht nur elektrische Energie, sondern auch Abwärme (Bild 3). Früher entledigte man sich der Abwärme einfach dadurch, daß man Flußwasser zur Kühlung benutzte. Dadurch wurde aber das biologische Gleichgewicht in vielen Flüssen erheblich gestört.

1

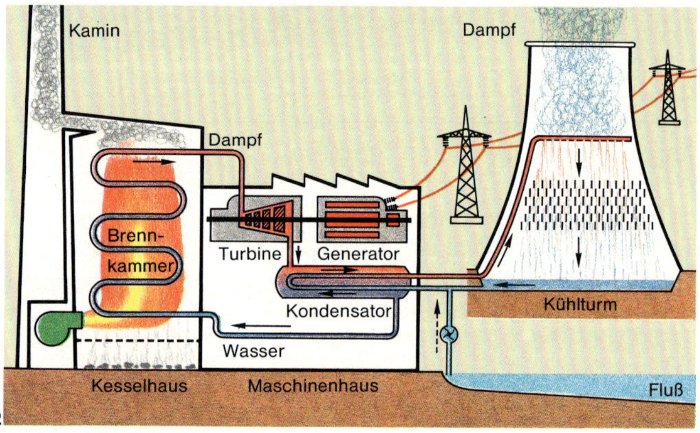

2

Die Energie, die beim Verbrennen von Kohle, Erdöl oder Erdgas freigesetzt wird, kann nur zu einem Drittel in elektrische Energie umgewandelt werden. Der größte Teil der eingesetzten Energie geht als Abwärme verloren.

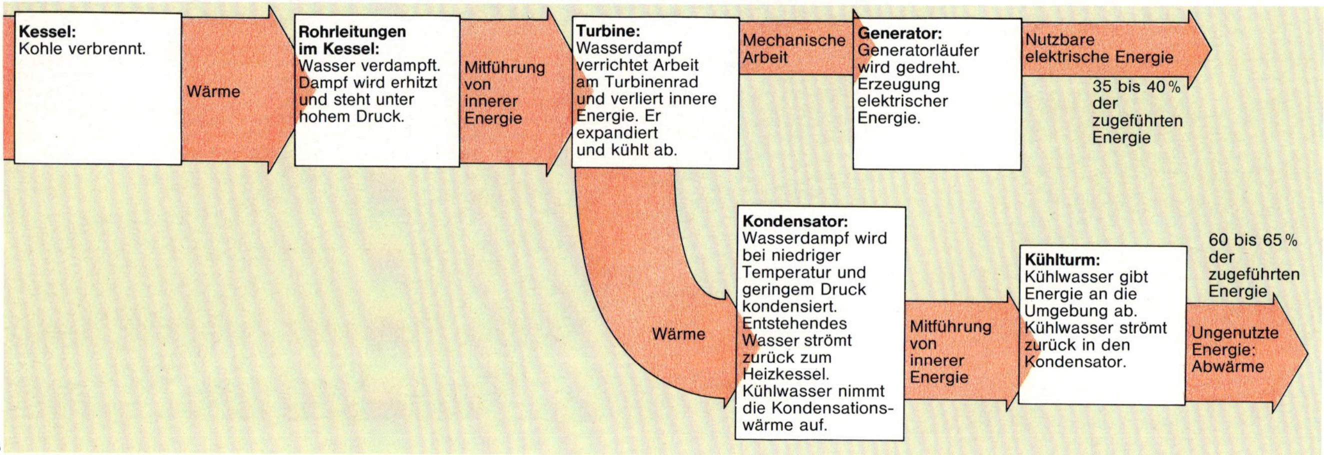

3

2 Energieumwandlung und Abwärme

Eine recht merkwürdige kleine „Dampfmaschine“! Wie funktioniert sie?

4

5

Woher nimmt die „Ente“ die Energie für ihre dauernden Bewegungen?

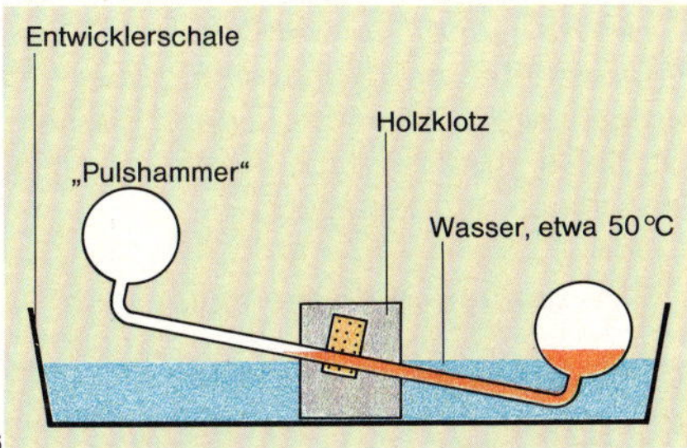

6

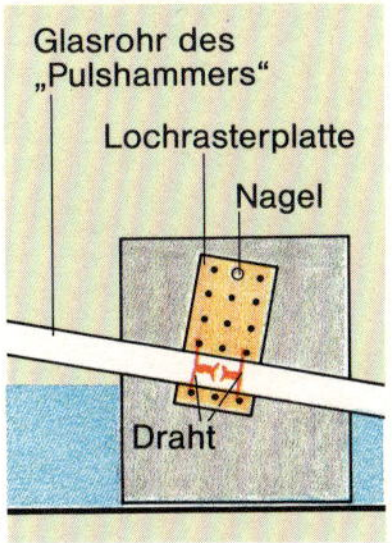

7

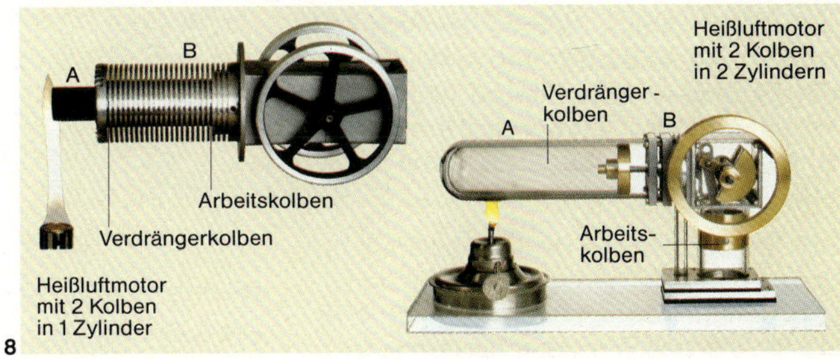

8

V 6 Einfacher als die „Trink-Ente“ ist die Funktionsweise eines „Pulshammers“ (Bild 6) zu verstehen. Die Flüssigkeit im Innern des Pulshammers hat einen niedrigen Siedepunkt.

Das Gerät wird wie in Bild 7 drehbar gelagert, so daß die Kugeln abwechselnd in warmes Wasser tauchen können. Beschreibe, wie diese Wippe funktioniert.

Wie erreicht man, daß sich die Wippe schneller bewegt? Überprüfe deine Vermutung im Versuch.

V 7 Wir beobachten die Bewegung einer Trink-Ente (Bilder 4 u. 5).

a) Warum muß die Ente ab und zu den Schnabel ins Wasser tauchen?

Wie kommt es, daß die Flüssigkeit im Hals nach oben steigt?

Was passiert, wenn die Ente in die Horizontale kippt?

b) Was beobachtest du, wenn der Kopf der Ente durch Zufächeln von Luft gekühlt wird?

Was geschieht, wenn der Kopf mit einem Haartrockner erwärmt wird?

Erkläre jeweils deine Beobachtung.

c) Befeuchte den Entenkopf mit Brennspiritus oder Kölnisch Wasser. Beobachte und erkläre!

V 8 Bild 8 zeigt zwei kleine *Heißluft-* oder *Stirlingmotoren.* Kommt es bei dieser Maschine nur darauf an, den Motor zu heizen?

a) Zunächst wird nur der Zylinder A geheizt. Anschließend wird zusätzlich auch der gerippte Zylinder B erhitzt.

b) Dem Motor wird Wärme bei hoher Temperatur zugeführt. Er verrichtet dann Arbeit und gibt außerdem Wärme bei niedrigerer Temperatur ab. Ob man den Motor auch als Kühlmaschine betreiben kann?

V 9 Wenn ein Moped auf ebener Straße mit konstanter Geschwindigkeit fährt, wird nur Reibungsarbeit verrichtet. Wir wollen bestimmen, wieviel Energie dafür nötig ist.

9

a) Wir messen die Antriebskraft (Bild 9). Die Messung kann allerdings nur bei geringer Geschwindigkeit durchgeführt werden. (*Tips:* Leerlauf einlegen, Moped anschieben, Motor bleibt ausgeschaltet.)

Nun kannst du die Reibungsarbeit berechnen, die verrichtet wird, wenn das Moped (mit dieser geringen Geschwindigkeit) 100 km weit fährt.

b) Wieviel Energie wird dem Moped auf einer 100 km langen Strecke zugeführt? Du kannst die Energie berechnen, wenn der Fahrer sagt, wieviel Liter Treibstoff er auf 100 km benötigt. 1 l Benzin liefert beim Verbrennen ungefähr 32 MJ Energie.

c) Vergleiche die zugeführte Energie mit der zum Arbeiten genutzten Energie. Was fällt dir auf? Erkläre!

d) Überlege, wodurch sich eine wirkliche Fahrt mit dem Moped von unserer „Meßfahrt“ unterscheidet. Welche Auswirkungen haben diese Unterschiede auf die genutzte Energie?

Info: Wärme-Energie-Maschine – Abwärme und Wirkungsgrad

Wärme-Energie-Maschinen funktionieren nur, wenn ein Temperaturgefälle vorhanden ist; d. h., es muß in der Maschine Stellen hoher und niedriger Temperatur geben. Sonst bleibt die Maschine stehen. Erwärmt man z. B. den Kopf der Trink-Ente, so hört sie auf, sich zu bewegen.

In jeder solchen Maschine muß neben der Erwärmung eine Abkühlung stattfinden. Das Temperaturgefälle ist nötig, damit die Maschine Wärme abgeben kann.

Eine Wärme-Energie-Maschine arbeitet besonders wirkungsvoll, wenn die Energie bei möglichst hoher Temperatur zugeführt und (am Kühler) bei möglichst niedriger Temperatur abgeführt wird.

Niemals kann die gesamte Energie, die in Form von Wärme zugeführt wurde, zum Arbeiten genutzt werden.

Es gibt keine Wärme-Energie-Maschine, die dauernd läuft und die mit der gesamten zugeführten Wärme nur Arbeit verrichtet. Immer wird ein Teil der zugeführten Energie als Wärme abgegeben.

Der Teil der Energie, der als Abwärme abgegeben wird, ist „wertlos" und für den eigentlichen Nutzungszweck verloren. Man spricht deshalb von „Energieverlusten".

Das Verhältnis aus genutzter und zugeführter Energie heißt **Wirkungsgrad** (Formelzeichen: η; sprich: eta).

$$\eta = \frac{\text{genutzte Energie}}{\text{zugeführte Energie}}$$

Beispiel: 1 l Dieselöl liefert beim Verbrennen 40 MJ Energie. Der Automotor nutzt davon nur 14 MJ zum Arbeiten.

$$\eta = \frac{14\ \text{MJ}}{40\ \text{MJ}} = 0{,}35 = 35\ \%.$$

Der Wirkungsgrad beträgt 35 % (Bild 1).

Wirkungsgrade gibt man nicht nur für Wärme-Energie-Maschinen an. Auch bei anderen Maschinen wird die Energie nicht vollständig genutzt: Energie geht zum Beispiel durch Reibung in Lagern und Getrieben „verloren", oder sie entweicht bei Heizungsanlagen zusammen mit den Abgasen durch den Schornstein.

Ein Ziel der Ingenieure besteht darin, Maschinen und andere Anlagen so zu bauen, daß der Wirkungsgrad möglichst hoch ist. Bei den Wärme-Energie-Maschinen kann man aber stets nur verhältnismäßig geringe Wirkungsgrade erreichen.

Die Energieverluste durch Abwärme lassen sich nämlich nicht beliebig verringern. Ein bestimmter Mindestanteil der Energie muß immer als Wärme abgegeben werden. Dieser Mindestanteil hängt nicht von der Bauart der Maschine ab. Vielmehr wird er im wesentlichen durch die *Temperaturdifferenz* bestimmt, mit der gearbeitet wird; diese Temperaturdifferenz muß möglichst groß sein, damit der Anteil der Abwärme möglichst klein ist.

Man wählt die Temperatur, bei der die Wärme zugeführt wird, möglichst hoch – die Temperatur am Kühler kann ja nicht unter der normalen Umgebungstemperatur liegen.

Die Abwärme von Kraftwerken fällt bei Temperaturen an, die nur wenig über der Umgebungstemperatur liegen. Deshalb ist diese Abwärme für Wärme-Energie-Maschinen unbrauchbar.

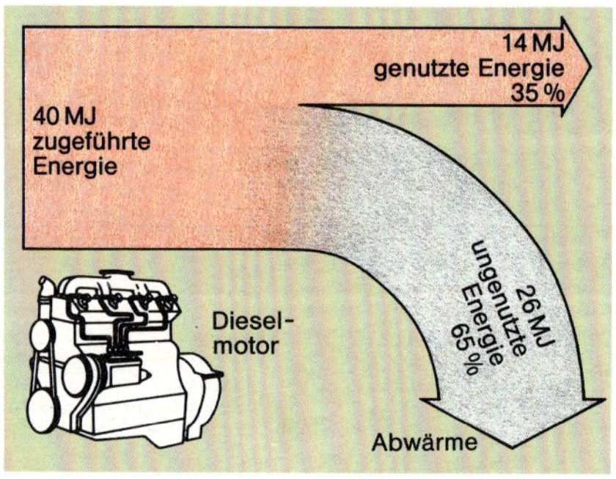

1

Einige Wirkungsgrade

Wärme-Energie-Maschinen	
Dampfmaschine	10 %
Dampfturbine	40 %
Ottomotor	25 %
Dieselmotor	35 %
Stirlingmotor	bis 40 %
Sonstige Energiewandler	
Elektromotor (Großmotoren)	bis 90 %
kleiner Elektromotor	ca. 50 %
Solarzelle	12 %
Generator	bis 95 %
offenes Kaminfeuer	15 %
Ofenheizung	60 %
Zentralheizung (Öl, Gas)	bis 85 %

Fragen und Aufgaben zum Text

1 Ein Dieselmotor hat einen höheren Wirkungsgrad als ein vergleichbarer Benzinmotor. Welchen physikalischen Grund könnte es dafür geben?

2 In eine 900-Watt-Bohrmaschine strömen pro Sekunde 900 J elektrische Energie. Der Wirkungsgrad beträgt 60 %. Berechne die genutzte Leistung.

3 Auch die Trink-Ente ist eine Wärme-Energie-Maschine. Wie wird das nötige Temperaturgefälle erreicht?

Weshalb wäre es nicht sinnvoll, Trink-Enten als Wärme-Energie-Maschinen im großen Stil zu bauen?

Aus Umwelt und Technik: **Der Stirlingmotor**

Schottland zu Beginn des vorigen Jahrhunderts: In der Gemeinde des Pfarrers *Robert Stirling* müssen selbst sechsjährige Kinder in den Kohlenbergwerken arbeiten. Sie schieben und ziehen die Kohlenkübel durch die engen Stollen; sie kriechen auf allen vieren.

Oftmals steht der Boden unter Wasser. Zwar gibt es Pumpen; sie werden von Dampfmaschinen, die *James Watt* entwickelt hat, angetrieben. Doch deren Kessel und Leitungen stehen unter Druck und reißen manchmal...

Robert Stirling überlegt schon lange, ob eine Maschine nicht auch ohne den gefährlichen Wasserdampf arbeiten könne. Im Jahre 1816 ist er mit seinen Entwicklungen soweit: Er erhält als 26jähriger ein Patent auf ein *Neues Verfahren zum Antrieb von Maschinen* – der **Stirlingmotor** ist geboren.

Bild 2 zeigt eine Bauweise des Stirlingmotors: Im Zylinder befinden sich ein eng anliegender Arbeitskolben A und ein *nicht* abdichtender Verdrängerkolben V. Von bei-

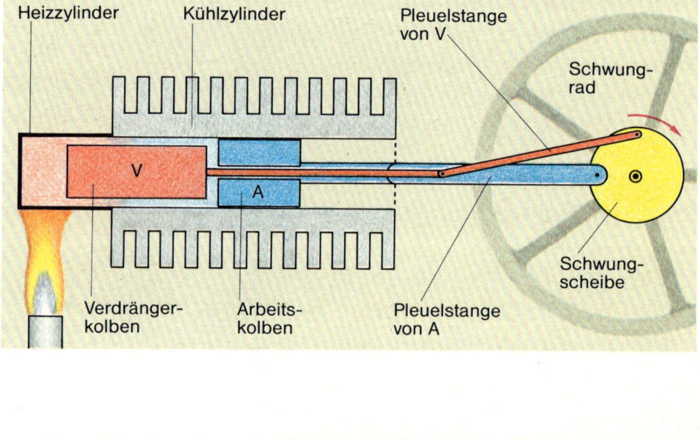

2

den Kolben führen Pleuelstangen zu einer gemeinsamen Kurbelwelle. Die beiden Pleuelstangen sind um 90° versetzt an der Schwungscheibe angebracht. Im Zylinder befindet sich – durch den Arbeitskolben völlig abgeschlossen – Luft oder ein beliebiges anderes Gas. Wie der Motor funktioniert, zeigen die Bilder 3–6.

Nach Stirlings Idee baute der Schwede *John Ericsson* 1853 einen Schiffsmotor, und von einem kleineren Modell verkaufte er bis 1860 über 3000 Exemplare als Industriemotoren. Nach der Erfindung der Elektromotoren geriet Stirlings Motor in Vergessenheit. Heute beginnt man aber wieder, sich für ihn zu interessieren.

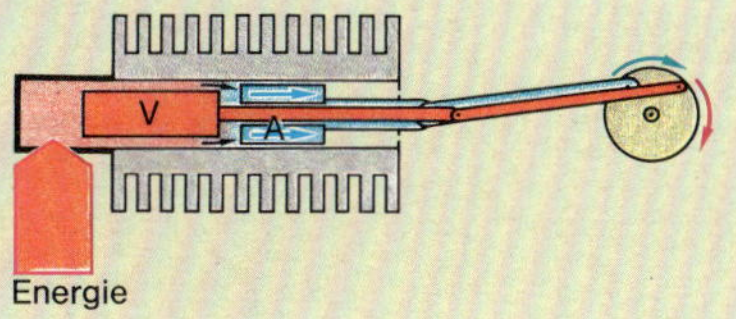

Die unter Druck stehende Luft im Zylinder dehnt sich aus. Sie schiebt dabei den Arbeitskolben nach rechts. Die für diese Arbeit nötige Energie wird der Luft durch die Heizung zugeführt. Daher kühlt sich die Luft nicht ab; ihre Temperatur ist konstant (T_1).
Der Verdrängerkolben bewegt sich kaum.

3

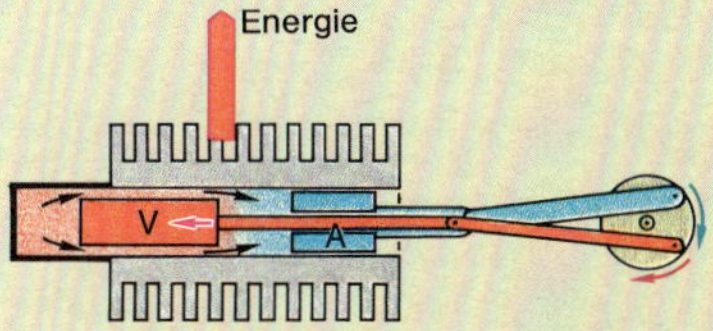

Der Arbeitskolben befindet sich äußerst rechts und bewegt sich praktisch nicht.
Durch die Drehung des Schwungrades wird der Verdrängerkolben nach links bewegt. Er drängt die heiße Luft in den kalten Zylinderteil. Der Verdrängerkolben nimmt dabei Energie aus der Luft auf. Ihre Temperatur sinkt auf T_2.

4

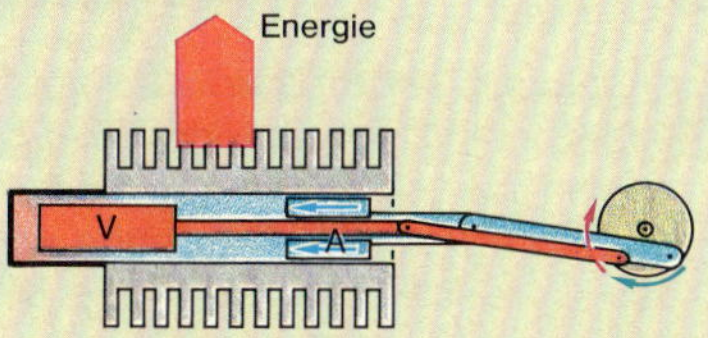

Jetzt bewegt sich der Arbeitskolben nach links. Die Luft wird komprimiert. Anders als bei der Luftpumpe wird sie dabei nicht erwärmt, weil Energie über die Kühlrippen abgeführt wird. Die Temperatur bleibt konstant (T_2).
Der Verdrängerkolben bleibt in seiner Position.

5

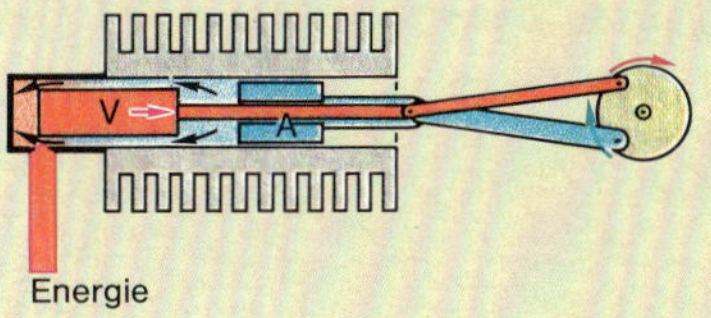

Der Arbeitskolben ist wieder in Ruhe.
Der Verdrängerkolben schiebt die (komprimierte) Luft in den heißen Zylinderteil zurück. Die Luft nimmt die im Verdrängerkolben gespeicherte Energie wieder auf. Ihre Temperatur steigt auf T_1.
Der Vorgang beginnt von vorn.

6

3 Verbrennungsmotoren

Aus der Geschichte: **Die ersten „Motorkutschwagen"**

Im Jahr 1876 stellte *Nikolaus August Otto* den ersten Viertaktmotor (Ottomotor) der Öffentlichkeit vor. Dieser Motor wurde mit gasförmigem Brennstoff betrieben.

Auch *Karl Benz* baute in seiner kleinen Fabrik in Mannheim zunächst Gasmotoren. Dann aber konzentrierte er sich darauf, einen Benzinmotor zu entwickeln.

Im Juli 1886 konnte Benz sein erstes Kraftfahrzeug mit Benzinmotor vorführen. Bild 7 zeigt den dazugehörigen Autoprospekt, den ersten der Welt.

Wenige Monate nach Benz brachte auch *Gottlieb Daimler* einen Kutschwagen mit Motorantrieb heraus.

1888 fand mit einem Benz-Wagen die *erste Automobil-Fernfahrt* statt. Ohne Wissen von Karl Benz fuhren seine Ehefrau und seine 13 und 15 Jahre alten Söhne von Mannheim nach Pforzheim.

Auf der 90 km langen Strecke gab es zahlreiche Probleme und kleine Pannen:

Die Übersetzung war für die Ebene vorgesehen; bei jeder größeren Steigung mußte also das Auto geschoben werden. Schwierig war es auch, die Berge hinunterzufahren: Das Auto besaß einfache Holzbremsen, die mit Leder überzogen waren. Beim Bremsen verwandelte sich der Lederbelag in eine schwärzliche, verkohlte Masse. Unterwegs mußte ein Schuster neues Leder aufnageln.

7

Dann sprangen die Antriebsketten von den Zahnrädern. Im nächsten Dorf mußte sie der Schmied spannen.

Ein anderes Mal war die Benzinzufuhr verstopft. Mit einer Hutnadel ließ sich der Schaden beheben.

Getankt wurde in Apotheken, denn nur dort gab es – in kleinen Mengen – Benzin.

Das Kühlwasser mußte alle 20 Kilometer aufgefüllt werden – aus Gastwirtschaften, Dorfbrunnen oder sogar Straßengräben.

Trotz aller Widrigkeiten kamen die drei nach einer Tagesreise in Pforzheim an – verstaubt und verdreckt, aber glücklich.

Info: Wie ein Viertaktmotor funktioniert

1

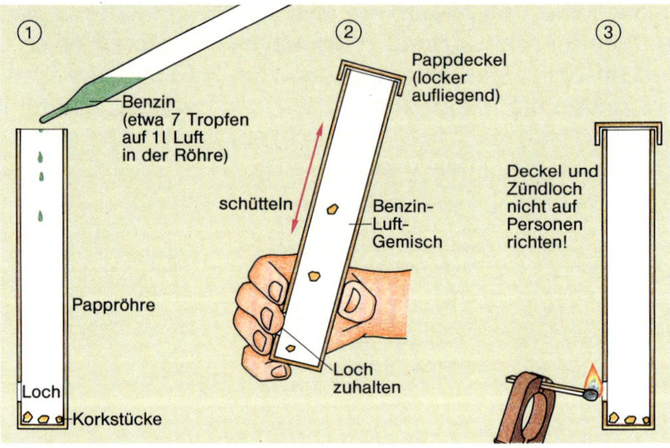

2

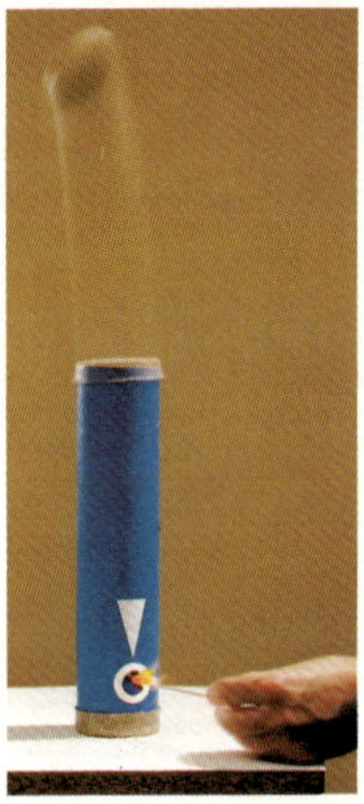
3

Wenn man Benzin in einer Porzellanschale entzündet, verbrennt es, ohne zu explodieren (Bild 1). Das liegt daran, daß nur an der Oberfläche des Benzins der zur Verbrennung notwendige Sauerstoff zur Verfügung steht.

Was im Zylinder eines Motors geschieht, zeigt ein Versuch (Bild 2). *Achtung*, dieser Versuch ist nur dann ungefährlich, wenn man sich genau an die Anweisungen von Bild 2 hält!

Einige Tropfen Benzin werden in eine Pappröhre getropft. Dann wird ein Pappdeckel lose aufgelegt und die Röhre geschüttelt, damit sich Benzindämpfe mit der Luft mischen. Wenn das Benzin-Luft-Gemisch nun gezündet wird, verbrennt es sehr schnell (explosionsartig).

Da die entstehenden Abgase sehr heiß sind, „beanspruchen" sie mehr Raum als das Benzin-Luft-Gemisch vor dem Zünden. Es entsteht also ein hoher Druck in der Pappröhre, und der Deckel wird weggeschleudert (Bild 3).

Die gleichen Vorgänge wie in der Pappröhre spielen sich auch im Zylinder eines Verbrennungsmotors ab. Die durch die Explosionen freigesetzte Energie wird für den Antrieb verwendet.

Voraussetzung für die Explosionen sind

- ein in Luft sehr fein verteilter (vergaster) Brennstoff und
- ein geschlossener Raum, in dem das Benzin-Luft-Gemisch gezündet wird.

Wie ein Verbrennungsmotor funktioniert, soll an einem *Viertakt-Ottomotor* erklärt werden. Mit solchen Motoren ist heute ein großer Teil der Autos ausgerüstet.

In der Regel besitzen Viertakt-Motoren vier Zylinder. Den Aufbau eines Zylinders zeigt Bild 4. Die vier Takte sind in den Bildern 5–8 dargestellt.

Im ersten Takt, dem *Ansaugtakt*, bewegt sich der Kolben abwärts. Dadurch entsteht im Zylinder ein Unterdruck. Das Benzin-Luft-Gemisch strömt durch das geöffnete Einlaßventil in den Zylinder (Bild 5).

Im zweiten Takt, dem *Verdichtungstakt*, bewegt sich der Kolben nach oben und preßt das Gemisch zusammen. Die beiden Ventile sind geschlossen (Bild 6).

Der dritte Takt ist der *Arbeitstakt*. Ein Funke in der Zündkerze zündet das Gemisch. Die entstehenden Gase dehnen sich explosionsartig aus und treiben den Kolben nach unten (Bild 7).

Schließlich folgt der vierte Takt, der *Auspufftakt*: Der Kolben bewegt sich wieder aufwärts. Die Abgase entweichen durch das geöffnete Auslaßventil (Bild 8).

In den einzelnen Zylindern eines Motors laufen die Takte zeitlich versetzt ab.

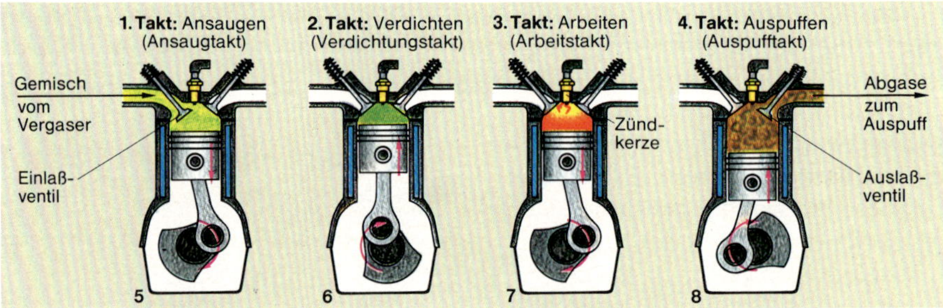

5 6 7 8

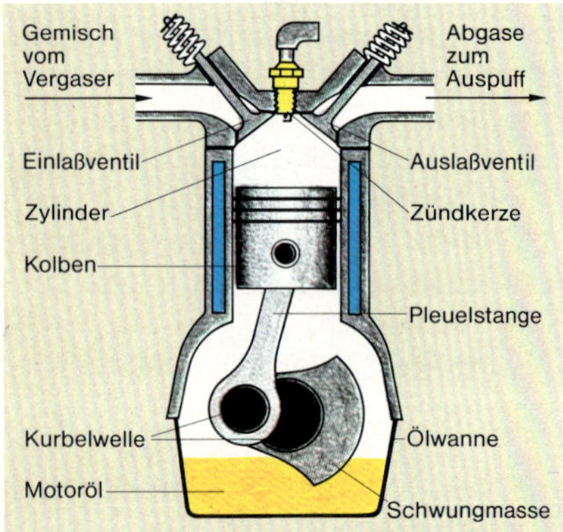

4

Fragen und Aufgaben zum Text

1 Wozu dienen die Ventile beim Viertaktmotor? Beschreibe ihre Stellung in den einzelnen Takten.

2 Begründe, warum der dritte Takt *Arbeitstakt* heißt.

3 Beschreibe die Energieumwandlungen im Viertaktmotor.
Welche Energieverluste treten bei Verbrennungsmotoren auf?

4 Bild 9 zeigt, wie die Auf-und-Ab-Bewegung des Kolbens in eine Drehbewegung umgewandelt wird. Beschreibe!

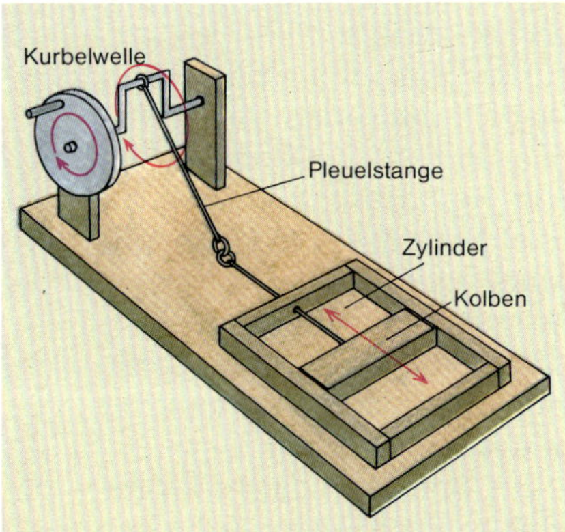

9

Aus Umwelt und Technik: **Der Zweitakt-Ottomotor**

Mopeds und Mofas werden meist von Zweitaktmotoren (Bild 10) angetrieben; auch viele Motorräder, Rasenmäher und Pumpen sind damit ausgestattet. Wie unterscheiden sich diese Zweitakter von den Viertaktern?

Die Vorgänge, die du schon vom Viertakter kennst (Ansaugen, Verdichten, Arbeiten, Ausstoßen der Abgase), gibt es auch beim Zweitakter. Nur laufen hier immer mehrere Vorgänge *gleichzeitig* ab.

Erster Takt: Die Zündkerze hat das Gemisch gerade gezündet, der Kolben wird im Zylinder nach unten gedrückt (Bild 11). Inzwischen ist neues Gemisch durch den Ansaugkanal in das Kurbelgehäuse eingeströmt. Der Kolben verschließt den Ansaugkanal und preßt das Gemisch etwas zusammen (Bild 12).

Dabei gibt der Kolben den Abgaskanal und den Überströmkanal frei, so daß die Abgase nun entweichen; gleichzeitig strömt das vorverdichtete frische Gemisch durch den Überströmkanal in den Zylinder ein.

Zweiter Takt: Jetzt bewegt sich der Kolben wieder nach oben (Bild 12). Überström- und Abgaskanal werden geschlossen; das Gemisch im Zylinder wird verdichtet (komprimiert). Die Aufwärtsbewegung des Kolbens ruft im Kurbelgehäuse einen Unterdruck hervor. Durch den Ansaugkanal strömt neues Gemisch ein.

Da Zweitaktmotoren keine Ventile besitzen, benötigen sie auch keine Vorrichtung zu ihrer Steuerung. Zweitakter sind daher unkomplizierter, robuster und auch leichter als Viertakter gleicher Leistung. Da jeder zweite Takt ein Arbeitstakt ist, eignen sie sich gut als Einzylindermotoren.

Ein Nachteil ist, daß sich im Zylinder Abgase mit Benzindämpfen vermischen. Auch werden mit den Abgasen unverbrannte Benzindämpfe ausgestoßen. Nachteilig ist auch, daß Zweitakter ein Gemisch aus Benzin und Öl benötigen. Das Öl dient zum Schmieren der Kurbelwelle und anderer beweglicher Teile.

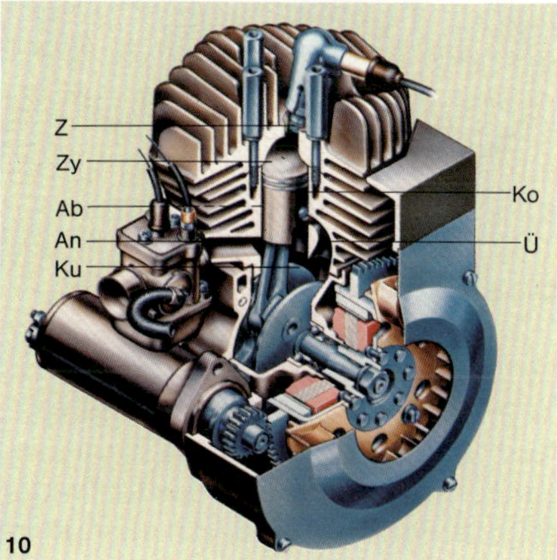

10

Z Zündkerze
Ab Abgaskanal
An Ansaugkanal
Ku Kurbelgehäuse
Ü Überströmkanal
Zy Zylinder
Ko Kolben

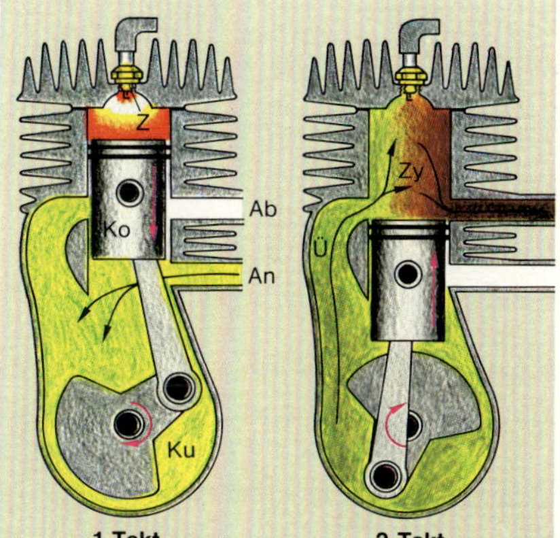

11 12

Aus Umwelt und Technik: **Der Dieselmotor**

Am 28. Februar 1892 reichte der Ingenieur *Rudolf Diesel* eine Patentschrift für ein neues „Arbeitsverfahren für Verbrennungskraftmaschinen" ein.

Darin hieß es sinngemäß:

1. *Luft und Brennstoff sollen vor der Zündung nicht miteinander vermischt werden.*
2. *Die Luft muß so stark verdichtet (komprimiert) werden, daß sehr hohe Temperaturen entstehen. Diese Temperaturen müssen höher sein als die Entzündungstemperatur des Brennstoffs.*

Diese beiden Sätze enthalten bereits die beiden wichtigsten Merkmale des Dieselmotors. Im Februar 1897 lief dann der erste „Diesel".

Beim Dieselmotor (Bild 13) wird im ersten Takt nur Luft angesaugt, die im zweiten Takt stark zusammengepreßt wird. Die Verdichtung kann bis 25:1 betragen. Dabei erhitzt sich die Luft auf 500 bis 900 °C!

In diese heiße Luft wird dann mit Hilfe einer Hochdruckpumpe durch eine feine Düse der Treibstoff gespritzt. Man verwendet dazu Dieselöl, das (wie Benzin) aus Erdöl gewonnen wird. Da sich das Dieselöl schon bei ungefähr 350 °C entzündet, verbrennt es ohne Zündung durch eine Zündkerze (*Selbstzündung*).

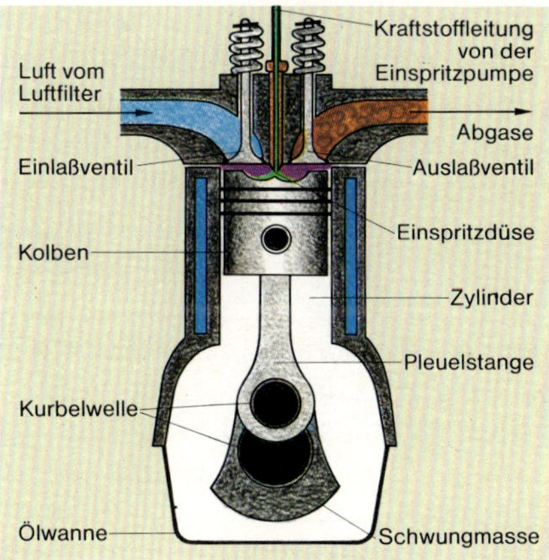

13

Der Dieselmotor ist sparsamer als ein Benzinmotor gleichen Hubraums (dieser leistet aber dafür mehr). Das liegt daran, daß im Dieselöl ca. 11% mehr Energie „steckt" als in Normalbenzin. Außerdem ist die Verdichtung beim Dieselmotor rund 3mal so groß wie beim Benzinmotor; dadurch wird die Energie besser genutzt.

Bei dieser sehr hohen Verdichtung treten gewaltige Drücke im Zylinder auf. Um ihnen standzuhalten, sind die Dieselmotoren im allgemeinen schwerer gebaut als Benzinmotoren.

Außerdem ist wegen der lauteren Verbrennungsgeräusche ein besserer Schallschutz erforderlich.

Aus der Geschichte: **Vom „Petroleum-Reitwagen" zum Mofa**

Gottlieb Daimler entwickelte aus dem Otto-(Gas-)Motor einen Benzinmotor, den er 1885 auch in ein Zweirad (eine *Draisine*) einbaute.

Dieser *Petroleum-Reitwagen* (Bild 1) blieb jedoch ein Einzelstück.

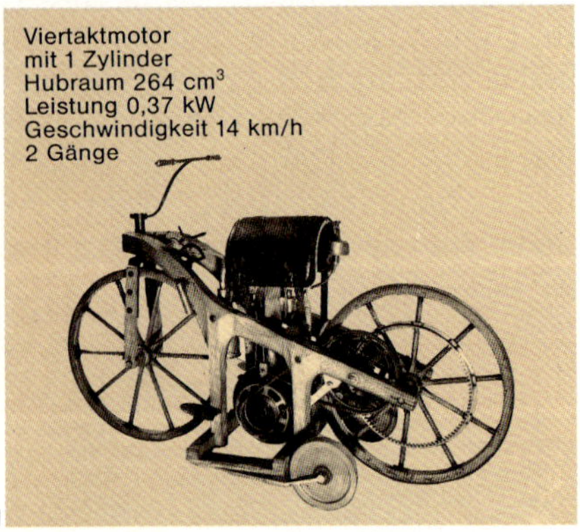

1

Bild 2 zeigt das erste in Serie hergestellte Motor-Fahrrad. Der Hersteller ließ sich dafür den Namen *Motorrad* patentieren.

Dieses Motorrad besaß einen Viertaktmotor mit zwei Zylindern. Der 2. Zylinder ist auf der anderen Seite (im Bild nicht sichtbar) angebracht.

Besonders interessant war, daß die Pleuelstangen (4) das Hinterrad praktisch direkt antrieben. Die Hinterradachse stellte also gewissermaßen die Kurbelwelle dar und das Hinterrad die Schwungmasse.

Der Gummiriemen (5) war vorne am Rahmen eingehakt und unterstützte die Rückwärtsbewegung des Kolbens. Kupplung und Getriebe gab es bei diesem Fahrzeug noch nicht.

Wenn der Motor – durch Anschieben – angesprungen war, mußte man schnell in den Sattel springen.

Mit einem Handhebel konnte man die Benzinzufuhr und damit die Geschwindigkeit regeln.

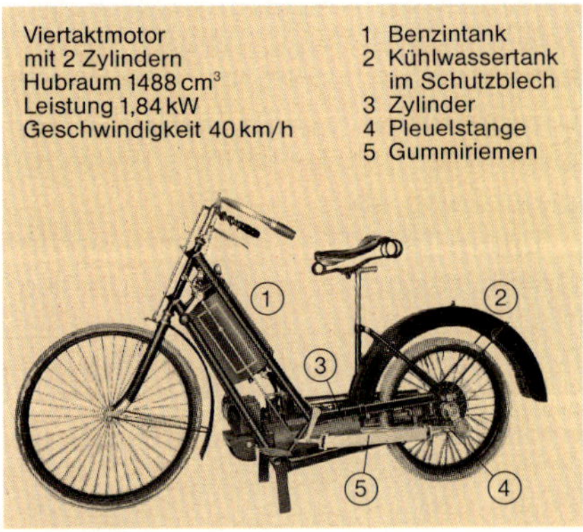

2

Aus Umwelt und Technik: **Der Mensch und das Auto**

Kaum eine Erfindung hat den Menschen so beschäftigt und sein Leben so beeinflußt wie das Auto.

Zunächst – als *Otto* seinen Viertaktmotor gebaut hatte (1878) und *Benz* und *Daimler* die ersten Motorkutschen vorstellten (1886) – waren die meisten Menschen gar nicht begeistert. Sie lehnten die „knatternden und stinkenden" Motorkutschen ab. In Stuttgart wurde Daimlers Motorkutsche mit Steinen beworfen, und im Königreich Baden war jegliches Fahren damit verboten. Noch 1910 wandten sich viele Zeitungen heftig gegen die „sinnlose Raserei der Benzinkutschen", durch die in einem Jahr 4262 Menschen verletzt und 343 getötet worden waren.

Bald aber änderte sich diese Einstellung: Immer mehr Menschen träumten vom Besitz eines Autos, ja es wurde zum „liebsten Kind der Nation" – je schneller, desto besser! Heute kommen im Mittel zwei Autos auf fünf Einwohner der Bundesrepublik Deutschland.

Im Laufe der Zeit wurden die Autos nicht nur schneller. Das Autofahren wurde dadurch sicherer, daß man die Autos mit Sicherheitsgurten ausstattete und das Anlegen dieser Gurte vorschrieb. Die Fahrgastzellen wurden stabiler gebaut, und man achtete auf ausreichende Knautschzonen. Vor allem mit Hilfe von Katalysatoren verringerte man den Ausstoß schädlicher Abgase.

Außerdem wurde der Benzinverbauch der Autos gesenkt. Zu dieser Entwicklung haben steigende Treibstoffpreise geführt. Doch auch das Bewußtsein trug dazu bei, weil die Erdölvorräte beschränkt sind und ihr Verbrauch Umweltbelastungen hervorruft.

Ein Mittelklassewagen verbrauchte 1970 noch 12 l Benzin auf 100 km Fahrstrecke (bei 120 km/h). Heute wäre solch ein „Benzinsäufer" nicht mehr zu verkaufen. Gesenkt wurde der Treibstoffverbrauch durch ein geringeres Fahrzeuggewicht (leichtere Bauweise mit Aluminium und Kunststoff statt Stahl), durch Verringerung des Luftwiderstandes (windschnittigere Form) und durch niedrigere Drehzahlen bei schneller Fahrt (5. Gang).

Trotz all dieser Maßnahmen sind die negativen Auswirkungen des Autoverkehrs unübersehbar:

- Jedes Jahr werden bei uns ungefähr 450 000 Menschen im Straßenverkehr verletzt (so viele Einwohner hat zum Beispiel Nürnberg).
- Jedes Jahr sterben bei uns fast 10 000 Menschen im Straßenverkehr.
- Viele Menschen werden durch den Straßenlärm gestört; Lärm macht krank.
- Schädliche Autoabgase führen zu Gesundheitsschäden und Umweltschäden („Waldsterben").
- Durch das Verbrennen von Erdöl steigt der Kohlenstoffdioxidgehalt der Atmosphäre. Der Straßenverkehr verstärkt den Treibhauseffekt (→ *Energie unterwegs*).
- Mehr Autos erfordern mehr Autobahnen und Straßen.

Einige Fragen zum Nachdenken:

- Könntest du dir vorstellen, ganz ohne Auto zu leben?
- Wie könnte jeder motorisierte Verkehrsteilnehmer dazu beitragen, die nachteiligen Folgen zu verringern?
- Was ließe sich durch neue Gesetze erreichen?
- Hatten die Autogegner um die Jahrhundertwende nicht doch recht, als sie die ersten Motorkutschen zerstören wollten, um die Motorisierung zu stoppen?

Alles klar?

1 Auf einem Topf mit siedendem Wasser liegt ein Deckel und klappert.

Begründe, daß hier Arbeit verrichtet wird. Erkläre diesen alltäglichen Vorgang physikalisch.

2 Weshalb soll man Energie sparen? Sie geht doch niemals verloren!...

3 Erkläre den folgenden Satz: „Maschinen verbrauchen zwar keine Energie, sie machen sie aber *wertloser.*"

4 „Energie aus der Steckdose ist absolut umweltfreundlich: kein Lärm, kein Abfall, keine Abgase." Was meinst du dazu?

5 Für elektrische Heizungen wird oft ein Wirkungsgrad von 100 % angegeben. Auf welche Energieumwandlung bezieht sich diese Angabe?

Wie groß ist der Wirkungsgrad einer solchen Heizung, wenn du die Energieumwandlungen im Kohlekraftwerk mit berücksichtigst?

6 Mit einem Skiträger auf dem Dach verbraucht ein Pkw ca. 20 % mehr Benzin (bei 120 km/h). Gib dafür eine Erklärung.

7 Welche Auswirkungen auf den Treibstoffverbrauch vermutest du, wenn man die Heizung des Autos in Betrieb setzt? Begründe deine Antwort.

8 Weshalb steigt der Benzinverbrauch eines Autos, wenn man die elektrische Heckscheibenheizung einschaltet?

Auf einen Blick

Zugeführte Wärme läßt sich zum Arbeiten nutzen

3

Wenn sich Luft beim Erwärmen ausdehnt, kann sie z. B. Wasser in einem Rohr anheben. Sie ist also in der Lage, Hubarbeit zu verrichten.

Man kann durch Zufuhr von Wärme auch Wasser in einem geschlossenen Gefäß erhitzen und zum Verdampfen bringen. Je mehr Wasserdampf dabei entsteht, desto höher ist der Druck in dem Gefäß. Wenn der Dampf dann aus einer Düse mit hoher Geschwindigkeit austritt, kann er ein Turbinenrad antreiben. Auf diese Weise wird an dem Rad Arbeit verrichtet.

4

Die zum Arbeiten nötige Energie
kann in Form von Wärme zugeführt werden.

Wärme-Energie-Maschinen

Maschinen, denen Wärme zugeführt wird und die dann mit dieser Energie Arbeit verrichten, bezeichnet man als *Wärme-Energie-Maschinen.*

Beispiele sind die Dampfmaschine, die Dampfturbine sowie der Stirling-, der Otto- und der Dieselmotor.

Damit solche Maschinen funktionieren, ist ein *Temperaturgefälle* zwischen einem geheizten und einem gekühlten Teil erforderlich.

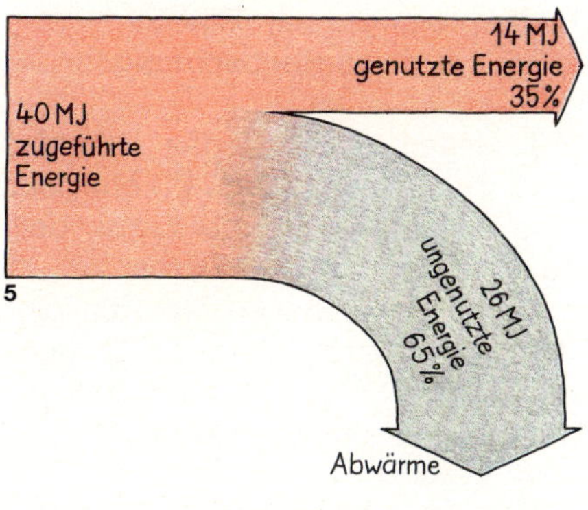

5

Wärme-Energie-Maschinen
können nur einen geringen Teil
der aufgenommenen Energie
zum Arbeiten nutzen.
Ein viel größerer Teil der Energie
wird als Abwärme
an die Umgebung abgegeben.

Zum Beispiel wird die Abwärme bei den Verbrennungsmotoren mit den heißen Abgasen und über die Motorkühlung abgegeben.

Der Wirkungsgrad

Welchen Anteil der zugeführten Energie eine Maschine nutzt,
wird durch ihren Wirkungsgrad η angegeben:

$$\eta = \frac{\text{genutzte Energie}}{\text{zugeführte Energie}}.$$

Energie unterwegs

1 Die Konvektion

In Heizungsanlagen wird Energie vom Heizkessel in die einzelnen Wohnräume transportiert. Die Bilder 1–4 zeigen, wie eine Zentralheizungsanlage heutzutage aussieht.

- ○ Wenn du die Möglichkeit hast, solltest du dir einmal eine Zentralheizungsanlage genauer ansehen. Versuche, die in der Schemazeichnung dargestellten Teile im Heizungskeller zu finden.
- ○ Wie gelangt die Energie vom Kessel in die Heizkörper?
- ○ Welche Aufgabe hat das Ausdehnungsgefäß?
- ○ Häufig regelt man Heizungsanlagen mit Hilfe von Temperaturfühlern (Thermostaten). Es gibt Thermostate, die Einfluß auf die Vorlauftemperatur haben; andere wirken direkt auf die einzelnen Heizkörperventile. Überlege dir die unterschiedlichen Auswirkungen.
- ○ Die Darstellung der Zentralheizung in Bild 1 ist vereinfacht. In Wirklichkeit läuft z. B. das kühlere Wasser des Rücklaufs nur zum Teil in den Kessel. Der andere Teil wird im Mischer mit heißem Wasser gemischt und als Vorlauf wieder in die Heizkörper gepumpt...

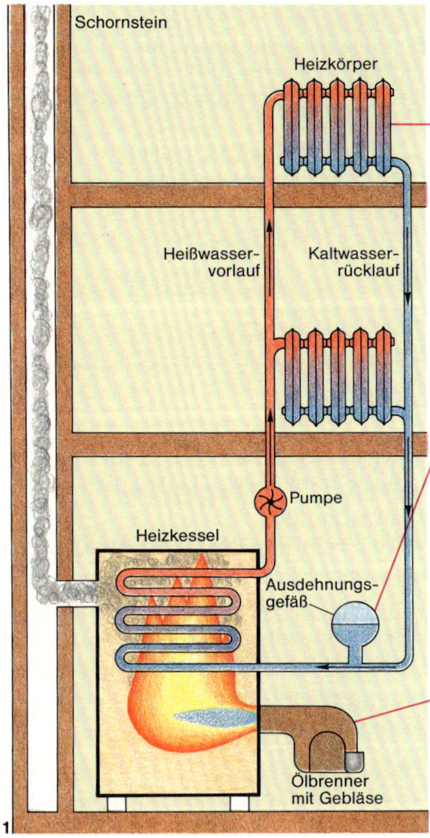

1

2

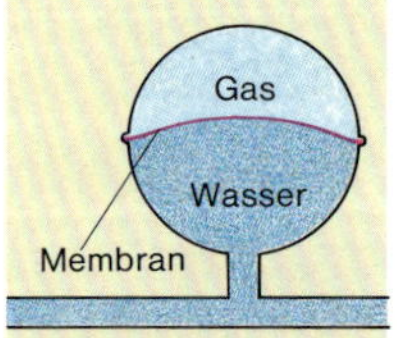

3

4

V 1 Stelle einen Kochtopf mit Wasser auf den Herd, und schütte ein wenig Gries oder Reis hinein.

Beobachte, wie sich die einzelnen Körnchen bewegen.

V 2 In einen mit Wasser gefüllten Rundkolben werden einige Kristalle Kaliumpermanganat gegeben. Die Kristalle lösen sich langsam auf und färben das Wasser am Boden des Kolbens violett.

Nun wird ein Brenner seitlich an den Rundkolben gestellt (Bild 5).

Erkläre deine Beobachtungen.

V 3 Halte ein einfaches Windrad (Bild 6) im Abstand von 20 cm über eine Kerzenflamme. Versuche, deine Beobachtung zu erklären.

Suche nach Stellen, wo sich das Windrad drehen könnte: z. B. über Herdplatten, Öfen, Lampen oder einem Bügeleisen. Probiere auch aus, in welchen Entfernungen sich das Rädchen noch neben den Wärmequellen dreht.

V 4 Eine brennende Kerze, die vor einer weißen Wand steht, wird mit einem Diaprojektor beleuchtet. Betrachte das Schattenbild der Kerze.

Ersetze die Kerze auch durch eine Glühlampe oder ein Bügeleisen.

Gib eine Erklärung für deine Beobachtungen.

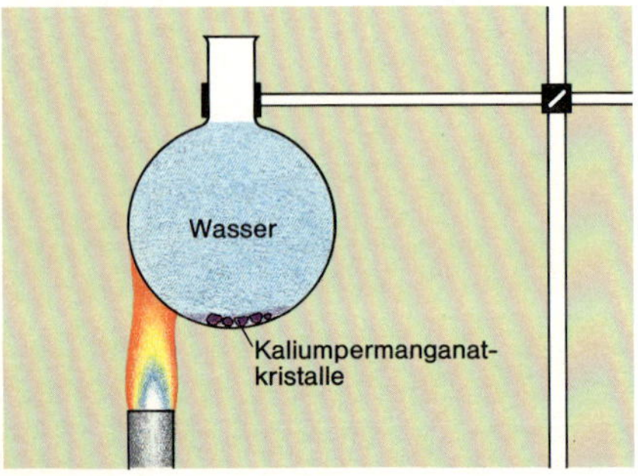

5

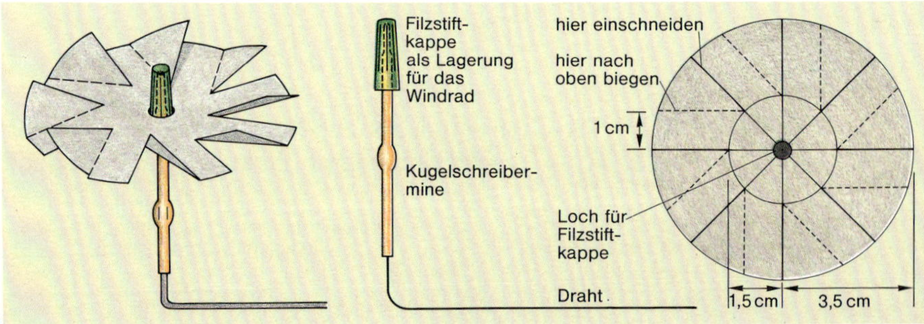

6

Info: **Strömende Materie transportiert Energie**

In einer modernen Zentralheizungsanlage sorgt eine Pumpe dafür, daß das Wasser durch die Rohrleitungen und die Heizkörper strömt. Das heiße Wasser transportiert Energie vom Heizkessel in die einzelnen Räume. Das abgekühlte Wasser fließt dann zum Kessel zurück.

Ein solcher Kreislauf kann auch ganz von selbst in Gang kommen: In Bild 7 steigt das erwärmte Wasser nach oben und kühleres strömt von der Seite nach. Dieses Verhalten von Flüssigkeiten (und Gasen) läßt sich leicht erklären:

Wenn man einer Flüssigkeit an einer Stelle Energie in Form von Wärme zuführt, steigt dort ihre Temperatur. Der erwärmte Bereich der Flüssigkeit dehnt sich aus; d. h., sein Volumen vergrößert sich, und seine Dichte nimmt ab. Dieser Teil der Flüssigkeit ist somit leichter als die darüber befindlichen Flüssigkeitsschichten; er steigt nach oben. Dafür sinkt kühlere Flüssigkeit wegen ihrer größeren Dichte nach unten.

Man nennt den Energietransport, der an einen Transport von Materie gebunden ist, **Konvektion** (oder *Mitführung*).

Konvektion tritt nicht nur in Flüssigkeiten, sondern auch in Gasen auf.

Die Energie wird von Materie mitgeführt. Mit dem Flüssigkeits- oder Gasstrom ist ein Energiestrom verbunden.

In unserer Umwelt gibt es viele Beispiele für die Konvektion. Sie tritt immer dann auf, wenn Flüssigkeiten oder Gase ungleichmäßig erwärmt werden, so daß Bereiche mit unterschiedlichen Temperaturen entstehen.

So erwärmt z. B. ein Heizkörper die ihn umgebende Luft. Diese steigt über dem Heizkörper auf, und kühlere strömt nach.

In der Natur gibt es ähnliche Luftströmungen: Die Sonne erhitzt die Luft über trockenem Untergrund (Getreidefelder, Felsen, Sand) stärker als über Wiesen, Wäldern und Gewässern. Die erhitzte Luft steigt auf. In der Umgebung sinkt kühlere Luft ab und strömt von unten nach.

Segelflieger nutzen die Aufwinde, um nach oben zu steigen. Sie fliegen enge Kurven in Bereichen aufsteigender Warmluft („Thermikblasen") und werden in die Höhe mitgenommen (Bild 8).

7
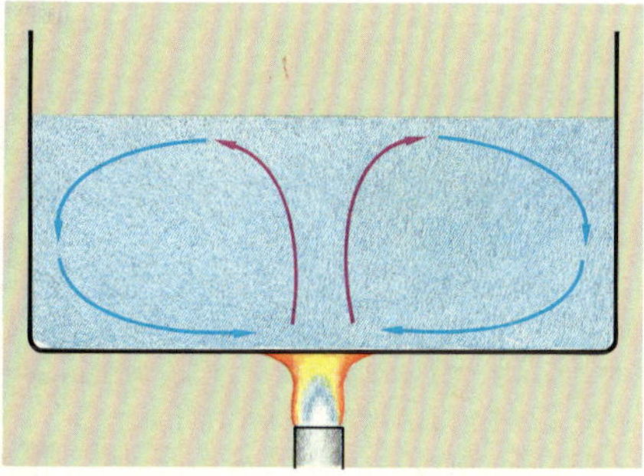

8

Aufgaben

1 Ein interessanter **Versuch**:

Ein kleines Gefäß wird mit gefärbtem, heißem Wasser gefüllt und mit einem Stopfen, in dem zwei kurze Glasrohre stecken, verschlossen (Bild 9). Was wird geschehen, wenn man es in ein Becken mit kaltem Wasser stellt?

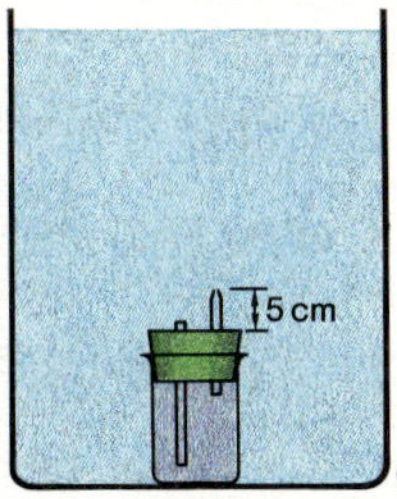

9

2 In Bild 10 ist eine Zentralheizung gezeichnet, wie es sie zu Beginn des 20. Jahrhunderts gab. Die verwendeten Rohre hatten einen größeren Durchmesser als heutige Heizungsrohre. Auch dauerte es länger, bis die Heizkörper warm wurden.

Welcher Unterschied besteht zwischen dieser Heizung und einer modernen Zentralheizung (Bild 1)?

Wie funktionierte sie?

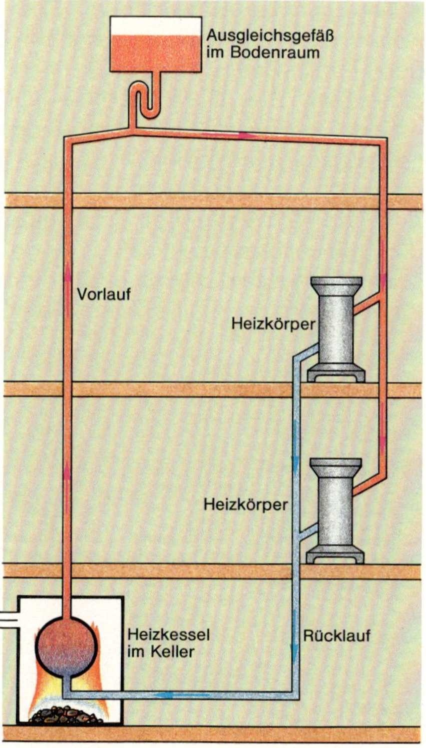

10

3 Wenn man die Tür eines geheizten Zimmers öffnet, kann man an einer brennenden Kerze erkennen, daß Luft oben aus dem warmen Raum heraus- und unten hineinströmt. Gib dafür eine Erklärung.

4 Bild 11 zeigt ein mit Wasser gefülltes, rechteckig gebogenes Rohr. Was geschieht, wenn das Rohr nur an der Stelle A, nur an der Stelle B oder nur an der Stelle C erhitzt wird?

Welcher technischen Anlage entspricht dieser Versuchsaufbau?

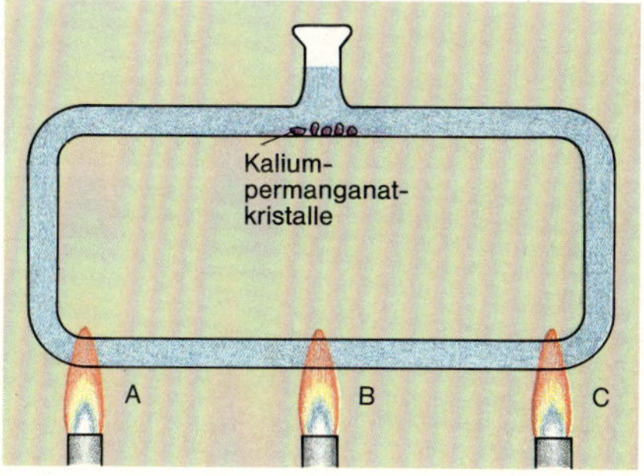

11

Aus Umwelt und Techik: **Konvektion beim Automotor**

Bei jeder Wärme-Energie-Maschine wird ein großer Teil der zugeführten Energie als Abwärme abgegeben.

Zu den Wärme-Energie-Maschinen zählen auch die Verbrennungsmotoren, mit denen Autos, Motorräder und Mopeds angetrieben werden. Die Abwärme wird von den Motoren vor allem mit den Abgasen und über die Motorkühlung abgegeben.

Automotoren werden in der Regel mit Wasser gekühlt. Der Kühlwasserkreislauf wird von einer Pumpe in Gang gehalten.

Das Kühlwasser umströmt in feinen Hohlwänden die Zylinder des

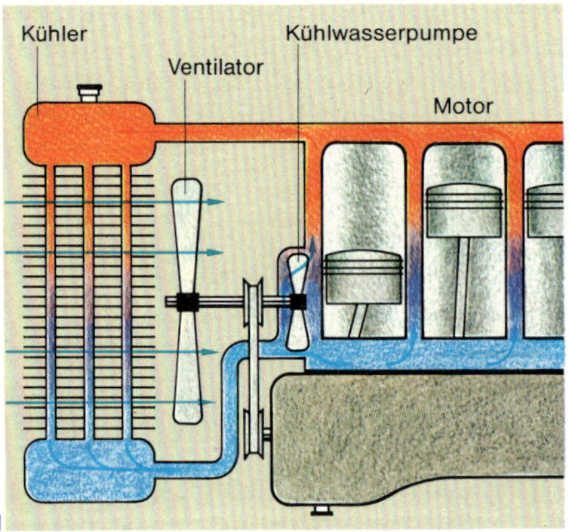

1

Motors (Bild 1) und nimmt dort Energie auf. Es transportiert sie anschließend zum Kühler, wo sie an die vorbeiströmende Luft abgegeben wird.

In Bild 2 siehst du die Wasserröhrchen eines Kühlers. Durch die feinen Rippenbleche (Lamellen) wird die Oberfläche des Kühlers erheblich vergrößert.

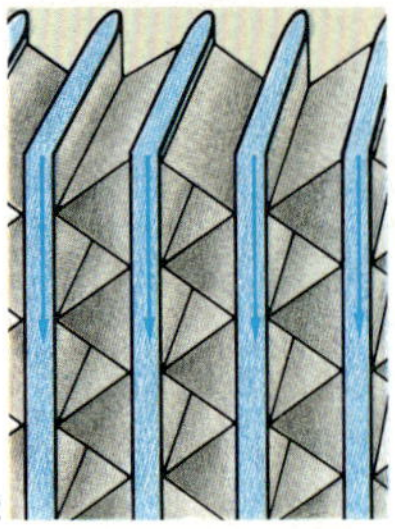
2

Das Kühlwasser erhitzt sich im laufenden Motor auf etwa 80 °C. Im Kühler wird es dann auf ungefähr 70 °C abgekühlt.

Aus Umwelt und Technik: **Kraftwerke und Kühltürme**

Elektrizitätswerke erzeugen mehr Abwärme als elektrische Energie.

Zum Beispiel werden dem Kohlekraftwerk von Bild 3 pro Sekunde 1865 MJ an chemischer Energie zugeführt. Das Kraftwerk hat einen Wirkungsgrad von 41 %. Der elektrische Energiestrom, der das Elektrizitätswerk verläßt, beträgt 765 MJ/s oder 765 MW. Als Abwärme werden dagegen 1100 MJ/s abgegeben.

Die Abwärme fällt am Kondensator des Kraftwerkes an: Nachdem der Wasserdampf die Turbinen angetrieben hat, wird er im Kondensator verflüssigt. Die dabei frei werdende Energie – die Kondensationswärme – wird an das Kühlwasser abgegeben.

Am einfachsten ist es, wenn man die Kraftwerke an Flüssen baut und einen Teil des Flußwassers durch den Kondensator leitet. Allerdings wird das Wasser dadurch aufgeheizt. Dies belastet die Umwelt, weil der Sauerstoffgehalt des Wassers abnimmt, Algen stärker wachsen und Bakterien sich vermehren. Würden alle Kraftwerke, die an den Ufern des Rheins stehen, mit Flußwasser gekühlt, hätte der Fluß selbst im Winter eine Temperatur von 35 °C.

Der Bau von Kraftwerken mit Flußwasserkühlung wird heute in der Bundesrepublik Deutschland nicht mehr genehmigt. Die Abwärme muß vielmehr mit Hilfe von Kühltürmen an die Luft abgegeben werden.

Am stärksten verbreitet sind heute die *Naßkühltürme* (Bild 4):

Das erwärmte Kühlwasser aus dem Kondensator wird im Kühlturm hochgepumpt. Wie bei einer großen Brause rieselt es dort nach unten. Dabei gibt das Wasser Energie an die Luft ab. Die Luft erwärmt sich und steigt im Kühlturm nach oben, während kältere Luft von unten nachströmt.

Außerdem verdunstet beim Herabrieseln ein Teil des Wassers. Die zum Verdunsten notwendige Energie (Verdampfungswärme) wird den Wassertropfen entzogen. Vor allem durch diese Verdunstungskühlung sinkt die Wassertemperatur.

Die aufsteigende Luft nimmt den entstehenden Wasserdampf mit; in ihm steckt dann zusätzlich die Verdampfungswärme als „verborgene Energie".

Das abgekühlte Wasser wird am Boden des Kühlturms aufgefangen und wieder zu den Kondensatoren gepumpt. Das verdunstete Wasser – dabei handelt es sich immerhin um einige hundert Liter pro Sekunde – muß durch Wasser aus benachbarten Flüssen oder Kanälen ersetzt werden.

Trockenkühlturme geben kein Wasser an die Luft ab.

Wie in einem Autokühler fließt das warme Wasser durch Rohrleitungen und wird durch die von unten nach oben strömende Luft gekühlt.

Trockenkühltürme sind viel größer als entsprechende Naßkühltürme.

3

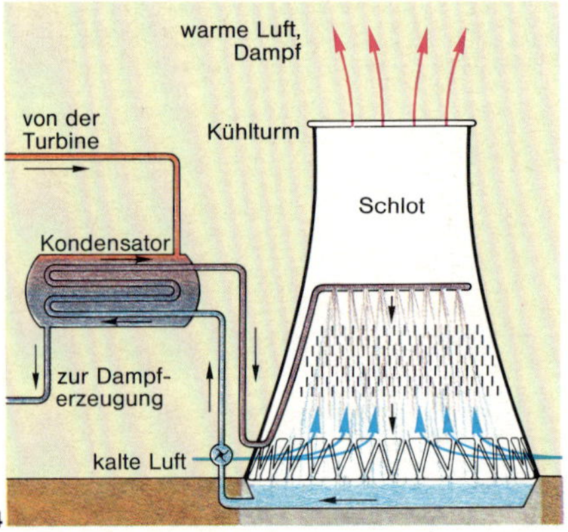

4

Aus Umwelt und Technik: **Land- und Seewind**

Wer in den Sommerferien an der See war, wird dort kaum einen windstillen Tag erlebt haben. Auffällig ist, daß bei ruhigem Sommerwetter mit wolkenlosem Himmel (Hochdruckwetterlage) der Wind *tagsüber von der See* kommt, aber *nachts vom Land* zum Meer weht.

Die Sonne scheint tagsüber auf Land und Meer mit gleicher Stärke. Trotzdem steigt die Temperatur des *Erdreiches* höher als die des Wassers.

Einer der Gründe dafür ist, daß die spezifische Wärmekapazität des Erdreiches nur ca. $\frac{1}{5}$ von der des Wassers beträgt. Wenn man also einem Kilogramm Sand und einem Kilogramm Wasser gleich viel Energie zuführt, erreicht der Sand eine höhere Temperatur. Außerdem erwärmt sich das Erdreich tagsüber nur wenige Zentimeter tief; im Meer dagegen verteilt sich die eingestrahlte Energie auf eine mindestens zehnmal so dicke Schicht, d. h. auf eine wesentlich größere Masse.

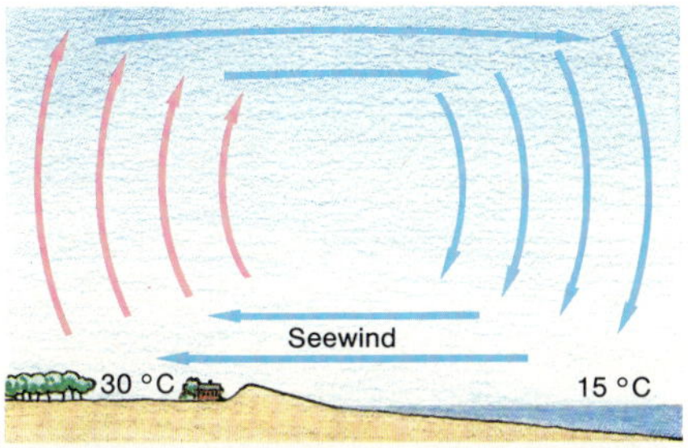

5

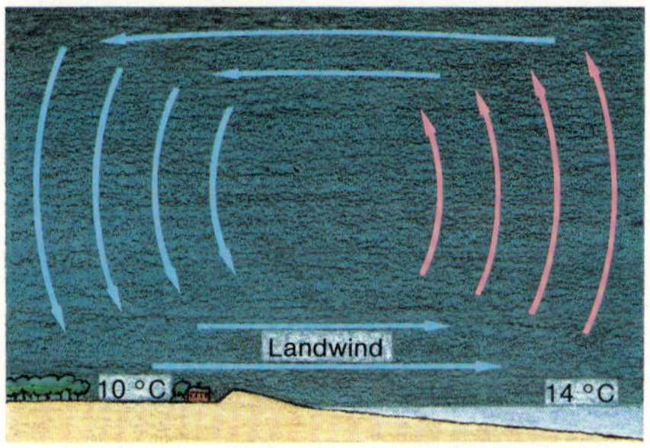

6

Die Luft über dem erhitzten Erdreich erwärmt sich viel stärker als die über dem Wasser. Die warme Luft über dem Land steigt auf, und kalte Meeresluft strömt zum Land hin nach (Bild 5). Es herrscht **Seewind**. In der Höhe strömt die Luft vom Land zum Meer.

Nachts sind die Verhältnisse umgekehrt: Der erhitzte Sand gibt seine Energie viel schneller ab als das Wasser. Also hat nachts das *Wasser* die höhere Temperatur. Bild 6 zeigt, wie der **Landwind** entsteht.

Aus Umwelt und Technik: **Transport verborgener Energie**

Mit der Aufwärtsbewegung der Luft (z. B. bei der Konvektion) ist oft auch die Bildung von Wolken verbunden.

Zusammen mit der Luft steigt auch Wasserdampf auf, der durch Verdunstung über Wasserflächen oder feuchten Landgebieten enstanden ist. In ihm steckt die zum Verdunsten nötige Energie (die Verdampfungswärme).

Beim Aufsteigen kühlt sich das Luft-Wasserdampf-Gemisch immer mehr ab. Je geringer die Temperatur ist, um so weniger Wasser kann gasförmig bleiben. Daher kondensiert der Wasserdampf zu winzigen Tröpfchen – es entstehen Wolken (Bild 7).

Beim Übergang vom gasförmigen in den flüssigen Zustand wird die Verdampfungswärme wieder frei. Durch diese Energiezufuhr kühlt die Luft beim Aufsteigen weniger schnell ab. Sie hat dann eine höhere Temperatur als die Luftschichten in ihrer Umgebung; dadurch kann die Aufwärtsbewegung noch verstärkt werden.

Bei der Entstehung einer Wolke wird sehr viel Energie freigesetzt:

Man nimmt an, daß eine große Quellwolke (ca. 10 km Durchmesser) etwa 1 000 000 m³ Wasser enthält. Dieses Wasser ist durch Kondensation von Wasserdampf entstanden. Die Energie, die zum Verdunsten dieser gewaltigen Wassermenge nötig ist und die bei der Kondensation wieder frei wird, beträgt

$$1\,000\,000\,000\ \text{kg} \cdot 2256\ \frac{\text{kJ}}{\text{kg}}$$
$$= 2256\ \text{Millionen MJ}.$$

7

In der gleichen Größenordnung liegt der Tagesbedarf der Bundesrepublik Deutschland an elektrischer Energie!

Beim Abregnen der Wolke bleibt diese Energie zum großen Teil in der Atmosphäre und wird durch Luftbewegungen weiter verteilt.

Durch Wasserdampf können also ungeheure Energiemengen transportiert werden. Derartige Energieströme spielen für das Klima auf der Erde eine wichtige Rolle:

In den verschiedenen Regionen der Erde ist die Sonneneinstrahlung recht unterschiedlich. Daher ist der Energietransport zwischen diesen Regionen von großer Bedeutung. Ohne diese Transporte würden sich die Zonen in der Umgebung des Äquators beträchtlich erwärmen, während sich die Gebiete nördlich und südlich des 40. Breitenkreises abkühlen würden.

Die Energie wird mit warmem Meerwasser, mit Warmluft oder eben „verborgen" in Wasserdampf transportiert. In allen drei Fällen handelt es sich um Energietransport mit Materie, also um **Konvektion**.

Unsere gemäßigten Breiten erhalten Energie aus den subtropischen Gebieten – vor allem durch Transport von Wasserdampf: In den Subtropen verdunsten große Mengen Meerwasser. Der Dampf wird nach Norden transportiert, wo durch die Kondensation Energie freigesetzt wird.

Für West-, Mittel- und Nordeuropa spielt der *Golfstrom* eine wichtige Rolle als „Warmwasserheizung".

2 Die Wärmeleitung

Wer von den beiden wird wohl zuerst aufgeben (Bild 1) – Monika, weil das Geldstück zu heiß wird, oder Frank, weil er sich am Streichholz die Finger verbrennt?

V 5 Zwei Bechergläser, die Wasser unterschiedlicher Temperatur enthalten, werden durch einen U-förmigen Kupferstab miteinander verbunden (Bild 2).

a) Beobachte das Thermometer, und erkläre deine Beobachtung.

Wiederhole das Experiment auch mit einem Aluminium-, einem Messing- und einem Glasstab.

b) Warum stellt man die Bechergläser bei diesem Versuch auf eine Unterlage aus Styropor?

1

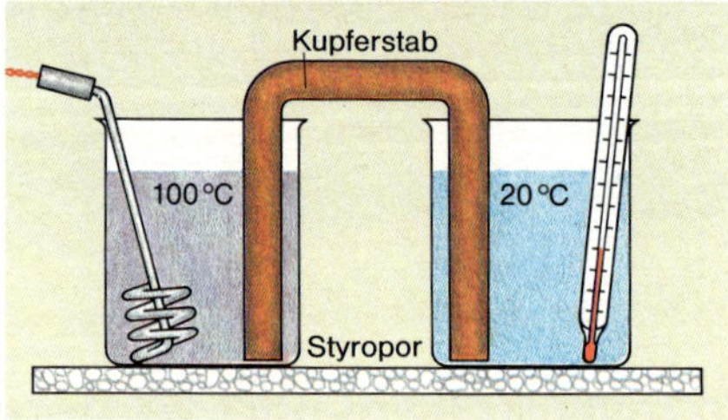

2

V 6 Energie kann auch durch Flüssigkeiten strömen, ohne daß sich die Flüssigkeit bewegt.

Bild 3 zeigt den Versuchsaufbau. Was meinst du: Wird das Wasser sieden, bevor das Eis geschmolzen ist, oder schmilzt zuerst das Eis?

V 7 Halte ein kurzes, offenes Glasrohr mit der Hand einmal schräg von unten in eine Flamme und einmal schräg von oben.

Was stellst du fest? Erkläre deine Beobachtungen.

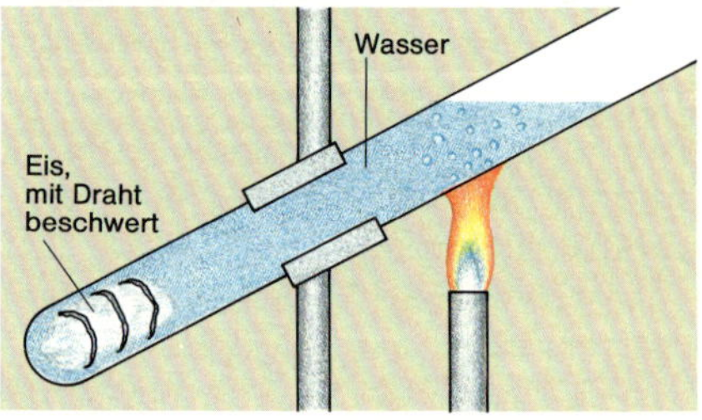

3

Info: Wärmeleitung und Wärmeleitfähigkeit

Wenn das eine Ende eines Kupferstabes in eine Flamme gehalten wird und das andere in ein Gefäß mit kaltem Wasser taucht, beobachtet man, daß die Temperatur des Wassers ansteigt. Es strömt also Energie von der Flamme durch den Stab in das Wasser (Bild 4).

Am heißen Ende des Stabes schwingen die Kupferteilchen am heftigsten um ihre Ruhelage. Sie stoßen mit Nachbarteilchen in kälteren Bereichen zusammen und geben dabei Energie an sie ab. Diese Teilchen geben ebenfalls Energie weiter, und zwar an Nachbarteilchen in noch kälteren Bereichen. Schließlich kommt Energie bei den Wasserteilchen an, und die Wassertemperatur steigt.

Die Energie strömt durch den Körper, ohne daß die Teilchen ihre Plätze verlassen. Diese Energieübertragung, bei der die Energie von Teilchen zu Teilchen weitergegeben wird, bezeichnet man als Wärmeleitung.

Die Wärmeleitung spielt z. B. beim Kochen eine Rolle: Die Energie strömt von der Herdplatte durch den Topfboden in das Innere des Topfes.

Die Energie fließt dabei stets von Stellen höherer Temperatur zu Stellen niedrigerer Temperatur. Die Wärmeleitung ist so lange zu beobachten, bis überall die gleiche Temperatur herrscht.

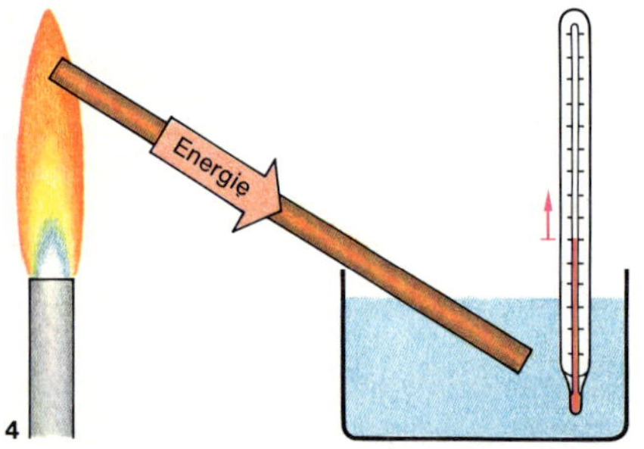

4

Unter den Stoffen gibt es sowohl gute als auch schlechte Wärmeleiter. Zum Beispiel leitet ein Kupferstab die Energie viel besser als eine Wassersäule (mit gleichen Abmessungen), und die Wassersäule leitet besser als eine Luftsäule.

Metalle sind gute Wärmeleiter. Glas, Kunststoff, Wasser und Gase zählen zu den schlechten Wärmeleitern.

Auch Styropor ist ein sehr schlechter Wärmeleiter, denn es enthält unzählige mit Luft gefüllte Hohlräume.

Mit der unterschiedlichen Wärmeleitung der Stoffe lassen sich ganz alltägliche Erfahrungen erklären: Wenn du barfuß läufst, kommt dir ein Kachelboden kälter vor als ein Teppichboden – auch wenn beide Böden genau die gleiche Temperatur haben. Fliesen leiten nämlich Wärme besser als ein Teppich; die Fliesen führen daher pro Sekunde auch mehr Energie aus deinem Körper ab.

Um angeben zu können, wie gut ein Körper die Wärme leitet, geht man so vor: Man mißt die Energie W, die bei einer bestimmten Temperaturdifferenz in der Zeit t durch den Körper fließt.

Den Quotienten aus Energie und Zeit bezeichnet man als *Energiestrom P*:

$$P = \frac{W}{t}.$$

○ Je größer die Temperaturdifferenz ist, desto größer ist der Energiestrom.

Bei einem Stab, einer Säule oder einem Quader stellt man außerdem fest: Der Energiestrom ist um so größer, ...

○ je größer die Querschnittsfläche des Körpers ist

○ und je kleiner seine Länge ist.

Der Energiestrom P ist proportional zur Temperaturdifferenz $\Delta\vartheta$ sowie zur Querschnittsfläche A und umgekehrt proportional zur Länge l des Körpers:

$$P \sim \frac{A}{l} \cdot \Delta\vartheta.$$

Den Proportionalitätsfaktor bezeichnet man als **Wärmeleitfähigkeit** λ (Lambda).

$$P = \lambda \cdot \frac{A}{l} \cdot \Delta\vartheta.$$

Die Wärmeleitfähigkeit (→ Tabelle) gibt an, wieviel Energie pro Sekunde durch einen Körper strömt, der die Querschnittsfläche $A = 1\ m^2$ und die Länge $l = 1$ m hat, wenn die Temperaturdifferenz zwischen beiden Seiten 1 K beträgt.

Als Einheit für die Wärmeleitfähigkeit erhält man

$$\frac{W \cdot m}{m^2 \cdot K} = \frac{W}{m \cdot K}.$$

Wärmeleitfähigkeit verschiedener Stoffe (bei 20 °C)

Stoff	λ in $\frac{W}{m \cdot K}$	Stoff	λ in $\frac{W}{m \cdot K}$
Silber	427	Granit	2,9
Kupfer	384	Glas	0,7 bis 1,4
Aluminium	220	Wasser	0,598
Messing (63 % Cu)	113	Glycerin	0,285
Nickel	91	Benzin	0,12
Eisen	81	Styropor	0,037
Stahl	ca. 45	Luft	0,0026
Quecksilber	11,7	Kohlenstoffdioxid	0,0164

Aufgaben

1 Drei gleich lange Streifen aus Eisen-, Messing- und Kupferblech sind kreuzförmig zusammengelötet (Bild 5). An den Enden der Blechstreifen liegen Zündhölzer.

Was wird geschehen, wenn man die Mitte dieses Kreuzes mit einer Brennerflamme erhitzt?

Begründe deine Vermutung.

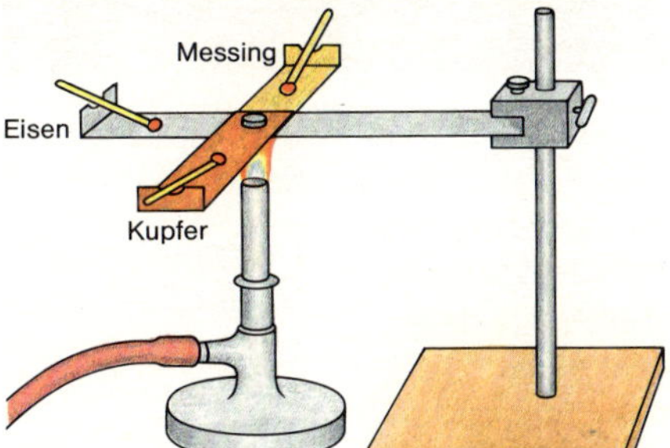

5

2 Chromnickelstahl ist ein schlechter Wärmeleiter. Er rostet nicht, ist säurebeständig und kann leicht gereinigt werden.

Bei Töpfen aus Chromnickelstahl können auch die Griffe aus dem gleichen Material hergestellt werden – trotzdem verbrennt sich an ihnen niemand die Finger. Im Topfboden befindet sich jedoch eine Platte aus Kupfer oder Aluminium, die von einer dünnen Schicht aus Chromnickelstahl überzogen ist. Gib den Grund dafür an.

3 Welchen Vorteil haben Fenster mit doppelter Verglasung gegenüber einfachen Fenstern?

4 Wenn man ein Eisengeländer anfaßt, fühlt es sich kälter an als ein Holzgeländer gleicher Temperatur.

Versuche, dafür eine Erklärung zu finden.

5 Ein kleiner **Versuch**: Einige Tropfen kaltes Wasser werden auf eine sehr heiße Kochplatte gespritzt. Die Tropfen „tanzen" eine Zeitlang auf der Platte, bis sie verdampfen.

Auf einer nicht so heißen Platte verdampfen Wassertröpfchen der gleichen Größe dagegen sofort. Wie ist das möglich?

6 Beschreibe, wie du die Wärmeleitfähigkeit eines Stoffes experimentell bestimmen könntest.

Aus der Geschichte: **Eine Sicherheitslampe für den Bergbau**

Auch heute noch werden *Schlagwetterexplosionen* von Bergleuten gefürchtet.

Unter „schlagenden Wettern" versteht man ein explosives Methan-Luft-Gemisch. Eine kleine Flamme genügt schon, um dieses geruchlose Gemisch zur Explosion zu bringen.

Schlagende Wetter bilden sich vor allem in Steinkohlebergwerken, wenn die Stollen schlecht belüftet sind.

Der Chemiker *Sir Humphry Davy* beschäftigte sich 1815 mit der Frage, wie solche Explosionen vermieden werden könnten.

Zu dieser Zeit arbeiteten die Bergleute mit Öllampen, deren Flammen die schlagenden Wetter immer wieder entzündeten.

Davy untersuchte die Eigenschaften brennender Gase. Dabei entdeckte er, daß die Flammen ein feines Drahtnetz nicht durchdringen können. Die Metalldrähte führen nämlich wegen ihrer guten Wärmeleitfähigkeit die Energie der heißen Flammengase ab. Wenn die Gase durch das Sieb hindurchtreten, sinkt daher ihre Temperatur, und die Flammen erlöschen.

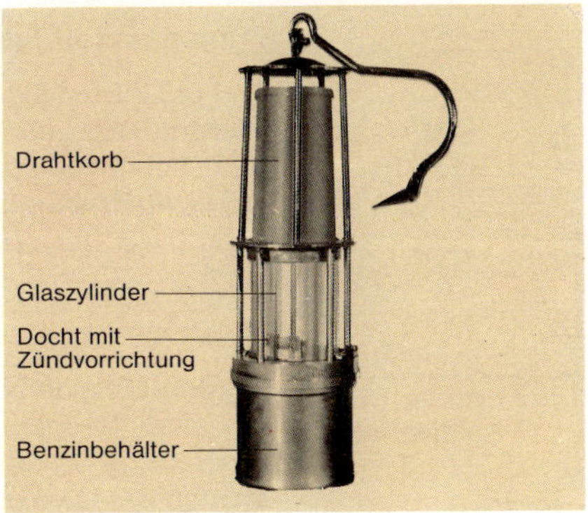

6

Diese Entdeckung brachte Davy auf die Idee, auch die Öllampen der Bergleute mit einem Drahtnetz zu versehen. Im Innern solcher Lampen kann sich zwar immer noch eintretendes Methan-Luft-Gemisch entzünden, aber nur das Gas im Innern der Lampe verbrennt; durch ihr Flackern zeigt die Lampe sogar das explosive Gasgemisch an.

Außerhalb des Drahtnetzes wird die Entzündungstemperatur „schlagender Wetter" nicht erreicht.

Die *Wetterlampe* wurde später mit Benzin statt mit Öl betrieben (Bild 6).

Aus Umwelt und Technik: **Wärmedämmung in der Bautechnik**

Bild 1 zeigt, wo bei einem beheizten Haus Energie entweicht. Bereiche unterschiedlicher Temperaturen werden durch Farben sichtbar gemacht. Auf der Skala am unteren Rand sind die Farben so angeordnet, daß sie (von links nach rechts) steigenden Temperaturen entsprechen. Blau ist der niedrigsten Temperatur zugeordnet, Weiß der höchsten.

An den weißen und gelben Stellen ist die Hauswand am wärmsten, dort geht am meisten Energie an die Umgebung verloren.

1

Um Heizkosten zu sparen, müssen die Energieströme nach außen möglichst klein sein.

Abgesehen von der Konvektion bei undichten Türen und Fenstern, gelangt die Energie durch **Wärmeleitung** von innen nach außen. Diese Energieströme durch Mauerwerk, Fenster, Dächer und Kellerdecken lassen sich nicht völlig unterbinden. Sie können aber durch Verwendung geeigneter Baumaterialien (z. B. Hohlblock- oder Ziegelsteine) und durch eine zusätzliche Isolierung verringert werden. Zur Isolierung verwendet man *Wärmedämmstoffe*, z. B. Mineralwolle oder Hartschaumplatten.

Die Bilder 2 u. 3 zeigen den Temperaturverlauf in einer gedämmten und in einer ungedämmten Wand. Obwohl die Temperaturdifferenz zwischen Außenluft und Raumluft in beiden Fällen gleich ist, bleibt das Mauerwerk bei der gedämmten Wand wärmer; für die Bewohner steigt dadurch die Behaglichkeit. Und vor allem strömt durch die gedämmte Wand in der gleichen Zeit weniger Energie als durch die ungedämmte.

Techniker, die den Energiebedarf eines Hauses bestimmen wollen, müssen die Energieströme durch Außenwände, Dächer, Fenster usw. berechnen. Diese Energieströme hängen vor allem von der Wärmeleitfähigkeit λ der verwendeten Baustoffe und der Dicke der Bauteile ab.

Die Energieströme sind aber auch davon abhängig, wie gut die Wärme von der Zimmerluft auf die Wand und von der Wand auf die Außenluft übertragen wird.

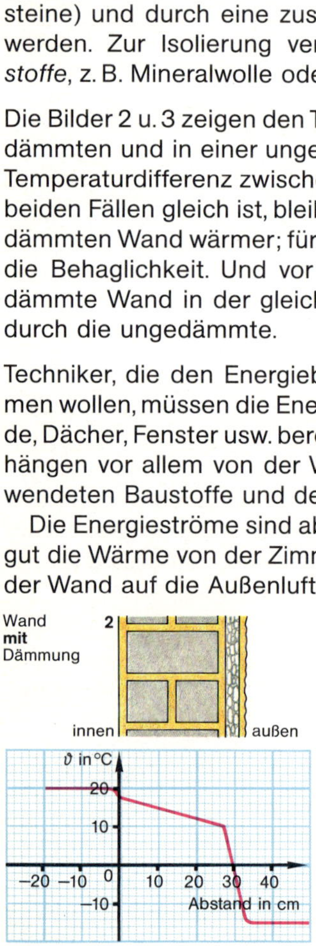

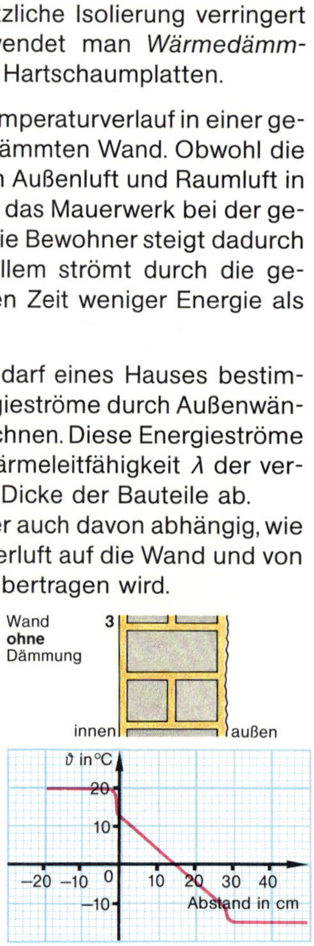

Temperaturverlauf in einer gedämmten und einer ungedämmten Wand.

Deshalb arbeiten Techniker mit dem **k-Wert** oder *Wärmedurchgangskoeffizienten k*. Der k-Wert berücksichtigt sowohl die Wärmeleitfähigkeit und die Dicke der Bauteile als auch die Wärmeübergänge auf beiden Seiten der Bauteile.

Für den Energiestrom P durch die Fläche A gilt:

$P = k \cdot A \cdot (\vartheta_2 - \vartheta_1)$, wobei ϑ_2 die Innentemperatur und ϑ_1 die Außentemperatur ist.

Der k-Wert gibt also an, wie groß der Energiestrom durch eine Fläche von 1 m^2 ist, wenn die Temperaturdifferenz zwischen innen und außen 1 K beträgt. Je größer der k-Wert ist, desto schneller entweicht die Energie.

Beispiel: Wie groß ist der Energiestrom durch ein einfaches 1,5 m · 3 m großes Fenster, wenn die Innentemperatur 20 °C und die Außentemperatur −10 °C beträgt?

$$P = 5{,}8\ \frac{\text{W}}{\text{m}^2 \cdot \text{K}} \cdot 4{,}5\ \text{m}^2 \cdot 30\ \text{K} = 783\ \text{W}.$$

Um den Energiestrom von 783 W durch das Fenster auszugleichen, müßte ein Heizlüfter ständig laufen.

Einige Wärmedurchgangskoeffizienten (k-Werte)

Bauteil	k in $\frac{\text{W}}{\text{m}^2 \cdot \text{K}}$
Ziegeldach	
– ungedämmt	6,0
– mit 10 cm dicker Dämmschicht	0,4
Außenwand (Hohllochziegel, 24 cm dick)	
– ungedämmt	1,3
– mit 8 cm dicker Dämmschicht	0,4
Fußboden (Stahlbeton mit Estrich, 16 cm dick)	
– ungedämmt	1,3
– mit 5 cm dicker Dämmschicht	0,5
Glasscheiben	
– einfach	5,8
– doppelt (6 mm Abstand)	3,5
– doppelt (12 mm Abstand)	3,0
– dreifach (2 · 12 mm Abstand)	2,1

Fragen und Aufgaben zum Text

1 Für 1 kWh = 3,6 MJ elektrische Energie bezahlt man ca. 30 Pf. Wieviel Geld geht in einer Winterwoche durch das Fenster aus dem Rechenbeispiel verloren?

Wie hoch wäre der Verlust bei einem Fenster mit Isolierverglasung (zwei Scheiben in 6 mm Abstand)?

2 „Je größer die Fenster, desto größer der Wärmeverlust." Wieso gilt dieser Satz nicht für Südfenster?

3 Berechne den Energiestrom durch euer Wohnzimmerfenster bei einer Temperaturdifferenz von 20 K. Wieviel Energie entweicht in 24 Stunden? Was kostet diese Energie? (Nimm wieder an, daß 3,6 MJ elektrische Energie 30 Pf kosten.)

Aus Umwelt und Technik: **Der Wärmehaushalt des Menschen**

Der Mensch zählt zu den Warmblütern. Seine Körpertemperatur – genauer: die Temperatur im Innern des Rumpfes und des Kopfes – ist konstant. Sie liegt mit ungefähr 37 °C meist deutlich über der Umgebungstemperatur.

Bei den Energieumwandlungen im menschlichen Körper entsteht immer auch Wärme. Wenn man körperlich anstrengende Arbeit verrichtet, wird vor allem in den Muskeln „Abwärme" frei, die der Körper an die Umgebung abgeben muß.

Die im Innern des Körpers erzeugte Abwärme wird vorwiegend durch den Blutkreislauf zur Körperoberfläche transportiert *(Konvektion)*: Das Herz pumpt das im Körperinnern erwärmte Blut durch die Arterien zur Haut. Dort wird Energie abgegeben. Das abgekühlte Blut fließt dann durch die Venen zurück. Voraussetzung für die Energieabgabe ist, daß die Temperatur der Haut geringer als die Körpertemperatur ist.

In kühler Umgebung gibt der Mensch über die Haut ständig Energie ab, unter anderem durch *Wärmeleitung*.

Die Energie strömt dabei aus der Haut in die umgebende Luft. Die erwärmte Luft steigt am Körper auf und transportiert die Energie ab. Gefördert wird diese Energieabgabe, wenn Wind herrscht oder wenn man sich selbst bewegt, da dann die erwärmte Luft schneller wegbewegt wird.

Durch Kleidung wird die Energieabgabe des Körpers verringert: Zum einen erreichen Luftbewegungen nicht mehr den Körper, zum anderen halten die Fasern zusätzlich Luft fest, die aufgrund ihrer geringen Wärmeleitfähigkeit isolierend wirkt.

Bei hohen Umgebungstemperaturen kann der Mensch die Abwärme nur auf eine Weise loswerden: durch Schwitzen. Der Körper scheidet Wasser aus, das auf der Haut verdunstet. Die dafür nötige Verdampfungswärme wird dem Körper entzogen.

Aus Umwelt und Technik: **Gefieder, Fell und Speckschicht**

Das Gefieder oder Fell der Tiere ist wegen der in ihm enthaltenen Luft ein schlechter Wärmeleiter.

Zum Überwintern wechseln viele Tiere ihr Sommerfell gegen das dikkere und dichtere Winterfell. Außerdem legen sie sich oft eine Speckschicht zu, die als Nährstoffreserve dient und gleichzeitig die Wärmeleitung nach außen vermindert.

Andere Tiere halten Winterschlaf: Ihre Lebensfunktionen (Atmung und Herzschlag) werden verlangsamt, ihre Körpertemperatur wird gesenkt. Dadurch vermindern sich Energieabgabe und -bedarf.

Besonders gut an tiefe Temperaturen angepaßt sind die Säugetiere der Arktis, der *Eisbär* (Bild 4) und der *Polarfuchs* (Bild 5). Sie haben einen dicken Pelz und eine dicke Speckschicht, damit nicht zuviel Energie nach außen abgegeben wird.

Der Polarfuchs ist das kleinste arktische Säugetier. Kleinere Säugetiere könnten in der Arktis nicht überleben. Sie würden zu stark auskühlen:

Je kleiner ein Tier ist, desto größer ist das Verhältnis aus Körperoberfläche und Volumen. (Du kannst dir das an einem Würfel klarmachen: Die Oberfläche eines Würfels der Kantenlänge a beträgt $6\,a^2$, das Volumen a^3. Teilt man Oberfläche durch Volumen, so ergibt sich $\frac{6\,a^2}{a^3} = \frac{6}{a}$. Dieser Quotient ist um so größer, je kleiner die Kantenlänge ist.)

4

5

Eine große Körperoberfläche bedeutet eine hohe Energieabgabe.

Ein kleines Körpervolumen hat eine verhältnismäßig geringe Energieumwandlung im Körper zur Folge. Ein zu kleines Tier würde daher mehr Energie abgeben, als sein Körper nachliefern kann – es würde erfrieren.

Auch die Meeressäuger, z. B. *Wale* und *Delphine*, leben unter besonderen Umweltbedingungen:

Die Wärmeleitfähigkeit von Wasser ist wesentlich größer als die von Luft. Zudem strömt ständig Wasser am Körper entlang und führt die abgegebene Energie fort. Die Tiere geben daher viel Energie an das Wasser ab. Daher müssen sie auch viel Energie mit der Nahrung aufnehmen.

Wale fressen während ihres Aufenthaltes in arktischen Gewässern täglich einige Tonnen Kleinkrebse, eine fett- und energiehaltige Nahrung.

Bei Glattwalen wird die äußere Speckschicht ungefähr 50 cm dick.

Bei einigen Walarten nimmt die Speckschicht kaum noch zu, wenn sie eine gewisse Dicke erreicht hat. Weiteres Fett wird dann im Innern gespeichert. Wäre die Schicht zu dick, könnten die Tiere wahrscheinlich die „Abwärme" nicht mehr abführen, die beim Schwimmen entsteht. Sie müßten entweder ganz langsam schwimmen – oder würden im Polareis durch Überhitzung eingehen!

Auf ihrer Wanderung in wärmere Gebiete nehmen die Wale kaum Nahrung auf; auf diese Weise bauen sie die isolierende Fettschicht ab.

3 Die Strahlung

Am Lagerfeuer ist es schön warm – aber der Rücken bleibt kalt (Bild 1)...

V 8 Halte deine Hände einmal *über* eine Glühlampe und einmal seitlich *daneben*. Was stellst du fest?

Überlege, ob sich deine Beobachtung durch Wärmeleitung oder Konvektion erklären läßt.

V 9 Eine Elektrokochplatte wird vor einem mit Luft gefüllten Glaskolben aufgestellt und eingeschaltet (Bild 2). Was beobachtest du?

Halte nun zwischen die Platte und den Kolben ein Stück Karton.

Begründe, daß es eine dritte Art des Energietransportes – die *Strahlung* – geben muß.

V 10 Ob die *Aufnahme* (Absorption) der Energie von der Oberflächenbeschaffenheit des Körpers abhängt?

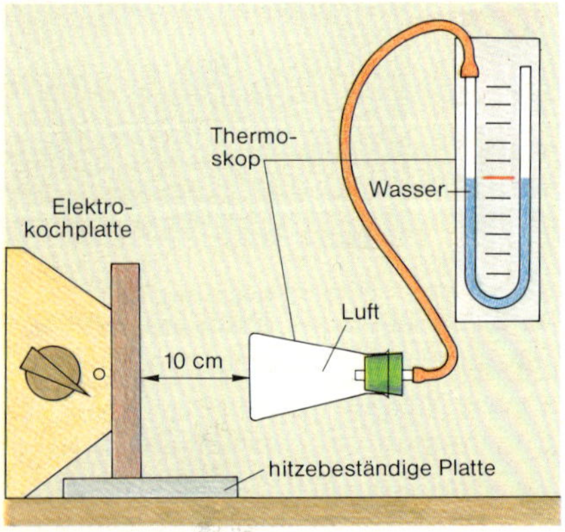

2

1

Im Aufbau nach Bild 2 werden nacheinander drei gleich große Glaskolben eingesetzt: ein gewöhnlicher Kolben, ein Kolben, dessen Boden mit Alufolie verkleidet ist, und ein Kolben, dessen Boden mit einer Rußschicht bedeckt ist. Die Kochplatte wird jeweils gleich lange eingeschaltet. Was stellst du fest?

V 11 Mit dem Aufbau von Bild 2 kann auch untersucht werden, ob die Energie*abstrahlung* von der Oberfläche des Körpers abhängt:

Dazu wird die Luft in den drei Kolben jeweils auf die gleiche Temperatur erwärmt. Wir beobachten dann den Abkühlungsvorgang.

V 12 Wir bestimmen, wie groß der Energiestrom ist, der von der Sonne auf 1 m^2 der Erdoberfläche fällt (bei senkrechtem Einfall).

a) An einer elektrischen Kochplatte wird der Fühler eines elektronischen Thermometers befestigt. (In die Platte muß dazu ein Loch gebohrt sein.) Dann wird die Kochplatte senkrecht zum einfallenden Sonnenlicht aufgestellt; dabei ist sie nicht ans Netz angeschlossen. Welchen Höchstwert nimmt die Temperatur der Platte nach einiger Zeit an?

b) Anschließend wird die Kochplatte nicht durch die Sonnenstrahlung, sondern elektrisch geheizt. Dazu schließen wir sie an ein regelbares Netzgerät an.

Wieviel Energie muß pro Zeit zugeführt werden, damit die Platte wieder die gleiche Temperatur annimmt?

c) Bestimme, wie groß die Fläche der Platte ist, und berechne die Energie, die pro Sekunde auf 1 m^2 fällt.

V 13 Zum „Treibhauseffekt":

a) Miß die Temperatur in einer umgestülpten Glasschüssel. Vergleiche sie mit der Umgebungstemperatur.

b) Beim Treibhaus spielt nicht nur die Sonnenstrahlung eine Rolle. Auch der erwärmte Boden strahlt Energie ab.

Die Strahlung des Bodens ersetzen wir durch die einer heißen Kochplatte oder eines heißen Bügeleisens, die der Sonne durch die einer Glühlampe. Prüfe nach, ob beide Strahlungsarten eine Glasscheibe gleichermaßen durchdringen.

Info: Die Strahlung – eine dritte Art der Energieübertragung

Bei der *Konvektion* wird Energie *mit Materie* transportiert. Bei der *Wärmeleitung* wird sie *in Materie* transportiert. Daneben gibt es noch eine dritte Art der Energieübertragung: die **Strahlung**. Energie wird dabei *ohne Materie* transportiert.

Daß weder feste noch flüssige noch gasförmige Körper als „Transportmittel" benötigt werden, dafür ist die Sonnenstrahlung ein gutes Beispiel: Die Energie der Sonne gelangt ja durch den praktisch *leeren* Weltraum zur Erde.

Man spricht auch von *Temperaturstrahlung*, weil die Strahlung mit der Temperatur des Körper zusammenhängt, von dem sie ausgeht. (Die Strahlung selbst ist aber weder warm noch kalt.)

Zum Beispiel ist die Oberfläche der Sonne 5800 °C heiß. Ihre Strahlung besteht zu einem großen Teil aus sichtbarem Licht und durchdringt Glas, praktisch ohne dadurch abgeschwächt zu werden.

Die Sohle eines Bügeleisens mit einer Temperatur von ca. 300 °C strahlt ebenfalls, wir können diese Strahlung aber nicht mit den Augen wahrnehmen; ein Teil der Strahlung wird von Glas absorbiert.

Steigt die Temperatur eines Körpers, strahlt er mehr Energie aus als vorher.

Bei hohen Temperaturen ist ein Teil der Strahlung sichtbares Licht.

Die Strahlung von sehr heißen Körpern durchdringt Glas fast vollständig.

Jeder Körper nimmt Strahlung auf (er *absorbiert* sie). Jeder Körper sendet auch Strahlung aus:

Ein heißes Kuchenblech nimmt von den Gegenständen der Küche weniger Strahlung auf, als es an sie abgibt. Seine Temperatur sinkt.

Eine gekühlte Flasche nimmt in einem warmen Zimmer mehr Strahlung auf, als sie aussendet. Ihre Temperatur steigt.

Für die Aufnahme und Abgabe von Strahlung ist die Oberfläche des Körpers von Bedeutung: Je dunkler ein Körper ist, desto mehr Energie nimmt er auf, und desto mehr Energie gibt er ab.

Von der Sonne geht ein gewaltiger Energiestrom aus. Stell dir eine Fläche von 1 m^2 vor, die so weit von der Sonne entfernt ist wie die Erde. Auf diese Fläche trifft bei senkrechtem Einfall der Sonnenstrahlung ein Energiestrom von 1368 W = 1368 J/s. Diese Größe heißt *Solarkonstante*.

An der Erdoberfläche kommt jedoch weniger Energie an: Ein Teil der Sonnenstrahlung wird nämlich von der Atmosphäre reflektiert, ein weiterer Teil wird absorbiert.

Wie der auf die Atmosphäre treffende Energiestrom verteilt wird, zeigen die Bilder 3 u. 4. (Die angegebenen Werte sind Mittelwerte über die gesamte Erde und über das ganze Jahr.)

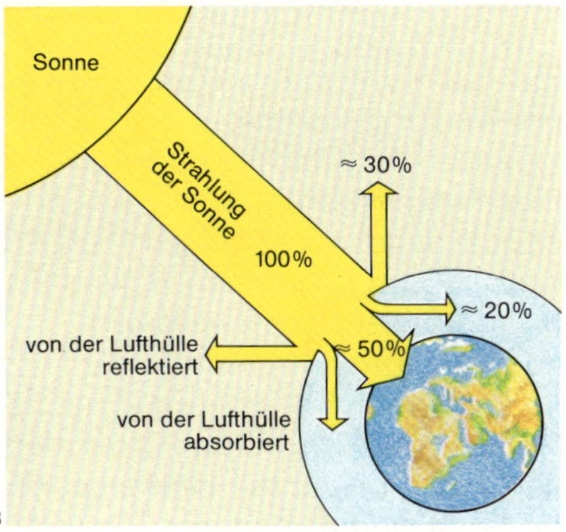

3

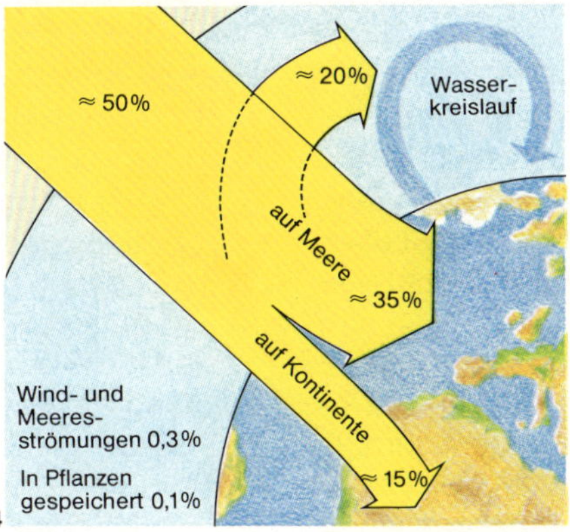

4

Fragen und Aufgaben zum Text

1 Nenne Beispiele, bei denen Energie durch Strahlung übertragen wird.

2 Warum werden in heißen Ländern oft helle Kleidungsstücke bevorzugt?

3 Wie könntest du nachweisen, daß auch von deinen Handflächen eine Strahlung ausgeht?

4 Was wird man im Versuch nach Bild 5 beobachten, wenn die Glühlampe eine Minute lang leuchtet und dann wieder abgeschaltet wird?

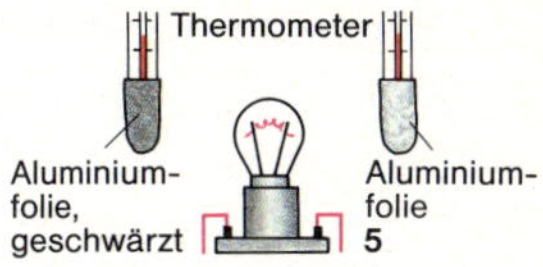

5

5 Welche Aufgabe hat die glänzende Oberfläche künstlicher Satelliten?

Aus Umwelt und Technik: **Wie Sonnenenergie direkt genutzt werden kann**

Unsere Energiequelle ist die Sonne. Ihr verdanken wir fast alle Energieformen. Kohle, Erdgas, Erdöl, Wind, Flüsse, Wasserfälle usw. sind auf ihr Wirken zurückzuführen.

Wieviel Energie bei uns jedem Quadratmeter Erdoberfläche in einer Sekunde zugeführt wird, hängt von der Tages- und Jahreszeit sowie vom Wetter ab. Der Jahresmittelwert dieses Energiestroms beträgt ca. 100 J/s = 100 W.

Um die Sonnenenergie zum Heizen zu nutzen, haben Architekten auf den *Treibhauseffekt* zurückgegriffen.

Dieser Effekt ist altbekannt: Gewächshäuser werden schon seit 200 Jahren als Glashäuser gebaut.

Das Sonnenlicht durchdringt die Glasscheiben und erwärmt den Boden. Dieser gibt nun seinerseits Energie in Form von Strahlung ab. Der Boden hat aber gegenüber der Sonne eine sehr geringe Temperatur; seine Strahlung ist daher nicht sichtbar (Infrarotstrahlung) und wird zum Teil vom Glas absorbiert und wieder zurückgestrahlt. In das Glashaus fällt also zunächst mehr Strahlung ein als hinausgeht. Deshalb steigt die Temperatur.

Mit steigender Temperatur strahlt der Boden immer mehr Energie ab. Es stellt sich schließlich eine Temperatur ein, bei der genausoviel Energie das Treibhaus verläßt wie eingestrahlt wird.

Wenn man also vor den Südwänden eines Hauses verglaste Vorbauten errichtet, kann man die Sonnenenergie zum Heizen nutzen. Bild 6 zeigt ein solches **Solarhaus**.

Im Monat März wurde in einem Solarhaus eine mittlere Temperatur von 20 °C gemessen – bei einer mittleren Außentemperatur von nur 4 °C!

6

Eine andere Möglichkeit, Sonnenenergie „einzufangen", sind **Sonnenkollektoren**. Sie bestehen aus Rohrleitungen, die zwischen schwarzen Böden und gläsernen Abdeckungen verlegt sind. Durch diese Rohre fließt Wasser und wird erwärmt. Im Wärmeaustauscher gibt das erwärmte Wasser Energie an das Brauchwasser ab, das anschließend in Küche und Bad aus den Hähnen fließt.

Solarzellen wandeln das Sonnenlicht direkt in elektrische Energie um. Wenn man tagsüber Akkus auflädt, geht auch nachts das Licht nicht aus.

Fragen und Aufgaben zum Text

1 Was versteht man unter dem Treibhauseffekt?

2 In vielen Gärten stehen immergrüne Nadelgehölze, vor Südwänden sollte man jedoch Laubbäume pflanzen. Begründe!

3 Wieviel Energie kann man im Jahr mit einem 3 m · 5 m großen Sonnenkollektor (z. B. auf einer Garage) sparen?

Aus Umwelt und Technik: **Der Treibhauseffekt und unser Klima**

Eine ähnliche Wirkung wie die Glasscheiben eines Treibhauses haben auch bestimmte Gase, die in unserer Atmosphäre enthalten sind. Zu diesen Gasen gehören vor allem Kohlenstoffdioxid und Wasserdampf.

Die (wolkenlose) Atmosphäre ist für das einfallende Sonnenlicht weitgehend durchlässig. Dagegen wird die vom Erdboden ausgehende Strahlung vom Kohlenstoffdioxid und vom Wasserdampf der Atmosphäre teilweise absorbiert und wieder ausgestrahlt – sowohl nach oben als auch nach unten.

Ohne die Atmosphäre läge die mittlere Temperatur der Erdoberfläche bei −18 °C. In Wirklichkeit ist die Lufttemperatur in Bodennähe im Mittel wesentlich höher, nämlich ungefähr 15 °C. Diesen Unterschied, der das Leben auf unserem Planeten überhaupt erst möglich macht, verdanken wir dem **Treibhauseffekt**.

Wenn heute vom Treibhauseffekt die Rede ist, geht es meist um die Frage, ob sich unser Klima ändern wird.

In den letzten 200 Jahren ist nämlich der Gehalt des Kohlenstoffdioxids in der Atmosphäre ständig gestiegen. Dafür gibt es zwei Gründe:

Zum einen wurden und werden durch das Verbrennen fossiler Brennstoffe (Kohle, Erdöl und Erdgas) große Mengen an Kohlenstoffdioxid erzeugt.

Zum anderen wurden riesige Waldgebiete gerodet. Das Holz wurde zum großen Teil verbrannt. Außerdem verringerte sich die Anzahl der Pflanzen, die ja das Kohlenstoffdioxid aus der Luft aufnehmen und zu Kohlenstoff und Sauerstoff abbauen.

Man nimmt an, daß die Zunahme des Kohlenstoffdioxids in der Atmosphäre den Treibhauseffekt verstärken wird. Weiter verstärkt wird er vermutlich auch durch die Fluorchlorkohlenwasserstoffe (FCKW), die in den letzten Jahrzehnten unter anderem als Treibgase in Spraydosen verwendet wurden. Die gleiche Wirkung hat auch Methan, das z. B. Rinder bei der Verdauung produzieren.

Klimaforscher befürchten für die nächsten 50 Jahre eine Erwärmung der bodennahen Luftschicht um 1,5 K bis 4,5 K. Eine solche Erwärmung hätte erhebliche Folgen:

Die Klimazonen der Erde würden sich verschieben. So könnten der Mittelmeerraum und der Mittlere Westen, die Kornkammer der USA, zu Trockengebieten werden.

Die Meere würden sich erwärmen, und infolge der Ausdehnung des Wassers würde der Meeresspiegel um 25 bis 165 cm ansteigen. Weite Gebiete würden überflutet; vor allem wären die Deltamündungen der Flüsse betroffen, wo Deiche kaum Schutz bieten können.

Gleichzeitig würde das Eis der Polkappen und der Gletscher zu schmelzen beginnen. Klimaforscher vermuten sogar, daß im arktischen Sommer, also von Juni bis September, das arktische Packeis völlig verschwinden wird.

Viele Gebiete, die der Mensch dem Meer abgerungen hat, würden wieder verlorengehen.

Energie unterwegs

Alles klar?

1 Zum Kühlen der Bowle stellt man das Bowlengefäß nicht in einen Eimer mit Eiswürfeln, sondern hängt die Eiswürfel in einem kleinen Gefäß oben in die Bowle. Welchen Vorteil hat dieses Verfahren?

2 In kalten Nächten sollte man unbedingt die Vorhänge und Rolläden vor den Fenstern schließen. Der nächtliche Energieverlust wird dadurch erheblich verringert. Gib dafür eine Erklärung.

3 Warum ist ein Kochtopf mit welligem Boden nicht für einen Elektroherd, wohl aber für einen Gasherd zu gebrauchen?

4 Im Winter ist das Wasser eines Sees an der Oberfläche am kältesten. In tieferen Schichten beträgt die Wassertemperatur 4 °C. Warum findet kein Temperaturausgleich statt?

5 Wie kommt es, daß dicke Gläser gelegentlich zerspringen, wenn man eine heiße Flüssigkeit hineingießt?

6 Warum verschmutzen die Wände über Heizkörpern besonders stark?

7 Welche Rolle spielen die einzelnen Arten des Energietransports, wenn ein Zimmer von einem Heizkörper erwärmt wird?

8 Wenn das Dachgeschoß isoliert werden soll, verwendet man oft Bahnen aus Mineralwolle, die innen mit einer Alufolie beschichtet sind. Erkläre die Wirkungsweise dieses Isoliermaterials.

9 „Wärmt" ein Pullover? Erläutere!

10 Tiefkühlkost packt man beim Einkauf in Zeitungspapier ein. Warum?

11 Bild 1 zeigt den Aufbau einer Thermoskanne. Erläutere, weshalb darin eine heiße Flüssigkeit längere Zeit heiß bleibt.

Eine Flüssigkeit, deren Temperatur unter der Umgebungstemperatur liegt, behält in einem solchen Gefäß ebenfalls für einige Zeit ihre Temperatur. Gib auch dafür eine Begründung.

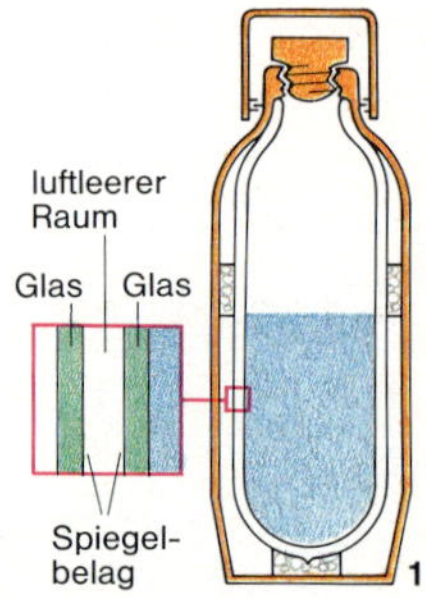

1

12 Auf dem Mond gibt es gewaltige Temperaturunterschiede. Auf der Tagseite beträgt die Temperatur der Mondoberfläche im Mittel 130 °C, auf der Nachtseite −150 °C. Woran liegt das?

Auf einen Blick

Energietransport *mit* Stoffen: die Konvektion

Energie kann dadurch übertragen werden, daß ein erwärmter (flüssiger oder gasförmiger) Stoff von einer Stelle zu einer anderen transportiert wird. Diese Art der Energieübertragung heißt **Konvektion** (oder *Mitführung*).

Der Transport von Energie mit Flüssigkeiten oder Gasen kann mit Hilfe einer Pumpe (z. B. bei der modernen Zentralheizung) oder „von selbst“ erfolgen (z. B. aufsteigende Luft über einem Heizkörper).

Wegen der Ausdehnung beim Erwärmen ist nämlich zum Beispiel 1 l erwärmte Luft leichter als 1 l kalte Luft (bei gleichem Druck).

Deshalb erfährt warme Luft, die von kälterer Luft umgeben ist, einen Auftrieb. Mit der aufsteigenden Luft wird Energie nach oben transportiert.

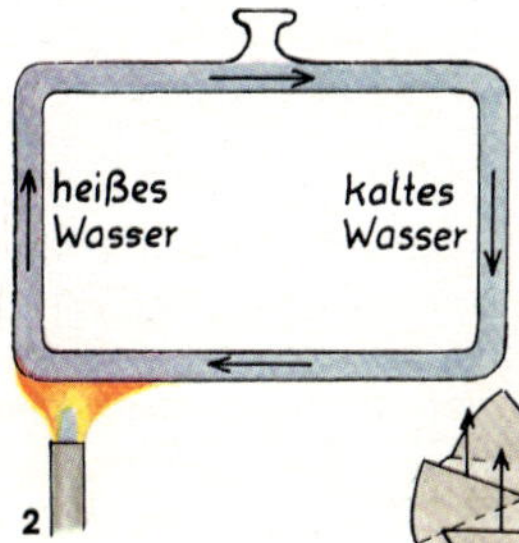

2

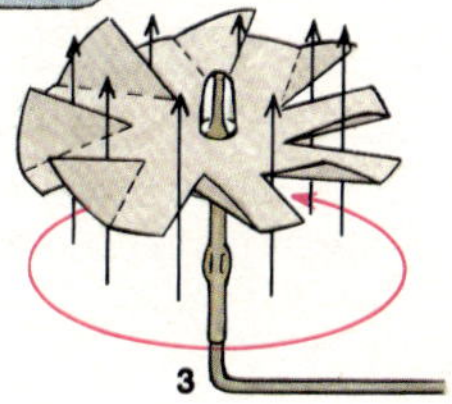
3

Energietransport *in* Stoffen: die Wärmeleitung

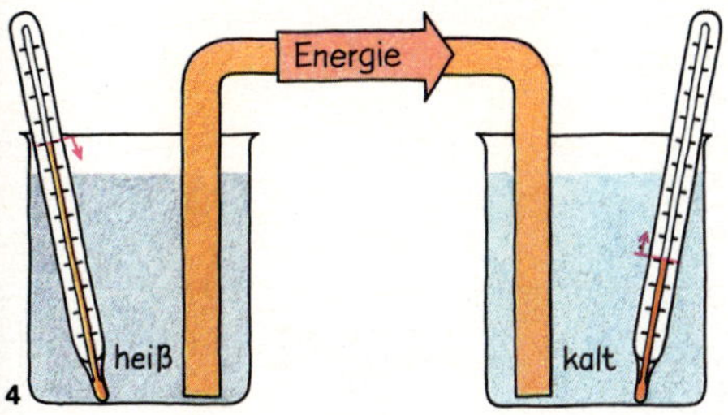

4

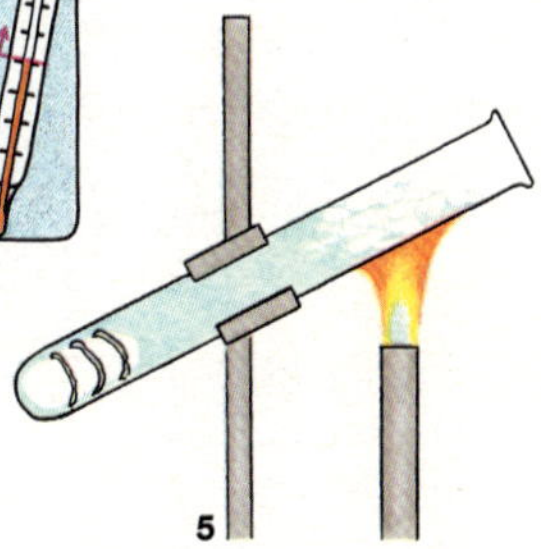
5

In festen, flüssigen und gasförmigen Körpern breitet sich Energie durch **Leitung** aus: Die Energie wird durch Stöße zwischen den Teilchen von wärmeren in kältere Bereiche übertragen.

Metalle sind gute Wärmeleiter. Schlechte Wärmeleiter sind Glas, Holz, Kunststoffe, Flüssigkeiten (außer flüssigen Metallen) und Gase.

Um unerwünschte Wärmeleitung zu verringern, macht man sich die geringe Wärmeleitfähigkeit der Gase zunutze: Man verwendet Materialien, die in Hohlräumen und Poren Luft enthalten (z. B. Textilien, Styropor und Mineralwolle). Derartige Stoffe bezeichnet man auch auch als *Wärmedämmstoffe.*

Energietransport *ohne* Stoffe: die Strahlung

Nur durch Strahlung gelangt Energie von der Sonne zur Erde. Im nahezu leeren Weltraum kann die Energieübertragung weder durch Wärmeleitung noch durch Konvektion erfolgen.

Einen Teil der Strahlung der Sonne nehmen wir mit dem Auge als Licht wahr.

Von allen Körpern geht **Strahlung** aus: Je höher die Temperatur eines Körpers ist, desto mehr Energie strahlt er ab. Bei gleicher Temperatur sendet ein dunkler Körper mehr Energie aus als ein gleichartiger heller Körper.

Wenn die Strahlung auf einen dunklen Körper trifft, wird sie von dem Körper absorbiert.

Ein Körper mit heller oder glänzender Oberfläche reflektiert den größten Teil der auftreffenden Strahlung.

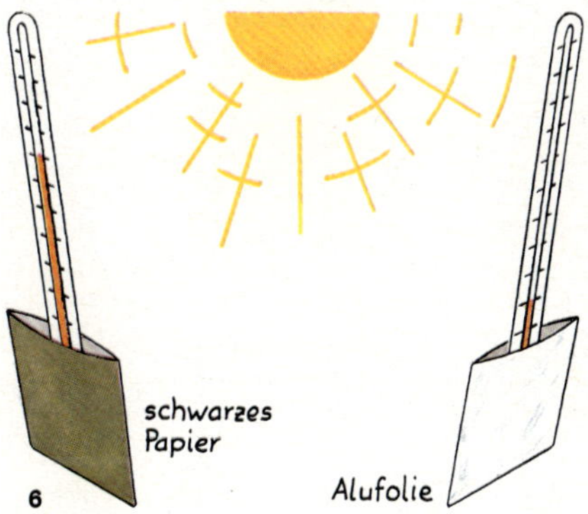

6

Anhang

Anleitung: **Bestimmung des Durchmessers von Sonne und Mond**

So kannst du die Sehwinkel vergleichen, unter denen man Sonne und Mond sieht (Bild 1).

Achtung, nie ungeschützt in die Sonne blicken! Ausreichenden Schutz bietet das Anfangsstück eines Farbnegativfilms, das durch Belichtung vollständig geschwärzt ist. Diesen Filmstreifen vorsichtshalber doppelt falten.

Der Meßschieber (die Schieblehre) wird so weit geöffnet, daß Sonne oder Mond bei ausgestrecktem Arm zwischen die Zungen paßt. Der Spalt erscheint dabei unter dem gleichen Sehwinkel wie Sonne oder Mond. Am Meßschieber kannst du den scheinbaren Durchmesser von Sonne oder Mond ablesen.

Um den wahren Durchmesser zu berechnen, mußt du zusätzlich wissen, daß die Sonne 150 000 000 km und der Mond 380 000 km von uns entfernt ist.

Wie hängen der scheinbare und der wahre Durchmesser zusammen? Bild 2 zeigt verschieden große Gegenstände in unterschiedlichen Abständen, die alle unter dem gleichen Winkel gesehen werden. Aus der graphischen Darstellung von Bild 3 kannst du ablesen, daß die Größe der Gegenstände proportional zu ihren Abständen vom Auge ist. Zusammengehörende Paare von Größen und Entfernungen sind also quotientengleich.

Beispiel: Angenommen, der scheinbare Durchmesser des Mondes beträgt 6 mm und der Abstand zwischen dem Auge und dem Meßschieber 0,6 m. Dann gilt für den gesuchten Monddurchmesser *d*:

$$\frac{d}{380\,000\ \text{km}} = \frac{0{,}006\ \text{m}}{0{,}6\ \text{m}},$$

$$d = \frac{0{,}006\ \text{m}}{0{,}6\ \text{m}} \cdot 380\,000\ \text{km} = 3800\ \text{km}.$$

Der Mond hat demnach einen Durchmesser von 3800 km. (Genauere Messungen ergeben 3476 km.)

1

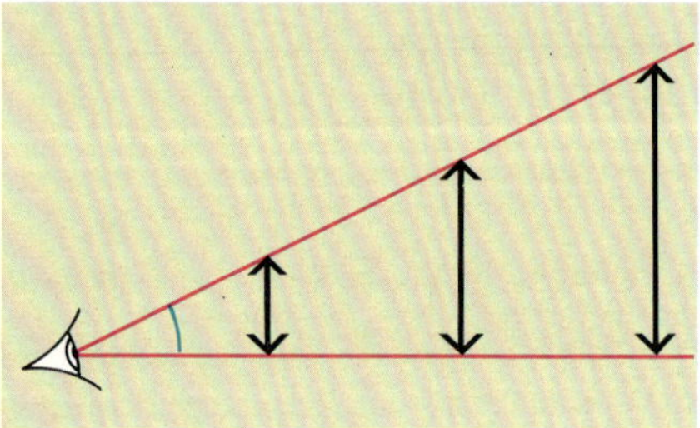
2

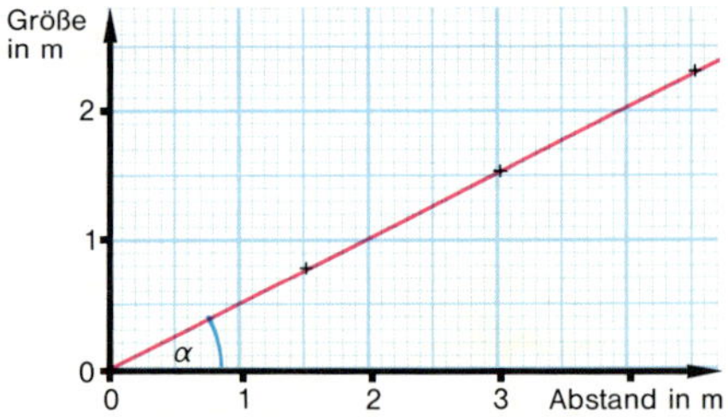

3 Größe und Entfernung vom Auge (Sehwinkel $\alpha = 27°$)

Bauanleitung: **Eine Lochkamera zum Experimentieren**

Du brauchst:

2 Pappröhren, die genau ineinanderpassen (z. B. Verpackungsröhren);
1 Stück Pergamentpapier (z. B. Architektenpapier oder Butterbrotpapier);
2 Streifen Zeichenkarton (oder Postkarte), 2 cm · 15 cm;
1 Schere;
1 scharfes Bastelmesser;
etwas Klebstoff.

So wird's gemacht:

In einen Deckel der dickeren Röhre schneidest du in die Mitte ein Loch (mit einem Durchmesser von ca. 1 cm).

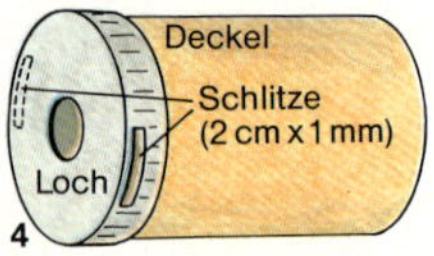

4

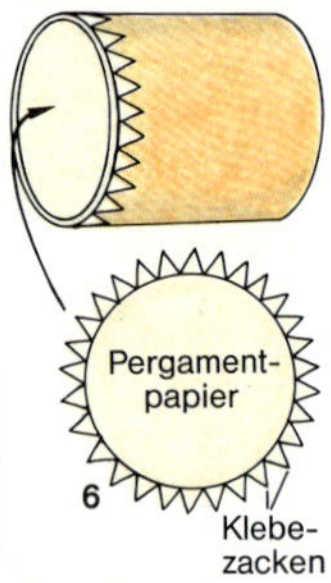

6

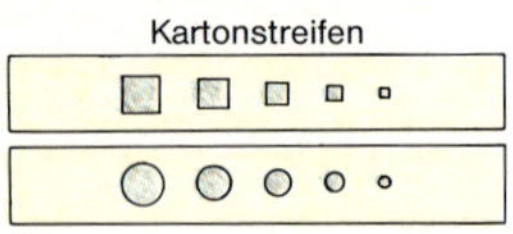

5

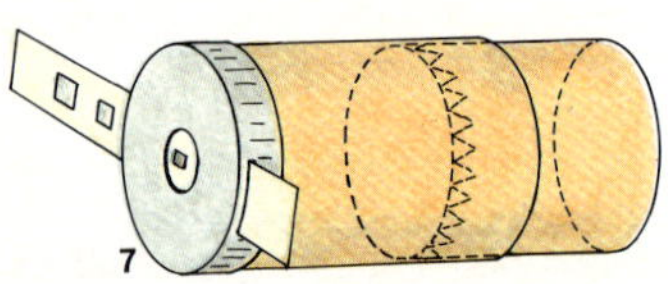
7

Dicht am Deckel schneidest du in das Papprohr zwei Schlitze, die sich genau gegenüberliegen müssen. Dort werden später die Streifen mit den Löchern hindurchgesteckt (Bild 4).

In einen Kartonstreifen schneidest du *quadratische* Löcher (Seitenlängen von 1 mm bis 5 mm; Bild 5). In den anderen Kartonstreifen stichst du *runde* Löcher etwa gleicher Größe. Diese Löcher sind die Lochblenden.

Auf ein Ende der zweiten Röhre klebst du das nach Bild 6 zugeschnittene Pergamentpapier. Das ist der Schirm.

Nun steckst du die dünnere Röhre mit dem Schirm voran in die dickere (Bild 7). Deine Lochkamera zum Experimentieren ist damit fertig.

Sehprobentafel

Stelle das Buch aufrecht hin, und versuche, aus 5 m Entfernung möglichst viele Zeilen zu lesen.

Wenn du in einem hellen Zimmer Mühe hast, die Buchstaben der zweiten Zeile von oben zu erkennen, sind deine Augen nicht in Ordnung. (Nicht alle Sehfehler lassen sich auf diese einfache Art feststellen. Die Sehprobentafel ersetzt also nicht den Besuch beim Augenarzt.)

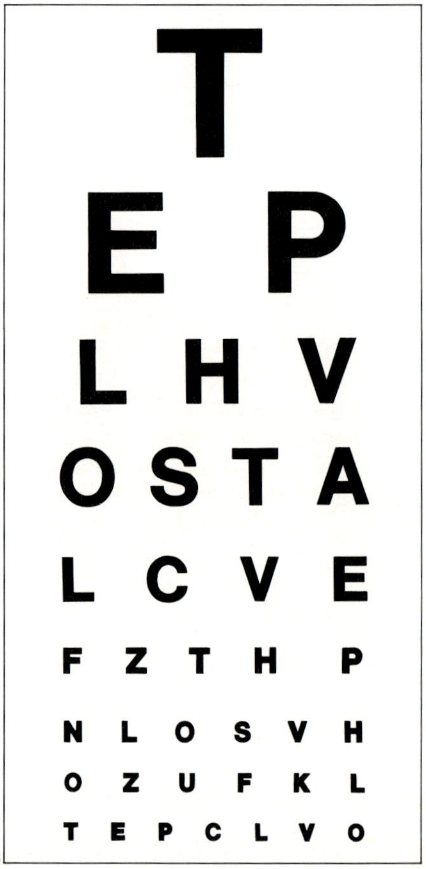

8

Bauanleitung: **Ein Doppelspiegel mit interessanten Eigenschaften**

Du brauchst:
1 Brettchen (ca. 5 cm · 40 cm);
2 Holzklötzchen;
1 Schraube (ca. 4 cm lang);
2 Taschenspiegel (mindestens 6 cm · 9 cm);
Klebstoff;
Teppichklebeband.

9

So wird's gemacht:
An dem einen Ende des Bretts wird ein Klötzchen drehbar gelagert (Bild 9). Bohre dazu in das Brett ein Loch, und stecke die Schraube hindurch. Schraube nun das Klötzchen nicht allzu fest auf das Brett.

Der Spiegel wird (zum Beispiel mit Teppichklebeband) am Klötzchen befestigt.

Am anderen Ende des Bretts klebst du das zweite Klötzchen mit dem zweiten Spiegel fest, und zwar so, daß der Spiegel mit der Brettkante einen Winkel von 45° einschließt.

Wie du den Doppelspiegel einsetzen kannst, zeigen dir die Bilder 10–12.

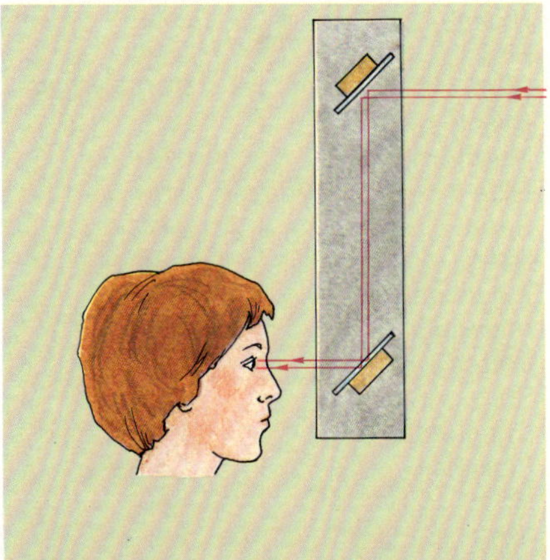

10 Mit dem **Periskop** hast du auch in der größten Menschenmenge immer eine gute Aussicht (griech. *peri:* über, hinaus; *skopein:* schauen, blicken).

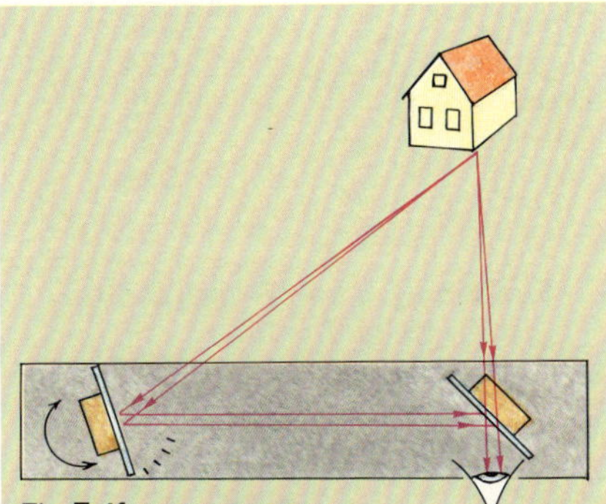

11 Ein **Entfernungsmesser:** Blicke mit einem Auge teils in den Spiegel hinein, teils über ihn hinweg auf eine senkrechte Linie (z. B. auf eine Hauskante). Den zweiten Spiegel drehst du so, daß du diese Linie ununterbrochen siehst. Zu jeder Entfernung gehört eine bestimmte Stellung des drehbaren Spiegels.

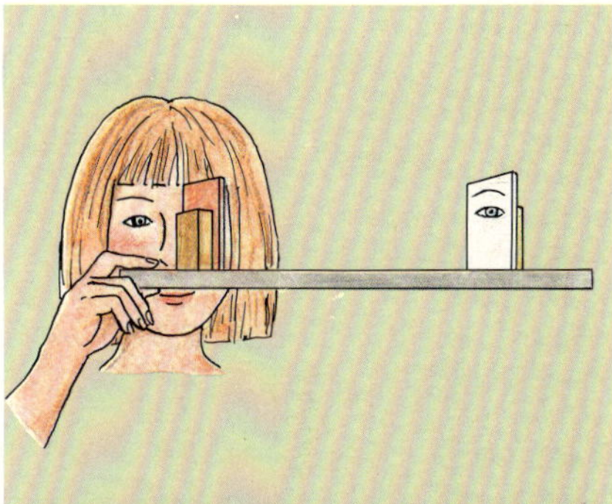

12 Der Augenabstand ist wichtig für den **räumlichen Eindruck,** den wir von unserer Umgebung haben. Der Doppelspiegel vergrößert diesen Abstand. Schaust du durch den Doppelspiegel auf den Arm, den dir ein Mitschüler entgegenstreckt, so sieht das recht lustig aus; der räumliche Eindruck ist nämlich viel deutlicher als gewohnt.

Bauanleitung: **Der Farbenkreisel**

Du brauchst:
je 1 kleines Stück blauen, roten und grünen Karton in möglichst leuchtenden (fluoreszierenden) Farben;
1 Streichholz.

So wird's gemacht:
Aus den Kartonstücken fertigst du drei Kreisscheiben mit etwa 5 cm Durchmesser an. Jede Scheibe wird bis zur Mitte eingeschnitten (Bild 13).

Schiebe die drei Scheiben ineinander, und stecke sie dann auf ein Streichholz (Bild 14). Jede Farbe erscheint in einem Kreissektor; die Farbanteile lassen sich verstellen. Der Kreisel soll sich auf dem Streichholzkopf drehen (Bild 15).

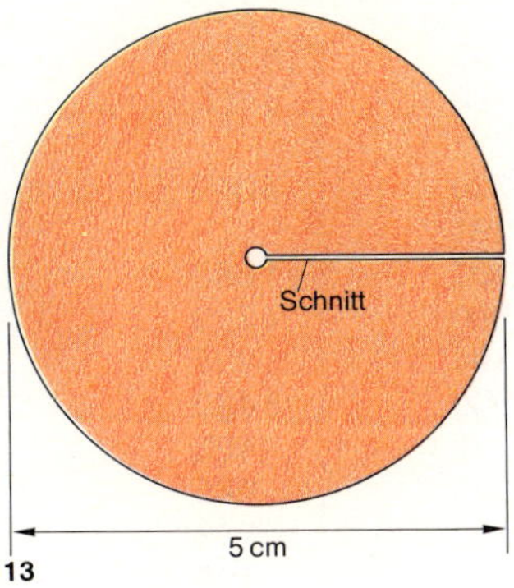

13

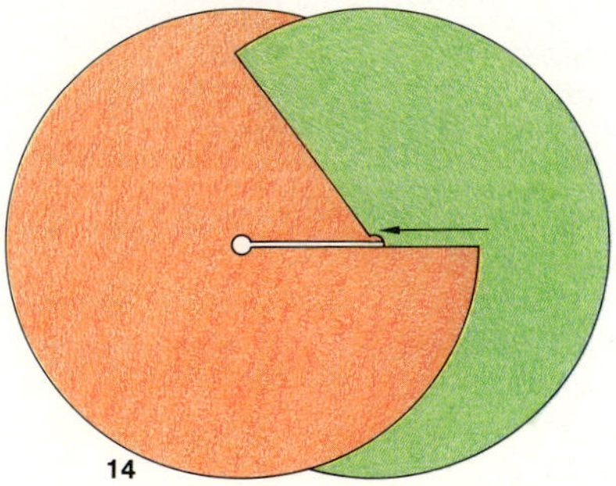
14

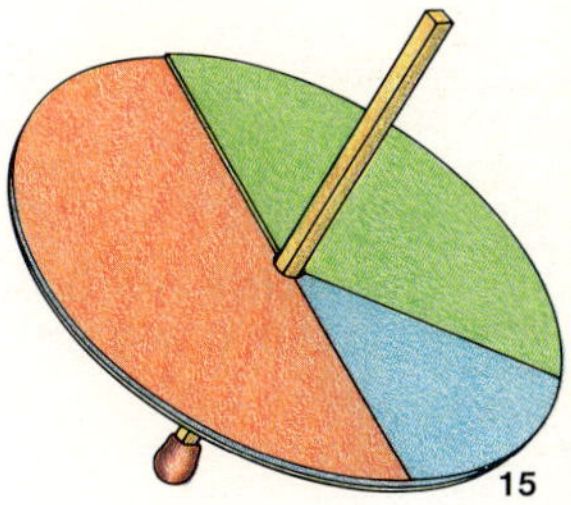
15

Dichte fester und flüssiger Stoffe
(bei 20 °C)

Stoff	ϱ in $\frac{g}{cm^3}$
Styropor	0,015
Balsaholz	0,1
Kork	0,2 bis 0,4
Holz	0,4 bis 0,8
Butter	0,86
Eis (0 °C)	0,92
Gummi	0,9 bis 1,0
Stearin	ca. 0,9
Bernstein	1,0 bis 1,1
Plexiglas	1,2
Kunststoff (PVC)	ca. 1,4
Sand	ca. 1,5
Beton	1,5 bis 2,4
Kohlenstoff	
Graphit	2,25
Diamant	3,52
Glas	ca. 2,6
Aluminium	2,70
Granit	ca. 2,8
Marmor	ca. 2,8
Zink	7,13
Zinn	7,28
Eisen	7,87
Stahl	7,8 bis 7,9
Messing	ca. 8,5
Nickel	8,90
Kupfer	8,96
Silber	10,5
Blei	11,3
Gold	19,3
Platin	21,5
Benzin	ca. 0,7
Alkohol (Ethanol)	0,79
Terpentinöl	0,86
Wasser (4 °C)	1,00
Milch	1,03
Salzwasser	1,03
Glycerin	1,26
Schwefelsäure, konzentriert	1,83
Quecksilber	13,55

Dichte von Gasen
(bei 0 °C und 1013 Pa)

Stoff	ϱ in $\frac{g}{l}$
Wasserstoff	ca. 0,090
Helium	ca. 0,18
Erdgas	ca. 0,7
Methan	ca. 0,72
Luft	ca. 1,29
Propan	ca. 2,01
Butan	ca. 2,73

Ausdehnungskoeffizient fester Stoffe (Längenänderung)
(zwischen 0 °C und 100 °C)

Stoff	α in $\frac{mm}{m \cdot K}$
Normalglas	0,009
Schienenstahl	0,0115
Beton	0,012
Eisen	0,012
Nickel	0,013
Gold	0,014
Kupfer	0,017
Messing	0,018
Silber	0,020
Alumium	0,024
Zink	0,026
Zinn	0,027
Blei	0,029

Ausdehnung von Flüssigkeiten beim Erwärmen
(zwischen 0 °C und 100 °C)

Stoff	Volumenzunahme bei Erwärmung um 1 K in cm^3
1 l Quecksilber	0,18
1 l Wasser	0,21
1 l Glycerin	0,50
1 l Heizöl	ca. 0,9
1 l Alkohol	1,1
1 l Benzin	1,06
1 l Benzol	1,23

Spezifische Wärmekapazität einiger Stoffe
(bei 20 °C)

Stoff	c in $\frac{kJ}{kg \cdot K}$
Blei	0,13
Gold	0,13
Platin	0,13
Zinn	0,23
Silber	0,24
Kupfer	0,38
Messing	0,38
Zink	0,39
Nickel	0,44
Eisen	0,45
Stahl	0,42 bis 0,50
Granit	0,75
Marmor	0,80
Glas	0,80
Sand	0,84
Beton	0,84
Ziegelstein	0,84
Aluminium	0,89
Luft	1,01
Styropor	1,5
Kunststoff (PVC)	1,3 bis 2,1
Plexiglas	1,4 bis 2,1
Holz	ca. 1,50
Kork	ca. 1,9
Glycerin	2,39
Spiritus	2,43
Glykol	2,43
Milch	3,9
Wasser	4,18
Wasserstoff	14,32

Zustandsänderungen einiger Stoffe

Stoff	Schmelztemperatur in °C	spezifische Schmelzwärme in $\frac{kJ}{kg}$	Siedetemperatur (bei 1013 hPa) in °C	spezifische Verdampfungswärme in $\frac{kJ}{kg}$
Alkohol	− 114	108	78,3	840
Aluminium	659	397	2447	10 900
Blei	327	23,0	1750	8 600
Diamant	ca. 3800	ca. 17 000		
Eisen	1535	277	2730	6 340
Glycerin	18,4	201	291	
Gold	1063	65,7	2707	1 650
Kupfer	1083	205	2590	4 790
Luft	− 213		− 194	205
Nickel	1453	303	2800	6 480
Propan	− 190		− 42	426
Quecksilber	− 38,9	11,8	357	285
Sauerstoff	− 219	13,8	− 183	213
Stickstoff	− 210	26,0	− 196	198
Wasser	0	334	100	2 256
Wolfram	3380	192	ca. 5500	4 350
Zink	420	107	907	1 755
Zinn	232	59,6	2430	2 450

Literaturhinweise für Schülerinnen und Schüler

Zum Experimentieren, Basteln, Spielen

Aebli: Raten, denken, lachen und noch andere Sachen. Aarau: Sauerländer.

Allison: Langeweile hab ich nie. Entdecken, Spielen und Experimentieren im Haus. Ravensburg: Otto Maier.*

Bacher: Das schiefe Glas von Pisa ... und andere Zaubertricks aus

Physik und Chemie. Würzburg: Arena.*

Backe, H.: Das Physik Experimentierbuch. Frankfurt am Main: Harri Deutsch.

Cherrier: Physik macht Spaß. Esslingen: F. J. Schreiber.*

Freyer/Gaebler/Möckel: Gut gedacht ist halb gelöst. Köln: Aulis/Deubner.

Glagla/Lindner: Wege in die Physik.* Wege in die Elektronik. Lern- und Werkbücher für Selbststudium und Unterricht. Ravensburg: Otto Maier.

Goldstein-Jackson: Experimente - spielend leicht. 80 Versuche mit alltäglichen Dingen. Würzburg: Arena.*

Graeb: Das große Experimentierbuch. München: Moderne Verlagsgesellschaft.*

Haase/Lehmann: Nanos Physikabenteuer. Köln: Aulis/Deubner.

Heiße Tips für kühle Köpfe. Das Buch der Experimente. Köln: Benziger.

Höfling: Physik A-Z. Ein Physiklexikon mit 80 verblüffenden Experimenten. München: Schneider.

Kent/Ward: Physik, wie sie mir Spaß macht. Ravensburg: Otto Maier.

Köthe: Das neue Experimentierbuch. 150 einfache Experimente aus Physik, Chemie und Biologie. Hamburg: Tessloff.

Lanners: Kolumbus-Eier. Tricks, Spiele, Experimente. München: Bucher.*

Magnetspiele (Kosmos Experimente). Stuttgart: Franckh.*

Moisl: Beobachten, Experimentieren, Verstehen. München: dtv junior.*

Moisl: Chemie-, Physik- und Energie-Schülerexperimentierbücher.Ravensburg: Otto Maier.*

Öveges: Die Geheimnisse des Lichtes. Farbige Experimente aus der Physik. Kassel: Corvina/Röth.*

Pacilio: Das große Experimentierbuch der Luft- und Raumfahrt.Hamburg: Tessloff.*

Perelmann, J.: Unterhaltsame Aufgaben und Versuche. Frankfurt am Main: Harri Deutsch.

Perelmann, J.: Unterhaltsame Physik. Frankfurt am Main: Harri Deutsch.

Press: Geheimnisse des Alltags. Entdeckungen in Natur und Technik. Ravensburg: Otto Maier.

Press: Spiel - das Wissen schafft. Ravensburg: Otto Maier.

Pütz/Back: Elektronik I-V. Basteltips.* Außerdem weitere Titel aus der „Hobbythek"-Reihe. Köln: Verlagsgesellschaft Schulfernsehen.

Schlomka u.a.: Elektronik für Sie. Ismaning: Hueber-Holzmann.

Sutton: Wie geht denn das? Klare Antworten auf verzwickte Fragen. Düsseldorf: Econ.*

Thöne: Physik als Hobby. Ein Bastel-, Experimentier- und Lehrbuch für jedermann. Zürich: Orell Füssli.*

Treitz: Spiele mit Physik. Frankfurt am Main: Harri Deutsch.

Vries, de: Vom Basteln zum Experiment. München: dtv.*

Ward: Spaß mit Experimenten. Ravensburg: Otto Maier.*

Wittmann: Trickkiste 1. Experimente, wie sie nicht im Physikbuch stehen. München: Bayerischer Schulbuchverlag.

Zeier, E.: Keine Angst vor Physik. Köln: Aulis/Deubner.

Zeier, E.: Kurzweil durch Physik. Köln: Aulis/Deubner.

Zeier, E.: Physikalische Freihandversuche - kleine Experimente. Köln: Aulis/Deubner.

Zum Nachschlagen und als Lesestoff

Ardley: Atom und Energie. Hamburg: Tessloff.*

Back/Heimann: Erfindern auf der Spur Eine kleine Geschichte der Technik in Beispielen. Ravensburg: Otto Maier.*

Backe: Abenteuer Physik. Aus der Geschichte der Physik und ihrer Forscher. Köln: Aulis/Deubner.*

Bermann: Die Natur dachte zuerst daran. Hamburg: Tessloff.

Bono: Buchers illustrierte Geschichte der Erfindungen. München:Bucher.*

Borec, T.: Guten Tag, Herr Ampère. Deutsch Taschenbuch Nr. 128. Frankfurt am Main: Harri Deutsch.

Bublath, J.: Das knoff-hoff-Buch (2 Bände). München: Urban.

Dafter: Antwortbuch der Energie. Hamburg: Tessloff.

dtv-Atlas (Physik, Atomphysik, Astronomie). München: dtv.

Epstein, L.: Epsteins Physikstunde. 450 Aufgaben und Lösungen. Therwil: Birkhäuser.

Feeser: Erfinde mit Erfindern. München: dtv junior 7274.*

Feeser: Forsche mit Forschern. München: dtv junior 7331.*

Franke: Technik in unserer Welt. Gütersloh: Bertelsmann Lexikon-Verlag.*

Frisby, J.: Optische Täuschungen, Sehen, Wahrnehmen, Gedächtnis. Augsburg: Weltbildverlag.

Fritz: 100 x Umwelt. Mannheim: Bibliographisches Institut.*

Gaebert: Der große Augenblick in der Physik sowie Der große Augenblick in der Technik. Beide Titel: Bayreuth: Loewes.

Haber, H.: Unser blauer Planet/Unser Mond (Doppelband). Gütersloh: Prisma-Verlag.

Haug: Elektronik für jedermann. Eine leichtfaßliche Einführung. Aarau: AT Verlag.*

HiFi, Ultraschall und Lärm. Die Welt des Schalls. Köln: Verlagsgesellschaft Schulfernsehen.

Höfling: Schülerlexikon Physik. München: Bayerischer Schulbuchverlag.

Hundt: 100 x Technik im Alltag. Mannheim: Bibliographisches Institut.*

Jones, D.: Zittergras und schräges Wasser. Frankfurt am Main: Harri Deutsch.

Jugendhandbuch Naturwissen, Bände 4-6. Rororo Handbuch 6206/6207/6208. Reinbek: Rowohlt TB.*

Kerner: Lise, Atomphysikerin. Die Lebensgeschichte der Lise Meitner. Weinheim: Beltz.

Kerrod: Tessloff Handbuch der Technologie. Hamburg: Tessloff.

Köhler: 100 x Raumfahrt. Mannheim: Bibliographisches Institut.*

Learner, R.: Die Geschichte der Astronomie und die Entwicklung des Teleskops seit Galilei. Augsburg: Weltbildverlag.

Macaulay, D.: Macaulays Mammutbuch der Technik. Hamburg: Tessloff.

Maschinen, Mechanik, Transport. Wissen universal, Bd. 5. Hamburg: Tessloff.

Smith (Hrsg.): Erstes Buch der Elektronik. Ravensburg: Otto Maier.*

Tessloff Bildlexikon in Farbe (Reihentitel): Physik. Hamburg: Tessloff.

Troitzsch/Weber (Hrsg.): Die Technik. Von den Anfängen bis zur Gegenwart. Braunschweig: Westermann.*

Vom Faustkeil zum Laserstrahl. Stuttgart: Das Beste.

Walker: Der fliegende Zirkus der Physik sowie Lösungsbuch dazu. München: Oldenbourg.

Wie funktioniert das? Die Technik im Leben von heute. Mannheim: Bibliographisches Institut.

ZDF Kompaß Jugend-Lexikon. Natur und Technik. Niedernhausen/Ts.: Falken Verlag.

* Die so gekennzeichneten Titel sind derzeit (Anfang 1990) nicht im Buchhandel erhältlich. Sie können aber in Bibliotheken ausgeliehen werden.

Sach- und Namenverzeichnis

Verzeichnis der Bild- und Textquellen

Acaluso, Altensteig: 6.1; ADAC, München: S. 108 („Sie fliegen noch, wenn..."); AGA, Eschborn: 252.1; Angermayer, Holzkirchen: 6.2; Anthony, Starnberg: 88.2; BASF, Limburgerhof: 176.2 u. 3; Bavaria, Gauting: 8.5, 14.1, 66.1, 111.4, 228.4; BMW, München: 92.2, 207.3; Botschaft von Neuseeland, Bonn: 7.19; BSR, Berlin: 194.3; Büdeler, Thalham: 27.12, 86.2, 185.10; Daimler-Benz, Stuttgart: 119.5, 156.3; Dargaud Editeur by Morris, 1985: 17.8; DB, München: 166.4; Deutsche Poclain, Groß-Gerau: 166.3; Deutsche Verkehrswacht, Bonn: 120.4-7; Deutscher Wetterdienst, Offenbach: 189.4; Deutsches Museum, München: 47.7, 68.1 u. 2, 118.2 u. 3, 123.11, 142.2-4, 147.3, 153.12, 155.3, 185.9, 186.2, 193.3 u. 4, 200.2 u. 3, 201.5, 205.3, 235.8, 236.3, 241.7, 244.1 u. 2; Diogenes, Zürich (Schweiz), aus „Loriot: Möpse und Menschen": 17.9; Walt Disney Productions, Frankfurt/M.: 172.1, 176.1; dpa, Frankfurt/M.: 88.3, 130.4, 138.2; DRK, Berlin: 30.6; Energie-Versorgung Schwaben, Stuttgart (Freigabe Nr. 2857 A2): 238.1; Engelhardt, Köln: 90.1 u. 2, 96.2; Eisch, Frauenau: 160.4; Esser, Neuss: 180.1; Faber-Castell, Stein: 199.8; Fichtel & Sachs, Schweinfurt: 243.10; Wilhelm-Foerster-Sternwarte, Berlin: 64.2, 111.5; FWU, Grünwald: 255.6; Galilei: Schriften, Briefe, Dokumente. München, C. H. Beck: S. 67 ; Gmeinder, Mosbach: 125.10; Göbel, Spielberg: 106.2; Greiner & Meyer, Braunschweig: 226.1, 234.1; Gruner + Jahr, Hamburg: 88.5, 169.6; Hagemeister, Berlin: 202.2 u. 3; Dr. Hausmann, Berlin: 64.1; Historia-Photo, Hamburg: 153.11, 192.1; Hug, Darmstadt: 222.1 u. 2; Ikan, Frankfurt/M.: 7.16; Illmann, Nümbrecht: 94.1; Interfoto, München: 167.6; Horst von Irmer, Intern. Bildarchiv, München: Titelbild, 96.1, 191.7; Keystone, Hamburg: 160.3; Knapp, Neuhausen: 88.6, 152.10; Krauss-Maffei, München: 212.1; Liebermann, Hagen-Riegsee: 17.10; Lieder, Ludwigsburg: 68.3; Lienert, Appenweier: 46.1; Lufft, Stuttgart: 187.8; Luftschiffbau Zeppelin, Friedrichshafen („Das erste Luftschiff des Grafen Zeppelin"): Text S. 193; Mahn, Hamburg: 91.4; Mannesmann Demag, Duisburg: 135.11; Mauritius, Mittenwald: 8.4, 14.4, 15.10, 35.11, 66.3, 74.1, 88.7, 91.3, 100.1 u. 2, 130.5, 144.4, 150.3, 158.1, 177.9, 226.3, 234.2, 249.7; Medenbach, Witten: 159.6; Messer Griesheim, Düsseldorf: 158.3; Messner: Everest. BLV-Verlagsges., München: Text S. 188/189; Museo di Storia della Scienza, Florenz (Italien): 201.4; Niedersächsisches Landesverwaltungsamt (Freigabe Nr. 70/83/2000), Hannover: 50.1; Nilsson: Unser Körper - neu gesehen, Herder, Freiburg: 54.3; Offermann, Arlesheim (Schweiz): 159.5 u. 7; Okapia, Frankfurt/M.: 7.17 u. 18; Opel, Rüsselsheim: 102.1, 108.1; Pfletschinger/Angermayer, Holzkirchen: 126.6; Philips, Köln: 38.1; Preussag Bauwesen, Hannover: 208.5; Preußischer Kulturbesitz, Berlin: 52.1, 136.1, 192.2, 215.3; PTB, Braunschweig: 111.6; RWE, Essen: 237.9; Schroeder fire balloons, Schweich: 216.3; Schumann, Großhansdorf: 14.2; Siemens-Museum, München: 38.4; Silvestris, Kastl/Obb.: 66.2, 74.3, 92.1, 226.4, 253.4; Stadtwerke, Bochum: S. 8 (Bilder und Text zur Gas-Straßenbeleuchtung); STERN, Hamburg: 162.1; Süddeutscher Verlag, München: 212.5; Teves, Frankfurt/M.: 202.1 u. 2; Technische Universität, Inst. für Mechanik u. Spannungsoptik, Lehrstuhl C, München: 183.7; Thyssen, Duisburg: 158.2; Transglobe, Hamburg: 7.20; Ullrich, Berlin: 7.15, 129.5; Ullstein, Berlin: 67.7, 193.5; USIS, Bonn: 13.5, 17.6, 88.1, 108.3 u. 4; VEW (Wiese), Dortmund: 248.3; Voith, Heidenheim: 154.1 u. 2; VTG, Hamburg: 218.1; VVK, Kiel (Luftbildfreigabe Nr. SH 690/633): 183.6; Walther, Köln: 208.1-4; Wolloner, Mannheim: 246.3; Wolpert, Ludwigshafen: 102.2; Dr. Wolter, Berlin: 56.1 u. 2; ZEFA, Düsseldorf: 93.6, 107.10, 126.1, 160.2, 194.1 u. 2, 253.5, 254.1; Zeiss, Aalen: 69.4, 71.4, 226.2; Zeiss, Oberkochen: 203.9. Alle anderen Fotos: Cornelsen, Berlin.

Für hilfreiche Unterstützung danken wir außerdem:
Der Firma Cornelsen-Experimenta, Berlin (Versuchsgeräte), der Firma fischerwerke Artur Fischer, Tumlingen (fischertechnik®-Schulprogramm), dem Institut für Mineralogie der TU, Berlin (Abb. 38.2), Herrn Dr. Latzel, Riemerling (Abb. 38.3) und dem Studio tolon, Fürth (Bearbeitung einiger historischer Abbildungen).

Titelbild:
Streuung von Laserlicht an einer Gasflamme. Horst von Irmer, Internationales Bildarchiv, München.

Auswahl physikalischer Größen mit ihren Einheiten

Größe	Formelzeichen	Einheit		Weitere Einheiten		Beziehung
Temperatur	T ϑ (Theta)	Kelvin Grad Celsius	K °C			0 K ≙ −273,15 °C 0 °C ≙ 273,15 K
Länge	l	Meter	m	Seemeile	sm	1 sm = 1852 m
Fläche Querschnittsfläche	A S	Quadratmeter	m^2	Ar Hektar	a ha	1 a = 100 m^2 1 ha = 100 a = 10000 m^2
Volumen	V	Kubikmeter	m^3	Liter	l	1 l = 1 dm^3 = 0,001 m^3
Masse	m	Kilogramm	kg	Gramm Tonne	g t	1 g = 10^{-3} kg = 0,001 kg 1 t = 10^3 kg = 1000 kg
Dichte	ϱ (Rho)	Gramm durch (pro) Kubikzentimeter	$\frac{g}{cm^3}$			
Kraft	F	Newton	N			$1\,N = 1\,\frac{kg\,m}{s^2}$
Druck	p	Pascal	Pa	Bar	1 bar	$1\,Pa = 1\,\frac{N}{m^2}$ 1 bar = 10^5 Pa = 1000 hPa 1 mbar = 1 hPa = 10^2 Pa = 100 Pa
Arbeit Energie	W	Joule Newtonmeter	J Nm			$1\,J = 1\,Nm = 1\,Ws = 1\,\frac{kg\,m^2}{s^2}$
Leistung	P	Watt	W			$1\,W = 1\,\frac{Nm}{s} = 1\,\frac{J}{s}$
Zeit	t	Sekunde	s	Minute Stunde Tag Jahr	min h d a	1 min = 60 s 1 h = 60 min = 3600 s 1 d = 24 h = 1440 min = 86400 s
Geschwindigkeit	v	Meter durch (pro) Sekunde	$\frac{m}{s}$	Kilometer durch Stunde Knoten	$\frac{km}{h}$ Kn	$1\,\frac{km}{h} = \frac{1}{3,6}\,\frac{m}{s}$ $1\,Kn = 1\,\frac{sm}{h} = 1,852\,\frac{km}{h}$
Brechwert	D	Dioptrie	dpt			$1\,dpt = \frac{1}{m}$

Vielfache und Teile von Einheiten

Vorsatz	Giga-	Mega-	Kilo-	Hekto-	Deka-	Dezi-	Zenti-	Milli-	Mikro-	Nano-	Piko-
Vorsatzzeichen	G	M	k	h	D	d	c	m	µ	n	p
Faktor, mit dem die Einheit multipliziert wird	10^9	10^6	10^3	10^2	10^1	10^{-1}	10^{-2}	10^{-3}	10^{-6}	10^{-9}	10^{-12}